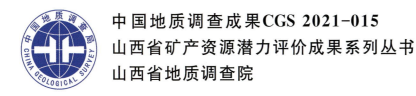

中国地质调查成果CGS 2021-015
山西省矿产资源潜力评价成果系列丛书
山西省地质调查院

山西省矿产预测

SHANXI SHENG KUANGCHAN YUCE

侯占国　陈志方　张　瑞　任建勋
叶　枫　李亮玉　郭国海　龚杰立　等编著
武韶健　赵景勋　杨云亭　曹　炯
孟兆国

内容摘要

本书是"全国矿产资源潜力评价"项目之"山西省矿产资源潜力评价"子项目成果之一,是在全面收集整理煤炭、铁、铝土矿、稀土、铜、钼、铅、锌、金、磷、银、锰、硫铁矿、萤石、重晶石 15 个单矿种(组)成果报告基础上,结合所完成的重要矿种矿产预测成果综合集成。

预测评价技术方法是以成矿系列理论为指导,以矿床模型综合地质信息预测方法体系为主要手段,辅以地球化学和磁法资源潜力评价方法。矿床模型综合地质信息预测方法主要围绕预测评价中的矿产预测要素信息提取、找矿模型建立、预测区圈定及优选和资源量估算等需要的方法展开。本书对煤炭、铁等 15 个矿种的矿产资源潜力运用地质参数体积法进行了资源量预测,建立了各矿产预测类型谱系,完成了评价模型汇总、预测要素汇总、单矿种预测成果汇总;划分了 26 个预测类型,圈定了 66 个预测工作区、466(伴生 7)个最小预测区。

本书适合从事矿产勘查、矿产预测及管理工作的人员使用,对了解山西矿产资源潜力和指导找矿工作部署皆具有重要意义。

图书在版编目(CIP)数据

山西省矿产预测/侯占国等编著.—武汉:中国地质大学出版社,2021.12
(山西省矿产资源潜力评价成果系列丛书)
ISBN 978-7-5625-4989-5

Ⅰ.①山…
Ⅱ.①侯…
Ⅲ.①矿产资源-成矿预测-资源评价-山西
Ⅳ.①P617.225

中国版本图书馆 CIP 数据核字(2021)第 174913 号

山西省矿产预测　　　　　　　　　　　　　　　　　　　　　侯占国　等编著

责任编辑:张旻玥　方焱　　选题策划:毕克成　张瑞生　张旭	责任校对:张咏梅
出版发行:中国地质大学出版社(武汉市洪山区鲁磨路 388 号)	邮编:430074
电　　话:(027)67883511　　　　传　　真:(027)67883580	E-mail:cbb@cug.edu.cn
经　　销:全国新华书店	http://cugp.cug.edu.cn
开本:880 毫米×1230 毫米　1/16	字数:990 千字　印张:31.25
版次:2021 年 12 月第 1 版	印次:2021 年 12 月第 1 次印刷
印刷:武汉中远印务有限公司	
ISBN 978-7-5625-4989-5	定价:398.00 元

如有印装质量问题请与印刷厂联系调换

"山西省矿产资源潜力评价成果系列丛书"

编委会

主　　任：李保福

副 主 任：张京俊　王　权

委　　员：周继华　史建儒　孙占亮　张建兵　郭红党

　　　　　李建国　张永东　孟庆春　冯睿宏

编著单位：山西省地质调查院

序

2006年，国土资源部为贯彻落实《国务院关于加强地质工作的决定》中提出的"积极开展矿产远景调查和综合研究，科学评估区域矿产资源潜力，为科学部署矿产资源勘查提供依据"的精神要求，在全国统一部署了"全国矿产资源潜力评价"项目，"山西省矿产资源潜力评价"项目是其子项目之一。

"山西省矿产资源潜力评价"项目于2007年启动，2013年结束，历时7年，由中国地质调查局和山西省人民政府共同出资，所属计划项目为"全国矿产资源潜力评价"；实施单位为中国地质科学院矿产资源研究所；承担单位为山西省地质调查院；参加单位为山西省煤炭地质局、中国建筑材料工业地质勘查中心山西总队、中国冶金地质总局第三地质勘查院、山西省地球物理化学勘查院、山西省第三地质工程勘察院等7家单位。为确保项目的顺利实施，山西省国土资源厅（现山西省自然资源厅）专门成立了以厅长任组长、分管副厅长任副组长、各职能部门和山西省地质调查院主要负责人为成员的项目领导小组；成立了由山西省国土资源厅地质勘查管理处主要负责人任主任、各参加单位负责人为成员的项目领导小组办公室，项目领导小组办公室设在山西省国土资源厅地质勘查管理处，主要负责指导、监督、协调参加单位的各项工作。

"山西省矿产资源潜力评价"项目2007—2013年分3个阶段进行，完成了煤炭、铁、铝土矿、稀土、铜、钼、铅、锌、金、磷、银、锰、硫铁矿、萤石、重晶石15个矿种的矿产资源潜力评价工作、专题汇总及全省汇总工作。

第一阶段为2007—2010年，完成了全省基础数据库的更新与维护；完成了煤炭、铁、铝土矿、稀土、铜、钼、铅、锌、金、磷等矿种的资源潜力评价工作；提交了山西省1∶25万实际材料图和建造构造图及其数据库；完成了全省重力、磁测、化探、遥感、自然重砂等资料的处理和地质解释工作。

第二阶段为2011—2012年，完成了银、锰、硫铁矿、萤石、重晶石5个矿种的资源潜力评价工作和相关的成矿地质背景、物探、化探、遥感、自然重砂等资料的处理与地质解释工作；完成了全省1∶50万大地构造相图编制和编图说明书的编写工作。

第三阶段为2013年，按照地质调查项目管理办法和《关于印发〈省级成矿地质背景研究汇总技术要求〉等省级专业汇总技术要求的通知》（项目办发〔2012〕5号）、《关于印发全国矿产资源潜力评价2013年目标任务和工作要点的通知》（项目办发〔2012〕18号）及《中国地质调查局地质调查工作项目任务书》（资〔2013〕01-033-003）等有关规定，编制完成山西省成矿地质背景、成矿规律、重力、磁测、化探、遥感、自然重砂、矿产预测、数据集成等各专业汇总报告，山西省矿产资源潜力评价总体成果报告和工作报告。

"山西省矿产资源潜力评价"项目以科学发展观为指导，以提高矿产资源对经济社会发展的保障能力为目标，充分开发应用已有的地质矿产调查、勘查、多元资料与科研成果，以先进的成矿理论为指导，使用全国统一的技术标准、规范而有效的资源评价方法与技术，以各类基础数据为支撑，以山西省已开展的基础地质、矿产勘查和已有的资源评价工作为基础，全面、准确、客观地评价山西省重要矿产资源潜力以及空间布局；预测未来10~20年山西省矿产资源的勘查趋势，推断开发产能增长趋势、矿产资源开发基地的战略布局。目的是更好地规划、管理、保护和合理利用矿产资源，也为部署矿产资源勘查工作提供基础资料，为山西省编制中长期发展规划提供科学依据，为全国矿产资源潜力评价提供基础资料。

同时通过工作提高对山西省区域成矿规律的认识水平,完善资源评价理论与方法,并培养一批科技骨干及工作队伍。

"山西省矿产资源潜力评价"项目运用大陆动力学的观点,全面系统地总结了山西省的成矿地质构造背景,总结了山西省沉积岩、变质岩、火山岩、侵入岩和大型变形构造特征,进行了岩石构造组合的划分,研究其大地构造环境,为成矿预测提供了预测底图。对 15 个矿种从预测类型及时空分布、矿床特征、成矿要素及成矿规律等方面进行了全面总结。对除煤矿外 14 个矿种的 33 个典型矿床的矿床特征、成矿要素、预测要素、矿床模式、预测模型做了系统总结。对全省成矿区(带)进行了划分,运用最新成矿理论,结合全区重力、磁测、化探、遥感、自然重砂资料的研究应用,对煤炭、铁、铝土矿、稀土、铜、钼、铅、锌、金、磷、银、锰、硫铁矿、萤石、重晶石 15 个矿种完成了矿产资源潜力评价工作、专题汇总及全省汇总工作,划分了矿产预测类型,圈定了综合成矿远景区和重点勘查矿集区,对区域成矿规律进行了全面总结,并提出了今后工作部署建议。根据煤炭资源潜力评价结果,提出近期及中长期的煤炭资源勘查部署建议及规划方案。

根据省内区域地质、矿产勘查等工作程度,综合各预测矿种的潜力评价结果,提出了基础地质调查、矿产勘查、找矿理论和技术方法、综合研究等工作部署建议。对重要矿种供需、现状进行了分析,对未来开发进行了预测。

概述了山西省基础数据库维护情况、新建数据库数量、数据库现状等。对本次工作编图成果、专题数据库、综合信息集成的数据库情况做了介绍,并对数据库质量进行了评述。

"山西省矿产资源潜力评价"项目,是山西省第一次大规模对全区重要矿产资源现状及潜力进行的总结评价,先后有 300 多名地质工作者参与了这项工作。该项目继 20 世纪 80 年代完成《山西省区域地质志》《山西省区域矿产总结》之后集区域地质背景、区域成矿规律研究、物探、化探、自然重砂、遥感综合信息研究,以及全区矿产预测、数据库建设之大成的又一重大成果,是中国地质调查局和原山西省国土资源厅高度重视、完善的组织保障和中央、省财政坚实的资金支撑的结果,更是山西省地质工作者 7 年辛勤汗水的结晶。为了使该项研究成果发挥更大的作用,现将其主要成果以丛书方式编撰出版,丛书共分为 4 册,分别为:《山西省成矿地质条件》《山西省典型矿床及成矿规律研究》《山西省矿产预测》《山西省区域成矿规律》。

本项目是在国土资源部(现自然资源部)、中国地质调查局、天津地质调查中心、全国矿产资源潜力评价项目办公室、全国成矿规律汇总组等各级主管部门领导下完成的,各级主管部门在资金、管理、协调等方面均给予了极大的支持和指导,成书过程中得到了各项目参加单位的大力配合,在此一并表示感谢!

编委会

2019 年 10 月

前　言

本专著中预测评价技术方法是以成矿系列理论为指导,以矿床模型综合地质信息预测方法体系为主要方法,辅以地球化学和磁法资源潜力评价方法。矿床模型综合地质信息预测方法主要围绕预测评价中的矿产预测要素信息提取、找矿模型建立、预测区圈定及优选和资源量估算等需要的方法展开。应用已有地质工作积累资料(基础地质、矿产地质、物探、化探、遥感和有关科研成果),在分析工作区地质背景、研究总结成矿规律、划分成矿区(带)、建立区域(或矿田、矿床)成矿模式或矿床成矿模型的基础上,进行矿产预测要素信息提取与综合,建立区域评价预测模型和数字找矿模型。根据相似类比原则和求异理论,使用科学的预测方法,圈定不同类别的预测区,估算资源量,划定资源量级别,并提出找矿工作部署建议。矿产预测主要任务是圈定成矿远景区、预测远景区优选排序、预测资源量。

矿产预测涉及煤炭、铁、铝土矿、稀土、铜、金、铅、锌、磷、银、锰、钼、硫铁矿、萤石、重晶石共计15个矿种。预测工作区按不同矿种(组)分别进行统计(2个或2个以上矿种共生预测区不重复计算),共计66个预测工作区(图1~图4)。这些预测区中,铜钼共生的2个、银锰共生的1个、银铅锌共生的2个、银铜共生的1个,详见表1(煤炭预测区未计入)。范围覆盖了山西省80%以上的陆地面积。

表1　山西省14个矿种(组)预测工作区个数统计表

矿　种	预测工作区个数	矿　种	预测工作区个数
铁	12	银	1(3)
铝土矿(稀土)	7	锰	6
铜	7(8)	钼	1(2)
铅、锌	1(3)	硫铁矿	7
磷	3	萤石	2
金	13	重晶石	6

注:以铜为例,"预测工作区个数7(8)"中7为以铜为主矿种的预测区个数,8为涉及铜矿的实际预测区个数。

全省煤炭共获得潜在资源量37 331 907万t(埋深小于2000m),埋深大于2000m的潜在资源量12 284 851万t;铁矿预测资源量91.6亿t(查明51.7亿t);铝土矿预测资源量56.53亿t(查明35.65亿t);稀有稀土矿预测资源量277.97万t;金矿预测资源量278.28t(查明91.18t);铜矿预测资源量809.68万t(查明442.76万t);钼矿预测资源量26.17万t(查明13.46万t);铅矿预测资源量185.71万t(查明31.52万t);锌矿预测资源量156.67万t(查明6.53万t);磷矿预测资源量366 985.42万t(查明55 385.92万t);银矿预测资源量20 663.59t(查明5 818.68t);锰矿预测资源量4 374.90万t(查明1 243.96万t);重晶石矿预测资源量441.53万t(查明5.67万t);萤石矿预测资源量67.2万t(查明18.12万t);硫铁矿预测资源量95 152.39万t(查明11 344.84万t)。

编著者
2019年8月

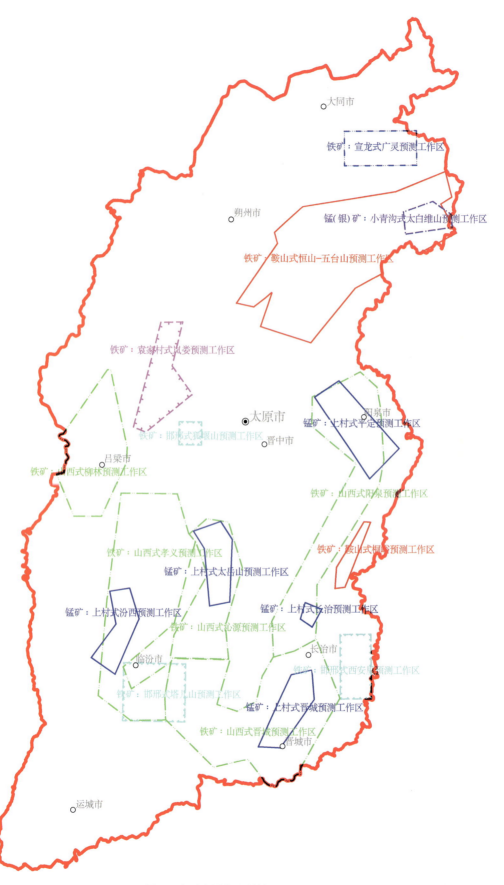

图 1　山西省黑色金属铁、锰预测工作区分布图

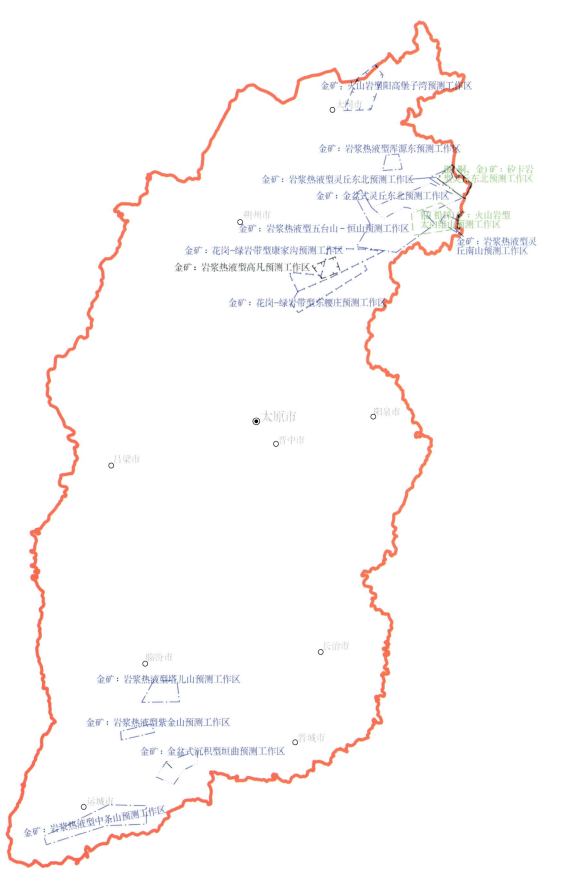

图 2　山西省贵金属金、银预测工作区分布图

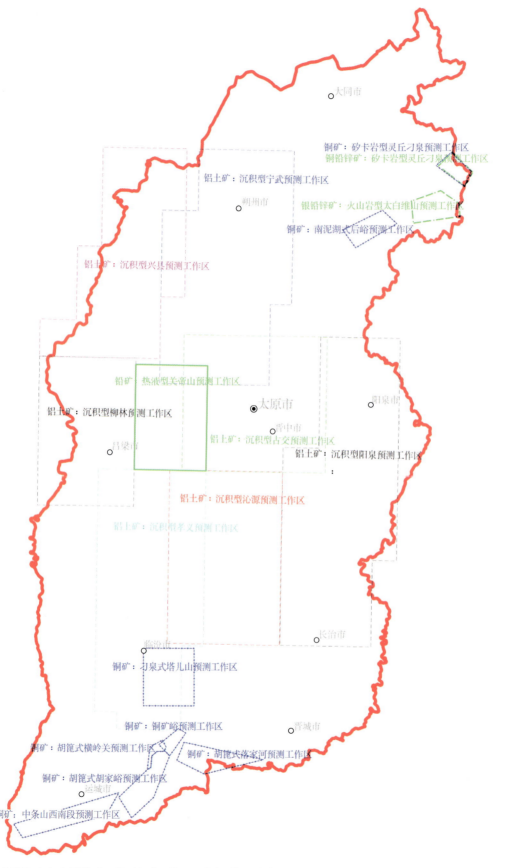

图 3　山西省有色金属铜、钼、铅、锌、铝（稀土）预测工作区分布图（钼矿的预测工作区属于铜矿南泥湖式后峪预测工作区）

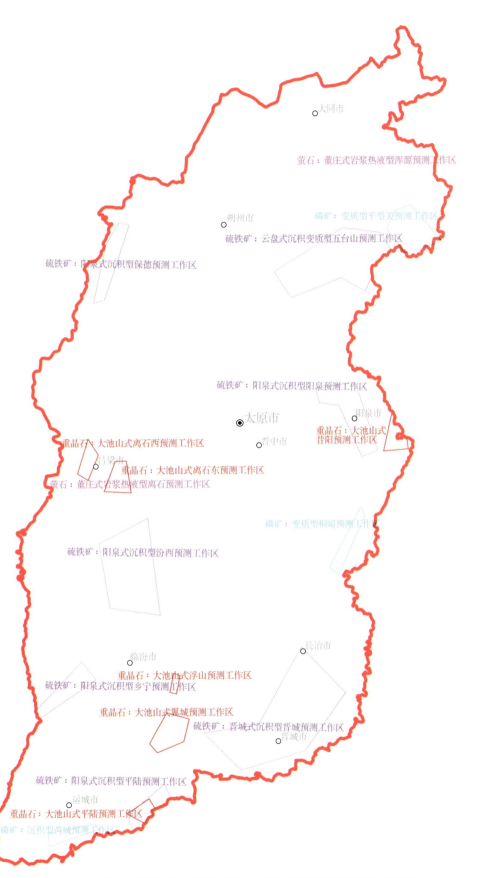

图 4　山西省非金属磷、硫铁矿、萤石、重晶石预测工作区分布图

目 录

第1章 地质工作程度 ··· (1)

1.1 区域地质调查及研究 ··· (1)

1.1.1 1∶20万区域地质调查 ··· (1)

1.1.2 1∶5万区域地质调查与区域矿产调查 ····················· (2)

1.1.3 1∶25万区域地质调查 ··· (2)

1.1.4 专题研究 ·· (2)

1.1.5 科研 ··· (4)

1.2 物探、化探、遥感、自然重砂调查及研究 ························ (4)

1.2.1 重力 ··· (4)

1.2.2 磁测 ··· (5)

1.2.3 地球化学 ·· (16)

1.2.4 遥感 ··· (17)

1.2.5 自然重砂 ·· (19)

1.3 矿产勘查及研究 ·· (19)

1.4 成矿规律与矿产预测评价 ··· (20)

1.4.1 成矿规律研究 ·· (20)

1.4.2 矿产预测评价 ·· (25)

第2章 技术路线 ··· (27)

2.1 技术路线 ·· (27)

2.2 工作流程 ·· (27)

2.3 工作方法 ·· (29)

2.3.1 主要数据流程 ·· (29)

2.3.2 方法流程 ·· (30)

第3章 矿产预测 ··· (37)

3.1 铁矿资源潜力评价 ·· (39)

3.1.1 铁矿预测模型 ·· (39)

3.1.2 预测方法类型确定及区域预测要素 ························· (53)

3.1.3 最小预测区圈定 ··· (70)

3.1.4 资源定量预测 ·· (73)

3.1.5 利用磁测资料对磁性铁矿预测 ································ (108)

IX

3.2 铝土矿资源潜力评价 ……………………………………………………………………… (114)
3.2.1 铝土矿预测模型 ……………………………………………………………………… (114)
3.2.2 预测方法类型确定及区域预测要素 ………………………………………………… (116)
3.2.3 最小预测区圈定 ……………………………………………………………………… (120)
3.2.4 资源定量预测 ………………………………………………………………………… (122)
3.3 铜（钼）矿资源潜力评价 ………………………………………………………………… (129)
3.3.1 铜（钼）矿预测模型 …………………………………………………………………… (129)
3.3.2 预测方法类型确定及区域预测要素 ………………………………………………… (144)
3.3.3 最小预测区圈定 ……………………………………………………………………… (165)
3.3.4 资源定量预测 ………………………………………………………………………… (168)
3.3.5 利用地球化学资料的定量预测 ……………………………………………………… (193)
3.4 金矿资源潜力评价 ………………………………………………………………………… (199)
3.4.1 金矿预测模型 ………………………………………………………………………… (199)
3.4.2 预测方法类型确定及区域预测要素 ………………………………………………… (214)
4.4.3 最小预测区圈定 ……………………………………………………………………… (227)
3.4.4 资源定量预测 ………………………………………………………………………… (230)
3.5 银矿资源潜力评价 ………………………………………………………………………… (259)
3.5.1 银矿预测模型 ………………………………………………………………………… (259)
3.5.2 预测方法类型确定及区域预测要素 ………………………………………………… (266)
3.5.3 最小预测区圈定 ……………………………………………………………………… (273)
3.5.4 资源定量预测 ………………………………………………………………………… (276)
3.6 锰矿资源潜力评价 ………………………………………………………………………… (284)
3.6.1 锰矿预测模型 ………………………………………………………………………… (284)
3.6.2 预测方法类型确定及区域预测要素 ………………………………………………… (288)
3.6.3 最小预测区圈定 ……………………………………………………………………… (293)
3.6.4 资源定量预测 ………………………………………………………………………… (295)
3.7 铅锌矿资源潜力评价 ……………………………………………………………………… (301)
3.7.1 铅锌矿预测模型 ……………………………………………………………………… (301)
3.7.2 预测方法类型确定及区域预测要素 ………………………………………………… (304)
3.7.3 最小预测区圈定 ……………………………………………………………………… (308)
3.7.4 资源定量预测 ………………………………………………………………………… (310)
3.8 硫铁矿资源潜力评价 ……………………………………………………………………… (317)
3.8.1 硫铁矿预测模型 ……………………………………………………………………… (317)
3.8.2 预测方法类型确定及区域预测要素 ………………………………………………… (321)
3.8.3 最小预测区圈定 ……………………………………………………………………… (328)
3.8.4 资源定量预测 ………………………………………………………………………… (329)
3.9 磷矿资源潜力评价 ………………………………………………………………………… (342)
3.9.1 磷矿预测模型 ………………………………………………………………………… (342)
3.9.2 预测方法类型确定及区域预测要素 ………………………………………………… (345)
3.9.3 最小预测区圈定 ……………………………………………………………………… (349)
3.9.4 资源定量预测 ………………………………………………………………………… (350)
3.10 萤石矿资源潜力评价 …………………………………………………………………… (356)

  3.10.1 萤石矿预测模型 …………………………………………………………………… (356)
  3.10.2 预测方法类型确定及区域预测要素 ………………………………………………… (358)
  3.10.3 最小预测区圈定 ………………………………………………………………… (360)
  3.10.4 资源定量预测 …………………………………………………………………… (361)
 3.11 重晶石矿资源潜力评价 ……………………………………………………………………… (364)
  3.11.1 重晶石矿预测模型 ………………………………………………………………… (364)
  3.11.2 预测方法类型确定及区域预测要素 ………………………………………………… (366)
  3.11.3 最小预测区圈定 ………………………………………………………………… (370)
  3.11.4 资源定量预测 …………………………………………………………………… (371)
 3.12 煤炭资源量潜力评价 ………………………………………………………………………… (375)
  3.12.1 宁武轩岗矿区 …………………………………………………………………… (375)
  3.12.2 静乐岚县矿区 …………………………………………………………………… (378)
  3.12.3 宁武侏罗纪矿区 ………………………………………………………………… (380)
  3.12.4 河曲矿区 ………………………………………………………………………… (382)
  3.12.5 河保偏矿区 ……………………………………………………………………… (383)
  3.12.6 柳林矿区 ………………………………………………………………………… (386)
  3.12.7 石楼隰县矿区 …………………………………………………………………… (389)
  3.12.8 乡宁矿区 ………………………………………………………………………… (392)
  3.12.9 霍州矿区 ………………………………………………………………………… (394)
  3.12.10 襄汾矿区 ……………………………………………………………………… (397)
  3.12.11 西山古交矿区 ………………………………………………………………… (400)
  3.12.12 东山矿区 ……………………………………………………………………… (403)
  3.12.13 阳泉矿区 ……………………………………………………………………… (405)
  3.12.14 潞安矿区 ……………………………………………………………………… (407)
  3.12.15 晋城矿区 ……………………………………………………………………… (410)
  3.12.16 平遥矿区 ……………………………………………………………………… (412)
  3.12.17 沁源矿区 ……………………………………………………………………… (414)
  3.12.18 安泽矿区 ……………………………………………………………………… (416)
  3.12.19 浑源煤产地 …………………………………………………………………… (419)
  3.12.20 繁峙煤产地 …………………………………………………………………… (420)
  3.12.21 垣曲煤产地 …………………………………………………………………… (421)
  3.12.22 平陆煤产地 …………………………………………………………………… (423)

第4章 矿产预测成果汇总 …………………………………………………………………………… (425)

 4.1 铁矿 …………………………………………………………………………………………… (425)
  4.1.1 圈定的最小预测区及优选 ………………………………………………………… (425)
  4.1.2 铁矿资源量定量估算结果 ………………………………………………………… (427)
 4.2 铝土矿 ………………………………………………………………………………………… (430)
  4.2.1 圈定的最小预测区及优选 ………………………………………………………… (430)
  4.2.2 铝土矿资源量定量估算结果 ……………………………………………………… (431)
  4.2.3 稀有、稀土元素资源量定量估算结果 …………………………………………… (432)

4.3 铜(钼)矿 (433)
　4.3.1 圈定的最小预测区及优选 (433)
　4.3.2 铜(钼)矿资源量定量估算结果 (434)
4.4 金矿 (440)
　4.4.1 圈定的最小预测区及优选 (440)
　4.4.2 金矿资源量定量估算结果 (443)
4.5 银矿 (444)
　4.5.1 圈定的最小预测区及优选 (444)
　4.5.2 银矿资源量定量估算结果 (446)
4.6 锰矿 (448)
　4.6.1 圈定的最小预测区及优选 (448)
　4.6.2 锰矿资源量定量估算结果 (450)
4.7 铅锌矿 (452)
　4.7.1 圈定的最小预测区及优选 (452)
　4.7.2 铅锌矿资源量定量估算结果 (454)
4.8 硫铁矿 (457)
　4.8.1 圈定的最小预测区及优选 (457)
　4.8.2 硫铁矿资源量定量估算结果 (457)
4.9 磷矿 (461)
　4.9.1 圈定的最小预测区及优选 (461)
　4.9.2 磷矿资源量定量估算结果 (463)
4.10 萤石矿 (465)
　4.10.1 圈定的最小预测区及优选 (465)
　4.10.2 萤石矿资源量定量估算结果 (465)
4.11 重晶石矿 (468)
　4.11.1 圈定的最小预测区及优选 (468)
　4.11.2 重晶石矿资源量定量估算结果 (470)
4.12 煤炭 (472)
　4.12.1 煤炭资源预测的原理与方法 (472)
　4.12.2 煤炭资源预测成果 (474)
　4.12.3 煤炭资源的开发利用潜力评价 (477)

主要参考文献 (480)

第1章 地质工作程度

1.1 区域地质调查及研究

以近代地质学方法为基础的山西地质调查始于1862年美国人庞培(Pumpolly),但有一定影响的先驱者当推德国人李希霍芬(Richthofen),他于1868—1872年间对山西省进行了粗略的路线地质概察,并首次对山西省的地层进行了笼统的划分,他所提出的一些地层名称,如五台(系)、滹沱(页岩)、震旦(系)、山西(系),虽然其内容和含义在后来的调查研究中经历了多次厘定而发生了改变,但这些名称均为后来地质学家沿用。美国人维理士(Wilis)和布拉克维尔(Blakwdlder)于1903年对五台山区展开了区域性的路线地质调查,他所提出的五台山区前寒武系的划分方案,影响了中国前寒武纪地层划分长达半个世纪之久。最早来山西省进行区域地质调查的我国地质学家是王竹泉,他于1911—1925年间曾5次在山西进行地质调查,足迹达66个县,编制了包括山西大部分(4/5以上)区域的太原榆林幅1∶100万地质图及说明书,对山西的地质概貌进行了较全面的总结和论述,对山西区域地质做出了巨大贡献。在此期间瑞典人那琳(Norin)、赫勒(Hall)的研究为山西省石炭系—二叠系的划分及时代确定奠定了基础。

孙建初(1928)、王绍文(1932)、杨杰(1936)等地质学家曾先后涉足五台山、恒山进行了路线地质调查,粗线条地勾画了区内地层系统和地质构造轮廓,更正了早期地质学家在山西地层划分上的一些错误。1937—1945年日本人森田日子次初步划分了大同煤田地层,将区内中生代火山岩称为浑源统。

1951年以王曰伦为首的五台队和1955—1956年以马杏垣为首的北京地质学院实习队先后对五台山区进行了区域地质调查(简称"区调"),大大提高了五台山区(特别是前寒武纪)的研究程度。

20世纪50年代,区域地质调查主要是围绕国家急需矿产的勘探区而进行的,开展了一些矿产的普查工作,在不同程度上提高了山西的地质研究程度,提供了一定范围的大、中比例尺地质图。1959年全国地层会议的召开,可以说是20世纪前半个世纪我国地质调查研究(包括山西省在内)在地层方面的总结。此次会议的组成部分——石炭纪、二叠纪地层现场会在山西召开,而中国科学院山西队刘鸿允等在准备工作阶段所进行的石炭系、二叠系及三叠系的专题研究,对以后的研究更是产生了深远的影响。山西省正规的1∶20万区调于1963—1979年间完成,以传统填图方法进行了系统的地质调查,随后于20世纪70年代末开展了1∶5万区调,2000年开展了1∶25万区调。

1.1.1 1∶20万区域地质调查

山西省1∶20万图幅共涉及38个标准图幅。1960—1979年全面完成山西省1∶20万区调图幅28幅,其中包括完整图幅23幅、不完整图幅(省内部分)5幅;其余10幅不完整图幅由邻省区调队完成。完成实测面积15.6万 km²,覆盖比例为100%。本次工作全面收集了剖面资料、化石资料、岩石分析样品等原始资料和成果资料。

与此同时，各普查勘探队对一些矿区外围进行了深入的综合性地质调查，为以后的区域地质调查研究提供了丰富的第一手资料。

1.1.2　1∶5万区域地质调查与区域矿产调查

山西省共涉及1∶5万标准图幅449幅(其中跨省不完整图幅为125幅)，需要山西省完成的图幅数为390幅。2/3以上面积为黄土的图幅数为43幅，全部为黄土的图幅为30幅。

1∶5万区调开始于1977年，截至2007年底，共完成图幅144幅，其中山西省完成125幅(包含砂河镇幅和下关幅各半幅、12幅城市区调)，河北省完成跨省图幅14幅，河南省完成跨省图幅2幅。省内完成实测面积57 274.72km^2，占全省总面积的34.79%。截至2012年底，可提交野外验收的图幅有74幅，占全省总面积的52%左右。本次在1∶25万建造构造图和实际材料图的编图过程中，全部收集利用了其主要原始资料和成果资料。大地构造相图的编制利用了2012年底计划完成项目的阶段性成果资料，如同位素测年资料与岩石化学、地球化学等资料。山西省1∶5万区域地质调查与区域矿产调查工作程度见图1-1-1。

1.1.3　1∶25万区域地质调查

1∶25万区域地质调查始于2000年，截至目前，山西省共完成1∶25万区调图幅7幅(应县幅、忻州市幅、岢岚县幅、侯马市幅、新乡市幅、临汾市幅、长治市幅)，本次编图全部收集、利用了上述图幅的原始资料与成果资料。另外，本次编图也大量利用了正在实施的大同市幅、偏关县幅阶段性成果资料。

1.1.4　专题研究

1959年山西省地质厅王植总工程师主持编制的《山西矿产》是山西地质矿产的首次全面总结，其附图山西省地质图、山西省大地构造图是山西省第一代1∶50万地质图和大地构造图。

1970年地质部华北地震地质大队编制了1∶50万《山西地区构造体系图》。

20世纪70年代中期到80年代初期，在完成了大部分1∶20万图幅区调工作之后，山西省区域地质调查队完成了《华北地区区域地层·山西分册》的编制，逐步开展并完成了地层断代总结和各类岩浆岩总结，非公开出版了一系列总结性丛书，计有20本之多，书中收录了大量实际资料，对后续的区调工作具有重要的指导意义，随后完成了山西第二代1∶50万地质图及说明书的编制。1979年山西省区域地质调查队、山西省地质科学研究所完成了山西省1∶50万构造体系图及说明书的编制。

1989年由山西省区域地质调查队武铁山主编完成的《山西省区域地质志》，是在上述1∶20万断代总结的基础上，利用和参考各矿山普查勘探及地质科研成果综合编写而成，其所附1∶50万山西省地质图、山西省构造岩浆岩图，是山西省第三代公开出版的最全面、最系统的区域地质调查总结。

1997年武铁山等主编完成的《山西省岩石地层》和陈晋镳、武铁山主编完成的《华北区区域地层》，以现代地层学理论为指导对山西省沉积岩(含变质表壳岩和新生界)的地层单位进行了系统的总结和清理，对近几年开展的区调和基础地质调查均发挥了基础性的作用。

1998年武铁山等主编了《山西省1∶50万数字化地质图》。

进入21世纪以来，山西省区域地质调查方面专题性研究工作开展得较少，2005年山西省地质调查院完成了"山西大地构造划分、成矿旋回与演化"研究，并附有1∶50万山西省大地构造图。2007年山西省地质矿产勘查开发局(简称"山西省地矿局")立项编制新一代山西省1∶50万地质系列图，其中山西省地质调查院武铁山、赵祯祥、孙占亮等完成了山西省1∶50万地质图、构造岩浆岩图、矿产图的编制工作。

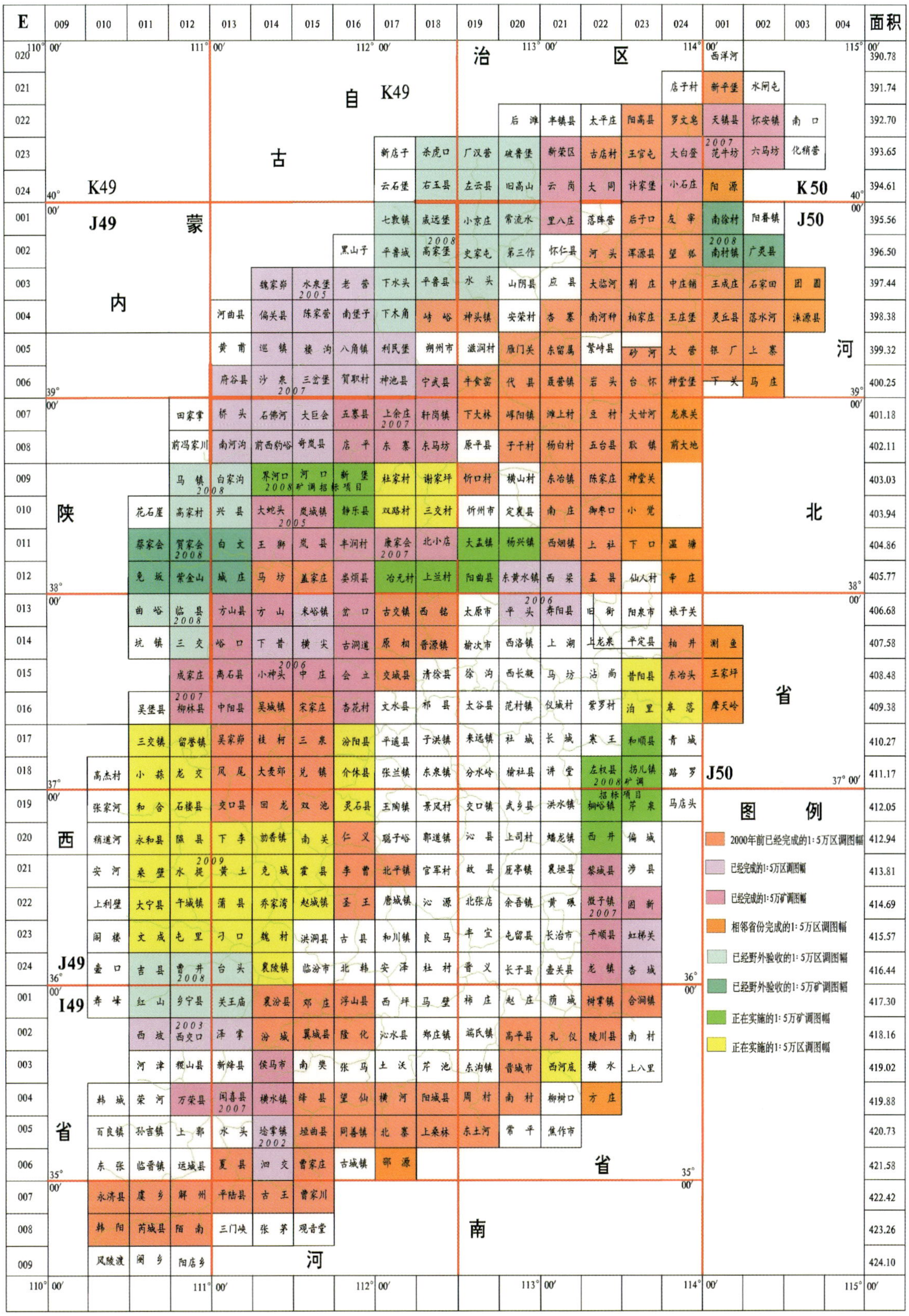

图 1-1-1 山西省1∶5万区域地质调查与区域矿产调查工作程度图

注：1. 面积单位为 km²；2. 本图资料截止时间为2012年。

1980年以来,完成的主要专著有:《五台山区变质沉积铁矿地质》(李树勋等,1986)、《五台山早前寒武纪地质》(白瑾,1986)、《中浅变质岩区填图方法:五台山区构造-地层法填图研究》(徐朝雷,1990)、《中条山前寒武纪年代构造格架和年代地壳结构》(孙大中等,1993)、《中条裂谷铜矿床》(孙继源等,1995)、《五台山-恒山绿岩带地质及金的成矿作用》(田永清,1991)、《恒山早前寒武纪地壳演化》(李江海等,1994)、《中条山前寒武纪地质》(白瑾等,1997)等。

综合性矿产研究成果主要有:《山西省矿产志》《山西省1:100万矿产图及说明书》《1:50万山西成矿规律图与成矿预测及说明书》《山西省矿产资源概况》和《山西省矿区概况》以及分册编制的《山西省铁矿、铜矿、金矿、磷矿资源》。近十几年来完成的矿产研究专著、图件主要有:1986年,山西省地矿局区域地质调查队分幅编制了《山西省区域地质、能源、金属、非金属矿产地质研究程度图》及《山西省金矿地质特征及其远景》;山西省计划委员会与山西省地质矿产局合编的《山西省地质矿产资源》。其他的如:《五台山区变质沉积铁矿地质》(李树勋等,1986)、《山西省区域矿产总结》(山西省地矿局区域地质调查队,1989)、《山西省非金属矿产及利用》(山西省计划委员会等,1989)、《中条山铜矿成矿模式及勘查模式》(冀树楷等,1992)、《山西省金矿综合信息成矿预测及方法研究》(王世称等,1994)、《中条裂谷铜矿床》(孙继源等,1995)、《中国矿床发现史·山西卷》(王福元等,1995)、《五台山-恒山绿岩带金矿地质》(沈保丰等,1998)、《华北陆台北缘地体构造演化及其主要矿产》(胡桂明等,1996)、《山西铝土矿地质学研究》(陈平等,1998)、《山西铝土矿岩石矿物学研究》(陈平等,1997)。

1.1.5 科研

山西省早前寒武纪地质一直是国内外研究的热点,也是我国早前寒武纪研究的奠基地区,故科研文献以此方面居多,当然其他方面也有涉及。主要学者有李江海、钱祥麟、刘树文、王凯怡、伍家善、刘敦一、赵国春、Kusky、赵宗溥、Kroner、Wilde、翟明国、赵凤清、万渝生、耿元生、于津海、徐朝雷、田永清、苗培森、陆松午、王惠初等,他们采用当今最先进的测试手段,开展了构造环境、大地构造划分、同位素年代学、构造演化等方面的研究,取得了一大批分析测试数据和同位素年代学方面的新资料,提出了一批新观点与新认识,对基础地质调查研究产生了重要的影响。

山西省的基础地质调查工作程度较高,区调工作取得了较为丰富的基础性、实用性的实际地质资料,准确填绘出了各地质体空间分布,并对部分地质体进行了深入探讨,但存在分析测试手段落后、一些先进技术手段应用不足、研究深度不够的问题。科研方面虽然指导理论、技术手段先进,但调查缺乏系统性。

本次编图全面收集了正规区域调查方面的各类重要原始资料和成果资料,参考利用了专题研究成果,并较系统地分析整理了大量科研文献资料,充分利用了其中一些重要测试数据,吸收了部分有影响的研究成果。

1.2 物探、化探、遥感、自然重砂调查及研究

1.2.1 重力

山西省1:50万的重力测量工作于1986年完成并编写了报告。"山西省1:50万区域重力调查"是山西省地质矿产局地球物理勘探队承担的大调查项目。工作起止年限:1982—1986年。报告名称:《山西省1:50万区域重力调查成果报告》。成果报告完成时间:1987年。原始数据存放地:山西省地质矿产局地球物理勘探队。

从20世纪80年代初到90年代中期相继进行了1∶20万重力测量,截至1999年共完成22个1∶20万图幅的重力测量,并编写了重力报告。2001年又完成了忻州、阳泉、盂县3个图幅。2012年完成山西省中部剩余11个1∶20万图幅的重力测量,但目前尚未提交报告。

"晋东北地区1∶20万区域重力调查"是山西省地质矿产局地球物理勘探队承担的大调查项目。工作起止年限:1980—1989年。报告名称:《晋东北地区1∶20万区域重力调查成果报告》。成果报告完成时间:1991年。原始数据存放地:山西省地质矿产局地球物理勘探队。

"山西省西南地区1∶20万区域重力调查"是山西省地质矿产局地球物理勘探队承担的大调查项目。工作年限:1987—1991年。报告名称:《山西省西南地区1∶20万区域重力调查成果报告》(包含韩城幅、侯马幅、运城幅、三门峡幅、洛南幅)。成果报告完成时间:1992年。原始数据存放地:山西省地质矿产局地球物理勘探队。

"山西省东南地区1∶20万区域重力调查"是山西省地质矿产局地球物理勘探队承担的大调查项目。工作年限:1993—1994年。报告名称:《山西省东南地区1∶20万区域重力调查成果报告》。成果报告完成时间:1995年。原始数据存放地:山西省地质矿产局地球物理勘探队。

"山西省西北地区1∶20万区域重力调查"是山西省地质矿产局地球物理勘探队承担的大调查项目,工作年限:1981年、1989年、1991年、1995年4个年度完成。报告名称:《山西省西北地区1∶20万区域重力调查成果报告》。成果报告完成时间:1996年。原始数据存放地:山西省地质矿产局地球物理勘探队。

山西省区域重力调查工作程度一览见表1-2-1。

表1-2-1 山西省区域重力调查工作程度一览表

类别	项目名称	比例尺	完成面积(km²)	完成图幅数(个)	备注
重力	山西省西南地区1∶20万区域重力调查	1∶20万	18 606	5	2012年完成图幅11幅,完成面积58 719.72km²
	晋东北地区1∶20万区域重力调查	1∶20万	20 542	7	
	山西省东南地区1∶20万区域重力调查	1∶20万	12 000	3	
	山西省西北地区1∶20万区域重力调查	1∶20万	23 000	6	
	山西省忻州、阳泉、元氏图幅1∶20万区域重力调查	1∶20万	13 098.88	3	
	山西省静乐、盂县1∶20万区域重力调查	1∶20万	10 612.4	2	
	合计		97 859.28	26	
	沁水盆地沁县—武乡地区重力测量	1∶10万	1000		
	山西省太原凹陷重力普查	1∶20万	6100		
	山西省沁水坳陷中部重力普查	1∶20万	5000		
	山西省1∶50万区域重力调查	1∶50万	覆盖全省		

1.2.2 磁测

1. 航磁测量工作程度

山西省航磁测量开始于20世纪60年代,至2000年先后开展过1∶2.5万~1∶20万航空磁测,共进行了13个区块的测量(表1-2-2)。其中大部分为金属航空磁测,部分地区进行过构造航空磁测,使用的航磁仪器种类较多,测量精度高低不一。20世纪80年代利用1∶2.5万~1∶20万航空磁测资料进行了1∶50万航空磁测系统查证、编图、建卡等工作,该项工作共圈定磁异常706个,合编为381个异常范围,缩绘到1∶50万航磁异常图上,并建立了460个航磁异常卡片。据统计共有甲1类异常101个,甲2类异常87个,乙类异常101个,丙类异常86个,丁类异常331个。其中,一级工程验证的204个,二级详细地面检查的158个,三级踏勘检查的103个,尚未做任何地检工作的241个。山西省航磁工作程度一览见表1-2-2。

表1-2-2 山西省航磁工作程度一览表

项目名称	比例尺	完成面积(km²)
呼和浩特—大同航磁测量	1∶5万	4872
晋北五台地区航磁测量	1∶5万	15 239
吕梁地区航磁测量	1∶5万	15 603
晋南临汾地区航磁测量	1∶5万	8375
中条山地区航空物探勘探工作	1∶5万	5085
合计		49 174
晋西北地区航磁测量	1∶10万~1∶5万	18 351
太行、吕梁、五台、恒山航磁测量	1∶10万~1∶20万	17 338
沁水盆地航磁测量	1∶20万	33 871
陕甘宁地区航磁测量	1∶20万	11 498
鄂尔多斯中部航磁测量	1∶20万	3261
晋南、豫北地区航磁测量	1∶20万	16 565
合计		100 884
晋中航磁测量	1∶2.5万	10 687
晋南二峰山—塔儿山航磁测量	1∶2.5万	4157
晋东南豫西北冀西南航磁测量	1∶2.5万	8476
合计		23 320

根据异常的地球物理特征及所处地质环境,结合地理位置,将全省的航磁异常划分为5个异常区、17个异常亚区。对每个异常亚区进行了分析评述,着重归纳、总结出山西省各种铁矿类型的航磁异常特征,并对玄武岩、安山岩以及前震旦纪变质岩的磁场特征进行了总结。对山西省的找矿远景地段提出了看法,概略地评述了找矿远景。利用航磁资料推断断裂构造61条,其中属太古宙的断裂19条,中生代的断裂18条,新生代的断裂24条。结合重力资料认为有6处已知岩体可以扩大范围,有8处局部异常推断为燕山期侵入体引起。

2. 地磁测量工作程度

山西省地磁测量从20世纪50年代开始,至20世纪至70年代末止,共计完成工作区202个(表1-2-3),测量面积达20 507.87 km²。其工作目的包含铁矿普查,航磁异常检查,配合地质填图,圈定基性岩(火成岩)范围,间接寻找磷矿、铝土矿等。20世纪80年代前编制了全省工作程度图。工作区均编写了磁测工作报告,对异常进行了定性解释,部分铁矿区做了定量解释和勘查验证工作,提交了储量报告。山西省地磁工作程度一览见表1-2-3。

表1-2-3 山西省地磁测量工作程度一览表

测区编号	报告名称	工作单位	工作年度	比例尺	面积（km²）	备注
1	天镇瓦窑口地区物探试验工作总结	物探三分队	1961			实验剖面
2	阳高县薛家窑、石门沟地区铁矿地面磁测简报	物探三分队	1959	1∶1万	2	鞍山式铁矿
3	阳高县三屯地区磁铁矿地面磁测结果简报	物探三分队	1959	1∶1万	1	鞍山式铁矿
4	阳高县周家山地区磁铁矿地面磁测结果简报	物探三分队	1959	1∶1万	1.2	鞍山式铁矿
5	阳高县东盘道地区磁铁矿地面磁测结果简报	物探三分队	1959	1∶1万	0.7	鞍山式铁矿
6	大同户堡金云母矿区物探工作结果报告	北京地质学院实习队	1959	1∶2000~1∶4000	3	圈出14个磁性岩脉
7	大同市北郊石墨矿区物探工作结果报告	物探三分队	1960	1∶1万	50.2	辉绿岩脉
8	右玉县滴水沿赤铁矿点重磁工作简报	物探六分队	1974	1∶1万	0.52	圈定接触带
9	山西省航磁检查结果简报	物探二分队	1966	1∶5万	20	北部为岩体异常
10	广灵—阳高六稜山铁矿区1967年度报告	物探六分队	1967	1∶1万	8	发现4个矿异常
11	山西省航磁检查结果报告	物探二分队	1966	1∶10万	118	片麻岩异常
12	山西省航磁检查结果报告	物探二分队	1966	1∶10万	20	片麻岩异常
13	浑源盆口地区物探地质工作简报	物探六分队	1967	1∶5000	0.9	多为凝灰岩异常
14	山西省航磁检查结果简报	物探二分队	1966	1∶10万	47	震旦系磁性岩层
15	晋西北地区航磁异常检查结果简报	物探队航检组	1980	1∶5万	3	正长闪长斑岩
16	山西省航磁检查结果报告	物探二分队	1966	1∶10万	89	喷出岩
17	广灵县聂家沟—炭堡一带地质普查报告	二一一地质队	1974	1∶4万	16.9	
18	灵邱县太那水一带磁测化探报告	物探四分队	1970	1∶2.5万	55	磁铁矿或岩体
19	灵邱县刁泉—马家湾地区磁测报告	物探队	1966	1∶5万	180	铁矿或岩体
20	灵邱县刁泉—马家湾地区磁测报告	物探直属一组	1966	1∶1万	8	未定性
21	灵邱县太那水一带磁测化探报告	物探四分队	1970	1∶5000	5.8	2个铁矿异常
22	灵邱县孙庄—石家窑磁异常评价报告	二一七地质队	1974	1∶1万	12.27	岩体异常
23	山西省灵邱县塔地航磁异常检查简报	二一七地质队	1975	1∶2.5万	7	松脂、珍珠岩
24	晋北地区航磁异常检查报告	物探一分队	1959	1∶1万	18	铁矿
25	晋北地区航磁异常检查结果报告	物探一分队	1959	1∶1万	6	无异常
26	晋北地区航磁异常检查结果报告	物探一分队	1959	1∶1万	10	鞍山式铁矿
27	灵邱县刁泉—马家湾地区磁测报告	物探队直属一组	1966	1∶1万	3	推测矿异常

续表 1-2-3

测区编号	报告名称	工作单位	工作年度	比例尺	面积（km²）	备注
28	五台地区落水河测区1978年物探工作总结	山西冶金物探队	1978	1∶1万	151	3处铁矿异常
29	五台—恒山地区航磁异常检查结果报告	物探队航检组	1979	1∶5万	63	铁矿异常
30	晋北地区航磁异常检查结果报告	物探一分队	1959	1∶5000	1	推测铁矿
31	繁峙县义兴寨地区磁测结果报告	物探二分队	1966	1∶5000	4	矿异常
32	位于繁峙中虎峪	山西冶金物探队	1976	1∶1万	80	性质不明
33	山西省五台地区大营—平型关测区1977年物探工作总结	山西冶金物探队	1977	1∶2.5万	231	多为铁矿异常
34	山西五台地区大营—平型关测区1977年物探工作总结	山西冶金物探队	1977	1∶1万	91	推测铁矿
35	灵邱县下车河普查简报	物探队航检组	1969	1∶2.5万	24	石英斑岩
36	山西省灵邱县太白维山一带磁测及地质普查报告	二一七地质队	1975	1∶2.5万	100	隐伏铁矿
37	灵邱县野里铁矿区磁测工作报告	北京地质学院实习队	1959	1∶5000～1∶1万	4	隐伏铁矿
38	晋北地区航磁异常检查结果报告	物探一分队	1959	1∶万	32.65	铁矿异常
39	灵邱县刘庄铁矿磁测详查报告	物探二分队	1966	1∶5000	12.9	矽卡岩型
40	山西繁峙县南峪口测区1976年物探工作总结	山西冶金物探队	1976	1∶2.5万	105	铁矿异常
41	神池县八角乡大马军营铁矿物探工作结果简报	物探队	1958	1∶1万	7.5	铁矿异常
42	神池县八角堡测区物化探成果报告	物探一分队	1975	1∶2.5万	90	未发现异常
43	代县胡家滩测区物化探成果报告	物探一分队	1973	1∶1万	28	推测铁矿
44	山西代县黄土梁工区超基性岩区物化探工作结果报告	物探四分队	1972	1∶1万	18.4	超基性岩
45	晋西北地区航磁异常检查结果简报	物探队航检组	1980	1∶5万	7.5	基底为磁性岩层
46	晋西北地区航磁异常检查结果简报	物探队航磁组	1980	1∶5万	3.5	紫色砂岩
47	五台地区庄旺测区1978年物探工作总结	山西冶金物探队	1978	1∶1万	56	推测矿异常
48	代县黑山庄铁矿普查评价报告	六二四地质队	1978	1∶1万	42.7	铁矿异常
49	代县山羊坪测区地面磁测工作总结	山西冶金物探队	1979	1∶1万	105.8	性质不明
50	山西省五台山宽滩—岩头一带铁矿普查报告	二一一地质队	1978	1∶2.5万	155	鞍山式铁矿
51	山西省代县半梁—繁峙县大西沟工区磁测普查成果报告	物探六分队	1979	1∶1万	99.94	铁矿异常
52	五台山细碧角斑岩东冷沟含铜黄铁矿点普查报告	物探二分队	1966	1∶2万	2.5	与铜矿无关的异常

续表 1-2-3

测区编号	报告名称	工作单位	工作年度	比例尺	面积 (km²)	备注
53	五台山大明—太平沟磁测普查成果报告、五台县麻皇沟-铺上地区磁测普查成果报告	物探二、三、六分队	1978—1979	1:1万	183.7	铁矿异常
54	山西省代县赵村磁异常检查报告	二一一地质队	1974	1:2.5万	26	2个矿异常
55	山西省代县赵村磁异常检测报告	二一一地质队	1974	1:1万	3.85	超基性岩
56	山西省五台山地区皇家庄一带铁矿普查报告	二一三地质队	1978	1:2.5万	68	鞍山式铁矿
57	代县白峪里铁矿1:1万磁测普查成果报告,原平皇家庄-山碰工区测测成果报告	物探二、六分队	1978—1979	1:1万	78	矿异常
58	山西省原平县46/142航磁异常检查结果简报	二一一地质队	1972	1:5万	100	性质不明
59	山西省原平县孙家庄—代县八塔磁测普查成果报告	物探四、六分队	1980	1:1万	215.28	铁矿异常
60	晋北地区航磁异常检查结果报告	物探一分队	1959	1:1万	20	鞍山式铁矿异常
61	五台县宝山怀地区铁矿磁测工作报告	物探七分队	1967	1:5000～1:1万	15.5	铁矿异常
62	山西省晋西北地区航磁异常检查结果简报	物探队航检组	1980	1:5万	25	基底磁性层
63	晋北凤凰山地区磁法放射性综合普查结果报告	物探一〇一分队	1960	1:2.5万	400	2个铁矿点
64	山西省晋西北地区航磁异常检查结果简报	物探队航检组	1980	1:10万	81	鞍山式铁矿
65	山西省晋西北地区航磁异常检查结果报告	物探队航检组	1980	1:5万	32	基底磁性层
66	定襄县铁山测区综合物探报告	山西冶金物探队	1979	1:5000	17.5	赤铁矿方法试验
67	山西省忻定盆地地面磁测检查报告	二一一地质队	1968—1972	1:1万	4.95	推测矿异常,钻探未见
68	山西省忻定盆地地面磁测检查报告	二一一地质队	1968—1972	1:10万	700	5个性质不明异常
69	马坊—五寨一带航磁异常检查结果报告	物探二分队	1960	1:10万	1200	变基性火山岩
70	忻县小岭底(后河堡)超基性岩区物化探工作报告	物探四分队	1972	1:1万	5.42	超基性岩体
71	忻县小岭底一带超基性岩区物化探工作报告	物探四分队	1972	1:1000	0.24	超基性岩体
72	山西省忻定盆地地面磁测检查报告	二一一地质队	1968—1972	1:1万	6.6	不详
73	忻定县铁矿磁法普查结果报告	北京地质学院实习队	1959	1:2.5万	800	金山为铁矿异常

续表 1-2-3

测区编号	报告名称	工作单位	工作年度	比例尺	面积（km²）	备注
74	忻定县铁矿磁法详查结果报告	物探一分队	1959	1∶5000	13.5	鞍山式铁矿
75	忻定县铁矿磁法详查结果报告	物探一分队	1959	1∶5000	31.5	角闪岩
76	山西省忻定盆地地面磁测检查报告	二一一地质队	1968—1972	1∶1万	63	黄岗岩夹薄层铁矿
77	忻县铁矿磁法详查结果报告	物探一分队	1959	1∶5000	6	角闪片麻岩
78	山西省忻定盆地地面磁测检查报告	二一一地质队	1968—1972	1∶1万	11	有可能为铁矿异常
79	忻定县铁矿磁法详查结果报告	物探一分队	1959	1∶2.5万	75	未发现有意义异常
80	山西省忻定盆地地面磁测检查报告	二一一地质队	1968—1972	1∶1万	4	性质不明
81	定襄县王家庄工区磁测报告	物探六分队	1967	1∶1万	4.5	磁性岩层
82	岚县地区磁测普查结果简报	物探三分队	1976	1∶2.5万	496	铁矿
83	山西省岚县地区重磁普查结果报告	物探三分队	1978	1∶5万	185	无异常
84	山西省晋西北地区航磁异常检查结果报告	物探队航检组	1980	1∶10万	23	辉绿岩、伟晶岩
85	山西省1972年度航磁异常检查报告	物探队航检组	1972	1∶2.5万	9	角闪岩、辉绿岩
86	盂县潘家会岩体地质物探普查报告	六二四地质队	1976	1∶2.5万	65	辉长岩
87	盂县潘家会辉长岩体地质物化探工作总结	六二四地质队	1978	1∶5000	35	辉长岩
88	忻定县铁矿磁法详查结果报告	物探一分队	1959	1∶5000	2	磁铁石英岩
89	盂县车轮—南北河航磁异常区地磁详查报告	六二四地质队	1974	1∶1万	18	火成岩
90	盂县车轮地区磁法精查工作阶段报告	物探二分队	1961	1∶2000	2	推测矿异常
91	山西省1972年度航磁异常检查报告	物探队航检组	1972	1∶10万	30	火成岩
92	盂县苌池测区物探工作报告	六二四地质队	1975	1∶1万	44	基底磁性层异常
93	盂县下王地区磁测成果报告	物探二分队	1960	1∶1万	20	无规律异常
94	盂县下王地区磁测成果报告	物探二分队	1960	1∶2000	0.64	圈定矿体
95	盂县下王村矿点磁测检查报告	北京地质学院实习队	1958	1∶5000~1∶1万	3.5	2个有意义异常带
96	盂县东梁—铜炉地区磁测普查报告	物探三分队	1971	1∶5万	104	无有价值异常
97	临县紫金山地区1961年物化探年终报告	物探二分队	1961	1∶1万	14	碳酸盐岩含铌、钽
98	静乐县袁家村（岚县）铁矿磁法详查结果报告	北京地质学院实习队	1959	1∶5000	15.75	确定了铁矿范围
99	山西省岚县袁家村铁矿区外围磁测评价报告	二一五地质队	1978	1∶1万	5.8	2个铁矿异常

续表 1-2-3

测区编号	报告名称	工作单位	工作年度	比例尺	面积（km²）	备注
100	太原市尖山矿区磁法工作总结	山西冶金物探队	1979	1：1万	215	矿异常
101	山西省娄烦县东水沟铁矿磁测结果报告	二一五地质队	1978	1：1万	6	矿异常
102	太原关口工区航磁异常检查报告	物探七分队	1973	1：2.5万	48	性质不明
103	交城县狐堰山外围磁测结果报告	物探一〇三分队	1960	1：2.5万	600	圈定火成岩范围
104	狐堰山地区磁测成果报告	物探二三七分队	1978—1975	1：1万	162.7	有意义异常55处，部分为矿异常
105	狐堰山铁矿区磁测结果报告	物探队	1967	1：2.5万	82	无有意义异常
106	山西省太原市狐堰山铁矿矿泉—上百泉一带磁测结果报告	二一五地质队	1972	1：2000	1.14	6个矿异常
107	山西省晋西北地区航磁异常检查结果简报	物探队航磁组	1980	1：10万	16	辉长岩
108	山西省太原市狐堰山铁矿矿泉—上百泉一带磁测结果报告	二一五地质队	1976	1：5000	0.64	干扰异常
109	山西省太原市狐堰山铁矿矿泉—上百泉一带磁测结果报告	二一五地质队	1977	1：2000	0.51	非矿异常
110	1966年狐堰山铁矿区磁法详查报告	物探四分队	1966	1：5000	8.5	推测铁矿
111	1966年狐堰山铁矿区磁法详查报告	物探四分队	1966	1：5000	5.3	非矿异常
112	交城县上长斜地区磁测化探结果简报	物探二分队	1960	1：5000	8	无异常
113	太原清徐一带地热物探普查工作报告	第一水文队	1972	1：5万	155	金胜异常与水密切
114	山西省航磁检查结果报告	物探队航检组	1966	1：5万	39	基底异常
115	晋阳县孔氏、王寨地区，平定县郭家山地区磁法初查报告	六二四地质队	1974	1：5万	13	玄武岩
116	晋阳县孔氏、王寨地区，平定县郭家山地区磁法初查报告	六二四地质队	1974	1：5万	9	安山岩等综合异常
117	晋阳县孔氏磁异常查证报告	六二四地质队	1974	1：1万	5.12	安山岩、铁矿综合异常
118	晋阳县孔氏、王寨地区，平定县郭家山地区磁法初查报告	六二四地质队	1974	1：2.5万～1：5万	20	
119	晋阳县界都地区航磁异常检测报告	六二四地质队	1973	1：1万	2.4	玄武岩
120	祁县航磁异常检查结果报告	物探队重磁组	1972	1：5万	70	火成岩、老基底
121	沁水盆地1973年重磁普查年终报告	物探队重磁组、六分队	1972—1973	1：10万	1375	无异常
122	山西省左权县铜峪—栗城地区物化探工作结果报告	物探四分队	1977	1：1万	45.6	2个铁矿带

续表 1-2-3

测区编号	报告名称	工作单位	工作年度	比例尺	面积（km²）	备注
123	山西省航磁检查结果报告	物探队航检组	1966	1:10万	30	玄武岩
124	左权铜峪超基性岩区物化探工作年终报告	物探四分队	1974	1:1万	7.5	铬、镍远景区
125	左权县—黎城县超基性岩物化探工作年终总结	物探四分队	1972	1:5000	33.64	磁铁、铬、镍异常
126	沁水盆地襄垣、长治一带重磁力普查结果报告	北京地质学院实习队	1960	1:20万	3150	结晶基底
127	1966年西安里地区磁法普查详查报告	物探一分队直属三组	1966	1:5万	70	无明显异常
128	山西省1972年度航磁异常检查报告	物探队航检组	1972	1:5万	18	贫含磁铁砂岩
129	1966年西安里地区磁法普查详查报告	物探一分队直属三组	1966	1:5万	76	无明显异常
130	1966年西安里地区磁法普查详查报告	物探一分队直属三组	1966	1:5万	90	无明显异常
131	平顺、壶关县一带磁法放射性工作成果报告	物探一〇四分队	1960	1:2.5万	600	火成岩
132	壶关寺头—蒲水沟及陵川浙水地区磁测结果报告	物探一分队	1959	1:1万	1.76	无明显异常
133	壶关县、平顺县 带磁测结果报告	北京地质学院实习队	1958	1:1万	14	多个小矿体
134	壶关寺头—蒲水沟及陵川浙水地区磁测结果报告	物探一分队	1959	1:5000	1.03	4个小矿体
135	壶关寺头—蒲水沟及陵川浙水地区磁测结果报告	物探一分队	1959	1:5000	2.2	多个小矿体
136	西安里外围地区1967年磁测结果年终报告	物探队	1967	1:4000	2.8	无明显异常
137	西安里地区1975年度物探普查报告、西安里地区磁测普查申家坪工区年度成果报告	物探四分队	1975,1977	1:1万	125	6个有意义异常
138	平顺壶关县一带磁法放射性工作成果报告	物探一〇四分队	1960	1:1万	3.2	小铁矿及火成岩
139	平顺县杏城公社赵城—蒲水一带磁测简报	二一二地质队	1971	1:1万	11.5	1个推测铁矿
140	1966年西安里地区磁法普查详查报告	物探一分队直属三组	1966	1:5000	13.5	6个铁矿异常，2个不明异常
141	西安里外围地区1967年磁测结果年终报告	物探队	1967	1:2000	0.21	3个铁矿异常
142	1966年西安里地区磁法普查详查报告	物探一分队直属三组	1966	1:5000	5.1	小矿异常

续表 1-2-3

测区编号	报告名称	工作单位	工作年度	比例尺	面积（km²）	备注
143	平顺西安里铁矿区 1963 年磁测结果报告	物探二分队	1963	1∶1 万	26	多个小矿异常
144	平顺西安里铁矿区 1963 年磁测结果报告	物探二分队	1962—1963	1∶2000	0.96	5 个矿异常
145	1966 年西安里地区磁法普查详查报告	物探一分队直属三组	1966	1∶5 万	50	无异常
146	平顺西安里铁矿区 1963 年磁测结果报告	物探二分队	1962—1969	1∶2000	0.52	11 个矿异常
147	平顺壶关县一带磁法放射性工作成果报告	物探一○四队	1960	1∶2000～1∶5000	2.7	5 个矿异常
148	乡宁县管头公社土崖底一带磁铁矿磁法普查结果简报	物探一分队	1960	1∶2.5 万	70	磁性基底
149	晋南专区二峰山塔儿山卧虎山一带物探工作报告	物探磁法二队、磁法三队	1959	1∶2.5 万	1560	7 个矿异常带
150	山西省晋南塔儿山—二峰山地区磁测普查成果报告	物探四分队、六分队，二一三地质队，长春地质学院实习队	1974—1977	1∶1 万	937.7	47 个矿异常，16 个有价值
151	1966 年西安里地区磁法普详查报告	物探队一分队直属三组	1966	1∶2.5 万	92	4 个矿异常
152	壶关县寺头—蒲水沟及陵川县浙水地区铁矿磁测结果报告	物探一分队	1959	1∶1 万	8.5	推测小矿异常
153	壶关县寺头—蒲水沟及陵川县浙水地区磁铁矿磁测结果报告	物探一分队	1959	1∶1 万	0.91	无异常
154	晋南专区二峰山、塔儿山、卧虎山一带物探工作报告	物探队磁法二队	1959	1∶5000	7.2	火成岩
155	襄汾县宋村磁测结果报告	山西冶金物探队	1972	1∶5000	11.3	3 个矿异常
156	二峰山—塔儿山一带铁矿床物探工作报告	物探一分队	1966	1∶5000	5.5	26 个矿异常
157	晋南专区二峰山、塔儿山、卧虎山一带物探工作报告	物探队磁法二队、三队	1959	1∶2000	0.84	推断矿异常
158	晋南专区二峰山、塔儿山、卧虎山一带物探工作报告	物探队磁法二队、三队	1959	1∶2000	1	3 个小矿体
159	塔儿山、刁咀、马家咀铁铜矿磁测工作报告	物探队	1967	1∶2000	0.93	3 个推测矿异常
160	二峰山、塔儿山一带铁矿床物探工作报告	物探一分队	1966	1∶5000	4	推测磁异常
161	塔儿山、马家咀、刁咀铁铜矿床磁测工作报告	物探队	1967	1∶5000	0.5	岩体加矿综合异常
162	二峰山—塔儿山一带铁矿床物探工作报告	物探一分队	1966	1∶5000	1.71	无异常

续表 1-2-3

测区编号	报告名称	工作单位	工作年度	比例尺	面积（km²）	备注
163	二峰山—塔儿山磁测普查年终报告	物探六分队	1975	1∶5000	3.24	矿异常
164	山西省襄汾县四家湾铁铜矿床磁法详查报告	物探队	1968	1∶2000	2	6个矿异常
165	山西省临汾地区塔儿山—二峰山一带1979年度物探工作报告	二一三地质队	1979	1∶5000	5.36	无异常
166	山西省临汾地区塔儿山—二峰山一带1976年度物探工作报告	二一三地质队	1979	1∶5000	7.86	1个矿异常,1个不明异常
167	晋南专区二峰山、塔儿山、卧虎山一带物探工作报告	物探队磁法二队、三队	1959	1∶2000	1	推断矿异常
168	晋南专区二峰山、塔儿山、卧虎山一带物探工作报告	物探队磁法二队、三队	1959	1∶2000	0.97	3个矿异常,1个岩体
169	晋南专区二峰山、塔儿山卧虎山一带物探工作报告	物探队磁法二队、三队	1959	1∶2000	0.54	3个矿体(3000万t)
170	晋南专区二峰山、塔儿山、卧虎山一带物探工作报告	物探队磁法二队、三队	1959	1∶5000	1.2	矿体(1500万t)
171	晋南专区二峰山、塔儿山、卧虎山一带物探工作报告	物探队磁法二队、三队	1959	1∶2000	1.35	已知矿体加隐伏矿体
172	晋南专区二峰山、塔儿山、卧虎山一带物探工作报告	物探队磁法二队、三队	1959	1∶2000	2.02	矿体(1000万t)
173	襄汾县塔儿山矿区磁测结果报告	北京地质学院实习队	1958	1∶5000	8.1	矿体
174	晋南专区二峰山、塔儿山、卧虎山一带物探工作报告	物探队磁法二队、三队	1960	1∶2000	8.7	岩体加矿
175	晋南专区二峰山、塔儿山、卧虎山一带物探工作报告	物探队磁法二队、三队	1960	1∶5000	9.6	岩体加矿
176	山西省九原山地区物探工作报告	物探三分队	1971—1972	1∶2.5万	235.75	火成岩或磁性基底
177	山西省九原山地区物探工作报告	物探三分队	1972	1∶1万	17.5	火成岩
178	侯马市北董磷矿区及其外围（云邱山—龙门山）中普查评价报告	物探队	1961	1∶2.5万	120	小规模磷矿、铁矿
179	晋南地区侯马市北董矿区磁铁矿点检查报告	物探一分队	1960	1∶1万	7	磁性杂岩夹细脉铁矿群
180	河津地区1∶1万地面磁测工作报告	山西冶金物探队	1979	1∶1万	134	岩体,夹细脉铁矿群
181	山西省航磁检查结果报告	物探队航磁组	1966	1∶5万	15	性质不明
182	山西省临猗县—万荣地区磁测普查成果报告	物探四分队	1978—1979	1∶2.5万	1214	推测含磁铁矿
183	晋南专署闻喜万荣一带磁铁矿普查年终结果报告	物探一分队	1960	1∶2.5万	640	接触带可能成矿

续表 1-2-3

测区编号	报告名称	工作单位	工作年度	比例尺	面积（km²）	备注
184	临猗县西陈翟航磁异常、重磁、电综合检查报告	物探三分队、四分队	1971	1:5000	4.9	推测叠加矿异常
185	中条山地区综合地质普查勘探报告	物探一分队	1964	1:5万	255.8	圈定了岩体范围
186	山西省垣曲县西沟—绛三岔河工区物化探普查报告	物探一分队	1979	1:1万	4.7	角闪岩、变火山岩
187	闻喜县柳林铜矿区物探工作报告	物探队实验分队	1964	1:1万	4	划分了闪长岩范围
188	中条山 1961 年度综合普查勘探年终报告物化探部分	物探一分队	1961	1:5万	213	非矿异常
189	山西省闻喜县刘庄冶—柳林马家窑—金古洞工区物化探普查报告	物探一分队	1978	1:1万	13	非矿异常
190	中条山矿区物探工作报告	物探局中条山物探队	1955		0.5	含铁角闪岩
191	中条山胡家峪—曹家庄物探结果报告	物探一分队	1963	1:5万	92	划分岩相构造
192	夏县超基性岩 1971 年度物化探工作报告	物探一分队	1971	1:1万	17.5	超基性岩,4 个有利于成矿
193	夏县超基性岩 1971 年度物化探工作报告	物探一分队	1971	1:2000	1.5	9 个超基性岩异常
194	1958 年中条山地区探测结果报告	地质部物探局	1956	1:2.5万～1:5万	305.5+175	无异常
195	垣曲县宋家山一带磁铁矿磁测结果报告,垣曲县宋家山铁矿物化探结果报告	物探一分队	1960—1965	1:1万	42	
196	垣曲县宋家山铁矿物化探结果报告	物探一分队	1965	1:5000	1.92	
197	垣曲宋家山一带磁铁矿磁测结果报告	物探一分队	1960	1:2000	2.5	
198	垣曲宋家山一带磁铁矿磁测结果报告	物探一分队	1960	1:2000	5	
199	垣曲县宋家山铁矿物化探结果报告	物探一分队	1965	1:2000	0.83	
200	闻喜县桃沟卫家沟铅锌矿综合物探结果报告	物探一—二分队	1960	1:1万	13	
201	山西省 1972 年度航磁异常检查报告	物探队航检组	1972	1:1万	7.8	
202	平陆县下坪铝土矿区电磁实验结果报告	物探电法二队	1959			
合计					20 507.87	

1.2.3 地球化学

山西省地球化学工作为山西省地质勘查找矿工作做出了巨大贡献,其工作概况如下。

1. 1∶20 万地球化学调查

山西省 1∶20 万区域地球化学扫面工作始于 1985 年,结束于 1998 年,已覆盖全省。工作方法为水系沉积物测量,各图幅分析元素不一致,从 32～38 个不等,各图幅分析元素数量见图 1-2-1。工作技术要求执行地质矿产部颁发的《区域化探全国扫面工作方法若干规定》。

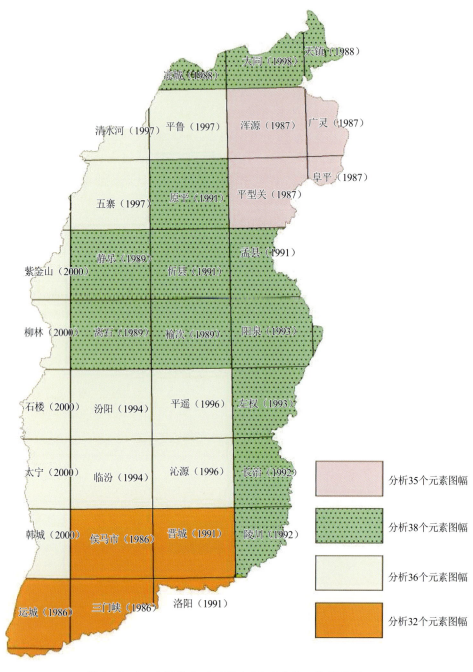

图 1-2-1　山西省 1∶20 万区域地球化学工作程度图

1∶20万区域地球化学扫面包括34个1∶20万图幅,具体有:三门峡、运城、侯马、平型关、广灵、浑源、阜平、天镇、凉城、大同、离石、静乐、榆次、原平、忻县、盂县、晋城、洛阳、长治、陵川、临汾、汾阳、平遥、沁源、清水河、五寨、平鲁、紫金山、柳林、石楼、大宁、韩城、阳泉、左权,控制面积130 120km²,占全省面积的83.4%。

山西省1∶20万区域地球化学要求测试分析39种元素或氧化物,分别为:Ag、As、Au、B、Be、Ba、Bi、Cd、Co、Cr、Cu、F、Hg、La、Li、Mn、Mo、Nb、Ni、P、Pb、Sb、Sn、Sr、Th、Ti、U、V、W、Y、Zn、Zr、Al_2O_3、CaO、Fe_2O_3、K_2O、MgO、Na_2O、SiO_2。其中Sn全省未进行测试分析。共圈出单元素地球化学异常180 399个,综合异常1801个,查证综合异常123个。在异常查证、解释推断的基础上,提交了单幅或多幅合编的地球化学图说明书12份。在分幅成矿预测的基础上,统一编制了山西省地球化学图及成果报告。根据元素的区域分布和多元素组合特征,结合成矿地质规律,对全省金及多金属矿进行了远景预测。同时,为山西省基础地质研究、理论地球化学研究、环境保护、卫生保健等提供了全新、宝贵的基础地球化学资料。

山西省矿产资源潜力评价项目实施过程中,1∶20万地球化学调查水系沉积物测量成果是重点基础数据,但是工作中发现1∶20万数据存在如下问题。

(1)部分图幅的地球化学图中多数元素出现台阶,三层套合法检验认为采样误差掩盖了地球化学变化。

(2)在一些贵金属重要成矿区带(主要是五台山、中条山),异常与已知矿点、矿床对应程度差。

(3)成图方法落后单一,对异常研究及异常查证程度低。

(4)山西省测试分析元素种类各图幅不同,32~38个元素不等,Sn全省未测试分析。

(5)山西省1∶20万区域地球化学数据库建设仅将分析数据入库,没有将报告和图形数据入库。

2. 1∶5万地球化学调查

20世纪80年代中期以来,地球化学普查具有双重性质,既是矿产普查的重要手段,又要研究基础性地质问题,工作区主要布置在五台山、中条山等区域地球化学异常区或成矿远景区内,为缩小找矿靶区和为直接找矿提供了信息。共完成48幅32个水系沉积物测量项目,普查面积19 200 km²,占全省面积的12.3%。圈定综合异常714个,取得了十分显著的找矿效果。

3. 1∶1万地球化学调查

20世纪80年代后期以来,在1∶20万成果圈定出的异常区带和1∶5万异常查证的基础上,开展了多个区块1∶1万的土壤和岩石地球化学测量工作,为山西在重要成矿带上的找矿工作积累了丰富的资料。

1.2.4 遥感

山西省利用卫星遥感技术开展遥感地质调查工作较早,截至2006年底覆盖全省的遥感工作主要有1∶100万全省构造解译、1∶50万全省矿产资源遥感调查,此外还进行过1∶25万应县幅、岢岚幅、忻州幅遥感地质解译,以及局部地区配合其他项目开展的遥感地质调查工作(比例尺多为1∶20万),主要工作成果见表1-2-4。

表 1-2-4 山西省遥感地质工作程度表

项目名称及完成年份	工作比例尺	范围大小	完成单位及资料归属单位
山西省 1:100 万卫星像片地质构造解译(1979)	1:100 万	覆盖全省	山西省地质科学研究所遥感站,山西省地质矿产勘查开发局
山西省矿产资源遥感调查(2000)	1:50 万、1:25 万和 1:10 万	覆盖全省,重点区为中比例尺	山西省地质科学研究所遥感中心,山西省地质调查院
中华人民共和国应县幅 1:25 万区域地质调查遥感解译(2001)	1:25 万	单幅	山西省地质科学研究所遥感中心,山西省地质调查院
中华人民共和国岢岚幅 1:25 万区域地质调查遥感解译(2001)	1:25 万	单幅	山西省地质科学研究所遥感中心,山西省地质调查院
中华人民共和国忻州幅 1:25 万区域地质调查遥感解译(2002)	1:25 万	单幅	山西省地质科学研究所遥感中心,山西省地质调查院
山西省卫星像片航空像片典型地质影像图集(1984)	不等	覆盖全省	山西省地质科学研究所遥感站,山西省地质调查院
关帝山内生金属矿产成矿远景区遥感地质解译(1985)	1:20 万,重点区为 1:3.5 万和 1:4 万	东经 111°57′~112°06′,北纬 37°20′~38°06′	山西省地质科学研究所遥感站,山西省地质调查院
太原地区断裂构造遥感解译(1986)	1:20 万 1:5 万	太原市城、郊区和郊区县 8100km²	山西省地质科学研究所遥感站,山西省地质调查院
山西省中条山铜、金遥感地质解译(1990)	1:20 万	东经 110°15′~112°08′,北纬 34°35′~35°30′	山西省地质科学研究所遥感站,山西省地质调查院
中条山遥感地质解译及铜矿靶区预测(1991)	1:20 万	垣曲县	山西省地质科学研究所遥感站,山西省地质矿产勘查开发局
晋东北金矿综合信息成矿预测及方法研究(1993)	1:20 万	繁峙县	山西省地质矿产局区调队,山西省地质矿产勘查开发局
山西省金矿综合信息成矿预测及方法研究(1994)	1:50 万	覆盖全省	山西省地质矿产局区调队,山西省地质矿产勘查开发局
晋南金矿综合信息成矿预测及方法研究(1996)	1:20 万	临汾—运城地区	山西省地质矿产局区调队,山西省地质矿产勘查开发局
山西省中条山区遥感地质解译及信息提取(2004)	1:10 万 1:2.5 万	3988 km²	山西省地质科学研究所遥感中心,山西省地质调查院

山西省的遥感工作虽然开展时间较早,研究水平在当时来讲较高,但由于 20 世纪 90 年代遥感工作的断档,使得许多工作不连续,从未系统地进行过全省规模的、较为全面和系统的大比例尺遥感地质调查解译工作,只在中条山、五台山等地区开展过局部的、辅助性的遥感地质工作,或是配合其他矿种和其他研究工作进行过一些中比例尺的遥感地质解译工作,且由于 2002 年以前的所有遥感解译成果均为手工转绘成图,对解译要素属性未进行系统描述,其成果仅供参考。总之,山西省的遥感研究基础较差,在全国处于中等偏下的水平。

1.2.5 自然重砂

1. 1∶20万自然重砂测量

山西省1∶20万自然重砂测量工作,始于20世纪50年代末,结束于20世纪70年末。该项工作伴随1∶20万区域地质调查工作同时开展,对山西省基岩出露区进行了全面的1∶20万自然重砂测量。共完成1∶20万图幅28幅,并于1982年由山西省区域地质调查队提交了《1∶50万重砂异常图说明书》,共采集了重砂样品38 227件,圈定有用矿物异常区230多个,积累了大量有价值的重砂原始资料,为地质找矿、基础研究提供了大量有用信息。

2. 1∶5万自然重砂测量

20世纪80年代初,在重要成矿区(带)开展1∶5万区域地质调查工作的同时,又在1∶20万自然重砂测量基础上,对30多个1∶5万图幅进行了1∶5万自然重砂测量工作。采集自然重砂样品8000余件。

1.3 矿产勘查及研究

山西省是全国重要的能源重化工基地,既分布有丰富的矿产资源,也是资源开发利用大省,在全国矿业开发中占有重要的地位。

全省已发现矿产118种(金属矿产29种,非金属矿产82种,能源矿产4种,水气矿产3种),其中有探明资源储量的矿产62种(固体矿产59种,水气矿产3种)。

1. 矿产勘查工作程度

山西省主要矿种的地质勘查程度较高,其中达勘探(精查)程度比例较高的矿种是煤炭、水泥灰岩、银矿、熔剂用灰岩、金矿;达详查程度比例较高的矿种是硫铁矿、铁矿、耐火黏土、铜矿、铝土矿;非金属矿产的勘查程度相对较低。矿产勘查的控制深度,煤矿一般为600~700m,近年来拓展到1000m以深;铁、铜、金、银、锰等内生金属矿产多为300~400m;部分矽卡岩型铁矿近年来拓展到近1000m;部分沉积变质铁矿床为500~600m;铝土矿不超过300m;非金属矿产一般为100~200m。

从地域上看,全省普查工作程度总体较高,较低的地区主要位于大同盆地、忻定盆地、黄河东岸南部和沁水盆地。全省详查工作程度总体较高,高区主要在五台山地区、中条山地区、大同地区和阳泉一带,沁水盆地和黄河东岸工作程度较低甚至出现大面积空白区。全省勘探工作程度总体较低,工作程度较高的地区主要位于交口和阳泉一带。

2. 全省矿产地勘查总数情况

山西省矿产地数据库建设工作于1997年启动,由山西省地质矿产勘查局组织实施,2000年山西省地质调查院在1999年建立的矿产地数据库的基础上,完成除煤炭以外的矿产地数据库建设并通过中国地质调查局验收,数据库被评为"优秀级"。数据库共收集完成584个矿产地,其中金属矿矿产地312个,包括:铁矿111个,锰矿4个,铬矿1个,钛矿4个,钒矿1个,铜矿28个,铅矿1个,锌矿2个,铝矿73个,钴矿11个,钼矿6个,金矿33个,银矿11个,锂矿1个,铷矿1个,锗矿2个,镓矿22个。非金属矿矿产地271个,包括:石墨矿4个,含钾砂页岩矿1个,硫铁矿16个,压电水晶矿1个,熔炼水晶矿2个,石棉矿3个,云母矿3个,长石矿6个,石榴子石矿1个,蛭石矿1个,沸石矿1个,芒硝矿5个,石膏矿11个,重晶石矿3个,萤石矿1个,电石灰岩矿5个,熔剂用灰岩矿14个,玻璃用灰岩矿1个,水泥用灰岩矿39个,建筑石料用灰岩矿1个,冶金用白云岩矿3个,熔剂用石英岩矿1个,玻璃用石英岩矿5个,玻璃用砂岩矿4个,水泥配料用砂岩矿4个,熔剂用脉石英矿2个,高岭土矿1个,陶瓷土矿4个,耐火黏土矿 66 个,膨润土矿 2 个,铁矾土矿 13 个,砖瓦用黏土矿 2 个,水泥配料用黏土矿 11 个,水泥配料用红土矿 1 个,水泥配料用黄土矿 4 个,花岗岩矿 1 个,饰面用花岗岩矿 5 个,珍珠岩矿 1 个,饰面用大理岩矿 4 个,盐矿 5 个,镁盐矿 4 个,磷矿 9 个。

1.4 成矿规律与矿产预测评价

1.4.1 成矿规律研究

成矿规律研究是在地质矿产调查与勘查工作的基础上展开的,起步相对较晚,并且与地质找矿和矿产勘查工作密切结合。同时它与国民经济发展的需求息息相关,因而具有强烈的时代特点。例如,为了提高找矿效果,寻找大型和隐伏矿体,20 世纪 70—80 年代开展的铁矿地质研究工作,20 世纪 80—90 年代开展的金、铜、铝矿地质研究工作。从研究对象上讲,有针对所有矿种的区域矿产总结工作,也有对某些急需矿种(如铜、金、铁、铝等)的专题、专项研究;从层次上讲,有国家科技攻关或重点科研项目(如"七五"的中条铜矿,"八五"的五台山绿岩带金矿),部级科技攻关和国家专项基金项目(如"七五"的五台山绿岩带金矿,一轮、二轮成矿区划研究及典型矿床研究等),还有山西省地矿局自立的大量区域成矿规律专题研究项目;从研究内容上讲,有成矿区划研究、成矿规律研究、成矿模式和成矿系列研究,还有典型矿床研究(表 1-4-1)。总之,该研究面广,深度较大,形式多样,参与的单位包括国内重要的科研、教学单位,如中国地质科学院天津地矿所、矿床所,中国科学院地球化学研究所,冶金工业部天津地质研究院,长春科技大学,中国地质大学(北京)等,还有山西省地矿局、中国冶金地质总局第三地质勘查院等生产单位的科技人员。

表 1-4-1 山西省成矿规律研究一览表

序号	年份	研究成果(报告)名称	主要研究成果	完成者
1	1967	五台山区变质砾岩金矿找矿与研究	通过研究,讨论了与"兰德"型金矿的可对比性,指出了找矿的方向	山西省地质局二一一地质队,地科院东北地质研究所
2	1976	山西省金矿资源	简述了山西省内主要金矿床(点)的地质特征	山西省地质局
3	1978	中条山铜矿地质	对区域成矿地质背景、成矿规律以及各类型铜矿床特征进行了系统阐述	中条山铜矿编写组
4	1980	山西省固体矿产第一轮区划		山西省地质局
5	1983	山西省娄烦—繁峙主要硅铁建造型铁矿床及找矿远景的研究	讨论了吕梁山—五台山地区变质铁矿床的形成环境和条件,附有主要铁矿区地质略图和矿床规模统计表,并指出了找矿远景	冶金部天津地质调查所,山西冶金地质勘查公司
6	1985	山西省中生代构造演化及其对某些内生矿产分布的控制作用	论述了中生代构造对内生矿产的控矿作用,编制了 1∶50 万山西省中生代构造及内生矿产分布图	山西省地质科学研究所
7	1985	山西省繁峙县义兴寨金矿床成矿地质条件及成矿规律研究	全面论述了义兴寨金矿典型矿床地质特征、控矿条件及成矿规律	山西省地矿局二一一地质队
8	1986	山西省孝义县西河底-克俄铝土矿地质特征及成矿规律研究	研究了该典型矿床的地质特征、控矿条件及铝土矿的成矿规律	山西省地矿局二一六地质队

续表 1-4-1

序号	年份	研究成果(报告)名称	主要研究成果	完成者
9	1986	山西省岚县袁家村前寒武纪变质-沉积铁矿床的地质构造特征与形成条件研究	研究了袁家村铁矿的形成条件以及变形变质对铁矿床所起到的变质改造作用和构造聚矿作用,指出了找矿远景和方向	山西省地质科学研究所
10	1986	山西省金矿地质特征及其远景	论述了主要金矿床类型、地质特征、成矿规律及找矿远景	山西省地矿局区调队
11	1987	山西省金矿总量预测		山西省地矿局二一七队
12	1987	绿岩带金矿地质及其与五台山地区的类比情报调研	翻译出版了20世纪80年代以来世界主要绿岩带金矿的经典论文,汇集了大量文献资料,讨论了五台山绿岩带金矿的成矿远景	山西省地质科学研究所,地科院情报所
13	1987	山西省区域矿产总结	论述了成矿地质背景,对30种矿产和区域地球化学、地球物理、重砂异常特征进行了分述,讨论了成矿控制因素、成矿规律,并进行了成矿区划和成矿预测,各种附图多达42幅	山西省地矿局区调队
14	1988	晋东北与次火山岩有关的金矿床成矿特征和找矿问题		冶金工业部第三勘查局
15	1989	山西省五台山区金银成矿规律及预测	讨论了各类型金矿的成矿规律,并进行了远景区预测	山西省地质科学研究所,山西省地矿局二一一队
16	1989	中条山胡-篦型铜矿田控矿构造研究	出版了专著	中国地质大学(武汉)
17	1990	中条山铜矿找矿远景研究		山西省地质科学研究所
18	1990	山西省五台山-恒山花岗岩-绿岩带的地质特征及其对金矿的控制作用	讨论了五台山-恒山花岗岩-绿岩带的地质特征及其演化,绿岩带金矿的类型、矿化特征及其成矿条件,并对绿岩带金矿进行了远景区预测,附有1:20万绿岩带地质图及金矿成矿预测图	山西省地质科学研究所
19	1990	山西省高凡金矿地质特征、矿床成因和找矿矿物学研究	总结了高凡金矿的地质特征、成矿条件及其成因模式,并对金矿的找矿矿物学进行了研究	山西省地矿局二一一队,中国地质大学(武汉)
20	1990	中条山式热液喷气成因铜矿床	出版了专著	中国地质科学院矿床所孙海田等
21	1990	中条铜矿峪型铜矿成矿地质环境和找矿远景研究		山西省地球物理化学勘查院

续表 1-4-1

序号	年份	研究成果（报告）名称	主要研究成果	完成者
22	1990	中条山铜矿地球化学评价准则,航地磁异常分析及隐伏矿体预测研究		山西省地质科学研究所
23	1991	山西省灵丘北山绿岩型层控金矿地质条件和地球化学特征	评价了鹿沟金矿点,研究了该类型金矿的形成条件以及它的地球化学特征	山西省地质科学研究所
24	1991	繁峙义兴寨地区金矿成矿预测	进行了远景区预测	山西省地矿局二一一队
25	1991	襄汾地区四家湾金矿成矿预测	对四家湾金矿的远景进行了预测	山西省地矿局二一三队
26	1992	中条山铜矿成矿模式及勘查模式	出版了专著	冀树楷等
27	1992	山西省东峰顶金矿床地质特征和成矿规律研究	论述了该金矿的地质特征,控矿条件及成矿规律	山西省地矿局二一三队,中国地质大学（武汉）
28	1992	中条山北段绛县群隐伏铜矿找矿研究		山西省地质科学研究所
29	1993	山西省吕梁山中段内生矿产成矿规律及远景预测	研究了吕梁山中段内生矿产的成矿条件及成矿规律,进行了远景区预测,附有1:20万成矿区预测图	山西省地质科学研究所
30	1993	中条山区铜矿大比例尺（1:1万）成矿预测		山西省地矿局二一四队,中国地质大学（武汉）
31	1993	灵丘太白维山银锰多金属矿成矿预测		山西省地矿局二一七队
32	1993	山西省阳高县堡子湾金矿床成矿规律研究	探讨了堡子湾金矿的地质特征、成矿条件、控矿因素、矿床成因及其成矿规律与成矿远景	冶金工业部第三勘查局研究所
33	1993	五台山东部绿岩带铁建造金矿地质特征及远景预测	出版了专著	天津地质矿产研究所
34	1993	五台山绿岩带岩头—宽滩—康家沟一带绿岩型金矿找矿前景	以康家沟金矿的范例,论述了该地区绿岩带中与铁建造有关的层控型金矿的形成条件及成矿远景	冶金工业部第三勘查局研究所
35	1993	恒山义兴寨—辛庄地区金矿地质特征及靶区预测	以义兴寨—辛庄金矿为范例,对其矿床地质特征、成矿条件、控矿因素进行了研究,并进行了找矿靶区预测	天津地质矿产研究所
36	1993	五台山绿岩带变质砾岩型金矿床成矿地质条件、找矿远景研究	探讨了五台山地区变质砾岩中金矿的成矿地质条件以及砾岩型金矿的找矿远景	冶金工业部天津地质研究院

续表 1-4-1

序号	年份	研究成果(报告)名称	主要研究成果	完成者
37	1993	山西省灵丘太那水—刁泉地区花岗岩-绿岩地体中次火山岩热液金矿床地质特征及远景预测		冶金工业部天津地质研究院,山西冶金地质研究所
38	1994	山西省主要成矿区带矿床成矿系列成矿模式研究	以五台山-恒山、中条山、塔儿山-二峰山等成矿区带为重点,进行了矿床成矿系列划分,建立了区域成矿模式,出版了专著,并有多种附图	山西省地质矿产局陈平等
39	1995	中条山裂谷铜矿床	出版了专著	孙继源,冀树楷等
40	1995	山西铝土矿岩石矿物学、矿床成因及矿床模式研究	出版了两本专著,发现了铝土矿中的稀有稀土矿	山西省地质科学研究所,长春科技大学
41	1996	五台山太古宙地质与金矿床	出版了专著	王安建等
42	1998	五台山地区太古宙铁建造金矿成矿规律及靶区预测	出版了专著	天津地质矿产研究所,山西省地质科学研究所
43	1998	五台山-恒山绿岩带金矿地质	出版了专著	天津地质矿产研究所,山西省地质矿产勘查开发局,山西省地质科学研究所
44	1998	山西省五台山中西部含金三角区新类型金矿成矿规律研究及靶区预测	探讨了金矿类型、成矿条件和成矿规律,进行了靶区预测,附有 1:20 万成矿区预测图	长春科技大学,山西省地质科学研究所
45	2000	晋东北次火山岩型银锰金矿	出版了专著	李生元等
46	2000	五台山区元古宙砾岩金矿研究	总结了五台山区砾岩型金矿的矿床地质特征、成矿条件,进行了远景区预测	长春科技大学,山西省地质勘查开发局区域地质调查队
47	2001	山西省地球化学异常研究报告	针对金的化探异常特征进行了筛选,做出了远景预测,附有大量异常平面图和异常登记表	山西省地球物理化学勘查院
48	2001	华北地台成矿规律和找矿方向综合研究(山西省部分)	按照区域成矿特点及物探、化探、遥感等特征,将山西省的金、银等 10 余种矿产的成矿预测区划分为 46 个	山西省地质调查院
49	2002	山西省矿床成矿系列特征及主要成矿区带的形成规律与成矿远景	对山西省的矿床成矿系列进行了系统划分,总结了成矿系列特征及成矿规律,进行了远景区划和远景预测,附有 1:50 万山西省矿床成矿系列图	山西省国土资源厅,山西省地质调查院,山西省地质科学研究所
50	2003	山西省金矿资源评价及前景调查	对山西省金矿进行了系统总结和远景预测,有 1:20 万~1:50 万附图 4 幅	山西省地质调查院

山西省除针对铝土矿、铁矿、金矿开展过全省范围的成矿规律研究和成矿预测以外,其他研究都针对局部,多数分布于五台山地区、中条山地区、塔儿山地区(图 1-4-1)。

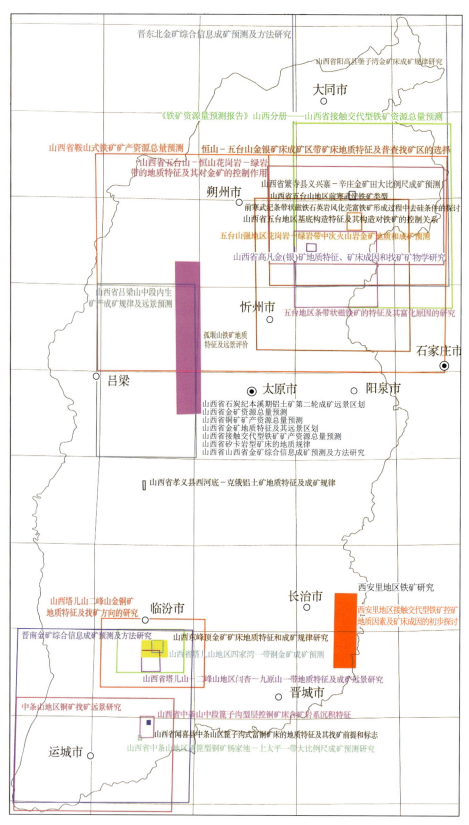

图 1-4-1 山西省成矿规律与预测程度图

以往预测工作或单一、或笼统,单一矿种(组)主要针对内生金属矿产,对非金属几乎没有开展过专门的预测评价。在主要矿种的预测深度、范围、边界确定等细节上缺乏全面、详尽的规范。

山西省煤炭资源预测工作进行了3次。

第一次全国煤田预测:1958—1959年,煤炭工业部组织开展了我国第一次全国性的煤田预测,编制了1:200万的中国煤田地质图及其他图件,预测的全国煤炭资源总量为93 779亿t,对于指导我国煤炭工业建设的规划布局发挥了极其重要的作用。但限于当时的客观条件,这次预测的资源量数值准确性较差。

第二次全国煤田预测:1973—1980年,煤炭工业部组织开展了第二轮全国煤田预测。这次煤田预测以地质力学的理论为指导,运用沉积相分析的方法,充分研究了构造控煤、古地理环境对煤层沉积、煤质变化的影响,以及不同时代含煤地层的含煤性变化规律,获得了对聚煤规律的新认识,提高了煤田预测的科学性。预测工作从矿区开始,进而扩大到煤田、省(市、区)、全国,编制了《中华人民共和国煤田预测说明书》和1:200万中国煤田地质图等一整套图件,成为中华人民共和国成立以来比较系统地反映我国煤田地质条件和煤炭资源状况的资料。但是,第二次全国煤田预测工作只对煤炭资源的前景进行了预测,没有对我国煤炭资源形势和煤炭资源对煤炭工业建设的保证程度进行分析。

第三次全国煤田预测:1992—1997年,煤炭工业部组织开展了第三次全国煤田预测(全国煤炭资源预测和评价)。山西省第三次煤田预测于1992—1995年进行,对6大煤田和5个煤产地分别编制了预测和评价报告共9本及各类图纸47张、附表6本,以及全省的汇总报告和图纸24张。结果显示,截至1992年底,山西省累计探明煤炭资源/储量2 539.66亿t,保有储量2 500.91亿t,预测资源量3 899.14亿t(2000m以浅)。山西煤炭资源总量6 400.05亿t,另有2000m以深的煤炭资源量850.06亿t未计入其中。

1.4.2 矿产预测评价

山西省矿产预测成果见表1-4-2。

表1-4-2 山西省矿产预测成果一览表

序号	年份	研究成果 (报告)名称	主要研究成果	预测资源量数据	完成者
1	1986	晋豫(西)石炭纪本溪期铝土矿成矿远景区划	对铝土矿进行了远景区划,并预测了总量	预测全省铝土矿资源量32亿t	山西省地矿局二一六地质队
2	1986	五台山区变质沉积铁矿地质	论述了五台山变质铁矿的成矿地质背景,探讨了铁矿成矿控制因素及成矿远景,编制了1:20万区域地质图,出版了专著	预测该区铁矿的资源量可在现已知铁矿总资源量的基础上,具有43.6%的增长潜力,总资源量在33亿t左右	长春地质学院,山西省地质科学研究所,山西省地矿局二一一队
3	1987	山西省铜矿资源总量预测报告		山西全省铜矿资源总量1 169.3万t,其中中条山1 135.6万t,五台山6.3万t,灵丘7.9万t,恒山1.3万t,塔儿山3.2万t	山西省地矿局二一四队,山西省地质科学研究所

续表 1-4-2

序号	年份	研究成果 （报告）名称	主要研究成果	预测资源量数据	完成者
4	1992	晋东北金矿综合信息成矿预测与研究	研究了该区金矿的综合信息成矿预测方法，并进行了远景区和资源量预测	五台山金矿资源总量为202 051.18kg，恒山为134 377.41kg，灵丘为99 519.76kg	山西省地矿局区调队，长春地质学院
5	1993	山西省金矿综合信息成矿预测及研究	研究了在全省范围内进行金矿预测的综合信息方法，圈定出了成矿远景区，预测了资源量	山西全省金矿资源总量为728 220.34kg，其中五台山202 051.18kg，恒山134 377.41kg，灵丘99 519.76kg，中条山115 059.50kg，塔儿山17 569.11kg	山西省地矿局区调队，长春地质学院
6	1993	山西灵丘太白维山银锰成矿区划报告	论述了太白维山银锰矿的成矿条件、矿床地质特征、控矿因素，进行了成矿远景区划和资源量预测	预测银矿资源总量为5000t，锰矿资源总量为3000万t	山西省地矿局二一七队
7	1993	五台山西部绿岩带金矿地质及远景预测	研究了该地区主要类型金矿床的地质特征、成矿条件，进行了远景区预测，附有1：10万成矿预测图	预测在五台山西部存在一个规模10～20t的大中型金矿床，资源总量在60t左右	山西省地质科学研究所
8	1995	山西省成矿远景区划及"九五"地质找矿工作部署建议（第二轮成矿远景区划成果汇总报告）	分析总结了全省金、铜、银、锰矿的成矿地质背景、控矿因素、成矿规律、矿床类型等，建立了相应的成矿模式和找矿模型，划分了成矿区带及其成矿远景区，有7幅附图和2册附表	沿用了金、铜、银、锰专题研究成果的总量预测	山西省地质科学研究所
9	1995	晋南金矿综合信息成矿预测与研究	论述了综合信息成矿预测方法，进行了资源量预测，附有1：20万综合信息成矿预测图	预测金矿资源的总量，中条山为115 059.50kg，塔儿山—二峰山为17 569.11kg	山西省地质勘查局，长春地质学院
10	2005	山西省五台山地区铁矿磁异常勘查靶区论证报告	进行了资料二次开发，附有全区1：20万地质航磁复合图和21个铁矿靶区航磁异常地质综合图(1：5万)	预测铁矿资源量可达3亿t	山西省地质勘查局

第 2 章 技术路线

2.1 技术路线

本次矿产预测评价技术方法是以成矿系列理论为指导,以矿床模型综合地质信息预测为主要方法,辅以地球化学法和磁法资源潜力评价方法。矿床模型综合地质信息预测方法主要围绕预测评价中的矿产预测要素信息提取、找矿模型建立、预测区圈定、优选和资源量估算等需要的方法展开。应用已有地质工作积累资料(基础地质、矿产地质、物探、化探、遥感和有关科研成果),在分析工作区地质背景、研究总结成矿规律、划分成矿区(带)、建立区域(或矿田、矿床)成矿模式或矿床成矿模型的基础上,进行矿产预测要素信息提取与综合,建立区域评价预测模型和数字找矿模型。根据相似类比原则和"求异"理论,使用科学的预测方法,圈定不同类别的预测区,估算资源量,划定资源量级别,并提出找矿工作部署建议。矿产预测主要任务是圈定成矿远景区、预测远景区优选排序、预测资源量。

矿产预测遵循的技术路线要求如下。

(1)对矿产预测类型进行划分,原则上不漏掉矿产预测类型。矿产预测类型尽量与全国和华北矿产预测类型相统一,对省界附近的分布区范围与邻省相协调,表图对应。

(2)根据矿产预测类型选择典型矿床,并进行典型矿床研究,完成典型矿床数据库建设。典型矿床在充分收集资料,补充新发现的矿床的前提下确定。典型矿床数据库内容与矿产地数据库要求不一致。

(3)典型矿床预测要素研究,编制典型矿床预测要素图及预测模型图,建立典型矿床预测要素数据库。预测要素强调找矿信息。各种图解必须给出背景值及其他相关参数。

(4)按照矿产预测方法类型编制区域矿产研究(预测)底图并建立数据库。预测方法的选择、相应物化探资料的使用等参照相关技术要求进行。

(5)区域预测要素研究,编制区域预测要素图及区域预测模型图,并建立区域预测要素数据库。按全省(全省所有成矿区带)和预测工作区(矿集区)两条技术路线分别总结,分别建立区域预测模型图,必要时编制已知区与预测工作区矿产地质、地球物理、地球化学综合对比剖面(同等比例尺)。

(6)定量预测,按照各矿产预测类型分别开展工作。如果遇到同一矿种使用了不同的预测类型、同一预测类型使用到不同预测工作区、同一预测工作区使用不同预测类型等情况,需要加以明确,分别统计预测结果,编入数据库。

(7)单矿种预测成果汇总,编制全省单矿种预测成果图并建立数据库。

2.2 工作流程

本项目在收集整理地质、物探、化探、遥感等资料的基础上,通过综合研究,在 MapGIS 平台上将地质的(基础地质、矿床地质)、勘查方法的(物探、化探、遥感)和一部分科研成果的资料(或数据),应用当代信息理论原理提取成矿的直接和间接信息,并转化为矿产资源量的概念,建立地质资料(或数据)与矿产资源量之间的定量评价关系,进行矿产预测及潜在资源量评估,工作流程见图2-2-1。

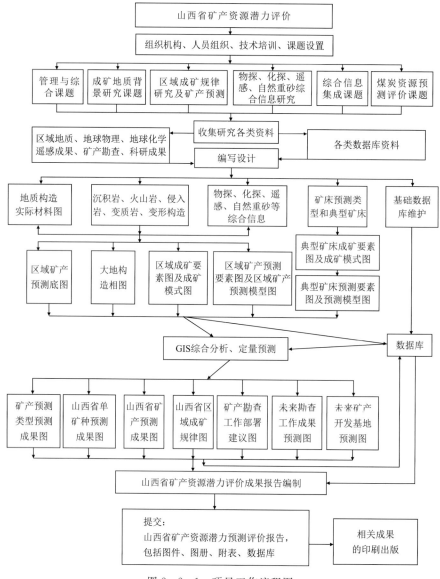

图2-2-1 项目工作流程图

1. 工作准备

项目在组织机构、人员组织、技术培训、课题设置等方面进行充分的准备,并得到有关部门和项目参加单位及人员的认同。

2. 设计编制

充分收集有关资料,编制项目总体设计和课题设计。

3. 基础数据库维护

基础数据库是原始数据,是编制各类图件及建库工作的基础。基础数据库种类:工作程度数据库、1∶20万地质图数据库、1∶50万地质图数据库、区域航磁数据库、区域重力数据库、区域化探数据库、区域遥感数据库、区域自然重砂数据库、矿产地数据库共计9种数据库。

4. 区域成矿地质背景研究

成矿地质背景研究总体技术路线是以大陆动力学理论为指导,以大地构造相分析为基本方法,以成矿地质构造要素为核心内容,以编制专题图件为主要途径。

(1) 地质构造实际材料图。

(2) 根据评价目的矿种和预测范围,划分预测工作矿种组合和范围,确定区域成矿地质背景的范围和重点研究内容。

(3) 编制大地构造相图。

(4) 根据预测区目的矿种的主要控矿因素,选择开展沉积岩区、火山岩区、侵入岩区、变质岩区地质构造特征研究,分别编制岩相古地理图或岩相建造古构造图、侵入岩浆构造图、火山岩相构造图、变质岩地质构造图等专题研究图件。

5. 区域物探、化探、遥感、自然重砂资料分析研究

对已有资料进行分析,判断工作方法有效性、原始资料精度及准确性、原有推断解释结论及存在问题,确定重点工作内容及技术方法选择。

(1) 编制区域物探(重力、磁测)推断解释图,编制区域物探(重力、磁测)异常图。

(2) 编制区域化探推断解释地质图,编制区域化探异常图(分单元素异常图和综合异常图)。

(3) 编制区域遥感推断解释地质图,编制遥感异常图。

(4) 编制自然重砂异常图。

6. 典型矿床研究技术流程

利用典型矿床的成矿要素、成矿模式总结典型矿床的预测要素、预测模型。

7. 区域成矿规律研究技术流程

按照预测区→区域成矿要素及区域成矿模式→编制预测底图→研究总结区域预测要素图、预测模型的技术流程进行。

8. 矿产预测技术流程

按照矿床预测类型预测→单矿种预测汇总→矿产预测成果综合研究→编制全省矿产预测成果的技术流程进行。

2.3 工作方法

本次矿产预测评价技术方法是以成矿系列理论为指导,以矿床模型综合地质信息预测方法体系为主要方法,辅以地球化学法和磁法资源潜力评价方法。

2.3.1 主要数据流程

矿产资源潜力评价的主要数据流程(图2-3-1):原始资料(记录本,报告,论文,专著,各类纸介质图件等)和基础数据(数字地质图,重力、航磁和化探网格数据,遥感影像数据库,自然重砂数据库,典型矿床数据库,矿产地数据库,工作程度数据库等)→地质构造研究和找矿信息提取→中间数据(地质构造系列图件、区域成矿地质要素图、区域矿产预测要素图,统一到MapGIS文件格式)→成矿规律研究和评价(找矿)模型建立→数据输入→预测评价(模拟)→结果输出→地质解释(检验)→成果表达(各矿种矿床类型预测图及空间数据库:预测区及类别、预测资源量及级别、找矿概率等)→全省1∶50万(或

1∶150万)矿种或矿组预测图及空间数据库。

在矿产预测实施过程中必须高度重视以下环节。

(1)高度重视原始数据、资料的质量。

(2)高度重视成矿地质条件分析,充分利用地质构造背景研究的成果。

(3)充分体现区域成矿规律的内涵。

(4)在识别与提取矿致异常的基础上,充分挖掘和利用物探、化探、遥感、自然重砂所显示的找矿信息(含弱异常和深层次找矿信息的提取)。

(5)控矿要素的数字化表达和合理划分预测单元。

(6)根据具体情况合理选择预测方法。

(7)知识驱动与数据驱动相结合。

(8)对需要全国汇总的成果必须按照统一技术要求。

(9)全过程应用GIS技术。

图 2-3-1　主要数据流程

2.3.2　方法流程

2.3.2.1　矿床模型综合地质信息预测技术的基本方法流程

1. 划分矿床预测类型与确定预测工作区

根据任务要求和实际地质情况,划分矿床预测类型,编制矿床预测类型分布图,确定预测工作区范围和预测比例尺。

按照全国确定的25个矿种,根据山西省成矿地质条件确定参与预测的矿种,原则上矿种不能遗漏,但可以依据山西省实际情况和需要作适当增加。即使本省没有成型矿床或矿点,也应根据邻省及全球典型矿床的成矿地质条件分析,确定预测矿种或矿床预测类型。对于过去工作中认为资源量不大的矿产或找矿前景不佳的非主要矿种,也应按要求开展工作,并经系统研究,在矿产勘查工作部署建议中进一步明确结论。

划分矿床预测类型是本次矿产预测的基础,是贯穿预测全过程的主线。凡是由同一地质作用形成的成矿要素和预测要求基本一致,且可以在同一预测底图上完成预测工作的矿床、矿点和矿化点可以归为同一矿床预测类型。同一矿种存在多种矿床预测类型,不同矿种组合可能为同一预测类型,同一成因类型可能有多种预测类型,而不同成因类型组合可能为同一预测类型。

进而,在矿产地分布图上标明不同矿床预测类型,然后根据不同预测类型分布区参照大地构造单元特征,确定相应的预测工作区范围。

2. 数据准备、处理与信息提取

1)数据准备与质量评估

在确定预测对象、预测范围和预测比例尺之后,就必须不折不扣地开展数据准备工作(含相关资料的收集、整理、分析和数据库的更新、维护),然而,这个重要的环节却常常被忽视。基础数据是定量预测的基础,数据的质量直接影响到最终预测结果的精度和可靠性。故在正式开展矿产预测工作之前还必须对第一手数据、资料的质量和精度,以及能否满足预测工作的要求等做出认真评估,即对地质构造组、综合信息组、数据组和成矿规律组等提供的专题图件和数据进行综合质量评估与验收。如,物探、化探资料除需各类异常图件外,最好还提供原始数据,因为作为包含重要找矿信息的物探、化探数据的处理方法手段较多,在找矿信息提取中常常仁者见仁、智者见智。此项工作虽然十分烦琐,但非常必要。

系统整理与矿产预测工作有关的各类基础资料,主要包括:基础空间数据库、矿产评价综合信息地质图数据库、文字报告、图表等。其中,基础空间数据库包括:地理、地质、航磁、重力、化探、自然重砂、遥感、矿产地、典型矿床、工作程度等数据库;矿产评价综合信息地质图数据库包括:在地质图空间数据库和区调原始资料基础上,应用地质专家综合分析和GIS技术,通过人机交互建立各类地质构造信息辅助图件(如岩相古地理、沉积建造古构造、火山岩相构造、岩浆构造、变质岩区地质构造图库,综合地质构造图库,地质-物探-化探-遥感综合信息地质构造图库和区域成矿规律图库等)。首先,必须仔细检查各类数据,并补充数据库建成以后新获取的数据及相关资料。检查的主要内容包括:①数据的完整性及缺失情况;②数据精度;③数据类型与数据结构;④数据的逻辑错误(含空间位置错误和属性错误)等。接下来,必须根据实际资料对各类数据逐一进行纠错、更正,并统一比例尺及投影参数。最后,还应对各类数据、资料的质量进行评估,即对这些数据能否支撑定量预测工作做出评判。

2)数据处理与信息提取

包括地质、矿产、物探、化探、遥感和重砂等在内的各种找矿信息的整理、分析同样是开展矿产资源定量预测的准备工作。主要任务包括以下内容。

(1)各种矿床类型与控矿因素分析,主要是结合综合地质信息精细研究成果,分析各矿床类型的大地构造相、岩相古地理、侵入岩岩相岩性、火山岩岩相岩性、变质岩岩相岩性、地质建造构造等控制因素及其空间展布特征。

(2)利用GIS空间分析技术,开展已知矿产地与各类找矿信息的空间分布特征,以及各类找矿信息相关性等的系统研究。

(3)物探、化探、遥感和重砂信息的深入分析,采用重磁精细反演与正演,物探、化探数据多重分形滤波(S-A、C-A模型),以及遥感蚀变信息提取等高新信息技术,对矿产资源复合信息进行合理地分解,并对隐蔽的弱、缓找矿信息进行深入地分析。利用物探、化探、遥感信息的精细地质解译与推断,尽可能地揭示隐伏地质构造和隐伏岩体。

通过资料整理、分析与数据库更新、维护,以及数据质量评估,应生成一套(或多套)统一比例尺和投影参数的 GIS 文件。

3. 成矿规律研究与评价模型建立

成矿规律研究是矿产预测与评价的基础,同时又对预测工作起指导作用。深入分析矿床的时间、空间分布规律及矿种、矿床类型的共生组合规律对矿产预测工作的意义十分重大。在成矿系列研究中要高度重视本地区矿床"缺位"问题,重视各类控矿因素的匹配与最优组合问题。成矿规律研究的具体内容包括:①典型矿床地质要素、预测要素与成矿模式及相关图件;②区域地质要素、预测要素与区域成矿模式及相关图件。

预测要素与找矿模型研究的实质就是对找矿信息的进一步优化组合。预测要素研究即是对找矿标志(直接找矿标志和间接找矿标志)的深入研究,着重解决预测区与矿床模式之间的信息不对称性难题。而作为各种预测要素(或找矿标志)集的找矿模式,必须建立在区域成矿规律、典型矿床与成矿模式深入研究的基础上。从找矿模型(地质概念模型)到评价模型的建立,必须根据具体预测目标对各种找矿标志(或预测变量)进行不断地筛选、优化、组织与整合,形成一套最优化预测要素(找矿标志)组合,从而有效地提高发现矿产资源体的预见性。简单地罗列或堆砌各种预测要素(或找矿标志)的做法是错误的。利用 ArcGIS 的建模器技术(Model Builder),可为矿产勘查学家与信息工作人员搭建统一而便利的对话平台,并实现了建模与自动实施的有机结合与统一。

4. 预测要素与要素组合的数字化、定量化

预测要素及其组合的定量化是开展矿产资源定量预测的重要环节之一。其具体做法是在矿床模型知识库的指导下,从预测底图及相关专业图件上逐一提取与成矿关系密切的各预测要素,形成一系列要素图层,并对各种要素、找矿标志进行逐一分析。要素的提取与图层的表达无疑是按照地质人员的找矿思路、地质认识和 GIS 环境下的数据处理(包括统计性)方法来确定。预测要素的提取和图层表达结果必须反映明确的地质意义,得到地质人员和定量预测人员的认可。这是矿床模型研究成果和定量预测工作衔接的重要环节。能否实现真正的预测很大程度上取决于要素的提取和合理的表达。将要素图层叠加组合,可以生成一张综合的预测要素图及其属性表。

预测要素常常是概念性的,为了预测单元划分和定量化预测的需要,预测要素必须进行数值化和定量化。比如某一时代和某一方向的构造确定为预测要素,这种构造可以按线条表达,但如果考虑到构造对矿化的影响,构造要素可以表达成为构造带,即采用面积性对象来表示。这种情况下,构造带宽度的确定就是一项重要的工作。它的确定可以是根据人们的经验来进行,也可以采用一定的 GIS 定量化空间分析方法(包括统计方法)辅助确定,这方面可采用的方法很多。此外,还可采用构造交会点及影响范围、构造密度等方法表达构造预测要素。而岩体和地层要素可用面积性对象表达。

5. 预测单元划分

预测单元的划分是开展预测工作的重要环节,划分单元的目的和作用:单元应该是具有明确地质意义,能够反映预测要素组合,具有统计对比意义,便于在 GIS 环境下处理与成图。传统的单元划分方法有规则网格的方法和地质体单元方法。两种方法各具优、缺点,网格方法简单,便于计算机操作,但缺乏地质意义,不便于预测变量的定义,地质体单元方法具有明确的意义,方便于变量选择,但单元边界确定较困难,且往往不能覆盖整个研究区,具有很大的人为性。在 GIS 环境下这两种方法的优点可以同时实现,即采用具有地质意义的不规则单元。这样的单元是采用恰当的预测要素图层组合来形成的,具有明确的地质意义。它以各要素图层的边界作为其自然边界,单元的形成和单元内变量的取值等可在 GIS 环境下自动生成。这样不仅可以提高预测工作的效率,而且避免了传统人工取值操作造成的人为性误差,有利于提高预测精度。

6. 预测变量的构置、优化

在完成预测要素及其组合定量化和预测单元划分之后,接下来就要进行预测变量的选取、构置和优化。这步工作同样是在找矿模型的指导下,以充分获取的各类找矿信息为基础,并采用知识驱动与数据驱动相结合的途径来实现的。变量的选择对矿产预测结果的影响很大,对于不理想的预测结果往往需要回过头来重新审查和选取变量,故选准变量是成功预测的关键环节之一。

1) 数据变换方法

数据变换作为矿产预测评价中一项不可缺少的工作,用于解决地学数据多源异构、量纲不统一等问题,是满足预测、评价方法使用的前提。对预测变量进行变换的主要目的有:统一变量的数据水平、条件独立性、用较少的变量代替一组较多的存在相关性的原始变量、使变量尽可能地服从正态分布。

目前,常用的数据变换方法有:标准化变换、极差变换、均匀化变换、反正弦和反余弦变换、平方根变换和对数变换等。实际应用中对数据变换方法的选择,应根据不同数据自身特点以及预测评价方法的要求而定。

2) 预测变量的分类、组合与优化

在矿产资源预测与评价工作中,常常需要研究预测变量的排序与分类问题。其中,变量定量排序是研究各变量相对于矿床(化)的重要性序列,而变量定量分类则是探讨各变量之间的相关性。常用的方法有模型法、统计法、两两比较法等。

在对预测要素进行分类、组合研究的基础上,可以进一步对变量进行筛选与组合优化,以达到预测变量的结构最优化。预测变量的筛选必须以地质研究为基础,采用地质方法与多元统计方法相结合的途径,在不损失与预测对象有直接或间接联系的主要信息的同时,精简变量、优化系统,突出必要和重要因素。由于控矿因素复杂,预测要素较多,变量之间会具有相关性。任何预测模型,变量数目多会带来较大的自由度,因此往往需要更多的统计单元实现具有统计意义的结论。但由于有矿单元永远是有限的,因此在保持有用信息无太多损失的前提下减少变量个数是必要的。组合变量的方法是较好的途径,一方面组合变量可以满足减少变量个数的目的,另一方面组合变量更具有丰富的地质意义,便于解释。组合变量的方法也很多,其中逻辑组合是最有效和常用的方法。采用 GIS 中的逻辑查询语言可以自动地实现地质人员常常感兴趣的要素组合任务,如地质人员提出的"岩体外接触带 1km 范围(A)、与构造带交会(C)、出现高钾异常(K)和低钙异常(Ca)"的部位,就可以通过组合变量的方法实现:"A and C and K not Ca"。

7. 最小预测区圈定

选择计算预测方法(数据驱动、知识驱动、混合驱动方法),计算单元有利度或找矿后验概率,定量圈定预测区(最小预测区)。

最小预测区圈定工作必须坚持以下一些准则。

(1) 在最小的矿产预测区内,发现矿床的可能性最大,漏掉矿的可能性最小,即最小面积最大含矿率和最小漏矿率的原则。

(2) 采用模型类比法,圈定不同类别的预测区。

(3) 多种信息联合使用时,应遵循以地质信息为基础,用地质、物探、化探、遥感成矿信息综合确定预测区。

(4) 尺度对等准则,即参与预测的基础数据与预测目标应在同一个水平尺度上,地质构造专题图件、物探、化探、遥感、重砂异常及推断解译图件等应统一投影方式。

预测区圈定的常用方法有:证据权法、模糊证据权法、逻辑回归法等。利用上述方法可以计算出各预测单元的后验概率或成矿有利度。

在计算出各个预测单元的成矿有利度(或后验概率)之后,就必须进一步区分哪些是具有成矿潜力的单元(即成矿有利单元)、哪些是不具潜力的单元(即成矿不利单元),其实质就是预测单元阈值确定的问题。阈值的确定为圈定预测区提供临界值,即只有成矿有利度大于临界值(阈值)的预测单元才有可能成为预测区。最后编制最小预测区原始分布图。

8. 预测区综合研究与筛选

在最小预测区原始分布图的基础上,对预测区逐一进行综合研究,排除一些依据不成立或不充分的"伪预测区"。

在预测区的筛选工作中应突出成矿关键信息,压制干扰信息,排除异常的多解性,提高矿产预测成果的可靠性。筛选过程就是对预测区的地质构造、物化遥及重砂异常、矿化信息等二级要素进行甄别、系统评价的过程,应着重开展预测区与相应矿床模型的逐一要素对比,去粗取精,去伪存真。最后编制最小预测区分布图。

9. 预测资源量估算

1) 未发现矿床个数估计(仅在利用吨位主品位模型估算资源量时需要估计未发现矿床数)

矿床数的估计很明显代表了存在于预测区的某些存在的但尚未发现的矿床数的概率。这些估计结果既反映了矿床存在的不确定性,又反映了对矿床存在的有利度的测量。

常用的未发现矿床数估计方法有:矿床密度模型法、找矿模型估计法、后验概率法、主观概率法等。由于未发现矿床数不确定性的影响,常采用不同概率下(如 10%、50% 和 90%)未发现矿床个数的估值来加以刻画。

2) 预测资源量估算

根据预测工作的精度、比例尺等,可将预测资源量划分为 3 个级别,即 334-1、334-2 和 334-3。资源量级别与预测区级别并不一一对应,也就是说,同一级别预测区可以包含多个级别的预测资源量。用上述方法所估算的某预测区资源量,应扣除区内已知矿床的探明储量;预测资源量汇总按矿种、矿床类型同级别累加的方式。

常用的预测资源量估算方法有:体积法、地质体法、物探推断体积法、品位-吨位模型法等。由于预测资源量不确定性的影响,常采用不同概率下(如 10%、50% 和 90%)预测资源量的估值来加以刻画。

10. 预测区分级分类

通常根据预测区成矿地质条件的优劣、成矿潜力的大小,划分为 A 级、B 级和 C 级 3 类。

1) A 级预测区

成矿地质条件优越,找矿标志明显,与矿床模型的必要及重要二级要素匹配程度较高;分布于已知矿田内、已知矿床深部及外围,或最小预测区范围内分布有已知工业矿床,同时具有大型远景以上规模预测资源量的最小预测区。

2) B 级预测区

成矿地质条件比较优越,具有较好的矿化信息,预测区范围内分布有已知矿点,或同时具备直接找矿标志和间接找矿标志,与矿床模型的必要及重要二级要素基本匹配;具有中型远景以上规模预测资源量的最小预测区。

3) C 级预测区

具有一定的成矿地质条件,预测区内无已知矿点分布,与矿床模型的必要及重要二级要素匹配程度较低;具有小型远景以上规模预测资源量的最小预测区。

进而,根据空间分布与地质矿产属性,可将空间上邻近、性质相似的最小预测区合并为更大一级的预测区,以此类推,即划分不同级别的预测区(如 Ⅰ 级、Ⅱ 级和 Ⅲ 级预测区)。从而,按要求编制预测成果图。

2.3.2.2 利用磁测资料对磁性铁矿预测

本书对铁矿各个预测工作区所选编的航磁、地磁异常中已知和推断的矿异常均进行了资源量估算,估算的依据主要是根据《磁测资料应用技术要求》的有关技术要求并结合前人的磁测成果,所采用的方法主要为定量法和类比法。

1. 定量法

1)磁法体积法预测资源量估算方法

(1)根据以往研究成果、航磁异常图、地磁异常图、地检资料、地质矿产资料等,判断磁异常是否为矿致异常。

(2)选择2.5D人机交互定量拟合的计算剖面,提取剖面数据,确定剖面与磁异常走向的夹角和磁异常的背景值(零线)。

(3)从航磁异常图上读取磁异常走向长度、远端距和近端距。

(4)确定矿石或直接围岩的磁性参数,如磁化率、磁化倾角等。

(5)使用重磁处理软件RGIS中的2.5D人机交互定量拟合正反演功能,对推断铁矿矿致磁异常进行2.5D人机交互定量计算。

(6)从拟合剖面上量取推断铁矿体的截面积。

(7)确定形态系数和含矿系数。

(8)确定矿石体重,估算资源量。

(9)对预测资源量进行分类统计。

2)数据要求

本次我们所进行的2.5D反演拟合定量法,完全采用前人地面磁测剖面进行,所用的资料比例尺均为1:1万以上的地磁资料,没有一条是从航磁图上切取的。2.5D拟合时所用磁性参数(如顶板埋深、磁化强度、矿体宽度等)多采用前人的成果,均对异常区的地面1:1万磁测资料反复研究后才取用,故山西省资源量估算结果的可信度比较高。

2. 类比法(体积法)

1)定量类比法预测资源量估算方法

(1)根据以往研究成果、航磁异常图、地磁异常图、地检资料、地质矿产资料等,判断磁异常是否为铁矿矿致磁异常。

(2)从航磁异常图上量取推断铁矿矿致磁异常强度、面积等参数。

(3)利用磁法体积法求得的已知/推断铁矿矿致磁异常为模型单元,进行统计分析,求出定量类比方程。

(4)对待预测的推断铁矿矿致磁异常进行类比,估算其资源量。

(5)对预测资源量进行分类统计。

2)数据要求

本次类比时以区内所有资料中最大比例尺磁测资料为首选利用资料,以等值线平面图上矿体产生的磁异常推测矿体走向长度,即采用以1/2极大值等值线密集处的长度为矿体走向长度或是利用磁异常二阶导数零值线为边界确定矿体走向长度。根据前人的地面资料工作,当磁异常有一定的强度或范围时,矿体下延深度就取得相对大一些;当磁异常的强度不大、范围又小,矿体下延深度就取得相对小一些(矿体下延深度基本在矿体走向长度的1/8~1/2的范围内)。矿体的厚度是参考地磁资料、类比或进行反演而确定。而后统计各预测工作区的铁矿石密度(根据地质提供的各预测工作区铁矿石密度的平均值)。以上各参数确定后,就可进行铁矿资源量的估算,计算公式为:

$$M = S \times L \times \rho / 10000$$

式中，M 为资源量（万 t）；S 为矿体截面积（矿体厚×延深）（m²）；L 为矿体延走向长度（m）；ρ 为矿石密度（$\times 10^3$ kg/m³）。

2.3.2.3 利用地球化学资料的定量预测

利用地球化学资料的定量预测是"全国重要矿产资源潜力评价"的重要组成部分，按照项目对地球化学资料应用的要求，参照全国矿产资源潜力评价重点研究区的预测矿种和矿床类型，选择适合于地球化学资料应用的矿种进行地球化学建模和资源量预测，在现有的地球化学数据的基础上，结合全国范围内区域成矿地质构造环境及成矿规律、矿床类型的研究，开展对铜等矿种的地球化学找矿模型和资源量估算方法的研究。

山西省进行矿带（矿田）地球化学建模和资源量的预测，主要开展以下工作。

（1）收集各矿带、矿田（床）已有的地质、地球化学资料，建立地质、地球化学数据库。

（2）根据 1∶20 万、1∶5 万或 1∶1 万的土壤、岩石、水系沉积物的资料，统计与铜矿密切相关的各元素的地球化学指标，绘制各元素的地球化学图、综合异常图和衬度图，结合区域内的航磁异常或重力异常，圈定与浅成中酸性成矿小岩体有密切成因关系的中酸性花岗闪长质岩基（隐伏、半隐伏、出露）的范围。

（3）以成矿地质和地球化学理论为指导，进行工作范围内铜矿资源成矿地质构造环境及成矿规律的研究，总结典型铜矿床所处位置不同尺度地球化学异常特征，以矿田为预测单元，在建立各矿田典型铜矿床地球化学找矿模式的基础上，研究成矿带不同矿床类型预测区内资源量定量计算的地球化学方法，并选择相邻勘查程度较高的地区进行验证。

（4）结合未知区地质资料、航磁或重力异常，利用 1∶20 万水系沉积物测量数据，估算不同矿床类型预测区资源量，绘制资源量预测成果图件。

第3章 矿产预测

本次山西省潜力评价矿产预测涉及煤炭、铁、铝土矿、稀土、铜、金、铅、锌、磷、银、锰、钼、硫铁矿、萤石、重晶石15个矿种。

预测工作区按不同矿种(组)分别进行统计(2个或2个以上矿种的共生预测区不重复计算),共计66个预测工作区。这些预测工作区中,铜钼共生的2个、银锰共生的1个、银铅锌共生的2个、银铜共生的1个,详见表1。范围覆盖了山西省80%以上的陆地面积。预测工作区对应典型矿床详见表3-0-1。

表3-0-1 山西省14矿种(组)预测工作区典型矿床对应表

矿种	预测类型	预测工作区	典型矿床
铁	鞍山式沉积变质型	山西省鞍山式沉积变质型铁矿恒山-五台山预测工作区	山羊坪铁矿、黑山庄铁矿
		山西省鞍山式沉积变质型铁矿桐峪预测工作区	
	袁家村式沉积变质型	山西省袁家村式沉积变质型铁矿岚娄预测工作区	袁家村铁矿
	邯邢式矽卡岩型	山西省邯邢式矽卡岩型铁矿狐堰山预测工作区	尖兵村铁矿
		山西省邯邢式矽卡岩型铁矿西安里预测工作	
		山西省邯邢式矽卡岩型铁矿塔儿山预测工作区	
	山西式沉积型	山西省山西式沉积型铁矿阳泉预测工作区	西河底铁矿
		山西省山西式沉积型铁矿沁源预测工作区	
		山西省山西式沉积型铁矿晋城预测工作区	
		山西省山西式沉积型铁矿孝义预测工作区	
		山西省山西式沉积型铁矿柳林预测工作区	
	宣龙式沉积型	山西省宣龙式沉积型铁矿广灵预测工作区	望狐铁矿
铝土矿(稀土)	克俄式古风化壳型	山西省克俄式古风化壳型铝土矿(稀土)宁武预测工作区	孝义市克俄铝土矿区
		山西省克俄式古风化壳型铝土矿(稀土)古交预测工作区	
		山西省克俄式古风化壳型铝土矿(稀土)阳泉预测工作区	
		山西省克俄式古风化壳型铝土矿(稀土)沁源预测工作区	
		山西省克俄式古风化壳型铝土矿(稀土)孝义预测工作区	
		山西省克俄式古风化壳型铝土矿(稀土)兴县预测工作区	
		山西省克俄式古风化壳型铝土矿(稀土)柳林预测工作区	
铜	刁泉式矽卡岩型	山西省刁泉式矽卡岩型铜矿塔儿山预测工作区	刁泉铜银矿
铜、银	刁泉式矽卡岩型	山西省刁泉式矽卡岩型铜银矿刁泉预测工作区	刁泉铜银矿
铜、钼	铜矿峪式变斑岩型	山西省铜矿峪式变斑岩型铜钼金矿铜矿峪预测工作区	铜矿峪铜钼金矿

续表 3-0-1

矿种	预测类型	预测工作区	典型矿床
铜	胡篦式沉积变质型	山西省胡篦式沉积变质型铜矿横岭关预测工作区	
		山西省胡篦式沉积变质型铜矿落家河预测工作区	落家河铜矿
		山西省胡篦式沉积变质型铜金矿胡家峪预测工作区	篦子沟铜矿
	与变基性岩有关	山西省与变基性岩有关的铜矿中条山南段预测工作区	盐湖区桃花洞铜矿
铅锌	西榆皮式热液型	山西省西榆皮式热液型铅矿关帝山预测工作区	西榆皮铅矿
金	岩浆热液型	山西省岩浆热液型金矿塔儿山预测工作区	襄汾县东峰顶金矿区
		山西省岩浆热液型金矿紫金山预测工作区	
		山西省岩浆热液型金矿中条山预测工作区	
		山西省岩浆热液型金矿灵丘东北预测工作区	繁峙县义兴寨金矿区
		山西省岩浆热液型金矿浑源东预测工作区	
		山西省岩浆热液型金矿灵丘南山预测工作区	
		山西省岩浆热液型金矿五台山-恒山预测工作区	
		山西省岩浆热液型银金矿高凡预测工作区	代县高凡银金矿区
	火山岩型	山西省火山岩型金矿阳高堡子湾预测工作区	堡子湾金矿
	花岗-绿岩带型	山西省花岗-绿岩带型金矿东腰庄预测工作区	东腰庄金矿
		山西省花岗-绿岩带型金矿康家沟预测工作区	殿头金矿
	金盆式沉积型	山西省金盆式沉积型金矿丘北山预测工作区	料堰砂金矿
		山西省金盆式沉积型金矿恒曲预测工作区	
银	支家地式陆相火山岩型	山西省灵丘县支家地式陆相火山岩型银（铅锌）矿太白维山预测工作区	支家地银多金属矿
锰	上村式沉积型	山西省上村式沉积型锰矿晋城预测工作区	上村锰铁矿
		山西省上村式沉积型锰矿平定预测工作区	
		山西省上村式沉积型锰矿太岳山预测工作区	
		山西省上村式沉积型锰矿长治预测工作区	
		山西省上村式沉积型锰矿汾西预测工作区	
锰、银	小青沟式热液型	山西省小青沟式热液型银锰矿太白维山预测工作区	小青沟银锰矿
钼、铜	南泥湖式斑岩型	山西省南泥湖式斑岩型钼铜矿繁峙后峪预测工作区	繁峙县后峪钼铜矿
磷	变质型	山西省变质型磷矿平型关预测工作区	平型关磷矿
		山西省变质型磷矿桐峪预测工作区	
	辛集式沉积型	山西省辛集式沉积型磷矿预测工作区	水峪磷矿区

续表 3-0-1

矿种	预测类型	预测工作区	典型矿床
硫铁矿	云盘式沉积变质型	山西省云盘式沉积变质型硫铁矿五台山预测工作区	金岗库硫铁矿
	晋城式沉积型	山西省晋城式沉积型硫铁矿晋城预测工作区	周村硫铁矿
	阳泉式沉积型	山西省阳泉式沉积型硫铁矿阳泉预测工作区	平定县锁簧硫铁矿
		山西省阳泉式沉积型硫铁矿汾西预测工作区	
		山西省阳泉式沉积型硫铁矿乡宁预测工作区	
		山西省阳泉式沉积型硫铁矿保德预测工作区	
		山西省阳泉式沉积型硫铁矿平陆预测工作区	
萤石	董庄式岩浆热液型	山西省董庄式岩浆热液型萤石矿离石预测工作区	董庄萤石矿
		山西省董庄式岩浆热液型萤石矿浑源预测工作区	
重晶石	大池山式层控热液型	山西省大池山式层控热液型重晶石矿离石东预测工作区	三郎山重晶石矿
		山西省大池山式层控内生型重晶石矿浮山预测工作区	
		山西省大池山式层控内生型重晶石矿昔阳预测工作区	
		山西省大池山式层控内生型重晶石矿翼城预测工作区	
		山西省大池山式层控热液型重晶石矿离石西预测工作区	
		山西省大池山式层控内生型重晶石矿平陆预测工作区	

3.1 铁矿资源潜力评价

3.1.1 铁矿预测模型

3.1.1.1 铁矿典型矿床预测要素、预测模型

典型矿床预测要素是指在典型矿床预测工作中,有明显指示意义的找矿要素及找矿标志。根据典型矿床预测要素对成矿预测所起的作用,可以将其分为必要条件、重要条件和次要条件,其中,必要条件是指没有该预测要素,则不存在该类型铁矿,如成矿时代、成矿层位;而决定成矿规模、大小及品位的预测要素则划为重要条件,它的存在与否和矿体是否存在没有必然的联系;对于成矿作用起到积极意义的其他预测要素划为次要条件。

1. 山羊坪铁矿

预测要素:铁矿床成矿构造背景为华北东部陆块五台-太行新太古岩浆弧西段,五台山复向斜北翼次级构造,成矿层位为新太古界五台岩群柏枝岩岩组、文溪岩组,矿物组合以磁铁矿为主。预测要素总结见表3-1-1。

表 3-1-1 山西省代县山羊坪铁矿典型矿床预测要素一览表

预测要素		描述内容		预测要素分类
储量		2.22 亿 t	平均品位　　MFe平均品位:23.61%	
特征描述		鞍山式沉积变质型铁矿床		
地质环境	地层	新太古界五台岩群柏枝岩岩组、文溪岩组		必要
	岩石组合	角闪片岩、绿泥片岩、云母片岩、云母石英片岩、磁铁石英岩、赤铁石英岩		必要
	岩石结构、构造	中细粒变晶结构,片状、条带状构造		次要
	成矿时代	新太古代(2600Ma左右)		必要
	成矿环境	海相火山-沉积环境		必要
	构造背景	华北东部陆块五台-太行新太古岩浆弧西段,五台山复向斜北翼次级构造		必要
矿床特征	矿石矿物组合	以磁铁矿及赤铁矿为主,发育有石英、角闪石、云母和绿泥石。磁铁矿含量15%~25%,石英含量30%~45%,角闪石含量15%左右		重要
	结构	中细粒变晶结构		重要
	构造	条带状构造		重要
	控矿条件	五台岩群柏枝岩岩组、文溪岩组及其不对称复式褶皱		重要
综合信息	1∶1万地磁	区内铁矿全部或部分含有磁铁矿,磁异常可指示磁铁矿矿体的存在		必要
	1∶5万航磁	区内铁矿全部或部分含有磁铁矿,磁异常可指示磁铁矿矿体的存在		必要
	区域重力	无显示		无
	遥感信息	无显示		无
	化探	无显示		无
	重砂	无显示		无

预测模型:山羊坪式铁矿石的强磁性是它独特的物理特性,可以引起磁异常,是重要的找矿标志。预测模型图(图3-1-1)中显示,磁异常与深部磁性矿体相吻合,当磁性矿体有一定埋深时,其异常强度逐渐降低,其范围亦与矿体分布相吻合,可作为预测磁性铁矿、圈定磁性铁矿预测区的必要条件。

2. 黑山庄铁矿

预测要素:黑山庄铁矿床成矿构造背景为华北东部陆块五台-太行新太古岩浆弧西段,五台山复向斜北翼次级构造,成矿层位为新太古界五台岩群金岗库岩组,矿物组合以磁铁矿为主。预测要素总结见表3-1-2。

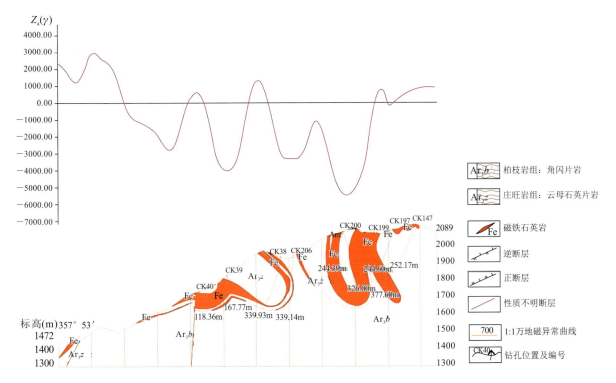

图 3-1-1　山西省代县山羊坪铁矿典型矿床预测模型图

表 3-1-2　山西省代县黑山庄铁矿典型矿床预测要素一览表

	预测要素	描述内容		预测要素分类
	储量	0.759 49 亿 t	平均品位	TFe 平均品位:31.54%	
	特征描述	鞍山式沉积变质型铁矿床		
地质环境	地层	上太古界五台岩群石咀亚群金岗库岩组,含矿层主要为斜长角闪岩、斜长角闪片岩,次为黑云变粒岩		必要
	岩石组合	斜长角闪岩、斜长角闪片岩、角闪石岩、黑云变粒岩、二云片岩、磁铁石英岩、角闪磁铁石英岩		必要
	岩石结构、构造	半自形粒状变晶结构,条纹状、薄层状、片状或块状构造		次要
	成矿时代	新太古代(2600Ma 左右)		必要
	成矿环境	海相火山-沉积环境		必要
	构造背景	华北东部陆块五台-太行新太古岩浆弧西段,五台山复向斜北翼次级构造		必要
矿床特征	矿石矿物组合	以磁铁矿为主,少量赤铁矿、次生褐铁矿,发育有石英、角闪石及少量黑云母和绿泥石。磁铁矿含量 20%~30%		重要
	结构	中粗粒半自形—自形等轴粒状变晶结构、半自形—自形柱状变晶结构		重要
	构造	条带状构造、块状构造		重要
	控矿条件	角闪岩相变质的金岗库岩组含铁岩系及简单的向斜构造控制		重要

续表 3-1-2

预测要素		描述内容				预测要素分类
储量		0.759 49 亿 t	平均品位		TFe平均品位:31.54%	
特征描述		鞍山式沉积变质型铁矿床				
综合信息	1:1万矿区地磁	区内铁矿全部或部分含有磁铁矿,磁异常可指示磁铁矿体的存在				必要
	1:5万区域航磁	区内铁矿全部或部分含有磁铁矿,磁异常可指示磁铁矿体的存在				必要
	区域重力	无显示				无
	遥感信息	无显示				无
	化探	无显示				无
	重砂	无显示				无

预测模型:黑山庄式铁矿石的强磁性是它独特的物理特性,可以引起磁异常,是重要的找矿标志。预测模型图(图 3-1-2)中显示,磁异常与深部磁性矿体相吻合,当磁性矿体有一定埋深时,其异常强度逐渐降低,其范围亦与矿体分布相吻合,可作为预测磁性铁矿、圈定磁性铁矿预测区的必要条件。

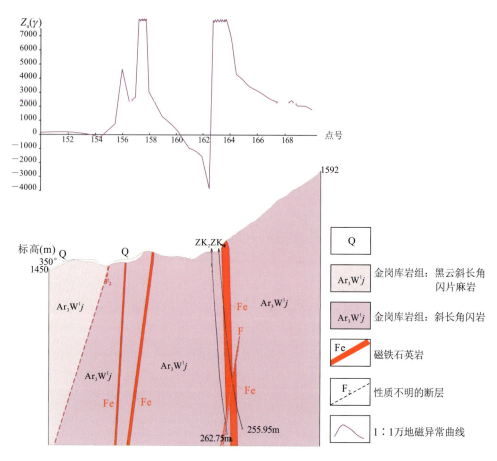

图 3-1-2 山西省代县黑山庄铁矿典型矿床预测模型图

3. 袁家村铁矿

预测要素：袁家村铁矿床成矿构造背景为吕梁-中条古元古代结合带吕梁古元古陆缘盆地尖山-袁家村近南北向褶皱带内，区内出露的地层为古元古界吕梁群袁家村组、裴家庄组及寒武系、奥陶系；成矿层位为古元古界吕梁群袁家村组。预测要素总结见表3-1-3。

表3-1-3 山西省岚县袁家村铁矿典型矿床预测要素一览表

预测要素		描述内容		预测要素分类
储量		8.945 01亿t	平均品位 TFe平均品位:32.37%	
特征描述		袁家村式沉积变质型铁矿床		
地质环境	地层	古元古界吕梁群袁家村组		必要
	岩石组合	含矿层主要为绿泥片岩、绢云片岩、绢云绿泥片岩、含铁绢云片岩、石英岩、石英磁(赤)铁矿、石英镜(赤)铁矿		必要
	岩石结构、构造	半自形粒状变晶结构，片状或块状构造		次要
	成矿时代	古元古代		必要
	成矿环境	滨海—浅海沉积环境		必要
	构造背景	吕梁-中条古元古代结合带吕梁古元古代陆缘盆地尖山-袁家村近南北向褶皱带		必要
矿床特征	矿石矿物组合	以磁铁矿、磁赤铁矿为主，次生磁(赤)铁矿、褐铁矿少量，发育有石英、角闪石及少量绿泥石		重要
	结构	细粒半自形—自形等轴粒状变晶结构、半自形—自形柱状变晶结构		次要
	构造	条带、条纹状构造，块状构造		次要
	控矿条件	吕梁群袁家村组含铁岩系及其复式褶皱		重要
综合信息	1:1万矿区地磁	区内铁矿全部或部分含有磁铁矿，磁异常可指示磁铁矿体的存在		必要
	1:5万区域航磁	区内铁矿全部或部分含有磁铁矿，磁异常可指示磁铁矿体的存在		必要
	区域重力	无显示		无
	遥感信息	无显示		无
	化探	无显示		无
	重砂	无显示		无

预测模型：典型矿床预测模型图是在典型矿床预测要素图上，基于预测要素的研究结果所构建的。袁家村式铁矿石的强磁性是它独特的物理特性，可以引起磁异常，是重要的找矿标志。预测模型图（图3-1-3）中显示，磁异常与深部磁性矿体相吻合，当磁性矿体有一定埋深时，其异常强度逐渐降低，其范围亦与矿体分布相吻合，可作为预测磁性铁矿、圈定磁性铁矿预测区的必要条件。

4. 尖兵村铁矿

预测要素：尖兵村铁矿产出于吕梁山造山隆起带，含矿地层为中奥陶统马家沟组白云质灰岩、含泥

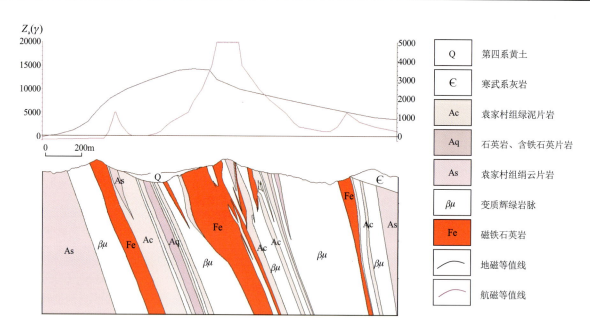

图 3-1-3　山西省岚县袁家村铁矿典型矿床预测模型图

质白云质灰岩、泥晶灰岩等碳酸盐岩建造和生物屑泥晶灰岩建造;主要为接触带控矿,次为断裂、裂隙、层间构造等控矿,在构造复合部位成矿更为有利。预测要素具体见表 3-1-4。

表 3-1-4　山西省临汾市尖兵村铁矿典型矿床预测要素表

成矿要素		描述内容			成矿要素分类
储量		2 185.6万t	平均品位	TFe平均品位:47.67%	
特征描述		邯邢式矽卡岩型铁矿床			
地质环境	侵入岩类型	主要为斑状闪长岩、二长闪长岩、正长闪长岩			必要
	围岩类型	白云质灰岩、含泥质白云质灰岩、泥晶灰岩等			必要
	蚀变岩类型	透辉石矽卡岩、金云母矽卡岩、石榴子石透辉石矽卡岩等			必要
	岩石结构	不等粒中粗粒结构、似斑状结构			次要
	岩石构造	块状构造、角砾状构造、条带状构造等			次要
	成矿时代	中生代早白垩世(130Ma左右)			必要
	成矿环境	岩浆活动中心地带,赋矿地层为中奥陶统含镁质碳酸盐岩			必要
	构造背景	吕梁山造山隆起带汾河构造岩浆活动带塔儿山隆起			必要
矿床特征	岩石矿物组合	透辉石-磁铁矿、金云母-磁铁矿、粒硅镁石-蛇纹石-磁铁矿为主,其次为碳酸盐岩-磁铁矿、透闪石-石榴子石-磁铁矿、黄铁矿-磁铁矿等			必要

续表 3-1-4

成矿要素		描述内容		成矿要素分类
储量		2 185.6万t　　平均品位　　TFe平均品位:47.67%		
特征描述		邯邢式矽卡岩型铁矿床		
矿床特征	结构	以半自形—它形晶粒结构为主,其次为交代残余、假象结构、胶状结构等		必要
	构造	以致密块状、浸染状、条带状构造为主,次有团块状、角砾状、粉末状、脉状构造等		次要
	蚀变	透辉石矽卡岩、金云母矽卡岩、粒硅镁石矽卡岩对铁成矿有利,平面上由内向外分带依次为绿泥石化带→绿帘石化带→石榴子石矽卡岩化带→透辉石磁铁矿带→粒硅镁石磁铁矿带→金云母磁铁矿带→矽卡岩化磁铁矿带→大理岩化带		必要
	控矿条件	主要为接触带控矿,次为断裂、裂隙、层间构造等控矿,在构造复合部位成矿更为有利		必要
	风化氧化	磁铁矿出露地表及浅部一般形成假象赤铁矿、褐铁矿等		次要
地球物理特征	磁法	铁矿石具有高磁性,1:5000、1:1万地磁异常和1:2.5万航磁异常与区内矿体分布相对应		必要
	1:20万化探	全铁异常(水系)与区域铁矿床分布范围大致相同		不明显
	1:20万重砂	磁铁矿异常无反映		无显示
	1:20万化探	重力异常无反映		无显示
	遥感	地质解译有环形构造和断裂构造		不明显
		铁染异常		无显示
		羟基异常		无显示

预测模型:选择了区内有代表性的9勘探线剖面图为底图,编制了成矿要素剖面图,添加航磁和地磁作为预测模型图。

5. 西河底铁矿

预测要素:西河底铁矿位于潟湖滩-深湖亚相间,成矿有利地层为太原组湖田段。预测要素具体见表3-1-5。

预测模型:以山西式铁矿沉积成矿模式图为底图;分析该类型矿床的分布范围及分布区内的地质构造特征,确定预测模型,把成矿模式图转化为预测模型;叠加物探、化探、遥感、重砂等资料进行综合分析,提炼出对该矿床有指导意义的因子并保留,删除无找矿意义因子;在模型图上恰当位置用文字说明其成矿作用。

表3-1-5　山西省孝义县西河底铁矿典型矿床预测要素一览表

预测要素		描述内容	预测要素分类
特征描述		山西式沉积型铁矿	
地质环境	地层	石炭系太原组湖田段	必要
	岩石组合	自下而上:铁质岩→铝质岩→黏土岩	重要

续表 3-1-5

预测要素		描述内容	预测要素分类
特征描述		山西式沉积型铁矿	
地质环境	岩石结构	碎屑结构、层状构造	次要
	古地理特征	奥陶系碳酸盐岩岩溶侵蚀面,古风化壳存在	重要
	成矿时代	晚石炭世(Rb-Sr 等时线年龄 309～319Ma)	必要
	成矿环境	浅海—潟湖弱还原碳酸盐相	重要
	构造背景	山西台地汾西陆表海	重要
矿床特征	矿点分布	矿区处矿点大量分布	必要
	结构构造	粉状、窝状、致密状、结核状、团块状	次要
	矿物组合	褐铁矿、赤铁矿并夹杂有高岭石、方解石、水铝石	重要
	含矿岩系	含矿岩系为石炭系本溪组一段	重要
	控矿条件	基底上的负地形存在(盆地、溶洼、溶斗群)	必要
	风化氧化	黄铁矿、菱铁矿氧化为褐铁矿	必要

6. 望狐铁矿

预测要素.在典型矿床成矿要素图的基础上,叠加重力、磁测、化探、遥感、自然重砂等综合信息,综合研究以上信息与矿化的关系,分析提取预测要素,根据预测要素的重要性分出必要的、重要的和次要的预测要素。预测要素详见表 3-1-6。

表 3-1-6 山西省广灵县望狐铁矿典型矿床预测要素一览表

预测要素		要素描述	预测要素分类
成矿地质条件	地层	新元古界青白口系云彩岭组	必要
	岩石组合	上部为铁质石英砂岩组合,下部以不稳定的燧石质角砾岩为主	重要
	成矿时代	新元古代	必要
	成矿环境	由滨岸残积—冲积扇相发展而来的三角洲前缘砂坝相	必要
	构造背景	大地构造属华北东部陆块上的中新元古代裂陷带之西南缘,濒临恒山古元古代再造杂岩带及五台新太古代岛弧,后者构成成矿期的古陆	必要
	控矿条件	受北、西、南三面古陆环绕展布的长城系顶部侵蚀面的古地理环境控制	重要
	矿石矿物组合	以赤铁矿、石英为主,赤铁矿含量变化大,由百分之几至 40%,其次是镜铁矿、燧石、方解石	重要

续表 3-1-6

预测要素		要素描述	预测要素分类
1:20万化探	1:20万异常区	手工圈定的铁异常区	重要
1:20万重砂	1:20万异常区	手工圈定的赤铁矿异常区	次要
1:5万航磁	ΔT等值线	手工圈定的异常区	无显示
1:20万重力	布格异常	手工圈定的异常区	无显示
遥感		遥感矿产地质特征	次要
		遥感羟基异常	无显示
		遥感铁染异常	无显示

3.1.1.2 预测工作区预测模型

1. 恒山-五台山预测工作区

1) 预测模型

(1) 成矿构造背景：华北东部陆块五台-太行新太古代岩浆弧西段，五台山复向斜北翼次级构造。

(2) 成矿时代：新太古代。

(3) 含矿建造：太古宇五台岩群柏枝岩岩组、文溪岩组、金岗库岩组的岩石组合。柏枝岩岩组：磁铁石英岩，绿泥片岩，绢云绿泥片岩；文溪岩组：磁铁石英岩，斜长角闪岩，黑云变粒岩；金岗库岩组：磁铁石英岩，斜长角闪岩，斜长角闪片岩，黑云变粒岩等，为寻找这类铁矿床的必要条件。

(4) 矿物组合：以磁铁矿和赤铁矿为主。

(5) 磁铁矿的强磁性为这类铁矿床的独特物理性质，磁异常为其重要的找矿标志，是预测磁性铁矿的必要条件。

(6) 区域化探：铁地球化学异常图与铁英岩套合较好，可作为一项重要要素来考虑。

(7) 遥感：遥感矿产地质特征与铁英岩套合较好，可作为一项重要要素来考虑。

(8) 磁铁矿矿石具有较高的密度，铁矿体与围岩间具有较大的密度差。因此，重力异常在预测该类型铁矿床时，可作为一项次要要素来考虑。

2) 预测模型图

恒山-五台山预测工作区含矿建造主要是新太古界五台岩群柏枝岩岩组、文溪岩组、金岗库岩组，岩性主要为绿泥片岩、绢云绿泥片岩、斜长角闪岩、斜长角闪片麻岩等，是恒山-五台山预测工作区预测鞍山式铁矿的必要条件。

鞍山式铁矿石的强磁性是它独特的物理特性，可以引起磁异常，是重要的找矿标志。预测模型图（图3-1-4）中显示，磁异常与深部磁性矿体相吻合，当磁性矿体有一定埋深时，其异常强度逐渐降低，其范围亦与矿体分布相吻合，可作为预测磁性铁矿、圈定磁性铁矿预测区的必要条件。

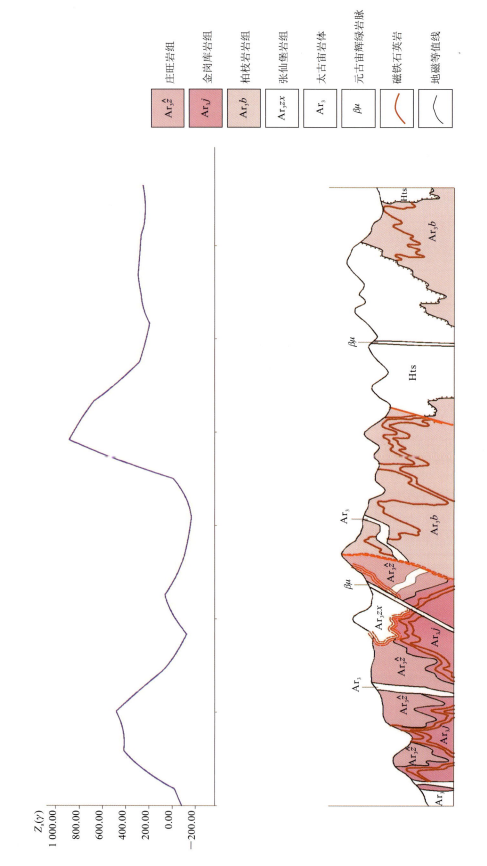

图 3-1-4 山西省鞍山式铁矿恒山-五台山预测工作区区域预测模型图

2. 桐峪预测工作区

1）预测模型

（1）成矿构造背景：华北东部陆块太行山南段新太古代岩浆弧。

（2）成矿时代：新太古代。

（3）含矿建造：太古宇赞皇岩群石家栏岩组的岩石组合，磁铁石英岩-斜长角闪岩-角闪变粒岩，为寻找这类铁矿床的必要条件。

（4）矿物组合：以磁铁矿和赤铁矿为主。

（5）磁铁矿的强磁性为这类铁矿床的独特的物理性质，磁异常为其重要的找矿标志，是预测磁性铁矿的必要条件。

（6）区域化探：铁地球化学异常图与铁英岩套合较好，可作为一项重要要素来考虑。

（7）遥感：遥感矿产地质特征与铁英岩套合较好，可作为一项重要要素来考虑。

（8）磁铁矿石具有较高的密度，铁矿体与围岩间具有较大的密度差。因此，重力异常在预测该类型铁矿床时，可作为一项次要要素来考虑。

2）预测模型图

桐峪地区含矿建造主要是新太古界赞皇岩群石家栏岩组斜长角闪岩、角闪变粒岩，是桐峪地区预测鞍山式铁矿的必要预测要素。

鞍山式铁矿石的强磁性是它独特的物理特性，可以引起磁异常，是重要的找矿标志。预测模型图（图3-1-5）中显示，磁异常与深部磁性矿体相吻合，当磁性矿体有一定埋深时，其异常强度逐渐降低，其范围亦与矿体分布相吻合，可作为预测磁性铁矿、圈定磁性铁矿预测区的必要条件。

3. 岚娄预测工作区

1）预测模型

（1）成矿构造背景：吕梁-中条古元古代结合带吕梁古元古陆缘盆地尖山-袁家村近南北向褶皱带内。

（2）成矿时代：古元古代。

（3）含矿建造：古元古界吕梁群袁家村组的岩石组合，碳质绿泥片岩-绢云片岩-磁铁石英岩组合，为寻找这类铁矿床的必要条件。

（4）矿物组合：以磁铁矿、磁赤铁矿为主，次生赤铁矿、褐铁矿少量，还发育有石英、角闪石及少量绿泥石。

（5）磁铁矿的强磁性为这类铁矿床的独特的物理性质，磁异常为其重要的找矿标志，是预测磁性铁矿的必要条件。

（6）区域化探：铁地球化学异常图与铁英岩套合较好，可作为一项要素来考虑。

（7）遥感：遥感矿产地质特征与铁英岩套合较好，可作为一项要素来考虑。

（8）磁铁矿石具有较高的密度，铁矿体与围岩间具有较大的密度差。因此，重力异常在预测该类型铁矿床时，可作为一项次要要素来考虑。

2）预测模型图

岚娄预测工作区含矿建造主要是古元古界吕梁群袁家村组，碳质绿泥片岩-绢云片岩-磁铁石英岩组合是岚娄地区预测袁家村式铁矿的必要条件。

袁家村式铁矿石的强磁性是它独特的物理特性，可以引起磁异常，是重要的找矿标志。预测模型图（图3-1-6）中显示，磁异常与深部磁性矿体相吻合，当磁性矿体有一定埋深时，其异常强度逐渐降低，其范围亦与矿体分布相吻合，可作为预测磁性铁矿、圈定磁性铁矿预测区的必要条件。

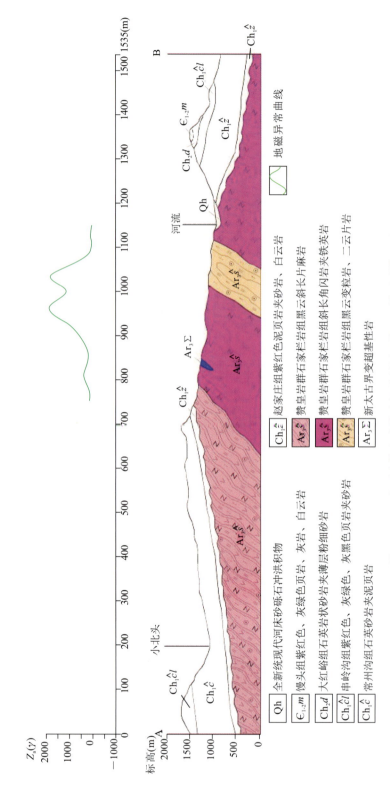

图 3-1-5 山西省鞍山式铁矿桐峪预测工作区区域预测模型图

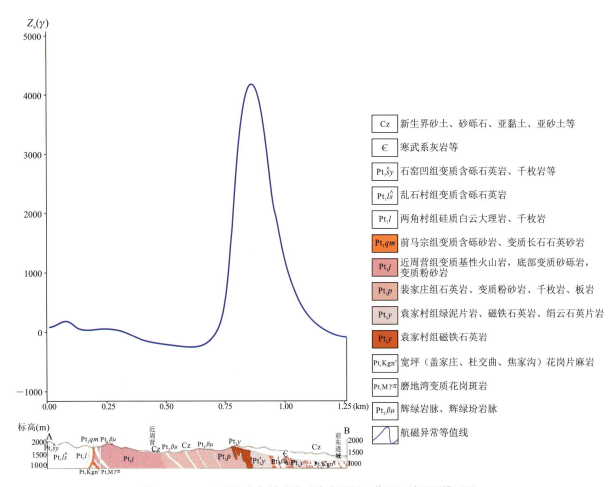

图 3-1-6 山西省袁家村式铁矿岚娄预测工作区区域预测模型图

4. 塔儿山、狐堰山、西安里预测工作区

在区域预测要素图库基础上进行变量提取、组合和要素转换,参照"数据模型"建立该预测区区域成矿预测模型,见图 3-1-7。

(1)含矿地层:根据前述成矿沉积建造预测要素,含矿地层为中奥陶统马家沟组白云质灰岩、含泥质白云质灰岩、泥晶灰岩等碳酸盐岩建造和生物屑泥晶灰岩建造。

(2)控矿岩体:据岩浆作用预测要素,成矿侵入岩时代为中生代燕山期早白垩世,岩性为斑状闪长岩、二长闪长岩、正长闪长岩组合。

(3)控矿构造:主要为接触带控矿,次为断裂、裂隙、层间构造等,在构造复合部位成矿更为有利。

(4)矿化信息:铁矿床(点)的存在标志,塔儿山预测区内邯邢式矿产地 60 处,其中矿床 37 个,矿化点 23 个;狐堰山预测区内邯邢式矿产地 14 处,其中矿床 9 个,矿化点 5 个;西安里预测区内邯邢式矿产地 15 处,其中矿床 11 个,矿化点 4 个。

(5)蚀变类型:矽卡岩化。

(6)磁法标志:铁矿石具高磁性,1:5000、1:1 万地磁,1:2.5 万航磁异常与矿区内矿体分布相对应。

(7)重力、遥感标志:无反映。

(8)地球化学标志:地球化学标志较弱,未做大比例尺地球化学测量工作。

(9)地表找矿标志:地表矿化信息,矽卡岩化。

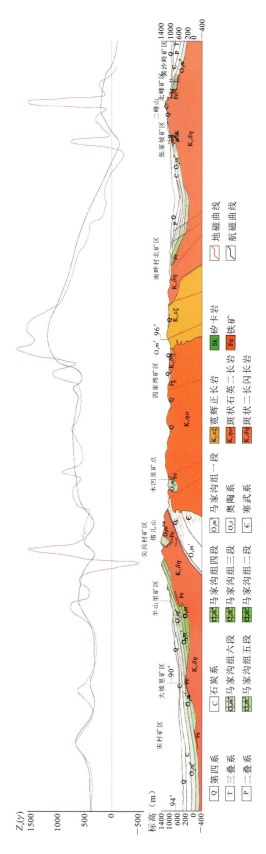

图 3-1-7 山西省邯邢式侵入岩体型铁矿预测工作区区域预测模型图

5. 山西式铁矿预测工作区

通过综合研究预测工作区区域地质背景、成矿时代与成矿作用、矿体产状、矿石类型及矿物组合、矿石结构构造、找矿标志等内容,山西式沉积型铁矿床赋存于上石炭统太原组的底部,层位稳定,被石炭系—三叠系所覆盖(对矿体起到了保护作用)。主要控矿因素为奥陶系顶部侵蚀面的古地理环境,控矿沉积建造为滨浅海相铁质碎屑岩-泥质岩。区域预测模型见图3-1-8。

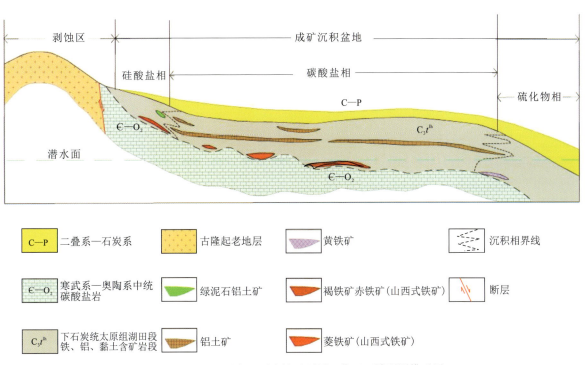

图 3-1-8 山西省山西式铁矿预测工作区区域预测模型图

6. 宣龙式铁矿预测工作区

通过对预测工作区地质背景和成矿规律的分析研究,以及对典型矿床区域成矿要素图、预测要素图等图件的编制,总结提取了区域成矿要素和预测要素,建立了预测工作区定性预测模型(图3-1-9)。

3.1.2 预测方法类型确定及区域预测要素

山西省涉及的铁矿产预测方法类型有沉积变质型、矽卡岩型和沉积型3种;将矿产预测类型划分为5类:鞍山式沉积变质型、袁家村式沉积变质型、邯邢式矽卡岩型、山西式沉积型和宣龙式(广灵式)沉积型;划分预测工作区12个,其中鞍山式2个、袁家村式1个、邯邢式3个、山西式5个、宣龙式1个。

3.1.2.1 沉积变质型铁矿

山西省沉积变质型铁矿涉及的矿产预测类型包括2类,它们分别是鞍山式和袁家村式,鞍山式铁矿赋存在新太古界五台岩群石咀亚群含铁岩系,袁家村式铁矿分布于吕梁山一带,矿床产在与五台岩群层位相当的吕梁群中。二者预测方法类型均属变质型。

下面以预测工作区为单元分述区域预测要素。

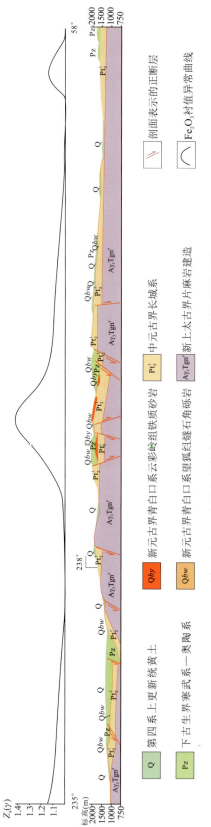

图 3-1-9 山西省宣龙式铁矿广灵预测工作区区域预测模型图

1. 预测工作区地质构造专题底图及特征

1) 地质构造专题底图编制

该预测类型选用变质构造建造图作为预测底图，总体工作过程是在1∶25万建造构造图的基础上，充分利用1∶5万区调资料，补充1∶20万区域地质矿产调查资料以及有关科研专题研究资料，细化含矿岩石建造与构造内容，其整个工作过程可细化为如下几步。

第一步：确定编图范围与"目的层"。

编图范围是由铁矿预测组在地质背景组提供的1∶25万应县幅、忻州市幅、苛岚县幅、蔚县幅建造构造图的基础上，根据区内含矿层地质特征和分布特征，以地质背景研究为基础，结合重力、磁测、遥感研究成果而确定的。

五台岩群金岗库岩组、文溪岩组、柏枝岩岩组是预测工作区内重要的沉积变质型铁矿的含矿层，故选择五台岩群作为本次编图的"目的层"。

第二步：提取相关图层，形成地质构造专题底图的过渡图件。

由于所编制的图件比例尺为1∶5万，按照全国矿产资源潜力评价项目办编制地质构造专题底图要求，底图比例尺大于1∶25万的，其编制方法是将1∶25万建造构造图放大，在此基础上直接提取成矿要素的相关内容，利用1∶5万资料进一步细化预测工作区目的层。

第三步：补充增加相关的成矿要素内容及图层。

本项工作主要是依据已收集到的区调、科研、文献等各类资料，对预测工作区含矿层进行变质建造的进一步细化，补充与含矿层有关的地质内容，增强特殊构造部位产状的控制，并进行相应图层的分离与提取。在此步骤中增加了褶皱构造图层、同位素年龄图层等。

第四步：编制附图(角图)。

根据预测工作区含矿变质地层发育情况、构造特征，预测工作区不同地段选择了17条剖面线，编制了17条图切变质岩建造剖面。此外还附有资料利用情况示意图、综合图例、责任栏等。

第五步：补充重力、磁法、遥感地质构造推断的成果，形成最终图件。

第六步：图面整饰、属性录入建库，编写说明书。

2) 地质背景特征

(1) 恒山-五台山预测工作区。

沉积变质型铁矿(鞍山式)预测工作区主体大地构造单元为遵化-五台-太行山新太古代岩浆弧(Ⅲ级)的五台新太古代岛弧带(Ⅳ级)。

新太古界以五台岩群为主体，是本次预测沉积变质型铁矿的含矿变质地层单元，主要分布在五台山区，恒山、云中山区亦有少量分布，此外预测工作区还有少量的阜平岩群、界河口群及恒山董庄表壳岩。五台岩群可三分为石咀亚岩群、台怀亚岩群、高凡亚群。石咀亚岩群包括金岗库岩组、庄旺岩组、文溪岩组、老潭沟岩组、滑车岭岩组，原岩为一套富铝泥砂质岩-基性火山岩-中酸性火山岩夹硅铁建造，变质程度达低角闪岩相-高绿片岩相，其中金岗库岩组、文溪岩组是形成沉积变质型铁矿床的含矿层位；台怀亚岩群包括柏枝岩岩组、芦咀头岩组、鸿门岩组，原岩为一套基性火山岩-中酸性火山岩夹硅铁建造，变质程度达低绿片岩相，其中柏枝岩岩组是形成沉积变质型铁矿床的含矿层位；高凡亚群包括张仙堡组、磨河组、鹞口前组，原岩为一套石英砂岩-粉砂岩-泥岩-基性火山岩建造，变质程度达低绿片岩相。

古元古界滹沱系角度不整合在五台岩群之上，分布在预测工作区的西南部，可三分为豆村群、东冶群、郭家寨群；中元古界长城系—蓟县系、新元古界青白口系、下古生界寒武系—奥陶系，角度不整合在早前寒武纪变质岩之上；上古生界石炭系—二叠系平行不整合在奥陶系马家沟组之上；中生界三叠系为一套内陆盆地碎屑岩建造；中生界侏罗系—白垩系，早期为粗碎屑岩-含煤砂泥质岩建造，中期为多旋回的碎屑岩-中基性-酸性-碱性火山岩建造，晚期为含火山岩的碎屑岩-泥质岩建造；新生界大面积分布在忻定盆地及灵丘山间盆地中,古近系为繁峙组玄武岩,新近系、第四系为一套河湖相、风积及现代河流松散堆积物。

恒山-五台山区的沉积变质型铁矿(鞍山式铁矿),主要分布在新太古界五台岩群金岗库岩组、文溪岩组、柏枝岩岩组中,是本次的含矿变质地层单元,主要分布在五台山区,恒山、云中山区亦有少量分布。

本预测工作区侵入岩较发育,新太古代阜平期及五台期、古元古代吕梁期、中元古代、新元古代、中生代燕山期均有发育,但对区内预测矿种基本无影响。

恒山-五台山沉积变质型铁矿预测工作区火山岩以新太代五台岩群为代表,构成以基性火山岩为主体的火山-沉积建造,广泛分布在五台山和恒山南部花岗绿岩带内,经历了多期变形变质改造,具有多旋回演化特点,与世界上典型太古宙绿岩建造相比,除缺乏下部的科马提岩外,大致相同。恒山-五台山预测工作区区域预测要素一览见表3-1-7。

表3-1-7 山西省鞍山式铁矿恒山-五台山预测工作区区域预测要素一览表

预测要素		描述内容	预测要素分类
特征描述		沉积变质型铁矿床	
地质环境	地层	新太古界五台岩群柏枝岩岩组、文溪岩组、金岗库岩组	必要
	岩石组合	柏枝岩岩组:磁铁石英岩-绿泥片岩-绢云绿泥片岩 文溪岩组:磁铁石英岩-斜长角闪岩-黑云变粒岩 金岗库岩组:磁铁石英岩-斜长角闪岩-斜长角闪片岩-黑云变粒岩	必要
	岩石结构、构造	中细粒变晶结构,片状、条带状构造	次要
	成矿时代	新太古代(2600Ma左右)	必要
	成矿环境	海相火山-沉积环境	必要
	构造背景	华北东部陆块五台-太行新太古岩浆弧西段五台山复向斜北翼次级构造	必要
矿床特征	矿物组合	金属矿物以磁铁矿及赤铁矿为主,脉石矿物主要为石英、角闪石、云母和绿泥石	重要
	结构	中粗粒半自形—自形等粒状变晶结构、半自形—自形柱状变晶结构	重要
	构造	条带状构造	重要
	控矿条件	含铁岩系地层及其不对称的简单或复式褶皱	必要
综合信息	1:5万区域航磁	圈定的异常图	必要
	1:20万区域化探	圈定的铁地球化学异常图	重要
	1:20万区域重砂	圈定异常不明显	次要
	1:50万区域重力	圈定的等值线图	次要
	遥感信息	遥感矿产地质特征解译图	重要
		遥感铁染异常	次要

(2)桐峪预测工作区。

桐峪沉积变质型铁矿预测工作区位于华北东部陆块之遵化-五台-太行山新太古代岩浆弧(Ⅲ级)的太行山(南段)新太古代岩浆弧(Ⅳ级);中元古代发生裂谷作用有长城系滨浅海相碎屑岩及碳酸盐岩沉积,其上覆有寒武系—三叠系碳酸盐岩、碎屑岩、泥质岩,受燕山期褶皱作用影响,使该区呈一复背斜产出,构造线方向为NE向,含矿岩系即产于该复背斜核部。

桐峪沉积变质型铁矿主要分布于太行山腹地左权县栗城、桐峪和黎城县西井一带,区域上出露地层主要为新太古界、长城系、寒武系、奥陶系,但矿体赋存于新太古界赞皇岩群石家栏岩组中,是本次的含矿变质地层单元。石家栏岩组呈NNE向带状展布,南东以太行断裂与长城系或寒武系—奥陶系接触,西被长城系角度不整合覆盖,出露宽度约791.70m。

根据其岩石组合特征由下至上可分为3个变质建造类型,即黑云斜长片麻岩-二云斜长片麻岩建造、含榴矽线二云片岩-黑云变粒岩建造、石榴斜长角闪岩-角闪变粒岩-磁铁石英岩建造。总体原岩为一套富铝泥砂质岩、基性火山岩夹BIF建造。

区内与本次铁矿有关的火山岩主要为新太古代变质基性火山岩,呈似层状、透镜状分布于石家栏岩组的上部,基性火山岩主要变质岩组合为斜长角闪岩、黑云斜长角闪岩、含石英斜长角闪岩、透辉斜长角闪岩、含石榴(透辉)斜长角闪岩、含角闪二辉片麻岩等。应形成于活动大陆边缘岛弧环境。其形成时代与赞皇岩群的形成时代一致,为新太古代五台期。

预测工作区内与矿体有关的构造主要为五台期、吕梁期及中生代燕山期构造。变质基底主要经受五台期、吕梁期两期构造,主要表现为透入性片理、片麻理、紧闭褶皱或顺层掩卧褶皱,并见有变质基性岩与变质碎屑岩及铁英岩呈强烈的构造置换现象。五台期褶皱为区内基底褶皱的主体,与矿体的分布有密切关系。中生代燕山期构造形成一NE向较为开阔的背斜褶皱(桐峪背斜)和太行大断裂,以及与之相配套的次级NNE向的背、向斜和断层。其中褶皱构造对预测矿体影响不大,而断裂构造具有破坏改造作用。桐峪预测工作区区域预测要素一览见表3-1-8。

表3-1-8 山西省鞍山式铁矿桐峪预测工作区区域预测要素一览表

成矿要素		描述内容	预测要素分类
特征描述		沉积变质型铁矿床	
地质环境	地层	新太古界赞皇岩群石家栏岩组	必要
	岩石组合	磁铁石英岩-斜长角闪岩-角闪变粒岩	必要
	岩石结构、构造	半自形粒状变晶结构,条纹状、薄层状、片状或块状构造	次要
	成矿时代	新太古代(2600Ma左右)	必要
	成矿环境	海相火山-沉积环境	必要
	构造背景	华北东部陆块太行山南段新太古代岩浆弧	必要
矿床特征	矿物组合	以磁铁矿、磁赤铁矿为主,次生赤铁矿、褐铁矿少量,发育有石英、角闪石及少量绿泥石	重要
	结构	半自形—自形等轴粒状变晶结构、半自形—自形柱状变晶结构	次要
	构造	条带状、块状构造	重要
	控矿条件	含铁岩系地层及多级褶皱构造控制	重要
综合信息	1:1万、1:5000地磁	圈定的异常图	必要
	1:20万区域航磁	圈定的异常图	次要
	1:20万区域化探	圈定的铁地球化学异常图	重要
	1:20万区域重砂	圈定异常不明显	次要
	1:50万区域重力	圈定的等值线图	次要
	遥感信息	遥感矿产地质特征解译图	重要
		遥感铁染异常	重要

(3)岚娄预测工作区。

岚娄袁家村式变质沉积铁矿是华北陆块(克拉通)早前寒武纪地壳演化的产物,是太古宙结晶基底上沉积的典型富铁沉积物-条带状含铁建造。预测工作区内以早前寒武系为主,寒武系—奥陶系少量出露于中东部,石炭系仅在中东部局部地段有露头,新生界广泛发育于山间沟谷及断陷盆地中,预测工作区中北部岚县一带新生界分布广泛。

由于预测工作区地史演化的复杂性,因而造成了地层的多样性。总的来说,该区由4套地层组成:新太古界硅铁建造形成的基底,古元古界含铁岩系及陆缘盆地沉积,中元古界陆内火山喷发沉积及后寒武系台地型盖层沉积。

吕梁群:由下向上为青杨沟组、袁家村组、裴家庄组、近周营组。袁家村组是含铁建造产出的层位,是本次预测工作的目的层。岚县幅以北的预测工作区北部地区,袁家村组未见出露。以盖家庄幅为主要组成部分的预测工作区中部地区,袁家村组分布于宁家湾、寺头、尖山一线,呈SN走向。东水沟附近有零星出露,地层变为NE走向。

岚河群:由下向上为前马宗组、两角村组、石窑凹组、乱石村组,主体分布于预测工作区北西部。

野鸡山群:由下向上为青杨树湾组、白龙山组、程道沟组,主体分布于预测工作区北西部。

岩浆活动可分为新太古代、古元古代、中元古代、新元古代青白口纪、中生代5个期次。从超基性—酸性、碱性,从深成—喷出均有发育,与目的层相关的侵入岩有古元古代宽坪(盖家庄、杜交曲、焦家沟)花岗片麻岩和中元古代辉绿岩脉、辉绿玢岩脉、辉长辉绿岩脉。花岗片麻岩与目的层间为韧性剪切带接触关系,中元古代基性脉岩在目的层内广泛发育、规模不等,走向多与地层走向一致。岚娄预测工作区区域预测要素一览见表3-1-9。

表3-1-9 山西省袁家村式铁矿岚娄预测工作区区域预测要素一览表

预测要素特征描述		描述内容 沉积变质型铁矿床	预测要素分类
地质环境	地层	古元古界吕梁群袁家村组	必要
	岩石组合	碳质绿泥片岩-绢云片岩-磁铁石英岩组合	必要
	岩石结构、构造	半自形粒状变晶结构,片状或块状构造	次要
	成矿时代	古元古代	必要
	成矿环境	滨海—浅海沉积相	必要
	构造背景	吕梁-中条古元古代结合带吕梁古元古陆缘盆地尖山-袁家村近南北向褶皱带内	必要
矿床特征	矿物组合	以磁铁矿、磁赤铁矿为主,次生赤铁矿、褐铁矿少量,发育有石英、角闪石及少量绿泥石	重要
	结构	半自形—自形等轴粒状变晶结构、半自形—自形柱状变晶结构	次要
	构造	条带、条纹状构造,块状构造	次要
	控矿条件	吕梁群袁家村组含铁岩系及其复式褶皱	重要
综合信息	1:5万区域航磁	圈定的异常图	必要
	1:20万区域化探	圈定的铁地球化学异常图	次要
	1:20万区域重砂	圈定异常不明显	次要
	1:50万区域重力	圈定的等值线图	次要
	遥感信息	遥感矿产地质特征解译图	次要
		遥感铁染异常	次要

2. 磁测特征

1)沉积变质型铁矿分布区岩(矿)石的磁性特征

预测工作区沉积变质型铁矿的(出露或岩心)岩、矿石测定磁参数统计结果显示,矿石中磁性最强的是磁铁矿,属极强磁性,航空磁测找矿效果也最为突出,它是找矿的标志。磁铁石英岩与其围岩(各类片麻岩)的磁性差异很悬殊,一般都在数十倍以上。从磁性来看,两者虽有明显的磁性差异,但在地表均可引起数千纳特的磁异常。

2)沉积变质型铁矿磁异常特征

鞍山式铁矿产于前震旦系古老片麻岩中,矿体一般为似层状,沿走向变化稳定,向下延深较大,由多层矿体组成矿带,围岩与矿体的磁性差异大。

从异常特征分析得出如下看法。①凡是航磁异常形态规则,梯度大,峰值高,有负值伴生,与含矿地层走向大体对应,均为鞍山式铁矿或含铁石英岩引起。②有的航磁异常从已知矿体向覆盖区缓慢下降,在岩体与片麻岩交界处并无负异常出现。这一现象说明岩体可能是超覆于片麻岩之上,矿体并未中断。③航磁异常呈条带状,在平面图上呈串珠状相连。

3. 重力特征

1∶50万重力资料覆盖全省,1∶20万重力测量共完成22个图幅,还有9个图幅没有完成,有待今后完成。由于现有的资料工作比例尺小,最大只有1∶20万,因此重力资料只能解决大的构造和岩体的识别问题。

4. 化探特征

在本次沉积变质型铁矿预测工作中,主要运用了1∶20万铁地球化学异常图层资料。

由于化探为1∶20万资料,工作程度低,在典型矿床范围内显示不明显。在恒山-五台山预测工作区及桐峪预测工作区内,1∶20万铁地球化学异常与矿床较为套合,但铁地球化学异常范围较大,只能作为一个次要预测要素。岚娄预测工作区内,第四系覆盖范围较大,铁地球化学异常与矿床不套合。在此,不进行详细论述。

5. 遥感特征

遥感矿产地质特征与近矿找标志解译及遥感铁染异常在预测工作区上有一定的反映,尤其是遥感解译带状要素内的变质岩与预测工作区内的含矿建造套合较好。在恒山-五台山预测工作区及桐峪预测工作区内,遥感铁染异常与铁矿点位置套合较好。

3.1.2.2 侵入岩体型铁矿

预测类型划分:凡是由同一地质作用形成的,成矿要素和预测要求基本一致,可以在同一张预测底图上完成预测工作的矿床、矿点和矿化线索归为同一矿产预测类型。塔儿山、狐堰山、西安里相距较远,因此分为3个预测工作区。

矿产预测方法类型选择:依据上述矿产预测类型,预测工作区选择侵入岩体型预测方法类型。

1. 预测工作区地质构造专题底图及特征

1)地质构造专题底图编制

该类型预测底图侵入岩浆建造构造图的总体工作过程为在侯马市幅和临汾市幅两个1∶25万建造构造图的基础上,补充1∶5万区调资料以及有关科研专题研究资料,细化含矿岩石建造与构造内容,按预测工作区范围编制各类地质构造专题底图与侵入岩浆建造图。其整个工作过程可细化为如下几步。

第一步:确定编图范围与"目的层"。

编图范围是由铁矿预测组根据塔儿山一带的成矿特征,以地质背景研究为基础,结合物探、化探、遥感研究成果而确定的。

中生代侵入岩与奥陶系马家沟组是区内重要的含矿岩石,故选择中生代侵入岩与奥陶系马家沟组作为本次编图的"目的层"。

第二步:整理地质图,形成地质构造专题底图的过渡图件。

在保持1∶25万图幅基本框架的前提下,直接利用1∶5万资料和1∶20万资料进行编图,具体做法是在1∶5万地质图及1∶20万图幅中的1∶5万实际材料图的基础上,进行地质图的接图与统一系统库的处理,形成地质构造专题底图的过渡图件。

第三步:编制侵入岩浆建造构造图初步图件。

在第二步形成的过渡性图件的基础上提取(分离)与预测工作区内侵入岩、马家沟组有关的图层,为了突出表达目的层,对基本层进行简化处理或淡化处理,突出表示成矿要素;编制侵入岩建造综合柱状图、沉积岩建造综合柱状图。

第四步:补充物探、化探、遥感地质构造推断的成果,形成最终图件。

第五步:图面整饰、属性录入建库,编写说明书。

2)地质背景特征

(1)狐堰山预测工作区。

预测工作区大地构造位置位于华北叠加造山-裂谷带(Ⅱ级构造岩体)吕梁山造山隆起带(Ⅲ级构造岩体)。

出露地层自老而新分别为:下古生界寒武系、奥陶系;上古生界石炭系、二叠系;中生界三叠系;新生界新近系及第四系。与成矿密切相关的主要为奥陶系马家沟组。马家沟组以浅灰色、灰色厚层泥晶灰岩、中厚层云斑灰岩夹薄层白云岩、角砾状泥灰岩、白云质灰岩为特征。区内中部最厚为453.8m,北部最薄为388.9m,呈现出中部厚、向南北变薄的趋势。据岩石组合及岩层结构特征将该组划分为6个非正式段,各段之间均为整合接触。

区内岩浆活动十分强烈,岩浆岩分布广泛,其中与矽卡岩型铁矿有关的主要为中生代碱性、偏碱性岩,主要分布于狐堰山主峰以北及以南的广大地区,而在其东面和南面仅零星出露。

岩石系列为碱性岩系,主要出露岩体有孤山岩体、矿泉岩体、新井沟岩体、黑山洼岩体、龙庄沟岩体、东塔岩体及各种脉岩类。岩体规模相差较悬殊,岩性变化大,岩体及岩脉之间相互穿插,构成了统一的岩浆杂岩体。

据同位素地质年龄样测试结果,确定岩浆形成的时间均在140~109Ma之间,岩浆侵入时代为晚侏罗世—早白垩世,即燕山晚期。

区内构造十分复杂,本区出露最老地层为中寒武统,最新地层为第四系,依据地层间不整合面将区内构造运动按时代顺序自老而新分为怀远运动、晋冀鲁豫运动、印支运动、燕山运动及喜马拉雅运动等。狐堰山预测工作区区域预测要素一览见表3-1-10。

表3-1-10 山西省邯邢式铁矿狐堰山预测工作区区域预测要素一览表

预测要素		要素描述	要素分类
成矿时代		中生代早白垩世(130Ma左右)	必要
大地构造位置		吕梁山造山隆起带汾河岩浆构造活动带	次要
沉积建造/沉积作用	岩石地层单位	奥陶系马家沟组	必要
	地层时代	早古生代奥陶纪	重要
	岩石类型	碳酸盐岩	必要
	沉积建造厚度	厚到巨厚	重要

续表 3-1-10

预测要素		要素描述	要素分类
沉积建造/沉积作用	蚀变特征	矽卡岩化	重要
	岩性特征	碳酸盐岩	重要
	岩石组合	白云岩、灰岩、泥灰岩等	重要
	岩石结构	中细粒变晶结构、生物碎屑结构	次要
	沉积建造类型	白云质灰岩-白云岩建造	必要
变质建造/变质作用	岩石地层单位	奥陶系马家沟组	必要
	地层时代	下古生界奥陶系	重要
	岩石类型	角闪岩相变质岩	次要
	变质建造厚度	较厚	重要
	蚀变特征	矽卡岩化	重要
	岩性特征	以矽卡岩为主	必要
	岩石组合	大理岩、透辉石矽卡岩、金云母矽卡岩、粒硅镁石矽卡岩、石榴子石矽卡岩等	次要
	岩石结构	粒状变晶结构	次要
	岩石构造	块状构造为主	次要
	变质建造类型	接触变质建造	必要
岩浆建造/岩浆作用	岩石名称	二长岩	必要
	岩石系列	碱性系列	重要
	侵入岩时代	中生代燕山期晚侏罗世	必要
	侵入期次	3次	重要
	接触带特征	矽卡岩化、绿泥石化	必要
	岩体形态	不规则状、透镜状、长条状	次要
侵入岩构造	岩体产状	岩基、岩株	次要
	岩石结构	中粗粒不等粒结构、似斑状结构	重要
	岩石构造	块状构造	次要
	岩体影响范围	500～1000m	重要
	岩浆构造旋回	燕山旋回	重要
成矿构造		主要为接触带	重要
矿体特征	形态产状	形态主要为透镜状、不规则状,产状与接触带一致	重要
	规模	单矿体较小,多呈矿群出现	重要
	蚀变组合	大理岩、透辉石矽卡岩、金云母矽卡岩、粒硅镁石矽卡岩、石榴子石矽卡岩	必要
	成矿期次	气成热液、高温热液、中低温热液及表生作用	重要
物探特征	1:1万地磁	甲、乙类异常,异常形态规则、强度高、梯度陡,推断为矿致异常	必要
	1:5万航磁	甲、乙类异常,异常形态规则、强度高、梯度陡,推断为矿致异常	次要
化探特征	1:20万水系异常	磁铁矿异常下限1.06,浓度分带明显,面积较大,与部分矿床(点)分布范围一致,但对成矿没有指示作用	次要

(2)西安里预测工作区。

西安里预测工作区内一级构造单元在燕山期—喜马拉雅期构造阶段属中国东部滨太平洋造山系,二级构造单元属华北叠加造山-裂谷带,三级构造单元属燕辽-太行岩浆弧,四级构造单元属太行山南端陆缘岩浆弧。

从老到新分布的地层有：新太古界、中元古界、下古生界、上古生界等,其中以下古生界为主。新太古界赞皇岩群仅在预测工作区的东南部有小面积分布,是区内最老的岩石地层单位,其岩性组合为黑云石英片岩、白云变粒岩等；区内中元古界仅分布有长城系大河组、赵家沟组、常州沟组,其主体岩性为砂岩夹白云岩,分布于预测工作区的东南部；下古生界预测工作区内分布广泛,主要岩石地层单位有馒头组、张夏组、崮山组、三山子组、马家沟组,其中以马家沟组分布最为广泛,与铁矿关系密切,其他各组主要出露在预测工作区东部深切沟谷两侧,下古生界主体岩性为陆源碎屑岩、碳酸盐岩沉积建造；上古生界仅见于预测工作区西部,受后期风化剥蚀,保存面积较小。另外在较大河谷中及其两侧发育有新生界第四系松散堆积物。

区内侵入岩较发育,其时代为新太古代与中生代。其中新太古代为区内最老的侵入岩,其原岩为花岗闪长岩类,受后期变质变形的改造成为黑云斜长片麻岩。中生代燕山期是区内分布最广、与铁矿关系最密切的侵入岩,总体上可划分为东、西两个岩带,其岩性较复杂,总体上以闪长岩类为主。

中生代燕山期岩浆活动频繁,构成了显生宙以来的主要岩浆活动期。以中深成的基性—中偏碱性杂岩体群为主,超浅成的脉岩零星分布其中。

预测工作区内的变质岩分布范围较少,包括两种类型,一为产于新太古界赞皇岩群和新太古代变质深成侵入岩中的区域变质岩石,另一类为与矽卡岩型铁矿紧密相关的产于中生代侵入岩与围岩接触部位的接触变质岩。

区内最醒目的构造形迹是虹梯关-西安里SN向构造岩浆岩带,总体上呈近SN向"S"形展布。由于岩浆侵位上拱,使地表奥陶系马家沟组灰岩向上隆起形成轴迹近SN向的宽缓背斜、向斜,主背斜轴面产状近于直立,沿走向、倾向均有不同程度的波状弯曲。两翼伴随发育一系列正断层,以闪长岩为主体的基性—中性杂岩体在背斜核部呈岩盖状、串珠状出露。西安里预测工作区区域预测要素一览见表3-1-11。

表3-1-11 山西省邯邢式铁矿西安里预测工作区区域预测要素一览表

预测要素		要素描述	要素分类
成矿时代		中生代早白垩世(130Ma左右)	必要
大地构造位置		燕辽-太行岩浆弧太行山南端陆缘岩浆弧	次要
沉积建造/沉积作用	岩石地层单位	奥陶系马家沟组	必要
	地层时代	早古生代奥陶纪	重要
	岩石类型	碳酸盐岩	必要
	沉积建造厚度	厚到巨厚	重要
	蚀变特征	矽卡岩化	重要
	岩性特征	碳酸盐岩	重要
	岩石组合	白云岩、灰岩、泥灰岩等	重要
	岩石结构	中细粒变晶结构、生物碎屑结构	次要
	沉积建造类型	白云质灰岩-白云岩建造	必要

续表 3-1-11

预测要素		要素描述	要素分类
变质建造/变质作用	岩石地层单位	奥陶系马家沟组	必要
	地层时代	下古生界奥陶系	重要
	岩石类型	角闪岩相变质岩	次要
	变质建造厚度	较厚	重要
	蚀变特征	矽卡岩化	重要
	岩性特征	以矽卡岩为主	必要
	岩石组合	大理岩、透辉石矽卡岩、金云母矽卡岩、石榴子石矽卡岩等	次要
	岩石结构	粒状变晶结构	次要
	岩石构造	块状构造为主	次要
	变质建造类型	接触变质建造	必要
岩浆建造/岩浆作用	岩石名称	二长岩	必要
	岩石系列	碱性系列	重要
	侵入岩时代	中生代燕山期晚侏罗世	必要
	侵入期次	3次	重要
	接触带特征	矽卡岩化、绿泥石化	必要
	岩体形态	不规则状、透镜状、长条状	次要
侵入岩构造	岩体产状	岩基、岩株	次要
	岩石结构	中粗粒不等粒结构、似斑状结构	重要
	岩石构造	块状构造	次要
	岩体影响范围	500~1000m	重要
	岩浆构造旋回	燕山旋回	重要
成矿构造		主要为接触带	重要
矿体特征	形态产状	形态主要为透镜状、不规则状,产状与接触带一致	重要
	规模	单矿体较小,多呈矿群出现	重要
	蚀变组合	大理岩、透辉石矽卡岩、金云母矽卡岩、粒硅镁石矽卡岩、石榴子石矽卡岩	必要
	成矿期次	气成热液、高温热液、中低温热液及表生作用	重要
物探特征	1∶1万地磁	甲、乙类异常,异常形态规则、强度高、梯度陡,推断为矿致异常	必要
	1∶20万航磁	区内异常平缓	次要
化探特征	1∶20万水系异常	磁铁矿异常下限1.06,浓度分带明显,面积较大,与部分矿床(点)分布范围一致,但对成矿没有指示作用	次要

(3)塔儿山预测工作区。

预测工作区主体(岩浆岩分布区)大地构造位置位于中国东部滨太平洋造山系(Ⅰ级构造单元)华北叠加造山-裂谷带(Ⅱ级构造单元)吕梁山造山隆起带(Ⅲ级构造单元)。塔儿山预测工作区区域预测要素一览表见表3-1-12。

表 3－1－12　山西省邯邢式铁矿塔儿山预测工作区区域预测要素一览表

预测要素		要素描述	要素分类
成矿时代		中生代早白垩世（130Ma 左右）	必要
大地构造位置		吕梁山造山隆起带汾河岩浆构造活动带	次要
沉积建造/沉积作用	岩石地层单位	奥陶系马家沟组	必要
	地层时代	早古生代奥陶纪	重要
	岩石类型	碳酸盐岩	必要
	沉积建造厚度	厚到巨厚	重要
	蚀变特征	矽卡岩化	重要
	岩性特征	碳酸盐岩	重要
	岩石组合	白云岩、灰岩、泥灰岩等	重要
	岩石结构	中细粒变晶结构、生物碎屑结构	次要
	沉积建造类型	白云质灰岩-白云岩建造	必要
		生物屑泥晶碳酸盐岩建造	次要
变质建造/变质作用	岩石地层单位	奥陶系马家沟组	必要
	地层时代	下古生界奥陶系	重要
	岩石类型	角闪岩相变质岩	次要
	变质建造厚度	较厚	重要
	蚀变特征	矽卡岩化	重要
	岩性特征	以矽卡岩为主	必要
	岩石组合	大理岩、透辉石矽卡岩、金云母矽卡岩、粒硅镁石矽卡岩、石榴子石矽卡岩等	次要
	岩石结构	粒状变晶结构	次要
	岩石构造	块状构造为主	次要
	变质建造类型	接触变质建造	必要
岩浆建造/岩浆作用	岩石名称	斑状闪长岩、二长岩、二长闪长岩	必要
	岩石系列	碱性系列、钙碱性系列	重要
	侵入岩时代	中生代燕山期晚早白垩世	必要
	侵入期次	3 次	重要
	接触带特征	矽卡岩化、绿泥石化	必要
	岩体形态	不规则状、透镜状、长条状	次要
侵入岩构造	岩体产状	岩基、岩株	次要
	岩石结构	中粗粒不等粒结构、似斑状结构、斑状结构	重要
	岩石构造	块状构造	次要
	岩体影响范围	500～1000m	重要
	岩浆构造旋回	燕山旋回	重要
成矿构造		主要为接触带	重要

续表 3-1-12

预测要素		要素描述	要素分类
矿体特征	形态产状	形态主要为透镜状、不规则状,产状与接触带一致	重要
	规模	单矿体较小,多呈矿群出现	重要
	蚀变组合	大理岩,透辉石、金云母、粒硅镁石、石榴子石矽卡岩	必要
	成矿期次	气成热液、高温热液、中低温热液及表生作用	重要
物探特征	1∶1万地磁	甲、乙类异常,异常形态规则、强度高、梯度陡,推断为矿致异常	必要
	1∶2.5万航磁	甲、乙类异常,异常形态规则、强度高、梯度陡,推断为矿致异常	重要
化探特征	1∶20万水系异常	磁铁矿异常下限1.06,浓度分带明显,面积较大,与部分矿床(点)分布范围一致,但对成矿没有指示作用	次要

出露地层自老而新分别为：下古生界寒武系、奥陶系；上古生界石炭系、二叠系；中生界三叠系；新生界新近系及第四系。从地层分布上看有自南而北由老渐新的趋势。与成矿密切相关的奥陶系马家沟组主要分布在塔儿山、二峰山、司空山、天坛山、翔山北东端及吕梁山边缘的三灯山一带。

区内岩浆活动十分强烈,岩浆岩分布广泛,其中与矽卡岩型铁矿有关的主要为中生代岩浆岩,主要范围北起临汾市卧虎山,南至翼城绵山,东起浮山县司空山,西至曲沃县露顶山及襄汾县青杨岭。

绝大多数岩体属浅成相,一般剥蚀较浅。岩体周围沉积岩层发生蚀变,一些规模较大的岩体与围岩接触常形成接触交代型铁、铜矿。

岩浆岩共划分为4个侵入次：第一次为闪长岩类,第二次为二长岩类,第三次为正长岩类,第四次为脉岩类。

区内褶皱和断裂十分发育,共发现大小断裂200余条,按体系归属大致可分为塔儿山山字型构造、新华夏系、南北向构造带、祁吕系等。其中塔儿山山字型构造构成了区内主要构造骨架,其发生、发展与演变,基本上反映了本区自燕山运动以来的构造变形史。山字型构造的各种构造形迹与上述诸构造体系的构造形迹交织在一起,互相限制,迁就利用,彼此穿插、干扰,在区内构成了一幅十分复杂的构造图像。

2. 磁测特征

矽卡岩型铁矿具有强磁性,但由于单个矿体规模较小,而其母岩一般具有不同程度磁性,空间范围亦大,故该类铁矿的航磁异常往往以岩体异常为背景,分布在岩体异常的周围及两异常之间和异常的转折部位。其主要特征：异常形态规则,曲线圆滑,多呈点状或等轴状,相对异常值100～200nT。

火成岩异常一般范围大,形态不太规整,往往有波动起伏,一端或两端与区域异常连在一起,负异常伴生不明显。

以上矽卡岩型铁矿和火成岩异常在不同比例尺磁测图上有不同的特征显示,在1∶5万和1∶2.5万航磁图上比较清楚。经过航磁异常特征对比,有以下认识：①若航磁异常明显,范围较大,没有负异常或者相对低值伴生,叠加异常又不明显,则磁异常中心为岩体隆起部位或岩体较厚的部位。②航磁异常呈环状分布,局部异常位于阶梯带部位或等值线舌状伸出部位,这时环状部分的异常一般均为矿体异常。③单个矽卡岩型铁矿异常往往在小比例尺航磁图上不易发现,偶然在一条航线上有尖锋叠加,但很难区别,但在1∶2.5万航磁图上比较明显,可为直接寻找矽卡岩型铁矿提供重要线索。

3. 重力特征

重力异常在区域上只反映了大型岩体的存在,对已知矿床点无反映。

4. 化探特征

由于化探为1∶20万资料,工作程度低,在典型矿床范围内显示不明显。3个预测工作区内,1∶20万铁地球化学异常与矿床套合较差。

5. 遥感特征

在3个预测工作区内,有大的反映岩体存在的环形和线性构造存在,羟基、铁染异常分布在铁矿出露区和矿产开采区。

3.1.2.3 沉积型铁矿

山西省沉积型铁矿共包括山西式沉积型和宣龙式沉积型(广灵式)2类预测类型,其中山西式沉积型铁矿共5个预测工作区,宣龙式(广灵式)沉积型铁矿有1个预测工作区。

山西式铁矿为产于晚石炭世早期本溪组的滨浅海潟湖相沉积型铁矿,宣龙式(广灵式)铁矿为产于新元古代青白口系云彩岭组的滨海相沉积型铁矿,按《全国重要矿产和区域成矿规律研究》与其他相关规定,其预测方法类型均为沉积型。

1. 预测工作区地质构造专题底图及特征

1)地质构造专题底图编制

底图编制主要工作过程是按照全国矿产资源潜力评价项目办的有关要求进行,沉积建造构造图的总体工作过程为在1∶25万建造构造图的基础上,补充1∶5万、1∶20万区调资料以及有关科研专题研究资料,细化含矿岩石建造与构造内容,按预测工作区范围编制各类地质构造专题底图与沉积建造构造图。其整个工作过程可细化为如下几步。

第一步:确定编图范围与"目的层"。

第二步:提取相关图层,形成地质构造专题底图的过渡图件。

第三步:补充增加相关的成矿地质要素内容及图层。

第四步:编制附图(角图)。

岩相古地理图总体工作过程是在1∶25万实际材料图、建造构造图的基础上,充分利用相关1∶5万区调资料,补充区调资料以及有关科研专题研究与岩相古地理相关的资料,按预测工作区范围编制。

第一步:确定编图范围与"目的层"。

第二步:资料收集和工作准备。

①资料收集。

②确定成图单元,进行统一岩石地层划分。

③选定和布置控制性岩相分析剖面。

④编制预测工作区地层-岩相综合柱状图。

第三步:主图编制

①实际材料底图。

②编制含矿岩层沉积等厚线图。

③编制预测工作区沉积相图。

④叠加形成岩相古地理主图。

第四步:图面整饰、属性录入建库,编写说明书。

2)地质背景特征

山西式铁矿类型单一,所有矿床均产在上石炭统太原组湖田段,含矿层位位于山西沉积型铝土矿之下,多与山西沉积型铝土矿共生。可划分出6个预测工作区。

(1)柳林预测工作区。

预测工作区位于鄂尔多斯古陆块中东部和晋冀古陆块西部（Ⅱ级构造单元）。

区内沉积盖层产状总体上是走向 SN、倾向 W 的单斜。在单斜的背景上又发育有近 SN 向宽缓褶皱。沉积地层的分布明显受离石大断裂的控制，断裂以西为中生代地层分布区，断裂以东以寒武系、奥陶系为主，在断层夹块内和向斜核部及两翼有石炭系、二叠系保留。预测工作区目的层（铁铝岩）下伏地层为马家沟组六段泥晶灰岩建造，上覆地层为太原组砂岩-泥岩-碳酸岩盐含煤建造。湖田段总体属于有障壁的潮坪体系。东北为吕梁古岛，西北角、中部和东南角分别为兴县-偏关潟湖、柳林潟湖和灵石-襄汾潟湖，为潟湖滩亚相。

(2)阳泉预测工作区。

本预测工作区位于山西省中南部太行山中南段，大地构造位置位于华北陆块区晋冀古陆块长治陆表海盆地东缘，紧靠晋东南碳酸盐台地西缘。按地层区划属华北地层大区晋冀鲁豫地层区山西地层分区太行山中段地层小区。区内由东到西地层由老变新，从早前寒武系、下古生界、上古生界、中生界均有出露，新生界分布于盆地、大的河沟及局部山顶。含矿层为晚石炭世早期太原组湖田段，地层总体倾向西，在预测工作区内由北向南呈长条状分布。

由于加里东运动造成山西地壳处于长期隆起剥蚀状态，缺失志留纪至泥盆纪和早石炭世的沉积，至晚石炭世才发生沉降接受沉积。太原组湖田段属晚石炭系本溪阶—晋祠阶，呈平行不整合发育在奥陶系凹凸不平的灰岩古风化壳之上，为一套喀斯特洼地-潟湖环境下沉积的铁铝岩系，为山西式铁矿、铝土岩及铝土质页岩组合，是本预测工作区的铝土矿含矿层。

(3)孝义预测工作区。

预测工作区位于鄂尔多斯古陆块东部和晋冀古陆块西部交接部（Ⅱ级构造单元），分属鄂尔多斯陆相坳陷盆地、河东陆表海盆地、晋东南碳酸盐台地和长治陆表海盆地 4 个Ⅲ级构造单元。地质构造的发育程度也明显不同，主要表现在东部盆缘以断裂及派生挠褶为主，中部以宽缓的褶皱发育为特色，西部构造形迹明显减少，成为比较平缓的单斜构造；沉积地层的分布明显受构造的控制，离石断裂以西为中生代地层分布区，离石断裂以东至盆缘断裂以寒武系、奥陶系为主，在断层夹块内和向斜核部及两翼有石炭系、二叠系保留；霍山山前断裂以东的沁水复向斜的北西翼有少量石炭系、二叠系分布。预测工作区目的层（铁铝岩）下伏地层为马家沟组六段泥晶灰岩建造，上覆地层为太原组砂岩-泥岩-碳酸岩盐含煤建造。

预测工作区内侵入岩比较发育，主要分布于区内北西部和东部，其形成时代为新太古代、古元古代及中生代。中生代岩体（塔儿山岩体）以碱性、偏碱性为主，侵入于马家沟组四~六段灰岩、泥灰岩中，对附近铝土矿、铁矿有一定的热变质作用。

(4)沁源预测工作区。

预测工作区位于晋冀古陆块（Ⅱ级构造单元）西部，分属沁水陆相裂陷盆地、晋东南碳酸盐台地、长治陆表海盆地、吕梁弧盆系 6 个Ⅲ级构造单元，汾渭裂谷带呈 NNE 向展布于该区西部。该区从老到新分布的地层有：新太古界、下古生界、上古生界、中生界、新生界等。地层分布明显受沁水盆地的控制，总体具有翼部老、核部新的特点，前寒武纪及下古生界主要分布于预测工作区西部太岳山一带，并被霍山山前断层切割而不完整；其北、东、南 2~5km 范围内为上古生界主要出露区；中生界主要分布于预测工作区东部；新生界主要分布于东部中生界分布区。据前人资料，其下部大多埋藏有深浅不一的上古生界。上古生界石炭系—二叠系太原组湖田段为本次确定的目的层，太原组为海陆交互相的含煤碎屑岩、泥质岩及碳酸盐岩建造。

构造相对较复杂，总体构造格架形成于中生代燕山期，沁水复向斜为区内主要构造单元，其西侧为太岳山复背斜。新生代喜马拉雅山期构造表现也较为强烈，盆地北西缘为交城-清徐断裂、三泉断裂、罗云山山前断裂，南东盆缘为洪山-范村断裂、霍山山前断裂，这些断裂控制着盆地的形成与发展。预测工作区目的层(铁铝岩)下伏地层为马家沟组六段泥晶灰岩建造,上覆地层为太原组砂岩-泥岩-碳酸盐岩含煤建造。

(5)晋城预测工作区。

沁水成矿沉积盆地南部成矿预测工作区大地构造单元属华北陆块区晋冀古陆块之晋东南碳酸盐台地、长治陆表海盆地和沁水陆相裂谷盆地,构造相对较复杂,总体构造格架形成于中生代燕山期,主要位于沁水陆相裂谷盆地内(沁水复式向斜南段)。

预测工作区大部分属山西地层分区、太行山南段地层小区,主要处于沁水盆地南段,从老到新分布的地层有：新太古界、中元古界、下古生界、上古生界、中生界、新生界等。地层分布明显受沁水盆地的控制,总体具有翼部老、核部新的特点。前寒武纪及下古生界主要分布于预测工作区东西两侧及南部,中生界主要分布于中部及中西部,也是上古生界主要埋藏区,新生界主要分布于临汾盆地东部、沁水盆地及晋城、高平、陵川等山间盆地内。新太古界赞皇岩群仅在预测工作区的东北部有极小面积零星分布,是区内最老的岩石地层单位;中元古界长城系小面积分布于预测工作区的东部及南部;古生界在区内分布广,在大面积出露区之东,受后期风化剥蚀,仅有零星残留,而其西为大面积埋藏区,主要岩石地层单位有石炭系—二叠系太原组(底部为含矿层湖田段)、二叠系山西组、石盒子组、孙家沟组;新生界主要分布于临汾盆地(东部)、沁水盆地(南部)。

沁水陆相裂谷盆地构造形迹主要表现为一系列的NNE—SN向的宽缓褶皱,断裂不发育,而在其南部扬起端叠加有近EW向褶皱及断裂;太行山复式背斜西翼褶皱构造较发育,断裂相对不发育。

侵入岩较发育,其形成时代为中生代。东部为西安里岩带,西部为塔儿山-二峰山岩带,总体上以二长岩类、闪长岩类为主。西部塔儿山-二峰山岩带侵入最新层位为中生界三叠系,对区内预测矿种有一定影响,造成矿体局部发育热接触蚀变。

(6)广灵预测工作区。

预测工作区大地构造单元位于燕辽中—新元古代裂谷带(Ⅲ级)的燕山中—新元古代裂谷(Ⅳ级)西南缘。

预测工作区位于中—新元古代燕山裂谷西南缘。从老到新分布的地层有：中元古界、新元古界、下古生界、上古生界、中生界、新生界等,其分布总体受燕山期NW向断裂控制。中元古界长城系高于庄组、蓟县系雾迷山组,是区内最老的岩石地层单位,呈角度不整合在早前寒武纪变质岩之上,是广灵式铁矿的剥蚀沉积物源层,其岩性组合为含燧石结核、条带白云岩、含锰白云岩、礁白云岩;新元古界青白口系望狐组、云彩岭组,呈平行不整合发育在长城系高于庄组、蓟县系雾迷山组之上,是预测工作区广灵式铁矿的含矿层,主体为滨岸冲积扇相和前滨、临滨亚相的陆源碎屑岩沉积建造;下古生界在预测工作区内主体为一套陆源碎屑岩-碳酸盐岩建造,主要岩石地层单位有寒武系馒头组、张夏组、崮山组和寒武系—奥陶系炒米店组及奥陶系冶里组、亮甲山组、三山子组、马家沟组,其中馒头组直接平行不整合在含矿层之上,总体上古生界在区内西部小泉华山一带各组出露较齐全,东部望狐、大贺家堡一带由于受后期剥蚀仅有零星残留,含矿层之上主要为馒头组、张夏组;中生界仅保留在西王铺、西圪坨铺等地的地堑中,其岩石地层单位主要为白垩系义县组砂岩、页岩夹少量酸性火山岩;新生界大面积分布在大同盆地及广灵山间盆地中,岩石地层单位主要有第四系上更新统马兰组、峙峪组、方村组及全新统现代河流松散堆积物。

预测工作区内总体构造格架形成于中、新生代,中生代燕山期以NW向正断层为主,属唐河断裂带的北部延伸部分,形成了一系列的NW-SN向地堑、地垒。

2. 地球物理、地球化学、遥感、自然重砂等预测的确定及其特征

物探、化探、遥感、重砂在沉积型铁矿预测中未采用。山西式和宣龙式铁矿预测工作区区域预测要素一览分别见表3-1-13和表3-1-14。

表 3-1-13　山西省山西式铁矿预测工作区区域预测要素一览表

区域成矿要素		描述内容	预测要素类型
区域成矿地质背景	大地构造位置	华北东部碳酸盐岩台地	必要
	主要控矿构造	古风化壳、奥陶系碳酸盐岩岩溶侵蚀面存在负地形（盆地、溶洼、溶斗群）处	重要
	赋矿地层	石炭系本溪组下部，G层铝土矿上部未被侵蚀时，均有石炭纪—二叠纪煤系地层沉积	必要
	控矿沉积建造	滨浅海-潟湖弱还原碳酸盐相铁铝质岩	必要
区域成矿地质特征	区域成矿类型	海相沉积型	必要
	成矿时代	中石炭世（Rb-Sr等时线年龄319～309Ma）	必要
	矿床、矿点分布	大、中、小矿床及矿点的数量	重要
	含矿岩石组合	铁铝岩系	必要
	矿石矿物组合	褐铁矿、赤铁矿并含有高岭石、方解石、水铝石	重要
	含矿岩系厚度	含矿岩系厚度大于5m	重要
	风化氧化	黄铁矿、菱铁矿氧化为褐铁矿	重要
物化遥异常	遥感影像	构造盆地影像	次要
	1∶20万化探	手工圈定的Fe、V、Gr、Ti异常区	无显示
	1∶20万航磁	手工圈定的异常区（ΔT等值线）	无显示
	1∶20万重力	手工圈定的异常区（布格异常）	无显示

表 3-1-14　山西省宣龙式铁矿预测工作区区域预测要素一览表

区域成矿要素		描述内容	成矿要素类型
区域成矿地质背景	大地构造位置	燕山中新元古代裂陷带西南缘	必要
	主要控矿因素	受北、西、南三面古陆环绕展布的长城系顶部侵蚀面的古地理环境控制	必要
	主要赋矿地层	新元古界青白口系云彩岭组	必要
	控矿沉积建造	主要为由滨岸冲积扇相和前滨、临滨亚相的陆源碎屑岩沉积建造	必要
区域成矿地质特征	区域成矿类型	滨海相沉积型	必要
	成矿期	新元古代青白口期	必要
	矿床式	宣龙式中的广灵式	必要
	含矿岩石组合	上部为铁质石英砂岩组合，下部以不稳定的燧石质角砾岩为主	重要
	矿石矿物组合	以赤铁矿、石英为主，赤铁矿含量变化大，由百分之几至40%，其次是镜铁矿、燧石、方解石	重要
物化遥自然重砂特征	1∶20万化探	手工圈定的Fe异常区	次要
	1∶20万重砂	手工圈定的赤铁矿异常区	无显示
	1∶5万航磁	手工圈定的异常区（ΔT等值线）	无显示
	1∶20万重力	手工圈定的异常区（布格异常）	无显示
	遥感影像	遥感矿产地质特征、羟基异常和铁染异常	次要

3.1.3 最小预测区圈定

3.1.3.1 沉积变质型铁矿

1. 预测单元划分及预测地质变量选择

模型单元(区)选择依据和方法：总体选择研究程度相对高，找矿信息明显，具有较可靠的资源储量单元为模型单元，模型单元本身的自变量和因变量之间具有良好的因果关系。MRAS中提供了数量化理论Ⅲ和数量化理论Ⅳ进行数学模型计算和人工交互式选择模型计算，本次预测采用了人工交互式选择模型单元。

在预测模型的指导下，从预测底图及相关专业图件上逐一提取与成矿关系密切的要素图层。首先进行模型区选择，选择区内有代表性的鞍山式铁矿床(含典型矿床)为模型单元，确定各图层与矿产的关系及其变量赋值意义，对各预测要素图层形成的数字化变量进行变量取值，将模型单元与预测区关联，转入下一步预测区优选与定量预测。

预测单元划分方法：根据鞍山式铁矿预测要素及预测要素组合特征，主要运用磁异常、含矿建造、磁铁石英岩、矿床点的存在等作为预测的必要要素条件，采用综合信息法进行预测单元的圈定。

2. 预测要素变量的构置与选择

预测要素变量的提取应首先考虑那些与所研究的地质问题有密切关系的地质因素，在矿产资源预测中，所选择的地质变量应该在一定程度上反映矿产资源体的资源特征。

变量赋值的实质是将已作为地质变量提取出来的地质特征或地质标志在每个矿产资源体中的信息值取出或计算出来。具体可分为以下3个方面。

(1)定性变量：当变量存在对成矿有利时，赋值为1；不存在时赋值为0。
(2)定量变量：赋实际值，例如查明储量等。
(3)对每一变量求出成矿有利度，根据有利度对其进行赋值。

主要经过以下三步进行预测变量优选：①预测要素的数字化、定量化；②变量二值化；③变量初步优选研究。

本次预测中选取相似系数法对3个预测工作区进行预测变量优选，恒山-五台山预测工作区的阈值为0.55，岚娄预测工作区的阈值为0.50，桐峪预测工作区的阈值为0.60。经过优选后的3个预测工作区的最小预测区预测变量分别如下。

恒山-五台山预测工作区：①含矿建造存在标志；②磁铁石英岩存在标志；③矿床点存在标志；④1∶5万航磁等值线高度_mean；⑤1∶5万航磁等值线高度_max；⑥1∶5万化极等值线高度_mean；⑦1∶5万化极等值线高度_max；⑧遥感近矿找矿标志存在标志；⑨铁地球化学异常存在标志；⑩航磁异常存在标志。

岚娄预测工作区：①含矿建造存在标志；②磁铁石英岩存在标志；③矿床点存在标志；④1∶5万航磁等值线高度_mean；⑤1∶5万化极等值线高度_mean；⑥1∶5万化极等值线高度_max；⑦遥感近矿找矿标志存在标志；⑧航磁异常存在标志。

桐峪预测工作区：①含矿建造存在标志；②磁铁石英岩存在标志；③矿床点存在标志；④1∶20万航磁等值线高度_mean；⑤1∶20万航磁等值线高度_max；⑥地磁等值线高度_mean；⑦地磁等值线高度_max；⑧遥感近矿找矿标志存在标志；⑨地球化学异常存在标志；⑩磁法异常存在标志。

3. 最小预测区圈定及优选

根据鞍山式铁矿预测要素及预测要素组合特征，我们主要用磁异常、含矿建造、磁铁石英岩、矿床点的存在等作为预测的必要要素条件,采用综合信息法进行预测区手工圈定。

预测区优选,是根据矿产资源评价原始数据矩阵用统计方法确定每一个地质统计单元的成矿有利程度,再根据地质统计单元的成矿有利程度确定统计单元所属的矿产资源靶区级别,从而达到预测区优选的目的。MRAS中主要提供了证据权重法、特征分析法和神经网络法。经过比较,选定特征分析法来进行预测区优选。

本次预测中,各预测工作区优选阈值分别为:恒山-五台预测工作区,成矿概率在0.8以上的为A级预测区,0.6~0.8之间的为B级预测区,0.6以下的为C级预测区;岚娄预测工作区,成矿概率在0.8以上的为A级预测区,0.5~0.8之间的为B级预测区,0.5以下的为C级预测区;桐峪预测工作区,成矿概率在0.8以上的为A级预测区,0.6~0.8之间的为B级预测区,0.6以下的为C级预测区。A级以红色区块表示,B级以绿色区块表示,C级以蓝色区块表示。

经过优选后,恒山-五台山预测工作区最小预测区为63个,其中A级16个,B级14个,C级33个;桐峪预测工作区最小预测区为13个,其中A级2个,B级3个,C级8个;岚娄预测工作区最小预测区为了15个,其中A级4个,B级3个,C级8个。

3.1.3.2 矽卡岩型铁矿

1. 预测单元划分及变量构置

在预测模型的指导下,从预测底图及相关专业图件上逐一提取与成矿关系密切的要素图层。首先进行模型区选择,选择区内具代表性的邯邢式铁多金属矿床(含典型矿床)为模型单元,确定各图层与矿产的关系及其变量赋值意义,对各预测要素图层形成的数字化变量进行变量取值,将模型单元与预测区关联,转入下一步预测区优选与定量预测。

进行要素检索提取,缓冲区分析,筛选出要素与矿产的对应关系。通过对邯邢式铁多金属矿变量提取与赋值(数理模型),确定岩体缓冲区半径1000m。

(1)定性变量:当变量存在对成矿有利时,赋值为1;不存在时赋值为0。

(2)定量变量:赋实际值,例如查明储量、平均品位、矿化强度等。

(3)对每一变量求出成矿有利度,根据有利度对其进行赋值。

使用匹配系数等方法,从众多变量中选择对预测区优选起作用的变量。

2. 最小预测区圈定及优选

本次利用成矿必要条件的地质体综合信息单元叠加,即在建模中通过必要要素叠加圈定预测区。

利用与成矿相关的异常或地质体圈定预测区,山西矽卡岩型铁矿中,塔儿山预测区黄土覆盖严重,岩体埋深10~1000m,局部埋深大于1000m,据钻孔资料验证,狐堰山预测区岩体埋深10~200m,西安里预测区岩体埋深10~200m,1:1万地磁甲类异常(矿致异常)反映了隐伏矿体及地表矿体的存在,甲类异常与铁矿体相关。因此选用1:1万地磁矿致异常(甲类异常)单项信息法圈定预测区,对于面积小于1km²,空间上集中分布,并且距离小于0.5km的异常,参照地质背景情况归并为同一个预测区。

应用特征分析和证据加权法,分别确定潜力评价定量模型的参数,计算各预测要素变量的重要性,确定最优方案和结果。本次预测采用特征分析法。

优选结果:按照预测区级别划分原则,A级为含矿建造+控矿岩体+综合信息+甲类矿致地磁异常+矿床(点);B级为含矿建造+控矿岩体+综合信息+甲类乙类矿致地磁异常+矿(化)点;C级为含矿建造+控矿岩体+综合信息+乙类地磁异常。去除成矿概率为0的单元,全省邯邢式铁矿共圈定62个最小预测区(A级33个,B级6个,C级23个),其中塔儿山预测区A级20个,B级2个,C级11个,狐堰山预测区A级8个,B级3个,C级5个,西安里预测区A级13个,B级1个,C级7个。

3.1.3.3 沉积型铁矿

1. 预测单元划分及变量构置

1)山西式铁矿预测工作区

山西式铁矿为沉积型矿床,主要受地层、岩相、古地理和构造因素的制约。根据决定矿体存在的多因素特点,最小预测单元的划分采用综合信息地质单元方法。

最小预测区边界的确定在大范围内采用定位预测要素叠加法圈定预测边界,即将所有必要的定位预测要素进行叠加,其重叠的部分即为定位预测范围,重叠部分的边界即为最小预测区边界。共圈定最小预测单元柳林预测工作区3个、阳泉预测工作区3个、孝义预测工作区6个、沁源预测工作区2个、晋城预测工作区2个,最小预测区面积一般小于$200km^2$。

山西式铁矿为外生成矿作用形成的矿床,主要受地层、岩相、古地理和构造因素的制约,它们综合反映了外生矿床的形成条件、时空分布及地质背景,共总结了17个预测要素。我们采用多元统计方法与德尔菲法相结合的办法,在不遗漏与预测对象有直接联系的主要信息的前提下,进行了变量优选研究。经反复研究对比,最后优选出太原组湖田段地层、已知铁矿床(点)、潟湖相、含矿岩系厚度、矿石品位、次生富集边界、石炭系—三叠系等7个最为重要的要素。

应用MRAS软件进行变量构置,连续预测变量,包括矿系厚度、三氧化二铁等,二值化处理方法是在MRAS软件中"变量选择"的"定量预测的变量二值化"菜单中人工输入区间进行二值化(矿系厚度为2~12、三氧化二铁30~40);离散型预测变量,即通过求区存在的标志,可以确定各个预测区内存在何种预测要素,如果某种预测要素存在,则赋值1,否则赋值0。例如,如果预测区2内有地层要素,则给预测区2的地层存在标志赋值1,否则赋值0。

2)宣龙式铁矿预测工作区

宣龙式铁矿为沉积型矿床,含矿层位为青白口系云彩岭组含铁石英砂岩,云彩岭组及矿化体被寒武系覆盖,使矿化体得以保留。根据决定矿体存在的多因素特点,最小预测单元的划分采用综合信息地质单元方法。

在研究成矿规律时,我们总结出近20个预测要素,进一步对这些预测要素进行优选是预测课题的重要内容,我们采用多元统计方法与德尔菲法相结合的办法,在不遗漏与预测对象有直接联系的主要信息的前提下,进行了变量优选研究。经反复研究对比,最后优选出云彩岭组地层、矿化体、前滨相、临滨相、Fe化探异常值在1.06以上、已知铁矿床(点)等6个最为重要的要素。为了更加准确地反映出矿点对成矿作用影响的大小,便于后面的预测工作,首先对研究区中的矿点做了半径为20(1000m)的buffer分析。由新生成的区文件取代矿点成为一个预测要素。对预测要素的数字化主要是通过原始变量的构置和求区存在的标志实现的。通过求区存在的标志,可以确定各个预测区内存在何种预测要素,如果某种预测要素存在,则赋值1,否则赋值0。

2. 最小预测区圈定及优选

1)山西式铁矿预测区

采用的预测方法是特征分析法,在空间评价中选择特征分析法构建预测模型,再选择平方和法计算因素权重,然后进行靶区优选计算成矿概率,将这些变量的数据分成5~20组使用线性插值计算成矿概率,并用点设置区域的分类标志,其设置的是A、B、C三类。

根据成矿概率的大小对最小预测区进行优选,舍去成矿概率值小于0.5的最小预测区,保留成矿概率值大于或等于0.5的最小预测区。叠加矿化体图层、太原组湖田段地层和大部分矿点图层,发现所有有矿化体分布的最小预测区全部被保留。最终将成矿概率大于或等于0.889的最小预测区确定为A级,0.703~0.889的为B级,0.5~0.713的为C级。最终保留最小预测区16个,其中A级最小预测区

1个,B级最小预测区5个,C级最小预测区10个。

2)宣龙式铁矿预测区

通过空间评价菜单中的特征分析法,先构置预测模型,得到定位预测数据,然后通过平方和法(矢量长度法)计算出各预测变量的标志权系数,地层、矿化体、前滨(临滨)和矿点 buffer 因素权重值为 0.482 573,对本类型铁矿的成矿作用最大,Fe 化探异常为 0.261 712,对本类型铁矿的成矿作用次之。变量确定之后,进行靶区优选,通过比较我们最终采用了线性插值的方法计算成矿概率。

根据成矿概率的大小对最小预测区进行优选,舍去成矿概率值小于 0.5 的最小预测区,保留成矿概率值大于或等于 0.5 的最小预测区。叠加矿化体图层、云彩岭组地层和大部分矿点图层,发现所有有矿化体分布的最小预测区全部被保留,最终将成矿概率大于或等于 1 的确定为 A 级,0.75~1 的为 B 级,0.5~0.75 的为 C 级。最终保留最小预测区 9 个,其中 A 级最小预测区 2 个,B 级最小预测区 4 个,C 级最小预测区 3 个。

3.1.4 资源定量预测

3.1.4.1 沉积变质型铁矿

1. 模型区深部及外围资源潜力预测分析

1)典型矿床已查明资源储量及其估算参数

(1)鞍山式沉积变质型。

恒山-五台山预测工作区内共 2 个典型矿床,分别为黑山庄典型矿床及山羊坪典型矿床。估算方法均为地质体积法,以预测工作区为单位,详细研究了已知矿床已查明资源储量及估算参数和确定依据,主要内容见表 3-1-15。

表 3-1-15 山西省鞍山式铁矿恒山-五台山预测工作区典型矿床查明资源储量表

编号	名称	查明资源量		面积(km²)	延深(m)	品位(%)	体重(t/m³)	体积含矿率
		矿石量(万 t)	金属量					
1	黑山庄	7 594.9		2.93	700	31.54	3.23	0.037 1
2	山羊坪	46 478.57		24.44	450	23.61	3.14	0.042 3

桐峪预测工作区没有选取典型矿床,本次工作中选用恒山-五台山预测工作区黑山庄典型矿床。估算方法为地质体积法,典型矿床已查明资源储量及估算参数和确定依据,详见表 3-1-15。

(2)袁家村式沉积变质型。

岚娄预测工作区内的典型矿床为袁家村铁矿床。估算方法为地质体积法,以预测工作区为单位,详细研究了已知矿床已查明资源储量及估算参数和确定依据,主要内容见表 3-1-16。

表 3-1-16 山西省袁家村式铁矿岚娄预测工作区典型矿床查明资源储量表

编号	名称	查明资源量		面积(km²)	延深(m)	品位(%)	体重(t/m³)	体积含矿率
		矿石量(万 t)	金属量					
3	袁家村	121 866.3		7.944	700	32.37	3.28	0.219 2

2)典型矿床深部及外围预测资源量及其估算参数

(1)鞍山式沉积变质型。

恒山-五台山预测工作区内共2个典型矿床,分别为黑山庄典型矿床及山羊坪典型矿床。以预测工作区为单位,详细研究了典型矿床的深部和外围估算资源量、参数确定及依据,主要内容见表3-1-17。

表3-1-17　恒山-五台山预测工作区典型矿床深部和外围预测资源量表

编号	名称	预测资源量(万t)	面积(km²)	延深(m)	体积含矿率
1	黑山庄	3 254.96	2.926	300	0.037 1
2	山羊坪	15 492.86	24.435	150	0.042 3

桐峪预测工作区没有典型矿床,本次工作采用恒山-五台山预测工作区的黑山庄典型矿床数据。

典型矿床资源总量为典型矿床查明资源量与预测资源量之和。总面积采用查明资源储量部分矿床面积,总延深为查明部分矿床延深与预测部分矿床延深之和。山西省鞍山式铁矿典型矿床总资源量见表3-1-18。

表3-1-18　鞍山式铁矿典型矿床总资源量表

编号	名称	查明资源储量(万t)	预测资源量(万t)	总资源量(万t)	总面积(km²)	总延深(m)	含矿系数
1	黑山庄	7 594.9	3 254.96	10 849.86	2.926	1000	0.037 1
2	山羊坪	46 478.57	15 492.86	61 971.43	24.435	600	0.042 3

(2)袁家村式沉积变质型

岚娄预测工作区内的典型矿床为袁家村典型矿床。以预测工作区为单位,详细研究了典型矿床的深部和外围估算资源量、参数确定及依据,主要内容见表3-1-19。

表3-1-19　岚娄预测工作区典型矿床深部和外围预测资源量表

编号	名称	预测资源量(万t)	面积(km²)	延深(m)	体积含矿率
3	袁家村	26 114.21	7.944	150	0.219 2

山西省袁家村式铁矿典型矿床总资源量见表3-1-20。

表3-1-20　袁家村式铁矿典型矿床总资源量表

编号	名称	查明资源储量(万t)	预测资源量(万t)	总资源量(万t)	总面积(km²)	总延深(m)	含矿系数
3	袁家村	121 866.3	26 114.21	147 980.51	7.944	850	0.219 2

3)模型区预测资源量及估算参数确定

(1)模型区估算参数确定。

鞍山式沉积变质型:模型区是指典型矿床所在位置的最小预测区,当成矿地质体可以确切圈定边界时,模型区预测资源量及其估算参数见表3-1-21。

表 3-1-21 鞍山式沉积变质型铁矿模型区预测资源总量表

模型区编号	模型区名称	模型区预测资源总量（万t）	模型区面积（km²）	延深（m）	含矿地质体面积（km²）	含矿地质体面积参数
Ⅰ33	代县山羊坪	61 971.43	25.18	600	24.435	0.970 5
Ⅰ35	代县黑山庄	10 849.86	13.04	1000	2.926	0.224 5

袁家村式沉积变质型：模型区是指典型矿床所在位置的最小预测区，当成矿地质体可以确切圈定边界时，模型区预测资源量及其估算参数见表 3-1-22。

表 3-1-22 袁家村式沉积变质型铁矿模型区预测资源总量表

模型区编号	模型区名称	模型区预测资源总量（万t）	模型区面积（km²）	延深（m）	含矿地质体面积（km²）	含矿地质体面积参数
Ⅱ15	岚县袁家村	147 980.51	12.15	850	7.944	0.653 8

（2）模型区含矿系数确定。

鞍山式沉积变质型：成矿地质体难以确切圈定边界，应直接估算模型区含矿系数。内容见表 3-1-23。

表 3-1-23 鞍山式沉积变质型铁矿模型区含矿地质体含矿系数表

模型区编号	模型区名称	含矿系数（t/m³）	资源总量（万t）	总体积（km³）
Ⅰ33	代县山羊坪	0.042 3	61 971.43	15.11
Ⅰ35	代县黑山庄	0.037 1	10 849.86	13.04

袁家村式沉积变质型：成矿地质体难以确切圈定边界，应直接估算模型区含矿系数。内容见表 3-1-24。

表 3-1-24 袁家村沉积变质型铁矿模型区含矿地质体含矿系数表

模型区编号	模型区名称	含矿系数（t/m³）	资源总量（万t）	总体积（km³）
Ⅱ15	岚县袁家村	0.219 2	147 980.51	10.33

（3）最小预测区参数确定。

根据《预测资源量估算技术要求》，确定各预测工作区资源量估算方法，详见表 3-1-25。

表 3-1-25 山西省沉积变质型铁矿预测工作区资源量估算方法表

预测工作区编号	预测工作区名称	资源量估算方法1	资源量估算方法2
Ⅰ	恒山-五台山预测区	地质体积法	磁异常拟合体积法
Ⅱ	岚娄预测区	地质体积法	磁异常拟合体积法
Ⅲ	桐峪预测区	地质体积法	磁异常拟合体积法

(4)面积圈定方法及圈定结果。

鞍山式沉积变质型:共2个预测工作区,即恒山-五台山预测工作区、桐峪预测工作区。

恒山-五台山预测工作区,最小预测区面积控制在50km²以下,圈定依据主要为磁异常、含矿建造、矿床点叠合,采用综合信息法进行预测区手工圈定。

恒山-五台山预测工作区最小预测区面积圈定大小及方法依据见表3-1-26。

表3-1-26 恒山-五台山预测工作区最小预测区面积圈定大小及方法依据

最小预测区编号	最小预测区名称	面积(km²)	参数确定依据
Ⅰ1	灵丘县落水河乡新河峪	16.31	变质建造、矿点、磁异常
Ⅰ2	灵丘县史庄乡黑寺村	29.57	变质建造、矿点、磁异常
Ⅰ3	灵丘县石家田乡南岐-西岐	9.56	变质建造、矿点、磁异常
Ⅰ4	灵丘县城关镇鸦鹊山	14.42	变质建造、矿点、磁异常
Ⅰ5	灵丘县赵北乡六石山	22.39	变质建造、矿点、磁异常
Ⅰ6	灵丘县腰站	19.36	变质建造、磁异常
Ⅰ7	灵丘县南淤地	12.94	磁异常
Ⅰ8	繁峙县砂朱家坊	24.23	变质建造、矿点、磁异常
Ⅰ9	浑源县南温庄乡朱星堡	23.54	变质建造、矿点、磁异常
Ⅰ10	灵丘县白崖台乡东跑池	29.65	变质建造、矿点、磁异常
Ⅰ11	灵丘县武灵镇支角	14.81	变质建造、矿点
Ⅰ12	灵丘县东南河乡石灰岭	11.97	变质建造、矿点
Ⅰ13	灵丘县东河南乡野甲	5.15	变质建造、矿点
Ⅰ14	繁峙县横涧乡平型关村	29.77	变质建造、矿点、磁异常
Ⅰ15	灵丘县上寨镇白家台村	4.05	变质建造、矿点
Ⅰ16	繁峙县石河	9.93	磁异常
Ⅰ17	灵丘县独峪乡振华峪村	1.05	变质建造、矿点
Ⅰ18	繁峙县东山东山底	10.37	变质建造、矿点、磁异常
Ⅰ19	灵丘县独峪乡杜家河村	3.00	变质建造、矿点
Ⅰ20	灵丘县上寨镇荞麦茬	1.60	变质建造、矿点
Ⅰ21	灵丘县独峪乡小兴庄	1.02	矿点、磁异常
Ⅰ22	繁峙县东山乡南峪口	7.12	变质建造、矿点
Ⅰ23	灵丘县上寨二岭寺	1.27	变质建造、矿点
Ⅰ24	繁峙县文溪-宝石	15.14	变质建造、矿点、磁异常
Ⅰ25	繁峙县光裕堡羊脑	7.59	变质建造、矿点
Ⅰ26	繁峙县杏园大峪南	5.33	变质建造、矿点
Ⅰ27	灵丘县下关乡姬庄	1.26	变质建造、矿点
Ⅰ28	繁峙县神堂堡乡楼房底村	5.81	变质建造、矿点、磁异常
Ⅰ29	灵丘县下关乡下关村	1.10	变质建造、矿点
Ⅰ30	繁峙县太平沟-山角	8.06	变质建造、矿点、磁异常

续表 3-1-26

最小预测区编号	最小预测区名称	面积(km²)	参数确定依据
Ⅰ31	繁峙县神堂乡青羊口村	2.62	变质建造、矿点
Ⅰ32	灵丘县下关乡松家沟	1.97	变质建造、矿点
Ⅰ33	代县山羊坪	25.18	变质建造、矿点、磁异常
Ⅰ34	繁峙县岩头乡大保铁矿	3.13	变质建造、矿点
Ⅰ35	代县黑山庄	13.04	变质建造、矿点、磁异常
Ⅰ36	繁峙县宽滩乡宽滩村	1.82	变质建造、矿点
Ⅰ37	五台县柏枝岩	10.42	变质建造、矿点、磁异常
Ⅰ38	繁峙县神堂堡口泉	1.00	变质建造、矿点
Ⅰ39	代县聂营镇石占梁	1.09	变质建造、矿点、磁异常
Ⅰ40	代县板峪	4.49	变质建造、矿点、磁异常
Ⅰ41	繁峙县岩头马家查	6.76	变质建造、矿点、磁异常
Ⅰ42	五台铁矿大草坪-庄子	21.42	变质建造、矿点、磁异常
Ⅰ43	代县聂营镇康家沟	18.34	变质建造、矿点、磁异常
Ⅰ44	五台县日照寺	1.03	变质建造、矿点
Ⅰ45	五台县大明烟-曹沟	11.68	变质建造、矿点、磁异常
Ⅰ46	代县白峪里	14.25	变质建造、矿点、磁异常
Ⅰ47	原平下长乐	4.34	变质建造、磁异常
Ⅰ48	五台县石咀乡西沟铁矿	2.01	变质建造、矿点
Ⅰ49	代县滩上镇垛窝	28.78	变质建造、矿点、磁异常
Ⅰ50	五台县李家庄乡铺上	29.64	变质建造、矿点、磁异常
Ⅰ51	代县赵村	15.50	变质建造、矿点、磁异常
Ⅰ52	原平山碰	2.62	变质建造、矿点、磁异常
Ⅰ53	代县八塔镇八塔	3.13	变质建造、矿点、磁异常
Ⅰ54	原平县郭家庄	8.08	变质建造、矿点
Ⅰ55	代县赵家湾乡张仙堡	2.71	变质建造、矿点、磁异常
Ⅰ56	原平市白石乡章腔-令狐	9.26	变质建造、矿点、磁异常
Ⅰ57	五台县东雷班掌沟	2.48	变质建造、矿点
Ⅰ58	五台县阳白白云	9.11	变质建造、矿点、磁异常
Ⅰ59	原平长梁沟神岩壑	29.20	变质建造、矿点、磁异常
Ⅰ60	原平城关平地泉铁	3.04	矿点、磁异常
Ⅰ61	忻府区秦城金山	1.04	变质建造、矿点
Ⅰ62	定襄县蒋村镇史家岗	2.01	变质建造、矿点
Ⅰ63	原平孙家庄	13.35	磁异常

桐峪预测工作区,最小预测区面积控制在50km²以下,圈定依据主要为磁异常、含矿建造、矿床点叠合,采用综合信息法进行预测区手工圈定。预测工作区最小预测面积圈定大小及方法依据见表3-1-27。

表3-1-27 桐峪预测工作区最小预测区面积圈定大小及方法依据

最小预测区编号	最小预测区名称	面积(km²)	参数确定依据
Ⅲ1	左权县栗城	1.54	变质建造
Ⅲ2	左权县栗城大官南	3.43	矿点、磁异常
Ⅲ3	左权县故驿	2.38	变质建造、磁异常
Ⅲ4	左权县蒿场-连麻沟	2.66	矿点、磁异常
Ⅲ5	左权县桐峪谷家峧	3.98	矿点、磁异常
Ⅲ6	左权县后南冶	4.16	矿点、磁异常
Ⅲ7	左权县桐峪乡	4.66	矿点、磁异常
Ⅲ8	黎城县黄崖洞镇小寨	4.36	变质建造、矿点
Ⅲ9	黎城县东崖底乡小寨	4.39	变质建造、矿点、磁异常
Ⅲ10	黎城县黄崖洞镇北庄村	3.83	变质建造、矿点
Ⅲ11	黎城县黄崖洞水峧	2.68	变质建造、矿点、磁异常
Ⅲ12	黎城县彭庄	4.19	变质建造、矿点、磁异常
Ⅲ13	黎城足寨河-杨家洼	3.99	变质建造、矿点

袁家村式沉积变质型,共1个预测区,即岚娄预测工作区。底图采用1∶5万变质建造构造图,收集了1∶5万航磁、1∶20万Fe地球化学资料。最小预测区按成矿有利度、预测资源量、地理交通及开发条件以及其他相关条件分为A、B、C三级,最小预测区级别划分合适。最小预测区面积控制在50km²以下,圈定依据主要为磁异常、含矿建造、矿床点叠合,采用综合信息法进行预测区手工圈定。预测工作区最小预测区面积圈定大小及方法依据见表3-1-28。

表3-1-28 岚娄预测工作区最小预测区面积圈定大小及方法依据

最小预测区编号	最小预测区名称	面积(km²)	参数确定依据
Ⅱ1	娄烦县东水沟	8.93	变质建造、磁异常
Ⅱ2	岚县马家庄乡杏湾	1.27	变质建造、矿点
Ⅱ3	岚县岚城狮沟	1.53	矿点
Ⅱ4	岚县凤子山	1.08	矿点
Ⅱ5	岚县北村	11.66	磁异常
Ⅱ6	岚县袁家村铁厂	0.66	变质建造、磁异常
Ⅱ7	岚县曲井-草城	3.88	磁异常

续表 3-1-28

最小预测区编号	最小预测区名称	面积(km²)	参数确定依据
Ⅱ8	岚县梁家庄乡碾沟东	1.33	矿点
Ⅱ9	岚县袁盖家庄	4.88	变质建造
Ⅱ10	娄烦县狐姑山北	5.95	变质建造、矿点、磁异常
Ⅱ11	娄烦县狐姑山	2.47	变质建造、磁异常
Ⅱ12	娄烦县尖山	9.87	变质建造、矿点、磁异常
Ⅱ13	娄烦县张家庄	3.64	磁异常
Ⅱ14	娄烦县密灌	1.34	变质建造、磁异常
Ⅱ15	岚县袁家村	12.15	变质建造、矿点、磁异常

4)延深参数的确定及结果

全面研究恒山-五台山预测工作区内最小预测区地质特征、矿体形态及矿床勘查报告、矿化蚀变、矿化类型等,并根据磁法综合确定含矿地质体的延深大小。主要有两种方法:①根据最小预测区内矿床勘查报告确定矿体延深;②当区内无矿床勘查报告时,专家综合研究最小预测区内的地质、物探等资料后确定矿体延深参数。

(1)鞍山式沉积变质型。

恒山-五台山预测工作区延深圈定大小及方法依据见表 3-1-29。

表 3-1-29 恒山-五台山预测工作区最小预测区延深圈定大小及方法依据

最小预测区编号	最小预测区名称	延深(m)	参数确定依据
Ⅰ1	灵丘县落水河乡新河峪	600	勘探控制
Ⅰ2	灵丘县史庄乡黑寺村	1000	专家
Ⅰ3	灵丘县石家田乡南岐-西岐	1000	专家
Ⅰ4	灵丘县城关镇鸦鹊山	700	专家
Ⅰ5	灵丘县赵北乡六石山	1000	专家
Ⅰ6	灵丘县腰站	700	勘探控制
Ⅰ7	灵丘县南淤地	500	专家
Ⅰ8	繁峙县砂朱家坊	1000	专家
Ⅰ9	浑源县南温庄乡朱星堡	1000	专家
Ⅰ10	灵丘县白崖台乡东跑池	1000	专家
Ⅰ11	灵丘县武灵镇支角	1000	专家
Ⅰ12	灵丘县东河南乡石灰岭	500	专家
Ⅰ13	灵丘县东河南乡野里	1000	勘探控制
Ⅰ14	繁峙县横涧乡平型关村	800	勘探控制

续表 3-1-29

最小预测区编号	最小预测区名称	延深(m)	参数确定依据
Ⅰ15	灵丘县上寨镇白家台村	1000	专家
Ⅰ16	繁峙县石河	700	专家
Ⅰ17	灵丘县独峪乡振华峪村	500	专家
Ⅰ18	繁峙县东山东山底	1000	专家
Ⅰ19	灵丘县独峪乡杜家河村	950	专家
Ⅰ20	灵丘县上寨镇荞麦茬	500	专家
Ⅰ21	灵丘县独峪乡小兴庄	500	专家
Ⅰ22	繁峙县东山乡南峪口	1000	专家
Ⅰ23	灵丘县上寨二岭寺	1000	专家
Ⅰ24	繁峙县文溪-宝石	1000	勘探控制
Ⅰ25	繁峙县光裕堡羊脑	1000	专家
Ⅰ26	繁峙县杏园大峪南	900	专家
Ⅰ27	灵丘县下关乡姬庄	950	专家
Ⅰ28	繁峙县神堂堡乡楼房底村	950	专家
Ⅰ29	灵丘县下关乡下关村	950	专家
Ⅰ30	繁峙县太平沟-山角	1000	勘探控制
Ⅰ31	繁峙县神堂乡青羊口村	1000	专家
Ⅰ32	灵丘县下关乡松家沟	500	专家
Ⅰ33	代县山羊坪	600	勘探控制
Ⅰ34	繁峙县岩头乡大保铁矿	500	专家
Ⅰ35	代县黑山庄	1000	勘探控制
Ⅰ36	繁峙县宽滩乡宽滩村	1000	专家
Ⅰ37	五台县柏枝岩	1000	勘探控制
Ⅰ38	繁峙县神堂堡口泉	1000	专家
Ⅰ39	代县聂营镇石古梁	1000	专家
Ⅰ40	代县板峪	700	勘探控制
Ⅰ41	繁峙县岩头马家查	1000	专家
Ⅰ42	五台铁矿大草坪-庄子	800	勘探控制
Ⅰ43	代县聂营镇康家沟	1000	专家
Ⅰ44	五台县日照寺	1000	专家
Ⅰ45	五台县大明烟-曹沟	1000	勘探控制
Ⅰ46	代县白峪里	700	勘探控制
Ⅰ47	原平下长乐	950	专家
Ⅰ48	五台县石咀乡西沟铁矿	1000	专家

续表 3-1-29

最小预测区编号	最小预测区名称	延深(m)	参数确定依据
Ⅰ49	代县滩上镇垛窝	950	专家
Ⅰ50	五台县李家庄乡铺上	1000	勘探控制
Ⅰ51	代县赵村	600	勘探控制
Ⅰ52	原平山碰	898	勘探控制
Ⅰ53	代县八塔镇八塔	950	勘探控制
Ⅰ54	原平县郭家庄	1000	勘探控制
Ⅰ55	代县赵家湾乡张仙堡	950	勘探控制
Ⅰ56	原平市白石乡章腔-令狐	950	勘探控制
Ⅰ57	五台县东雷班掌沟	1000	专家
Ⅰ58	五台县阳白白云	700	专家
Ⅰ59	原平长梁沟神岩壑	1000	专家
Ⅰ60	原平城关平地泉铁	950	专家
Ⅰ61	忻府区秦城金山	1000	专家
Ⅰ62	定襄县蒋村镇史家岗	950	专家
Ⅰ63	原平孙家庄	950	专家

桐峪预测工作区延深圈定大小及方法依据见表 3-1-30。

表 3-1-30 桐峪预测工作区最小预测区延深圈定大小及方法依据

最小预测区编号	最小预测区名称	延深(m)	参数确定依据
Ⅲ1	左权县栗城	1000	专家
Ⅲ2	左权县栗城大官南	1000	专家
Ⅲ3	左权县故驿	1000	专家
Ⅲ4	左权县蒿场-连麻沟	1000	专家
Ⅲ5	左权县桐峪谷家峧	1000	专家
Ⅲ6	左权县后南冶	1000	专家
Ⅲ7	左权县桐峪乡	1000	专家
Ⅲ8	黎城县黄崖洞镇小寨	1000	勘探控制
Ⅲ9	黎城县东崖底乡小寨	1000	勘探控制
Ⅲ10	黎城县黄崖洞镇北庄村	1000	勘探控制
Ⅲ11	黎城县黄崖洞水峧	1000	专家
Ⅲ12	黎城县彭庄	1000	勘探控制
Ⅲ13	黎城足寨河-杨家洼	1000	专家

(2)袁家村式沉积变质型。

岚娄预测工作区延深圈定大小及方法依据见表 3-1-31。

表 3-1-31 岚娄预测工作区最小预测区延深圈定大小及方法依据

最小预测区编号	最小预测区名称	延深(m)	参数确定依据
Ⅱ1	娄烦县东水沟	1000	专家
Ⅱ2	岚县马家庄乡杏湾	1000	专家
Ⅱ3	岚县岚城狮沟	950	专家
Ⅱ4	岚县凤子山	690	专家
Ⅱ5	岚县北村	920	专家
Ⅱ6	岚县袁家村铁厂	1000	专家
Ⅱ7	岚县曲井-草城	900	勘探控制
Ⅱ8	岚县梁家庄乡碾沟东	1000	专家
Ⅱ9	岚县袁盖家庄	700	专家
Ⅱ10	娄烦县狐姑山北	700	勘探控制
Ⅱ11	娄烦县狐姑山	700	勘探控制
Ⅱ12	娄烦县尖山	700	勘探控制
Ⅱ13	娄烦县张家庄	1000	专家
Ⅱ14	娄烦县密灌	995	专家
Ⅱ15	岚县袁家村	850	勘探控制

5)品位和体重的确定

(1)鞍山式沉积变质型。

研究了 2 个预测工作区内含矿地质体地质特征、矿化蚀变、矿化类型等,与典型矿床特征对比,采用典型矿床勘探报告中的平均品位及平均体重,其中,山羊坪平均品位 23.61%,平均体重 $3.14t/m^3$;黑山庄平均品位 31.54%,平均体重 $3.23t/m^3$。由于桐峪预测工作区内无典型矿床,采用了黑山庄典型矿床的品位及体重。

(2)袁家村式沉积变质型。

研究了预测工作区内含矿地质体地质特征、矿化蚀变、矿化类型等,与典型矿床特征对比,采用典型矿床勘探报告中的平均品位 32.37%及平均体重 $3.28t/m^3$。

6)相似系数的确定

研究预测工作区内全部预测要素的总体相似度系数,一般采用通过 MRAS 软件计算出每个预测区的成矿概率为相似系数,部分经过模型区与预测区的对比,由专家确定,结果如下。

(1)鞍山式沉积变质型。

恒山-五台山预测工作区相似系数见表 3-1-32。

表 3-1-32　恒山-五台山预测工作区最小预测区相似系数表

最小预测区编号	最小预测区名称	相似系数	确定方法
Ⅰ1	灵丘县落水河乡新河峪	0.262 9	成矿概率
Ⅰ2	灵丘县史庄乡黑寺村	0.788 7	成矿概率
Ⅰ3	灵丘县石家田乡南岐-西岐	0.665 4	成矿概率
Ⅰ4	灵丘县城关镇鸦鹊山	0.531 0	成矿概率
Ⅰ5	灵丘县赵北乡六石山	0.523 8	成矿概率
Ⅰ6	灵丘县腰站	0.900 0	专家
Ⅰ7	灵丘县南淤地	0.250 0	专家
Ⅰ8	繁峙县砂朱家坊	0.766 9	成矿概率
Ⅰ9	浑源县南温庄乡朱星堡	0.866 5	成矿概率
Ⅰ10	灵丘县白崖台乡东跑池	0.742 2	成矿概率
Ⅰ11	灵丘县武灵镇支角	0.390 3	成矿概率
Ⅰ12	灵丘县东南河乡石灰岭	0.654 3	成矿概率
Ⅰ13	灵丘县东河南乡野里	0.900 0	专家
Ⅰ14	繁峙县横涧乡平型关村	0.872 6	成矿概率
Ⅰ15	灵丘县上寨镇白家台村	0.262 9	成矿概率
Ⅰ16	繁峙县石河	0.850 0	专家
Ⅰ17	灵丘县独峪乡振华峪村	0.129 4	成矿概率
Ⅰ18	繁峙县东山东山底	0.661 3	成矿概率
Ⅰ19	灵丘县独峪乡杜家河村	0.760 9	成矿概率
Ⅰ20	灵丘县上寨镇荞麦茬	0.129 4	成矿概率
Ⅰ21	灵丘县独峪乡小兴庄	0.250 0	专家
Ⅰ22	繁峙县东山乡南峪口	0.526 9	成矿概率
Ⅰ23	灵丘县上寨二岭寺	0.500 0	专家
Ⅰ24	繁峙县文溪-宝石	0.850 0	专家
Ⅰ25	繁峙县光裕堡羊脑	0.400 4	成矿概率
Ⅰ26	繁峙县杏园大峪南	0.400 4	成矿概率
Ⅰ27	灵丘县下关乡姬庄	0.523 8	成矿概率
Ⅰ28	繁峙县神堂堡乡楼房底村	0.661 3	成矿概率
Ⅰ29	灵丘县下关乡下关村	0.523 8	成矿概率
Ⅰ30	繁峙县太平沟—山角	0.763 8	成矿概率
Ⅰ31	繁峙县神堂乡青羊口村	0.266 9	成矿概率
Ⅰ32	灵丘县下关乡松家沟	0.133 5	成矿概率

续表 3-1-32

最小预测区编号	最小预测区名称	相似系数	确定方法
Ⅰ33	代县山羊坪	1.000 0	专家
Ⅰ34	繁峙县岩头乡大保铁矿	0.390 3	成矿概率
Ⅰ35	代县黑山庄	1.000 0	成矿概率
Ⅰ36	繁峙县宽滩乡宽滩村	0.390 3	成矿概率
Ⅰ37	五台县柏枝岩	0.950 0	专家
Ⅰ38	繁峙县神堂堡口泉	0.266 9	成矿概率
Ⅰ39	代县聂营镇石占梁	0.523 8	成矿概率
Ⅰ40	代县板峪	0.658 2	成矿概率
Ⅰ41	繁峙县岩头马家查	1.000 0	成矿概率
Ⅰ42	五台铁矿大草坪-庄子	1.000 0	成矿概率
Ⅰ43	代县聂营镇康家沟	0.735 0	成矿概率
Ⅰ44	五台县日照寺	0.390 3	成矿概率
Ⅰ45	五台县大明烟-曹沟	0.872 6	成矿概率
Ⅰ46	代县白峪里	1.000 0	成矿概率
Ⅰ47	原平下长乐	0.500 0	专家
Ⅰ48	五台县石咀乡西沟铁矿	0.500 0	专家
Ⅰ49	代县滩上镇垛窝	0.600 0	专家
Ⅰ50	五台县李家庄乡铺上	0.876 6	成矿概率
Ⅰ51	代县赵村	1.000 0	成矿概率
Ⅰ52	原平山碰	0.788 7	成矿概率
Ⅰ53	代县八塔镇八塔	0.876 6	成矿概率
Ⅰ54	原平县郭家庄	0.500 0	专家
Ⅰ55	代县赵家湾乡张仙堡	0.643 6	成矿概率
Ⅰ56	原平市白石乡章腔-令狐	1.000 0	成矿概率
Ⅰ57	五台县东雷班掌沟	0.266 9	成矿概率
Ⅰ58	五台县阳白白云	0.654 3	成矿概率
Ⅰ59	原平长梁沟神岩壑	0.396 3	成矿概率
Ⅰ60	原平城关平地泉铁	0.133 5	成矿概率
Ⅰ61	忻府区秦城金山	0.139 5	成矿概率
Ⅰ62	定襄县蒋村镇史家岗	0.390 3	成矿概率
Ⅰ63	原平孙家庄	0.750 0	专家

桐峪预测工作区相似系数见表 3-1-33。

表 3-1-33 桐峪预测工作区最小预测区相似系数表

最小预测区编号	最小预测区名称	相似系数	确定方法
Ⅲ1	左权县栗城	0.250 0	专家
Ⅲ2	左权县栗城大官南	0.433 4	成矿概率
Ⅲ3	左权县故驿	0.366 9	成矿概率
Ⅲ4	左权县蒿场-连麻沟	0.577 9	成矿概率
Ⅲ5	左权县桐峪谷家峧	0.577 9	成矿概率
Ⅲ6	左权县后南冶	0.566 6	成矿概率
Ⅲ7	左权县桐峪乡	1.000 0	成矿概率
Ⅲ8	黎城县黄崖洞镇小寨	0.777 7	成矿概率
Ⅲ9	黎城县东崖底乡小寨	1.000 0	成矿概率
Ⅲ10	黎城县黄崖洞镇北庄村	0.633 1	成矿概率
Ⅲ11	黎城县黄崖洞水峧	0.777 7	成矿概率
Ⅲ12	黎城县彭庄	0.577 9	成矿概率
Ⅲ13	黎城足寨河-杨家洼	0.211 0	成矿概率

(2)袁家村式沉积变质型。

岚娄预测工作区相似系数见表 3-1-34。

表 3-1-34 岚娄预测工作区最小预测区相似系数表

最小预测区编号	最小预测区名称	相似系数	确定方法
Ⅱ1	娄烦县东水沟	0.157 3	成矿概率
Ⅱ2	岚县马家庄乡杏湾	0.298 8	成矿概率
Ⅱ3	岚县岚城狮沟	0.528 1	成矿概率
Ⅱ4	岚县凤子山	0.157 3	成矿概率
Ⅱ5	岚县北村	0.135 0	成矿概率
Ⅱ6	岚县袁家村铁厂	0.157 3	成矿概率
Ⅱ7	岚县曲井-草城	0.370 8	成矿概率
Ⅱ8	岚县梁家庄乡碾沟东	0.355 0	成矿概率
Ⅱ9	岚县袁盖家庄	0.842 7	成矿概率
Ⅱ10	娄烦县狐姑山北	0.950 0	专家
Ⅱ11	娄烦县狐姑山	0.842 7	成矿概率
Ⅱ12	娄烦县尖山	1.000 0	成矿概率

续表 3-1-34

最小预测区编号	最小预测区名称	相似系数	确定方法
Ⅱ13	娄烦县张家庄	0.235 7	成矿概率
Ⅱ14	娄烦县密灌	0.685 4	成矿概率
Ⅱ15	岚县袁家村	1.000 0	成矿概率

2. 最小预测区预测资源量估算结果

恒山-五台山预测区最小预测区资源量估算结果见表3-1-35。

表 3-1-35 恒山-五台山预测工作区最小预测区资源量估算结果表

最小预测区编号	最小预测区名称	预测资源量（万 t）	级别
Ⅰ1	灵丘县落水河乡新河峪	349.50	C
Ⅰ2	灵丘县史庄乡黑寺村	4 922.42	B
Ⅰ3	灵丘县石家田乡南岐-西岐	3 978.44	B
Ⅰ4	灵丘县城关镇鸦鹊山	840.39	C
Ⅰ5	灵丘县赵北乡六石山	931.63	C
Ⅰ6	灵丘县腰站	13 774.04	C
Ⅰ7	灵丘县南淤地	1 346.01	C
Ⅰ8	繁峙县砂朱家坊	1 008.34	B
Ⅰ9	浑源县南温庄乡朱星堡	4 898.63	A
Ⅰ10	灵丘县白崖台乡东跑池	1 234.00	B
Ⅰ11	灵丘县武灵镇支角	616.21	C
Ⅰ12	灵丘县东南河乡石灰岭	248.98	B
Ⅰ13	灵丘县东河南乡野里	1 928.88	A
Ⅰ14	繁峙县横涧乡平型关村	29 381.80	A
Ⅰ15	灵丘县上寨镇白家台村	886.02	C
Ⅰ16	繁峙县石河	10 521.24	C
Ⅰ17	灵丘县独峪乡振华峪村	56.52	C
Ⅰ18	繁峙县东山东山底	5 705.42	B
Ⅰ19	灵丘县独峪乡杜家河村	711.59	B
Ⅰ20	灵丘县上寨镇荞麦茬	86.08	C
Ⅰ21	灵丘县独峪乡小兴庄	105.71	C
Ⅰ22	繁峙县东山乡南峪口	3 122.53	C
Ⅰ23	灵丘县上寨二岭寺	580.40	C
Ⅰ24	繁峙县文溪-宝石	6 932.63	A

续表 3-1-35

最小预测区编号	最小预测区名称	预测资源量(万 t)	级别
Ⅰ25	繁峙县光裕堡羊脑	631.97	C
Ⅰ26	繁峙县杏园大峪南	1 597.46	C
Ⅰ27	灵丘县下关乡姬庄	199.04	C
Ⅰ28	繁峙县神堂堡乡楼房底村	3 039.16	B
Ⅰ29	灵丘县下关乡下关村	453.95	C
Ⅰ30	繁峙县太平沟-山角	6 037.57	B
Ⅰ31	繁峙县神堂乡青羊口村	582.59	C
Ⅰ32	灵丘县下关乡松家沟	109.44	C
Ⅰ33	代县山羊坪	61 971.43	A
Ⅰ34	繁峙县岩头乡大保铁矿	508.62	C
Ⅰ35	代县黑山庄	10 849.86	A
Ⅰ36	繁峙县宽滩乡宽滩村	591.57	C
Ⅰ37	五台县柏枝岩	25 709.01	A
Ⅰ38	繁峙县神堂堡口泉	221.62	C
Ⅰ39	代县聂营镇石占梁	473.12	C
Ⅰ40	代县板峪	8 495.16	B
Ⅰ41	繁峙县岩头马家查	562.90	A
Ⅰ42	五台铁矿大草坪-庄子	35 937.34	A
Ⅰ43	代县聂营镇康家沟	3 815.73	B
Ⅰ44	五台县日照寺	1 022.58	C
Ⅰ45	五台县大明烟-曹沟	27 376.06	A
Ⅰ46	代县白峪里	28 636.45	A
Ⅰ47	原平下长乐	4 649.98	C
Ⅰ48	五台县石咀乡西沟铁矿	835.53	C
Ⅰ49	代县滩上镇垛窝	1 137.67	A
Ⅰ50	五台县李家庄乡铺上	21 626.75	A
Ⅰ51	代县赵村	24 802.26	A
Ⅰ52	原平山碰	4 586.00	B
Ⅰ53	代县八塔镇八塔	9 665.86	A
Ⅰ54	原平县郭家庄	12 964.17	C
Ⅰ55	代县赵家湾乡张仙堡	5 391.89	B
Ⅰ56	原平市白石乡章腔-令狐	7 321.83	A
Ⅰ57	五台县东雷班掌沟	550.68	C
Ⅰ58	五台县阳白白云	3 474.23	B

续表 3-1-35

最小预测区编号	最小预测区名称	预测资源量(万 t)	级别
Ⅰ59	原平长梁沟神岩壑	3 645.28	C
Ⅰ60	原平城关平地泉铁	320.73	C
Ⅰ61	忻府区秦城金山	120.50	C
Ⅰ62	定襄县蒋村镇史家岗	621.63	C
Ⅰ63	原平孙家庄	12 387.12	C

桐峪预测工作区最小预测区资源量估算结果见表 3-1-36。

表 3-1-36　桐峪预测工作区最小预测区资源量估算结果表

最小预测区编号	最小预测区名称	预测资源量(万 t)	级别
Ⅲ1	左权县栗城	189.98	C
Ⅲ2	左权县栗城大官南	2 115.69	C
Ⅲ3	左权县故驿	1 468.03	C
Ⅲ4	左权县蒿场-连麻沟	2 625.18	C
Ⅲ5	左权县桐峪谷家峧	4 909.88	C
Ⅲ6	左权县后南冶	2 565.97	C
Ⅲ7	左权县桐峪乡	2 874.38	A
Ⅲ8	黎城县黄崖洞镇小寨	4 302.93	B
Ⅲ9	黎城县东崖底乡小寨	10 831.34	A
Ⅲ10	黎城县黄崖洞镇北庄村	5 982.84	B
Ⅲ11	黎城县黄崖洞水峧	3 306.15	B
Ⅲ12	黎城县彭庄	5 974.42	C
Ⅲ13	黎城足寨河-杨家洼	1 968.89	C

岚娄预测工作区最小预测区资源量估算结果见表 3-1-37。

表 3-1-37　岚娄预测工作区最小预测区资源量估算结果表

最小预测区编号	最小预测区名称	预测资源量(万 t)	级别
Ⅱ1	娄烦县东水沟	2 324.73	C
Ⅱ2	岚县马家庄乡杏湾	1 193.22	C
Ⅱ3	岚县岚城狮沟	4 264.04	B
Ⅱ4	岚县凤子山	1 233.22	C
Ⅱ5	岚县北村	2 057.70	C
Ⅱ6	岚县袁家村铁厂	1 092.22	C

续表 3-1-37

最小预测区编号	最小预测区名称	预测资源量(万t)	级别
Ⅱ 7	岚县曲井-草城	5 049.97	C
Ⅱ 8	岚县梁家庄乡碾沟东	1 763.26	C
Ⅱ 9	岚县袁盖家庄	3 593.63	A
Ⅱ 10	娄烦县狐姑山北	83 300.00	B
Ⅱ 11	娄烦县狐姑山	12 916.59	A
Ⅱ 12	娄烦县尖山	43 609.61	A
Ⅱ 13	娄烦县张家庄	268.05	C
Ⅱ 14	娄烦县密灌	6 588.86	B
Ⅱ 15	岚县袁家村	147 980.51	A

山西省沉积变质型铁矿预测工作区预测资源量统计见表 3-1-38。

表 3-1-38 山西省沉积变质型铁矿预测工作区预测资源量统计表　　　　　单位:万 t

预测工作区编号	预测工作区名称	预测资源量	级别		
			A	B	C
Ⅰ	恒山-五台山预测区	427 092.15	298 739.34	52 648.94	75 703.87
Ⅱ	岚娄预测区	317 235.61	208 100.34	94 152.89	14 982.38
Ⅲ	桐峪预测区	49 115.65	13 705.71	13 591.92	21 818.02

3.1.4.2 侵入岩体型铁矿

1. 模型区深部及外围资源潜力预测分析

1) 典型矿床已查明资源储量及其估算参数

狐堰山、塔儿山、西安里预测工作区共用一个典型矿床,估算方法为地质体积法,以预测工作区为单位,详细研究了已知矿床已查明资源储量及估算参数和确定依据,主要内容见表 3-1-39。

表 3-1-39 山西省邯邢式铁矿典型矿床查明资源储量表

编号	名称	查明资源储量		面积 (km²)	延深 (m)	品位 (%)	体重 (t/m³)	体积含矿率
		矿石量 (万t)	金属量					
4	尖兵村	2 185.1		84 000	720	47.67	3.89	0.361

2) 典型矿床深部和外围预测资源量及其估算参数

尖兵村典型矿床深部及外围预测资源量、参数确定见表 3-1-40。

表 3-1-40　山西省邯邢式铁矿典型矿床深部和外围预测资源量表

编号	名称	预测资源量(万 t)	面积(km²)	延深(m)	体积含矿率
4	尖兵村	1300	84 000	200	0.361

延深由主矿体勘探线剖面图根据物探、地质、矿床特征等因素推定。面积采用预测资源储量部分的矿床面积,预测部分矿体沿倾向膨胀扩大。

典型矿床的估算资源总量等参数确定及依据见表 3-1-41。

表 3-1-41　山西省邯邢式铁矿典型矿床总资源量表

编号	名称	查明资源储量(万 t)	预测资源量(万 t)	总资源量(万 t)	总面积(km²)	总延深(m)	含矿系数
4	尖兵村	2 185.1	1300	3 485.1	84 000	920	0.451

总面积采用查明资源储量矿床面积和预测矿床面积,总延深为查明部分矿床延深与预测部分矿床延深之和。

3)模型区预测资源量及估算参数确定

(1)模型区估算参数确定。

模型区估算参数确定及依据见表 3-1-42。

表 3-1-42　山西省邯邢式铁矿模型区预测资源量及其估算参数

编号	名称	模型区预测资源量(万 t)	模型区面积(km²)	延深(m)	含矿地质体面积(m²)	含矿地质体面积参数
Ⅳ 12	郭家梁	951.20	1.85	250	78 400	0.042
Ⅴ 14	尖兵村	3 485.1	2.08	920	84 000	0.040
Ⅵ 8	交界坡	1 409.84	2.65	350	53 850	0.020

(2)模型区含矿系数确定。

成矿地质体可以确切圈定边界,经估算塔儿山模型区含矿地质体含矿系数为 0.451(表 3-1-43)。因狐堰山、西安里两个预测工作区工作程度与塔儿山不同,因此狐堰山预测工作区利用郭家梁矿区估算含矿地质体含矿系数为 0.485,西安里预测工作区利用交界坡矿区估算含矿地质体含矿系数为 0.748。

表 3-1-43　山西省邯邢式铁矿模型区含矿地质体含矿系数表

模型区编号	模型区名称	含矿地质体含矿系数	资源总量(万 t)	含矿地质体总体积(m³)
Ⅳ 12	郭家梁	0.485	951.20	19 610 000
Ⅴ 14	尖兵村	0.451	3 485.1	77 280 000
Ⅵ 8	交界坡	0.748	1 409.84	18 848 000

2. 最小预测区参数确定

根据《预测资源量估算技术要求》,确定各预测工作区资源量估算方法,详见表3-1-44。

表3-1-44 山西省邯邢式铁矿预测工作区资源量估算方法表

预测工作区编号	预测工作区名称	资源量估算方法1	资源量估算方法2
Ⅳ	狐堰山	地质体积法	磁异常拟合体积法
Ⅴ	塔儿山	地质体积法	磁异常拟合体积法
Ⅵ	西安里	地质体积法	磁异常拟合体积法

1)面积圈定方法及圈定结果

预测工作区底图采用1:5万燕山晚期侵入岩浆建造构造图,收集了1:5万航磁、1:1万地磁资料。最小预测区圈定以磁性边界为基础,结合岩体、灰岩建造、矽卡岩、矿产地等存在标志综合圈定,不大于50km²,不小于1km²。

狐堰山预测工作区最小预测区面积圈定大小及方法依据见表3-1-45。

表3-1-45 狐堰山预测工作区最小预测区面积圈定大小及方法依据表

最小预测区编号	最小预测区名称	面积(km²)	参数确定依据
Ⅳ1	交城县庄儿村	7.42	岩体热作用范围、碳酸盐岩建造、磁异常
Ⅳ2	交城县上庄头村	11.57	岩体热作用范围、碳酸盐岩建造、磁异常
Ⅳ3	古交市睦联坡	3.55	岩体热作用范围、碳酸盐岩建造、磁异常
Ⅳ4	古交市小娄峰西	1.46	岩体热作用范围、碳酸盐岩建造、磁异常
Ⅳ5	古交市小娄峰东	2.87	岩体热作用范围、碳酸盐岩建造、磁异常
Ⅳ6	交城县西麻岭	6.68	岩体热作用范围、碳酸盐岩建造、磁异常
Ⅳ7	古交市上白泉	13.28	岩体热作用范围、碳酸盐岩建造、磁异常
Ⅳ8	古交市上白泉西	2.31	岩体热作用范围、碳酸盐岩建造、磁异常
Ⅳ9	古交市上白泉西	3.17	岩体热作用范围、碳酸盐岩建造、磁异常
Ⅳ10	交城县西麻岭东	1.68	岩体热作用范围、磁异常
Ⅳ11	交城县西沟	5.28	磁异常
Ⅳ12	古交市郭家梁	1.85	岩体热作用范围、碳酸盐岩建造、磁异常
Ⅳ13	交城县西麻岭南	1.05	岩体热作用范围、碳酸盐岩建造、磁异常
Ⅳ14	交城县西冶	3.51	岩体热作用范围、碳酸盐岩建造、磁异常
Ⅳ15	交城县西冶西	5.65	岩体热作用范围、碳酸盐岩建造、磁异常
Ⅳ16	交城县西冶东	4.74	岩体热作用范围、碳酸盐岩建造、磁异常

塔儿山预测工作区最小预测区面积圈定大小及方法依据见表 3－1－46。

表 3－1－46 塔儿山预测工作区最小预测区面积圈定大小及方法依据

最小预测区编号	最小预测区名称	面积(km^2)	参数确定依据
Ⅴ1	尧都区东亢	34.34	岩体热作用范围、碳酸盐岩建造、磁异常
Ⅴ2	尧都区户村	10.16	岩体热作用范围、磁异常
Ⅴ3	尧都区大王	11.74	岩体热作用范围、碳酸盐岩建造、磁异常
Ⅴ4	尧都区十村山	4.39	岩体热作用范围、磁异常
Ⅴ5	襄汾县东张	8.93	岩体热作用范围、磁异常
Ⅴ6	浮山县郑家垣	8.11	碳酸盐岩建造、磁异常
Ⅴ7	浮山县郑家垣北	1.92	碳酸盐岩建造、磁异常
Ⅴ8	襄汾县黑老顶	15.34	岩体热作用范围、碳酸盐岩建造、磁异常
Ⅴ9	襄汾县塔儿山	24.75	岩体热作用范围、碳酸盐岩建造、磁异常
Ⅴ10	浮山县庄里	14.10	岩体热作用范围、碳酸盐岩建造、磁异常
Ⅴ11	浮山县圣王山	6.08	岩体热作用范围、碳酸盐岩建造、磁异常
Ⅴ12	襄汾县大堰北	11.53	岩体热作用范围、碳酸盐岩建造、磁异常
Ⅴ13	翼城县交界山	20.95	岩体热作用范围、碳酸盐岩建造、磁异常
Ⅴ14	塔儿山尖兵村	2.08	岩体热作用范围、碳酸盐岩建造、磁异常
Ⅴ15	浮山县宋村	14.79	岩体热作用范围、碳酸盐岩建造、磁异常
Ⅴ16	浮山县司空山	11.85	岩体热作用范围、碳酸盐岩建造、磁异常
Ⅴ17	襄汾县青杨岭	6.90	岩体热作用范围、碳酸盐岩建造、磁异常
Ⅴ18	翼城县董家洼	15.82	岩体热作用范围、碳酸盐岩建造、磁异常
Ⅴ19	曲沃县乔山	17.74	岩体热作用范围、碳酸盐岩建造、磁异常
Ⅴ20	襄汾县木凹里	13.26	岩体热作用范围、碳酸盐岩建造、磁异常
Ⅴ21	曲沃县下元	13.57	岩体热作用范围、碳酸盐岩建造、磁异常
Ⅴ22	浮山县二峰山	21.29	岩体热作用范围、碳酸盐岩建造、磁异常
Ⅴ23	曲沃县北新村	11.16	岩体热作用范围、碳酸盐岩建造、磁异常
Ⅴ24	襄汾县阎店村	12.14	岩体热作用范围、磁异常
Ⅴ25	曲沃县张家湾	5.19	岩体热作用范围、碳酸盐岩建造、磁异常
Ⅴ26	翼城县郑庄	10.93	岩体热作用范围、碳酸盐岩建造、磁异常
Ⅴ27	翼城县老关庄南	7.08	岩体热作用范围、磁异常
Ⅴ28	翼城县枣园村	5.96	磁异常
Ⅴ29	襄汾县永固村	10.46	岩体热作用范围、磁异常
Ⅴ30	曲沃县东续村	17.44	岩体热作用范围、磁异常
Ⅴ31	曲沃县感军村	13.06	岩体热作用范围、磁异常
Ⅴ32	曲沃县安居村	23.87	岩体热作用范围、磁异常
Ⅴ33	曲沃县东海村	27.27	岩体热作用范围、磁异常

西安里预测工作区最小预测区面积圈定大小及方法依据见表 3-1-47。

表 3-1-47 西安里预测工作区最小预测区面积圈定大小及方法依据表

最小预测区编号	最小预测区名称	面积（km²）	参数确定依据
Ⅵ1	平顺县东寺头北	28.42	岩体热作用范围、碳酸盐岩建造
Ⅵ2	平顺县东寺头南	9.11	岩体热作用范围、碳酸盐岩建造
Ⅵ3	平顺县南赛村	10.98	岩体热作用范围、碳酸盐岩建造、磁异常
Ⅵ4	平顺县尚掌沟	6.34	岩体热作用范围、碳酸盐岩建造、磁异常
Ⅵ5	平顺县罗权凹	5.92	岩体热作用范围、碳酸盐岩建造
Ⅵ6	平顺县北坡	5.01	碳酸盐岩建造、磁异常
Ⅵ7	平顺县芦沟	3.00	碳酸盐岩建造、磁异常
Ⅵ8	平顺县交界破村	2.65	岩体热作用范围、碳酸盐岩建造、磁异常
Ⅵ9	平顺县龙降沟村	8.54	岩体热作用范围、碳酸盐岩建造、磁异常
Ⅵ10	平顺县后墁	8.16	岩体热作用范围、碳酸盐岩建造、磁异常
Ⅵ11	平顺县北洛峡	14.99	岩体热作用范围、碳酸盐岩建造、磁异常
Ⅵ12	壶关县东纸砚	7.62	岩体热作用范围、碳酸盐岩建造
Ⅵ13	壶关县里凹	18.92	岩体热作用范围、碳酸盐岩建造

2）延深参数的确定及结果

全面研究狐堰山、塔儿山、西安里3个预测工作区内最小预测区含矿地质体地质特征、矿化蚀变、矿化类型、以往勘探成果和近期开发利用情况等，并根据磁法推断，综合确定含矿地质体的延深大小。详见表 3-1-48～表 3-1-50。

表 3-1-48 狐堰山预测工作区最小预测区延深圈定大小及方法依据表

最小预测区编号	最小预测区名称	延深（m）	参数确定依据
Ⅳ1	交城县庄儿村	100	磁法推断
Ⅳ2	交城县上庄头村	200	勘探成果
Ⅳ3	古交市睦联坡	300	勘探成果
Ⅳ4	古交市小娄峰西	150	磁法推断
Ⅳ5	古交市小娄峰东	70	磁法推断
Ⅳ6	交城县西麻岭	100	勘探成果
Ⅳ7	古交市上白泉	100	磁法推断
Ⅳ8	古交市上白泉西	100	磁法推断
Ⅳ9	古交市上白泉西	150	勘探成果
Ⅳ10	交城县西麻岭东	100	磁法推断
Ⅳ11	交城县西沟	100	勘探成果

续表 3-1-48

最小预测区编号	最小预测区名称	延深(m)	参数确定依据
Ⅳ 12	古交市郭家梁	250	勘探成果
Ⅳ 13	交城县西麻岭南	100	勘探成果
Ⅳ 14	交城县西冶	200	磁法推断
Ⅳ 15	交城县西冶西	150	勘探成果
Ⅳ 16	交城县西冶东	150	勘探成果

表 3-1-49 塔儿山预测工作区最小预测区延深圈定大小及方法依据表

最小预测区编号	最小预测区名称	延深(m)	参数确定依据
Ⅴ 1	尧都区东亢	200	勘探成果
Ⅴ 2	尧都区户村	200	磁法推断
Ⅴ 3	尧都区大王	350	勘探成果
Ⅴ 4	尧都区十村山	200	磁法推断
Ⅴ 5	襄汾县东张	200	磁法推断
Ⅴ 6	浮山县郑家垣	100	磁法推断
Ⅴ 7	浮山县郑家垣北	100	磁法推断
Ⅴ 8	襄汾县黑老顶	300	勘探成果
Ⅴ 9	襄汾县塔儿山	250	勘探成果
Ⅴ 10	浮山县庄里	200	勘探成果
Ⅴ 11	浮山县圣王山	150	勘探成果
Ⅴ 12	襄汾县大堰北	150	勘探成果
Ⅴ 13	翼城县交界山	200	勘探成果
Ⅴ 14	襄汾县塔儿山尖兵村	920	勘探成果
Ⅴ 15	浮山县宋村	200	勘探成果
Ⅴ 16	浮山县司空山	100	磁法推断
Ⅴ 17	襄汾县青杨岭	300	磁法推断
Ⅴ 18	翼城县董家洼	200	勘探成果
Ⅴ 19	曲沃县乔山	200	勘探成果
Ⅴ 20	襄汾县木凹里	150	勘探成果
Ⅴ 21	曲沃县下元	100	勘探成果
Ⅴ 22	浮山县二峰山	250	勘探成果
Ⅴ 23	曲沃县北新村	200	勘探成果
Ⅴ 24	襄汾县阎店村	200	磁法推断
Ⅴ 25	曲沃县张家湾	300	勘探成果
Ⅴ 26	翼城县郑庄	100	勘探成果
Ⅴ 27	翼城县老关庄南	100	磁法推断

续表 3-1-49

最小预测区编号	最小预测区名称	延深(m)	参数确定依据
Ⅴ28	翼城县枣园村	100	磁法推断
Ⅴ29	襄汾县永固村	100	磁法推断
Ⅴ30	曲沃县东绩村	150	磁法推断
Ⅴ31	曲沃县感军村	200	勘探成果
Ⅴ32	曲沃县安居村	100	磁法推断
Ⅴ33	曲沃县东海村	200	勘探成果

表 3-1-50 西安里预测工作区最小预测区延深圈定大小及方法依据表

最小预测区编号	最小预测区名称	延深(m)	参数确定依据
Ⅵ1	平顺县东寺头北	70	磁法推断
Ⅵ2	平顺县东寺头南	70	磁法推断
Ⅵ3	平顺县南赛村	100	磁法推断
Ⅵ4	平顺县尚掌沟	100	勘探成果
Ⅵ5	平顺县罗权凹	50	磁法推断
Ⅵ6	平顺县北坡	100	磁法推断
Ⅵ7	平顺县芦沟	100	磁法推断
Ⅵ8	平顺县交界破村	200	勘探成果
Ⅵ9	平顺县龙降沟村	70	勘探成果
Ⅵ10	平顺县后壋	100	勘探成果
Ⅵ11	平顺县北洛峡	100	勘探成果
Ⅵ12	壶关县东纸砚	70	磁法推断
Ⅵ13	壶关县里凹	50	磁法推断

3)品位和体重的确定

研究了 3 个预测工作区内含矿地质体地质特征、矿化蚀变、矿化类型等,与典型矿床特征对比,决定采用典型矿床的品位及体重,采用体重为 $3.89t/m^3$。

4)相似系数的确定

根据典型矿床预测要素,研究对比狐堰山、塔儿山、西安里 3 个预测工作区内全部预测要素的总体相似系数,通过 MRAS 软件计算出每个预测区的成矿概率即为相似系数,结果见表 3-1-51～表 3-1-53。

表 3-1-51 狐堰山预测工作区最小预测区相似系数表

最小预测区编号	最小预测区名称	相似系数	最小预测区编号	最小预测区名称	相似系数
Ⅳ1	交城县庄儿村	0.333	Ⅳ4	古交市小娄峰西	0.282
Ⅳ2	交城县上庄头村	1	Ⅳ5	古交市小娄峰东	0.667
Ⅳ3	古交市睦联坡	1	Ⅳ6	交城县西麻岭	0.808

续表 3-1-51

最小预测区编号	最小预测区名称	相似系数	最小预测区编号	最小预测区名称	相似系数
Ⅳ7	古交市上白泉	1	Ⅳ12	古交市郭家梁	1
Ⅳ8	古交市上白泉西	0.615	Ⅳ13	交城县西麻岭南	0.282
Ⅳ9	古交市上白泉西	0.808	Ⅳ14	交城县西冶	0.667
Ⅳ10	交城县西麻岭东	0.1	Ⅳ15	交城县西冶西	1
Ⅳ11	交城县西沟	0.1	Ⅳ16	交城县西冶东	1

表 3-1-52 塔儿山预测工作区最小预测区相似系数表

最小预测区编号	最小预测区名称	相似系数	最小预测区编号	最小预测区名称	相似系数
Ⅴ1	尧都区东亢	1	Ⅴ18	翼城县董家洼	0.779
Ⅴ2	尧都区户村	0.260	Ⅴ19	曲沃县乔山	1
Ⅴ3	尧都区大王	1	Ⅴ20	襄汾县木凹里	1
Ⅴ4	尧都区十村山	0.2	Ⅴ21	曲沃县下元	1
Ⅴ5	襄汾县东张	0.481	Ⅴ22	浮山县二峰山	0.779
Ⅴ6	浮山县郑家垣	0.260	Ⅴ23	曲沃县北新村	1
Ⅴ7	浮山县郑家垣北	0.260	Ⅴ24	襄汾县阎店村	0.260
Ⅴ8	襄汾县黑老顶	1	Ⅴ25	曲沃县张家湾	0.779
Ⅴ9	襄汾县塔儿山	1	Ⅴ26	翼城县郑庄	0.557
Ⅴ10	浮山县庄里	1	Ⅴ27	翼城县老宊庄南	0.260
Ⅴ11	浮山县圣王山	1	Ⅴ28	翼城县枣园村	0.2
Ⅴ12	襄汾县大堰北	1	Ⅴ29	襄汾县永固村	0.260
Ⅴ13	翼城县交界山	1	Ⅴ30	曲沃县东续村	0.2
Ⅴ14	襄汾县塔儿山尖兵村	1	Ⅴ31	曲沃县感军村	0.740
Ⅴ15	浮山县宋村	1	Ⅴ32	曲沃县安居村	0.2
Ⅴ16	浮山县司空山	0.557	Ⅴ33	曲沃县东海村	0.740
Ⅴ17	襄汾县青杨岭	1			

表 3-1-53 西安里预测工作区最小预测区相似系数表

最小预测区编号	最小预测区名称	相似系数	最小预测区编号	最小预测区名称	相似系数
Ⅵ1	平顺县东寺头北	0.2	Ⅵ8	平顺县交界破村	1
Ⅵ2	平顺县东寺头南	0.333	Ⅵ9	平顺县龙降沟村	1
Ⅵ3	平顺县南赛村	1	Ⅵ10	平顺县后墁	1
Ⅵ4	平顺县尚掌沟	0.667	Ⅵ11	平顺县北洛峡	1
Ⅵ5	平顺县罗权凹	0.2	Ⅵ12	壶关县东纸砚	0.2
Ⅵ6	平顺县北坡	0.2	Ⅵ13	壶关县里凹	0.2
Ⅵ7	平顺县芦沟	0.2			

3. 最小预测区预测资源量估算结果

狐堰山预测工作区最小预测区资源量估算结果见表 3-1-54。

表 3-1-54 狐堰山预测工作区最小预测区资源量估算结果表

最小预测区编号	最小预测区名称	预测资源量(万 t)	级别
Ⅳ1	交城县庄儿村	131.50	C
Ⅳ2	交城县上庄头村	1 253.15	A
Ⅳ3	古交市睦联坡	1 266.19	A
Ⅳ4	古交市小娄峰西	177.92	C
Ⅳ5	古交市小娄峰东	186.22	B
Ⅳ6	交城县西麻岭	494.16	A
Ⅳ7	古交市上白泉	577.43	A
Ⅳ8	古交市上白泉西	136.13	B
Ⅳ9	古交市上白泉西	596.16	A
Ⅳ10	交城县西麻岭东	19.91	C
Ⅳ11	交城县西沟	69.92	C
Ⅳ12	古交市郭家梁	951.20	A
Ⅳ13	交城县西麻岭南	88.58	C
Ⅳ14	交城县西冶	436.86	B
Ⅳ15	交城县西冶西	616.88	A
Ⅳ16	交城县西冶东	1644.80	A

塔儿山预测工作区最小预测区资源量估算结果见表 3-1-55。

表 3-1-55 塔儿山预测工作区最小预测区资源量估算结果表

最小预测区编号	最小预测区名称	预测资源量(万 t)	级别
Ⅴ1	尧都区东亢	9 287.13	A
Ⅴ2	尧都区户村	426.55	C
Ⅴ3	尧都区大王	6 543.21	A
Ⅴ4	尧都区十村山	133.83	C
Ⅴ5	襄汾县东张	321.57	C
Ⅴ6	浮山县郑家垣	191.10	C
Ⅴ7	浮山县郑家垣北	80.96	C
Ⅴ8	襄汾县黑老顶	5 533.62	A
Ⅴ9	襄汾县塔儿山	9 413.08	A

续表 3-1-55

最小预测区编号	最小预测区名称	预测资源量(万 t)	级别
V 10	浮山县庄里	2 410.39	A
V 11	浮山县圣王山	518.49	A
V 12	襄汾县大堰北	1 126.30	A
V 13	翼城县交界山	2 312.82	A
V 14	襄汾县塔儿山尖兵村	2 185.10	A
V 15	浮山县宋村	3 719.47	A
V 16	浮山县司空山	335.51	B
V 17	襄汾县青杨岭	2 718.94	A
V 18	翼城县董家洼	1 787.60	A
V 19	曲沃县乔山	2 314.02	A
V 20	襄汾县木凹里	709.54	A
V 21	曲沃县下元	823.89	A
V 22	浮山县二峰山	9 528.11	A
V 23	曲沃县北新村	1 360.78	A
V 24	襄汾县阎店村	498.29	C
V 25	曲沃县张家湾	3 112.82	A
V 26	翼城县郑庄	407.76	B
V 27	翼城县老关庄南	43.34	C
V 28	翼城县枣园村	50.93	C
V 29	襄汾县永固村	64.83	C
V 30	曲沃县东续村	214.46	C
V 31	曲沃县感军村	1 324.82	A
V 32	曲沃县安居村	96.85	C
V 33	曲沃县东海村	1 127.81	A

西安里预测工作区最小预测区资源量估算结果见表 3-1-56。

表 3-1-56　西安里预测工作区最小预测区资源量估算结果表

最小预测区编号	最小预测区名称	预测资源量(万 t)	级别
Ⅵ 1	平顺县东寺头北	75.44	C
Ⅵ 2	平顺县东寺头南	97.94	C
Ⅵ 3	平顺县南赛村	875.64	A

续表 3-1-56

最小预测区编号	最小预测区名称	预测资源量(万 t)	级别
Ⅵ4	平顺县尚掌沟	367.43	B
Ⅵ5	平顺县罗权凹	18.18	C
Ⅵ6	平顺县北坡	80.46	C
Ⅵ7	平顺县芦沟	91.88	C
Ⅵ8	平顺县交界破村	1 409.84	A
Ⅵ9	平顺县龙降沟村	985.51	A
Ⅵ10	平顺县后堽	2 102.81	A
Ⅵ11	平顺县北洛峡	1 149.04	A
Ⅵ12	壶关县东纸砚	58.73	C
Ⅵ13	壶关县里凹	60.88	C

山西省侵入岩体型铁矿预测工作区预测资源量估算结果见表 3-1-57。

表 3-1-57 山西省侵入岩体型铁矿预测工作区预测资源量估算结果表　　　　　　　单位:万 t

预测工作区编号	预测工作区名称	预测资源量	级别		
			A	B	C
Ⅳ	狐堰山	8 647.01	7 399.97	759.21	487.83
Ⅴ	塔儿山	72 023.92	69 157.94	743.27	2 122.71
Ⅵ	西安里	7 373.78	6 522.84	367.43	483.51

3.1.4.3 沉积型铁矿

1. 模型区深部及外围资源潜力预测分析

1)典型矿床已查明资源储量及其估算参数

(1)山西式沉积型。

柳林预测工作区、沁源预测工作区、孝义预测工作区、晋城预测工作区、阳泉预测工作区共用一个典型矿床,即孝义市西河底铁矿,估算方法为地质体积法。以预测工作区为单位,详细研究了已知矿床已查明资源储量及估算参数和确定依据,主要内容见表 3-1-58。

表 3-1-58 山西省山西式铁矿孝义预测工作区典型矿床查明资源储量表

编号	名称	查明资源储量 矿石量(万 t)	面积(km²)	延深(m)	品位(%)	体重(t/m³)	体积含矿率
5	孝义市西河底铁矿	1 865.2	16.56	6.79	37.42	3.3	0.165

(2)宣龙式沉积型

广灵预测工作区内的典型矿床为望狐铁矿床。估算方法为地质体积法。以预测工作区为单位,详细研究了已知矿床已查明资源储量及估算参数和确定依据,主要内容见表3-1-59。

表3-1-59 山西省宣龙式铁矿广灵预测工作区典型矿床查明资源储量表

编号	名称	查明资源储量 矿石量(万t)	面积(km²)	延深(m)	品位(%)	体重(t/m³)	体积含矿率
6	望狐	138.4	1.94	8.2	43.77	3.2	0.087

2)典型矿床深部及外围预测资源量及其估算参数

山西式沉积型:山西式铁矿为沉积型矿产,西河底典型矿床受太原组下部湖田段含矿岩系控制,产状近水平,所以深部不做预测。西河底典型矿床工作程度为详勘,而且典型矿床所在模型区工作程度高,矿区、矿点数目多、范围广,资源量可靠。因此典型矿床外围不做预测,典型矿床深部及外围预测资源量为零,典型矿床总资源量即典型矿床已探明资源量,具体见表3-1-60。

表3-1-60 山西省山西式铁矿孝义预测工作区典型矿床总资源量表

编号	名称	查明资源量(万t)	预测资源量(万t)	总资源量(万t)	总面积(km²)	总延深(m)	含矿系数
5	西河底铁矿	1 865.2	0	1 865.2	16.56	6.79m	0.165

宣龙式沉积型:广灵预测工作区典型矿床深部和外围预测资源量,以及总资源量分别见表3-1-61和3-1-62。

表3-1-61 山西省宣龙式铁矿广灵预测工作区典型矿床深部和外围预测资源量表

编号	名称	预测资源量(万t)	面积(km²)	延深(m)	体积含矿率
6	望狐	861.16	12.07	8.2	0.087

表3-1-62 山西省宣龙式铁矿广灵预测工作区典型矿床总资源量表

编号	名称	查明资源储量(万t)	预测资源量(万t)	总资源量(万t)	总面积(m²)	总延深(m)	含矿系数
6	望狐	138.4	861.16	999.56	14 014 631.18	8.2	0.087

3)模型区预测资源量及估算参数确定

(1)模型区估算参数确定。

山西式沉积型矿床模型区预测资源量及其估算参数见表3-1-63。

表3-1-63 山西省山西式沉积型矿床模型区预测资源量及其估算参数表

编号	名称	模型区预测资源量(万t)	模型区面积(km²)	延深(m)	含矿地质体面积(km²)	含矿地质体面积参数
Ⅷ2	孝义克俄卜家峪	4 090.33	117.41	6.79	43.48	0.37

宣龙式沉积型矿床模型区预测资源量及其估算参数见表 3-1-64。

表 3-1-64　宣龙式沉积型矿床模型区预测资源量及其估算参数表

编号	名称	模型区预测资源量(万 t)	模型区面积(m^2)	延深(m)	含矿地质体面积(m^2)	含矿地质体面积参数
Ⅶ1	望狐	999.56	14 014 631.18	8.2	14 014 631.18	1

(2)模型区含矿系数确定。

山西式沉积型:山西式铁矿为沉积型铁矿,受奥陶系古风化壳负地形控制,呈团窝状产出,难以确切圈定预测区边界,因此计算含矿系数时考虑面积参数的影响,具体见表 3-1-65。

表 3-1-65　山西式铁矿孝义预测工作区模型区含矿系数表

模型区编号	模型区名称	含矿系数(t/m^3)	资源总量(万 t)	总体积(km^3)	含矿地质体面积参数
Ⅷ2	孝义克俄卜家峪	0.138	4 090.33	0.80	0.37

宣龙式沉积型:模型区成矿地质体可以确切圈定边界,估算模型区含矿地质体含矿系数,具体见表 3-1-66。

表 3-1-66　宣龙式铁矿广灵预测工作区模型区含矿地质体含矿系数表

模型区编号	模型区名称	含矿地质体含矿系数	资源总量(万 t)	含矿地质体总体积(m^3)
Ⅶ1	望狐	0.087	999.56	114 919 975.7

2. 最小预测区参数确定

根据《预测资源量估算技术要求》,确定各预测工作区资源量估算方法,详见表 3-1-67。

表 3-1-67　山西省沉积型铁矿预测工作区资源量估算方法表

预测工作区编号	预测工作区名称	资源量估算方法1
Ⅶ	广灵预测区	地质体积法
Ⅷ	孝义预测工作区	地质体积法
Ⅸ	柳林预测工作区	地质体积法
Ⅹ	沁源预测工作区	地质体积法
Ⅺ	晋城预测工作区	地质体积法
Ⅻ	阳泉预测工作区	地质体积法

1)面积圈定方法及圈定结果

山西式沉积型:山西式铁矿为沉积型矿产,主要采用特征分析法圈定预测区,圈定要素主要包括沉积建造、埋深线、古地理潟湖相等。共圈定 5 个预测工作区,即孝义预测工作区、柳林预测工作区、沁源预测工作区、晋城预测工作区、阳泉预测工作区。

采用德尔菲法在预测区内划分为若干次一级的预测单元,主要以一定的埋深区域及与模型区的亲疏度为依据划分。最小预测区面积一般小于 200km², 5 个预测工作区最小预测区面积详见表 3-1-68～表 3-1-72。

表 3-1-68 孝义预测工作区最小预测区面积圈定大小及方法依据表

最小预测区编号	最小预测区名称	面积(km²)	参数确定依据
Ⅷ1	孝义市石庄	131.70	沉积建造、古地理、矿床矿点、山西式铁矿埋深线
Ⅷ2	孝义克俄卜家峪	117.41	
Ⅷ3	交口县北固乡	52.40	
Ⅷ4	汾西县白家沟	197.92	
Ⅷ5	蒲县麻家沟	175.70	
Ⅷ6	洪洞左家沟乡	166.34	

表 3-1-69 柳林预测工作区最小预测区面积圈定大小及方法依据表

最小预测区编号	最小预测区名称	面积(km²)	参数确定依据
Ⅸ1	方山县郭家沟	30.73	沉积建造、古地理、矿床矿点、山西式铁矿埋深线
Ⅸ2	中阳县张家塔	29.69	
Ⅸ3	柳林县薛家湾	40.02	

表 3-1-70 沁源预测工作区最小预测区面积圈定大小及方法依据表

最小预测区编号	最小预测区名称	面积(km²)	参数确定依据
Ⅹ1	介休市桃坪	45.04	沉积建造、古地理、矿床矿点、山西式铁矿埋深线
Ⅹ2	古县金堆	90.71	

表 3-1-71 晋城预测工作区最小预测区面积圈定大小及方法依据表

最小预测区编号	最小预测区名称	面积(km²)	参数确定依据
Ⅺ1	晋城市七干	193.87	沉积建造、古地理、矿床矿点、山西式铁矿埋深线
Ⅺ2	沁水县中村	74.52	

表 3-1-72 阳泉预测工作区最小预测区面积圈定大小及方法依据表

最小预测区编号	最小预测区名称	面积(km²)	参数确定依据
Ⅻ1	盂县西窑桥	17.52	沉积建造、古地理、矿床矿点、山西式铁矿埋深线
Ⅻ2	襄垣县西营	70.84	
Ⅻ3	故县曲里	69.46	

宣龙式沉积型：全面考虑预测要素，充分发挥专家的作用；预测区的基本边界是含矿地层及其覆盖区(寒武系)的分布边界；有云彩岭组存在的区域均应圈定并尽量保证走向上的完整；最小预测单元面积原则上不超过$50km^2$。广灵预测工作区最小预测区面积详见表3-1-73。

表3-1-73 广灵预测工作区最小预测区面积圈定大小及方法依据表

最小预测区编号	最小预测区名称	面积(km^2)	参数确定依据
Ⅶ1	望狐	14.01	铁矿床、云彩岭组、矿化体、寒武系、岩相古地理、铁化探异常
Ⅶ2	大贺家堡	6.36	铁矿床、云彩岭组、矿化体、寒武系、岩相古地理
Ⅶ3	麻峪口	10.47	铁矿点、云彩岭组、矿化体、寒武系、岩相古地理
Ⅶ4	小泉华山	6.46	铁矿点、云彩岭组、矿化体、寒武系、岩相古地理
Ⅶ5	底庄村	0.20	云彩岭组、矿化体、寒武系、岩相古地理
Ⅶ6	吕家洼	0.038	云彩岭组、矿化体、岩相古地理
Ⅶ7	南坪村	1.32	云彩岭组、矿化体、寒武系、岩相古地理
Ⅶ8	牛口峪	1.27	云彩岭组、矿化体、寒武系、岩相古地理
Ⅶ9	荞麦川	0.036	云彩岭组、矿化体、岩相古地理

2)延深参数的确定及结果

山西式沉积型：山西式铁矿为沉积型矿产，且呈近水平状产出，矿层厚度受含矿地层厚度，即太原组下部湖田段厚度的严格控制，因此含矿地质体的延深即为湖田段厚度。由相关钻孔资料确定湖田段厚度。5个预测工作区最小预测区延深详见表3-1-74～表3-1-78。

表3-1-74 孝义预测工作区最小预测区延深圈定大小及方法依据表

最小预测区编号	最小预测区名称	延深(m)	参数确定依据
Ⅷ1	孝义市石庄	6.79	钻孔资料
Ⅷ2	孝义克俄卜家峪	6.79	钻孔资料
Ⅷ3	交口县北固乡	6.52	钻孔资料
Ⅷ4	汾西县白家沟	7.21	钻孔资料
Ⅷ5	蒲县麻家沟	7.53	钻孔资料
Ⅷ6	洪洞左家沟乡	6.24	钻孔资料

表3-1-75 柳林预测工作区最小预测区延深圈定大小及方法依据表

最小预测区编号	最小预测区名称	延深(m)	参数确定依据
Ⅸ1	方山县郭家沟	7.58	钻孔资料
Ⅸ2	中阳县张家塔	6.78	钻孔资料
Ⅸ3	柳林县薛家湾	8.12	钻孔资料

表 3-1-76 沁源预测工作区最小预测区延深圈定大小及方法依据表

最小预测区编号	最小预测区名称	延深(m)	参数确定依据
Ⅹ1	介休市桃坪	7.21	钻孔资料
Ⅹ2	古县金堆	5.66	钻孔资料

表 3-1-77 晋城预测工作区最小预测区延深圈定大小及方法依据表

最小预测区编号	最小预测区名称	延深(m)	参数确定依据
Ⅺ1	晋城市七干	7.14	钻孔资料
Ⅺ2	沁水县中村	6.86	钻孔资料

表 3-1-78 阳泉预测工作区最小预测区延深圈定大小及方法依据表

最小预测区编号	最小预测区名称	延深(m)	参数确定依据
Ⅻ1	盂县西窑桥	7.83	钻孔资料
Ⅻ2	襄垣县西营	8.45	钻孔资料
Ⅻ3	故县曲里	7.96	钻孔资料

宣龙式沉积型:宣龙式铁矿呈层状,近水平产出,由此以含矿层(含矿建造)的厚度作为延深,数据来源于成矿地质背景组提供的1:5万山西省宣龙式铁矿广灵预测工作区沉积建造构造图。广灵预测工作区最小预测区延深圈定大小及方法依据见表 3-1-79。

表 3-1-79 广灵预测工作区最小预测区延深圈定大小及方法依据表

最小预测区编号	最小预测区名称	延深(m)	参数确定依据
Ⅶ1	望狐	8.2	1:5万望狐幅地质图平均含矿建造厚度
Ⅶ2	大贺家堡	4.2	广灵预测工作区沉积建造构造图含矿建造厚度
Ⅶ3	麻峪口	6.5	
Ⅶ4	小泉华山	1.91	
Ⅶ5	底庄村	3.9	
Ⅶ6	吕家洼	5.4	
Ⅶ7	南坪村	3.9	
Ⅶ8	牛口峪	9.5	
Ⅶ9	荞麦川	1.7	

3)品位和体重的确定

山西式沉积型:山西式铁矿品位主要由数据库里各矿区、矿点品位综合分析确定;体重根据《山西省孝义市西河底铝土矿区详查勘探地质报告》及其他相关报告中的蜡封法小体重样确定为 $3.3t/m^3$。

宣龙式沉积型:采用典型矿床《山西省浑源县望狐铁矿区普查报告》中贫铁矿品位及体重数据,TFe品位 43.77%;体重 $3.2t/m^3$。

4)相似系数的确定

山西式沉积型:山西式铁矿为沉积型矿产,相关预测要素不多,因此采用德尔菲法确定各预测区成矿概率,考虑到山西式铁矿各预测区具有相关性,因此山西式铁矿各预测工作区最小预测区相似系数综合了各预测要素的成矿概率确定,即由各最小预测区的成矿概率与模型区的成矿概率的比值确定。

预测工作区最小预测区相似系数见表3-1-80~表3-1-84。

表 3-1-80　孝义预测工作区最小预测区相似系数表

最小预测区编号	最小预测区名称	相似系数	最小预测区编号	最小预测区名称	相似系数
Ⅷ1	孝义市石庄	0.75	Ⅷ4	汾西县白家沟	0.5
Ⅷ2	孝义克俄卜家峪	1	Ⅷ5	蒲县麻家沟	0.5
Ⅷ3	交口县北固乡	0.5	Ⅷ6	洪洞左家沟乡	0.5

表 3-1-81　柳林预测工作区最小预测区相似系数表

最小预测区编号	最小预测区名称	相似系数	最小预测区编号	最小预测区名称	相似系数
Ⅸ1	方山县郭家沟	0.85	Ⅸ3	柳林县薛家湾	0.5
Ⅸ2	中阳县张家塔	0.5			

表 3-1-82　沁源预测工作区最小预测区相似系数表

最小预测区编号	最小预测区名称	相似系数	最小预测区编号	最小预测区名称	相似系数
Ⅹ1	介休市桃坪	0.5	Ⅹ2	古县金堆	0.5

表 3-1-83　晋城预测工作区最小预测区相似系数表

最小预测区编号	最小预测区名称	相似系数	最小预测区编号	最小预测区名称	相似系数
Ⅺ1	晋城市七干	0.5	Ⅺ2	沁水县中村	0.75

表 3-1-84　阳泉预测工作区最小预测区相似系数表

最小预测区编号	最小预测区名称	相似系数	最小预测区编号	最小预测区名称	相似系数
Ⅻ1	盂县西窑桥	0.75	Ⅻ3	故县曲里	0.5
Ⅻ2	襄垣县西营	0.75			

宣龙式沉积型:应用MRAS软件采用证据权法计算出每个最小预测区的成矿概率,再经过模型区与其他最小预测区预测要素全面对比,综合得出相似系数,具体见表3-1-85。

表 3-1-85　山西省宣龙式铁矿广灵预测工作区最小预测区相似系数表

最小预测区编号	最小预测区名称	相似系数	最小预测区编号	最小预测区名称	相似系数
Ⅶ1	望狐	1	Ⅶ6	吕家洼	0.75
Ⅶ2	大贺家堡	1	Ⅶ7	南坪村	0.5
Ⅶ3	麻峪口	0.75	Ⅶ8	牛口峪	0.5
Ⅶ4	小泉华山	0.75	Ⅶ9	荞麦川	0.5
Ⅶ5	底庄村	0.75			

3. 最小预测区预测资源量估算结果

1) 山西式沉积型

孝义预测工作区最小预测区资源量估算结果见表 3-1-86。

表 3-1-86 孝义预测工作区最小预测区资源量估算结果表

最小预测区编号	最小预测区名称	预测资源量（万 t）	级别
Ⅷ1	孝义市石庄	3 424.50	B
Ⅷ2	孝义克俄卜家峪	4 090.33	A
Ⅷ3	交口县北固乡	872.23	C
Ⅷ4	汾西县白家沟	3 643.18	C
Ⅷ5	蒲县麻家沟	3 377.67	C
Ⅷ6	洪洞左家沟乡	2 649.92	C

柳林预测工作区最小预测区资源量估算结果见表 3-1-87。

表 3-1-87 柳林预测工作区最小预测区资源量估算结果表

最小预测区编号	最小预测区名称	预测资源量（万 t）	级别
Ⅸ1	方山县郭家沟	1 010.95	B
Ⅸ2	中阳县张家塔	513.91	C
Ⅸ3	柳林县薛家湾	829.63	C

沁源预测工作区最小预测区资源量估算结果见表 3-1-88。

表 3-1-88 沁源预测工作区最小预测区资源量估算结果表

最小预测区编号	最小预测区名称	预测资源量（万 t）	级别
Ⅹ1	介休市桃坪	829.06	C
Ⅹ2	古县金堆	1 310.76	C

晋城预测工作区最小预测区资源量估算结果见表 3-1-89。

表 3-1-89 晋城预测工作区最小预测区资源量估算结果表

最小预测区编号	最小预测区名称	预测资源量（万 t）	级别
Ⅺ1	晋城市七干	3 533.94	C
Ⅺ2	沁水县中村	1 957.67	B

阳泉预测工作区最小预测区资源量估算结果见表3-1-90。

表 3-1-90　阳泉预测工作区最小预测区资源量估算结果表

最小预测区编号	最小预测区名称	预测资源量（万 t）	级别
Ⅻ1	盂县西窑桥	525.34	B
Ⅻ2	襄垣县西营	2 292.33	B
Ⅻ3	故县曲里	1 411.59	C

2）宣龙式沉积型

广灵预测工作区最小预测区资源量估算结果见表3-1-91。

表 3-1-91　广灵预测工作区最小预测区资源量估算结果表

最小预测区编号	最小预测区名称	预测资源量（万 t）	级别
Ⅶ1	望狐	999.8	A
Ⅶ2	大贺家堡	232.50	A
Ⅶ3	麻峪口	444.19	B
Ⅶ4	小泉华山	80.45	B
Ⅶ5	底庄村	5.19	B
Ⅶ6	吕家洼	1.37	B
Ⅶ7	南坪村	22.48	C
Ⅶ8	牛口峪	52.54	C
Ⅶ9	荞麦川	0.27	C

山西省沉积型铁矿预测工作区预测资源量估算结果见表3-1-92。

表 3-1-92　山西省沉积型铁矿预测工作区预测资源量估算结果表　　　　单位：万 t

预测工作区编号	预测工作区名称	预测资源量	级别		
			A	B	C
Ⅶ	广灵预测工作区	1 838.8	1 232.30	531.20	75.29
Ⅷ	孝义预测工作区	18 057.83	4 090.33	3 424.50	10 543.00
Ⅸ	柳林预测工作区	2 354.49		1 010.95	1 343.54
Ⅹ	沁源预测工作区	2 139.82			2 139.82
Ⅺ	晋城预测工作区	5 491.61		1 957.67	3 533.94
Ⅻ	阳泉预测工作区	4 229.26		2 817.67	1 411.59
合计		34 111.81	5 322.63	9 741.99	19 047.18

3.1.5 利用磁测资料对磁性铁矿预测

3.1.5.1 磁性矿产资源量预测方法与参数

1. 铁矿矿致磁异常的确定

各铁矿预测区铁矿矿致异常的确定,简单地讲是根据预测区的航磁、地磁所圈定的所有磁异常进行定性解释,定性解释的目的是确定磁异常的起因,分析磁异常的起因时,一是根据磁异常形态特征和该区岩(矿)石的物性资料,同时要结合前人的观点加以分析;二是深入研究磁异常所处的地质环境,分析是否对成矿有利;三是结合其他物探方法进行综合信息分析;四是考虑地形因素的影响,分析异常与地形的关系,通过上述情况的分析来确定磁异常是否为矿致异常,并对全部磁异常进行分类,即定性解释。

2. 磁性矿产资源量预测方法

磁异常的性质确定后,对矿致异常进行定量解释,预测其资源量。磁异常定量解释的目的是确定磁性体的空间展布形态、埋深及磁性强弱等参数,进而对铁矿磁异常做出确切估算(预测)。解决矿体顶板埋深,常用的定量方法有特征点法、外奎尔法、切线法、功率谱法,解决磁性矿体资源量的预测方法主要为 2.5D 拟合法(体积法)和类比法。

应用磁测资料预测磁性矿产资源量的流程可分为四大步,即建立磁性矿床地质-地球物理模型、磁异常筛选与定性解释、半定量与定量解释和资源量估算。

磁性矿床地质-地球物理模型是应用磁测资料预测磁性矿床的基础,是磁异常选择和磁异常定性解释的主要依据,主要是通过对已知磁性矿产所处的地质构造背景、显示的地球物理特征进行综合分析,总结出各类磁性矿床的地质-地球物理模型和找矿标志。

磁异常筛选与定性解释,是通过异常形态特征的分析、异常所处地质构造和矿产环境分析、磁异常区重力异常特征分析等,判断磁异常是否为磁性矿产引起,即识别矿致异常的过程。

矿致磁异常半定量解释是对推断为磁性矿产引起的磁异常,利用磁异常等值线图(包括原始和数据处理图件)确定磁性矿产的平面范围及走向长度,为利用剖面数据进行 2.5D 拟合计算提供初始参数。

矿致异常定量解释是利用剖面数据进行 2.5D 拟合计算,确定磁性矿体埋深(m)、磁性矿体产状、磁性矿体宽度(m)、磁性矿体延深(m)和磁化强度($\times 10^{-3}$A/m)。

对矿致磁异常定量解释包括两方面情况,即对已知矿体和推断矿体(已知矿体深部和外围)的定量解释。对已控制的矿体和地质体进行正演,求出已知矿体的资源量,就是已知矿引起的异常。再从实测异常中扣除计算的磁异常(已知),从而求出残余磁异常,再对残余磁异常进行 2.5D 拟合计算,求出未知(推断)矿体,所求的资源量即为推断矿体(已知矿体深部及外围的矿体)的资源量。

磁性矿产资源量估算包括两种方法,即:磁法体积法和定量类比法。

磁法体积法是本次磁性矿产预测工作使用的基本方法,对已知矿床深部及外围的矿致磁异常和大多数推断的矿致磁异常都使用这种方法进行资源量估算,其具体做法是根据定量解释求出的磁性体体积,利用磁性矿石的体重求矿石资源量或利用矿石体重、品位求金属资源量。定量类比法是本次磁性矿产预测工作使用的辅助方法,是对磁异常的特征进行相似类比分析,根据具有相同特征的磁异常,应具有相同资源量的简单原则,类比推测未进行定量解释以及规模较小的磁异常所对应的磁性矿产资源量。

1) 磁法体积法

本次磁法体积法所采用的公式是:

$$M = S \times L \times k \times \sin\alpha \times K \times d / 10\,000$$

式中,M 是磁性矿体的资源量(万 t);S 是矿体截面积(矿体厚度×矿体延深度)(m²);L 是矿体沿走向长度(m);k 是矿体形态系数(无量纲);α 是 2.5D 拟合剖面与磁异常走向的夹角(°);K 是矿体的含矿系数（无量纲）；d 是矿石的体重（t/m³）。

各参数的确定方法如下。

截面积（S）的确定：对已知矿体，根据查明结果确定；对磁法拟合矿体，根据 2.5D 拟合法结果确定。

走向长度（L）的确定：已知矿体的走向长度近似采用矿致磁异常的走向长度（通过等值线图上极大值梯度变陡处确定走向长度）。

形态系数（k）：磁性体的形态校正系数。本次形态系数的确定主要是根据各预测工作的磁异常平面形态及《磁异常资料应用技术要求》分析而确定，沉积变质型预测区取近似球体的形态系数（$k=1/3=0.33$），矽卡岩型预测区取近似楔形体的形态系数（$k=1/2=0.5$）。

含矿系数（K）的确定：具体做法是用查明资源量（Q_1）与 2.5D 拟合软件求出并经必要的校正矿床控制矿体的体积和矿石平均体重的比值，即 $K=Q_1/S\times L\times k\times \sin\alpha \times K\times d$ 而确定，求得沉积变质型铁矿区含矿系数为 0.82，矽卡岩型铁矿区含矿系数为 0.72。

夹角（α）的确定：取矿致异常长轴线与拟合计算剖面线的夹角（一般 α 为 75°～90°）。

体重（d）的确定：根据典型矿床和已知矿床的实测矿石平均体重而确定。我省各预测区矿石的平均体重见表 3-1-93。

表 3-1-93 各铁矿预测工作区矿石平均体重一览表

预测区工作名称	平均体重（t/m³）	预测区工作名称	平均体重（t/m³）
恒山-五台山铁矿预测工作区	3.3	桐峪铁矿预测工作区	3.4
岚娄铁矿预测工作区	3.3	狐堰山铁矿预测工作区	3.8
西安里铁矿预测工作区	3.8	塔儿山铁矿预测工作区	3.8

磁化率的确定：主要通过收集该异常区前人的物性资料而确定，由于前人岩（矿）石的物性测定多是采集地表标本，由于地表氧化程度较高会使磁性减弱，因此非井中标本测定的磁化率均适当取高于前人一定量的磁化率值。

磁化倾角（i）的确定：一般是根据当地磁化倾角与剩磁倾角的矢量合成并结合前人的物性资料进行分析而定。

2.5D 拟合剖面的确定：山西省 2.5D 拟合剖面均选用前人在磁异常上的精测剖面（比例尺为 1∶2000～1∶10 000），没有一处是在航磁图上切取的。

2）定量类比法

定量类比法是根据磁测资料推断为铁矿矿致磁异常，再对其进行资源量估算的方法。首先利用磁法体积法求得的已知和推断铁矿矿致异常作为模型单元，进行统计分析，求出定量类比方程，再对未进行 2.5D 拟合的推断铁矿矿致磁异常进行类比，估算其资源量。

山西省 6 个磁性铁矿预测工作区，根据航磁、地磁资料共圈定 373 处磁异常，已知和推断的矿致异常 237 个，对其中 183 个磁异常采用定量类比法计算资源量。具体做法如下。

（1）相关性分析。

以 65 个异常用磁异常拟合体积法估算得到的资源量的自然对数作为因变量 Y，以异常和面积与幅值之乘积的自然对数作为自变量 X，根据所求得 Y、X 成图分析矿致磁异常的资源量是否与异常规模之间存在线性关系。

（2）回归方程建立。

以 55 处异常估算的资源量自然对数作为因变量 Y，以异常的面积与幅值之乘积的自然对数作为自

变量 X，进行线性回归分析，求得回归方程：

$$Y = a + bx = 1.75 + 0.2434x$$

异常规模的自然对数与资源量的自然对数之间的相关系数的平方 R^2，当 $-1 \leqslant R \leqslant 1$，求得 $R^2 = 0.5729$。相关系数 R 越接近1，表明回归效果越好，它反映了 Y 和所有的自变量的线性相关密切程度。

①F 检验。

55个模型，1个变量时，F 统计量为：

$$F = \frac{(N-P-1)R^2}{P(1-R^2)} = \frac{(55-1-1) \times 0.5229}{1 \times (1-0.5229)} = 71.8$$

由《磁测资料应用技术要求》查得 $F_{1.52}^{0.05} = 4.04$，此次检验值远大于 $F_{1.52}^{0.05}$，可见回归在0.56水平上显著。因此，所求回归方程可以用于定量类比同类磁异常的资源量。

②定量类比求资源量。

在磁异常图上量取183处异常的幅值 T、平面面积 S，则磁异常规模的自然对数为：

$$X = \ln(TS)$$

磁异常的资源量 Q 为：

$$Q = \mathrm{EXP}(a + bx) = \mathrm{EXP}(1.75 + 0.2434x)$$

据此公式估算出183处异常的资源量共计为66 889.5万t。

3.1.5.2　已知矿产地磁性矿产资源量预测

本次磁性矿产资源量的预测，根据《磁测资料应用技术要求》的有关要求，对磁性矿产资源量预测方法主要为磁法体积法和定量类比法两种。而矿致磁异常也分为两种情况，一是经勘探并提交了一定储量的矿致异常（包括典型矿床），二是未经勘探的矿致磁异常（推断）。

对于第一种矿致异常（甲类异常），资源量预测方法也有两种，一是对已知的矿体进行2.5D拟合，以拟合的场值与实测磁场值相减，看是否有残余异常存在，若存在就对残余异常再次进行2.5D拟合，拟合后所求得资源量即为已知矿床深部或外围预测资源，也就是说两次拟合的资源量为该异常的总资源量。二是对于没有进行2.5D拟合的已知矿致异常资源量的预测方法，用定量类比法求得该异常预测的资源量减去已探明资源量，其差值经校正后的数值加上已探明的资源量，即为该致异常的总资源量。对于第二种矿致磁异常（乙类异常）的资源量预测方法，主要采用定量类比法求其资源量。总之，凡是预测的资源量均经校正（主要是用形态系数和含矿系数去校正）后进行统计。

1. 典型矿床磁性矿产资源量预测

山西省共选取了4个典型铁矿床，分别是黑山庄铁矿、山羊坪铁矿、袁家村铁矿、尖兵村铁矿。其中黑山庄和山羊坪典型矿床位于恒山-五台山预测工作区，为沉积变质型铁矿；袁家村典型矿床位于岚娄预测工作区，也属沉积变质型铁矿；尖兵村典型矿床位于塔儿山预测工作区，属矽卡岩型矿床。4个典型矿床地质工作程度高，并均已经过勘探，探明铁矿资源量分别为：黑山庄7 594.9万t，山羊坪48 834.9万t，袁家村89 450万t，尖兵村2 185.6万t。

4个典型矿床预测的资源量（深部或外围）分别是：黑山庄1 921.3万t，山羊坪22 988.3万t，袁家村43 499.79万t，尖兵村521.7万t。

实例一：已知矿致磁异常应用2.5D反演拟合预测资源量的应用，以尖兵村典型矿床资源量预测为例。

首先根据地面地质、物探综合精测剖面进行2.5D拟合。

根据已控制的矿体经2.5D拟合后剖面在矿体右侧明显有残余异常存在，而后在残余异常外建立一矿体模型再次进行2.5D拟合，拟合（理论）曲线与实测曲线基本吻合。

通过两次拟合求得预测量为 1 442.17 万 t，再对预测资源量进行校正（$K=0.72, k=0.5, \alpha=70°$），即 1 442.17×0.5×0.72×sin70°=521.7 万 t，所以尖兵村典型矿床的总资源量 Q_t=2 185.6 万 t(已查明)+521.7 万 t(预测)=2 707.3 万 t，说明尖兵村矿致异常还有 500 多万 t 潜力。

2. 其他已知矿产地磁性矿产资源量预测

关于已知矿产地磁性矿产资源预测方法前面已提到（与典型矿床资源量预测方法一样）这里就不再叙述。现将各预测工作区已知矿产地的数量及分布情况简要地介绍一下。

1）恒山-五台山铁矿预测工作区

该区为沉积变质型铁矿预测工作区，根据 1975 年 1∶5 万航磁资料，共划分了 90 个磁异常范围，其中 37 处为已知矿致磁异常，30 处为推断的矿致磁异常，23 处为非矿或性质不明异常。对其中 27 处矿致异常进行了 2.5D 反演拟合计算，37 处矿致磁异常均经勘查并提交了一定储量。经上述两种资源量预测方法统计，该区 37 处已知矿产地查明资源量共计 202 749.7 万 t，预测资源共计 61 309.5 万 t，总计 264 059.2 万 t。

2）桐峪铁矿预测工作区

该区为沉积变质型铁矿预测工作区，根据 1∶1 万地磁资料，共划分了 50 个磁异常，其中 10 处已知矿致磁异常，23 处推断矿致磁异常，17 处异常为非矿或性质不明异常。对其中 7 个矿致异常进行了 2.5D 反演拟合计算，经上述两种预测方法，10 个已知矿致异常预测的资源量为：查明资源量共计 9 988.0 万 t，预测资源量（经校正后）共计 1 826.9 万 t，总计 11 814.83 万 t。

3）岚娄铁矿预测工作区

该区也为沉积变质型铁矿预测工作区，根据 1976 年 1∶5 万航磁资料，共划分了 31 个磁异常，其中已查明资源量的矿致磁异常 10 个，推断的矿致异常 6 个，15 个为非矿和性质不明异常。对其中 4 个矿致磁异常进行了 2.5D 反演拟合。根据前叙已知矿异常资源量预测方法，得到该区 10 个已知矿异常的资源量为：已查明的资源量共计 197 693.5 万 t，预测资源量（经校正后）为 69 619.5 万 t，总计 267 313.0 万 t。

4）狐堰山铁矿预测工作区

该区为矽卡岩型铁矿预测工作区，根据 1975 年 1∶1 万地磁资料划分了 38 个磁异常，其中已查明资源量的矿致异常 6 处，推断的矿致异常 11 处，21 个为非矿和性质不明异常，对其中 6 个矿致磁异常进行了 2.5D 反演拟合计算。根据前述已知矿异常资源量预测方法，得到该区 6 个已知矿异常资源量为：查明的资源量共计 2 637.6 万 t，预测资源共计 331.1 万 t，总计 2 968.7 万 t。

5）西安里铁矿预测工作区

该区为矽卡岩型铁矿预测工作区，根据 1∶1 万地磁资料共划分了 73 个磁异常，其中已知的矿致异常 9 个，推断的矿致异常 27 个，37 个为非矿和性质不明异常。2.5D 反演只计算了一个矿致异常。根据前述已知矿致异常资源量的预测方法，经统计可知：9 个已知矿致异常查明资源量共计 3 248.5 万 t，预测资源量共计 124.8 万 t，总计 3 373.3 万 t。

6）塔儿山铁矿预测工作区

该区也为矽卡岩型铁矿预测工作区，根据 1976 年 1∶1 万地磁资料共划分 91 个异常，其中已知矿致异常 38 处，推断的矿致异常 31 处，22 处异常为非矿和性质不明异常，对其中 17 个矿致异常进行了 2.5D 反演拟合计算。根据前述已知矿致异常资源量预测的方法，得到该区 38 处已知矿致异常的资源量是：已查明资源量共计 22 189.0 万 t，预测资源量共计 4 237.0 万 t，总计 26 426.0 万 t。

实例二：已知（查明）矿致异常但未进行 2.5D 拟合时，其资源量的预测过程。

以平型关磁异常（M93）为实例，进一步说明已查明资源量的矿致异常而未进行 2.5D 拟合的情况下，其资源量的预测过程。

由于该异常工作程度高,1959年山西省物探队就根据1:20万航磁对该异常进行航检工作,1975年1:5万航磁又重新圈定了该异常,1977年冶金物探队在该区进行了1:1万磁测普查,1978年冶金五一三队又在该区投入了1:1万磁测工作,并进行了钻探工作。根据异常形态和前人的工作结论,本次推断该异常矿体厚$2b=40.28\text{m}$,下延深度为670m,矿体走向长度为1500m,矿石体重3.3t/m^3,故预测的资源量为$Q_1=40.28\times670\times1500\times3.3/10\,000=13\,359.6$万t,查明资源量为743.7万t,13 359.6万t(预测)−743.7万t(查明)=12 615.9万t(外围或深部),根据本预测区确定的形态系数$k=0.66$,含矿系数$K=0.82$进行校正,即:$12\,615.9\times0.66\times0.82=682.7$万t(校正后),故该异常的总资源为:查明+预测=743.7+682.7=1 426.4万t。

实例三:推断的矿致异常(未进行2.5D拟合)资源量预测(定量类比法)。

如对恒山-五台山预测区的东台顶异常晋C-75-47号磁异常(M62)进行定量类比。已知幅值$T=750\text{nT}$,平面面积$S=3\,000\,000\text{m}^2$,则有:

$$\begin{aligned}X &= \ln(750\times3\,000\,000)\\&=\ln(2\,250\,000\,000)\\&=\ln2.25+\ln10^9\\&=0.8\,109+20.7\,233\\&=21.5\,342\end{aligned}$$

山西全省各预测区资源量预测结果见表3-1-94。

将X代入定量类比方程,即:

$$\begin{aligned}Q &= \text{EXP}(a+bx)=\text{EXP}(1.75+0.243\,4x)\\&=e^{(1.75+0.2434\times21.5342)}\\&=e^{6.99}\\&=1\,086.1(\text{万t})\end{aligned}$$

再对1 086.1进行校正,即$1\,086.1\times0.66$(形态系数)$\times0.82$(含矿系数)$=587.8$万t,故东台顶推断矿致异常预测的资源量为587.8万t。

表3-1-94 山西省各预测区预测资源量一览表

预测工作区名称	查明资源量(万t)	预测资源量(万t)	查明+预测(万t)
恒山-五台山	202 749.7	128 114.7	330 864.4
桐峪	9 988.0	13 436.6	23 424.6
岚娄	197 693.5	89 370.4	287 063.9
狐堰山	2 637.6	2 528.5	5 166.1
西安里	3 248.5	3 203.3	6 451.8
塔儿山	22 189.0	18 957.4	41 146.4
总计	438 506.3	255 610.9	694 117.2

3.1.5.3 预测工作区磁性矿产资源量预测

各预测工作区磁性矿产资源量预测,采取的方法与磁异常的性质有关,也就是说不同性质的异常,预测的方法也不同,可分为如下情况。

(1)对于已查明资源量的矿致异常(甲类),根据已知的矿体建模用2.5D反演的场值与实测场值之差,来决定有无残余异常(剩余异常),若有可再次进行2.5D进行拟合,求出已知矿体深部或外围的资源量(详见实例一)。

(2)对于已查明资源量的矿致异常(甲类),未进行2.5D反演拟合,首先根据前人的磁测资料(包括勘探资料),推断矿体的空间分布参数(矿体厚度,下延深度及走向长度),根据这些参数预测其资源量(详见实例二)。

(3)推断矿致磁异常(乙类异常)有两种方法进行预测,一是2.5D磁法体积法,二是对未采用2.5D拟合异常采用定量类比法进行预测(详见实例三)。

(4)凡是预测(推断)矿体资源量,都要进行校正(即通过形态系数和含矿系数的修正)才是现在所统计的资源量。

共选取了6个山西省磁性铁矿预测工作区。

3.1.5.4 磁性矿产资源量预测结果

山西省各预测区预测资源量查明+推断=438 506.3+255 610.9=694 117.2(万t)

1. 山西省各个预测工作区查明资源量和预测资源量

由表3-1-94可知:山西省6个磁铁矿预测区已查明资源量为438 506.3万t,334-1~334-3预测资源量共计255 610.9万t。山西省不同类型不同级别铁矿资源量预测结果统计见表3-1-95。

表3-1-95 山西省磁性矿产资源量预测结果统计表

矿种	333查明(万t)	334-1(万t)	334-2(万t)	334-3(万t)	推断资源量合计(万t)
鞍山式铁矿	410 431.2	171 340.5	23 026.6	36 554.6	230 921.7
矽卡岩型铁矿	28 075.1	8 061.9	2 098.5	14 528.8	24 689.2
合计	438 506.3	179 402.4	25 125.1	51 083.4	255 610.9

2. 按延深统计

按500m以浅、1000m以浅和2000m以浅统计,其中500m以浅为0~500m、1000m以浅为0~1000m、2000m以浅为0~2000m。故有500m以浅查明资源量为232 021.9万t,预测334-1资源量为28 061.4万t,334-2为25 125.1万t,334-3为19 083.4万t,1000m以浅查明资源量为346 534.4万t,预测334-1资源量为101 163.7万t,334-2为25 125.1万t,334-3为2 108.4万t,2000m以浅查明资源量为438 506.3万t,预测334-1资源量为179 402.4万t,334-2为25 125.1万t,334-3为51 083.4万t。

3. 矿产分布规律

1)鞍山式铁矿分布规律

鞍山式铁矿分布规律:与磁异常的分布规律相关,即分布的主要规律是矿体呈带状分布,且与老地层沉积变质岩的产状一致。

2)矽卡岩型铁矿分布规律

矽卡岩型铁矿的分布规律:一般围绕岩体的边部,呈环状分布,或分布在岩体顶底板围岩的交界部位。

3)铁矿的找矿潜力

从山西省铁矿资源量预测结果可知,省内6个预测工作区查明资源量为43.9亿t,预测(推断)的资源量为25.6亿t,可见山西省在铁矿的再发现上还能有所突破,有很大的潜力存在。同时山西省还有相当一部分航磁、地磁异常区未设立磁铁矿预测工作区,也未进行资源量预测,这也是存在的主要问题。

据不完全统计,山西省就航磁异常已发现706处,一级工程验证的206处,二级地面详细检查的158处,三级踏勘检查的103处,四级未做任何检查工作的239处。而我们只评价了373个磁异常,占总数的53%,可见山西省的磁铁矿的找矿潜力还相当大,不止25.6亿t的潜力。

3.2 铝土矿资源潜力评价

3.2.1 铝土矿预测模型

1. 铝土矿典型矿床预测要素、预测模型

通过对克俄式典型矿床成矿地质背景和成矿规律的分析研究,总结提取了典型矿床成矿要素和预测要素,分析成矿物质来源、成矿环境,对含矿岩系剖面类型、岩石和矿物组合进行研究,从而建立典型矿床定性预测模型。

(1)成矿构造背景:晋冀古陆块潟湖相环境。
(2)成矿时代:晚石炭世早期Rb-Sr等时线年龄319~309Ma。
(3)岩相古地理:潟湖相环境。
(4)古地貌:在古陆、古岛及灰岩之上存在古风化壳,提供成矿物质。
(5)中奥陶世灰岩基底:形成岩溶洼地,为成矿物质提供贮存空间。
(6)岩性特征:黏土岩类组合基本无铝土矿产出;黏土岩、铝质岩、铁质岩类组合有铝土矿体产出。

对于物探、化探、遥感、自然重砂信息,就目前研究程度而言,暂未发现它们对克俄式铝土矿成矿预测有明显的指导作用,故本次预测模型中暂不含这方面的内容。克俄铝土矿典型矿床预测要素及预测模型分别见表3-2-1、图3-2-1。

表3-2-1 山西省克俄铝土矿典型矿床预测要素一览表

预测要素特征描述		描述内容	预测要素分类
		克俄式古风化壳型铝土矿矿床	
地质环境	成矿时代	晚石炭世早期(Rb-Sr等时线年龄319~309Ma)	必要
	构造背景	晋冀古陆块陆表海盆地翼部	必要
	岩相古地理	陆表海	必要
	古气候	温暖、湿润	重要
	基底	奥陶系碳酸盐岩准平原化凹地,铝土矿赋存部位	必要
		古岛老地层,成矿物质主要来源	
矿床特征	岩性特征	黏土岩类组合:基本无铝土矿产出	重要
	矿体特征	$Al_2O_3>40\%$,$A/S>2.6$	
		规模分类:大、中、小型	
		面含矿率:42.34%	
	含矿岩系厚度	含矿岩系厚度大于5m,有利于形成铝土矿	

以山西省古风化壳铝土矿沉积成矿模式图为底图,分析该类型矿床的分布范围及其分布区内的地质构造特征,确定预测模型,把成矿模式图转化为预测模型,叠加物探、化探、遥感、重砂资料进行综合分析,提炼出对该矿床有指导意义的因子并保留,删除无找矿意义因子,见图3-2-1。

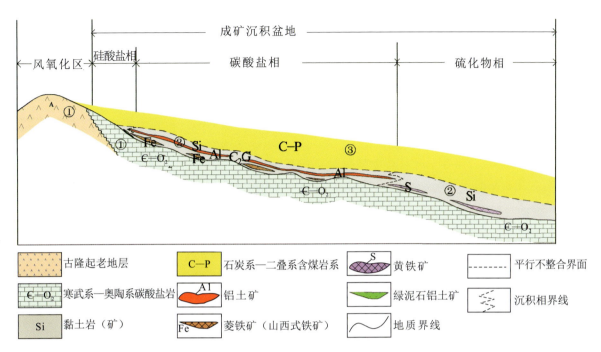

说明　① 古隆起区和基底碳酸盐岩经风氧化提供成矿物质。
　　　② 陆表海的侵入携带风化壳物质在滨海—潟湖环境中沉积了铁、铝、黏土和硫铁矿。
　　　③ 铁、铝、黏土含矿岩系沉积后短暂上升，后又接受海侵形成海陆交替相煤系地层沉积。

图 3-2-1　山西省克俄铝土矿典型矿床预测模型图

2. 预测工作区预测模型

山西省境内铝土矿均属克俄式古风化壳沉积型铝土矿，严格受地层层位和岩性组合的控制，矿体呈层状或似层状产于含矿岩系中，预测工作区预测模型基本相同。

通过对预测工作区地质背景和成矿规律的分析研究及对典型矿区区域成矿要素图、预测要素图等图件的编制，总结提取了区域成矿要素和预测要素，建立了预测工作区定性预测模型。

(1) 成矿构造背景：晋冀古陆块潟湖相环境。
(2) 成矿时代：晚石炭世早期，Rb-Sr等时线年龄 319～309Ma。
(3) 岩相古地理：潟湖相环境。
(4) 古地貌：在古陆、古岛及灰岩之上存在古风化壳，提供成矿物质。
(5) 中奥陶世灰岩基底：形成岩溶洼地，为成矿物质提供贮存空间。
(6) 岩性特征：黏土岩类组合基本无铝土矿产出；黏土岩、铝质岩、铁质岩类组合有铝土矿矿体产出。
(7) 含矿岩系厚度：0～2m 基本无铝土矿矿体产出；2～5m 有中小规模铝土矿矿体产出；大于5m 有一定规模铝土矿矿体产出。
(8) 矿层特征：Al_2O_3含量趋势值：<45%，差；45%～50%，一般；>50%，对成矿有利。矿层厚度趋势值：<0.5m，不成矿；0.5～1.0m，较好；>1.0m，对成矿有利。A/S趋势值：<2.6，差；2.6～5，一般；>5，对成矿有利。

对于物探、化探、遥感、自然重砂信息，就目前研究程度而言，暂未发现它们对预测区铝土矿成矿预测有明显的指导作用，故本次预测模型中暂不含这方面的内容。

3.2.2 预测方法类型确定及区域预测要素

山西省铝土矿均属克俄式古风化壳沉积型铝土矿,严格受地层层位和岩性组合的控制,矿体呈层状或似层状产于含矿岩系中,故矿产预测方法类型选择沉积型矿产预测方法。

按沉积型矿产预测方法,结合山西省境内铝土矿地质矿产工作程度等因素,采用1:10万建造构造图为底图,在此基础上叠加岩相古地理图、成矿规律图的内容。图面上针对铝土矿预测的内容包括:已有铝土矿矿产地资料,1:5万或更大比例尺的铝土矿区域远景调查,铝土矿区地质普查、详查、勘探等矿区勘查成果资料以及赋存于晚石炭世早期含矿岩系的铝土矿的重要共生矿产黏土矿与硫铁矿矿区(点)资料,采用资料截止日期为2007年底。

3.2.2.1 预测区地质构造专题底图及特征

1. 地质构造专题底图编制

山西省克俄式古风化壳沉积型铝土矿选用沉积建造构造图作为预测底图,其编制的主要工作过程是按照全国矿产资源潜力评价项目办的有关要求进行。其整个工作过程可细化为如下几步。

第一步:确定编图范围与"目的层"。

编图范围是由铝土矿专题预测组在地质背景组提供的1:25万建造构造图的基础上,根据区内含矿层地质特征和分布特征,以地质背景研究为基础,结合重力、磁测、遥感研究成果而确定的。

"目的层"确定是在典型矿床研究及已知含矿段的典型剖面类型研究的基础上,通过编制岩相古地理图,确定有利的岩相、岩性后由成矿预测组确定编图"目的层"。

第二步:提取相关图层,形成地质构造专题底图的过渡图件。

按照全国矿产资源潜力评价项目办编制地质构造专题底图要求"底图比例尺大于1:25万的,其编制方法是将1:25万建造构造图放大,在此基础上直接提取成矿要素的相关内容,利用1:5万资料补充细化预测工作区目的层。

第三步:补充增加相关的成矿地质要素内容及图层。

本项工作主要是依据已收集到的各类大比例尺地质、矿产资料及科研、文献等资料,对预测区含铝土矿矿层进行建造的细化,在大面积以第四系覆盖为主的地区,根据大比例尺地质或矿产资料,补充与推测含铝土矿矿层有关的地质内容(如含矿层顶底岩性段),增强特殊构造部位产状的的控制,增加地质剖面或钻孔位置、含矿岩性柱、矿点处矿层等图层。

第四步:编制附图(角图)。

为了全面反映预测区内成矿段及与成矿相关地层的沉积相、沉积建造及纵向上岩石组合序列叠覆和变化规律,编制了沉积岩建造综合柱状图。为了反映"目的层"内铝土矿与沉积岩相微相间的关系,编制了区内沉积相模式图。为了反映区内含矿段岩性、岩相横向变化,编制了岩性岩相对比图。为了形象表达区内含矿段在时空上的演化特征,编制了与之相关的沉积盆地演化图。在预测区中部地层发育较全、能反应盆地构造特征地段选择了一条剖面线,编制了图切剖面。此外还附有资料利用情况示意图、综合图例、责任栏等。

第五步:补充重、磁、遥地质构造推断的成果,形成最终图件。

第六步:图面整饰、属性录入建库,编写说明书。

2. 地质背景特征

从山西地块现今地貌景观来看,晚石炭世早期所形成的铝黏土含矿岩系,主要分布于六大赋矿盆地。其基底老地层为不同地域分布于各隆起区的中太古界阜平群至前寒武系,一套深浅变质岩系。而铝黏土含矿岩系沉积的直接基底为奥陶系,是一套碳酸盐岩系。

铝黏土含矿岩系与下伏碳酸盐岩为假整合关系,是一个巨大的沉积间断,反映了碳酸盐岩沉积至中奥陶纪后,受晋冀鲁豫运动的影响,整体隆升至晚石炭世早期。此期间山西是一个整体隆升的陆块,这与整个华北地台普遍隆升的记录是一致的。在基础地质背景分析中,全省有7个预测工作区的成矿地质条件较好,这7个铝土矿预测工作区分布于6大赋矿盆地中,其各预测区的成矿地质背景各有特色,现简述如下。

1)兴县预测工作区

预测工作区属华北地区晋北地层分区。区内出露地层有元古宇长城系、吕梁山群,古生界寒武系、奥陶系、石炭系、二叠系,中生界三叠系和新生界第四系,地层岩性以沉积岩为主,工作区东缘遭受剥蚀的地层发育不甚完整。由老至新简述如下。

元古宇长城系和吕梁山群,为一套石英岩状砂岩,老片麻岩,花岗片麻岩,基性、中酸性火成岩;寒武系为一套白云岩、白云质灰岩、鲕状灰岩、竹叶状灰岩等;奥陶系为一套白云质灰岩、豹皮灰岩、泥灰岩、厚层—中厚层石灰岩等;石炭系上统为黑色泥岩、砂岩、煤层,中统为黏土岩、泥岩、铝土矿、铁铝岩等;二叠系为一套泥岩、砂岩等;三叠系为一套黏土质砂岩、泥岩、砂岩、砂砾岩等;新近系为红色黏土、亚黏土;第四系为黄土及砂、砾石等。

预测工作区岩浆活动不发育,在南东部边缘零星出露有燕山期中酸性侵入岩,对铝土矿无破坏作用。

预测工作区为向西的缓倾斜的单斜,在南部有3条NS向的向斜、背斜,长约16km。

2)宁武预测工作区

预测工作区属华北地区晋北地层分区。区内出露地层有中元古界长城系和五台岩群,新元古界震旦系,古生界寒武系、奥陶系、石炭系、二叠系,中生界三叠系、侏罗系和新生界第四系,地层岩性以沉积岩为主,东西两翼遭受剥蚀地层发育不甚完整。

预测工作区岩浆活动不发育,在东西部边缘出露有燕山期中酸性侵入岩,对铝土矿无破坏作用。

预测区宁武向斜盆地,为NNE向斜,长约123km。东西两翼地层倾角35°~60°,向斜核部地层倾角平缓,为6°~12°。核部出现侏罗系地层,西翼为二叠系石炭系太原组、本溪组。

3)柳林预测工作区

预测工作区属华北地区晋北地层分区。区内出露地层有元古宇长城系、吕梁群,古生界寒武系、奥陶系、石炭系、二叠系,中生界三叠系和新生界第四系,地层岩性以沉积岩为主,工作区东缘遭受剥蚀,地层发育不甚完整。

预测工作区岩浆活动不发育,在北部的临县紫金山出露有燕山期碱性侵入岩,对铝土矿无破坏作用。

预测区整体为向西缓倾斜的单斜,在中部的离石-中阳县有菱形复向斜,长约42km。

4)古交预测工作区

预测工作区属华北地区晋中地层分区。区内出露地层有元古宇长城系和五台岩群,古生界寒武系、奥陶系,石炭系、二叠系和新生界第四系,地层岩性以沉积岩为主,但各个时代的地层发育不甚完整。元古宇长城系和五台岩群,为一套石英岩状砂岩,老片麻岩,花岗片麻岩,基性、中酸性火成岩;寒武系为一套白云岩、白云质灰岩、鲕状灰岩、竹叶状灰岩等;奥陶系为一套白云质灰岩、豹皮灰岩、泥灰岩等;石炭系上统为黑色泥岩、砂岩、煤层,中统为黏土岩、泥岩、铝土矿、铁铝岩等;二叠系为一套白云质泥岩、砂岩等;新近系为红色黏土、亚黏土。

预测工作区岩浆活动不发育,在西部边缘出露有燕山期中酸性侵入岩,对铝土矿影响较小。

预测区西部有孤堰山山字型构造,南中部有交城大断裂,中部的太原市—晋中市为断陷盆地,其中NS向、NE向断层甚多。

5)阳泉预测工作区

预测工作区属华北地区晋中地层分区。区内出露地层有元古宇长城系、五台岩群,古生界寒武系、奥陶系、石炭系、二叠系,中生界三叠系和新生界第四系,地层岩性以沉积岩为主,工作区东缘遭受剥蚀的地层发育不甚完整。元古宇长城系和吕梁山群为一套老片麻岩,花岗片麻岩,基性、中酸性火成岩;寒武系为一套白云岩、白云质灰岩、鲕状灰岩、竹叶状灰岩等;奥陶系为一套白云质灰岩、豹皮灰岩、泥灰岩等;石炭系上统为黑色泥岩、砂岩、煤层,中统为黏土岩、泥岩、铝土矿、铁铝岩等;二叠系为一套泥岩、砂岩等;三叠系为一套黏土质砂岩、泥岩、砂岩、砂砾岩等;新近系为红色黏土、亚黏土;第四系为黄土及砂、砾石等。

预测工作区岩浆活动不发育,在南东部边缘零星出露有燕山期中酸性侵入岩,对铝土矿无破坏作用。

预测区为向西的缓倾斜的单斜,在南部有3条SN向的向斜、背斜,长约16km。

6)孝义预测工作区

预测工作区属华北地区晋西地层分区。区内出露地层有中元古界长城系和吕梁群,古生界寒武系、奥陶系、石炭系、二叠系和新生界第四系,地层岩性以沉积岩为主,但各个时代的地层发育不甚完整。元古宇长城系和五台岩群为一套石英岩状砂岩,老片麻岩,花岗片麻岩,基性、中酸性火成岩;寒武系为一套白云岩、白云质灰岩、鲕状灰岩、竹叶状灰岩等;奥陶系为一套白云质灰岩、豹皮灰岩、泥灰岩等;石炭系上统为黑色泥岩、砂岩、煤层,中统为黏土岩、泥岩、铝土矿、铁铝岩等;二叠系为一套白云质泥岩、砂岩等;新近系为红色黏土、亚黏土;第四系为黄土及砂、砾石等。

预测工作区岩浆活动不发育,在西北部边缘零星出露有燕山期中酸性侵入岩,对铝土矿无破坏作用。

预测区西北部构造简单,东、东南部NE向断裂较多,断距10~200m。

7)沁源预测工作区

预测工作区属华北地区晋东南地层分区。区内出露地层有中元古界长城系和五台岩群,古生界寒武系、奥陶系、石炭系、二叠系和新生界第四系,地层岩性以沉积岩为主,但各个时代的地层发育不甚完整。元古宇长城系和五台岩群为一套老片麻岩,花岗片麻岩,基性、中酸性火成岩;新元古界震旦系为一套石英岩状砂岩;寒武系为一套白云岩、白云质灰岩、鲕状灰岩、竹叶状灰岩等;奥陶系为一套白云质灰岩、豹皮灰岩、泥灰岩等;石炭系上统为黑色泥岩、砂岩、煤层,中统为黏土岩、泥岩、铝土矿、铁铝岩等;二叠系为一套白云质泥岩、砂岩等;新近系为红色黏土、亚黏土;第四系为黄土及砂、砾石等。

预测工作区岩浆活动不发育,在西部零星出露有燕山期中酸性侵入岩,对铝土矿无破坏作用。

预测区整体为向斜构造,南北长140km,西北部有较多NNE向断层,断距10~210m。

3.2.2.2 重力特征

山西省内区域重力工作根据1:100万、1:50万、1:20万不同比例尺,已覆盖全省范围。其目的是利用组成地壳的各种岩体、矿体的密度差异所引起的重力变化进行矿产勘查或预测。只要地质体有一定的剩余质量,埋藏比较浅,地面干扰因素也比较小或者能用简单的方法消除他们的影响,就可以用重力仪器找出重力异常,达到找矿的目的。而对山西省沉积型铝土矿,其含矿岩系和上下层位的岩层,密度差很小,即使有重力异常,也不能确定为铝土矿矿体引起。

3.2.2.3 航磁特征

航磁工作已覆盖全省,磁异常圈定较多,但不一定是铝土矿矿体或其含矿岩系引起。因为铝土矿含矿岩系中仅含少量的规模较小且变化很大的弱磁性矿物或矿体,如钛铁矿、菱铁矿体等。在航磁工作中反映不出来。即使有较好的磁异常,也很可能是深部高磁性岩体或磁铁矿引起。如河东赋矿带临县紫金县碱性岩体异常。

3.2.2.4 地球化学及重砂特征

该项工作在山西省37幅以1:20万比例尺图幅开展过,测试元素32~38种不等,但在全省铝土矿赋存的6大盆地未进行采样工作,所以其成果对铝土矿预测评价无利用价值。

3.2.2.5 遥感特征

1:50万遥感工作覆盖全省,局部工作为1:25万。但因20世纪90年代末,地质行业不景气,造成遥感工作断档,未系统地进行过全省规模的、较为全面和系统的大比例尺遥感地质调查解译工作。其研究程度在全国居于中等偏下水平。

据遥感成果解译:石炭系地层层理发育,植被不发育,多为舒缓状,以灌木、草本植物为主,不形成大的森林,奥陶系灰岩,为浑圆状山体,厚层状或团块状,二者界线较清晰,可间接判断铝土矿多分布在山西大的地貌类型的分界处。从地质构造及矿产特征解译,对铝土矿找矿预测有一定的指导作用。但因山西铝土矿工作程度较高,加上区域地质调查成果,铝土矿赋存的石炭系与奥陶系的分界面比较清晰(局部范围有第四系覆盖),所以此界面是铝土矿最好的直接找矿标志。大范围的煤系地层沉积盆地,是我们间接预测铝土矿的重要要素。因此遥感成果在这次铝土矿资源预测评价工作中未采用。

3.2.2.6 物化遥自然重砂资料应用

区域地球物理、地球化学、遥感、自然重砂等工作多数虽然覆盖全省范围,但限于工作比例尺较小,而且其成果对铝土矿勘查评价效果不显著,因此,对铝土矿的勘查和预测指导、解释意义不大,本次未采用其成果。山西省古风化壳沉积型铝土矿矿床区域预测要素见表3-2-2。

表3-2-2 山西省古风化壳沉积型铝土矿矿床区域预测要素一览表

预测要素		描述内容	预测要素分类
特征描述		古风化壳沉积型铝土矿矿床	
地质构造背景	构造背景	古陆、古岛旁侧与沉积盆地的过渡带	必要
	地理位置	晋冀古陆块陆表海盆地翼部	必要
	赋存层位	奥陶系碳酸盐岩侵蚀面并有含矿岩系的沉积	必要
	地层组合	山西的G层铝土矿上部未被侵蚀时,均有石炭系—二叠纪煤系地层沉积	重要
	成矿时代	晚石炭世早期(Rb-Sr等时线年龄319~309Ma)	必要
矿床特征	矿床、矿点分布	大、中、小矿床及矿点的数量	重要
	岩性组合	黏土岩类组合:基本无铝土矿产出; 黏土岩、铝质岩、铁质岩组合:有铝土矿产出	必要
	含矿岩系厚度	含矿岩系厚度大于5m,有利于形成铝土矿	重要
	面含矿率	5.91%~24.58%	重要
	矿体特征	$Al_2O_3 \geq 40\%$,$A/S \geq 2.6$	重要
		矿体厚度0.5m以上	
	沉积岩相	弱还原的碳酸盐相,有菱铁矿(即山西式铁矿)赋存地段	重要
物化遥	遥感	成矿地层组合掩盖区的构造盆地影像	次要
	化探	成矿地层组合掩盖区的Al、Ti、Ga异常	次要

3.2.3 最小预测区圈定

3.2.3.1 预测单元划分及预测地质变量选择

山西省铝土矿是形成于早古生代晚石炭世早期,产于中奥陶统碳酸盐岩侵蚀面之上的沉积矿产。它形成于该时期的陆表海近岸或边缘地带,其后的地质构造运动,使铝土矿残存于现代构造盆地中,铝土矿的产出严格受现代构造盆地的控制。

根据现代构造盆地发育特征,全省共存在有6大铝土矿赋矿盆地,其中发育于山西省境内的完整赋矿盆地4个,即宁武赋矿盆地、五台赋矿盆地、霍西赋矿盆地及沁水赋矿盆地。山西省境内不完整赋矿盆地2个,即鄂尔多斯赋矿盆地、豫西赋矿盆地。鄂尔多斯赋矿盆地绝大部分发育于陕西省境内,盆地东缘位于山西省境内,即鄂尔多斯赋矿盆地河东赋矿带;豫西赋矿盆地绝大部分发育于河南境内,盆地北端位于山西省境内,即豫西赋矿盆地平陆赋矿区。

根据各盆地中铝土矿矿床的发育特征及勘查程度等特点,在较大的赋矿盆地内细化出多个预测区(预测单元)。沁水赋矿盆地划分为东、西、北3个预测区,即阳泉预测工作区、沁源预测工作区、古交预测工作区;鄂尔多斯赋矿盆地河东赋矿带分北、中2个预测区,即兴县预测工作区、柳林预测工作区;宁武赋矿盆地划分为1个预测区,即宁武预测工作区。其他各赋矿盆地(五台、霍西)各自被划为独立预测区,分别是五台预测工作区、孝义预测工作区,全省共8个预测工作区。除五台预测工作区已完成勘查无未查明资源,无需预测外,本次工作对其他7个预测工作区进行资源量预测。

初步拟选预测要素:与外生成矿作用有关的矿床,主要受地层、岩相、古地理和构造因素的制约,它们综合反映了外生矿床的形成条件,时空分布及地质背景。因此,本次铝土矿成矿预测工作,选取了地层、岩相古地理、矿系厚度、矿层厚度、含矿岩系剖面结构及岩性组合、断裂构造、褶皱构造、地形地貌、地下水活动、表生风化改造作用,以及矿层(或含矿层)的 Al_2O_3、SiO_2、A/S、Fe_2O_3、岩(矿)石矿物组合、岩(矿)石结构构造等十几个预测要素变量进行研究。

3.2.3.2 预测要素变量的构置与选择

1. 预测要素变量的赋值

1)地层

晚石炭世早期含矿岩系是寻找铝土矿的前提,为必要预测要素,以各赋矿盆地含矿岩系出露线为定位预测边界。很显然,处于该范围则取值1,否则取值0。

2)岩相

各预测区岩相主体为陆表海范围内的滨海—潟湖相,其亚相可分为多个。将各亚相与铝土矿区域分布对比研究可知,滨海碳酸盐相或潟湖主体边缘相利于成矿,当作为定位预测变量时都取值1;而硫化物相及沼泽相,一般没有铝土矿产出,当作为定位预测变量时都取值0。

3)后期影响成矿边界

铝土矿的后期影响成矿边界受含矿岩系埋藏深度、地形切割、浅表断裂构造、褶皱构造地下水等因素的综合影响,因此它们共同构成了一个复合变量。由于对于每个预测单元的后期影响成矿很难进行量化,故只能宏观分析后期影响成矿边界,凡处于此边界内者取值1,边界外取值0。

本方案中需要对连续变量进行二值化处理。

境内铝土矿目前多以露采为主,故按《矿产工业要求参考手册》中露采铝土矿的块段工业品位、厚度指标设置最佳二值化区间。

(1)矿体厚度:$\geq 0.5m$ 时取值1,否则取值0。

(2)Al_2O_3:$\geq 40\%$ 时取值1,否则取值0。

(3) A/S:≥2.6%时取值1,否则取值0。

(4) 矿系厚度:这个变量在工业指标中没有。根据勘查经验总结得出,一般矿系厚度小于2m基本无矿体产出或对生成矿体不利,大于2m的则有一定规模的铝土矿产出或有利于矿床生成。在本次工作中,将矿系厚度大于2m者取值1,否则取值0。

在本次工作中,实际采用MRAS软件进行连续变量的赋值,在该软件的菜单下人工输入最佳区间,所谓人工输入就是人工输入以上最佳二值化区间值。

2. 预测要素变量赋值及相关参数在计算机中的实现

(1) 用MRAS软件,在矿产资源评价模块中选择矿床综合预测模型,打开后选择铝,选择沉积型矿产中的有模型预测工程,在大地构造专题中打开矿点图层,再添加专题图层,包括亚相区、Al_2O_3、A/S(铝硅比)、矿体厚度、矿系厚度、矿系埋深等值线的面文件或线文件。再打开已划定的地质单元。

(2) 在变量选择中设置成矿等类。根据已有的矿床点,按规模设置了3个等类1、2、3,分别对应的是大、中、小型。

(3) 然后,进行模型单元选择,采取的是图上人工选择,根据实际情况,各预测区均选择了本区内勘查程度较高,连续勘查面积较大的区域作为模型单元。

(4) 下一步是对各类预测要素(变量)进行二值化处理。

(5) 构建预测模型。

地质块段法中,以选定的已勘查矿区做模型区,以模型区含矿系数类算相当地质条件下的预测块段,并着重考虑了定量预测要素中的后期影响因素(矿床埋深),埋深大于1000m则不予预测。本方法采用MapGIS与Excel软件进行,人工计算含矿系数。

地质单元法中,在空间评价中选择特征分析法构建预测模型,再选择平方和法计算因素权重,矿系厚度、矿体厚度、Al_2O_3、A/S(铝硅比)等值线的终止值及亚相的标志权系数在各个预测区中各不相同。然后进行靶区优选计算成矿概率,将这些变量的数据分成25~30组使用线性插值或回归方程进行计算,形成成矿概率图,并用点设置区域的分类标志,共设置的是A、B、C三类,并将相邻的同类别远景区进行合并。

3.2.3.3 最小预测区圈定及优选

由于预测方法充分考虑了模型区对预测块段的代表性,且山西省0~500m局部(兴县预测区500~1000m)埋深范围内以往工作程度相对较高,着重研究0~500m埋深区域铝土矿资源量比较符合客观规律,因此,以地质单元法预测结果为依据进行"评价结果综述"。

1) 兴县预测工作区

该区呈单斜产出,构造简单,成矿条件良好,现已查明的区域内多为大型矿床,矿层稳定且矿石质量好,据此推断该预测区是很好的成矿地带。埋深0~500m(局部兴县预测区500~1000m)以浅,根据查明区(模型区)反映的成矿条件划分出A、B、C三种预测级别,其中A预测级别的查明区成矿环境良好,以大型矿床为主,矿层稳定且矿体厚度较大,面含矿率高,因此在A级预测区内采用查明区所得的厚度2.38m、体重2.81t/m³和含矿系数24.59%,预测面积395.82km²,B级预测区内采用查明区所得的厚度2.38m、体重2.81t/m³和含矿系数24.60%,预测面积103.37km²,C预测类型查明区内成矿环境一般,查明矿床均为小型,矿层不稳定且矿体厚度较小,面含矿率较低,且具体勘查资料不易收集,并采用其相应的铝土矿厚度2.30m、体重2.79t/m³和含矿系数1.95%,预测面积112.46km²。共划分A级5个、B级1个、C级1个。

2) 宁武预测工作区

宁武预测区为狭窄条状沿NE向展布,预测区面积241.87km²,两翼产状较陡、两端较缓,0~500m

以浅,已查明铝土矿床主要分布在盆地的北东端。根据成矿要素其北东端南部成矿条件较好,划分为A级预测类型,铝土矿厚度2.71m,体重2.87t/m³、含矿系数8.43%,盆地中部—南部成矿条件类似北东端南部,铝土矿厚度2.07m,体重2.90t/m³,含矿系数9.73%,共划分A级2个。

3)柳林预测工作区

0~500m以浅,该区存在A预测级别,其中A预测级别的模型区(查明区)中,已勘查的范围内成矿条件较好,以大、中型矿床为主,矿层较稳定且矿体厚度较大,面含矿率较高,因此在A级预测区内采用模型区所得的厚度3.47m,体重2.80t/m³和含矿系数8.13%,预测面积441.96km²,共划分A级3个。

4)古交预测工作区

该区由于勘查程度低,其预测类型与霍西赋矿盆地(孝义预测工作区)相类似,确定为A预测级别,并采用其相应的铝土矿厚度2.30m,体重2.79t/m³和含矿系数1.95%,预测面积130.54km²,0~500m以浅,共划分A级1个。

5)阳泉预测工作区

0~500m以浅,该预测区属于A级预测级别,由于成矿条件有差异,已勘查的范围内成矿条件较好,以中、小型矿床为主,少数大型矿床,矿层较稳定且矿体厚度较大,含矿率较高,因此在A级预测区内采用查明区(相应模型区)所得的厚度2.53m,体重2.82t/m³和含矿系数8.10%,预测面积888.00km²,共划分A级6个。

6)孝义预测工作区

0~500m以浅,根据查明区(模型区)反映的成矿条件划分出A预测级别,其中A预测级别的查明区中,已勘查范围内成矿环境良好,以大中型矿床为主,矿层稳定且矿体厚度大,含矿率高,因此在A级预测区内采用查明区所得的厚度2.69m、体重2.80t/m³和含矿系数10.81%,预测面积731.17km²。共划分A级5个。

7)沁源预测工作区

0~500m以浅,该预测区为A、B预测级别,其中A预测级别的查明区(模型区)成矿条件较好,以中、小型矿床为主,少数大型矿床,矿层较稳定且矿体厚度较大,含矿率较高,确定为在B级预测区。因此在A级预测区内采用查明区所得的厚度1.90m,体重2.83t/m³和含矿系数8.15%,预测面积427.76km²;B预测类型采用相应模型区所得的矿层厚度2.61m,体重2.84t/m³和含矿系数5.91%,预测面积6.05km²。共划分A级3个、B级2个。

3.2.4 资源定量预测

3.2.4.1 典型矿床及模型区预测资源量估算

山西省孝义市克俄铝土矿区已查明资源量及其估算参数见表3-2-3。

表3-2-3 山西省沉积型铝土矿典型矿床查明资源量表

编号	名称	查明资源量(万t)	面积(km²)		深度(m)		Al_2O_3品位(%)		体重(t/m³)	
			大小	依据	大小	依据	大小	依据	大小	依据
1	克俄	2 297.60	29.80	探矿工程控制	20~85	探矿工程控制	66	探矿工程控制	2.78	探矿工程控制

3.2.4.2 模型区预测资源总量及其估算参数

预测深度为探矿工程控制的铝土矿最大埋藏深度;预测面积为模型区的实际面积;品位为模型区探

矿工程的平均加权品位。模型区含矿系数是根据模型区相关参数采用 Excel 软件求得,见表 3-2-4。

表 3-2-4 山西省铝土矿模型区估算参数表

模型区编号	模型区名称	成矿地质体资源总量(万 t)	预测深度(m)	预测面积(km²)	品位(%)/(A/S)	含矿系数(%)
19-2-Ⅰ	天桥	2 553.60	100	4.08	58.53/6.63	1.95
19-2-Ⅱ	细咀子	148.58	100	6.00	58.69/5.46	1.95
19-2-Ⅲ	石且河	15 524.65	500	18.80	58.27/8.27	23.85
19-2-Ⅳ	杨家沟	5 108.08	300	57.11	58.73/5.46	23.85
19-2-Ⅴ	贺家圪台	13 720.31	300	16.50	64.92/8.35	23.85
19-3-Ⅰ	宽草坪	4 799.32	120	13.60	58.42/5.04	8.43
19-3-Ⅱ	郝家沟	2 045.78	100	40.50	60.83/6.48	8.43
19-3-Ⅲ	长梁沟	2 829.72	100	16.00	56.82/4.10	9.73
19-3-Ⅳ	前文猛	559.79	300	9.98	未报结果	9.73
19-5-Ⅰ	湍水头	358.74	100	15.77	63.07/6.73	10.81
19-5-Ⅱ	西属巴	4 905.3	300	59.86	67.42/11.67	20.58
19-3-Ⅲ	兰家山	3 478.42	200	11.00	65.84/6.77	10.81
19-6-Ⅰ	大南峪	5 076.95	200	36.59	65.03/4.67	1.95
19-7-Ⅰ	老石神	300.44	100	2.10	61.46/4.30	12.19
19-7-Ⅱ	小岩沟	480.11	100	3.30	58.78/3.80	12.19
19-7-Ⅲ	南流	1 632.68	100	3.50	67.18/4.11	12.19
19-7-Ⅳ	千亩坪	1 685.12	150	5.50	59.14/3.58	12.19
19-7-Ⅴ	白家庄	4 324.14	150	3.20	64.15/5.61	12.19
19-7-Ⅵ	李家庄	1 340.64	200	4.38	62.20/4.23	12.19
19-7-Ⅶ	三都	3 005.45	130	126.14	61.31/3.39	3.24
19-7-Ⅷ	清河店	1 620.85	235	84.60	65.86/4.51	3.24
19-9-Ⅰ	柴场	285.10	200	15.00	65.46/5.35	20.99
19-9-Ⅱ	赵家圪垛	2 695.97	200	14.20	63.33/5.26	20.99
19-9-Ⅲ	冯家港	4 115.32	200	15.00	63.63/5.58	20.99
19-9-Ⅳ	下庄	13 431.13	200	14.80	67.39/6.00	6.18
19-9-Ⅴ	西河底	27 122.78	150	16.55	67.38/6.45	20.99
19-10-Ⅰ	阳坡	1 109.28	100	1.60	65.98/3.58	8.15
19-10-Ⅱ	沙坪	288.00	100	5.00	70.95/8.25	8.15
19-10-Ⅲ	高家山	844.09	100	20.00	67.49/5.94	8.15

3.2.4.3 预测资源量估算方法与参数

山西省铝土矿预测资源量估算方法选择地质体积法。通过硅铝比、矿层厚度、含矿岩系厚度、含矿层的分布面积、埋深 5 个条件来具体圈定。

1) 面积圈定方法及圈定结果

充分收集1∶5万区域地质底图和大比例尺的矿区资料。最小预测区的面积控制在200km² 以内。通过沉积建造分析,岩相、古地理分析,含矿岩系的厚度,工程见矿情况等确定。最小预测区级别根据成矿有利度、预测资源量、交通及开发条件和其他相关条件分为A、B、C三级,具体由 MRAS 软件读出。具体参数见表3-2-5。

表3-2-5 山西省铝土矿最小预测区面积圈定大小及方法依据

预测工作区名称	最小预测区编号	最小预测区名称	面积(km²)	
			大小	依据
兴县(19-2)	19-2-1	铁匠铺	103.37	含矿建造
	19-2-2	保德	149.21	含矿建造
	19-2-3	孙家塔	82.37	含矿建造
	19-2-4	魏家滩	54.25	含矿建造
	19-2-5	杨家沟	112.46	含矿建造
	19-2-6	弓家山	45.57	含矿建造
	19-2-7	兴县	64.42	含矿建造
宁武(19-3)	19-3-8	轩岗	196.85	含矿建造
	19-3-9	杜家村	45.02	含矿建造
柳林(19-5)	19-5-10	田家山	164.62	含矿建造
	19-5-11	王家沟	188.6	含矿建造
	19-5-12	交口镇	88.74	含矿建造
古交(19-6)	19-6-13	古交	130.54	含矿建造
阳泉(19-7)	19-7-14	盂县	160.34	含矿建造
	19-7-15	前庄	194.39	含矿建造
	19-7-16	昔阳	150.09	含矿建造
	19-7-17	杨家坡	151.99	含矿建造
	19-7-18	社城	125.22	含矿建造
	19-7-19	寒王	105.97	含矿建造
孝义(19-9)	19-9-20	三泉	132.37	含矿建造
	19-9-21	柱濮	181.93	含矿建造
	19-9-22	桃红坡	165.43	含矿建造
	19-9-23	英武北	90.79	含矿建造
	19-9-24	交口县	160.65	含矿建造
沁源(19-10)	19-10-25	王和	95.2	含矿建造
	19-10-26	白草	161.29	含矿建造
	19-10-27	沁源	4.98	含矿建造
	19-10-28	正沟	1.07	含矿建造
	19-10-29	郭道	171.27	含矿建造

2)埋深(延深)参数的确定及结果

铝土矿的埋深是根据全省铝土矿勘探矿区的钻探深度和煤田勘探时的控制深度确定的。具体是依据含矿岩系产状、含矿岩系的形态来确定。其中兴县预测区为0～1000m；其他区为0～500m。具体参数见表3-2-6。

表3-2-6 山西省铝土矿最小预测区延深圈定大小及方法依据

预测工作区名称	最小预测区编号	最小预测区名称	延深(m) 大小	延深(m) 依据
兴县(19-2)	19-2-1	铁匠铺	0～500	探矿工程资料
	19-2-2	保德	0～500	探矿工程资料
	19-2-3	孙家塔	0～500	探矿工程资料
	19-2-4	魏家滩	0～500	探矿工程资料
	19-2-5	杨家沟	500～1000	探矿工程资料
	19-2-6	弓家山	0～500	探矿工程资料
	19-2-7	兴县	500～1000	探矿工程资料
宁武(19-3)	19-3-8	轩岗	0～500	探矿工程资料
	19-3-9	杜家村	0～500	探矿工程资料
柳林(19-5)	19-5-10	田家山	0～500	探矿工程资料
	19-5-11	王家沟	0～500	探矿工程资料
	19-5-12	交口镇	0～500	探矿工程资料
古交(19-6)	19-6-13	古交	0～500	探矿工程资料
阳泉(19-7)	19-7-14	盂县	0～500	探矿工程资料
	19-7-15	前庄	0～500	探矿工程资料
	19-7-16	昔阳	0～500	探矿工程资料
	19-7-17	杨家坡	0～500	探矿工程资料
	19-7-18	社城	0～500	探矿工程资料
	19-7-19	寒王	0～500	探矿工程资料
孝义(19-9)	19-9-20	三泉	0～500	探矿工程资料
	19-9-21	柱濮	0～500	探矿工程资料
	19-9-22	桃红坡	0～500	探矿工程资料
	19-9-23	英武北	0～500	探矿工程资料
	19-9-24	交口县	0～500	探矿工程资料
沁源(19-10)	19-10-25	王和	0～500	探矿工程资料
	19-10-26	白草	0～500	探矿工程资料
	19-10-27	沁源	0～500	探矿工程资料
	19-10-28	正沟	0～500	探矿工程资料
	19-10-29	郭道	0～500	探矿工程资料

3)品位和体重的确定

根据最小预测区内或模型区内见矿工程获取的资料，Al_2O_3 品位值为模型区的加权平均值，铝硅比（A/S）为模型区的平均值。体重为矿区矿石实际测量值。见表 3-2-7。

表 3-2-7　山西铝土矿最小预测区体重和品位大小及方法依据

预测工作区名称	最小预测区编号	最小预测区名称	体重(t/m^3) 大小	体重 依据	Al_2O_3 品位(%)/(A/S) 大小	Al_2O_3 品位(%)/(A/S) 依据
兴县(19-2)	19-2-1	铁匠铺	2.81	矿石测量	58.53/6.63	工程控制
	19-2-2	保德	2.81	矿石测量	58.69/5.46	工程控制
	19-2-3	孙家塔	2.81	矿石测量	58.27/8.27	工程控制
	19-2-4	魏家滩	2.81	矿石测量	58.35/5.68	工程控制
	19-2-5	杨家沟	2.81	矿石测量	58.35/5.68	工程控制
	19-2-6	弓家山	2.81	矿石测量	63.07/6.94	工程控制
	19-2-7	兴县	2.81	矿石测量	63.07/6.94	工程控制
宁武(19-3)	19-3-8	轩岗	2.9	矿石测量	62.56/6.89	工程控制
	19-3-9	杜家村	2.9	矿石测量	62.56/6.85	工程控制
柳林(19-5)	19-5-10	田家山	2.76	矿石测量	67.42/11.67	工程控制
	19-5-11	王家沟	2.76	矿石测量	65.84/6.77	工程控制
	19-5-12	交口镇	2.76	矿石测量	68.33/8.24	工程控制
古交(19-6)	19-6-13	古交	2.82	矿石测量	65.03/4.67	工程控制
阳泉(19-7)	19-7-14	盂县	2.84	矿石测量	61.46/4.30	工程控制
	19-7-15	前庄	2.84	矿石测量	61.46/4.30	工程控制
	19-7-16	昔阳	2.84	矿石测量	59.14/3.58	工程控制
	19-7-17	杨家坡	2.84	矿石测量	64.15/5.61	工程控制
	19-7-18	社城	2.84	矿石测量	62.20/4.23	工程控制
	19-7-19	寒王	2.84	矿石测量	61.31/3.39	工程控制
孝义(19-9)	19-9-20	三泉	2.79	矿石测量	67.44/5.74	工程控制
	19-9-21	柱濮	2.79	矿石测量	68.37/7.73	工程控制
	19-9-22	桃红坡	2.79	矿石测量	65.86/7.01	工程控制
	19-9-23	英武北	2.79	矿石测量	67.22/6.03	工程控制
	19-9-24	交口县	2.79	矿石测量	67.39/6.00	工程控制
沁源(19-10)	19-10-25	王和	2.82	矿石测量	70.95/8.25	工程控制
	19-10-26	白草	2.82	矿石测量	67.49/5.94	工程控制
	19-10-27	沁源	2.82	矿石测量	63.70/4.70	工程控制
	19-10-28	正沟	2.82	矿石测量	65.98/3.58	工程控制
	19-10-29	郭道	2.82	矿石测量	70.95/8.25	工程控制

4) 相似系数的确定

对比模型区和预测区全部预测要素的总体相似系数,最终由专家确定。见表3-2-8。

表3-2-8 山西省铝土矿最小预测区相似系数表

预测工作区名称	最小预测区编号	最小预测区名称	相似系数 大小	依据
兴县(19-2)	19-2-1	铁匠铺	0.61	含矿地层、钻孔资料经过综合分析后由专家确定
	19-2-2	保德	1.00	
	19-2-3	孙家塔	1.00	
	19-2-4	魏家滩	1.00	
	19-2-5	杨家沟	1.00	
	19-2-6	弓家山	1.00	
	19-2-7	兴县	1.00	
宁武(19-3)	19-3-8	轩岗	1.00	
	19-3-9	杜家村	1.00	
柳林(19-5)	19-5-10	田家山	1.00	
	19-5-11	王家沟	1.00	
	19-5-12	交口镇	1.00	
古交(19-6)	19-6-13	古交	1.00	
阳泉(19-7)	19-7-14	盂县	1.00	
	19-7-15	前庄	1.00	
	19-7-16	昔阳	1.00	
	19-7-17	杨家坡	1.00	
	19-7-18	社城	0.80	
	19-7-19	寒王	1.00	
孝义(19-9)	19-9-20	三泉	1.00	
	19-9-21	柱濮	1.00	
	19-9-22	桃红坡	1.00	
	19-9-23	英武北	1.00	
	19-9-24	交口县	1.00	
沁源(19-10)	19-10-25	王和	1.00	
	19-10-26	白草	1.00	
	19-10-27	沁源	0.78	
	19-10-28	正沟	0.78	
	19-10-29	郭道	1.00	

3.2.4.4 最小预测区资源量估算结果

采用地质单元法进行成矿预测,预测资源总量:0~1000m 埋深为 20.88 亿 t(其中 0~500m 为 19.45 亿 t),预测精度为矿床或矿田类。由于每个单元面积较大,采集利用数据局限性很大,还有的整个预测区只能采用一个模型区,通过二值化处理后信息衰减很大,其对深部及距模型区较远的预测区信息衰减更是难以评述。详见表 3-2-9。

表 3-2-9 山西省铝土矿最小预测区预测资源量结果表

最小预测区编号	最小预测区名称	类别	500m 以浅(万 t)	1000m 以浅(万 t)
B1416101001	铁匠铺	B 级预测区	20 500.67	
A1416101002	保德	A 级预测区	25 401.35	
A1416101003	孙家塔	A 级预测区	16 575.71	
A1416101004	魏家滩	A 级预测区	10 561.12	
C1416101005	杨家沟	C 级预测区		3 706.76
A1416101006	弓家山	A 级预测区	5 799.17	
A1416101007	兴县	A 级预测区		10 619.82
A1416101008	轩岗	A 级预测区	2 234.91	
A1416101009	杜家村	A 级预测区	1 652.56	
A1416101010	田家山	A 级预测区	10 783.05	
A1416101011	王家沟	A 级预测区	7 831.66	
A1416101012	交口镇	A 级预测区	4 334	
A1410101013	古交	A 级预测区	1 803.34	
A1416101014	盂县	A 级预测区	3 486.71	
A1416101015	前庄	A 级预测区	7 311.12	
A1416101016	昔阳	A 级预测区	4 171.6	
A1416101017	杨家坡	A 级预测区	5 917.36	
B1416101018	社城	A 级预测区	2 503.74	
A1416101019	寒王	A 级预测区	3 344.04	
A1416101020	三泉	A 级预测区	10 199.72	
A1416101021	柱濮	A 级预测区	9 663.91	
A1416101022	桃红坡	A 级预测区	7 404.86	
A1416101023	英武北	A 级预测区	11 790.27	
A1416101024	交口县	A 级预测区	6 641.35	
A1416101025	王和	A 级预测区	2 384.82	
A1416101026	白草	A 级预测区	3 908.68	
B1416101027	沁源	B 级预测区	297.05	
B1416101028	正沟	B 级预测区	278.4	
A1416101029	郭道	A 级预测区	7 681.47	
合计			194 462.64	14 326.58

3.3 铜(钼)矿资源潜力评价

3.3.1 铜(钼)矿预测模型

1. 铜(钼)矿典型矿床预测要素、预测模型

典型矿床预测要素图以矿区1:2000地质图为底图,全面反映了含矿地质体、控矿构造、成矿构造、蚀变等与矿体的关系。矿区(区域)物探、化探、遥感综合异常图编制,把航磁、重力、重砂、化探、遥感的区域异常叠加在一起,编制1:5万区域物探、化探、遥感综合异常图。其中航磁资料为1:5万,重力资料为1:50万,重砂资料为1:20万黄铜矿异常,化探资料为1:5万异常,遥感资料包括铁染、羟基、环形构造、隐伏岩体、线性构造等。将以上要素叠加在一起后,添加矿区范围。反映了典型矿床所在位置的化探、航磁、遥感、重砂、重力特征。物化遥资料是物化遥组利用最新成果和最大比例尺的资料按照资源潜力评价的有关规定编制完成的。成矿模式综合分析研究了典型矿床及预测工作区含矿建造、控矿构造、成矿阶段、成矿作用、物质来源等,在参照《中条裂谷铜矿床》《中条山铜矿峪型铜矿成矿地质环境和找矿远景研究》《中条山铜矿峪型铜矿成矿条件及找矿预测》《中条山胡-篦型铜矿找矿远景研究》《中条山区铜矿找矿远景研究》《山西中条山地区前寒武纪铜矿成矿条件找矿预测》《中条山铜矿地质》《中条山胡-篦型铜矿田控矿构造研究》《山西省矿床成矿系列特征及成矿模式》等专著的基础上对成矿阶段、成矿作用、物质来源等进行研究和总结,总之由以上资料合成的典型矿床预测要素及预测模型完全能够满足预测区的预测评价工作。

1) 篦子沟铜金矿

预测要素:根据对篦子沟铜矿床地质特征的分析,篦子沟组黑色片岩、余元下组不纯泥质大理岩是主要含矿建造,黑色片岩与余元下组接触带附近,在褶皱转折端部位矿体加厚、变富,有时成柱状矿体。矿体呈层状、似层状、钩状,与地层产状一致,形态比较规则,具明显的成层性。钠长石化、硅化、碳酸盐化、黑(金)云母化和绿泥石化等是主要蚀变,构造变形-剥离断面、褶皱系列内褶皱、断层是主要控矿构造,含矿建造、控矿构造、蚀变、化探异常为必要的预测要素,根据其成矿时代、成矿环境等,可总结出山西省垣曲县篦子沟铜矿典型矿床预测要素一览表(表3-3-1)。

表3-3-1 山西省垣曲县篦子沟铜矿典型矿床预测要素一览表

预测要素		描述内容			预测要素分类
储量		367 100t	平均品位	Cu全区平均1.46%	
特征描述		多源、多阶段的沉积变质-热液叠加的层控铜矿床			
地质环境	岩石类型	主要容矿岩石为黑云石英白云石大理岩、钠长石英白云石大理岩、石英钠长岩等,次为黑色片岩、变基性岩等			必要
	岩石结构	微粒—细粒粒状变晶结构、鳞片变晶结构、花岗粒状变晶结构等			次要
	岩石构造	层状、似层状、块状构造、条带状构造等			次要
	成矿时代	2500～1180Ma			必要

续表 3-3-1

预测要素		描述内容			预测要素分类
储量		367 100t	平均品位	Cu 全区平均 1.46%	
特征描述		多源、多阶段的沉积变质-热液叠加的层控铜矿床			
地质环境	成矿环境	矿床赋存于古元古代大陆边缘裂谷带内,中条期裂谷伸张收缩形成构造格架,西阳河期潜岩浆活动使上涌热水与下渗热水形成循环系统,在封闭的潟湖环境下形成矿			必要
	构造背景	吕梁-中条古元古代结合带小秦岭-中条古元古代陆缘岛弧带中条山古元古代岛弧带			必要
矿床特征	岩石矿物组合	黄铜矿、黄铁矿、磁黄铁矿为主,次为斑铜矿、辉铜矿、硫钴矿、钴镍黄铁矿和金。脉石矿物为石英、白云石、金(黑)云母、钠长石、电气石等			必要
	结构	结晶结构、乳浊状结构、交代残余结构、充填结构等			次要
	构造	浸染状构造、细脉浸染状、脉状、团块状、角砾状等			次要
	蚀变	主要为黑云母化、硅化、碳酸盐化、钠化、阳起石化、绿泥石化等			重要
	控矿条件	褶皱轴部、转折端,逆(掩)冲断层,剥离断层			必要
	风化氧化	含铜的硫化物出露地表及其附近,形成孔雀石、蓝铜矿、铜蓝等			次要
地球物理化学特征	1:20 万重砂	铜矿床(点)一般分布在铜矿物重砂异常中			次要
	化探	1:5 万铜地球化学异常			必要
		1:5 万金、银、铅、锌地球化学综合异常			次要

预测模型:①成矿构造背景:矿区位于吕梁-中条古元古代结合带小秦岭-中条古元古代陆缘岛弧带中条山古元古代岛弧带,区内断裂构造发育,岩浆活动频繁,由岩体上拱形成的接触带构造、断裂和褶皱构造发育;②成矿时代:2500~1180Ma;③含矿建造:含矿建造为篦子沟组黑色片岩、余元下组不纯泥质大理岩,为寻找这类铜金矿床的必要条件;④矿物组合:黄铜矿、黄铁矿、磁黄铁矿,次为斑铜矿、辉铜矿、硫钴矿、钴镍黄铁矿和金;⑤1:5 万铜化探异常,是重要的找矿标志,为预测的必要条件;⑥重砂、磁测、遥感、重力等资料与矿床关系不密切,不作为重要预测要素。

典型矿床预测模型图以典型矿床成矿要素及大比例尺物化探资料为基础,总结分析研究,建立地质成矿、其他综合信息预测模型内容,以剖面图形式表示预测要素内容及其相关关系和空间变化特征,重点开展预测要素分析,根据地质矿产及综合信息等内容分析预测要素的重要性以图面形式反映其相互关系(图 3-3-1)。

2)山神庙铜矿

预测要素:根据对铜矿-山神庙铜矿床地质特征的分析,铜矿组绢云片岩、含碳绢云片岩和二云片岩是主要含矿建造,矿体形态为似层状、扁豆状。绢云母化、硅化、黑云母化等是主要蚀变,褶皱加断裂构造组合的韧性剪切褶皱带是主要控矿构造。含矿建造、控矿构造、蚀变、矿点、化探异常为必要的预测要素,根据其成矿时代、成矿环境等,可总结出山西省绛县铜矿-山神庙铜矿典型矿床预测要素一览表(表 3-3-2)。

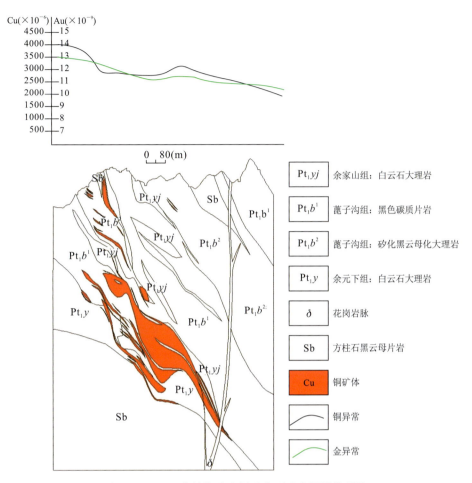

图 3-3-1 垣曲县篦子沟铜矿典型矿床预测模型图

表 3-3-2 山西省绛县铜凹-山神庙铜矿典型矿床预测要素一览表

预测要素		描述内容		成矿要素分类
储量		34 302t	平均品位	Cu 全区平均 0.67%	
特征描述		含铜沉积建造叠加后期混合热液改造富集层控铜矿床		
地质环境	岩石类型	主要容矿岩石为含碳十字石绢云片岩、含碳石榴子石绢云片岩、含十字石绢云片岩、含石榴子石绢云片岩		必要
	岩石结构	微粒、细粒粒状变晶结构,鳞片变晶结构等		次要
	岩石构造	片状构造、千枚状构造、条带构造等		次要
	成矿时代	中元古代		必要

续表 3-3-2

预测要素		描述内容			成矿要素分类
储量		34 302t	平均品位	Cu 全区平均 0.67%	
特征描述		含铜沉积建造叠加后期混合热液改造富集层控铜矿床			
地质环境	成矿环境	新太古代中条裂谷槽内沉积了含铜背景值高的涑水杂岩陆源碎屑,原生层理和后生裂隙片理发育,岩石中有机碳萃取了海底热液中的大量铜元素,形成原始赋矿层。此后伴随中条裂谷的多次"开""合"形成褶皱-冲断裂构造系统,为岩浆侵位和热液环流创造了有利空间。在区域变质作用下,原始赋矿层中的金属硫化物变质重结晶,同时,产生的变质热液从围岩和原始赋矿层中萃取铜质,运移至储矿构造空间聚集就位成矿			必要
	构造背景	吕梁-中条古元古代结合带小秦岭-中条古元古代陆缘岛弧带中条山古元古代岛弧带			必要
矿床特征	岩石矿物组合	黄铜矿、黄铁矿、磁黄铁矿为主,次为斑铜矿、辉铜矿、硫镍钴矿、辉钼矿,次生矿物为蓝铜矿、孔雀石、褐铁矿等。脉石矿物为绢云母、石英、黑云母、长石、石榴子石、十字石、角闪石、方解石等			必要
	结构	粒状结晶结构,交代残余结构等			次要
	构造	浸染状构造、细脉浸染状、脉状、团块状等			次要
	蚀变	主要为绢云母化、黑云母化、硅化等			重要
	控矿条件	同斜复式褶皱加断裂构造组合的韧性剪切褶皱带			必要
	风化氧化	含铜的硫化物出露地表及其附近,形成孔雀石、蓝铜矿、铜蓝等			次要
地球物理化学特征	1:20万重砂	铜矿床(点)一般分布在铜矿物重砂异常中			次要
	化探	1:5万铜地球化学异常			必要
		1:5万铜、金、银、铅、锌地球化学综合异常			次要

预测模型:①成矿构造背景:矿区位于吕梁-中条古元古代结合带小秦岭-中条古元古代陆缘岛弧带中条山古元古代岛弧带。②成矿时代:中元古代。③含矿建造:为铜凹组绢云片岩、含碳绢云片岩和二云片岩,矿体呈层状、似层状、板状,与地层产状一致,形态比较规则,为寻找这类铜矿床的必要条件。④矿物组合:黄铜矿、黄铁矿、磁黄铁矿,次为斑铜矿、辉铜矿、硫镍钴矿、辉钼矿等,次生的有蓝铜矿、孔雀石、褐铁矿等。⑤1:5万铜化探异常,是重要的找矿标志,为预测的必要条件。⑥重砂、磁测、遥感、重力等资料与矿床关系不密切,不作为重要预测要素。

典型矿床预测模型图以典型矿床成矿要素及大比例尺物化探资料为基础,建立地质成矿、其他综合信息预测模型内容,以剖面图形式表示预测要素内容及其相关关系和空间变化特征,重点开展预测要素分析,根据地质矿产及综合信息等内容分析预测要素的重要性(图 3-3-2)。

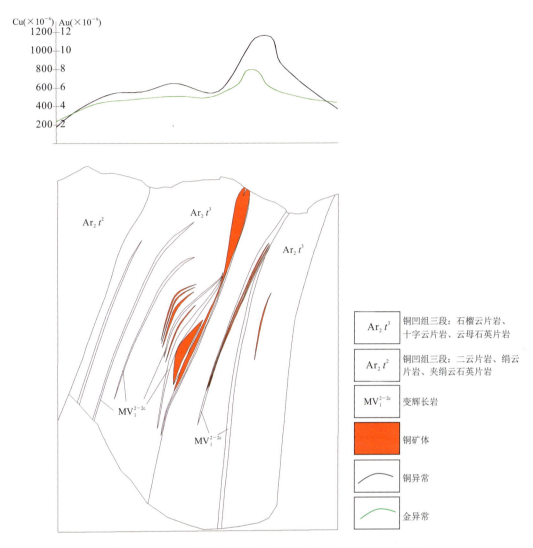

图 3-3-2 山西省绛县铜凹-山神庙铜矿典型矿床预测模型图

3) 落家河铜矿

预测要素：根据对落家河铜矿床地质特征的分析，绛县超群宋家山组细质火山碎屑沉积岩系是主要含矿建造，矿体形态为似层状、扁豆状、透镜状，与围岩产状一致。石墨化、绿泥石化、黑云母化、绿帘石化、电气石化、硅化、绢云母化、碳酸盐化等是主要蚀变，断裂、片理、裂隙韧性剪切带是主要控矿构造。含矿建造、控矿构造、蚀变、化探异常为必要的预测要素，根据其成矿时代、成矿环境等，可总结出山西省垣曲县落家河铜矿典型矿床预测要素一览表(表 3-3-3)。

根据成矿类比原则，同样地质环境、同样构造条件、同样产出位置等类似的成矿环境下，可能会有同样类型的矿床产出。因此落家河铜矿预测要素可以作为落家河预测工作区寻找铜矿床的预测要素。

预测模型：①成矿构造背景：矿区位于吕梁-中条古元古代结合带小秦岭-中条古元古代陆缘岛弧带中条山古元古代岛弧带。区内断裂构造发育，区内出露的地层主要为绛县超群宋家山组和西洋河群鸡蛋坪组，岩浆岩为西洋河群安山岩及宋家山组基性火山岩。矿体产在绿泥片岩中。主要岩浆活动有中条期奥长花岗岩；矿床成矿围岩主要为绛县超群宋家山组细质火山碎屑沉积岩系，岩性主要为绿泥石片岩、石墨绿泥石片岩、石墨片岩、黑云绿泥片岩等，控矿构造主要为断裂构造组合的韧性剪切带。②成矿时代：中元古代。③含矿建造：主要的含矿建造为宋家山组绿泥石片岩、石墨绿泥石片岩、石墨片岩、黑云绿泥片岩等，矿体形态为似层状、扁豆状、透镜状产出，与地层产状一致，形态不规则。控矿构造主要为断裂构造组合的韧性剪切带。④矿物组合：黄铜矿、黄铁矿，次为斑铜矿、闪锌矿、磁铁矿、赤铁矿、硫铜钴矿等，次生矿物有蓝铜矿、孔雀石、褐铁矿等。⑤1∶5万铜化探异常，是重要的找矿标志，为预测的必要条件。⑥重砂、磁测、遥感、重力等资料与矿床关系不密切，不作为重要预测要素。

表 3-3-3　山西省垣曲县落家河铜矿典型矿床预测要素一览表

预测要素		描述内容			成矿要素分类
储量		112 410t	平均品位	Cu 全区平均 1.12%	
特征描述		沉积变质型铜矿床			
地质环境	岩石类型	主要容矿岩石为石墨绿泥石片岩、石墨片岩、绢云石墨片岩、变砾岩、变长石砂岩和绢云长石石英片岩等			必要
	岩石结构	微粒、细粒粒状变晶结构，鳞片变晶结构等			次要
	岩石构造	片状构造、千枚状构造、条带构造、块状构造等			次要
	成矿时代	2764～1795Ma			必要
	成矿环境	该类矿床受中条古裂谷王屋-同善伸展断裂控制。在被该断裂斜切的落家河和同善剥蚀天窗内，矿体赋存在韧性剪切带中。铜质主要来源于地幔，少部分与上地壳有关，含矿建造主要为基性火山岩，主要容矿岩石为石墨绿泥石片岩、石墨片岩、绢云石墨片岩、变砾岩、变长石砂岩和绢云长石石英片岩等。中条期奥长花岗岩及其相伴脉岩的侵入，并沿韧性剪切带穿插于矿带中，促使矿源层的矿质活化、迁移、加富			必要
	构造背景	吕梁-中条古元古代结合带小秦岭-中条古元古代陆缘岛弧带中条山古元古代岛弧带			必要
矿床特征	岩石矿物组合	黄铜矿、黄铁矿为主，次为闪锌矿、斑铜矿、磁铁矿、赤铁矿，少量钛铁矿、含铜磁黄铁矿、硫铜钴矿、辉砷钴矿、硫镍钴矿、硫镍矿、金红石等。脉石矿物为绿泥石、石英、方解石、绢云母、钠长石、黑云母、绿帘石、石墨、电气石等			必要
	结构	自形—半自形晶结构、它形结构、交代网状结构、片状变晶结构等			次要
	构造	稀疏浸染状构造，细脉状、条带状、团块状、薄片(膜)状、片状构造等			次要
	蚀变	主要为石墨化、绿泥石化、黑云母化、黄铁矿化、硅化、绢云母化等			重要
	控矿条件	韧性剪切褶皱带			必要
	风化氧化	含铜的硫化物出露地表及其附近，形成孔雀石、蓝铜矿、铜蓝等			次要
地球物理化学特征	1∶20万重砂	铜矿床(点)一般分布在铜矿物重砂异常中			次要
	化探	1∶5万铜地球化学异常			必要
		1∶5万铜、金、银、铅、锌地球化学综合异常			次要

典型矿床预测模型图以典型矿床成矿要素及大比例尺物化探资料为基础，建立地质成矿、其他综合信息预测模型内容，以剖面图形式表示预测要素内容及其相关关系和空间变化特征，重点开展预测要素分析，根据地质矿产及综合信息等内容分析预测要素的重要性(图 3-3-3)。

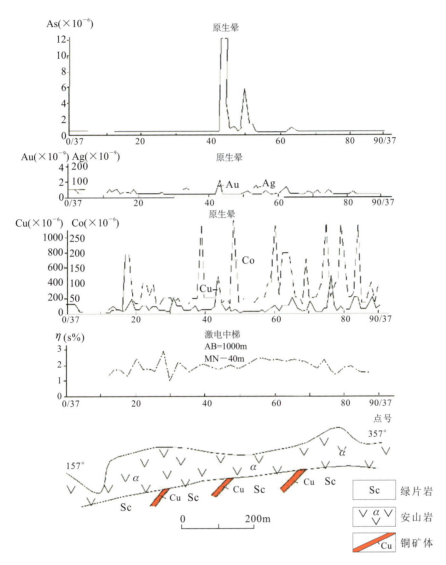

图3-3-3 山西省垣曲县落家河铜矿预测模型图

4）桃花洞铜矿

预测要素：根据对桃花洞铜矿床地质特征的分析，涑水期斜长石角闪岩、绿泥石片岩、黑云母片岩及浅粒岩是主要含矿建造，矿体形态为似层状、扁豆状、透镜状。硅化、黑云母化、碳酸盐化等是主要蚀变，断裂、片理、裂隙及其贯入期间的石英-方解石脉构造组合的韧性剪切褶皱带是主要控矿构造，含矿建造、控矿构造、蚀变为必要的成矿要素，根据其成矿时代、成矿环境等，可总结出山西省运城市桃花洞铜矿典型矿床成矿要素一览表（表3-3-4）。

预测模型：①成矿构造背景：矿区位于吕梁-中条古元古代结合带小秦岭-中条古元古代陆缘岛弧带中条山古元古代岛弧带。区内断裂和褶皱构造发育，岩浆活动频繁，由岩体上拱形成的接触带构造、断裂和褶皱构造发育。②成矿时代：2500～1180Ma。③含矿建造：为涑水期斜长石角闪岩、绿泥石片岩、黑云母片岩及浅粒岩，为寻找这类铜金矿床的必要条件。④矿物组合：黄铜矿、黄铁矿等，次为辉铜矿、斑铜矿、铜蓝。⑤1∶20万铜化探异常，是重要的找矿标志，为预测的必要条件。⑥重砂、磁测、遥感、重力等资料与矿床关系不密切，不作为重要预测要素。

表 3-3-4　山西省运城市桃花洞铜矿典型矿床预测要素一览表

预测要素		描述内容			预测要素分类
储量		11 082t	平均品位	Cu 全区平均1.39%	
特征描述		与变基性岩有关的铜矿床			
地质环境	岩石类型	主要为黑云母片岩、角闪黑云母片岩、片麻状二长花岗岩			必要
	岩石结构	粒状变晶结构、鳞片变晶结构、中粗粒花岗变晶结构等			次要
	岩石构造	块状构造、片状构造、片麻状构造			次要
	成矿时代	元古宙			必要
	成矿环境	变质热液为主,容矿岩石为涑水期黑云母片岩、角闪黑云母片岩和片麻状二长花岗岩			必要
	构造背景	吕梁-中条古元古代结合带小秦岭-中条古元古代陆缘岛弧带中条山古元古代岛弧带			必要
矿床特征	岩石矿物组合	主要为黄铜矿、黄铁矿等,次为辉铜矿、斑铜矿、铜蓝。脉石矿物为石英、黑云母、方解石等			必要
	结构	主要为晶粒变晶结构,它形晶粒变晶结构			次要
	构造	浸染状、细脉浸染状、条带状、斑点状构造等			次要
	蚀变	主要为硅化、碳酸盐化、黑云母化等			重要
	控矿条件	片理、裂隙及贯入期间的石英-方解石脉			必要
	风化氧化	含铜的硫化物出露地表及其附近,形成孔雀石、蓝铜矿、铜蓝等			次要
地球物理化学特征	磁法	磁异常与含矿建造有一定的关系,含矿建造一般高磁			重要
	1∶20万重砂	铜矿床(点)一般分布在铜矿物重砂异常中			次要
	化探	1∶20万铜地球化学异常			必要
		1∶20万铜、金、银、铅、锌地球化学综合异常			次要

5)铜矿峪铜钼金矿

预测要素:根据对铜矿峪铜钼金矿床地质特征的分析,铜矿峪亚群竖井沟组、西井沟组、骆驼峰组和早期侵入的基性岩及晚期中酸性岩浆岩是主要含矿建造,褶皱转折端和热液性碎斑岩是主要赋矿部位,硅化、绢云母化、黑云母化、角闪石化、绿泥石化、电气石化等是主要蚀变。变花岗闪长斑岩、含矿建造、控矿构造、蚀变、化探异常为必要的预测要素,根据其成矿时代、成矿环境等,可总结出山西省垣曲县铜矿峪铜矿典型矿床预测要素一览表(表3-3-5)。

预测模型:①成矿构造背景:矿区位于吕梁-中条古元古代结合带小秦岭-中条古元古代陆缘岛弧带中条山古元古代岛弧带,区内断裂构造发育,岩浆活动频繁,由岩体上拱形成的接触带构造、断裂和褶皱构造发育。②成矿时代:元古宙(2132Ma左右)。③含矿建造:铜矿峪亚群竖井沟组、西井沟组、骆驼峰组和早期侵入的基性岩及晚期中酸性岩浆岩是主要含矿建造,为寻找这类铜金矿床的必要条件。④控矿岩体:绛县期变花岗闪长斑岩。⑤矿物组合:黄铜矿、黄铁矿、辉钼矿、磁黄铁矿,次为斑铜矿、辉铜矿、辉钴矿和金。⑥1∶5万铜化探异常,是重要的找矿标志,为预测的必要条件。⑦重砂、磁测、遥感、重力等资料与矿床关系不密切,不作为重要预测要素。

表 3-3-5　山西省垣曲县铜矿峪铜钼金矿典型矿床预测要素一览表

预测要素		描述内容			预测要素分类
储量		2 850 000t	平均品位	Cu 全区平均 0.68%	
特征描述		变斑岩型铜矿床			
地质环境	岩石类型	主要为变花岗闪长(斑)岩、变辉长岩、石英岩、云英岩、绢云片岩、绿泥片岩等			必要
	岩石结构	粒状变晶结构、鳞片变晶结构、斑状结构等			次要
	岩石构造	块状构造、片状构造、角砾状构造			次要
	成矿时代	元古宙			必要
	成矿环境	矿质来源于横岭关亚群铜凹组含铜沉积建造,铜矿峪亚群的骆驼峰组、竖井沟组酸性火山岩和西井沟组基性火山岩,以及早期侵入的基性岩和晚期中酸性岩浆岩。随着裂谷作用多期岩浆岩提供的多期热源、岩浆水和表生水的混合热液发生环流,并从矿源层中萃取有益组分,在物化条件发生剧烈变化地段的有利容矿空间沉淀成矿。具多源、多期、多阶段的特点。该矿床为以岩浆热液为主、后期再造为辅的变斑岩型铜矿床			必要
	构造背景	吕梁-中条古元古代结合带小秦岭-中条古元古代陆缘岛弧带中条山古元古代岛弧带			必要
矿床特征	岩石矿物组合	黄铁矿-黄铜矿,黄铁矿-黄铜矿-辉钼矿,黄铁矿-黄铜矿-辉钴矿。脉石矿物为石英、绢云母、方解石、电气石、钠长石、绿泥石、黑云母等			次要
	结构	主要为似斑状结构、半自形—自形晶粒结构,其次为共生边际结构、叶片状结构、交替文象结构、压碎结构等			次要
	构造	浸染状、细脉浸染状、脉状、团块状、角砾状构造等			次要
	蚀变	主要为绢云母化、黑云母化、硅化、绿泥石化等,其次为方柱石化、电气石化、方解石化等			重要
	控矿条件	热液蚀变碎斑岩和褶皱转折端			必要
	风化氧化	含铜的硫化物出露地表及其附近,形成孔雀石、蓝铜矿、铜蓝等			次要
地球物理化学特征	1:20万重砂	铜矿床(点)一般分布在铜矿物重砂异常中			次要
	化探	1:5万铜地球化学异常			必要
		1:5万钼、金、银、铅、锌地球化学综合异常			次要

典型矿床预测模型图以典型矿床成矿要素及大比例尺物化探资料为基础,总结分析研究,建立地质成矿、其他综合信息预测模型内容,以剖面图形式表示预测要素内容及其相关关系和空间变化特征,重点开展预测要素分析,根据地质矿产及综合信息等内容分析预测要素的重要性以图面形式反映其相互关系(图 3-3-4)。

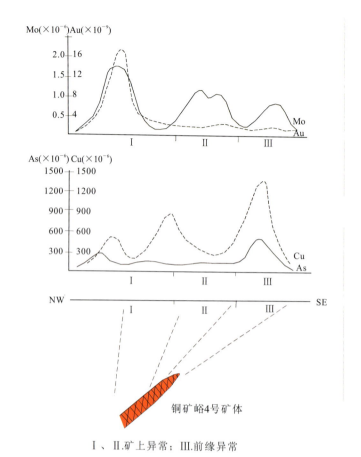

Ⅰ、Ⅱ.矿上异常；Ⅲ.前缘异常

图3-3-4 山西省垣曲县铜矿峪铜钼金矿典型矿床预测模型图

6）刁泉银铜矿

预测要素：根据对刁泉银铜矿床地质特征的分析，寒武系、奥陶系碳酸岩盐是主要含矿建造，燕山期辉石闪长岩、黑云母花岗岩、花岗斑岩、石英斑岩为控矿岩体，岩体与碳酸岩盐接触带及岩体上侵形成的断裂构造是主要控矿和容矿构造，矽卡岩化是主要蚀变。碳酸盐岩含矿建造、控矿岩体、控矿和容矿构造、蚀变、化探异常为必要的预测要素，根据其成矿时代、成矿环境等，可总结出山西省灵丘县刁泉银铜矿床典型矿床预测要素一览表（表3-3-6）。

表3-3-6 山西省灵丘县刁泉银铜矿典型矿床预测要素表

预测要素		描述内容			预测要素分类
储量		Ag:1 569.16t;Cu:162 893t;Au:8 119.49kg	平均品位	Ag:131.46g/t;Cu:1.36%;Au:0.68g/t	
特征描述		与燕山期中酸性次火山岩有关的接触交代中低温热液矿床			
地质环境	成矿时代	白垩纪			必要
	构造背景	华北陆块区，燕山-太行山北段陆缘火山岩浆弧			重要
	岩石地层单位	寒武系中上统馒头组、张夏组、崮山组、炒米店组			必要

续表 3-3-6

预测要素		描述内容			预测要素分类
储量		Ag:1 569.16t;Cu:162 893t;Au:8 119.49kg	平均品位	Ag:131.46g/t;Cu:1.36%;Au:0.68g/t	
特征描述		与燕山期中酸性次火山岩有关的接触交代中低温热液矿床			
地质环境	沉积建造类型	泥页岩-白云岩建造,鲕状灰岩、泥晶灰岩-生物碎屑灰岩建造,泥晶灰岩-砾屑灰岩建造,灰岩建造(寒武系)。泥晶灰岩夹砾屑灰岩建造(奥陶系)			重要
	岩石组合	大理岩化角岩化强烈,原岩为鲕状灰岩、条带状灰岩及少量页岩、粉砂岩			必要
	岩浆建造及岩浆作用	岩浆建造:辉石闪长岩-黑云母花岗岩-花岗斑岩-石英斑岩,其中黑云母花岗岩和辉石闪长岩为成矿母岩。侵入时代:白垩纪(130.5Ma,K-Ar法)			必要
成矿构造	接触带构造	岩体(枝)呈突出的半岛状,侵入灰岩中形成成矿有利构造部位			必要
	断裂带构造	岩体及沿接触带分布 NNW、NNE、NEE、NWW 向压扭性断裂构造,常为容矿断裂构造。距岩体距离小于 100m			必要
矿床特征	矿体产状及形态	平面上沿接触带呈环形展布。垂直方向上变化较大,上部倾向岩体,下部倾向围岩,呈喇叭口状。在剖面上多呈弯月形;平面上呈透镜状、脉状、似层状			次要
	矿体规模	银矿为大型,铜矿为中型			次要
	矿床组分	共生组分为 Ag、Cu,伴生组分为 Au、Fe			重要
	岩石矿物组合	铜矿物主要为黄铜矿、斑铜矿、辉铜矿、铜蓝、孔雀石、蓝铜矿,含微量赤铜矿、自然铜、黑铜矿和硫铋铜矿等;银矿物主要为辉银矿、自然银及硫锑铜银矿,次为硒银矿、金银矿、辉铜银矿和银黝铜矿等;铁矿物主要为磁铁矿。非金属矿物主要为石榴子石、方解石、白云石,透辉石。次要矿物为阳起石、石英、白云母及黏土矿物等			重要
	结构	不等粒结构、固熔体分离结构、交代结构			次要
	构造	条带状构造、细脉浸染状构造、角砾状构造			次要
	蚀变带及蚀变矿物	内蚀变带:绢云母化、钠长石化、钾长石化、硅化。宽 0~20m。矽卡岩带:由透辉石-钙铁榴石矽卡岩、绿帘石矽卡岩、钙铝榴石矽卡岩组成。带宽 2~60m。矿体主要赋存在此带。外蚀变带:包括内侧的透辉石化带、钙铁榴石化带、钙铝榴石化带和外侧的大理岩-角岩带,宽 10~400m			必要
	成矿期次	氧化物期以形成磁铁矿为标志;石英硫化物期分为铜、铁金属硫化物和含银、金金属硫化物两个阶段;表生氧化期分为次生硫化物阶段(斑铜矿、蓝辉铜矿、铜蓝)和表生氧化物(孔雀石、赤铜矿、黑铜矿)两个阶段			重要
	成矿温度	120~400℃(包裹体均一温度),主要成矿温度 185~280℃			重要
地球物理特征	岩矿石磁性特征	岩矿石具有磁性差异,磁法测量对矿体反映良好。磁异常总体围绕刁泉岩体呈环形展布,与环形接触带(或矽卡岩带)基本吻合,以中等强度磁场为特征。磁场强度一般在 100~2000nT,极大值为 11 927nT			重要
	岩矿石的电性特征	岩矿石具有电性差异,对矿体反映良好。激电异常与磁测异常吻合,总体围绕刁泉岩体呈环形展布,矿体以高极化率、低电阻率为特征。极化率一般 2%~6%			重要

续表 3-3-6

预测要素		描述内容			预测要素分类
储量		Ag:1 569.16t;Cu:162 893t;Au:8 119.49kg	平均品位	Ag:131.46g/t;Cu:1.36%;Au:0.68g/t	
特征描述		与燕山期中酸性次火山岩有关的接触交代中低温热液矿床			
地球化学特征	组合元素	次生晕指示元素组合 Ag、Au、Cu、Pb、Zn、As、F、Ni、Cr 和 Ba。原生晕指示元素组合 Ag、Au、Cu、Zn、Cd、Pb、Mo、Cr、As 和 Bi			次要
	元素相关性	Ag 与 Cu、Co、Zn、Mn、F、Ni 等元素相关性较好;Cu 与 Ag、Ni、F、As、Zn、Mn、Co 等元素相关性较好			重要
	Ag、Cu 异常分布特征	化探异常围绕刁泉岩体呈环形展布,周边长约3000m,宽200余米,具多个浓集中心,且 Cu、Ag、Au 等浓集中心吻合。土壤地球化学异常与磁法、电法异常基本一致。指示 Ag、Cu 主要富集地段为 40～61 线和 18～29 线;Au、Cu 主要富集地段为 18～29 线和 30～53 线。异常值 Ag（20～100）×10^{-6},Cu 0.04%～0.2%			重要

预测模型:①成矿构造背景:刁泉银铜矿矿区位于华北陆块燕山-太行山北段陆缘火山岩浆活动带（中生代早白垩纪）。区内断裂构造发育,岩浆活动频繁,表现为复式中酸性侵入岩。主要岩性为辉石闪长岩、黑云母花岗岩、花岗斑岩、石英斑岩。围岩为寒武系、奥陶系碳酸岩盐。另外接触带交代钟变强烈,形成矽卡岩带。上述成矿岩浆岩体、碳酸盐岩围岩、控矿断裂构造、交代蚀变带构成了主要的成矿地质体。②成矿时代:130.5Ma。③含矿建造:寒武系、奥陶系碳酸岩盐。

7）四家湾铜矿

预测要素:根据对四家湾铜矿床和预测区已知矿床地质特征的分析,奥陶系白云质灰岩、含泥质白云质灰岩、泥晶灰岩等是塔儿山预测工作区铜矿的含矿建造,燕山期碱性系列和钙碱性系列的斑状闪长岩、二长闪长岩、正长闪长岩是铁矿的控矿岩体,石榴子石矽卡岩、透辉石矽卡岩、金云母矽卡岩、石榴子石透辉石矽卡岩等是主要蚀变。含矿建造、控矿岩体、蚀变、矿点、化探异常为必要的预测要素,根据其成矿时代、成矿环境等,可总结出山西省刁泉式铜矿四家湾铜矿典型矿床预测要素表（表 3-3-7）。

表 3-3-7 山西省襄汾县四家湾铜矿典型矿床预测要素一览表

预测要素		描述内容			预测要素分类
储量		32 780t	平均品位	Cu 全区平均 2.13%	
特征描述		接触交代矽卡岩型铜矿床			
地质环境	岩石类型	主要为二长岩、石英二长岩、白云质灰岩、泥质白云质灰岩、角砾状灰岩、透辉石矽卡岩、石榴子石透辉石矽卡岩等			必要
	岩石结构	不等粒中粗粒结构、似斑状结构			次要

表 3-3-7

预测要素		描述内容			预测要素分类
储量		32 780t	平均品位	Cu 全区平均 2.13%	
特征描述		接触交代矽卡岩型铜矿床			
地质环境	岩石构造	块状构造、角砾状构造、条带状构造			次要
	成矿时代	中生代燕山期白垩纪			必要
	成矿环境	岩浆活动中心地带,赋矿地层为奥陶系中统含镁质碳酸盐岩			必要
	构造背景	吕梁山造山隆起带-汾河构造岩浆活动带			必要
矿床特征	岩石矿物组合	透辉石-斑铜矿、黄铜矿,石榴子石透辉石-斑铜矿、黄铜矿,云母透辉石-闪锌矿、磁铁矿、斑铜矿、黄铜矿,方解石、石英-黝铜矿、辉铜矿。脉石矿物主要为透辉石、方解石、钙铁榴石、石英、云母、绿泥石等			必要
	结构	主要为自形—半自形、它形晶粒结构,粗粒连晶结构			次要
	构造	浸染状、细脉浸染状、脉状、团块状、条带状构造等			次要
	蚀变	主要为石榴子石矽卡岩、透辉石-石榴子石矽卡岩、符山石-石榴子石矽卡岩、云母矽卡岩、透辉石-云母矽卡岩等			重要
	控矿条件	石英二长岩与奥陶系碳酸盐岩的接触带			必要
	风化氧化	含铜的硫化物出露地表及其附近形成孔雀石、蓝铜矿、铜蓝等			次要
地球物理化学特征	磁法	磁异常与铜矿床(点)关系不明显			次要
	化探	1∶20万铜地球化学异常			必要
		1∶20万铜、金、银、铅、锌地球化学综合异常			次要

预测模型:①成矿构造背景:矿区位于华北叠加造山-裂谷带吕梁山造山隆起带汾河构造岩浆活动带。区内断裂构造发育,岩浆活动频繁,由岩体上拱形成的接触带构造、断裂和褶皱构造发育,区内出露地层为奥陶系碳酸盐岩。岩体为燕山期石英二长岩、二长岩等。矿床成矿围岩主要为奥陶系中统马家沟组白云质灰岩建造和生物碎屑泥晶灰岩建造,控矿构造主要为岩体与奥陶系中统马家沟组灰岩的接触带,断裂、褶皱控矿不明显。②成矿时代:中生代白垩世(130Ma 左右)。③含矿建造:奥陶系中统马家沟组白云质灰岩建造和生物碎屑泥晶灰岩建造,为寻找这类铜矿床的必要条件。④控矿岩体:燕山期碱性系列和钙碱性系列的斑状闪长岩、二长闪长岩、正长闪长岩。⑤矿物组合:黄铜矿、斑铜矿、磁铁矿、黄铁矿,次为闪锌矿,赤铁矿、孔雀石、褐铁矿等。⑥1∶20万铜化探异常,是重要的找矿标志,为预测的必要条件。⑦重砂、磁测、遥感、重力资料与矿床关系不密切,不作为重要预测要素。

典型矿床预测模型图以典型矿床成矿要素及大比例尺物化探资料为基础,建立地质成矿、其他综合信息预测模型内容,以剖面图形式表示预测要素内容及其相关关系和空间变化特征,重点开展预测要素分析,根据地质矿产及综合信息等内容分析预测要素的重要性(图 3-3-5)。

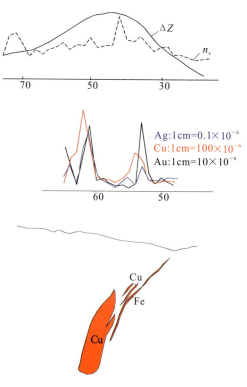

图 3-3-5　山西省襄汾县四家湾铜矿典型矿床预测模型图

8）后峪钼铜矿

预测要素：根据对繁峙县后峪钼铜矿床和预测区已知矿床地质特征的分析，寒武系、奥陶系白云岩、灰岩含矿建造，燕山期花岗质岩浆岩控矿岩体，矽卡岩化、硅化、高岭土化、绢云母化、绿泥石化、绿帘石化、碳酸盐化、硫酸盐化等是主要蚀变。含矿建造、控矿岩体、控矿构造、蚀变、矿点、化探异常为必要的预测要素，根据其成矿时代、成矿环境等，可总结出南泥湖式斑岩型钼铜矿繁峙县后峪典型矿床预测要素表（表 3-3-8）。

表 3-3-8　山西省繁峙县后峪钼铜矿典型矿床预测要素一览表

预测要素		描述内容		预测要素分类
储量		Mo：104 374t；Cu：48 097t	平均品位　Mo：0.076%；Cu：0.035%	
特征描述		侵入岩型钼铜矿床		
地质环境	地质概况	变质基底为五台期片麻状黑云奥长花岗岩，盖层为长城系高于庄组、寒武系、奥陶系白云岩、灰岩，含矿层主要为黑云奥长花岗岩、石英斑岩及充填于其中的石英脉等		次要
	岩石组合	灰岩、白云岩、石英斑岩、花岗岩等		次要
	岩石结构、构造	致密结构、花岗结构，斑状构造、块状构造		次要
	成矿时代	中生代		必要
	成矿环境	中—浅成矿		必要
	构造背景	燕辽-太行岩浆弧（Ⅲ级）太行山北段陆缘火山岩浆弧（Ⅳ级）		重要

续表 3-3-8

预测要素		描述内容		预测要素分类
储量		Mo:104 374t;Cu:48 097t	平均品位　　Mo:0.076%;Cu:0.035%	
特征描述		侵入岩型钼铜矿床		
矿床特征	矿石矿物	辉钼矿、黄铜矿、黄铁矿、方铅矿、闪锌矿、磁铁矿		重要
	脉石矿物	石英、斜长石、角闪石、黑云母、方解石、白云石		次要
	结构	片麻状结构、层状结构、块状结构、角砾状结构		次要
	构造	细脉浸染状构造、散染状构造		次要
	围岩蚀变	矽卡岩化、硅化、高岭土化、绢云母化、绿帘石化、硫酸岩化		次要
	矿床成因	过渡型的中温热液网脉状钼铜矿床		重要
	控矿条件	岩体与盖层接触带及岩体控矿		必要
物探特征	磁测	1:5万航磁与矿床无明显关系		不显示
	重力	重力异常无反映		不显示
化探特征	1:20万重砂异常	Ⅱ级铜矿物异常范围与矿床(点)套合较好		重要
	1:20万铜异常	异常范围与矿床(点)范围基本一致		必要
	1:20万钼异常	异常范围与矿床(点)范围基本一致		必要

预测模型:①成矿构造背景:矿区位于燕辽-太行岩浆弧(Ⅲ级)的太行山北段陆缘火山岩浆弧(Ⅳ级)北缘。区内地层分布简单,岩浆活动频繁,由岩体上拱形成的接触带构造、断裂构造发育,矿产种类较多。燕山期花岗质岩浆岩,与本区成矿有密切联系。矿床成矿围岩主要为寒武系、奥陶系白云岩、灰岩,控矿构造主要为岩体与碳酸盐岩的接触带,断裂、褶皱控矿不明显。②成矿时代:中生代白垩纪(130Ma左右)。③含矿建造:寒武系、奥陶系白云岩、灰岩,为寻找这类铜矿床的必要条件。④控矿岩体:燕山期花岗质岩浆岩。⑤矿物组合:辉钼矿、黄铜矿、黄铁矿、方铅矿、闪锌矿、磁铁矿等。⑥1:20万铜化探异常,是重要的找矿标志,为预测的必要条件。⑦重砂、磁测、遥感、重力资料与矿床关系不密切,不作为重要预测要素。

2. 预测工作区预测模型

典型矿床预测模型图综合分析、研究了典型矿床及预测区含矿建造、控矿构造、成矿阶段、成矿作用、物质来源、物探、化探、遥感资料等,在《中条裂谷铜矿床》《中条山铜矿峪型铜矿成矿地质环境和找矿远景研究》《中条山铜矿峪型铜矿成矿条件及找矿预测》《中条山胡-篦型铜矿找矿远景研究》《中条山区铜矿找矿远景研究》《山西中条山地区前寒武纪铜矿成矿条件找矿预测》《中条山铜矿地质》《中条山胡-篦型铜矿田控矿构造研究》《山西省矿床成矿系列特征及成矿模式》等专著的基础上对成矿阶段、成矿作用、物质来源等进行研究和总结。

1:5万预测区成矿要素图底图采用1:5万区调成果并根据矿床点勘查资料进行了必要的补充修改,附有重点矿床的典型剖面,成矿要素充分总结了预测区内矿床的含矿建造、控矿构造、矿体特征、蚀变等。预测区预测要素图在成矿要素图的基础上添加了航磁、重力、重砂、化探、遥感等资料,根据与成矿的关系划分为必要、重要、次要、不明显。其中航磁资料为1:5万,重力资料为1:50万,重砂资料为1:20万黄铜矿异常,化探资料为1:5万异常,遥感资料包括铁染、羟基、环形构造、隐伏岩体、线性构造等。物化遥资料是物化遥组利用最新成果和最大比例尺的资料按照资源潜力评价的有关规定编制完成的。全面利用资料并尽可能利用最新科研成果和大比例尺资料,完全能够满足本次预测评价工作。

3.3.2 预测方法类型确定及区域预测要素

山西省铜矿预测类型可初步划分为铜矿峪式变斑岩型、刁泉式矽卡岩型、胡篦式(火山)沉积变质型、与变基性岩有关的铜矿和南泥湖式斑岩型钼铜矿5类,共8个预测工作区。共划分为3种预测方法类型,其中,铜矿峪式变斑岩型、刁泉式矽卡岩型、斑岩型为侵入岩体型(4个预测工作区),胡篦式(火山)沉积变质型为沉积变质型(3个预测工作区),与变基性岩有关的铜矿床为复合内生型(1个预测工作区)。

3.3.2.1 沉积变质型铜矿

1. 预测区地质构造专题底图及特征

1)地质构造专题底图编制

山西省沉积变质型铜矿涉及的预测工作区分别是横岭关、落家河和胡家峪,3个预测工作区底图选用变质建造构造图,编图过程基本相同。

该图编制的主要工作过程是按照全国矿产资源潜力评价项目办的有关要求进行,在侯马市幅1∶25万建造构造图的基础上,补充1∶5万区调资料以及有关科研专题研究资料,细化含矿岩石建造与构造内容,按预测工作区范围编制各类地质构造专题底图并编制建造构造图。其整个工作过程可细化为如下几步。

第一步:确定编图范围与"目的层"。

编图范围是由铜矿预测组在地质背景组提供的1∶25万侯马市幅建造构造图的基础上根据成矿特征,以地质背景研究为基础,结合物探、化探、遥感研究成果而确定的;选择古元古界中条群篦子沟组作为本次编图的"目的层"。

第二步:整理地质图,形成地质构造专题底图的过渡图件。

第三步:编制变质建造构造图初步图件。

在第二步形成的过渡性图件的基础上提取(分离)与预测区内侵入岩、篦子沟组有关的图层,为了突出目的层,对基本层进行简化处理或淡化处理,突出表示成矿要素;编制附图(角图)。

第四步:补充物探、化探、遥感地质构造推断的成果,形成最终图件。

第五步:图面整饰、属性录入建库,编写说明书。

2)地质背景特征

(1)横岭关预测工作区。

地层以元古界为主,包括绛县群、中条群。古元古界包括绛县群,可以划分为两个亚群,下部为横岭关亚群,上部为铜矿峪亚群,二者以剥离断层接触。其中横岭关亚群又可划分成两个岩性组:下部平头岭组,上部铜凹组,其中铜凹组一段岩性为深灰色含十字石榴绢云片岩,含碳绢云片岩,局部地段出现蓝晶石片岩。岩石中十字石、石榴子石一般呈自形变斑晶出现,纵、横方向含量变化较大,横向上沿走向从平头岭向南西至横岭底一带,十字石、石榴子石逐渐增多且晶体比较粗大,再向南西则有结晶变小含量减少之趋势。而由平头岭向北东至紫家西峪一带,含量亦有减少的特点。纵向上,自下而上十字石、石榴子石亦有结晶变小含量减少之趋势,直至过渡到不含十字石、石榴子石的含碳绢云片岩。该段出露厚度50~388.64m。其上部有一层含碳质绢云片岩,为横岭关型铜矿床含矿层位之一。铜矿峪亚群则划分成5个岩性组,自下而上为后山村组、圆头山组、竖井沟组、西井沟组、骆驼峰组,总体为一套经历了中低级变质作用的复理石式碎屑岩-泥质岩和火山沉积建造。

区内侵入岩较发育,其时代为新太古代、中元古代。其中新太古代为区内最老的侵入岩,古元古代主要为变质辉长岩和变质辉绿岩,中元古代主要为辉绿岩墙(脉)群。

断裂构造发育,褶皱不发育。其中断裂构造在预测区的北东部最为发育,总体上以 NE—NS 向断裂为主,被后期 NW 向断层截切。横岭关预测工作区预测要素一览见表 3-3-9。

表 3-3-9 山西省胡篦式沉积变质型铜矿横岭关预测工作区预测要素一览表

预测要素		描述内容	要素分类
成矿时代		元古宙	必要
大地构造位置		小秦岭-中条古元古代陆缘岛弧带中条山古元古代岛弧带	次要
沉积建造/沉积作用	岩石地层单位	绛县群横岭关亚群铜凹组	必要
	地层时代	元古宙	重要
	岩石类型	低角闪岩相—低绿片岩相变质岩	必要
	沉积建造厚度	厚到巨厚	重要
	岩石组合	含碳十字石绢云片岩、含碳石榴子石绢云片岩、含十字石绢云片岩、含石榴子石绢云片岩	重要
	岩石结构	微粒粒状变晶、细粒粒状变晶、鳞片变晶结构	次要
	岩石构造	片状构造、千枚状构造、条带状构造等	次要
变质建造/变质作用	岩石地层单位	绛县群横岭关亚群铜凹组	必要
	地层时代	元古宙	重要
	变质相带	低角闪岩相—低绿片岩相	重要
	变质相系	高温中压变质相系	重要
	变质建造厚度	较厚	重要
	岩石组合	含碳十字石榴绢云片岩	重要
	岩石结构	微粒粒状变晶、细粒粒状变晶、鳞片变晶结构	次要
	岩石构造	片状构造、千枚状构造、条带构造等	次要
	变质作用	区域动力热流变质	重要
	变质时代	古元古代	重要
成矿构造		同斜复式褶皱加断裂构造组合的韧性剪切褶皱带	必要
成矿环境		成矿物质来自铜凹组地层和后期基性岩浆活动,具内生和外生来源双重特点;成矿热液由变质水、岩浆水和大气降水组成混合热液流体,流体富含 Na、Cl、CO_2 及有机物,成矿温度 155～308℃	必要
矿体特征	形态产状	形态主要为似层状、扁豆状、透镜状,产状与围岩基本一致	重要
	规模	单矿体较小,多呈矿群出现	重要
	矿石结构	粒状结晶结构、交代残余结构等	次要
	矿石构造	浸染状构造、细脉浸染状构造、脉状构造、团块状构造等	次要
	蚀变	主要为绢云母化、黑云母化、硅化等	重要

续表 3-3-9

预测要素		描述内容	要素分类
矿体特征	岩石矿物组合	黄铜矿、黄铁矿、磁黄铁矿为主,次为斑铜矿、辉铜矿、硫镍钴矿、辉钼矿,次生矿物为蓝铜矿、孔雀石、褐铁矿等。脉石矿物为绢云母、石英、黑云母、长石、石榴子石、十字石、角闪石、方解石等	必要
	成矿期次	中低温热液为主,具多期、多源、多阶段的特点	重要
	风化氧化	含铜的硫化物出露地表及其附近,形成孔雀石、蓝铜矿、铜蓝等	次要
物探特征	航磁	矿床分布在负弱异常区域,航磁推断岩体与矿床关系密切	次要
	重力	矿床分布在密集的梯度带上	次要
化探特征	1:20万铜重砂异常	矿床分布在Ⅰ级重砂异常范围内及附近	必要
	1:5万铜异常	矿床分布异常范围内及附近	重要
	1:5万组合异常	组合为 Cu、Zn、As、V、Ba 等,外带为 Zn、As、V、Co 等	重要

(2)落家河预测工作区。

地层以元古界为主,古元古界包括绛县群、中条群及与中条群同时形成的宋家山群;中元古界主要为长城系,划分为下统熊耳群、上统汝阳群。下古生界寒武系—奥陶系主要出露于预测区的东部。铜矿床主要赋存在宋家山群中。

中元古界长城系熊耳群可分为大古石组、许山组和马家河组,为一套滨海相的火山-沉积建造,主体岩性为中性—偏基性火山喷发熔岩,间夹少量酸性火山岩和火山沉积碎屑岩。汝阳群为一套河口沉积环境下形成的粗碎屑岩组合,厚度变化于5~489.17m。

寒武系—奥陶系为一套稳定的陆表海碎屑岩-碳酸盐岩建造。

侵入岩较发育,其时代为新太古代、中元古代及中生代。其中新太古代为区内最老的侵入岩,有西姚片麻岩和横岭关片麻岩,其原岩为二长花岗岩类,受后期变质变形的改造成为角闪黑云二长片麻岩;古元古代主要为变质辉长岩和变质辉绿岩;中元古代主要为辉绿岩墙(脉)群;中生代燕山期岩浆岩以碱性、偏碱性侵入岩为主,主要分布于预测区南部铜矿峪一带,岩性主要分为闪长斑岩类、二长岩类。

区内以断裂构造为主,褶皱不发育。落家河预测工作区预测要素一览见表 3-3-10。

表 3-3-10 山西省胡篦式沉积变质型铜矿落家河预测工作区预测要素一览表

预测要素		描述内容	要素分类
成矿时代		元古宙	必要
大地构造位置		小秦岭-中条古元古代陆缘岛弧带中条山古元古代岛弧带	次要
变质建造/变质作用	岩石地层单位	绛县群宋家山亚群大梨沟组、绛道沟组	必要
	地层时代	元古宙	重要
	变质相带	低绿片岩相	重要
	变质相系	高温中压变质相系	重要
	变质建造厚度	较厚	重要
	岩石组合	石英岩、浅粒岩、绢云片岩、白云石大理岩及变基性火山岩和磁铁石英岩	重要

续表 3-3-10

预测要素		描述内容	要素分类
变质建造/变质作用	岩石结构	微粒—细粒粒状变晶结构、鳞片变晶结构	次要
	岩石构造	片状构造、千枚状构造、条带构造、块状构造	次要
	变质作用	区域动力热流变质	重要
	变质时代	古元古代	重要
成矿构造		褶皱加断裂构造组合的韧性剪切褶皱带	必要
成矿环境		矿体赋存在韧性剪切带中。铜质主要来源于地幔,少部分与上地壳有关,含矿建造主要为基性火山岩,主要容矿岩石为石墨绿泥片岩、石墨片岩、绢云石墨片岩、变砾岩、变长石砂岩和绢云长石石英片岩等。中条期奥长花岗岩及其相伴脉岩的侵入,并沿韧性剪切带穿插于矿带中,促使矿源层的矿质活化、迁移、加富	必要
矿体特征	形态产状	形态主要为似层状、扁豆状、透镜状,与围岩基本一致	重要
	规模	单矿体较小,多呈矿群出现	重要
	矿石结构	自形—半自形晶结构、它形结构、交代网状结构、片状变晶结构等	重要
	矿石构造	稀疏浸染状构造、细脉状构造、条带状构造、团块状构造、薄片(膜)状构造、片状构造等	重要
	蚀变	主要为石墨化、绿泥石化、黑云母化、黄铁矿化、硅化、绢云母化等	重要
	岩石矿物组合	黄铜矿、黄铁矿为主,次为闪锌矿、斑铜矿、磁铁矿、赤铁矿,并发育有少量钛铁矿、含铜磁黄铁矿、硫铜钴矿、辉砷钴矿、硫镍钴矿、金红石等。脉石矿物为绿泥石、石英、方解石、绢云母、钠长石、黑云母、绿帘石、石墨、电气石等	重要
	成矿期次	中低温热液为主,具多期、多源、多阶段的特点	重要
	风化氧化	含铜的硫化物出露地表及其附近,形成孔雀石、蓝铜矿、铜蓝等	次要
物探特征	航磁	异常高值区,利用磁性差异寻找安山岩覆盖下的矿源层	重要
化探特征	1:5万铜异常	矿床分布异常范围内及附近	必要
	1:20万铜重砂异常	异常与矿床分布无关系	次要
	1:5万组合异常	地表原生晕 Cu、As、Ag 复合异常,矿体上盘为 Cu、As、Au、Co 复合异常,矿体为 Cu、Ag、Co、As、Mo 复合异常,下盘为 Co、Zn、Pb 复合异常。一般 $(Au\times 10^4)/Cu>20$、$(As\times 10^4)/Cu>70$ 时,矿体可向下延伸,小于 3 时矿体尖灭	重要

(3)胡家峪预测工作区。

地质情况相对比较复杂,地层以元古宇为主,包括绛县群、中条群和担山石群;中元古界主要为长城系,划分为下统熊耳群、上统汝阳群。下古生界寒武系—奥陶系主要出露于预测区的南东部。篦子沟铜矿主要赋存在中条群中部篦子沟组中。

古元古界包括绛县群和中条群。中条群自下而上为界牌梁组、龙峪组、余元下组、篦子沟组、余家山组、温峪组、武家坪组及陈家山组,其下与绛县群为不整合接触,是一套中浅变质岩系,原岩为砂质、泥砂质及碳酸盐岩沉积,岩性岩相变化较大,厚度不等,最厚约 7000 余米。中元古界长城系是早前寒武纪褶皱基底之上的第一套基本未经变质的基性—中性—酸性火山喷发流和具沉积盖层性质的河流-滨海相陆源碎屑岩沉积。熊耳群自下而上可分为大古石组、许山组和马家河组,为一套滨海相的火山-沉积建造,主体岩性为中性—偏基性火山喷发熔岩,间夹少量酸性火山岩和火山沉积碎屑岩。汝阳群云梦山组,为一套河口沉积环境下形成的粗碎屑岩组合,厚度变化于 5~489.17m。

预测区侵入岩较发育,其时代为新太古代、中元古代。其中新太古代为区内最老的侵入岩;古元古代主要为变质辉长岩和变质辉绿岩,呈岩床、岩株、岩脉状;中元古代主要为辉绿岩墙(脉)群。

区内以断裂构造为主,褶皱不发育。其中断裂构造在预测区的北东部最为发育,总体上以发育 NE—NS 向断裂为主,被后期 NW 向断层截切。胡家峪预测工作区预测要素一览见表 3-3-11。

表 3-3-11　山西省胡篦式沉积变质型铜矿胡家峪预测工作区预测要素一览表

预测要素		描述内容	要素分类
成矿时代		元古宙	必要
大地构造位置		小秦岭-中条古元古代陆缘岛弧带中条山古元古代岛弧带	次要
沉积建造/沉积作用	岩石地层单位	中条群篦子沟组、余元下组	必要
	地层时代	元古宙	重要
	岩石类型	泥质岩、碳酸盐岩、基性火山岩	必要
	沉积建造厚度	厚到巨厚	重要
	岩石组合	碳质片岩、白云石大理岩、石榴绢云片岩、金云母、石英、白云石、大理岩、石英钠长岩	重要
	岩石结构	微粒—细粒粒状变晶结构、鳞片变晶结构	次要
	岩石构造	层状构造、似层状构造、块状构造、条带状构造等	次要
	沉积建造类型	泥质岩-碳酸盐岩-基性火山岩	必要
变质建造/变质作用	岩石地层单位	中条群篦子沟组、余元下组	必要
	地层时代	元古宙	重要
	变质相带	低角闪岩相—低绿片岩相	重要
	变质相系	高温中压变质相系	重要
	变质建造厚度	较厚	重要
	岩石组合	碳质片岩、石榴绢云片岩、不纯大理岩等	重要
	岩石结构	微粒—细粒粒状变晶结构、鳞片变晶结构	次要
	岩石构造	块状构造、片状构造、角砾状构造	次要
	变质作用	区域动力热流变质	重要
	变质时代	古元古代	重要
成矿构造		褶皱轴部、褶皱转折端,逆(掩)冲断层,剥离断层	必要
成矿环境		矿床赋存于古元古代大陆边缘裂谷带内,中条期裂谷伸张收缩形成构造格架,西阳河期潜岩浆活动使热水上涌,与下渗热水形成循环系统,在封闭的潟湖环境下成矿	必要
矿体特征	形态产状	形态主要为层状、似层状、透镜状等,产状受构造控制	重要
	规模	单矿体较小,多呈矿群出现	重要
	矿石结构	结晶结构、乳浊状结构、交代残余结构、充填结构等	重要

续表 3-3-11

预测要素		描述内容	要素分类
矿体特征	矿石构造	浸染状构造、细脉浸染状构造、团块状构造、角砾状构造等	重要
	岩石矿物组合	黄铜矿、黄铁矿、磁黄铁矿为主，次为斑铜矿、辉铜矿、硫钴矿、钴镍黄铁矿和金。脉石矿物为石英、白云石、金(黑)云母、钠长石、电气石等	重要
	蚀变	主要为黑云母化、硅化、碳酸盐化、钠化、阳起石化、绿泥石化等	重要
	风化氧化	含铜的硫化物出露地表及其附近，形成孔雀石、蓝铜矿、铜蓝等	次要
物探特征	航磁	含矿层分布在区域负异常区，与成矿密切相关的变基性岩呈正异常	次要
化探特征	1∶5万铜异常	矿床分布在异常内及附近	必要
	1∶20万铜重砂异常	矿床分布在异常内及附近	次要
	1∶5万组合异常	Cu、Au、Co为原生晕组合，Ba、Ag、Zn为前缘晕组合，Cu、Co、Au在剖面上构成"驼峰式"异常	重要

2. 磁测特征

横岭关预测工作区：该铜矿预测工作区属中条山北段，铜矿峪预测工作区西偏南侧(紧邻)，构造发育，推断断裂构造16条，预测区北西侧为推断的中酸性侵入岩分布区。说明该区铜成矿地质条件也是有利的。

落家河预测工作区：该预测工作区处在大面积的火山岩(安山岩)分布区，区内分布有落家河典型铜矿床(中型)。本区据航磁资料据推断断裂构造40条，断裂构造极发育。

胡家峪预测工作区：该区处于中条山中段，测区北西侧出露地层为中太古界涑水群，这里的涑水群对应磁场值没有中条山西南段预测工作区涑水群对应磁均值高，根据有关资料，本区涑水群上，磁场变低的原因是与混合岩化有关，混合岩化使原岩基性成分降低，致使其磁性减弱。南东侧为大面积的火山岩分布区(安山岩)，区内断裂构造发育，根据磁测资料，推断构造26条，区内未发现有火成岩侵入体，可见该项测区对沉积变质型铜矿还是具有较好的地质环境。

3. 重力特征

1) 横岭关预测工作区

(1) 剩余异常求取与应用。

从10km×10km剩余重力图上看出，矿体位于零值线附近，即重力高与重力低的梯度带附近。在平头岭石英岩的裂陷槽附近或其中。成矿环境有利。

从该工作区剩余重力图上可见，剩余重力异常负值区常是基底的花岗质岩类为主的地层，在负异常南侧重力梯度带上或附近会产生此类矿床。矿床南侧重力高带是铜矿峪矿带，北部较远的重力高带常是中条断隆基底的反映，推断基底重力高是由变基性岩体引起。

(2) 预测工作区地质构造解释推断。

在剩余重力图上根据重力高与重力低的梯度带划出断层20条之多。1号断裂北部是新裂陷盆地南缘，2、5号断裂是中条山老地层的南缘分界线，9、10、12号断裂是横岭关亚群建造的大断裂。11、13、14、15、16、17、18、19、20是垣曲盆地内的安山岩分布区的断裂系统，垣曲县城以东和以南的剩余重力高，主要反映了安山岩分布及其安山岩喷发的火山口的分布地点。

2)落家河预测工作区

(1)剩余异常求取与应用。

从剩余异常图可推断,重力高与重力低的梯度带上有矿可能性大,已知的小型矿都在重力梯度带上。

(2)预测工作区地质构造解释推断。

在10km×10km剩余异常图上,根据重力高与重力低异常分界线勾画出27条特征断裂线,对本区的构造格架恢复具有一定作用,对寻找该类型铜矿有构造意义。

褶皱加断裂构造组合的韧性剪切褶皱带是主要赋矿部位,即NE向的构造带和近EW向构造带。安山岩呈NE向分布,火山口的分布也是NE向的。从航磁ΔT异常图上,本区的局部磁异常是由安山岩引起。环状磁异常的正极值处推断是安山岩火山口,安山岩厚度大,负磁场区一般厚度小,盆地除外。

3)胡家峪预测工作区

(1)剩余异常求取与应用。

该类铜矿体与中条群篦子沟组和余元下组地层及其接触部位关系密切。从10km×10km滑动窗口求取的重力剩余异常等值线图上看中小型矿的分布,可知有的处在重力高带上,而绝大部分处在零值线的梯度带上。在该工作区内,有3个重力高值区,北部是铜矿峪铜矿带上的重力高带,在工作区内是地表篦子沟组地层但下部应是铜矿峪组地层。工作区中部重力高带落在余家山组白云石大理岩上,由白云石大理岩引起。工作区南部重力高带,推断由深部变基性岩体和基性岩脉综合引起。另外从航磁图上来看,工作区北部近一半是负场区,说明新太古界地层厚度非常大。

今后应重点在工作区内零值线分布的梯度带附近找铜矿。

(2)预测工作区地质构造解释推断。

在剩余重力异常图上,根据正负分界线划分断裂,本预测工作区共划分了10条断裂。其中,落在预测范围线内的有6条。3、4、5、6、7号是不整合面剥离断层或深大断裂,它们控制着中条群各时代的沉积建造或是矿液溢出口。2号是中条山山前大断裂。

4. 化探特征

(1)横岭关预测工作区。

出露地层为绛县群横岭关亚群平头岭组、铜凹组;矿体严格受层位及岩性控制,与斜长角闪岩体关系密切。矿体赋存于铜凹组的不同岩性段中,构成下、中、上3个含矿层位。现已探明储量的有胆矾沟、凉水泉、横岭关、山神庙、庙圪瘩等中小型铜矿床。异常特征如下。

$Cu_{15-①}$位于庙圪塔,面积$0.14km^2$,异常点数1个,平均强度$380×10^{-6}$,资源总量7.21万t;$Cu_{15-②}$位于小沟南,面积$0.19km^2$,异常点数1个,平均强度$370×10^{-6}$,资源总量9.74万t;$Cu_{15-③}$位于井沟南,面积$0.18km^2$,异常点数1个,平均强度$490×10^{-6}$,资源总量11.89万t;$Cu_{15-④}$位于八宝滩西南,面积$0.59km^2$,异常点数2个,最高强度$530×10^{-6}$,平均强度$475×10^{-6}$,离差$77.78×10^{-6}$,资源总量37.75万t;$Cu_{15-⑥}$位于寨坡凹-狮子铺一带,面积$14.99km^2$,异常点数52个,最高强度$1500×10^{-6}$,平均强度$502.04×10^{-6}$,离差$322.77×10^{-6}$,资源总量1 015.88万t。

Au_{41}异常形态不规则,面积$16.36km^2$,异常点数62个,最高强度$16×10^{-9}$,平均强度$4.15×10^{-9}$,异常衬度4.93,面金属量54.12,资源总量91.64t,NAP值为80.65,金异常评序排列第二位。具三级浓度分带,三级浓集中心有5个,其中该异常带内只有2个,$Au_{41-③}$位于多子沟西,面积$0.23km^2$,异常点数2个,最高强度$7.4×10^{-9}$,平均强度$7.1×10^{-9}$,资源总量2.75t;$Au_{41-④}$位于寨坡凹南,面积$0.24km^2$,异常点数2个,最高强度$9.4×10^{-9}$,平均强度$8.4×10^{-9}$,资源总量2.75t。

根据以上Cu、Au三级浓集中心异常特征及相关元素组合,结合地质矿产特征,基本确定Cu、Au异常均为矿致异常。寨坡凹-狮子铺Cu、Au浓集中心面积大,强度高,元素异常套合好,且测区未封闭。

(2)落家河预测工作区。

主要出露宋家山群地层及宋家山期、绛县期、涑水期岩体,已知的有落家河、篱笆沟、虎坪等中小型矿床。主要矿致异常特征如下。

Cu-1 位于槐树庄,面积 $5.65km^2$,异常点数 23 个,平均强度 $85.43×10^{-6}$,最大值 $245×10^{-6}$,具三级浓度分带,资源总量 65.17 万 t。异常组合为 Cu、Ag、Au、Co、Ni、Mo、Zn。

Cu-2 位于杜家沟-篱笆沟,面积 $2.89km^2$,异常点数 10 个,平均强度 $13.8×10^{-6}$,最大值 $420×10^{-6}$,具三级浓度分带,资源总量 54.21 万 t。异常组合为 Cu、Ag、Au、Co、Ni。

Cu-10 位于旋风沟一带,面积 $22.03km^2$,异常点数 73 个,平均强度 $115.55×10^{-6}$,最大值 $420×10^{-6}$,具三级浓度分带,资源总量 343.63 万 t。异常组合为 Cu、Ag、Au、Co、Ni、Pb、Zn。

Cu-12 位于三里腰,面积 $1.65km^2$,异常点数 4 个,平均强度 $186.58×10^{-6}$,最大值 $430×10^{-6}$,具三级浓度分带,资源总量 41.44 万 t。异常组合为 Cu、Ag、Ni、Zn。

Cu-14 位于落家河,面积 $2.10km^2$,异常点数 8 个,平均强度 $109.54×10^{-6}$,最大值 $355.5×10^{-6}$,具三级浓度分带,资源总量 31.05 万 t。异常组合为 Cu、Co、Au、Zn。

(3)胡家峪预测工作区。

出露地层主要为中条群龙峪组、余元下组、篦子沟组、余家山组,局部有绛县群铜矿峪亚群西井沟组、竖井沟组。矿产主要分布于篦子沟、胡家峪、老宝滩、店头、马蹄沟、毕家沟、东峪沟、小东沟等地。异常特征如下。

Cu_7 异常分布在闫家池-刘庄冶-小别沟一带,形态不规则,面积 $28.46km^2$,异常点数 106 个,最大强度 $1500×10^{-6}$,平均强度 $185.68×10^{-6}$,异常衬度 6.42,面金属量 4 461.05,资源总量 713.41 万 t,NAP 值 182.71,异常评序列第二位。具三级浓度分带,三级浓集中心 10 个。

Au_4 异常形态不规则,面积 $24.64km^2$,异常点数 96 个,最大强度 $79×10^{-9}$,平均强度 $8.26×10^{-9}$,异常衬度 5.62,面金属量 167.31,资源总量 274.65t,NAP 值 138.48,异常评序列第一位。具三级浓度分带,三级浓集中心 9 个。

Au_{18} 异常形态不规则,面积 $7.58km^2$,异常点数 27 个,最大强度 $80×10^{-9}$,平均强度 $11.96×10^{-9}$,异常衬度 8.14,面金属量 79.51,资源总量 122.38t,NAP 值 61.70,异常评序列第五位。具三级浓度分带,三级浓集中心 2 个。

Cu_{32} 异常分布在桐木沟—胡家峪—下太坪一带,形态不规则,面积 $34.39km^2$,异常点数 121 个,最大强度 $1810×10^{-6}$,平均强度 $171.02×10^{-6}$,异常衬度 5.91,面金属量 4 886.41,资源总量 793.90 万 t,NAP 值 203.24,异常评序列第一位。具三级浓度分带,三级浓集中心有 7 个。

Au_{30} 异常形态不规则,面积 $11.51km^2$,异常点数 36 个,最大强度 $12×10^{-9}$,平均强度 $5.39×10^{-9}$,异常衬度 3.67,面金属量 45.12,资源总量 83.71t,NAP 值 42.24,异常评序列第六位。具三级浓度分带,在马蹄沟有一个小的浓集中心。胡家峪矿产地在异常边部。

Au_{31} 异常形态不规则,面积 $7.40km^2$,异常点数 27 个,最大强度 $42×10^{-9}$,平均强度 $6.26×10^{-9}$,衬度 4.26,面金属量 35.45,资源总量 62.54t,NAP 值 31.52,异常评序列第九位。具三级浓度分带,三级浓集中心 2 个。

Au_{36} 异常形态不规则,面积 $2.92km^2$,最大强度 $53.5×10^{-9}$,平均强度 $12.47×10^{-9}$,离差 $14.94×10^{-9}$,衬度 8.48,面金属量 32.12,资源总量 49.17t,NAP 值 24.76,异常评序列第十位。具三级浓度分带,三级浓集中心 2 个。

Au_{39} 异常形态不规则,面积 $9.59km^2$,异常点数 33 个,最大强度 $15×10^{-9}$,平均强度 $5.53×10^{-9}$,衬度 3.76,面金属量 38.94,资源总量 71.58t,NAP 值 36.06,异常评序列第八位。具三级浓度分带,三级浓集中心 4 个。

根据以上 Cu、Au 三级浓集中心异常特征及相关元素组合,结合地质矿产特征,基本可以确定 Cu、Au 异常均为矿致异常。

5. 遥感特征

横岭关预测工作区:解译出线要素 47 条,44 条为断裂构造,3 条为脆韧性变形构造带。解译环形构造 7 个,古生代花岗岩类引起的环形构造 3 个,与隐伏岩体有关的环形构造 1 个,成因不明的环形构造 2 个;中型规模环为 3 个,小型规模环为 3 个;预测工作区内共圈定出 3 个最小预测区,东北部预测区与地物化最小预测区一致。

落家河预测工作区:图幅内共解译出线要素 61 条,全部为断裂构造。本预测工作区共解译环形构造 12 个,断裂构造圈闭的环形构造 1 个,成因不明的环形构造 11 个;大型规模环为 1 个,中型规模环为 9 个,小型规模环为 2 个;预测工作区内共圈定出 2 个最小预测区,与地物化最小预测区一致。

胡家峪预测工作区:图幅内共解译出线要素 72 条,67 条为断裂构造,5 条为脆韧性变形构造带。本预测区共解译环形构造 22 个,古生代花岗岩类引起的环形构造 5 个,褶皱引起的环形构造 1 个,成因不明的环形构造 16 个;预测区内解译出 7 处带要素,影像上色调表现为黄色—绿色,沿前期剥离断层分布;预测工作区内共圈定出 1 个最小预测区,与地物化最小预测区一致。

3.3.2.2 复合内生型铜矿

1. 预测区地质构造专题底图及特征

1)地质构造专题底图编制

该图编制总体工作过程为在侯马市幅 1∶25 万建造构造图的基础上,补充 1∶5 万区调资料以及有关科研专题研究资料,细化含矿岩石建造与构造内容,按预测工作区范围编制地质构造专题底图。其整个工作过程可细化为如下几步。

第一步:确定编图范围与"目的层"。

编图范围是由铜矿预测组在地质背景组提供的 1∶25 万侯马市幅建造构造图的基础上根据成矿特征,以地质背景研究为基础,结合物探、化探、遥感研究成果确定的;"目的层"为中太古界柴家窑岩组。

第二步:整理地质图,形成地质构造专题底图的过渡图件。

第三步:编制建造构造图初步图件。

第四步:补充物探、化探、遥感地质构造推断的成果,形成最终图件。

第五步:图面整饰、属性录入建库,编写说明书。

2)地质背景特征

该编图范围内地质情况相对比较复杂,中太古界是区内最古老的表壳岩单位,命名为柴家窑岩组。该套岩性组合呈规模不等的包体、构造片体分布,形态呈长条状、层状等,其长轴平行区域片麻理。这些包裹体或构造片体小者仅 1m×2m,大者宽数十米、长上百米。岩性为黑云变粒岩、细粒黑云斜长片麻岩夹少量角闪变粒岩及斜长角闪岩。

黑云变粒岩、细粒黑云斜长片麻岩及角闪变粒岩、云母石英片岩、石英岩、长石石英岩为(鳞片)粒状变晶结构,云母石英片岩具弱片状构造,片麻岩具片麻状构造,片麻岩及变粒岩、石英岩、长石石英岩均具条带状、条纹状构造,斜长角闪岩具条纹状、片状构造,粒度较细。

变粒岩、片麻岩原岩为沉积碎屑岩、泥质岩,少数为中酸性火山岩;云母石英片岩、石英岩、长石石英岩原岩为沉积碎屑岩,斜长角闪岩原岩为基性火山岩,少数为泥灰岩。

斜长角闪岩为变基性岩型铜矿床含矿层位。

预测区侵入岩较发育,其时代为新太古代、中元古代。

预测区内以断裂构造为主,褶皱不发育。其中断裂构造在预测区的北东部最为发育,总体上以发育

NE-EW 向断裂为主,被后期 NW 向断层截切。

2. 磁测特征

中条山西南段预测工作区位于中条山西南段,出露地层主要为中太古界涑水群,古元古界中条群,中元古界长城系,新元古界震旦系,古生界寒武系、奥陶系以及新生界第三系(古近系+新近系)、第四系均有分布,涑水群岩中的斜长角闪岩与铜、铁矿化关系最为密切。

区内断裂构造发育,根据磁测资料共推断断裂构造 7 条,以中条山山前断裂为主,该断裂总体呈 NE 向展布于中条山山前,延伸数十千米,由多条性质不同、产状各异的断裂交叉、复合组成,体现了多期活动的特征,还有中条山山脊断裂构造带,分布于分水岭的南侧,主要呈 NEE 向展布,中条山山前与山脊断裂构造控制了岩浆岩(坊岩体和相家窑岩体等)和矿产的分布;此外,区内 NW 向、NE 向、近 SN 向次级断裂构造也很发育,是本区目前发现的主要成矿构造。如王窑头、花豹沟、八一等铜矿都与 NW 向构造叠加区成矿有关。还有近几年所发现的桃花洞铜矿、黄狼沟铜矿等,均与涑水群有关,因此在该预测区涑水杂岩中找铜前景十分可观。该区具有很好的铜矿及其他矿种生成的地质环境。

3. 重力特征

(1)中条山西南段预测工作区剩余异常求取与应用。

从 10km×10km 滑动窗口求取的剩余异常重力图上看,该预测工作区也是处在重力高的梯度带上及其重力高值带上。主要大断裂为矿体通道,小的节理断层是储矿部位。3 个矿床均在梯度带上。

(2)中条山西南段预测工作区地质构造解释推断。

根据剩余重力异常图勾画出断层 22 条。工作区内主要断裂有 6、7、13、16、22 号等,它们为工作区内构造格架。

从工作区的 ΔT 航磁异常图上可看出,正异常区多反映的是中太古界涑水群结晶磁性基底地层,局部正异常多是西洋河群安山岩地层的反映。负磁场区反映新太古代地层。

4. 化探特征

中条山西南段预测区出露涑水期黑云母片岩、角闪黑云母片岩、片麻状二长花岗岩和二长花岗岩等,本类矿床的成矿与涑水期黑云母片岩、角闪黑云母片岩发育的片理,或片麻状二长花岗岩的构造裂隙,及其贯入期间的石英-方解石细脉具有不可分割的关系,矿化主要发生于石英-方解石脉内和脉旁围岩中。区内主要异常特征如下。

Cu-1 位于杨家窑一带,面积 7.37km²,异常点数 2 个,平均强度 $15.56×10^{-6}$,最大值 $24.89×10^{-6}$,具三级浓度分带。异常组合为 Au-1、Zn-1。

Cu-2 位于马家桥一带,面积 25.57km²,异常点数 5 个,平均强度 $12.21×10^{-6}$,最大值 $25.94×10^{-6}$,具三级浓度分带。异常组合为 Ag-1、Au-2、Pb-1。

Cu-3 位于黄狼沟至桃花洞一带,面积 47.36km²,异常点数 11 个,平均强度 $7.68×10^{-6}$,最大值 $11.50×10^{-6}$,具三级浓度分带。异常组合为 Ag-1、Au-3。

Au-1,面积 8.73km²,异常点数 1 个,平均强度 $14×10^{-9}$,最大值 $40×10^{-9}$,具三级浓度分带。

Au-2,面积 18.14km²,异常点数 5 个,平均强度 $2.96×10^{-9}$,最大值 $3.70×10^{-9}$,具二级浓度分带。

Au-3,面积 25.53km²,异常点数 5 个,平均强度 $3.54×10^{-9}$,最大值 $5.89×10^{-9}$,具三级浓度分带。

Ag-1,面积 74.55km²,异常点数 15 个,平均强度 $272×10^{-9}$,最大值 $1400×10^{-9}$,具三级浓度分带。

Pb-1,面积 11.11km²,异常点数 3 个,平均强度 $44.18×10^{-6}$,最大值 $60.25×10^{-6}$,具三级浓度分带。

Zn-1,面积 14.98km²,异常点数 4 个,平均强度 86.84×10⁻⁶,最大值 106.02×10⁻⁶,具三级浓度分带。

5. 遥感特征

中条山西南段预测工作区图幅内共解译出线要素 116 条,112 条为断裂构造,4 条为脆韧性变形构造带;共解译环形构造 6 个,中生代花岗岩类引起的环形构造 2 个,成因不明的环形构造 4 个。具体见表 3-3-12。

表 3-3-12 山西省与变基性岩有关的铜矿中条山西南段预测工作预测要素一览表

预测要素		描述内容	要素分类
成矿时代		元古宙(1835Ma)	必要
大地构造位置		小秦岭-中条古元古代陆缘岛弧带中条山古元古代岛弧带	次要
岩石特征	岩石地层单位	涑水群	必要
	地层时代	太古宙	必要
	岩石类型	黑云母片岩、角闪黑云母片岩、片麻状二长花岗岩	必要
	岩石结构	粒状变晶结构、鳞片变晶结构、中粗粒花岗变晶结构等	次要
	岩石构造	块状构造、片状构造、片麻状构造	次要
变质建造/变质作用	岩石地层单位	涑水群	必要
	地层时代	太古宙	必要
	岩石类型	角闪岩相变质岩	重要
	变质作用	区域动力热变质	重要
	变质时代	新太古代	重要
成矿地质作用	成矿时代	元古宙(1835Ma)	必要
	成矿环境	变质热液为主,容矿岩石为涑水期黑云母片岩、角闪黑云母片岩和片麻状二长花岗岩	重要
	成矿作用	变质热液	必要
	控矿构造	褶皱加断裂构造组合的韧性剪切褶皱带	必要
矿床特征	形态产状	形态主要为透镜状、似层状、扁豆状,产状与围岩一致	重要
	规模	单矿体较小,多呈矿群出现	重要
	矿石结构	主要为晶粒变晶结构,它形晶粒变晶结构	重要
	矿石构造	浸染状构造、细脉浸染状构造、条带状构造、斑点状构造等	重要
	岩石矿物组合	主要为黄铜矿、黄铁矿等,次为辉铜矿、斑铜矿、铜蓝。脉石矿物为石英、黑云母、方解石等	重要
	容矿岩石	黑云母片岩、角闪黑云母片岩和片麻状二长花岗岩	重要
	蚀变	主要为硅化、碳酸盐化、黑云母化等	重要
	控矿条件	片理、裂隙及其贯入期间的石英-方解石脉	必要
	风化氧化	含铜的硫化物出露地表及其附近,形成孔雀石、铜蓝等	次要

续表 3-3-12

预测要素		描述内容	要素分类
物探特征	航磁	含矿层分布在正异常区域,与成矿关系密切的石英-方解石呈负异常	次要
化探特征	1:20万铜异常	矿床分布在异常内及附近	必要
	1:20万铜重砂异常	矿床分布在异常内及附近	重要
	1:20万组合异常	异常组合为 Cu、Au、Ag、Pb、Zn	次要

3.3.2.3 侵入岩体型铜矿

1. 预测区地质构造专题底图及特征

1) 地质构造专题底图编制

该图编制总体工作过程为在 1:25 万建造构造图的基础上,补充 1:5 万区调资料以及有关科研专题研究资料,细化含矿岩石建造与构造内容,按预测工作区范围编制地质构造专题底图。整个工作过程可细化为如下几步。

第一步:确定编图范围与"目的层"。

第二步:整理地质图,形成地质构造专题底图的过渡图件。

第三步:编制建造构造图初步图件。

第四步:补充物探、化探、遥感地质构造推断的成果,形成最终图件。

第五步:图面整饰、属性录入建库,编写说明书。

2) 地质背景特征

(1) 铜矿峪预测工作区。

该预测工作区地质情况相对比较复杂,地层以元古宇为主,古元古界包括绛县群、中条群和担山石群;中元古界主要为长城系,划分为下长城统熊耳群、上长城统汝阳群。下古生界寒武系—奥陶系主要出露于预测区的北部。

古元古界包括绛县群和中条群。绛县群划分为两个亚群,下部为横岭关亚群,上部为铜矿峪亚群,二者以剥离断层接触。其中横岭关亚群又可划分成两个岩性组:下部平头岭组,上部铜凹组;铜矿峪亚群则划分成 5 个岩性组,自下而上为后山村组、圆头山组、竖井沟组、西井沟组、骆驼峰组,总体为一套经历了中低级变质作用的复理石式碎屑岩-泥质岩和火山沉积建造,其中著名的铜矿峪型铜矿床主要赋存在骆驼峰组。中条群自下而上为界牌梁组、龙峪组、余元下组、篦子沟组和余家山组,其下与绛县群不整合接触,为一套中浅变质岩系,原岩为砂质、泥砂质及碳酸盐岩沉积,岩性岩相变化较大,厚度不等,最厚 7000 余米,构成中条山脉主体岩石。担山石群分布于测区南中部中条群、绛县群之南东侧,出露周家沟组和西峰山组,为一套轻微变质的碎屑岩沉积,属磨拉石建造。

中元古界长城系是前寒武纪褶皱基底之上的第一套基本未经变质的基性—中性—酸性火山喷发流和具沉积盖层性质的河流—滨海相陆源碎屑岩沉积。

寒武系—奥陶系为一套稳定的陆表海碎屑岩-碳酸盐岩建造,主要出露馒头组、张夏组和三山子组。

预测区侵入岩较发育,其时代为新太古代、中元古代及中生代。其中新太古代为区内最老的侵入时代,古元古代主要为变质辉长岩和变质辉绿岩,中元古代主要为辉绿岩墙(脉)群。中生代燕山期岩浆岩以碱性、偏碱性侵入岩为主。

(2)灵丘刁泉预测工作区。

预测工作区大地构造位置位于燕辽-太行岩浆弧(Ⅲ级)燕山-太行山北段陆缘火山岩浆弧(Ⅳ级)。

地质情况相对比较简单,从老到新分布的地层有:中元古界、新元古界、下古生界、中生界、新生界等,中元古界区仅出露有长城系高于庄组(四段)、蓟县系杨庄组、雾迷山组,其主体岩性为含燧石结核白云岩夹碎屑岩;新元古界青白口系望狐组、云彩岭组,呈平行不整合发育在长城系高于庄组、蓟县系雾迷山组之上,主体为滨岸冲积扇相和前滨、临滨亚相的陆源碎屑岩沉积建造;下古生界在预测区内主体为一套陆源碎屑岩-碳酸盐岩建造,主要岩石地层单位有寒武系馒头组、张夏组、崮山组和寒武系—奥陶系炒米店组及奥陶系冶里组、三山子组、马家沟组;中生界出露地层为侏罗系上统土城子组、白垩系下统张家口组,受后期风化剥蚀,保存面积较小。另外在较大河谷中及其两侧发育有新生界第四系松散堆积物。

侵入岩较发育,其时代为中生代。与铜矿关系最密切的为花岗斑岩、花岗闪长斑岩及石英斑岩,岩体规模一般较小,呈小岩株、岩枝状,亦可呈岩床、岩墙状,并常有岩浆隐爆形成的爆破角砾岩体发育于杂岩体内或近旁,为赋矿的有利部位为之一。

区内构造相对比较简单,以断裂构造为主,褶皱不发育。其中以 NE-SW 向挤压构造和 NW-SE 向张性断裂为主。

(3)塔儿山预测工作区。

该预测工作内地质情况相对比较简单,新生界大面积分布,基岩出露少,地层从老到新依次为:寒武系、奥陶系、石炭系、二叠系、三叠系,其中以奥陶系为主,因接触交代型铜矿主要与奥陶系马家沟组灰岩有关,所以除奥陶系外其余地层大多以系为单位合并、简化。马家沟组上覆地层为太原组湖田段,岩性为褐黄色—褐红色含铁质结核黏土岩、黏土岩。

区内侵入岩较发育,其时代为新太古代、中元古代及中生代。其中新太古代为区内最老的侵入时代,其原岩为二长花岗岩类,受后期变质变形的改造成为角闪黑云二长片麻岩;中元古代主要为辉绿岩墙(脉)群;中生代是区内分布最广、与铁矿关系最密切的侵入岩,主要分布于塔儿山—二峰山一带,其余地段仅零星出露,其岩性较复杂,主要分为闪长岩类、二长岩类和正长岩类。

预测区位于山西断隆腹地塔儿山穹断内,区内以断裂构造为主,褶皱不发育。其中断裂构造在预测区的北东部最为发育,总体上以发育 NE—NS 向断裂为主。另外在预测区南部断裂构造也较发育,以 NE 向、NW 向断裂为主。因区内主要为新生界,褶皱构造不明显。

(4)繁峙后峪预测工作区。

大地构造位置位于燕辽-太行岩浆弧(Ⅲ级)五台-赞皇(太行山中段)陆缘岩浆弧(Ⅳ级)。

该预测工作区地质情况较复杂,从老到新分布的地层有:新太古界、早元古界、中元古界、下古生界、新生界等,新太古界以五台岩群石咀亚岩群为主体,石咀亚岩群包括金岗库岩组、庄旺岩组、文溪岩组、柏枝岩组,原岩为一套富铝泥砂质岩、基性火山岩、中酸性火山岩夹硅铁建造,变质程度达低角闪岩相—高绿片岩相,其中金岗库岩组、文溪岩组是形成沉积变质型铁矿床的含矿层位。

古元古界滹沱系敦家寨亚群四集庄组呈角度不整合发育在五台岩群之上,总体为一套浅变质的碎屑岩建造。

中元古界长城系高于庄组、下古生界寒武系—奥陶系,呈角度不整合发育在前寒武纪变质岩之上,为一套陆源碎屑岩-碳酸盐岩建造;新生界分布在山间盆地中,为一套风积及现代河流松散堆积物。

区内侵入岩较发育,侵入岩时代由早到晚为新太古代、中元古代、新元古代、中生代、新生代。其中中生代岩浆活动强烈,可分为早晚两个阶段,第一阶段又有两次活动,第一次为闪长岩,呈小岩株状;第二次为似斑状花岗岩,呈岩株状产出。第二阶段以浅成石英斑岩(局部呈角砾状),此期与成矿关系密切,由于岩浆分异及混染作用,形成一系列岩石。

构造以褶皱为主,次为断裂,断裂走向以 NW 或 NNW 向为主,个别为 NNE 向。

2. 磁测特征

铜矿峪预测工作区:该区地处中条山北段,区内分布地层主要为古元古界、下中条群篦子沟组地层,构造较复杂,本次共推断断裂构造 33 条,测区北西侧边部有磁法推断的中酸性火成岩体分布,南东侧分布有大面积安山岩,可见该预测区具有铜矿成矿条件。

灵丘刁泉预测工作区:该预测工作区出露地层主要为震旦系石英岩、白云岩等及寒武系页岩、灰岩和奥陶系灰岩,地层走向 NE,倾向 NW,断裂构造也很发育,以 NW 向断裂构造为主,本次区内推断断裂构造 7 条,岩浆岩也很发育,出露的岩体有刁泉花岗岩岩体和枪头岭花岗岩岩体(两岩体相距 500m)。从上述情况可知,该区铜成矿地质条件非常好。

塔儿山预测工作区:该预测工作区位于塔儿山—二峰山区,出露地层主要为奥陶系灰岩,该区断裂构造发育,岩浆活动频繁,大面积分布有出露和隐伏岩体(以闪长岩和二长岩类为主),根据多年来的找矿经验可知闪长岩类是铁矿成矿母岩;二长岩类是铁及多金属成矿母岩,本次根据航磁资料推断断裂构造 18 条。从上述情况可知,该预测区的铜矿成矿地质条件很优越。

繁峙县后峪钼铜矿预测工作区:该预测工作区位于五台山区,出露地层主要为新太古界五台岩群,主要岩性为黑云斜长麻岩、角闪斜长片麻岩、斜长角闪岩、绢英石英片岩等,另有震旦系、寒武系碳酸盐岩和砂、页岩呈角度不整合覆于老地层之上。区内断裂构造发育,岩浆活动频繁,预测区中部有约占预测区 1/3 面积、由重力资料推断的火成岩岩体,航磁资料划分的断裂构造 21 条。区内分布有伯强铜及多金属矿区,后峪铜、钼矿区,其多金属矿点及矿化主要受岩浆活动和构造裂隙控制。说明本区具有铜、钼成矿的良好地质环境。

3. 重力特征

1)铜矿峪预测工作区

(1)剩余异常求取与应用。

从 10km×10km 滑动平均求取的剩余重力异常图看出,主矿体分布于重力高中低处。重力异常值约 4mGal。工作区中南部重力高异常延出工作区外,工作区北有 2mGal 的重力高异常,应落在铜矿峪亚群地层之上。工作区北部外围的重力高达 5mGal,推断为涞水群中的变基性岩体引起。地表覆盖着寒武系灰岩和长城系安山岩等。

另外,从 ΔT 航磁异常看,正异常极大值 1600nT,面积 15km^2,有 3 个局部高磁力区,推断为磁性岩体或有磁铁矿体的综合反应。异常落在铜矿峪亚群骆驼峰组地层之上。

故该工作区对找铜矿意义重大。

(2)预测工作区地质构造解释推断

该工作区共推断了 16 条断裂,1、2、3 号断裂是盆地边缘断裂,4、5 号是老基底断裂,6、7 号也是基底断裂,8、9、10 号是局部断裂,11~16 号为工作区外围断裂,都是基底深断裂。

2)灵丘刁泉预测工作区

(1)剩余异常求取与应用。

从该工作区 10km×10km 滑动平均求取的剩余重力异常看,刁泉岩体、小彦岩体和枪头岭岩体都是处在重力低内。由 7、8、9、10 号断裂围成重力低,有 3 个负异常中心,推断为花岗岩岩体之中心,对铜矿形成有利,在其接触带上易形成铜矿床。而其重力低外围一圈的重力高是长城系、寒武系和奥陶系的反映。

(2)预测工作区地质构造解释推断该预测工作区在重力高与重力低之间勾画的断裂共 17 条,其中 7、8、9、10 号断裂与成矿关系密切。该工作区选择合理,为最佳选择区。

3)塔儿山预测工作区

(1)剩余异常求取与应用。

从该工作区 10km×10km 滑动平均求取的剩余重力异常看,大部分显重力高,而局部重力低则反映塔儿山岩体的二长岩地区。塔儿山断隆,凡是奥陶系出露地均显示重力高,只有二长岩体分布区才是重力低。或者是奥陶系和寒武系相对凸起带显示重力高,而相对凹陷常显示重力低,即石炭系、二叠系、三叠系显示重力低。

(2)预测工作区地质构造解释推断该工作区主要构造线是 NNE 向,南北两侧为近 EW 向构造。依据剩余正负异常分界线即梯度带勾画出 46 条特征线,推断为深断裂线。在重力低四周的断裂带对铜金的成矿有利。对重力低正反演计算出该二长岩体向下延深 6km,是重要的岩浆通道,也是矿液通道。

4)繁峙后峪预测工作区

(1)剩余异常求取与应用。

从该工作区 10km×10km 滑动平均求取的剩余重力异常看,后峪钼铜矿处在重力低的梯度带上。由 17、18、19、20 号断裂围成重力低,该重力低是花岗岩岩体之反映。其四周的重力高是新太古代老变质岩引起,即义兴寨闪长片麻岩引起的。工作区内其他重力低均由奥长花岗岩质片麻岩引起。L-晋-19 为新断陷盆地引起。

(2)预测工作区地质构造解释推断该预测工作区在重力高与重力低之间勾画的断裂共 33 条,其中 17、18、19、20 号断裂与岩体(燕山期)有关。该工作区地段选择合理。

4. 化探特征

(1)铜矿峪预测工作区。

铜矿峪铜矿床主要工业矿体位于铜矿峪顶部及小西沟、大西沟和大豹沟一带。主要赋存在骆驼峰组地层中,大多数分布于变流纹质石英晶屑凝灰岩中,少数产于绢英片岩和变花岗闪长斑岩、变辉绿岩中。

铜矿峪异常带,异常元素组合为 Cu、Au、Co、Mo、Ni、Pb,其中 Cu、Au 异常套合最好,Au 异常面积大于 Cu 异常。在铜矿峪—小西沟一带,元素异常有 $Cu_{15-⑧}$、$Cu_{15-⑨}$、$Au_{42-③}$、Ni_{16}、Pb_{19}。在铜峪沟一带,Cu_{15} 异常只有 2 个二级浓集中心,而 Au_{42} 异常就有 7 个三级浓集中心,且与 Co_8、Co_9、Co_{12}、Ni_{16}、Mo_{21} 异常套合较好。现将主要异常 $Cu_{15-⑧}$、Au_{42} 特征介绍如下。

$Cu_{15-⑧}$ 三级浓集中心位于小西沟一带,面积 $1.29km^2$,异常点数 6 个,最高强度 $1500×10^{-6}$,平均强度 $502.80×10^{-6}$,离差 $491.50×10^{-6}$,资源总量 87.79 万 t。

Au_{42} 异常位于左家湾—西桑池一带,形态不规则,面积 $27.08km^2$,异常点数 95 个,最高强度 $37×10^{-9}$,平均强度 $4.87×10^{-9}$,离差 $4.70×10^{-9}$,异常衬度 5.78,面金属量 108.80,资源总量 178.08t,NAP 值 156.52,金异常评序排列第一位。具三级浓度分带,三级浓集中心有 8 个。

根据以上 Cu、Au 三级浓集中心异常特征及相关元素组合,结合地质矿产特征,可以确定 Cu、Au 异常均为矿致异常。在铜矿峪一带小西沟(铜矿峪矿)三级浓集中心从异常的规模、资源总量与探明的铜矿储量相比,在铜矿峪周围还有较大找矿潜力,特别是深部找矿工作;在铜峪沟一带,虽然铜异常只有 2 个二级浓集中心,但有几个胡笸型铜矿点存在,且金异常有 7 个三级浓集中心。铜异常引起的原因是矿致异常,只是含矿层位不同。金异常引起的原因一是中条群、担山石群地层中金矿化;二是构造热液及岩体。为此在铜峪沟一带找铜的同时,应注意寻找中小型独立金矿。

(2)灵丘刁泉预测工作区。

区内出露地层为长城系高于庄组奥陶系马家沟组碳酸盐岩。岩体为复式中酸性浅成侵入岩,主要岩性为辉石闪长岩、黑云母花岗岩、花岗斑岩、花岗闪长斑岩、石英斑岩。主要异常特征如下。

Cu-1 位于刁泉一带,面积 $34.04km^2$,异常点数 7 个,平均强度 $60.86×10^{-6}$,最大值 $134.06×$

10^{-6},具三级浓度分带。异常组合为 Ag-1、Au-2、Pb-1、Zn-1。

Ag-1,面积 62.6km²,异常点数 16 个,平均强度 397.19×10^{-9},最大值 2100×10^{-9},具三级浓度分带。

Au-2,面积 27.95km²,异常点数 5 个,平均强度 7.849×10^{-9},最大值 14.5×10^{-9},具三级浓度分带。

Pb-1,面积 74.18km²,异常点数 9 个,平均强度 34.83×10^{-6},最大值 101.87×10^{-6},具三级浓度分带。

Zn-1,面积 24.95km²,异常点数 7 个,平均强度 100.56×10^{-6},最大值 131.5×10^{-6},具三级浓度分带。

(3)塔儿山预测工作区。

地层主要为奥陶系中统灰岩或白云质灰岩、泥灰岩,其次有石炭系本溪组与太原组煤系地层,二叠系下石盒子组砂页岩层。岩浆岩主要是燕山期二长岩、霓辉二长岩、斑状正长闪长岩、斑状闪长岩、二长斑岩、花岗细晶岩等。围岩蚀变有矽卡岩化、大理岩化、钾长石化、钠长石化、绿泥石化、蛇纹石化、黄铁矿化、碳酸盐化、角岩化等。主要异常特征如下。

Cu-1 位于四家湾一带,面积 94.56km²,异常点数 28 个,平均强度 7.06×10^{-6},最大值 511.4×10^{-6},具三级浓度分带。异常组合为 Ag-2、Au-2、Pb-1、Zn-2、Zn-3。

Au-2,面积 107.19km²,异常点数 23 个,平均强度 69.09×10^{-9},最大值 684×10^{-9},具三级浓度分带。

Ag-2,面积 9.56km²,异常点数 2 个,平均强度 210.05×10^{-9},最大值 303×10^{-9},具三级浓度分带。

Pb-1,面积 121.67km²,异常点数 19 个,平均强度 124.37×10^{-6},最大值 1190×10^{-6},具三级浓度分带。

(4)繁峙后峪预测工作区。

主要出露五台期片麻状黑云奥长花岗岩,盖层为长城系高于庄组,寒武系、奥陶系白云岩、灰岩,含矿层主要为黑云奥长花岗岩、石英斑岩等。主要异常特征如下。

Cu-1 位于后峪一带,面积 37.25km²,异常点数 10 个,平均强度 154.76×10^{-6},最大值 516.60×10^{-6},具三级浓度分带。异常组合为 Au-1、Ag-1、Zn-1、Mo-1、Pb-1。

Au-1,面积 66.31km²,异常点数 16 个,平均强度 16.15×10^{-9},最大值 160×10^{-9},具三级浓度分带。

Ag-1,面积 95.04km²,异常点数 21 个,平均强度 349.14×10^{-9},最大值 1740×10^{-9},具三级浓度分带。

Mo-1,面积 114.19km²,异常点数 27 个,平均强度 6.92×10^{-6},最大值 100.20×10^{-6},具三级浓度分带。

Pb-1,面积 67.68km²,异常点数 14 个,平均强度 36.44×10^{-6},最大值 61.90×10^{-6},具三级浓度分带。

Zn-1,面积 53.86km²,异常点数 12 个,平均强度 116.20×10^{-6},最大值 283.70×10^{-6},具三级浓度分带。

5. 遥感特征

(1)铜矿峪预测工作区。

图幅内共解译出线要素 55 条,53 条为断裂构造、2 条为脆韧性变形构造带。

本预测工作区共解译环形构造 6 个,其中与隐伏岩体有关的环形构造 3 个,成因不明的环形构造

3个。

预测工作区内解译出1个色要素,属于侵入岩体内外接触带及残留顶盖,分布在垣曲县铜矿峪北侧,色带在地质图上表现为变质花岗闪长斑岩。在影像上有明显的反应,表现为紫色。预测工作区解译出2处带要素。

预测工作区内共圈定出3个最小预测区,与地质圈定的预测一致。具体见表3-3-13。

表3-3-13 山西省铜矿峪式变斑岩型铜钼金矿铜矿峪预测工作区预测要素一览表

预测要素		描述内容	要素分类
成矿时代		元古宙	必要
大地构造位置		小秦岭-中条古元古代陆缘岛弧带中条山古元古代岛弧带	次要
沉积建造/沉积作用	岩石地层单位	绛县群铜矿峪亚群	必要
	地层时代	元古宙	重要
	岩石类型	海相火山岩	必要
	沉积建造厚度	厚到巨厚	重要
	岩石组合	石英岩、云英岩、绢云片岩、绿泥片岩等	重要
	岩石结构	粒状变晶结构、鳞片变晶结构等	次要
	岩石构造	块状构造、片状构造、角砾状构造	次要
	沉积建造类型	基性—中酸性火山岩建造、酸性火山岩建造	必要
		酸性火山岩-碎屑岩建造	次要
变质建造/变质作用	岩石地层单位	绛县群铜矿峪亚群	必要
	变质相带	低角闪岩相—低绿片岩相	重要
	变质相系	高温中压变质相系	重要
	变质建造厚度	较厚	重要
	岩石组合	绢云岩、石英岩、绿泥片岩、云英岩等	重要
	岩石结构	粒状变晶结构、鳞片变晶结构等	次要
	岩石构造	块状构造、片状构造、角砾状构造	次要
	变质作用	区域动力热变质	重要
	变质时代	古元古代	重要
岩浆建造/岩浆作用	岩石名称	变花岗闪长岩、变花岗闪长斑岩	必要
	岩石系列	碱性系列、钙碱性系列	重要
	侵入岩时代	古元古代中条期	必要
	岩体形态	不规则状、透镜状、长条状	次要
侵入岩构造	岩体产状	岩床(与地层片理产状一致)	次要
	岩石结构	中粗粒不等粒结构、斑状结构	重要
	岩石构造	块状构造	次要
	岩体影响范围	500~1000m	重要

续表 3-3-13

预测要素		描述内容	要素分类
成矿构造		区域变质碎裂带和褶皱转折端	重要
矿体特征	形态产状	形态主要为透镜状、不规则状、似层状，产状与接触带一致	重要
	规模	单矿体较小，多呈矿群出现	重要
	矿石结构	半自形—自形晶粒结构、共生边结构、叶片状结构、交替文象结构、压碎结构等	重要
	矿石构造	浸染状构造、细脉浸染状构造、脉状构造、团块状构造、角砾状构造等	重要
	岩石矿物组合	黄铁矿-黄铜矿，黄铁矿-黄铜矿-辉钼矿，黄铁矿-黄铜矿-辉钴矿，脉石矿物为石英、绢云母、方解石、电气石、钠长石、绿泥石、黑云母等	重要
	蚀变	绢云母化、黑云母化、硅化、绿泥石化等，其次为方柱石化、电气石化、方解石化等	必要
	成矿期次	中高温热液为主，具多期、多源、多阶段的特点	重要
	风化氧化	含铜硫化物出露地表及其附近，形成孔雀石、蓝铜矿、铜蓝等	次要
物探特征	航磁	矿床分布在低缓正异常区域，航磁推断岩体与矿床关系密切	重要
	重力	重力异常与矿床关系不明显	次要
化探特征	铜重砂异常	异常与矿床关系不明显	次要
	1:5万铜异常	异常与已知矿床(点)关系密切	必要
	1:5万组合异常	元素组合为 Cu、Zn 或 Cu、Zn、As、V 等，衬度大，Cu/400—Zn>0.4 为矿上晕	次要
遥感特征	构造解译	隐伏岩体引起的环形构造与矿床有一定的关系	次要

(2)灵丘刁泉预测工作区。

图幅内共解译出线要素146条，全部为断裂构造。根据解译分析，本区东南部构造格局以一系列NE向断裂为主，其次为NW向断裂构造；西北部构造格局以一系列NW向断裂为主，其次为NE向断裂构造。零星分布EW向和NS向的断裂构造。预测工作区内主要的断裂构造有孙家庄断裂等。

预测工作区共解译出环形构造9个，断裂构造圈闭的环形构造2个，由浅成、超浅成次火山岩体引起的环形构造4个，成因不明的环形构造3个；中型规模环4个，小型规模环5个。

预测工作区内共圈定了2个最小预测区，与地质圈定的预测一致。具体见表3-3-14。

表 3-3-14 山西省刁泉式矽卡岩型铜矿灵丘刁泉预测工作区区域预测要素一览表

预测要素	描述内容	要素分类
成矿时代	中生代白垩纪(127.2～130.5Ma)	必要
大地构造位置	华北陆块区燕山-太行山北段陆缘火山岩浆弧	重要

续表 3-3-14

预测要素		描述内容	要素分类
沉积建造/沉积作用	岩石地层单位	寒武系张夏组、崮山组、奥陶系	必要
		青白口系望弧组、蓟县系雾迷山组	重要
	地层时代	早古生代寒武纪、奥陶纪	必要
		中晚元古代青白口纪、蓟县纪	重要
	岩石类型	碳酸盐岩、含碳酸盐岩碎屑岩	必要
		含燧石结构白云岩、硅质角砾岩	重要
	岩石组合	灰岩、鲕状灰岩、竹叶状灰岩、燧石角砾岩、白云岩	重要
	岩石特征	以碳酸盐岩为主体,其他为碎屑岩、泥灰岩、角砾岩	重要
	蚀变特征	矽卡岩化、碳酸盐化	必要
	岩石结构	中细晶粒结构、泥晶结构	次要
	沉积建造厚度	中厚	重要
	沉积建造类型	泥晶灰岩-碎屑灰岩建造,硅质角砾岩建造	必要
岩浆建造/岩浆作用	岩石名称	辉石闪长岩、花岗闪长斑岩、黑云母花岗岩、花岗斑岩、石英斑岩	必要
	岩石系列	钙碱性系列	重要
	侵入时代	白垩纪	重要
	侵入期次	大致 3 期(J_1、J_2、J_3)	重要
	接触带特征	角岩化、大理岩化、矽卡岩化、硅化	重要
	岩体形态	不规则圆状、长条状、板状	次要
	岩体产状	岩株、岩脉	重要
	结构、构造	花岗结构、斑状结构、似斑状结构,块状构造	次要
	岩浆构造旋回	燕山旋回	重要
成矿构造	接触带构造	岩体侵入灰岩中,灰岩呈半岛状凸向岩体部位为成矿富集区。往往伴随着断裂构造带,形成赋矿构造	重要
成矿特征	矿体形态	似层状、透镜状、脉状	次要
	矿体产状	多数和接触带、断裂带产状一致。总体上上部倾向岩体,中部近于直立,下部倾向围岩	次要
	矿石矿物组合	主要为黄铜矿、斑铜矿、辉铜矿、铜蓝、孔雀石、辉银矿、自然银、硫锑铜银矿、方铅矿、闪锌矿,次要为磁铁矿、赤铜矿、硒银矿	重要
	共伴生组分	Cu、Ag、Pb、Zn、Fe、Au、Mo	重要
	成矿期次划分	矽卡岩阶段、氧化物阶段、硫化物阶段、表生氧化阶段	重要
	蚀变及矿物组合	矽卡岩化(透辉石-钙铁榴石、绿帘石、钙铝榴石)、碳酸盐化(大理岩、方解石)、硅化、透闪石化、绿泥石化	重要
地球物理特征	航磁异常	对成矿岩体反映较好,异常值在 50~300nT	重要

续表 3-3-14

预测要素		描述内容	要素分类
地球化学特征	Cu 异常	异常边界值 23.598μg/g，最高值 129μg/g，对成矿地质体有指示意义，反映区域大	重要
	Ag 异常	异常边界值 105.5ng/g，对成矿地质体有指示意义	重要
	Au 异常	异常边界值 2.3ng/g，与 Ag、Cu 吻合较好，有一定指示意义	次要
	Pb 异常	异常边界值 30.944μg/g，有一定指示意义	次要
	Zn 异常	异常边界值 81.731μg/g，有一定指示意义	次要
重砂	银铜矿物	对已知矿区较大范围内有较好反映，对未知区无意义	次要
	金矿物	分布范围较大，有参考意义	次要
遥感	影像解译	线性、环形影像有参考意义	次要

(3) 塔儿山预测工作区。

图幅内共解译出线要素 143 条，全部为断裂构造。该预测工作区内显示一些规模不大的断裂和微弱的褶皱，构造线大多近 NS 向、NW 向、NEE 向和 EW 向。预测工作区内主要的断裂构造有浮山断裂等。

本预测工作区共解译环形构造 13 个，闪长岩类引起的环形构造 12 个，成因不明的环形构造 1 个；大型规模环为 1 个，中型规模环为 3 个，小型规模环为 9 个，主要集中于预测工作区中部塔儿山隆起带。

预测工作区内共圈定了 3 个最小预测区，最小预测区地质情况相对比较简单，新生界大面积分布，基岩出露少，经钻探验证深部均有铁矿存在。预测区要素一览见表 3-3-15。

表 3-3-15　山西省刁泉式矽卡岩型铜矿塔儿山预测工作区区域预测要素一览表

预测要素		描述内容	要素分类
成矿时代		中生代白垩纪（130Ma 左右）	必要
大地构造位置		吕梁山造山隆起带汾河构造岩浆活动带	次要
沉积建造/沉积作用	岩石地层单位	奥陶系马家沟组	必要
	地层时代	早古生代奥陶纪	重要
	岩石类型	碳酸盐岩	必要
	沉积建造厚度	厚到巨厚	重要
	蚀变特征	接触变质、矽卡岩化	重要
	岩性特征	碳酸盐岩	重要
	岩石组合	白云岩、灰岩、泥灰岩等	重要
	岩石结构	中细粒变晶结构、生物碎屑结构	次要
	沉积建造类型	白云质灰岩-白云岩建造	必要
		生物屑泥晶碳酸盐岩建造	次要
变质建造/变质作用	岩石地层单位	奥陶系马家沟组	必要
	地层时代	早古生代奥陶纪	重要
	岩石类型	角闪岩相变质岩	次要

续表 3-3-15

预测要素		描述内容	要素分类
变质建造/变质作用	变质建造厚度	较厚	重要
	岩性特征	以矽卡岩为主	必要
	岩石组合	大理岩、透辉石矽卡岩、金云母矽卡岩、粒硅镁石矽卡岩、石榴子石矽卡岩	次要
	岩石结构	粒状变晶结构	次要
	岩石构造	块状构造为主	次要
	变质建造类型	斜长角闪岩-含矽线黑云片麻岩-镁质大理岩变质建造	必要
侵入岩特征	岩体产状	岩基、岩株	次要
	岩石结构	中粗粒不等粒结构	重要
	岩石构造	块状构造	次要
	岩体影响范围	500～1000m	重要
	岩浆构造旋回	燕山旋回	重要
成矿构造		主要为接触带	重要
矿体特征	形态产状	形态主要为透镜状、不规则状,产状与接触带一致	重要
	规模	单矿体较小,多呈矿群出现	重要
	矿石结构	自形—半自形、它形晶粒结构,粗粒连晶结构	次要
	矿石构造	浸染状构造、细脉浸染状构造、脉状构造、团块状构造、条带状构造等	次要
	岩石矿物组合	透辉石-斑铜矿、黄铜矿,石榴子石透辉石-斑铜矿、黄铜矿,云母透辉石-闪锌矿、磁铁矿、斑铜矿、黄铜矿,方解石、石英-黝铜矿、辉铜矿。脉石矿物主要为透辉石、方解石、钙铁榴石、石英、云母、绿泥石等	重要
	蚀变组合	石榴子石矽卡岩、透辉石-石榴子石矽卡岩、符山石-石榴子石矽卡岩、云母矽卡岩、透辉石-云母矽卡岩等	必要
	控矿条件	石英二长岩与奥陶系碳酸盐岩的接触带	必要
	成矿期次	气成热液、高温热液、中低温热液及表生作用,高温热液为铜矿的主要成矿期	重要
	风化氧化	含铜硫化物出露地表及其附近,形成孔雀石、蓝铜矿、铜蓝等	次要
物探特征	地磁	矿床分布在高异常区域,地磁推断岩体与矿床关系密切	重要
化探特征	1:20万铜异常	主要矿床(点)位于异常中心	必要
	1:20万铜重砂异常	异常与矿床无关系	不显示
遥感特征	构造解译	推断隐伏岩体与矿床有一定关系,线性构造和环形构造与地质实测、推断一致	次要

(4)繁峙后峪预测工作区。

图幅内共解译出线要素 136 条,128 条为断裂构造,8 条为脆韧性变形构造带。

本预测工作区共解译环形构造 13 个,浅成、超浅成次火山岩体引起的环形构造 7 个,断裂构造圈闭的环形构造1个,成因不明的环形构造5个。

预测工作区内解译出1个块要素,分布于忻州市繁峙县公主村-南峪口四周断裂,断裂围绕着多边形断块,断陷盆地边缘。

预测工作区内共圈定出2个最小预测区,与地物化最小预测区一致。

3.3.3 最小预测区圈定

1. 沉积变质型铜矿

1)预测单元划分及预测地质变量选择

本次利用成矿必要条件的地质体综合信息单元的叠加,即在建模中通过必要要素叠加圈定预测工作区。

首先根据预测要素和预测工作区沉积变质型铜矿床预测模型,考虑区内综合信息与沉积变质型铜矿的空间对应关系,覆盖区与非覆盖区的信息对称问题,确定综合信息地质体积法定位预测变量,再通过综合信息预测成矿有利区,圈定预测工作区边界。

根据预测要素划分确定:含矿建造、1:5万化探异常、重砂、矿点、矿产地作为地质单元从而确定预测单元,预测区边界不能超出含矿建造。采用人机结合圈定出最小预测区。

2)预测要素变量的构置与选择

在预测模型的指导下,从预测底图及相关专业图件上逐一提取与成矿关系密切的要素图层。首先进行模型区选择,选择区内代表性铜多金属矿床(含典型矿床)为模型单元,确定各图层与矿产的关系及其变量赋值意义,对各预测要素图层形成的数字化变量进行变量取值,将模型单元与预测工作区关联,转入下一步预测工作区优选与定量预测。

进行预测要素检索提取,根据其与矿产的对应关系,进行变量提取与赋值(数理模型),具体见表3-3-16。

①定性变量:当变量存在对成矿有利时,赋值为1;不存在时赋值为0。
②定量变量:赋实际值,例如查明储量等。
③对每一变量求出成矿有利度,根据有利度对其进行赋值。

表3-3-16 沉积变质型铜矿预测变量提取组合与变量赋值(数理模型)

序号	变量专题图层(库)	变量赋值	预测类型
1	含矿建造	存在标志	定位及优选
2	1:5万铜化探异常(三级分带)	存在标志	定位及优选
3	重砂	存在标志	定位及优选
4	航磁	存在标志	定位及优选
5	组合异常	存在标志	定位及优选
6	矿床(点)图层	查明储量	资源量预测
7	矿产地图层	存在标志	定位及优选
		矿化强度	资源量预测
		矿点密度	资源量预测

使用匹配系数等方法,从众多变量中选择对预测工作区优选起作用的变量。

匹配系数法变量筛选结果时,重力、遥感异常被剔除,含矿建造、铜化探异常、矿产地对预测工作区优选起的作用大,变量的相关程度高。

3)最小预测区圈定及优选

应用特征分析和证据加权法,分别建立潜力评价定量模型的参数,计算各预测要素变量的重要性,确定最优方案和结果。本次预测采用特征分析法。

特征分析预测工程,对铜矿预测要素及属性进行提取,形成原始数据矩阵;设置矿化等级。

选择模型单元,将这些单元按储量大小排序并编号,形成一个有序序列。

二值化,用匹配系数法进行变量筛选,平方和法计算标志权和成矿有利度。根据成矿有利度的拐点来确定预测工作区级别 A、B、C 的划分界限。

优选结果:按照预测工作区级别划分原则,A 级为含矿建造+综合信息+矿致化探异常(三级分带)+矿床(点);B 级为含矿建造+综合信息+矿致化探异常(三、二级分带)+矿(化)点;C 级为含矿建造+综合信息+化探异常。红色为成矿有利区 A 级、绿色为 B 级、蓝色为 C 级。去除成矿概率为 0 的单元,全省沉积变质型铜矿共圈定 25 个最小预测区(A 级 15 个、B 级 3 个、C 级 7 个),其中横岭关预测工作区 A 级 3 个,落家河预测工作区 A 级 5 个,C 级 5 个,胡家峪预测工作区 A 级 7 个、B 级 3 个、C 级 2 个。

2. 复合内生型铜矿

1)预测单元划分及预测地质变量选择

本次利用成矿必要条件的地质体综合信息单元的叠加,首先根据预测要素和预测工作区与变基性岩有关的铜矿床预测模型,考虑区内综合信息和与变基性岩有关的铜矿的空间对应关系,覆盖区与非覆盖区的信息对称问题,确定综合信息地质体积法定位预测变量,再通过综合信息预测成矿有利区,圈定预测工作区边界。

根据预测要素划分确定:含矿建造、1:20 万化探异常、重砂、矿点、矿产地作为地质单元从而确定预测单元,预测区边界不能超出含矿建造。采用人机结合圈定出最小预测区。

2)预测要素变量的构置与选择

在预测模型的指导下,从预测底图及相关专业图件上逐一提取与成矿关系密切的要素图层。首先进行模型区选择,选择区内代表性铜多金属矿床(含典型矿床)为模型单元,确定各图层与矿产的关系及其变量赋值意义,对各预测要素图层形成的数字化变量进行变量取值,将模型单元与预测工作区关联,转入下一步预测工作区优先与定量预测。

进行预测要素检索提取,根据其与矿产的对应关系,进行变量提取与赋值(数理模型),具体见表 3-3-17。

①定性变量:当变量存在对成矿有利时,赋值为 1;不存在时赋值为 0。

②定量变量:赋实际值,例如查明储量等。

③对每一变量求出成矿有利度,根据有利度对其进行赋值。

表 3-3-17 与变基性岩有关的铜矿预测变量提取组合与变量赋值(数理模型)

序号	变量专题图层(库)	变量赋值	预测类型
1	含矿建造	存在标志	定位及优选
2	1:20 万铜化探异常	存在标志	定位及优选
3	控矿构造	存在标志	定位及优选
4	组合异常	存在标志	定位及优选
5	航磁异常	存在标志	定位及优选

续表 3-3-17

序号	变量专题图层(库)	变量赋值	预测类型
6	重砂	存在标志	定位及优选
7	矿床(点)图层	查明储量	资源量预测
8	矿产地图层	存在标志	定位及优选
		矿化强度	资源量预测
		矿点密度	资源量预测

使用匹配系数等方法,从众多变量中选择对预测工作区优选起作用的变量。

匹配系数法变量筛选结果时,重力、遥感异常被剔除,含矿建造、铜化探异常、矿产地对预测工作区优选起的作用大,变量的相关程度高。

3)最小预测区圈定及优选

应用特征分析和证据加权法,分别建立潜力评价定量模型的参数,计算各预测要素变量的重要性,确定最优方案和结果。本次预测采用特征分析法。

特征分析预测工程,对铜矿预测要素及属性进行提取,形成原始数据矩阵;设置矿化等级。

选择模型单元,将这些单元按储量大小排序并编号,形成一个有序序列。

二值化,用匹配系数法进行变量筛选,平方和法计算标志权和成矿有利度。根据成矿有利度的拐点来确定预测工作区级别 A、B、C 的划分界限。

优选结果:按照预测工作区级别划分原则,A 级为含矿建造+综合信息+矿致化探异常+矿床(点);B 级为含矿建造+综合信息+矿致化探异常+矿(化)点;C 级为含矿建造+综合信息+化探异常。红色为成矿有利区 A 级、绿色为 B 级、蓝色为 C 级。去除成矿概率为 0 的单元,全省与变基性岩有关的铜矿共圈定 5 个最小预测区,即中条山西南段预测工作区 A 级 4 个、C 级 1 个。

3. 侵入岩体型铜钼矿

1)预测单元划分及预测地质变量选择

本次利用成矿必要条件的地质体综合信息单元的叠加,首先根据预测要素和各预测工作区的矿床预测模型,考虑区内综合信息与该类型铜矿的空间对应关系,覆盖区与非覆盖区的信息对称问题,确定综合信息地质体积法定位预测变量,再通过综合信息预测成矿有利区,圈定预测区边界。

根据预测要素划分确定:含矿建造、控矿岩体、1:5万~1:20万化探异常、重砂、矿点、矿产地作为地质单元从而确定预测单元,最小预测区边界不能超出含矿建造及控矿岩体的缓冲区。

2)预测要素变量的构置与选择

在预测模型的指导下,从预测底图及相关专业图件上逐一提取与成矿关系密切的要素图层。首先进行模型区选择,选择区内代表性铜多金属矿床(含典型矿床)为模型单元,确定各图层与矿产的关系及其变量赋值意义,对各预测要素图层形成的数字化变量进行变量取值,将模型单元与预测工作区关联,转入下一步预测工作区优先与定量预测。

进行预测要素检索提取,根据其与矿产的对应关系,进行变量提取与赋值(数理模型),具体见表 3-2-18。

①定性变量:当变量存在对成矿有利时,赋值为 1;不存在时赋值为 0。

②定量变量:赋实际值,例如查明储量等。

③对每一变量求出成矿有利度,根据有利度对其进行赋值。

表 3-3-18　侵入岩体型铜矿预测变量提取组合与变量赋值(数理模型)

序号	变量专题图层(库)	变量赋值	预测类型
1	含矿建造	存在标志	定位及优选
2	控矿岩体	存在标志	定位及优选
3	1:5万～1:20万铜化探异常	存在标志	定位及优选
4	重砂	存在标志	定位及优选
5	矿床(点)图层	查明储量	资源量预测
6	矿产地图层	存在标志	定位及优选
		矿化强度	资源量预测
		矿点密度	资源量预测

使用匹配系数等方法,从众多变量中选择对预测工作区优选起作用的变量。

匹配系数法变量筛选结果时,重力、遥感异常被剔除,含矿建造、铜化探异常、矿产地对预测工作区优选起的作用大,变量的相关程度高。

3)最小预测区圈定及优选

应用特征分析和证据加权法,分别建立潜力评价定量模型的参数,计算各预测要素变量的重要性,确定最优方案和结果。本次预测采用特征分析法。

特征分析预测工程,对铜矿预测要素及属性进行提取,形成原始数据矩阵;设置矿化等级。

选择模型单元,将这些单元按储量大小排序并编号,形成一个有序序列。

二值化,用匹配系数法进行变量筛选,平方和法计算标志权和成矿有利度。根据成矿有利度的拐点来确定预测工作区级别 A、B、C 的划分界限。

优选结果:按照预测工作区级别划分原则,A 级为含矿建造＋综合信息＋矿致化探异常＋矿床(点);B 级为含矿建造＋综合信息＋矿致化探异常＋矿(化)点;C 级为含矿建造＋综合信息＋化探异常。红色为成矿有利区 A 级、绿色为 B 级、蓝色为 C 级。去除成矿概率为 0 的单元,全省侵入岩体型铜矿共圈定 22 个最小预测区(A 级 7 个,B 级 3 个,C 级 12 个),其中铜矿峪预测工作区 A 级 1 个,B 级 2 个,C 级 2 个,灵丘刁泉预测工作区 A 级 2 个,C 级 1 个,塔儿山预测工作区 A 级 3 个,B 级 1 个,C 级 4 个,繁峙县后峪预测区 A 级 1 个,C 级 5 个。

3.3.4　资源定量预测

3.3.4.1　沉积变质型

1. 模型区深部及外围资源潜力预测分析

1)典型矿床已查明资源储量及其估算参数

(1)篦子沟典型矿床。

依据《山西省篦子沟铜矿最终地质勘探报告》,累计查明矿石量 25 143.84 千 t,Cu 367 100t,Au 7 165.99kg,Co 7 291.71t,Mo 1 508.63t。

面积:利用《山西省篦子沟铜矿区最终地质勘探报告》中的勘探线剖面图中矿体水平投影图圈定的面积为 439 961m²。

延深:根据《山西省篦子沟铜矿区最终地质勘探报告》,选择矿体控制最大深度450m作为本次查明延深。

品位:根据《山西省篦子沟铜矿区最终地质勘探报告》统计出平均品位为Cu 1.46%,Au 0.285g/t,Co 0.027%,Mo 0.006%。

体重:根据《山西省篦子沟铜矿区最终地质勘探报告》,平均体重为2.80t/m³。

体积含矿率为:查明资源储量/(面积×延深)。

篦子沟典型矿床已查明资源储量及其估算参数详见表3-3-19、图3-3-6。

表3-3-19 山西省篦子沟典型矿床查明资源储量及其估算参数表

预测工作区编号	名称	查明资源储量		面积(m²)	延深(m)	品位(%)	体重(t/m³)	体积含矿率(t/m³)
		矿石量(千t)	金属量(t)					
10-1	篦子沟	25 143.84	367 100	439 961	450	1.46	2.80	0.127

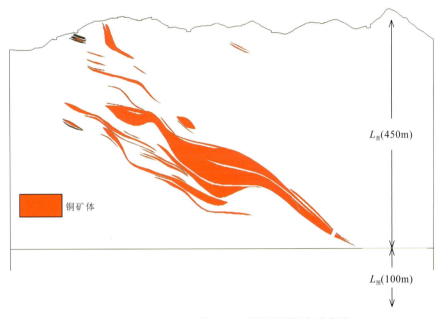

图3-3-6 篦子沟模型区查明及预测深度示意图

(2)铜凹-山神庙典型矿床。

已查明资源储量、面积、延深、品位、体重确定方法同篦子沟典型矿床,数据来源于《山西省绛县铜凹-山神庙铜矿区地质普查评价报告》。详见表3-3-20、图3-3-7。

表3-3-20 山西省铜凹典型矿床查明资源储量及其估算参数表

预测工作区编号	名称	查明资源储量		面积(m²)	延深(m)	品位(%)	体重(t/m³)	体积含矿率(t/m³)
		矿石量(千t)	金属量(t)					
8-1	铜凹	5 119.70	34 302	237 009	400	0.67	2.60	0.054

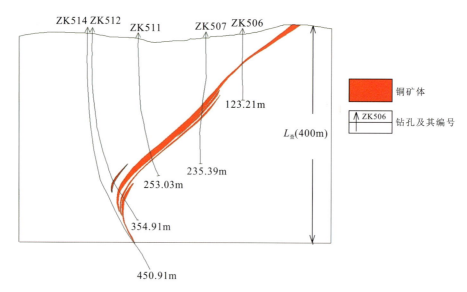

图 3-3-7 铜凹-山神庙模型区查明及预测深度示意图

(3)落家河典型矿床。

已查明资源储量、面积、延深、品位、体重确定方法同篦子沟典型矿床,数据来源于《山西省垣曲县落家河铜矿评价地质报告》。详见表 3-3-21、图 3-3-8。

表 3-3-21 山西省落家河典型矿床查明资源储量及其估算参数表

预测工作区编号	名称	查明资源储量		面积 (m^2)	延深 (m)	品位 (%)	体重 (t/m^3)	体积含矿率(t/m^3)
		矿石量(千t)	金属量(t)					
9-1	落家河	10 036.61	112 410	669 100	500	1.12	2.76	0.030

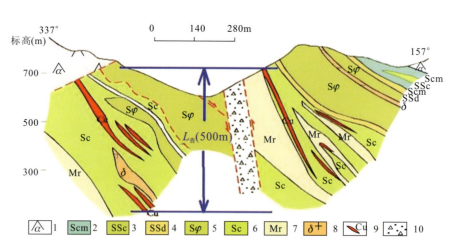

图 3-3-8 落家河模型区查明及预测深度示意图

1.安山岩;2.大理岩;3.绢云绿泥片岩;4.角粒状喷流岩;5.细碧岩;6.绿泥片岩;
7.奥长花岗岩;8.闪长岩;9.铜矿体;10.破碎带

2)典型矿床深部及外围预测资源量及其估算参数

(1)篦子沟典型矿床。

面积:篦子沟铜矿区工作程度较高,据《山西省篦子沟铜矿区最终地质勘探报告》和近期地质工作,在外围没有发现有价值的矿点。篦子沟典型矿床预测面积采用预测延深部分矿床面积为177 410m²。

延深:根据目前工作程度和经钻孔资料和勘探线剖面图、成矿地质环境、控矿因素、矿床特征等研究,篦子沟矿区矿体延伸趋势经专家确定为向深部预测延深100m。

体积含矿率为单位体积资源量。即:体积含矿率=查明资源储量/已查明矿体总体积。

预测资源量=预测矿体面积×预测资源量部分延深×体积含矿率。

篦子沟典型矿床深部预测资源储量及其估算参数详见表3-3-22。

表3-3-22 山西省篦子沟典型矿床深部及外围预测资源量及其估算参数表

预测工作区编号	名称	预测资源量(矿石量)(千t)	面积(m²)	延深(m)	体积含矿率(t/m³)
10-1	篦子沟	2 253.11	177 410	100	0.127

典型矿床资源总量为典型矿床查明资源量与预测资源量之和。总面积采用查明资源储量部分矿床面积和预测资源储量部分矿床面积之和。总延深为查明部分矿床延深与预测部分矿床延深之和。篦子沟典型矿床总资源量及含矿系数见表3-3-23。

表3-3-23 山西省篦子沟典型矿床总资源量及含矿系数表

预测工作区编号	名称	查明资源储量(千t)	预测资源量(矿石量)(千t)	总资源量(矿石量)(千t)	总面积(m²)	总延深(m)	含矿系数(t/m³)
10-1	篦子沟	25 143.84	2 253.11	27 396.95	617 371	550	0.081

(2)铜凹-山神庙典型矿床。

面积:采用矿床外围地段面积,为534 595m²。

延深:采用查明矿床延深数据。

铜凹典型矿床深部预测资源储量及其估算参数详见表3-3-24。

表4-3-24 山西省铜凹典型矿床深部及外围预测资源量及其估算参数表

预测工作区编号	名称	预测资源量(矿石量)(万t)	面积(m²)	延深(m)	体积含矿率(t/m³)
8-1	铜凹	1 154.73	534 595	400	0.054

铜凹典型矿床总资源量及含矿系数见表3-3-25。

表3-3-25 山西省铜凹典型矿床总资源量及含矿系数表

预测工作区编号	名称	查明资源储量(千t)	预测资源量(矿石量)(千t)	总资源量(矿石量)(千t)	总面积(m²)	总延深(m)	含矿系数(t/m³)
8-1	铜凹	5 119.70	11 547.25	16 666.95	771 604	400	0.054

(3)落家河典型矿床。

面积:采用矿床外围地段面积,为460 860m²。

延深:采用查明矿床延深数据。

落家河典型矿床深部预测资源储量及其估算参数详见表3-3-26。

表3-3-26 山西省落家河典型矿床深部及外围预测资源量及其估算参数表

预测工作区编号	名称	预测资源量（矿石量）(千t)	面积(m²)	延深(m)	体积含矿率(t/m³)
9-1	落家河	6 912.90	460 860	500	0.030

落家河典型矿床总资源量及含矿系数见表3-3-27。

表3-3-27 山西省落家河典型矿床总资源量及含矿系数表

预测工作区编号	名称	查明资源储量(千t)	预测资源量（矿石量）(千t)	总资源量（矿石量）(千t)	总面积(m²)	总延深(m)	含矿系数(t/m³)
9-1	落家河	10 036.61	6 912.90	16 949.51	1 129 940	500	0.030

3)模型区预测资源量及其估算参数确定

(1)篦子沟模型区。

模型区预测资源量:模型区预测资源量为典型矿床总资源量(矿石量),即查明资源储量和预测资源储量之和,为27 396.95千t。

模型区面积:模型区面积使用MapGIS软件测量面积功能在计算机上直接量取,再利用图面比例尺校正求得为5 109 276m²。

延深:模型区延深,就是典型矿床总延深。

含矿地质体面积:采用典型矿床总面积,为617 371m²。

含矿地质体面积参数＝含矿地质体面积/模型区面积。

篦子沟模型区预测资源量及含矿地质体面积参数详见表3-3-28。

表3-3-28 山西省篦子沟模型区预测资源量及含矿地质体面积参数表

预测工作区编号	名称	模型区预测矿石量(千t)	模型区面积(m²)	总延深(m)	含矿地质体面积(m²)	含矿地质体面积参数
10-1	篦子沟	27 396.95	5 019 276	550	617 371	0.123

模型区含矿系数＝模型区预测资源总量/模型区含矿地质体总体积,模型区含矿地质体总体积为模型区含矿地质体面积与模型区延深之积。详见表3-3-29。

表3-3-29 山西省篦子沟模型区含矿地质体含矿系数表

模型区编号	模型区名称	含矿地质体含矿系数(t/m³)	资源总量（矿石量）(千t)	含矿地质体总体积(m³)
10-1	篦子沟	0.081	27 396.95	339 554 050

(2)铜凹-山神庙模型区。

模型区预测资源量、模型区面积、延深、含矿地质体面积、含矿地质体面积参数等参数确定方法参照笸子沟模型区。

铜凹模型区预测资源量及含矿地质体面积参数详见表3-3-30。

表3-3-30 山西省铜凹模型区预测资源量及含矿地质体面积参数表

预测工作区编号	名称	模型区预测矿石量(千t)	模型区面积(m²)	延深(m)	含矿地质体面积(m²)	含矿地质体面积参数
8-1	铜凹	16 666.95	3 572 241	400	771 604	0.216

铜凹模型区含矿系数详见表3-3-31。

表3-3-31 山西省铜凹模型区含矿地质体含矿系数表

模型区编号	模型区名称	含矿地质体含矿系数(t/m³)	资源总量(矿石量)(千t)	含矿地质体总体积(m³)
8-1	铜凹	0.054	16 666.95	1 428 896 400

(3)落家河模型区。

模型区预测资源量、模型区面积、延深、含矿地质体面积、含矿地质体面积参数等参数确定方法参照笸子沟模型区。

落家河模型区预测资源量及含矿地质体面积参数详见表3-3-32。

表3-3-32 山西省落家河模型区预测资源量及含矿地质体面积参数

预测工作区编号	名称	模型区预测矿石量(千t)	模型区面积(m²)	总延深(m)	含矿地质体面积(m²)	含矿地质体面积参数
9-1	落家河	16 949.51	5 181 978	500	1 129 940	0.218

落家河模型区含矿系数详见表3-3-33。

表3-3-33 山西省落家河模型区含矿地质体含矿系数表

模型区编号	模型区名称	含矿地质体含矿系数(t/m³)	资源总量(矿石量)(千t)	含矿地质体总体积(m³)
9-1	落家河	0.030	16 949.51	564 247 500

2. 最小预测区参数确定

1)模型区含矿系数的确定

模型区含矿系数采用典型矿床所在最小预测区的含矿系数,胡家峪预测区采用笸子沟模型区的含矿系数(0.081),含矿地质体面积参数为0.123,横岭关预测区采用铜凹-山神庙模型区的含矿系数(0.054),含矿地质体面积参数为0.216,落家河预测区采用落家河模型区的含矿系数(0.030),含矿地质体面积参数为0.218。

2)最小预测区面积的确定

最小预测区圈定是在预测模型的指导下,从预测要素图上提取与成矿关系密切的要素图层作为预测变量,如含矿层位(中条群箅子沟组、余元下组)、矿点、铜异常、航磁异常、重砂异常。利用 MRAS 软件,根据预测变量对预测单元进行人机优选与分级,分为 A、B、C 三级。最小预测区根据成矿有利度、预测资源量、地理交通及开发条件以及其他相关条件,对最小预测区级别划分是否合适进行核实。使用 MapGIS 软件测量面积功能在计算机上直接量取最小预测区面积,再利用图面比例尺校正求得,各预测工作区最小预测区面积详见表 3-3-34～表 3-3-36。

表 3-3-34 胡家峪预测工作区最小预测区面积圈定大小及方法依据

最小预测区编号	最小预测工作区名称	面积(km²)	参数确定依据
10-1-1	闻喜县桥沟	2.23	矿点、铜异常、含矿层位、重砂
10-1-2	垣曲县刘庄冶	3.29	矿点、铜异常、含矿层位、重砂
10-1-3	垣曲县箅子沟	5.02	矿点、铜异常、含矿层位、重砂
10-1-4	垣曲县桐木沟	4.93	矿点、铜异常、含矿层位、重砂
10-1-5	闻喜县东峪沟	3.80	矿点、铜异常、含矿层位、重砂
10-1-6	垣曲县南和沟	5.93	矿点、铜异常、含矿层位、重砂
10-1-7	垣曲县老宝滩	4.68	矿点、铜异常、含矿层位、重砂
10-1-8	夏县干沟	4.10	铜异常、含矿层位、重砂
10-1-9	夏县水峪	8.39	铜异常、含矿层位
10-1-10	夏县峪凹	2.56	铜异常、含矿层位、重砂
10-1-11	平陆县老君庙	3.38	矿点、含矿层位
10-1-12	平陆县瓦渣沟	11.11	矿点、铜异常、含矿层位

表 3-3-35 横岭关预测工作区最小预测区面积圈定大小及方法依据

最小预测区编号	最小预测区名称	面积(km²)	参数确定依据
8-1-1	绛县韩家沟	5.31	矿点、铜异常、含矿层位
8-1-2	绛县岔沟	4.85	矿点、铜异常、含矿层位、重砂

表 3-3-36 落家河预测工作区最小预测区面积圈定大小及方法依据

最小预测区编号	最小预测工作区名称	面积(km²)	参数确定依据
9-1-1	垣曲县五里坡	7.35	矿点、含矿层位、铜异常
9-1-2	垣曲县下庄	3.61	矿点、含矿层位、铜异常
9-1-3	垣曲县黄背岭	5.39	矿点、含矿层位、铜异常
9-1-4	垣曲县山神庙	4.10	铜异常、含矿层位

续表 3-3-36

最小预测区编号	最小预测工作区名称	面积（km²）	参数确定依据
9-1-5	垣曲县山跟头	4.01	矿点、含矿层位、铜异常
9-1-6	垣曲县水银沟	1.63	矿点、含矿层位、铜异常
9-1-7	垣曲县芦苇沟	4.64	矿点、含矿层位、铜异常
9-1-8	垣曲县篱笆沟	5.46	矿点、含矿层位、铜异常
9-1-9	垣曲县车家庄	3.15	含矿层位、铜异常
9-1-10	垣曲县落家河	5.18	矿点、含矿层位、铜异常

3）最小预测区延深的确定

各预测工作区延深确定结果详见表 3-3-37～表 3-3-39。

表 3-3-37 胡家峪预测工作区最小预测区延深圈定大小及方法依据

最小预测区编号	最小预测区名称	延深（m）	参数确定依据
10-1-1	闻喜县桥沟	300	物化探异常、专家意见
10-1-2	垣曲县刘庄冶	250	钻孔资料、物探异常
10-1-3	垣曲县篦子沟	550	钻孔资料、物探异常
10-1-4	垣曲县桐木沟	500	钻孔资料、物探异常
10-1-5	闻喜县东峪沟	200	钻孔资料、物探异常
10-1-6	垣曲县南和沟	900	钻孔资料、物探异常
10-1-7	垣曲县老宝滩	600	钻孔资料、物探异常
10-1-8	夏县干沟	300	物化探异常、专家意见
10-1-9	夏县水峪	300	物化探异常、专家意见
10-1-10	夏县峪凹	300	物化探异常、专家意见
10-1-11	平陆县老君庙	300	钻孔资料、物探异常
10-1-12	平陆县瓦渣沟	300	钻孔资料、物探异常

表 3-3-38 横岭关预测工作区最小预测区延深圈定大小及方法依据

最小预测区编号	最小预测工作区名称	延深（m）	参数确定依据
8-1-1	绛县韩家沟	600	钻孔资料、物探测深
8-1-2	绛县岔沟	300	钻孔资料、矿体自然尖灭
8-1-3	绛县铜凹	400	钻孔资料

表 3-3-39 落家河预测工作区最小预测区延深圈定大小及方法依据

最小预测区编号	最小预测工作区名称	延深(m)	参数确定依据
9-1-1	垣曲县五里坡	300	物化探异常、专家意见
9-1-2	垣曲县下庄	300	物化探异常、专家意见
9-1-3	垣曲县黄背岭	300	物化探异常、专家意见
9-1-4	垣曲县山神庙	350	专家意见、与邻区类比
9-1-5	垣曲县山跟头	350	钻孔资料
9-1-6	垣曲县水银沟	200	物化探异常、专家意见
9-1-7	垣曲县芦苇沟	350	虎坪矿区钻孔控制资料
9-1-8	垣曲县篦笆沟	300	采矿、钻孔资料物化探异常等
9-1-9	垣曲县车家庄	200	物化探异常、与邻区类比、专家意见
9-1-10	垣曲县落家河	500	钻孔资料

4)最小预测区矿石品位、体重的确定

胡家峪预测工作区体重采用篦子沟矿区的体重(2.80t/m³);横岭关预测工作区体重采用铜凹矿区的体重值(2.60t/m³);落家河预测工作区体重采用模型区中的平均体重值(2.76t/m³)。

各预测工作区品位确定结果详见表 3-2-40~表 3-3-42。

表 3-3-40 胡家峪预测工作区最小预测区平均品位一览表

最小预测区编号	最小预测区名称	Cu(%)	Ag(g/t)	Au(g/t)	Mo(%)	Co(%)
10-1-1	闻喜县桥沟	0.35				
10-1-2	垣曲县刘庄冶	0.91				
10-1-3	垣曲县篦子沟	1.46		0.285	0.006	0.029
10-1-4	垣曲县桐木沟	0.58	1.49	0.215		0.016
10-1-5	闻喜县东峪沟	0.83				
10-1-6	垣曲县南和沟	0.88	2.01	0.23		0.046
10-1-7	垣曲县老宝滩	0.94	1.25	0.19		0.027
10-1-8	夏县干沟	1.46				
10-1-9	夏县水峪	1.46				
10-1-10	夏县峪凹	1.46				
10-1-11	平陆县老君庙	0.52				
10-1-12	平陆县瓦渣沟	0.64				

表 3-2-41 横岭关预测工作区最小预测区平均品位一览表

最小预测区编号	最小预测区名称	Cu(%)	Ag(g/t)	Au(g/t)	Mo(%)	Co(%)
8-1-1	绛县韩家沟	0.65				0.036
8-1-2	绛县岔沟	0.65				0.016
8-1-3	绛县铜凹	0.54				0.013

表 3-3-42　落家河预测工作区最小预测区平均品位一览表

最小预测区编号	最小预测区名称	Cu(%)	Ag(g/t)	Au(g/t)	Mo(%)	Co(%)
9-1-1	垣曲县五里坡	0.37				
9-1-2	垣曲县下庄	0.56				
9-1-3	垣曲县黄背岭	0.33				
9-1-4	垣曲县山神庙	0.59				
9-1-5	垣曲县山跟头	0.99				
9-1-6	垣曲县水银沟	0.89				
9-1-7	垣曲县芦苇沟	0.59	26			
9-1-8	垣曲县篱笆沟	0.61				
9-1-9	垣曲县车家庄	0.61				
9-1-10	垣曲县落家河	1.18	2.45			0.0113

5）最小预测区相似系数

根据典型矿床预测要素，研究对比预测区内全部预测要素的总体相似度系数，通过 MRAS 软件计算出每个预测区的成矿概率即为相似系数。各预测区相似系数确定结果详见表 3-3-43～表 3-3-45。

表 3-3-43　胡家峪预测工作区最小预测区相似系数表

最小预测区编号	最小预测区名称	相似系数(α)	最小预测区编号	最小预测区名称	相似系数(α)
10-1-1	闻喜县桥沟	0.88	10-1-7	垣曲县老宝滩	1
10-1-2	垣曲县刘庄冶	0.88	10-1-8	夏县干沟	0.554
10-1-3	垣曲县笸子沟	1	10-1-9	夏县水峪	0.4
10-1-4	垣曲县桐木沟	1	10-1-10	夏县峪凹	0.554
10-1-5	闻喜县东峪沟	0.88	10-1-11	平陆县老君庙	0.4
10-1-6	垣曲县南和沟	0.88	10-1-12	平陆县瓦渣沟	0.652

表 3-3-44　横岭关预测工作区最小预测区相似系数表

最小预测区编号	最小预测区名称	相似系数(α)	最小预测区编号	最小预测区名称	相似系数(α)
8-1-1	绛县韩家沟	0.8	8-1-3	绛县铜凹	1
8-1-2	绛县岔沟	1			

表 3-3-45　落家河预测工作区最小预测区相似系数表

最小预测区编号	最小预测区名称	相似系数(α)	最小预测区编号	最小预测区名称	相似系数(α)
9-1-1	垣曲县五里坡	0.200	9-1-6	垣曲县水银沟	0.804
9-1-2	垣曲县下庄	0.371	9-1-7	垣曲县芦苇沟	1.000
9-1-3	垣曲县黄背岭	0.433	9-1-8	垣曲县篱笆沟	1.000
9-1-4	垣曲县山神庙	0.200	9-1-9	垣曲县车家庄	0.433
9-1-5	垣曲县山跟头	0.804	9-1-10	垣曲县落家河	0.804

3.最小预测区预测资源量估算结果

各预测工作区最小预测区资源量估算结果详见表3-3-46~表3-3-48。

表3-3-46 胡家峪预测工作区最小预测区资源量估算结果表

最小预测区编号	最小预测区名称	预测金属量（万t）	级别
10-1-1	闻喜县桥沟	2.84	A
10-1-2	垣曲县刘庄冶	9.07	A
10-1-3	垣曲县篦子沟	50.00	A
10-1-4	垣曲县桐木沟	19.35	A
10-1-5	闻喜县东峪沟	7.65	A
10-1-6	垣曲县南和沟	25.24	A
10-1-7	垣曲县老宝滩	55.63	A
10-1-8	夏县干沟	13.72	B
10-1-9	夏县水峪	20.24	C
10-1-10	夏县峪凹	8.56	B
10-1-11	平陆县老君庙	2.90	C
10-1-12	平陆县瓦渣沟	19.16	B

表3-3-47 横岭关预测工作区最小预测区资源量估算结果表

最小预测区编号	最小预测区名称	预测金属量（万t）	级别
8-1-1	绛县韩家沟	32.76	A
8-1-2	绛县岔沟	9.00	A
8-1-3	绛县铜凹	12.78	A

表3-3-48 落家河预测工作区最小预测区资源量估算结果表

最小预测区编号	最小预测区名称	预测金属量（万t）	级别
9-1-1	垣曲县五里坡	1.07	C
9-1-2	垣曲县下庄	1.47	C
9-1-3	垣曲县黄背岭	1.51	C
9-1-4	垣曲县山神庙	1.92	C
9-1-5	垣曲县山跟头	7.31	A
9-1-6	垣曲县水银沟	1.52	A
9-1-7	垣曲县芦苇沟	6.26	A
9-1-8	垣曲县篱笆沟	4.60	A
9-1-9	垣曲县车家庄	1.09	C
9-1-10	垣曲县落家河	20.00	A

4.3.4.2 复合内生型铜矿

1. 模型区深部及外围资源潜力预测分析

1) 典型矿床已查明资源储量及其估算参数

已查明资源储量、面积、延深、品位、体重确定方法同笸子沟典型矿床,数据来源于《山西省运城市桃花洞一带铜矿普查地质报告》。详见表3-3-49、图3-3-9。

表3-3-49 山西省桃花洞典型矿床查明资源储量及其估算参数表

预测工作区编号	名称	查明资源储量		面积(m^2)	延深(m)	品位(%)	体重(t/m^3)	体积含矿率(t/m^3)
		矿石量(千t)	金属量(t)					
11-1	桃花洞	797.27	11 082	311 345	300	1.39	3.10	0.008 54

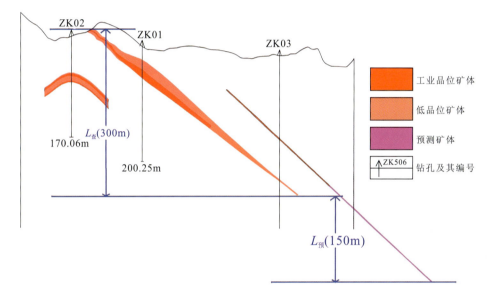

图3-3-9 桃花洞模型区查明及预测深度示意图

2) 典型矿床深部和外围预测资源量及其估算参数

面积:采用预测延深部分矿床面积,为150 900 m^2。

延深:矿体延伸趋势经专家确定向深部预测延深150m。

桃花洞典型矿床深部预测资源储量及其估算参数详见表3-3-50。

表3-3-50 山西省桃花洞典型矿床深部及外围预测资源量及其估算参数表

预测工作区编号	名称	预测资源量(矿石量)(千t)	面积(m^2)	延深(m)	体积含矿率(t/m^3)
11-1	桃花洞	193.30	150 900	150	0.008 54
		1 747.21	454 647	450	0.008 54

桃花洞典型矿床总资源量及含矿系数见表3-3-51。

表 3-3-51　山西省桃花洞典型矿床总资源量及含矿系数表

预测工作区编号	名称	查明资源量（矿石量）（千t）	预测资源量（矿石量）（千t）	总资源量（矿石量）（千t）	总面积（m²）	总延深（m）	含矿系数（t/m³）
11-1	桃花洞	797.27	1 940.51	2 737.78	916 892	450	0.006 64

3）模型区预测资源量和其估算参数确定

模型区预测资源量：为典型矿床总资源量（矿石量），即查明资源储量和预测资源储量之和，为 2 737.78 千 t。

模型区面积：用 MapGIS 软件直接量取，再利用图面比例尺校正求得，为 8 335 382m²。

延深：模型区延深，就是典型矿床总延深。

含矿地质体面积：采用典型矿床总面积，为 916 892m²。

桃花洞模型区预测资源量及含矿地质体面积参数详见表 3-3-52。

表 3-3-52　山西省桃花洞模型区预测资源量及含矿地质体面积参数表

预测工作区编号	名称	模型区预测矿石量（万t）	模型区面积（m²）	总延深（m）	含矿地质体面积（m²）	含矿地质体面积参数
11-1	桃花洞	215.83	8 335 382	450	916 892	0.11

2. 最小预测区参数确定

1）模型区含矿系数的确定

模型区含矿系数采用典型矿床所在的最小预测区的含矿系数，中条山西南段预测工作区采用桃花洞典型矿床的含矿系数（0.006 64），含矿地质体面积参数为 0.11。

2）最小预测工作区面积的确定

使用 MapGIS 软件测量面积功能在计算机上直接量取最小预测区面积，再利用图面比例尺校正求得，最小预测区面积圈定大小及方法依据详见表 3-3-53。

表 3-3-53　中条山西南段预测工作区最小预测工作区面积圈定大小及方法依据

最小预测区编号	最小预测区名称	面积（km²）	参数确定依据
11-1-1	盐湖区杨家窑	4.57	含矿层位、铜异常
11-1-2	盐湖区马家桥	10.36	矿点、含矿层位、铜异常
11-1-3	盐湖区黄狼沟	11.52	矿点、含矿层位、铜异常
11-1-4	盐湖区李家窑	5.34	矿点、含矿层位、铜异常
11-1-5	盐湖区桃花洞	8.34	矿点、含矿层位、铜异常

3）最小预测工作区延深的确定

中条山西南段预测工作区最小预测区延深圈定大小及方法依据详见表 3-3-54。

第3章 矿产预测

表3-3-54 山西省中条山西南段预测工作区最小预测区延深圈定大小及方法依据

最小预测区编号	最小预测区名称	延深(m)	参数确定依据
11-1-1	盐湖区杨家窑	300	物化探异常、专家意见
11-1-2	盐湖区马家桥	400	钻孔、物探异常及专家意见
11-1-3	盐湖区黄狼沟	300	坑探、物探异常及专家意见
11-1-4	盐湖区李家窑	300	物化探异常、专家意见
11-1-5	盐湖区桃花洞	550	钻孔资料、物化探异常

4）最小预测工作区矿石品位、体重的确定

与变基性岩有关的铜矿中条山西南段预测工作区，各最小预测区品位的确定，原则上区内有矿点的采用区内分布矿点的平均品位，区内无矿点采用模型区的品位，详见表3-3-55。体重采用《山西省运城市桃花洞一带铜矿普查地质报告》中的平均体重值(3.10t/m³)。

表3-3-55 山西省中条山预测工作区最小预测区平均品位一览表

最小预测区编号	最小预测区名称	Cu(%)	Ag(g/t)	Mo(%)	Co(%)
11-1-1	盐湖区杨家窑	1.39			
11-1-2	盐湖区马家桥	1.62			
11-1-3	盐湖区黄狼沟	0.80			
11-1-4	盐湖区李家窑	1.05			
11-1-5	盐湖区桃花洞	1.39			

5）最小预测区相似系数

根据典型矿床预测要素，研究对比预测区内全部预测要素的总体相似度系数，通过MRAS软件计算出每个预测区的成矿概率即为相似系数。详见表3-3-56。

表3-3-56 中条山西南段预测工作区最小预测区相似系数表

最小预测区编号	最小预测区名称	相似系数(a)	最小预测区编号	最小预测区名称	相似系数(a)
11-1-1	盐湖区杨家窑	0.4	11-1-4	盐湖区李家窑	1
11-1-2	盐湖区马家桥	1	11-1-5	盐湖区桃花洞	1
11-1-3	盐湖区黄狼沟	1			

3. 最小预测区预测资源量估算结果

各预测工作区最小预测区资源量估算结果详见表3-3-57。

表3-3-57 中条山西南段预测工作区最小预测区资源量估算结果表

最小预测区编号	最小预测区名称	预测金属量(万t)	级别
11-1-1	盐湖区杨家窑	0.64	C
11-1-2	盐湖区马家桥	5.66	A
11-1-3	盐湖区黄狼沟	2.33	A
11-1-4	盐湖区李家窑	1.42	A
11-1-5	盐湖区桃花洞	3.00	A

3.3.4.3 侵入岩体型铜钼矿

1. 模型区深部及外围资源潜力预测分析

1)典型矿床已查明资源储量及其估算参数

(1)铜矿峪典型矿床。

已查明资源储量、面积、延深、品位、体重确定方法同篦子沟典型矿床,数据来源于《中条山勘探队铜矿峪矿区最终地质勘探报告》。详见表 3-3-58、图 3-3-10。

表 3-3-58 山西省铜矿峪典型矿床查明资源储量及其估算参数表

编号	名称	查明资源储量		面积 (m^2)	延深 (m)	品位 (%)	体重 (t/m^3)	体积含矿率 (t/m^3)
		矿石量(千 t)	金属量(t)					
6-1	铜矿峪	419 117.65	285	1 004 077	920	0.68	2.74	0.453 7

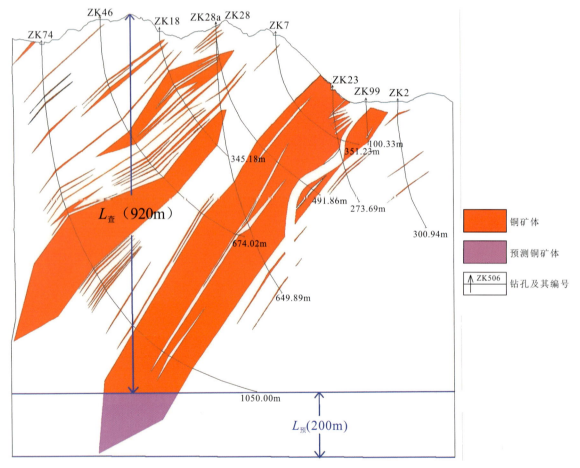

图 3-3-10 铜矿峪模型区查明及预测深度示意图

(2)刁泉典型矿床。

已查明资源储量、面积、延深、品位、体重确定方法同篦子沟典型矿床,数据来源于《山西省灵丘县刁泉银铜矿 40~61 线勘探报告》《山西省灵丘县刁泉银铜矿 1~40 线普查报告》等资料。详见表 3-3-59、图 3-3-11。

表 3-3-59 山西省刁泉典型矿床查明资源储量及其估算参数表

编号	名称	查明资源储量		面积 (m²)	延深 (m)	品位 (%)	体重 (t/m³)	体积含矿率 (t/m³)
		矿石量(千 t)	金属量(t)					
4-1	刁泉	11 977.43	162 893	278 528	320	1.36	3.26	0.134

图 3-3-11 刁泉模型区查明及预测深度示意图

(3)四家湾典型矿床。

已查明资源储量、面积、延深、品位、体重确定方法同筢子沟典型矿床,数据来源于《山西省襄汾县四家湾铜(铁)矿区地质勘探总结报告》。详见表 3-3-60、图 3-3-12。

表 3-3-60 山西省四家湾典型矿床查明资源储量及其估算参数表

编号	名称	查明资源储量		面积 (m²)	延深 (m)	品位 (%)	体重 (t/m³)	体积含矿率 (t/m³)
		矿石量(千 t)	金属量(t)					
4-2	四家湾	1 538.97	32 780	1 362 213	200	2.13	3.00	0.005 65

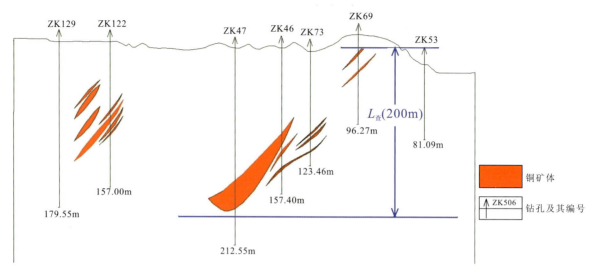

图 3-3-12 四家湾模型区查明及预测深度示意图

（4）繁峙县后峪典型矿床。

已查明资源储量、面积、延深、品位、体重确定方法同笸子沟典型矿床，数据来源于《山西省繁峙县后峪矿区铜钼矿补充勘查中间报告》。详见表 3-3-61、图 3-3-13。

表 3-3-61　山西省繁峙县后峪典型矿床查明资源储量及其估算参数表

编号	名称	查明资源储量		面积（m²）	延深（m）	品位（%）	体重（t/m³）	体积含矿率（t/m³）
		矿石量（千t）	金属量（t）					
12-1	后峪	137 420	48 097	863 745	600	0.035	2.68	0.265

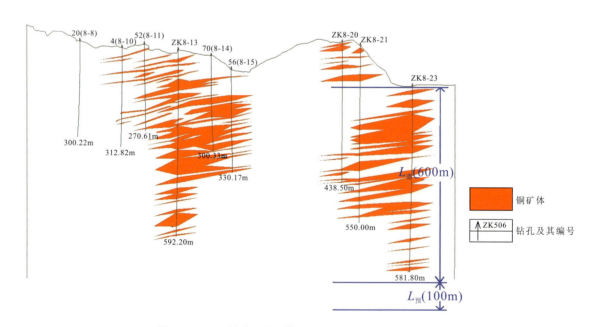

图 3-3-13　繁峙县后峪模型区查明及预测深度示意图

第3章 矿产预测

2)典型矿床深部及外围预测资源量及其估算参数

(1)铜矿峪典型矿床。

面积:依据铜化探异常和铜矿体的含矿层位圈定外围及延深增加面积为292 384m²。

延深:根据铜矿峪矿区钻孔ZK74及矿体延伸趋势决定向深部预测延深200m。

铜矿峪典型矿床深部及外围预测资源储量及其估算参数详见表3-3-62。

表3-3-62　山西省铜矿峪典型矿床深部及外围预测资源量及其估算参数表

编号	名称	预测资源量（矿石量）(千t)	面积(m²)	延深(m)	体积含矿率(t/m³)
6-1	铜矿峪	11 433.20	126 000	200	0.453 7
		69 449.15	166 384	920	0.453 7

铜矿峪典型矿床总资源量及含矿系数见表3-3-63。

表3-3-63　山西省铜矿峪典型矿床总资源量及含矿系数表

编号	名称	查明资源量(千t)	预测资源量(千t)	总资源量（矿石量）(千t)	总面积(m²)	总延深(m)	含矿系数(t/m³)
6-1	铜矿峪	41 911 765	80 882.35	500 000	1 296 461	1120	0.344

(2)刁泉典型矿床。

面积:采用查明资源储量矿床面积,为278 528m²。

延深:综合考虑地质等因素并结合专家意见,最终确定矿床延深为400m。已控制延深320m,向深部预测延深80m。

刁泉典型矿床深部预测资源储量及其估算参数详见表3-3-64。

表3-3-64　山西省刁泉典型矿床深部及外围预测资源量及其估算参数表

编号	名称	预测资源量（矿石量）(千t)	面积(m²)	延深(m)	体积含矿率(t/m³)
7-1	刁泉	2 985.82	278 528	80m	0.134

刁泉典型矿床总资源量及含矿系数见表3-3-65。

表3-3-65　山西省刁泉典型矿床总资源量表及含矿系数

编号	名称	查明资源量(千t)	预测资源量（矿石量）(千t)	总资源量（矿石量）(千t)	总面积(m²)	总延深(m)	含矿系数(t/m³)
7-1	刁泉	11 977.43	2 985.82	14 963.25	278 528	400	0.134

(3)四家湾典型矿床。

面积:采用查明资源储量部分矿床面积为1 362 213m²。

延深:采用查明矿床延深数据。

四家湾典型矿床深部预测资源储量及其估算参数详见表3-3-66。

表3-3-66　山西省四家湾典型矿床深部及外围预测资源量及其估算参数表

编号	名称	预测资源量 （矿石量）（千t）	面积（m²）	总延深（m）	体积含矿率 （t/m³）
7-2	四家湾	0	1 362 213	0	0

四家湾典型矿床总资源量及含矿系数见表3-3-67。

表3-3-67　山西省四家湾典型矿床总资源量及含矿系数表

编号	名称	查明资源储量（千t）	预测资源量（矿石量）（千t）	总资源量（矿石量）（千t）	总面积（m²）	总延深（m）	含矿系数（t/m³）
7-2	四家湾	1 538.97	0	1 538.97	1 362 213	200	0.005 65

（4）后峪典型矿床。

面积:根据目前工作程度、物化探异常等已有资料圈定外围面积为559 444m²。

延深:经专家确定向深部预测延深为100m。

后峪典型矿床深部预测资源储量及其估算参数详见表3-3-68。

表3-3-68　山西省后峪典型矿床深部及外围预测资源量及其估算参数表

编号	名称	预测资源量 （矿石量）（千t）	面积（m²）	延深（m）	体积含矿率 （t/m³）
12-1	后峪	22 927.25	863 745	100	0.265
		103 949.17	559 444	700	0.265

后峪典型矿床总资源量及含矿系数见表3-3-69。

表3-3-69　山西省后峪典型矿床总资源量及含矿系数表

编号	名称	查明资源储量（千t）	预测资源量（矿石量）（千t）	总资源量（千t）	总面积（m²）	总延深（m）	含矿系数（t/m³）
12-1	后峪	137 562.17	126 876.42	264 438.59	1 423 189	700	0.265

3）模型区预测资源量及其估算参数确定

（1）铜矿峪模型区。

模型区预测资源量:查明资源储量和预测资源储量之和,为500 000千t。

模型区面积:模型区面积使用MapGIS软件直接量取,为5 762 049m²。

延深:模型区延深,就是典型矿床总延深。

含矿地质体面积:采用典型矿床总面积,为1 296 461m²。

含矿地质体面积参数=含矿地质体面积/模型区面积。

铜矿峪模型区预测资源量及估算参数详见表 3-3-70。

表 3-3-70　山西省铜矿峪模型区预测资源量及其估算参数

编号	名称	模型区预测矿石量(千 t)	模型区面积(m²)	延深(m)	含矿地质体面积(m²)	含矿地质体面积参数
6-1	铜矿峪	500 000	5 762 049	1120	1 296 461	0.225

模型区含矿系数＝模型区预测资源总量/模型区含矿地质体总体积，模型区含矿地质体总体积为模型区含矿地质体面积与模型区延深之积。详见表 3-3-71。

表 3-3-71　山西省铜矿峪模型区含矿地质体含矿系数表

模型区编号	模型区名称	含矿地质体含矿系数(t/m³)	资源总量(矿石量)(千 t)	含矿地质体总体积(m³)
6-1	铜矿峪	0.344	500 000	1 452 036 320

(2)刁泉模型区。

模型区预测资源量、模型区面积、延深、含矿地质体面积、含矿地质体面积参数确定方法参照铜矿峪模型区。刁泉模型区预测资源量及估算参数详见表 3-3-72。

表 3-3-72　山西省刁泉模型区预测资源量及其估算参数表

编号	名称	模型区预测矿石量(千 t)	模型区面积(m²)	延深(m)	含矿地质体面积(m²)	含矿地质体面积参数
4-1	刁泉	14 963.25	1 887 800	400	508 380	0.269

刁泉模型区含矿系数确定详见表 3-3-73。

表 3-3-73　山西省刁泉模型区含矿地质体含矿系数表

模型区编号	模型区名称	含矿地质体含矿系数(t/m³)	资源总量(矿石量)(千 t)	含矿地质体总体积(m³)
7-1	刁泉	0.073 4	14 963.25	203 352 000

(3)四家湾模型区。

模型区预测资源量、模型区面积、延深、含矿地质体面积、含矿地质体面积参数确定方法参照铜矿峪模型区。四家湾模型区预测资源量及估算参数详见表 3-2-74。

表 3-3-74　山西省四家湾模型区预测资源量及其估算参数

编号	名称	模型区预测矿石量(千 t)	模型区面积(m²)	延深(m)	含矿地质体面积(m²)	含矿地质体面积参数
7-2	四家湾	1 538.97	6 490 667	200	1 362 213	0.210

四家湾模型区含矿系数确定详见表3-3-75。

表3-3-75　山西省四家湾模型区含矿地质体含矿系数表

模型区编号	模型区名称	含矿地质体含矿系数(t/m^3)	资源总量（矿石量）(千t)	含矿地质体总体积(m^3)
4-2	四家湾	0.005 65	1 538.97	272 442 600

(4) 后峪模型区。

模型区预测资源量、模型区面积、延深、含矿地质体面积、含矿地质体面积参数确定方法参照铜矿峪模型区。后峪模型区预测资源量及估算参数详见表3-3-76。

表3-3-76　山西省后峪模型区预测资源量及其估算参数

编号	名称	模型区预测矿石量(千t)	模型区面积(m^2)	延深(m)	含矿地质体面积(m^2)	含矿地质体面积参数
12-1	后峪	264 438.59	14 724 367	700	1 423 189	0.096 7

后峪模型区含矿系数确定详见表3-3-77。

表3-3-77　山西省后峪模型区含矿地质体含矿系数表

模型区编号	模型区名称	含矿地质体含矿系数(t/m^3)	资源总量（矿石量）(千t)	含矿地质体总体积(m^3)
12-1	后峪	0.265 4	264 438.59	10 307 056 620

2. 最小预测区参数确定

1) 模型区含矿系数的确定

模型区含矿系数采用典型矿床所在的最小预测区的含矿系数，铜矿峪最小预测区采用铜矿峪模型区的含矿系数(0.344)，其他最小预测区虽然与铜矿峪为同一类型，但化探异常强度相差达20倍，查明资源量相差上百倍，并且铜矿峪厚大矿体位于变花岗闪长斑岩内部，综合考虑采用其模型区的50%，含矿地质体面积参数为0.225；灵丘刁泉预测区采用刁泉模型区的含矿系数(0.073 4)，含矿地质体面积参数为0.269；塔儿山预测区采用四家湾模型区的含矿系数(0.005 65)，含矿地质体面积参数为0.210；繁峙县后峪预测区采用繁峙县后峪模型区的含矿系数(0.026 54)，含矿地质体面积参数为0.096 7。

2) 最小预测区面积的确定

最小预测区圈定是在预测模型的指导下，从预测要素图上提取与成矿关系密切的要素图层作为预测变量，如含矿建造、控矿岩体、矿点、铜异常三级浓度分带、航磁异常、重砂异常。利用MRAS软件，根据预测变量完成对预测单元进行人机优选与分级，分为A、B、C三级。最小预测工作区根据成矿有利度、预测资源量、地理交通及开发条件以及其他相关条件，对最小预测工作区级别划分是否合适进行核实。

使用MapGIS软件测量面积功能在计算机上直接量取最小预测工作区面积，再利用图面比例尺校正求得，最小预测区面积详见表3-3-78～表3-3-81。

表 3-3-78　山西省铜矿峪预测工作区最小预测区面积圈定大小及方法依据

最小预测区编号	最小预测区名称	面积(km²)	参数确定依据
6-1-1	绛县南华沟	2.60	含矿层位、控矿岩体、铜异常
6-1-2	绛县密岔沟	4.43	矿点、含矿层位、控矿岩体、铜异常
6-1-3	垣曲县马家窑	3.32	矿点、含矿层位、控矿岩体、铜异常
6-1-4	垣曲县铜矿峪	5.76	矿点、含矿层位、控矿岩体、铜异常
6-1-5	垣曲县后山	2.15	矿点、含矿层位、控矿岩体、铜异常

表 3-3-79　山西省灵丘刁泉预测工作区最小预测区面积圈定大小及方法依据

最小预测区编号	最小预测区名称	面积(km²)	参数确定依据
7-1-1	刁泉	1.89	寒武系—奥陶系,岩体,接触带,矿床,航磁异常,Cu、Ag、Au 化探异常
7-1-2	小彦	5.91	寒武系—奥陶系,岩体,接触带,矿床,航磁异常,Cu、Ag、Au 化探异常
7-1-3	石窑村	2.12	寒武系—奥陶系、岩体、航磁异常、Ag 化探异常

表 3-3-80　山西省塔儿山预测工作区最小预测区面积圈定大小及方法依据

最小预测区编号	最小预测区名称	面积(km²)	参数确定依据
7-2-1	襄汾县庙凹	4.89	矿点、铜异常、岩体、奥陶系
7-2-2	襄汾县杜家庄	6.61	铜异常、岩体、奥陶系
7-2-3	襄汾县四家湾	6.49	矿点、铜异常、岩体、奥陶系
7-2-4	翼城县刁凹	4.05	矿点、铜异常、岩体、奥陶系
7-2-5	翼城县沟凹庄	4.67	矿点、铜异常、岩体、奥陶系
7-2-6	浮山县孔村	1.77	铜异常、岩体、奥陶系
7-2-7	翼城县大顶山	2.58	铜异常、岩体、奥陶系
7-2-8	翼城县万户	10.53	矿点、岩体、奥陶系

表 3-3-81　山西省繁峙县后峪预测工作区最小预测区面积圈定大小及方法依据

最小预测区编号	最小预测区名称	面积(km²)	参数确定依据
12-1-1	繁峙县大宋峪	6.02	矿点、重砂、岩体
12-1-2	繁峙县冻冷沟	6.61	铜异常、岩体
12-1-3	繁峙县拖房沟	9.17	矿点、重砂、岩体
12-1-4	繁峙县后峪	14.72	矿点、铜钼异常、重砂、岩体
12-1-5	繁峙县庄旺滩	7.47	铜异常、钼异常、重砂、岩体
12-1-6	繁峙县油房	4.48	矿点、铜异常、钼异常、岩体

3）最小预测区延深的确定

根据各预测工作区现有地质资料、矿区钻孔控制情况、物化探异常、成矿条件及专家意见最终确定延深。详见表3-3-82~表3-3-85。

表3-3-82 山西省铜矿峪预测工作区最小预测区延深圈定大小及方法依据

最小预测区编号	最小预测名称	延深(m)	参数确定依据
6-1-1	绛县南华沟	400	与黑崖底矿区类比
6-1-2	绛县密岔沟	400	黑崖底矿区物探异常钻孔资料
6-1-3	垣曲县马家窑	300	物化探异常、专家意见
6-1-4	垣曲县铜矿峪	1120	铜矿峪矿区钻孔资料
6-1-5	垣曲县后山	300	物化探异常、专家意见

表3-3-83 山西省灵丘刁泉预测工作区最小预测区延深圈定大小及方法依据

最小预测区编号	最小预测名称	延深(m)	参数确定依据
7-1-1	刁泉	400	典型矿床预测深度
7-1-2	小彦	500	控矿、控岩深度,物化探推测深度,模型区类比,专家意见
7-1-3	石窑村	400	物化探推测深度,模型区类比,专家意见

表3-3-84 山西省塔儿山预测工作区最小预测区延深圈定大小及方法依据

最小预测区编号	最小预测名称	延深(m)	参数确定依据
7-2-1	襄汾县庙凹	150	钻孔资料、物探异常
7-2-2	襄汾县杜家庄	200	模型区类比
7-2-3	襄汾县四家湾	200	钻孔资料
7-2-4	翼城县刁凹	100	钻孔资料、物探异常
7-2-5	翼城县沟凹庄	150	钻孔资料
7-2-6	浮山县孔村	200	模型区类比
7-2-7	翼城县大顶山	200	模型区类比
7-2-8	翼城县万户	100	钻孔资料、物探异常

表3-3-85 山西省后峪预测工作区最小预测区延深圈定大小及方法依据

最小预测区编号	最小预测名称	延深(m)	参数确定依据
12-1-1	繁峙县大宋峪	300	物化探异常、专家意见
12-1-2	繁峙县冻冷沟	300	物化探异常、专家意见
12-1-3	繁峙县拖房沟	300	钻孔资料、专家意见
12-1-4	繁峙县后峪	700	钻孔资料、物探异常、专家意见
12-1-5	繁峙县庄旺滩	300	物化探异常、专家意见
12-1-6	繁峙县油房	300	物化探异常、专家意见

4）最小预测区矿石品位、体重的确定

各预测工作区各最小预测区品位，原则上区内有矿点的采用区内分布矿点的平均品位，区内无矿点采用模型区品位。详见表3-3-86～表3-3-89。

表3-3-86　山西省铜矿峪预测工作区最小预测区平均品位一览表

最小预测区编号	最小预测区名称	Cu(%)	Ag(g/t)	Au(g/t)	Mo(%)	Co(%)
6-1-1	绛县南华沟	0.68				
6-1-2	绛县密岔沟	0.77	2.25	0.22		
6-1-3	垣曲县马家窑	1.21				
6-1-4	垣曲县铜矿峪	0.68		0.11	0.003	0.007
6-1-5	垣曲县后山	1.54				

表3-3-87　山西省灵丘刁泉预测工作区最小预测区平均品位一览表

最小预测区编号	最小预测区名称	Cu(%)	Ag(g/t)	Au(g/t)	Pb(%)	Zn(%)	Mo(%)
7-1-1	刁泉	1.36	131.46	0.68			
7-1-2	小彦	0.96	99.81	0.14	2.57	1.84	0.07
7-1-3	石窑村	1.36	131.46	0.68			

表3-3-88　山西省塔儿山预测工作区最小预测区平均品位一览表

最小预测区编号	最小预测区名称	Cu(%)	Ag(g/t)	Au(g/t)	Mo(%)	Co(%)
7-2-1	襄汾县庙凹	3.12		1.55		
7-2-2	襄汾县杜家庄	2.13				
7-2-3	襄汾县四家湾	2.13				
7-2-4	翼城县刁凹	2.07			0.095	
7-2-5	翼城县沟凹庄	2.33				
7-2-6	浮山县孔村	2.13				
7-2-7	翼城县大顶山	2.13				
7-2-8	翼城县万户	2.32				

表3-3-89　山西省后峪预测工作区最小预测区平均品位一览表

最小预测区编号	最小预测区名称	Cu(%)	Ag(g/t)	Au(g/t)	Mo(%)	Co(%)
12-1-1	繁峙县大宋峪	0.915			0.076	
12-1-2	繁峙县冻冷沟				0.076	
12-1-3	繁峙县拖房沟	0.24				
12-1-4	繁峙县后峪	0.035			0.076	
12-1-5	繁峙县庄旺滩				0.076	
12-1-6	繁峙县油房	0.15				

5）最小预测区相似系数

根据典型矿床预测要素，研究对比预测区内全部预测要素的总体相似度系数，通过MRAS软件计算出每个预测区的成矿概率即为相似系数。详见表 3-3-90～表 3-3-93。

表 3-3-90　山西省铜矿峪预测工作区最小预测区相似系数表

最小预测区编号	最小预测区名称	相似系数(α)	最小预测区编号	最小预测区名称	相似系数(α)
6-1-1	绛县南华沟	0.285	6-1-5	垣曲县后山	0.679
6-1-2	绛县密岔沟	0.679	6-1-6	垣曲县中庄	0.285
6-1-3	垣曲县马家窑	0.394	6-1-7	垣曲县上古堆	0.285
6-1-4	垣曲县铜矿峪	1			

表 3-3-91　山西省灵丘刁泉预测工作区最小预测区相似系数表

最小预测区编号	最小预测区名称	相似系数(α)	最小预测区编号	最小预测区名称	相似系数(α)
7-1-1	刁泉	1	7-1-3	石窑村	0.2
7-1-2	小彦	0.5	7-1-4	白北堡	0.2

表 3-3-92　山西省塔儿山预测工作区最小预测区相似系数表

最小预测区编号	最小预测区名称	相似系数(α)	最小预测区编号	最小预测区名称	相似系数(α)
7-2-1	襄汾县庙凹	0.875	7-2-5	翼城县沟凹庄	0.53
7-2-2	襄汾县杜家庄	0.438	7-2-6	浮山县孔村	0.438
7-2-3	襄汾县四家湾	1	7-2-7	翼城县大顶山	0.438
7-2-4	翼城县刁凹	0.875	7-2-8	翼城县万户	0.2

表 3-3-93　山西省后峪预测工作区最小预测区相似系数表

最小预测区编号	最小预测区名称	相似系数(α)	最小预测区编号	最小预测区名称	相似系数(α)
12-1-1	繁峙县大宋峪	0.419	12-1-4	繁峙县后峪	1.000
12-1-2	繁峙县冻冷沟	0.145	12-1-5	繁峙县庄旺滩	0.387
12-1-3	繁峙县拖房沟	0.419	12-1-6	繁峙县油房	0.500

3. 最小预测区预测资源量估算结果

各预测工作区最小预测区资源量估算结果详见表 3-3-94～表 3-3-97。

表 3-3-94　铜矿峪预测工作区最小预测区资源量估算结果表

最小预测区编号	预测矿石量（千 t）	平均品位(Cu、Co、Mo 单位为%，Ag、Au 为 g/t)					预测金属量(Au 单位为 kg,其余为 t)				
		Cu	Ag	Au	Co	Mo	Cu	Ag	Au	Co	Mo
6-1-1	11 488.68	0.68					78 122.99				
6-1-2	44 526.28	0.77	2.25	0.22			391 831.24	100.18	9 795.78		
6-1-3	15 180.70	1.21					183 686.44				
6-1-4	80 882.35	0.68		0.11	0.007	0.003	550 000		8 897.06	5 661.76	2 426.47
6-1-5	16 970.32	1.54					261 343				
合计	169 048.33						1 464 983.67	100.18	18 692.84	5 661.76	2 426.47

表 3-3-95 灵丘刁泉预测工作区最小预测区资源量估算结果表

最小预测区编号	预测矿石量（千t）	平均品位（Cu、Pb、Zn、Mo单位为%，Ag、Au为g/t）						预测金属量（Au单位为kg，其余为t）					
		Cu	Ag	Au	Pb	Zn	Mo	Cu	Ag	Au	Pb	Zn	Mo
7-1-1	2 932.15	1.36	131.46	0.68				40 014.83	392.20	2 026.01			
7-1-2	25 898.45	0.96	99.81	0.14	2.57	1.84	0.07	248 999.69	3 168.37	4 625.35	43 320	60 596.44	2 426.47
7-1-3	3 344.26	1.36	131.46	0.68				45 532.66	440.13	2 276.63			
合计	32 174.85							334 547.18	4 000.70	8 927.99	43 320	60 596.44	2 426.47

表 3-3-96 塔儿山预测工作区最小预测区资源量估算结果表

最小预测区编号	最小预测区名称	预测矿石量（千t）	平均品位（Cu、Co、Mo单位为%，Au为g/t）				预测金属量（Au单位为kg，其余为t）			
			Cu	Au	Co	Mo	Cu	Au	Co	Mo
7-2-1	襄汾县庙凹	530.33	3.12				16 546.15			
7-2-2	襄汾县杜家庄	686.89	2.13				14 630.69			
7-2-3	襄汾县四家湾	0	2.13				0			
7-2-4	翼城县刁凹	367.64	2.07			0.095	7 610.21			15 000
7-2-5	翼城县沟凹庄	440.91	2.33				10 273.27			
7-2-6	浮山县孔村	183.73	2.13				3 913.53			
7-2-7	翼城县大顶山	267.90	2.13				5 706.25			
7-2-8	翼城县万户	547.20	2.32				12 695.10			
合计		3 024.60					71 375.20			15 000

表 3-3-97 后峪预测工作区最小预测区资源量估算结果表

最小预测区编号	最小预测区名称	预测矿石量（千t）	平均品位（Cu、Mo单位为%，Au为g/t）			预测金属量（Au单位为kg，其余为t）		
			Cu	Au	Mo	Cu	Au	Mo
12-1-1	繁峙县大宋峪	5 164.78	0.915		0.076	47 257.74		3 925.23
12-1-2	繁峙县冻冷沟	1 959.95			0.076	0		1 489.56
12-1-3	繁峙县拖房沟	29 469.42	0.24			70 726.62		0
12-1-4	繁峙县后峪	127 018.59	0.035		0.076	44 456.51		96 534.13
12-1-5	繁峙县庄旺滩	5 914.78			0.076	0		4 495.23
12-1-6	繁峙县油房	17 227.47	0.15			25 841.21		0
合计		186 754.99				188 282.08		106 444.15

3.3.5 利用地球化学资料的定量预测

1. 建立典型矿床地球化学找矿预测模型

在区域地质、区域地球化学特征的基础上，建立典型矿床的地球化学找矿模型，其内容包括如下方面。

(1) 典型矿床内成矿元素的异常含量、异常规模和组合分带的清晰程度是评价地表矿化体规模的首选指标，矿田内面金属量与背景值比值——衬度异常量指示矿化体主成矿元素。

(2) 根据矿床岩石原生晕的元素组合分带 Cu－Ag－As－Au－Co－Cr(矿头晕)、Cu－Ag－Co－As－Mo(矿中晕)和 Co－Zn－Pb(矿尾晕)比值等值线图来评价矿化体的剥蚀程度。

(3) 利用典型矿床内特征成矿元素组合，确定典型矿化的相似性指标，用相似程度来判别未知区的成矿信息。

2. 山西省铜矿种资源量预测

地球化学资源量预测建立在对各种地球化学图件解译的基础上，GIS 信息提取是其中最常用的方法，这些基础图件包括地球化学基础图件、地球化学系列图、地球化学推断解释地质构造图、地球化学综合异常图、地球化学找矿预测图等。结合本次工作的实际情况，我们需要判别矿床的相对剥蚀程度和未知矿化信息与已知矿床的相似程度。

1) 剥蚀程度图

(1) 方法原理。

对于某种特定类型的矿床，按照岩石原生晕的理论，由于元素活动性和沉淀温度的差异，往往在矿体周围形成远矿元素组合(低温元素)、近矿元素组合(中温元素)和矿尾元素组合(高温元素)的分带现象，即我们熟知的矿头晕、矿中晕和矿尾晕。在不考虑多期成矿作用叠加的情况下，哪种晕对应的元素组合出现的强度越高、规模越大，就说明矿床剥蚀到了哪个程度，一般认为矿头晕对应于未剥蚀—浅剥蚀，矿中晕对应于中等剥蚀，而矿尾晕对应于深剥蚀—较深剥蚀。岩石原生晕的上述元素组合特征在水系沉积物里面也会有反映，因此，可以根据 1∶20 万水系沉积物中不同晕所对应的元素组合特征来判别剥蚀程度。

(2) 编制方法。

中条山成矿带剥蚀程度图根据矿床岩石原生晕的元素组合分带 Cu－Ag－As－Au－Co－Cr(矿头晕)、Cu－Ag－Co－As－Mo(矿中晕)和 Co－Zn－Pb(矿尾晕)比值等值线图，来评价矿床的剥蚀程度。我们做了尾晕/(尾晕＋头晕)的比值等值线图来判断中条山各典型矿床的剥蚀程度。从图上可以看出中条山成矿带各典型矿床的剥蚀程度相对较浅。

2) 相似度图

(1) 方法原理。

相似度(性)参数被广泛应用于数理统计和计算机处理过程中，多元统计分析里面的"距离分析"就是关于此的计算，不相似性的测度以距离来表示，距离的特征是距离越小越相似，距离越大差别越大。

(2) 编图方法。

前人的研究表明，矿田内典型矿床的矿化信息在 1∶20 万水系沉积物的相应样品中有良好的反映，因此可以应用最能反映矿化信息的样品作为标志来选定未知区的矿化特征，为此引入了相似度(性)的参数来对未知区的矿化特征进行评价。

山西省各典型矿床相似度元素组合选取依据：①参考各典型矿床的类型和特征元素；②参考 1∶20 万水系沉积物元素分带特征，选取具有明显内、中、外带分带的元素；③参考典型矿床所在位置的各元素衬度异常量的大小。结合以上 3 个条件综合筛选出各典型矿床的相似度元素组合，由于中条山元素分布的特殊性(元素异常浓度大而且分布面积广)，特征元素的取值选取各典型矿床所在位置的最高值(表 3－3－98)。

表 3-3-98　山西省各典型矿床相似度元素组合及其含量最高值

典型矿床								
四家湾铜矿	As	Au	Cu	Mo	W	Co		
	21.8	31	511.4	10	7	36.2		
铜矿峪铜矿	Au	Co	Cu	Ni	V	W		
	14	25.8	287	58.9	166	2.7		
铜凹山神庙	Au	Co	Cu	V	W			
	20	20.9	342	126	2.7			
笸子沟铜矿	Au	Co	Cu	Mo	Ni	Ti	W	Zn
	18.7	29.6	363	2.3	113	6078	3.8	111
落家河铜矿	Co	Cu	Ti	V				
	20.6	33.9	6078	151				
灵丘刁泉铜矿	Au	Ag	Cd	Cu	Mo	Pb		
	5	20	7	4	4	14		
繁峙后峪铜矿	Au	Ag	Cd	Cu	Mo	Pb		
	29	14	5	13	50	2		

注：Ag、Au 单位为 $\times 10^{-9}$，其他为 $\times 10^{-6}$。

计算相似度：利用 1∶20 万水系沉积物的数据计算各成矿带内每个样点与选定的已知矿床之间的欧式距离，计算公式如下：

$$d_{ij} = \left[\sum_{a=1}^{p}(x_{ia}-x_{ja})^2/p\right]^{1/2} \quad (1 \leqslant a \leqslant p)$$

式中，j 是已知矿床；i 是需要判别的样点；p 是选取的典型矿床的变量个数；d_{ij} 是未知样点与已知典型矿床的距离。

每个元素含量在参与计算之前都进行匀化变换。

由上述公式可知，d_{ij} 值越大，表示距离越大，说明与已知矿床之间矿化信息越不相似，因此需要做下述变化：

$$F_{ij} = [\max(d_{ij}) - d_{ij}]/\max(d_{ij})$$

通过上述变化之后计算出来的 F_{ij} 值即为相似度，其值越大，说明与已知的典型矿床越相似，反之，越不相似。

通过上述计算，每个样点都可以得到一个相似度值，我们可以以此编制各典型矿床的相似度图。

相似度的分析结果表明，相似度图中不仅显示了全部已知的矿床，同时也显示了某些矿化点的信息。

3）预测靶区的圈定

在做好剥蚀程度图和相似图的基础上，进一步圈定预测靶区，预测靶区圈定的准则如下。

①元素组合与典型铜多金属矿床的相似度值大（累频分级≥98%）。

②成矿地质条件有利（岩体、岩体与围岩接触带、断层等）。

③已发现矿点（矿化点）。

④Au、Cu、Mo、Co、W、Ni 平均衬值较大（累频分级≥95%）。

⑤Cu 衬值不低于 1.1（累频分级≥80%）。

⑥Au、Cu、Mo、Co、W、Ni 中至少 3 个元素衬值不低于 1.1（累频分级≥80%）。

⑦Au、Cu、Mo、Co、W、Ni 中至少 4 个元素衬值不低于 1.1（累频分级≥80%）。

符合所有条件的为 A 级预测靶区，缺少③的为 B 级预测靶区，缺少①和③的为 C 级预测靶区。

将圈定靶区的准则简化为以条件样点的形式表示,在 Excel 中利用公式检索功能筛选出符合不同分级指标的点(图 3-3-14、图 3-3-15),根据定量培训教材《铜矿资源量地球化学定量预测操作流程-地球化学建模及资源量预测(以九瑞矿田为例)》投影样点图对所有典型矿床的相似度进行筛选。

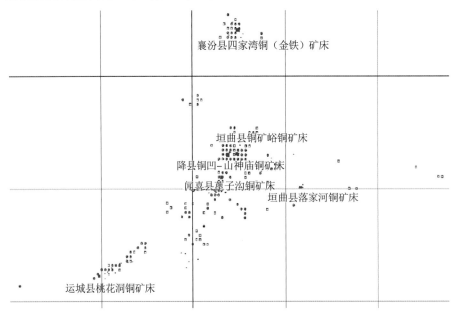

图 3-3-14　山西省中条山地区预测样点投影图

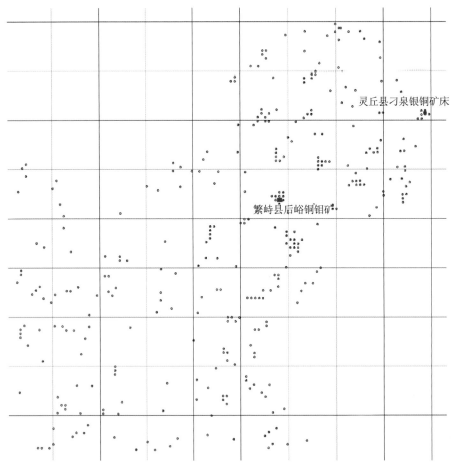

图 3-3-15　山西省五台-恒山地区预测样点投影图

预测靶区的圈定根据成矿元素的衬值累加图、地质矿产图和剥蚀程度图进行圈定。根据已筛选出的预测样点,结合Au-Cu-Mo衬值累加图、地质矿产图(图例略)和典型矿床相似度图,选择有利的地质条件圈定预测靶区(图3-3-16、图3-3-17)。

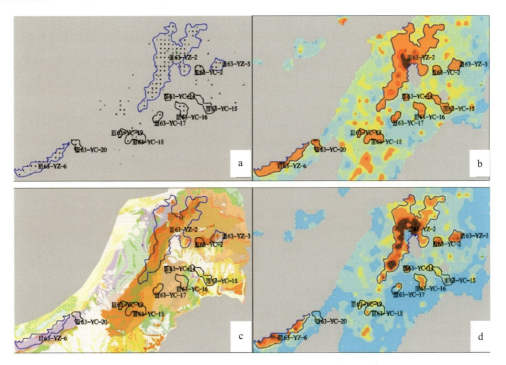

图3-3-16 山西省中条山成矿带预测靶区挑选要素图

a.满足预测要素1、4、5、6的样点;b.Au-Cu-Mo元素累加图;c.地质矿产图;d.铜矿峪铜矿相似度图

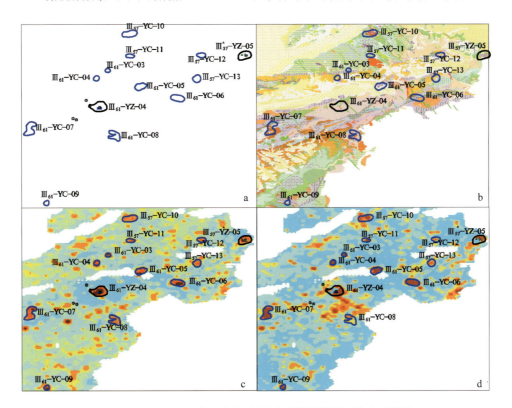

图3-3-17 山西省五台山-恒山成矿带预测靶区挑选要素图

a.满足预测要素1、4、5、6的样点;b.地质矿产图;c.Au-Ag-Cu-Mo元素累加图;d.后峪铜矿相似度图

五台山-恒山成矿带各预测样点所在位置未发现已知矿点,但各预测区所处位置有较好的Au-Ag-Cu-Mo综合异常和地质条件,而且相似度也满足预测条件。

4)资源量的预测

资源量是根据水系沉积物、土壤的元素含量值估算而来的,水系沉积物是汇水流域内各种岩石(矿石)风化产物的天然组合,土壤是已风化基岩之上岩石(矿石)风化作用的残留疏松物,它们对基底和盖层的地球化学特征及各种地质作用(成矿作用)留下的印迹有良好的指示意义。为此,可以根据水系沉积物、土壤中元素的异常含量、异常规模(异常面积强度和元素组合)的地球化学特征来圈定成矿靶区,估算资源量。

中条山成矿带各预测样点所在位置未发现已知矿点,但各预测区所处位置有较好的Au-Cu-Mo综合异常和地质条件,而且相似度也满足预测条件。

山西省资源量的预测方法采用类比法和面金属量法。

类比法的根本思想是认为,矿点资源量(已知矿床储量为P_u)与地表水系沉积物中元素异常面积与平均含量之积(异常规模P)成正比,即:

$$预测区资源量(V_d) = [Q_{预测区} \times (1-F_{预测区})]/[K_{类比法} \times (1-F_{已知})] \times R_{相似系数}$$

面金属量法的基本思想是认为区域内资源量(储量)与异常范围内面积与平均值和背景值之差的乘积(面金属量)成正比,即:

$$预测区资源量(V_s) = [P_{预测区} \times (1-F_{预测区})]/[K_{面金属量法} \times (1-F_{已知})] \times R_{相似系数}$$

剥蚀系数(F):在对预测靶区剥蚀程度评价时,主要应用三角图解或比值等值线图。如果利用比值等值线图,注意剥蚀系数的相似性,即剥蚀系数是根据已知矿床剥蚀程度比较得来。

组合元素异常规模(Q):在Cu-Mo-Au组合异常图中,异常含量与异常面积之积。

组合元素面金属量(P):在Cu-Mo-Au组合异常图中,除去背景值所引起的那一部分异常规模。

类比法系数(K):预测靶区组合元素异常规模与相似类比矿床已探明储量的比值$K=Q/P_u$。

面金属量法系数(K):预测靶区组合元素面金属量与相似类比矿床已探明储量的比值$K=P/P_u$。

相似系数(R):异常范围内与类比矿床相似系数最大的值定为相似系数。

在圈定好预测靶区后,统计已知矿点和预测矿点的各个指标,见表3-3-99(以铜矿峪为例)。

表3-3-99 山西省铜矿峪已知矿床各项参数统计

所属矿田	铜矿峪铜矿
矿床(矿点)代号	Ⅲ63-YZ-02
矿床(矿点)名称	垣曲县
元素组合	Au、Cu、Co、Ni、W、V
综合异常面积(km^2)	1 769.28
铜异常平均含量($\times 10^{-6}$)	188
铜异常最高值($\times 10^{-6}$)	1365
相对剥蚀系数	0.1
探明资源量(万t)	388.08

套用公式求出各预测矿点的类比法资源量和面金属量法资源量(表3-3-100,以铜矿峪为例)已知矿床和预测矿点的预测区范围都是根据矿床(矿点)所在综合异常的外带进行划分,面积选取综合异常

外带进行计算。

山西省内已知铜矿床38个,已探明铜资源量442.75万t。本次定量预测中圈定预测区20个,其中B级预测区18个,C级预测区2个。总计加权平均资源量67.54万t(加权平均资源量=0.6×类比法资源量+0.4×面金属量法资源量;其中,类比法资源量75.82万t,面金属量法资源量55.12万t)。

表3-3-100 山西省铜矿峪预测矿点资源量

矿床(矿点)代号	Ⅲ63-YC-02	Ⅲ63-YC-14	Ⅲ63-YC-20
矿床(矿点)名称	历山杜家沟	毛家镇南	解州段家窑
预测靶区级别	B	B	B
元素组合	Au、Cu、Co、Ni、W、V	Au、Cu、Co、Ni、W、V	Au、Cu、Co、Ni、W、V
综合异常面积(km^2)	14.80	8.47	17.41
铜异常平均含量($\times 10^{-6}$)	80	75	35
铜异常最高值($\times 10^{-6}$)	96.8	117	48.3
相对剥蚀系数	0.1	0.1	0.1
最佳相似矿床	铜矿峪	铜矿峪	铜矿峪
预测资源量类比法(万t)	7.05	4.09	5.79
预测资源量面金属量法(万t)	5.39	3.12	3.11
加权平均资源量(万t)	6.39	3.70	4.72

3.4 金矿资源潜力评价

3.4.1 金矿预测模型

3.4.1.1 金矿典型矿床预测要素、预测模型

1. 襄汾县东峰顶金矿

(1)预测要素。

矿区位于华北叠加造山-裂谷带吕梁山造山隆起带汾河构造岩浆活动带。区内断裂构造发育,岩浆活动频繁,为岩浆热液型金矿,控矿岩体为燕山晚期正长岩类、正长斑岩脉、石英正长岩脉,近SN向、NE向断裂破碎带为主要控矿构造。预测要素详见表3-4-1。

表 3-4-1　山西省襄汾县东峰顶金矿典型矿床预测要素一览表

预测要素		描述内容			预测要素分类
储量		3338kg	平均品位	Au全区平均7.21g/t	
特征描述		岩浆热液型金矿			
地质环境	岩石类型	燕山晚期正长岩类、正长斑岩脉、石英正长岩脉、角砾岩等			必要
	岩石结构	不等粒中粗粒结构、似斑状结构			次要
	岩石构造	块状构造、角砾状构造、条带状构造			次要
	成矿时代	中生代燕山期晚期(130Ma左右)			必要
	成矿环境	正长岩和正长斑岩脉发育区,近NS向、NE向断裂破碎带			必要
	构造背景	吕梁山造山隆起带汾河构造岩浆活动带近NS向断裂构造			必要
矿床特征	岩石矿物组合	硫化物(黄铁矿)-石英金矿石、褐铁矿-石英金矿石、褐铁矿-金矿石、褐铁矿-重晶石金矿石			必要
	结构	主要为自形—半自形结构、交代结构、交代残余结构、假象结构			次要
	构造	角砾状构造、蜂窝状构造、网脉状构造、粉末状构造和疏松土状构造等			次要
	蚀变	原生蚀变主要为硅化、黄铁矿化、绢云母化、重晶石化等,次生蚀变主要为褐铁矿化、黄钾铁矾化、赤铁矿化等			主要
	控矿条件	正长岩和正长斑岩脉,近NS向、NE向断裂破碎带			必要
地球物理化学特征	磁法	磁异常无金矿床(点)反映			无显示
	1∶20万重力	重力异常无反映			无显示
	1∶20万重砂	金矿床(点)一般分布在金矿物重砂异常中及周围			必要
	1∶20万遥感	铁染和羟基异常无反映,推断断裂构造不明显			无显示
	化探	1∶20万金化探异常与已知矿床点存在位移			主要
		1∶1万金化探异常与已知矿床点对应较好			必要

预测要素图是以成矿要素图为底图叠加物探、化探、遥感、自然重砂等预测要素构成的。首先将成矿要素图中的成矿要素转化为预测要素,对和预测无关的预测要素根据预测的需求进行取舍转化为预测要素,并以独立的图层表达。叠加了1∶2.5万航磁异常、1∶20万和1∶1万金化探、重力、遥感等异常,合成1∶5万比例尺综合图。

(2)预测模型。

成矿地质背景:吕梁山造山隆起带汾河构造岩浆活动带,塔儿山隆起,近NS向、NE向断裂破碎带是主要的控矿构造。

成矿物质来源:金主要来源于基地太古界变质岩系,本区燕山晚期的岩浆活动将基底岩石中的Au活化,迁移,并在后期热液中富集。

成矿流体:主要为中高温岩浆热液。成矿温度250～395℃。

金的搬运:构造-岩浆活动使基底矿源层中的Au活化,进入岩浆,岩浆结晶作用后期,Au呈络合物进入热液迁移,在近NS向、NE向断裂破碎带中沉淀。

成矿时代:中生代白垩世(130Ma左右)。

矿体就位:在近NS向、NE向断裂破碎带中富集成矿。

成矿作用:矿物的生成表现出多期、多阶段性,各成矿期或成矿阶段间不是截然分开的,它们在时间上是紧密相关、具一定的先后顺序,反映出成矿的多阶段性,本矿床的形成主要经历了内生热液作用成矿期、表生氧化期二期成矿作用,见图3-4-1。

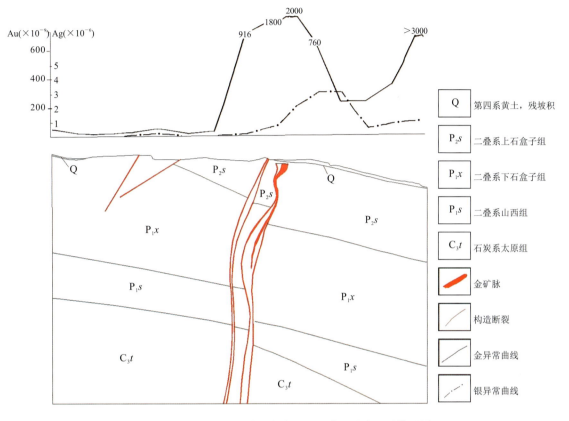

图3-4-1　山西省襄汾县东峰顶金矿典型矿床预测模型图

2. 繁峙县义兴寨金矿

义兴寨金矿为岩浆热液型金矿,燕山期中酸性—酸性岩体是矿区的主要控矿岩体,NNE—NNW向断裂是主要的控矿构造。预测要素详见表3-4-2。

表3-4-2　山西省繁峙县义兴寨金矿典型矿床预测要素一览表

预测要素		描述内容			预测要素分类
储量		22.299 02t	平均品位	Au:11.88g/t	
特征描述		岩浆热液型金矿床			
地质环境	地质概况	变质基底为恒山杂岩中的石英闪长质片麻岩,多期发育的脆性断裂是本区的主要控矿构造,蚀变断裂角砾岩带和充填的含金石英脉构成矿脉带			次要
	岩石组合	黑云角闪斜长片麻岩			次要
	岩石结构、构造	不等粒变晶结构,片麻状构造			次要
	成矿时代	燕山期(145Ma左右)			必要
	成矿环境	中成—浅成			必要
	构造背景	燕辽-太行岩浆弧(Ⅲ级)五台-赞皇(太行山中段)陆缘岩浆弧(Ⅳ级)			必要

续表 3-4-2

预测要素		描述内容			预测要素分类
储量		22.299 02t	平均品位	Au:11.88g/t	
特征描述		岩浆热液型金矿床			
矿床特征	矿石矿物	银金矿、自然金、角银矿、含银方铅矿、黄铁矿、黄铜矿、纤铁矿、闪锌矿、方铅矿			重要
	脉石矿物	石英、方解石、绢云母、长石			次要
	结构	自形—半自形粒状结构、碎裂结构、压碎结构、包含结构、网状结构			次要
	构造	梳状构造、块状构造、脉状构造、网脉状构造、条带状构造、浸染状构造、蜂窝状构造、角砾状构造、晶洞状构造			次要
	围岩蚀变	黄铁绢英岩化、硅化、绿泥石化、碳酸盐化、高岭土化			次要
	矿床成因	与燕山期中酸性浅成—超浅成(或次火山岩)有关的中偏低温热液充填金-多金属石英脉型矿床			必要
	控矿条件	NNE—NNW 向断裂构造			必要
物探特征	磁测	1:5 万航磁与矿床无明显关系			不显示
	重力	重力异常无反映			不显示
化探特征	1:20 万重砂异常	Ⅱ级、Ⅲ级金矿物异常范围与矿床(点)套合较好			重要
	1:20 万金异常	异常范围与矿床(点)范围基本一致			必要
	1:20 万铜异常	异常范围与矿床(点)范围基本一致			必要

预测要素图是以成矿要素图为底图叠加物探、化探、遥感、重砂等预测要素构成的。由于矿区未开展大比例尺的化探、重力、遥感等工作,因此在矿床区域侵入岩浆建造构造图的基础上,叠加主要预测要素如 1:20 万水系沉积物金、铜化探异常,1:20 万金矿物自然重砂等异常合成 1:5 万比例尺综合图。

预测模型:将义兴寨金矿所在区域 1:20 万化探金、铜异常,1:20 万重砂金异常叠加在 1:5 万区域侵入岩建造构造图上,构成 1:5 万区域物探、化探、遥感综合异常图。添加矿区范围作为镶嵌图放在预测要素图右侧。反映了典型矿床所在位置的化探、重砂等预测要素特征。

3. 代县高凡银金矿

矿区位于山西台隆、五台隆起西北侧变质岩区,滩上复式岩体的西南边缘。区内地层简单,但断层发育,燕山期中酸性岩浆活动频繁。矿体主要赋存在 NWW 向断裂中,矿石由含金、硫化物石英脉和蚀变构造岩组成。

预测要素图是以成矿要素图为底图叠加物探、化探、遥感、重砂等预测要素构成的。由于矿区未开展大比例尺的化探、重力、遥感等工作,因此在矿床区域侵入岩浆建造构造图的基础上,叠加主要预测要素如 1:20 万水系沉积物金、银化探异常,1:20 万金矿物自然重砂等异常合成 1:5 万比例尺综合图。

在典型矿床成矿要素表的基础上,根据磁测、重力、重砂、化探、遥感的解译特征和矿体在空间位置上的套合情况,综合评价物化遥对矿床预测的重要性,分必要、重要、次要、不明显和无显示等,总结出断裂构造、蚀变、重砂异常、化探异常为必要的预测要素,根据其成矿时代、成矿环境等,可总结出山西省代县高凡银金矿典型矿床预测要素一览表,详见表 3-4-3。

表 3-4-3　山西省代县高凡银金矿典型矿床预测要素一览表

预测要素		描述内容			预测要素分类
储量		Au:1.303t Ag:34.989t	平均品位	Au:6.71g/t Ag:180.16g/t	
特征描述		/	岩浆热液型银金矿床		
地质环境	地质概况	太古宇五台岩群高凡亚群磨河组和张仙堡组的变质粉砂岩、千枚岩、石英岩及古元古界滹沱群四集庄组的变质砾岩和变质长石石英岩。含矿层主要为破碎带内含金银多金属的石英脉			次要
	岩石组合	变质粉砂岩、千枚岩、石英岩及变质砾岩和变质长石石英岩			次要
	岩石结构、构造	不等粒变晶结构、变余砂状结构,片状构造、千枚状构造、块状构造			次要
	成矿时代	燕山中期(120～150Ma)			必要
	成矿环境	中成—浅成			必要
	构造背景	五台-赞皇(太行山中段)陆缘岩浆弧(Ⅳ级)			必要
矿床特征	矿石矿物	黄铁矿、黄铜矿、闪锌矿、方铅矿、自然金、银金矿			重要
	脉石矿物	石英、长石、绢云母、方解石、绿泥石			次要
	结构	自形—它形粒状结构、充填交代结构、固溶体分离结构			次要
	构造	角砾状构造、团块状构造、脉状构造、条带状构造、浸染状构造			次要
	围岩蚀变	黄铁矿化、硅化、绢云化、绿泥石化、碳酸盐化			次要
	矿床成因	与燕山期次火山岩有关的热液充填交代型矿床,为石英脉型			重要
	控矿条件	断裂破碎带			重要
物探特征	磁测	1:5万航磁与矿床无明显关系			不显示
	重力	重力异常无反映			不显示
化探特征	1:20万重砂异常	Ⅰ级金矿物异常范围与矿床(点)套合较好			重要
	1:20万金异常	异常范围与矿床范围基本一致			必要
	1:20万银异常	异常范围与矿床范围基本一致			必要

预测模型:将高凡银金矿所在区域1:20万化探金、银异常,1:20万重砂金异常叠加在1:5万区域侵入岩建造构造图上,构成1:5万区域物探、化探、遥感综合异常图。添加矿区范围作为镶嵌图放在预测要素图右侧。反映了典型矿床所在位置的化探、重砂等预测要素特征。

4. 阳高堡子湾火山岩型金矿

阳高堡子湾火山岩型金矿预测要素图是以成矿要素图为底图叠加物探、化探、遥感、自然重砂等预测要素构成的。首先将成矿要素图中的成矿要素转化为预测要素,对和预测无关的预测要素根据预测的需求进行取舍。

在典型矿床成矿要素表的基础上,根据磁测、重力、重砂、化探、遥感的解译特征和矿体在空间位置上的套合情况,综合评价物探、化探、遥感对矿床预测的重要性,分必要、重要、次要、不明显和无显示等,总结出断裂构造、蚀变、重砂异常、化探异常为必要的预测要素,根据其成矿时代、成矿环境等,可总结出山西省阳高县堡子湾金矿典型矿床预测要素一览表(表3-4-4)。

表 3-4-4 山西省阳高县堡子湾金矿典型矿床预测要素表

预测要素		描述内容			预测要素分类
储量		9607kg	平均品位	Au:5.86g/t	
特征描述		火山岩型金矿床			
地质环境	地质概况	中太古界集宁岩群是一套中深度—深度变质的上地壳岩和花岗质岩石建造,金矿体主要产在隐伏的花岗斑岩上部的角砾岩体内,以及角砾岩与围岩接触带和二长花岗岩体裂隙带中			必要
	侵入岩类型	变质花岗伟晶岩、变辉绿岩、石英二长(斑)岩、石英斑岩			必要
	围岩类型	紫苏斜长麻粒岩夹紫苏黑云斜长片麻岩、透辉紫苏斜长麻粒岩和黑云斜长片麻岩			必要
	蚀变岩类型	白云母化、绢云母化、高岭土化及绿泥石化、碳酸盐化组合			必要
	岩石组合	紫苏斜长麻粒岩夹紫苏黑云斜长片麻岩			次要
	岩石结构	不等粒变晶结构,片麻状构造			次要
	成矿时代	中生代(245Ma左右)			必要
	成矿环境	深断裂、次火山机构隐爆角砾岩体中,受大吴窑-胡窑张扭性断裂带控制			必要
	构造背景	燕辽-太行岩浆弧(Ⅲ级)燕山-太行山北段陆缘火山岩浆弧(Ⅳ级)			必要
矿床特征	矿石矿物	银金矿、自然金、自然银、辉银矿、黄铁矿、黄铜矿、方铅矿、闪锌矿、磁黄铁矿等			重要
	脉石矿物	石英、长石(斜长石、正长石)、白云母、黑云母、角闪石、绿泥石、绿帘石			次要
	结构	交代结构、交代残余结构、包含结构、它形粒状结构、自形—半自形粒状结构、溶蚀结构、共结结构			次要
	构造	角砾状构造、复合角砾状构造、浸染状构造、细脉状构造、网脉状构造、蜂窝状构造、团块状构造、块状构造、土状构造、松散状构造			次要
	蚀变	黄铁矿化(褐铁矿化)、黄铜矿化(孔雀石化)、斑铜矿化、方铅矿化、闪锌矿化			次要
	矿床成因	与次火山隐爆角砾作用有关的中低温热液矿床			必要
	控矿条件	张扭性断裂带,接触带及角砾岩体			必要
物探特征	磁测	1:5万航磁与矿床无明显关系			不显示
	重力	重力异常无反映			不显示
化探特征	1:20万重砂异常	Ⅰ、Ⅱ级金矿物异常范围与矿床(点)套合较好			重要
	1:20万金异常	异常范围与矿床(点)范围基本一致			必要
	1:20万铜异常	异常范围与矿床(点)范围基本一致			必要

5. 五台县东腰庄金矿

预测要素:东腰庄金矿为花岗-绿岩带型金矿,矿区最显著的构造特征是强烈的顺层剪切,剪切变形带呈 NEE 向的网络状发育,由强烈片理化岩石与弱片理化岩石相间构成,是变形分解的结果,成为矿区主要的成矿和控矿构造。矿体大多产在绢云钠长(石英)片岩中,少数产在绿泥片岩中。预测要素详见表 3-4-5。

表 3-4-5 山西省五台县东腰庄金矿典型矿床预测要素一览表

预测要素		描述内容			预测要素分类
储量		5.82t	平均品位	Au:3.32g/t	
特征描述		花岗-绿岩带型金矿床			
地质环境	地质概况	出露的基底地层有五台岩群柏枝岩岩组、芦咀头组、鸿门岩岩组及滹沱群四集庄组,鸿门岩岩组为主要含矿层位			必要
	岩石组合	绿泥片岩、绢云绿泥片岩、绢云钠长片岩夹绢云石英片岩等			必要
	岩石结构	不等粒变晶结构,片状构造			次要
	成矿时代	新太古代			必要
	成矿环境	中成—浅成			必要
	构造背景	遵化-五台-太行山新太古代岩浆弧(Ⅲ级)滹沱古元古代裂谷带(Ⅳ级)			必要
矿床特征	矿石矿物	自然金、黄铁矿、褐铁矿、黄铜矿、磁铁矿、毒砂			重要
	脉石矿物	绢云母、钠长石、石英,其次为绿泥石、方解石、硬绿泥石、绿云母			次要
	结构	粒状鳞片状变晶结构、交代结构、穿孔结构			次要
	构造	片状构造、块状构造、微粒浸染状构造			次要
	围岩蚀变	碳酸盐化、黄铁矿化、硅化、电气石化、绢云母化			次要
	矿床成因	矿床赋存于五台岩群台怀亚群鸿门岩岩组的浅色岩层中,矿体的产出受浅色岩层控制,具有明显的层控特征,但金矿体与韧性剪切带关系密切,该矿床属变质热液型矿床			必要
	控矿条件	鸿门岩岩组地层及剪切变形带			必要
物探特征	磁测	1:5万航磁与矿床无明显关系			不显示
	重力	重力异常无反映			不显示
化探特征	1:20万重砂异常	Ⅰ、Ⅱ级金矿物异常范围与矿床(点)套合较好			重要
	1:20万金异常	异常范围与矿床(点)范围基本一致			必要

预测模型:将东腰庄金矿所在区域 1:20 万化探金异常、1:20 万重砂金异常叠加在 1:5 万区域变质建造构造图上,构成 1:5 万区域物探、化探、遥感综合异常图。添加矿区范围作为镶嵌图放在预测要素图右侧。反映了典型矿床所在位置的化探、重砂等预测要素特征。

6. 五台县殿头金矿

预测要素:殿头金矿为花岗-绿岩带型金矿,矿体赋存于柏枝岩岩组一段上部的磁铁石英岩中,顶、底板多为绿泥片岩和绢云绿泥片岩。预测要素详见表 3-4-6。

表 3-4-6 山西省五台县殿头金矿典型矿床预测要素一览表

预测要素		描述内容			预测要素分类
储量		1 007.31kg	平均品位	Au:5.38g/t	
特征描述		花岗-绿岩带型金矿床			
地质环境	地质概况	变质基底为五台岩群柏枝岩岩组绿泥片岩夹层状或透镜状磁铁石英岩、滹沱群四集庄组,矿体赋存于柏枝岩岩组中下部的磁铁石英岩中,呈层状或似层状产出			必要
	岩石组合	绿泥片岩、绢云片岩、磁铁石英岩			必要
	岩石结构	不等粒变晶结构,片状构造、块状构造			次要
	成矿时代	太古宙			必要
	成矿环境	中成—浅成			必要
	构造背景	遵化-五台-太行山新太古代岩浆弧(Ⅲ级)滹沱古元古代裂谷带(Ⅳ级)			必要
矿床特征	矿石矿物	自然金、磁铁矿、褐铁矿、黄铁矿、赤铁矿、镜铁矿、菱铁矿,偶尔可见黄铜矿、自然铅、方铅矿、白铅矿			重要
	脉石矿物	石英,次为方解石、白云石、斜长石、绢云母、绿泥石			次要
	结构	粒状鳞片状变晶结构			次要
	构造	蜂窝状构造、块状构造			次要
	围岩蚀变	碳酸盐化、黄铁矿化、电气石化			次要
	矿床成因	该矿床赋存于五台岩群台怀业群柏枝岩岩组的磁铁石英层中,矿体的产出与形态严格受磁铁石英岩的控制,具有明显的层控特征和明显的岩石专属性。矿床成因类型为变质热液型矿床,与火山沉积作用和后期构造-变形热液活化作用关系密切			必要
	控矿条件	含铁岩系地层控制			必要
物探特征	磁测	1:5万航磁与矿床有明显关系			必要
	重力	重力异常无反映			不显示
化探特征	1:20万重砂异常	Ⅰ、Ⅱ级金矿物异常范围与矿床(点)套合一般			重要
	1:20万金异常	异常范围与矿床(点)及含铁岩系地层范围基本一致			必要

预测模型:将殿头金矿所在区域1:20万化探金异常、1:20万重砂金异常、1:5万航磁异常叠加在1:5万区域侵入岩建造构造图上,构成1:5万区域物探、化探、遥感综合异常图。添加矿区范围作为镶嵌图放在预测要素图右侧。反映了典型矿床所在位置的化探、重砂等预测要素特征。

7. 灵丘县料堰砂金矿

预测要素:料堰砂金矿为金盆式沉积型矿产,现代河床及沟谷是料堰砂金矿主要含矿部位,预测要素详见表3-4-7。

表 3-4-7 山西省灵丘县料堰砂金矿典型矿床预测要素一览表

预测要素		描述内容			预测要素分类
储量		0.921 953t	平均品位	Au：1.663g/m³	
特征描述		金盆式沉积型金矿床			
地质环境	地质概况	太古宇黑云斜长片麻岩、角闪斜长片麻岩、斜长角闪岩及第四系沉积物			重要
	岩石组合	黑云斜长片麻岩、角闪斜长片麻岩、斜长角闪岩及第四系沉积物			次要
	岩石结构	不等粒变晶结构，片麻状构造、块状构造			次要
	成矿时代	新生代			必要
	成矿环境	阶地、现代河床			必要
	构造背景	燕辽-太行岩浆弧(Ⅲ级)燕山-太行山北段陆缘火山岩浆弧(Ⅳ级)及五台-赞皇(太行山中段)陆缘岩浆弧(Ⅳ级)			重要
矿床特征	连生矿物	自然金常见连生矿物为石英，次为角闪石、石榴子石、磁铁矿等，偶见与云母连生			次要
	伴生重矿物	主要伴生矿物为磁铁矿、钛铁矿、石榴子石及角闪石			次要
	砂金粒度	从上游到下游逐渐变细，支沟较主沟细，有块金、粒金			次要
	砂金形态	不规则状、条状、板状、粒状、片状、枝状			次要
	矿床成因	冲积成因的河床砂金			重要
	控矿因素	与沟谷沉积物特征及砂金矿底板的岩石硬度有关，控制其富集深度			重要
物探特征	磁测	1:5万航磁与矿床无明显关系			不显示
	重力	重力异常无反映			不显示
化探特征	1:20万重砂异常	Ⅰ、Ⅱ、Ⅲ级金矿物异常范围与矿床(点)套合较好			重要
	1:20万金异常	异常范围与矿床(点)范围基本一致			必要

预测模型：将料堰砂金矿所在区域1:20万化探金异常、1:20万重砂金异常叠加在1:5万区域地貌与第四纪地质图上，构成1:5万区域物探、化探、遥感综合异常图。添加矿区范围作为镶嵌图放在预测要素图右侧。反映了典型矿床所在位置的化探、重砂等预测要素特征。

3.4.1.2 预测工作区预测模型

1. 岩浆热液型金矿塔儿山预测工作区

(1)成矿地质背景：吕梁山造山隆起带汾河构造岩浆活动带，塔儿山隆起，近NS向、NE向断裂破碎带是主要的控矿构造。

(2)成矿机制：①Au主要来源于基底太古宇变质岩系，本区燕山晚期的岩浆活动将基底岩石中的Au活化、迁移，并在后期热液中富集。②成矿流体主要为中高温岩浆热液。成矿温度250～395℃。③构造-岩浆活动使基底矿源层中的Au活化，进入岩浆，岩浆结晶作用后期，Au呈络合物进入热液迁移，在近NS向、NE向断裂破碎带中沉淀。

(3)成矿时代:中生代白垩世(130Ma左右)。

(4)矿体就位:在近NS向、NE向断裂破碎带中富集成矿。

(5)成矿作用:矿物的生成表现出多期、多阶段性,各成矿期或成矿阶段间不是截然分开的,它们在时间上是紧密相关、具一定的先后顺序的,反映出成矿的多阶段性,本矿床的形成主要经历了内生热液作用成矿期、表生氧化期二期成矿作用。内生热液作用成矿期分为早期含金硫化物-乳白色石英阶段、含金硫化物-烟灰色石英阶段、含金石英-重晶石阶段、含金黄金矿阶段等。

(6)找矿标志:含有石英褐铁矿脉的断裂破碎带、燕山晚期正长斑岩脉附近、1:1万金化探异常、已知矿点。具体见图3-4-2。

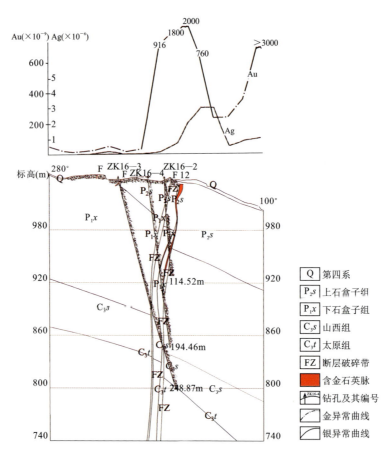

图3-4-2 山西省岩浆热液型金矿塔儿山预测工作区区域预测模型图

2. 岩浆热液型金矿紫金山工作区

(1)成矿地质背景:汾渭裂谷带临汾运城盆地的东北部,断裂破碎带是主要的控矿构造。

(2)成矿机制:①Au主要来源于基底太古界变质岩系,本区燕山晚期的岩浆活动将基底岩石中的Au活化、迁移,并在后期热液中富集。②成矿流体主要为中高温岩浆热液。成矿温度250~395℃。③构造-岩浆活动使基底矿源层中的Au活化,进入岩浆,岩浆结晶作用后期,Au呈络合物进入热液迁移,在近NS向、NE向断裂破碎带中沉淀。

(3)成矿时代:中生代白垩世(130Ma左右)。

(4)矿体就位:在断裂破碎带中富集成矿。

(5)成矿作用:矿物的生成表现出多期、多阶段性,各成矿期或成矿阶段间不是截然分开的,它们在时间上是紧密相关、具一定的先后顺序的,反映出成矿的多阶段性,本矿床的形成主要经历了内生热液作用成矿期、表生氧化期两期成矿作用。内生热液作用成矿期分为早期含金硫化物-黄铁矿石英阶段、含金碳酸盐岩-石英阶段等。

3. 岩浆热液型金矿中条山预测工作区

(1)成矿地质背景：中条-嵩山碰撞造山带中条山碰撞造山带的北部，断裂破碎带是主要的控矿构造。

(2)成矿机制：①Au主要来源于基底太古宇变质岩系，本区燕山晚期的岩浆活动将基底岩石中的Au活化、迁移，并在后期热液中富集。②成矿流体主要为中高温岩浆热液。成矿温度250～395℃。③构造-岩浆活动使基底矿源层中的Au活化，进入岩浆，岩浆结晶作用后期，Au呈络合物进入热液迁移，在近NS向、NE向断裂破碎带中沉淀。

(3)成矿时代：中生代白垩世（130Ma左右）。

(4)矿体就位：在断裂破碎带中富集成矿。

(5)成矿作用：矿物的生成表现出多期、多阶段性，各成矿期或成矿阶段间不是截然分开的，它们在时间上是紧密相关、具一定的先后顺序的，反映出成矿的多阶段性，本矿床的形成主要经历了内生热液作用成矿期、表生氧化期两期成矿作用。内生热液作用成矿期分为：早期含金硫化物-黄铁矿石英阶段、含金碳酸盐岩-石英阶段等。

4. 岩浆热液型金矿灵丘东北预测工作区

灵丘东北预测工作区燕山期石英斑岩、花岗闪长斑岩是金矿的成矿岩体，NW向断裂构造为主要控矿构造，是灵丘东北预测工作区岩浆热液型金矿成矿的必要条件。

岩浆热液型金矿可以引起化探异常，因此化探异常是重要的找矿标志。预测模型图（图3-4-3）中显示，化探异常与成矿岩体及成矿构造相吻合。可作为预测金矿、圈定预测区的必要条件。

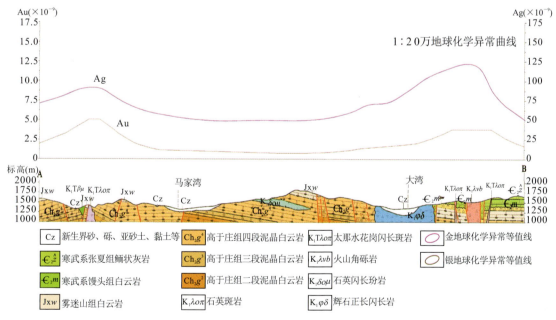

图3-4-3 山西省岩浆热液型金矿灵丘东北预测工作区区域预测模型图

5. 岩浆热液型金矿浑源东预测工作区

浑源东预测工作区燕山期石英斑岩、角砾岩是金矿的成矿岩体，NW向断裂构造为主要控矿构造，是浑源东预测工作区岩浆热液型金矿成矿的必要条件。

岩浆热液型金矿可以引起化探异常,因此化探异常是重要的找矿标志。预测模型图(图3-4-4)中显示,化探异常与成矿岩体及成矿构造相吻合。可作为预测金矿、圈定预测区的必要条件。

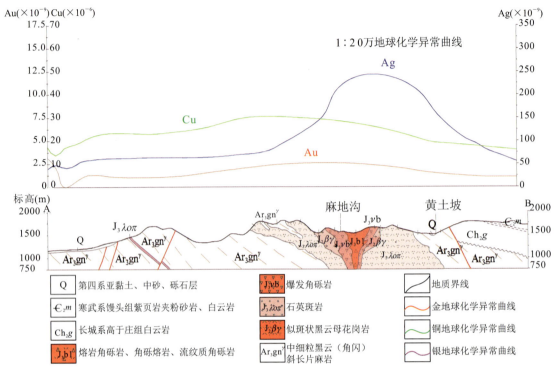

图3-4-4　山西省岩浆热液型金矿浑源东预测工作区区域预测模型图

6. 岩浆热液型金矿灵丘南山预测工作区

灵丘南山预测工作区燕山期石英斑岩、花岗闪长斑岩是金矿的成矿岩体,NW向断裂构造为主要控矿构造,是灵丘南山预测工作区岩浆热液型金矿成矿的必要条件。

岩浆热液型金矿可以引起化探异常,因此化探异常是重要的找矿标志。预测模型图(图3-4-5)中显示,化探异常与成矿岩体及成矿构造相吻合。可作为预测金矿、圈定预测区的必要条件。

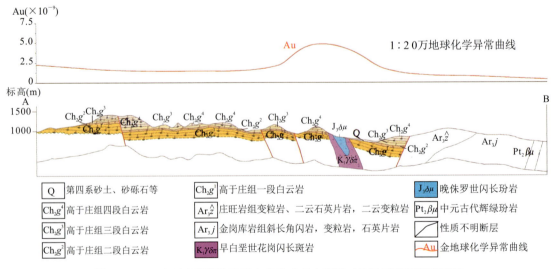

图3-4-5　山西省岩浆热液型金矿灵丘南山预测工作区区域预测模型图

7. 岩浆热液型金矿五台山-恒山预测工作区

五台山-恒山预测工作区燕山期石英斑岩、花岗斑岩、花岗闪长斑岩是金矿的成矿岩体,NW—NS 向断裂构造为主要控矿构造,是五台山-恒山预测工作区岩浆热液型金矿成矿的必要条件。

岩浆热液型金矿可以引起化探异常,因此化探异常是重要的找矿标志。预测模型图(图 3-4-6)中显示,化探异常与成矿岩体及成矿构造相吻合。可作为预测金矿、圈定预测区的必要条件。

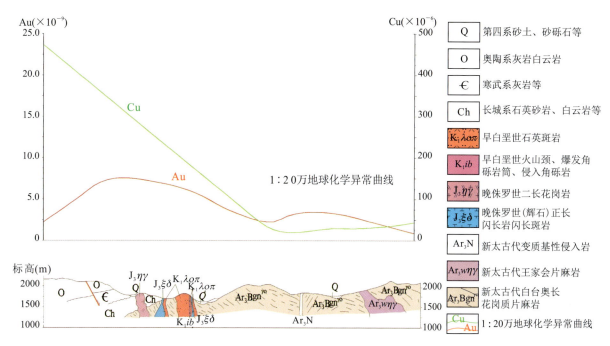

图 3-4-6 山西省岩浆热液型金矿五台山-恒山预测工作区区域预测模型图

8. 岩浆热液型金矿高凡预测工作区

高凡预测工作区,NW 向断裂构造为主要控矿构造,是五台山-恒山预测工作区岩浆热液型银金矿成矿的必要条件。

岩浆热液型银金矿可以引起化探异常,因此化探异常是重要的找矿标志。预测模型图(图 3-4-7)中显示,化探异常与成矿岩体及成矿构造相吻合。可作为预测银金矿、圈定预测区的必要条件。

9. 火山岩型阳高堡子湾预测工作区

火山岩型金矿可以引起化探异常,因此化探异常是重要的找矿标志。预测模型图(图 3-4-8)中显示,化探异常与成矿岩体及成矿构造相吻合。可作为预测金矿、圈定预测区的必要条件。

10. 花岗-绿岩带型金矿东腰庄预测工作区

东腰庄预测工作区太古界鸿门岩岩组地层是东腰庄预测工作区金矿的主要含矿建造,韧性剪切带是主要控矿构造,是东腰庄预测工作区花岗-绿岩带型金矿成矿的必要条件。

花岗-绿岩带型金矿可以引起化探异常,因此化探异常是重要的找矿标志。预测模型图(图 3-4-9)中显示,化探异常与含矿岩层及成矿构造相吻合。可作为预测金矿、圈定预测区的必要条件。

11. 花岗-绿岩带型金矿康家沟预测工作区

太古界柏枝岩岩组含铁岩系地层是康家沟预测工作区金矿的主要含矿建造,在区域航磁、化探异常方面具有重要特性,可以引起化探异常,是重要的找矿标志。预测模型图中显示,航磁异常、化探异常与含矿岩层及成矿构造相吻合。可作为预测金矿、圈定预测区的主要要素。

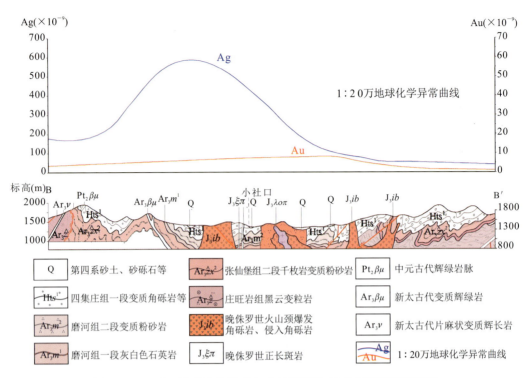

图3-4-7 山西省岩浆热液型金矿高凡预测工作区区域预测模型图

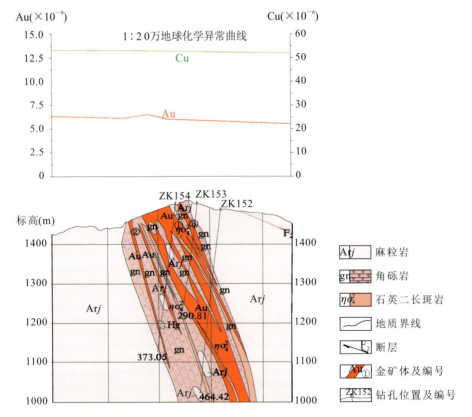

图3-4-8 山西省岩浆热液型金矿阳高堡子湾预测工作区区域预测模型图

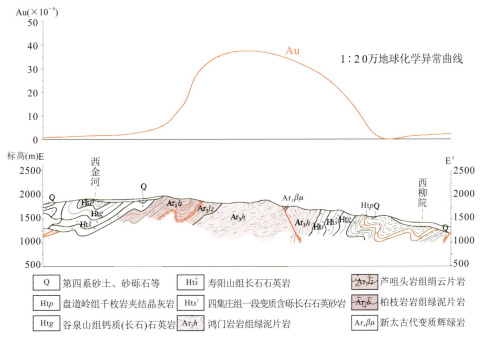

图 3-4-9　山西省花岗-绿岩带型金矿东腰庄预测工作区区域预测模型图

12. 金盆式沉积型金矿灵丘北山预测工作区

根据对预测区已知矿床(点)地质特征的分析，现代河床及沟谷是灵丘北山砂金矿主要含矿部位，常见伴生重矿物为磁铁矿、钛铁矿、石榴子石等，但不能根据重矿物组合关系来判断含金是否富集，并综合分析物探、化探、遥感、重砂等资料，确定含矿部位、重砂、化探异常为必要的预测要素。预测模型图（图 3-4-10）中显示，化探异常与含矿岩层及成矿构造相吻合。可作为预测金矿、圈定预测区的主要要素。

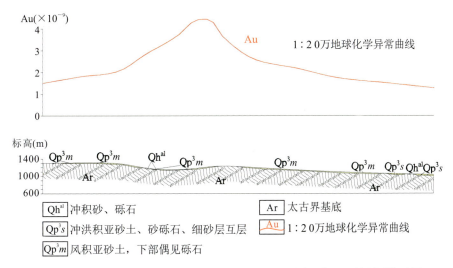

图 3-4-10　山西省金盆式沉积型金矿灵丘北山预测工作区区域预测模型图

13. 金盆式沉积型金矿垣曲预测工作区

根据对预测区已知矿床(点)地质特征的分析,现代河床及沟谷是垣曲金矿主要含矿部位,综合分析物探、化探、遥感、自然重砂等资料,确定含矿部位、重砂、化探异常为必要的预测要素,预测模型图(图3-4-11)中显示,化探异常与含矿岩层及成矿构造相吻合。可作为预测金矿、圈定预测区的主要要素。

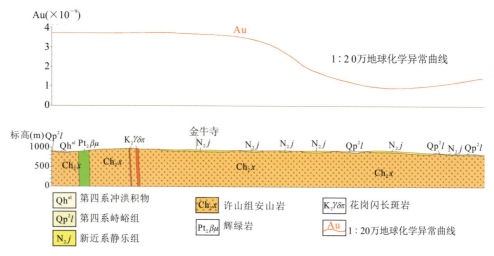

图3-4-11 山西省金盆式沉积型金矿垣曲预测工作区区域预测模型图

3.4.2 预测方法类型确定及区域预测要素

山西省金矿的预测类型按"全国重要矿产和区域成矿规律研究"的《重要矿产预测类型划分方案》划分为岩浆热液型、火山岩型、花岗-绿岩带型和沉积型4类,分别归属于复合内生型、火山岩型、变质型和沉积型4种预测方法类型;共选定7个典型矿床,划分了13个预测工作区,以下按预测方法类型对预测工作区区域预测要素分别进行表述。

3.4.2.1 岩浆热液型金矿

1. 预测区地质构造专题底图及特征

1)地质构造专题底图编制

岩浆热液型金矿选用侵入岩浆建造构造图作为预测底图,其编制的主要工作过程按照全国矿产资源潜力评价项目办的有关要求进行。总体工作过程为在1:25万建造构造图的基础上,补充1:5万区调资料以及有关科研专题研究资料,细化含矿岩石建造与构造内容,按预测工作区范围编制各类地质构造专题底图和侵入岩浆建造图。其整个工作过程可细化为如下几步。

第一步:确定编图范围与"目的层"。

编图范围是由金矿预测组在地质背景组提供的1:25万建造构造图的基础上根据预测工作区成矿特征,以地质背景研究为基础,结合物探、化探、遥感研究成果确定的。

"目的层"的确定是在典型矿床研究的基础上,根据成矿预测要素认为中生代侵入岩与古生界是区内重要的含矿岩石,故选择中生代侵入岩与古生界作为本次编图的"目的层"。

第二步:整理地质图,形成地质构造专题底图的过渡图件。

第三步:编制侵入岩浆建造构造图初步图件。

突出表达目的层,对基本层进行简化处理或淡化处理,突出成矿要素。补充细化 1∶25 万建造构造图中有关侵入岩浆建造与成矿有关的沉积地层、沉积建造的内容,编制附图(角图)。

第四步:图面整饰、属性录入建库,编写说明书。

2) 地质背景特征

(1) 塔儿山预测工作区。

预测工作区大地构造位置位于华北叠加造山-裂谷带吕梁山造山隆起带汾河构造岩浆活动带。

区内地质情况相对比较简单,新生界大面积分布,基岩出露少,地层从老到新依次为寒武系、奥陶系、石炭系、二叠系、三叠系,其中以奥陶系为主。

区内以断裂构造为主,褶皱不发育。其中断裂构造在预测区的北东部最为发育,总体上以发育NE—NS向断裂为主。另外在预测区南部断裂构造也较发育,以 NE 向、NW 向断裂为主。因区内主要为新生界,褶皱构造不明显。

侵入岩较发育,其时代为新太古代、中元古代及中生代。其中新太古代为区内最老的侵入岩,其原岩为二长花岗岩类,受后期变质变形的改造,成为角闪黑云二长片麻岩;中元古代主要为辉绿岩墙(脉)群;中生代侵入岩是区内分布最广、与成矿关系最密切的岩浆岩,主要分布于塔儿山—二峰山一带,其余地段仅零星出露,其岩性较复杂,主要分为闪长岩类、二长岩类和正长岩类。

(2) 紫金山预测工作区。

预测工作区位于汾渭裂谷带临汾运城盆地的东北部。

地质情况相对比较简单,新生界大面积分布,基岩出露少,地层从老到新依次为寒武系辛集组、馒头组、张夏组。

工作区总体构造格架形成于中生代燕山期,燕山期构造运动控制了工作区的基本构造轮廓。预测区内以断裂构造为主。其中断裂构造在预测区的北东部最为发育,总体上以发育 NEE—EW 向断裂为主。另外在预测区北部断裂构造也较发育,以 NS 向、NW 向断裂为主。因区内主要为新生界,所以褶皱构造不明显。

侵入岩较发育,其时代为新太古代、中元古代及中生代。其中新太古代岩浆岩为区内最老的侵入岩,其原岩为二长花岗岩类,受后期变质变形的改造,成为角闪黑云二长片麻岩;中元古代主要为辉绿岩墙(脉)群;中生代主要为长石斑岩脉。

(3) 中条山预测工作区。

预测工作区位于中条-嵩山碰撞造山带中条山碰撞造山带的北部。

区内地层从老到新分布有新太古界、古元古界、中元古界、新元古界、下古生界、上古生界、新生界等。

新太古界柴家窑岩组,多分布于中条山北坡,为一套斜长角闪岩-黑云变粒岩-大理岩变质建造,数量少,分布范围有限,多以包体形式赋存于新太古代变质侵入体中。岩性组合为斜长角闪岩、变粒岩、磁铁石英岩、变质超铁镁质岩及蛇纹石化大理岩。

古元古界中条群角度不整合于新太古代变质侵入岩之上,主要分布于垣曲县的老君庙、锥子山一带,主要出露中条群的余元下组、篦子沟组、余家山组、温峪组、武家坪组、陈家山组等,主要为一套变质碳酸盐岩-碎屑岩建造。

区内中元古界分布比较广泛,沿中条山南东侧不同程度均有分布,主要有长城系熊耳群马家河组,为一套火山岩建造;汝阳群的云梦山组、白草坪组、北大尖组、崔庄组、洛峪口组,为一套碎屑岩-碳酸盐岩沉积建造;蓟县系的龙家园组,为一套灰色白云岩建造。

新元古界主要为震旦系的罗圈组冰碛砾岩建造,分布较为局限,厚度小,仅于虞乡镇水幽一带有出露。

下古生界寒武系—奥陶系主要出露于预测区的南部。

区内五台期构造以 NW-SE 向的伸展剪切为主,形成均一化的片麻理构造、眼球状构造韧性剪切带及小型流变褶皱。吕梁期以 NW-SE 向的压缩和差异升降的掀斜作用为主,形成中条群的中厚层韧性剪切、紧闭同斜褶皱、叠瓦状逆冲断层-韧性推覆断层及中元古代的单斜构造和脆性正断层。总体构造格架形成于中生代燕山期,燕山期构造运动控制了工作区的基本构造轮廓。构造线方向以 NE 向和近 EW 向为主,发育 NE 向、近 EW 向断裂、褶皱,构造形态极为复杂,以中条山山前大断裂为界,控制着不同的构造单元。新生代喜马拉雅期构造表现也较为强烈。

侵入岩较发育,主要有新太古代和古元古代的变质深成侵入岩。中生代侵入岩主要分布于中条山北麓的相家窑和平陆县东的三门镇一带。

(4)灵丘东北预测工作区。

预测工作区大地构造位置位于燕辽-太行岩浆弧(Ⅲ级)燕山-太行山北段陆缘火山岩浆弧(Ⅳ级)。

区内地质情况相对比较简单,从老到新分布的地层有新太古界、中元古界、新元古界、下古生界、中生界、新生界等。新太古界出露范围小,以五台岩群石咀亚岩群为主体,石咀亚岩群包括金岗库岩组、庄旺岩组;中元古界长城系仅出露有高于庄组、蓟县系杨庄组、雾迷山组,其主体岩性为含燧石结核白云岩夹碎屑岩;新元古界青白口系望狐组、云彩岭组,呈平行不整合发育在长城系高于庄组、蓟县系雾迷山组之上,主体为滨岸冲积扇相和前滨、临滨亚相的陆源碎屑岩沉积建造;下古生界在预测区内主体为一套陆源碎屑岩-碳酸盐岩建造,主要岩石地层单位有寒武系馒头组、张夏组、崮山组和寒武系—奥陶系炒米店组及奥陶系冶里组、三山子组;中生界出露地层为下白垩统张家口组,受后期风化剥蚀,保存面积较小。新生界分布在山间盆地中,为一套风积及现代河流松散堆积物。

构造相对比较简单,以断裂构造为主,褶皱不发育。其中以 NW-SE 向张性断裂为主。

新元古代、中生代侵入岩最为发育,与金矿关系最密切的为花岗闪长斑岩,岩体规模一般较小,呈岩株、岩枝状产出。

(5)浑源东预测工作区。

预测工作区大地构造位置位于燕辽-太行岩浆弧(Ⅲ级)燕山-太行山北段陆缘火山岩浆弧(Ⅳ级)。

地质情况相对比较简单,从老到新分布的地层有中元古界、下古生界、上古生界、中生界、新生界等。中元古界长城系仅出露有高于庄组,其主体岩性为含燧石结核白云岩;下古生界在预测区内主体为一套陆源碎屑岩-碳酸盐岩建造,主要岩石地层单位有寒武系馒头组、张夏组、崮山组和寒武系—奥陶系炒米店组及奥陶系冶里组、三山子组;上古生界出露地层为太原组、山西组、石盒子组;中生界出露地层为侏罗系髫髻山组、土城子组,下白垩统大北沟组、左云组,受后期风化剥蚀,保存面积较小。新生界分布在山间盆地中,为一套风积及现代河流松散堆积物。

区内构造相对比较简单,以断裂构造为主,褶皱不发育。其中以 NW-SE 向张性断裂为主。

预测工作区侵入岩较发育,其时代包括新太古代、古元古代、中元古代、中生代,中生代侵入岩最为发育,与金矿关系最密切的为花岗闪长斑岩,岩体规模一般较小,呈岩株、岩枝状产出。

(6)灵丘南山预测工作区。

预测工作区大地构造位置位于燕辽-太行岩浆弧(Ⅲ级)燕山-太行山北段陆缘火山岩浆弧(Ⅳ级)。

区内地质情况相对比较简单,从老到新分布的地层有新太古界、中元古界、下古生界、新生界等,新太古界以五台岩群石咀亚岩群为主体,石咀亚岩群包括金岗库岩组、庄旺岩组、文溪岩组、老潭沟岩组、滑车岭岩组,原岩为一套富铝泥砂质岩-基性火山岩-中酸性火山岩夹硅铁建造,变质程度达低角闪岩相—高绿片岩相;中元古界长城系出露有高于庄组,大面积分布,其主体岩性为含燧石结核白云岩;下古生界在预测区内仅局部出露有张夏组;新生界分布在山间盆地中,为一套风积及现代河流松散堆积物。

预测区内构造相对比较简单,以断裂构造为主,褶皱不发育。其中以 NW-SE 向张性断裂为主。

侵入岩时代有新太古代、中元古代、中生代,其中中生代侵入岩最为发育,与金矿关系最密切的为早白垩世花岗闪长斑岩,岩体规模一般较小,呈岩株、岩枝状产出。

(7) 五台山-恒山预测工作区。

预测工作区大地构造位置位于燕辽-太行岩浆弧(Ⅲ级)五台-赞皇(太行山中段)陆缘岩浆弧(Ⅳ级)。

区内地质情况较复杂,从老到新分布的地层有新太古界、古元古界、中元古界、下古生界、上古生界、新生界等。新太古界以五台岩群石咀亚岩群为主体,还出露有阜平岩群(榆林坪组)及恒山董庄表壳岩。石咀亚岩群包括金岗库岩组、庄旺岩组、文溪岩组、老潭沟岩组、滑车岭岩组,原岩为一套富铝泥砂质岩-基性火山岩-中酸性火山岩夹硅铁建造,变质程度达低角闪岩相—高绿片岩相,其中金岗库岩组、文溪岩组是形成沉积变质型铁矿床的含矿层位。

古元古界滹沱系敦家寨亚群四集庄组、谷泉山组呈角度不整合发育在五台岩群之上,总体为一套浅变质的碎屑岩建造。

中元古界长城系—蓟县系、新元古界青白口系、下古生界寒武系—奥陶系,呈角度不整合发育在早前寒武纪变质岩之上,为一套陆源碎屑岩-碳酸盐岩建造;上古生界石炭系—二叠系呈平行不整合发育在奥陶系马家沟组之上,为一套铁铝岩-含煤碎屑岩-碳酸盐岩建造;新生界大面积分布在恒山及灵丘山间盆地中,古近系为繁峙组玄武岩,新近系、第四系为一套河湖相、风积及现代河流松散堆积物。

预测区内褶皱、断裂均发育,断裂走向可见 NW 向、NNE 向、NS 向,其中 NS 向压扭性断裂为区内主要赋矿构造。

预测区侵入岩发育,侵入岩时代由早到晚为新太古代、古元古代、中元古代、新元古代、中生代、新生代。其中与成矿关系最密切的为中生代早白垩世中酸性侵入岩。

(8) 高凡预测工作区。

预测工作区大地构造位置位于燕辽-太行岩浆弧(Ⅲ级)五台-赞皇(太行山中段)陆缘岩浆弧(Ⅳ级)。

区内地质情况较复杂,从老到新分布的地层有新太古界、古元古界、新生界等,新太古界以五台岩群为主体。五台岩群可三分为石咀亚岩群、台怀亚岩群、高凡亚群。石咀亚岩群包括金岗库岩组、庄旺岩组,原岩为一套富铝泥砂质岩-基性火山岩-中酸性火山岩夹硅铁建造,变质程度达低角闪岩相—高绿片岩相,其中金岗库岩组是形成沉积变质型铁矿床的含矿层位;台怀亚岩群包括柏枝岩岩组、芦芽头岩组、鸿门岩岩组,原岩为一套基性火山岩-中酸性火山岩夹硅铁建造,变质程度达低绿片岩相,其中柏枝岩岩组是形成沉积变质型铁矿床的含矿层位;高凡亚群包括张仙堡组、磨河组、鹁口前组,原岩为一套石英砂岩-粉砂岩-泥岩-基性火山岩建造,变质程度达低绿片岩相。

古元古界滹沱系敦家寨亚群四集庄组呈角度不整合发育在五台岩群之上,总体为一套浅变质的碎屑岩建造。

新生界第四系分布在山间盆地中,为一套河湖相、风积及现代河流松散堆积物。

预测区内褶皱、断裂均发育,其中 NW 向断裂最发育,在 NW 向断裂边侧发育有 NWW 向的次级断裂。预测区内还可见一组 NEE 向断裂,NW 向与 NEE 向断裂交叉部位为该区控岩构造,另尚有以裂隙形式体现的 NNE 向断裂,亦属控岩控矿构造之一。

预测区侵入岩发育,侵入岩时代由早到晚为新太古代、古元古代、中元古代、新元古代、中生代、新生代。其中与成矿关系最密切的为中生代晚侏罗世中酸性侵入岩。

2. 物探特征

由于本次预测岩浆热液型金矿,磁测、重力特征反映不明显,仅在推断构造及岩体方面有一定作用,但大多与地质方面资料套合,因此,不进行详细论述。

3. 化探特征

在本次岩浆热液型金矿预测工作中,主要运用了1∶20万地球化学异常图层资料,其数据来源于1∶20万水系沉积物测量的数据。其中塔儿山预测工作区还运用了1∶1万水系沉积物加密测量异常,紫金山预测工作区运用了1∶1万岩石化探测量异常。

由于化探多为1∶20万资料,工作程度低,在典型矿床范围内显示不明显。在预测工作区内,本次圈定最小预测区时参考了组合异常及综合异常,并在预测时将化探金、银、铜等异常作为主要预测要素,其与金矿床较为套合。

4. 遥感特征

遥感矿产地质特征与近矿找矿标志解译及遥感铁染异常在预测工作区上有一定的反映,但遥感解译的线性构造及环状构造与预测区内已知构造岩体较为吻合,本次预测工作中,为了避免预测要素的重复,仅运用遥感作为参考。例如五台山-恒山预测工作区在预测要素选择上,义兴寨主要控矿构造为近南北向次级断裂,本次遥感解译工作,仅解译出了EW向及NE向区域构造。遥感圈定最小预测区太大,不能对我们本次圈定最小预测区起到优选缩小的作用,但可作为成矿远景区划分的参考条件。

5. 重砂特征

塔儿山预测工作区:根据预测类型以及预测区矿物组合特征,对该预测区选择了金矿物、铜矿物(黄铜矿+蓝铜矿+孔雀石)和铅矿物(方铅矿+白铅矿+钼铅矿)分别作了单矿物和组合矿物异常图,并作了综合异常图,共圈出4个异常,其中Ⅰ类异常2个,Ⅱ类异常2个。根据单矿物(组合矿物)异常图以及综合异常图,可以看出襄汾县四家湾地区金矿类型较全,东峰顶、金贝沟和四家湾均很发育而且区内还发育多个金矿床、矿点,并伴生铜、铅,所以该异常区是一个重要的找矿区域。

紫金山预测工作区:根据预测类型以及预测区矿物组合特征,对该预测区我们选择了金矿物作单矿物异常图,共圈出2个Ⅱ类异常。综合分析发现侯马市李家山金矿物重砂异常是一个具有岩浆热液型金矿成矿条件的矿致异常,有一定的价值。

中条山预测工作区:根据预测类型以及预测区矿物组合特征,选择了金矿物和黄铁矿分别作了单矿物异常图,并作了综合异常图,共圈出17个异常,其中Ⅰ类异常6个,Ⅱ类异常8个,Ⅲ类异常3个。

灵丘北山预测工作区:根据预测类型以及预测区矿物组合特征,选择了金矿物和铅矿物(白铅矿+钒铅锌矿+钼铅矿+方铅矿)分别作了单矿物和组合矿物异常图,并作了综合异常图,共圈出8个异常,其中Ⅰ类异常4个,Ⅱ类异常1个,Ⅲ类异常3个。灵丘县苟庄子—太那水地区断裂构造破碎带发育,并有爆破角砾岩筒以及岩体侵入,区内发现有金矿床、矿点,是重要的研究区域。

浑源东预测工作区:根据预测类型以及预测区矿物组合特征,选择了金矿物作单矿物异常图,共圈出1个Ⅰ类异常,该异常是一个很有远景的金、多金属成矿异常。

灵丘南山预测工作区:根据预测类型以及预测区矿物组合特征,选择了金矿物、黄铁矿和铅矿物(方铅矿+白铅矿+磷氯铅矿+钼铅矿)分别作了单矿物和组合矿物异常图,并作了综合异常图,共圈出6个异常,其中Ⅰ类异常2个,Ⅱ类异常2个,Ⅲ类异常2个。灵丘县刘庄位于长城系高于庄组白云岩层中,在该地层中有一个由中酸性熔岩、角砾熔岩及次火山斑岩构成的火山机构,伴有矽卡岩化的铁、金矿化,而且外围还有铅的异常,因此对于找矿有一定的价值。

五台山-恒山预测工作区:根据预测类型以及预测区矿物组合特征,选择了金矿物(自然金+黑稀金矿)、铜矿物(黄铜矿+孔雀石+铜蓝+自然铜+蓝铜矿)和铅矿物(方铅矿+白铅矿+金属铅+铅族+钼铅矿)分别作了组合矿物异常图,并作了综合异常图,共圈出33个异常,其中Ⅰ类异常12个,Ⅱ类异常10个,Ⅲ类异常11个。该预测工作区范围比较大,岩浆活动强烈,构造发育,金矿床、矿点分布较多,应县三条岭—繁峙义兴寨,灵丘县寒水、陡岭沟、老潭沟,繁峙县磨峪沟、伯强、庄旺等地都是非常有利的成矿远景区。

高凡预测工作区:根据预测类型以及预测区矿物组合特征,选择了金矿物和铜矿物(黄铜矿+孔雀石+自然铜+蓝铜矿)分别作了单矿物和组合矿物异常图,并作了综合异常图,共圈出5个异常,其中Ⅰ类异常2个,Ⅱ类异常1个,Ⅲ类异常2个。预测区金矿物异常分布于五台岩群高凡亚群变质碎屑岩中,中生代构造-岩浆活动强烈,滩上酸性杂岩体出露在异常区内,伴有金、银、钼矿化,区内发育有高凡银金矿。

山西省岩浆热液型金矿区域预测要素一览见表3-4-8。

表3-4-8 山西省岩浆热液型金矿区域预测要素一览表

预测要素		要素描述	要素分类
成矿时代		中生代	必要
大地构造位置		燕辽-太行岩浆弧(Ⅲ级)五台-赞皇(太行山中段)陆缘岩浆弧(Ⅳ级)	重要
矿床成因		与燕山期中酸性浅成—超浅成(或次火山岩)有关的中偏低温热液充填金-多金属石英脉型矿床	重要
变质建造/变质作用	地层名称	王家会片麻状变质二长花岗岩、峨口片麻状变质二长花岗岩、北台奥长花岗质片麻岩、石佛花岗闪长质片麻岩、义兴寨英云闪长质片麻岩、滑车岭岩组、老潭沟岩组、文溪岩组、庄旺岩组、金岗库岩组	次要
	岩石组合	片麻状变质二长花岗岩、斑状变质二长花岗岩、片麻状变质花岗岩、黑云斜长片麻岩、黑云角闪斜长片麻岩、角闪斜长片麻岩、斜长角闪岩等	次要
	岩石结构	斑状结构、粒状结构	次要
侵入岩构造	岩体名称	石英斑岩、花岗斑岩、花岗闪长斑岩等	必要
	岩石结构	斑状结构、似斑状结构,基质显微粒状结构等	重要
	岩石构造	块状构造、流纹构造等	次要
	岩体影响范围	500~1000m	重要
	岩浆构造旋回	燕山旋回	重要
成矿构造		NW—NS向断裂构造	重要
成矿环境		中成—浅成	必要
矿体特征	形态产状	形态严格受破碎带控制,主要为单脉状、网状、复脉状、透镜状	重要
	规模	中型矿床	重要
	矿石结构	自形—半自形粒状结构,碎裂、压碎结构,填隙结构,包含结构	次要
	矿石构造	梳状构造、块状构造、脉状构造、网脉状构造、条带状构造、浸染状构造、蜂窝状构造、角砾状构造	次要
	矿石矿物组合	银金矿、自然金、角银矿、含银方铅矿、黄铁矿、黄铜矿、纤铁矿、闪锌矿、方铅矿	重要
	蚀变组合	硅化、绢云母化、绿泥石化、碳酸盐化	必要
	控矿条件	断裂破碎带	必要
物探特征	磁测	1:5万航磁与矿床无明显关系	不显示
	重力	重力异常无反映	不显示

续表 3-4-8

预测要素		要素描述	要素分类
化探特征 1∶20万	重砂异常	金矿物异常范围与矿床(点)套合较好	重要
	金异常	异常范围与矿床(点)及岩体范围基本一致	必要
	铜异常	异常范围与矿床(点)及岩体范围基本一致	必要
遥感	线性构造	区内工作程度较高,遥感解译的线性构造与地质实测和推断基本一致	次要

3.4.2.2 火山岩型金矿

1. 预测区地质构造专题底图及特征

1）地质构造专题底图编制

火山岩型金矿选用侵入岩浆建造构造图作为预测底图,其编制的主要工作过程是按照全国矿产资源潜力评价项目办的有关要求进行。总体工作过程为在1∶25万建造构造图的基础上,补充1∶5万区调资料以及有关科研专题研究资料,细化含矿岩石建造与构造内容,按预测工作区范围编制各类地质构造专题底图和侵入岩浆建造图,具体编图步骤同岩浆热液型金矿。

2）地质背景特征

（1）阳高堡子湾预测工作区。

预测工作区大地构造位置位于燕辽-太行岩浆弧（Ⅲ级）燕山-太行山北段陆缘火山岩浆弧（Ⅳ级）。

预测工作区内出露地层简单,主要为中生界白垩系和新生界新近系、第四系。

白垩系局部出露,为一套陆相碎屑岩及含煤碎屑岩建造。新生界大面积分布,新近系上新统为一套陆源碎屑岩建造。第四系由松散堆积物组成。

预测区内构造以断裂为主,走向以NNE向、NW向为主。

预测区侵入岩发育,侵入岩时代由早到晚为新太古代、古元古代、中元古代、中生代。其中与成矿关系最密切的为中生代侏罗世浅成侵入岩。

海西期岩浆岩是本区主要侵入岩,以酸性及中酸性岩石为主,包括二长花岗岩、石英二长（斑）岩、正长石英斑岩、石英斑岩及闪长玢岩等。堡子湾隐爆角砾岩由两部分组成,即以二长花岗岩为主要成分的爆破角砾岩和以麻粒岩为主要成分的震碎及坍塌角砾岩,以及隐爆后期形成的热液注入角砾岩。堡子湾隐爆角砾岩主要由爆破角砾岩和震碎角砾岩构成岩筒。在岩筒的南北两侧可见到由震碎角砾岩形成的震碎带,在地表出露宽10～20m。

2. 物探特征

由于本次预测区内为火山岩型金矿,物探特征反映不明显,仅在推断构造及岩体方面有一定作用,但大多与地质方面资料套合,因此,不进行详细论述。

3. 化探特征

在本次火山岩型金矿预测工作中,主要运用了1∶20万地球化学异常资料,其数据来源于1∶20万水系沉积物测量的数据。

由于化探多为1∶20万资料,工作程度低,在典型矿床范围内显示不明显。因此在预测工作区内,本次圈定最小预测区时参考了组合异常及综合异常,并在预测时将化探金、铜异常作为主要预测要素,其与金矿床较为套合。

4. 遥感特征

遥感矿产地质特征与近矿找矿标志解译及遥感铁染异常在预测工作区上有一定的反映,但遥感解译的线性构造及环状构造与预测区内已知构造岩体较为吻合,本次预测工作中,为了避免预测要素的重复,遥感仅作为参考。

5. 重砂特征

根据预测类型以及预测区矿物组合特征,选择了金矿物、黄铁矿和铅矿物分别作了单矿物和组合矿物异常图,并作了综合异常图,共圈出9个异常,其中Ⅰ类异常2个,Ⅱ类异常3个,Ⅲ类异常4个。阳高县石窑沟地区既有金矿物异常又有黄铁矿和铅矿物异常,异常区主要出露太古宇集宁岩群表壳岩,NE和NW向的海西期花岗岩、石英斑岩及爆破角砾岩、煌斑岩脉群发育,片麻岩中构造以张性断裂为主。集宁岩群岩石金丰度较高,是潜在的矿源层,海西期岩浆岩为含金源岩,控矿构造和围岩蚀变发育,异常的西边是堡子湾金矿床所在地,具有重要的找矿指示意义。阳高县九对沟地区也有黄铁矿和铅矿物,地质背景和石窑沟完全一致,堡子湾金矿床位于该异常区的东边,也具有较为重要的找矿指示意义。

山西省火山岩型金矿阳高堡子湾预测工作区区域预测要素见表3-4-9。

表3-4-9 山西省火山岩型金矿阳高堡子湾预测工作区区域预测要素一览表

预测要素		要素描述	要素分类
成矿时代		中生代	必要
大地构造位置		燕辽-太行岩浆弧(Ⅲ级)燕山-太行山北段陆缘火山岩浆弧(Ⅳ级)	重要
矿床成因		中太古界集宁岩群,是一套中深度—深度变质的上地壳岩和花岗质岩石建造,金矿体主要产在隐伏花岗斑岩上部的角砾岩体内,以及角砾岩与围岩接触带和二长花岗岩体裂隙带中	必要
侵入岩构造	岩体名称	二长质隐爆角砾岩、石英斑岩、钾镁煌斑岩	必要
	岩石结构	斑状结构、细晶结构、煌斑结构	次要
	岩石构造	块状构造、角砾状构造	次要
	岩体影响范围	500～1000m	重要
	岩浆构造旋回	燕山旋回	重要
成矿构造		NEE向断裂构造	重要
成矿环境		深断裂、次火山机构中	必要
矿体特征	形态产状	形态严格受破碎带控制,主要为不规则复脉状、透镜状	重要
	规模	小型矿床	重要
	矿石结构	交代结构,交代残余结构,包含结构,它形粒状、自形—半自形粒状结构,溶蚀结构,共结边结构	次要
	矿石构造	角砾状构造、复合角砾状构造、浸染状构造、细脉状构造、网脉状构造、蜂窝状构造、团块状构造、块状构造	次要
	矿石矿物组合	银金矿、自然金、自然银、辉银矿、黄铁矿、黄铜矿、方铅矿、闪锌矿、磁黄铁矿、辉铜矿、磁铁矿	重要
	蚀变组合	白云母化、绢云母化、高岭土化及绿泥石化、碳酸盐化组合	必要
	控矿条件	断裂破碎带、角砾岩	必要

续表 3-4-9

预测要素		要素描述	要素分类
物探特征	磁测	1:5万航磁与矿床无明显关系	不显示
	重力	重力异常无反映	不显示
化探特征	1:20万重砂异常	Ⅰ、Ⅱ级金矿物异常范围与矿床(点)套合较好	重要
	1:20万金异常	异常范围与矿床(点)及岩体范围基本一致	必要
	1:20万铜异常	异常范围与矿床(点)及岩体范围基本一致	必要
遥感	线性构造	区内工作程度较高,遥感解译的线性构造与地质实测和推断基本一致	次要

3.4.2.3 花岗-绿岩带型金矿

1. 预测区地质构造专题底图及特征

1) 地质构造专题底图编制

花岗-绿岩带型金矿选用变质建造构造图作为预测底图,其编制过程是按照全国矿产资源潜力评价项目办的有关要求进行。总体工作过程是在1:25万建造构造图的基础上,充分利用了1:5万区调资料,补充1:20万区域地质矿产调查资料以及有关科研专题研究资料,细化含矿岩石建造与构造内容,按预测工作区范围编制各类地质构造专题底图和变质建造构造图。其整个工作过程可细化为如下几步。

第一步:确定编图范围与"目的层"。

根据区内含矿层地质特征和分布特征,以地质背景研究为基础,结合重力、磁测、遥感研究成果确定编图范围;选择五台岩群台怀亚岩群作为本次编图的"目的层"。

第二步:提取相关图层,形成地质构造专题底图的过渡图件。

在上述图件的基础上按照编图范围进行工程裁剪,形成工作底图,在该裁剪图件上提取(分离)相关图层,主要是目的层五台岩群台怀亚岩群及相关地质体五台期变质深成侵入岩,及目的层上层位滹沱系。为了突出表达目的层,对目的层进行了着色和填充建造花纹的处理,而对其他地质体进行归并简化并淡化处理。

第三步:补充增加相关的成矿要素内容及图层。

第四步:编制附图(角图)。

第五步:补充重力、磁测、遥感地质构造推断的成果,形成最终图件。

第六步:图面整饰、属性录入建库,编写说明书。

2) 地质背景特征

(1)东腰庄预测工作区。

预测工作区大地构造位置位于遵化-五台-太行山新太古代岩浆弧(Ⅲ级)阜平新太古代岛弧带(Ⅳ级);向西经历了古元古代构造强烈叠加改造,大地构造单元属滹沱古元古代裂谷带(Ⅳ级)。

从老到新分布的地层有新太古界、古元古界、下古生界、新生界等。新太古界以五台岩群台怀亚岩群为主体,是本次预测东腰庄花岗-绿岩带型金矿的含矿变质地层单元。台怀亚岩群包括柏枝岩岩组、芦咀头岩组、鸿门岩岩组,原岩为一套基性火山岩-中酸性火山岩夹硅铁建造,变质程度达低绿片岩相,其中鸿门岩岩组是形成花岗-绿岩带型金矿床的含矿层位。古元古界滹沱系豆村群呈角度不整合发育在五台岩群之上,豆村群包括四集庄组、寿阳山组、木山岭组、谷泉山组、盘道岭组、神仙垴组、南大贤组,总体为一套浅变质的碎屑岩-碳酸盐岩夹基性火山岩建造。下古生界奥陶系,呈角度不整合发育在早前寒武纪变质岩之上,为一套碳酸盐岩建造;新生界第四系为一套河湖相、风积及现代河流松散堆积物。

区内发育有不同时代的构造形迹,其中对本次变质热液型金矿预测影响最大的为五台期、吕梁期构造,其次为燕山期、喜马拉雅期构造。五台期的构造形成于五台晚期造山运动过程,以紧闭褶皱和逆冲推覆型韧性剪切带发育为特征,形成 NEE 向线性构造带和一系列构造岩片。五台山中央韧性剪切带是花岗-绿岩带南北两个巨型岩片的碰撞造山拼合带,北部岩片包括恒山金岗库岩组及花岗质岩石在内,呈一系列近平行产出的褶皱束;南部岩片形成鸿门岩、吐搂-洞沟门倒转向斜和一系列次级韧性剪切带。区内中生代燕山期以 NW 向正断层和逆冲断层为主,对预测金矿层有不同程度的错断;新生代喜马拉雅期构造表现也较为强烈,主要为忻定盆地的五台山北坡断裂、太和岭口断裂,这些断裂均具有继承性、迁移性和新生性等特征,不同程度上控制了预测金矿层的地表出露。

预测区侵入岩较发育,新太古代五台期中酸性侵入岩与五台岩群一起构成了典型的花岗-绿岩带。

(2)康家沟预测工作区。

预测区大地构造位置位于遵化-五台-太行山新太古代岩浆弧(Ⅲ级)的阜平新太古代岛弧带(Ⅳ级);向西经历了古元古代构造的强烈叠加改造,大地构造单元属滹沱古元古代裂谷带(Ⅳ级)。

从老到新分布的地层有新太古界、古元古界、下古生界、新生界等。新太古界以五台岩群为主体,是本次预测花岗-绿岩带型金矿的含矿变质地层单元。五台岩群可三分为石咀亚岩群、台怀亚岩群、高凡亚群。石咀亚岩群包括金岗库岩组、庄旺岩组、文溪岩组,原岩为一套富铝泥砂质岩-基性火山岩-中酸性火山岩夹硅铁建造,变质程度达低角闪岩相—高绿片岩相,其中金岗库岩组、文溪岩组是形成沉积变质型金矿床的含矿层位;台怀亚岩群包括柏枝岩岩组、芦咀头岩组、鸿门岩岩组,原岩为一套基性火山岩-中酸性火山岩夹硅铁建造,变质程度达低绿片岩相,其中柏枝岩岩组是形成沉积变质型金矿床的含矿层位;高凡亚群包括张仙堡组、磨河组,原岩为一套石英砂岩-粉砂岩-泥岩-基性火山岩建造,变质程度达低绿片岩相。古元古界滹沱系豆村群呈角度不整合发育在五台岩群之上,豆村群包括四集庄组、寿阳山组、木山岭组、谷泉山组、盘道岭组,总体为一套浅变质的碎屑岩-碳酸盐岩夹基性火山岩建造。下古生界寒武系—奥陶系,呈角度不整合发育在早前寒武纪变质岩之上,为一套陆源碎屑岩-碳酸盐岩建造。新生界大面积分布在山间盆地中,新近系、第四系为一套河湖相、风积及现代河流松散堆积物。

2. 物探特征

东腰庄预测工作区内金矿床,在物探特征上反映不明显,仅在推断构造方面有一定作用,但大多与地质资料套合,在此不进行详细论述。

康家沟预测工作区位于五台山含铁岩系地层中,区内分布有大、中、小型鞍山式磁铁矿区多处。出露地层主要为新太古界五台岩群柏枝岩岩组,其岩性主要为绿泥片岩,磁铁矿呈多层状赋存于绿泥片岩中。区内地层走向为 NEE 向,区内褶皱构造发育,轴向近 EW,倾向、倾角变化大,有的倒转为复式褶皱,这些褶皱构造对矿床的空间形态分布起着重要的控制作用。区内断裂构造也很发育,以 NW 向为主,近 NS 和近 EW 次之。该区内殿头、板峪、康家沟等金矿产出受含铁岩系控制,所以在本区用磁测资料可预测金矿的区域分布范围。

3. 化探特征

在本次花岗-绿岩带型金矿预测工作中,主要运用了 1∶20 万地球化学异常资料,其数据来源于 1∶20 万水系沉积物测量的数据。

由于化探多为 1∶20 万资料,工作程度低,在典型矿床范围内显示不明显。因此在预测工作区内,本次圈定最小预测区时参考了组合异常及综合异常,并在预测时将化探金异常作为主要预测要素,其与金矿床较为套合。

4. 遥感特征

遥感矿产地质特征与近矿找矿标志解译及遥感铁染异常在预测工作区上有一定的反映,但遥感解译的线性构造及环状构造与预测区内已知构造岩体较为吻合,本次预测工作中,为了避免预测要素的重复,遥感仅作为参考。

5. 重砂特征

东腰庄预测工作区:根据预测类型以及预测区矿物组合特征,选择了金矿物和黄铁矿分别作了单矿物异常图,并作了综合异常图,共圈出 17 个异常,其中Ⅰ类异常 6 个,Ⅱ类异常 7 个,Ⅲ类异常 4 个。东腰庄预测工作区金和黄铁矿共生,对花岗-绿岩带型金矿有重要的预测指示意义。

康家沟预测工作区:根据预测类型以及预测区矿物组合特征,选择了金矿物、黄铁矿和铜矿物(黄铜矿+孔雀石)分别作了单矿物和组合矿物异常图,并作了综合异常图,共圈出 14 个异常,其中Ⅰ类异常 4 个,Ⅱ类异常 7 个,Ⅲ类异常 3 个。繁峙县四十亩地异常面积较大,包括了五台山花岗-绿岩带的大部分岩石地层和片麻状花岗岩,以及多种类型金矿化。异常中心部位铁建造发育,康家沟金矿即在其中,具有较明显的花岗-绿岩带型金矿的找矿指示意义。

山西省花岗-绿岩带型金矿区域预测要素见表 3-4-10。

表 3-4-10 山西省花岗-绿岩带型金矿区域预测要素一览表

预测要素		要素描述	要素分类
成矿时代		新太古代	必要
大地构造位置		遵化-五台-太行山新太古代岩浆弧(Ⅲ级)滹沱古元古代裂谷带(Ⅳ级)	重要
矿床成因		该矿床赋存于五台岩群台怀亚群柏枝岩岩组的磁铁石英岩层中,矿体的产出与形态严格受磁铁石英岩的控制,具有明显的层控特征和明显的岩石专属性。矿床成因类型为变质热液型矿床,矿床工业类型为硅铁建造型金矿床	重要
变质建造/变质作用	地层名称	柏枝岩岩组、文溪岩组	必要
	岩石组合	含菱铁绿泥片岩、含菱铁绢云绿泥片岩、绢云绿泥片岩夹条带状磁铁石英岩、绿泥长石片岩、透镜状石英大理岩、变质火山角砾岩、磁铁石英岩	重要
	岩石结构	粒状变晶结构	必要
成矿构造		含铁岩系地层及韧性剪切带	重要
成矿环境		海相火山-沉积环境	必要
矿体特征	形态产状	形态严格受含铁岩系地层控制,为层状、脉状	重要
	规模	小型矿床	重要
	矿石结构	粒状、鳞片状变晶结构	次要
	矿石构造	蜂窝状构造、块状构造	次要
	矿石矿物组合	自然金、磁铁矿、褐铁矿、黄铁矿、赤铁矿、镜铁矿、菱铁矿,偶尔可见黄铜矿、自然铅、方铅矿、白铅矿	重要
	蚀变组合	碳酸盐化、黄铁矿化、电气石化	必要
	控矿条件	含铁岩系地层及韧性剪切带控制	必要

续表 3-4-10

预测要素		要素描述	要素分类
物探特征	磁测	1:5万航磁与矿床有明显关系	必要
	重力	重力异常无反映	不显示
化探特征	1:20万重砂异常	Ⅰ、Ⅱ级金矿物异常范围与矿床(点)套合较好	重要
	1:20万金异常	异常范围与矿床(点)及含铁岩系地层范围基本一致	必要
遥感	线性构造	区内工作程度较高,遥感解译的线性构造与地质实测和推断基本一致	次要

3.4.2.4 金盆式沉积型金矿

1. 预测区地质构造专题底图及特征

1)地质构造专题底图编制

金盆式沉积型金矿选用第四纪地貌与地质图作为预测底图,其编制过程是按照全国矿产资源潜力评价项目办的有关要求进行。总体工作过程是在1:25万建造构造图的基础上,补充1:5万区调资料以及有关科研专题研究资料,细化含矿层位成因类型和地貌类型内容,按预测工作区范围编制第四纪地貌与地质图。其整个工作过程可细化为如下几步。

第一步:确定编图范围与"目的层"。

根据预测工作区成矿特征,以地质背景研究为基础,结合物探、化探、遥感研究成果确定编图范围;"目的层"为第四系上更新统峙峪组、方村组及全新统。

第二步:整理地质图,形成地质图的过渡图件。

具体做法是在1:5万地质图及1:20万浑源、广灵幅中的1:5万实际材料图的基础上,进行地质图的接图与统一系统库的处理,形成地质构造专题底图的过渡图件。在进行地质图的拼接过程中遇到地质界线不一致的现象,这些问题主要存在于不同比例尺、不同年代、不同单位完成的地质图的拼接过程中。

第三步:补充物探、化探、遥感地质构造推断的成果,形成最终图件。

第四步:图面整饰、属性录入建库,编写说明书。

2)地质背景特征

(1)灵丘北山预测工作区。

预测工作区大地构造位置位于燕辽-太行岩浆弧(Ⅲ级)燕山-太行山北段陆缘火山岩浆弧(Ⅳ级)及五台-赞皇(太行山中段)陆缘岩浆弧(Ⅳ级)。从老到新分布的地层有新太古界、中元古界、新元古界、下古生界、新生界等,新生界大面积分布。区内以断裂构造为主,褶皱不发育。其中断裂构造在预测区的北中部最为发育,总体上以发育NW向断裂为主。侵入岩不太发育,主要为燕山期花岗岩。

(2)垣曲预测工作区。

预测工作区大地构造位置位于中条-嵩山碰撞造山带(Ⅲ级)中条山碰撞岩浆带(Ⅳ级)。地层以元古宇为主,古元古界包括绛县群、中条群及与中条群同时形成的宋家山群;中元古界主要为长城系,划分为下长城统熊耳群、上长城统汝阳群。区内以断裂构造为主,褶皱不发育。其中断裂构造在预测区的北东部最为发育,总体上以发育NE—NS向断裂为主。另外在预测区南部断裂构造也较发育,以NE向、NW向断裂为主。侵入岩较发育,其时代为元古代及中生代。

2. 物探特征

金盆式沉积型金矿预测工作区内金矿床,在磁法和重力特征上反映不明显,仅在推断构造方面有一定作用,在此不进行详细论述。

3. 化探特征

在本次金盆式沉积型金矿预测工作中,主要运用了1∶20万地球化学异常图层资料,其数据来源于1∶20万水系沉积物测量的数据。

由于化探多为1∶20万资料,工作程度低,在典型矿床范围内显示不明显。因此在预测工作区内,本次圈定最小预测区时参考了组合异常及综合异常,并在预测时将化探金异常作为主要预测要素,其与金矿床较为套合。

4. 遥感特征

遥感矿产地质特征与近矿找矿标志解释及遥感铁染异常在预测工作区上有一定的反映,但遥感解译的线性构造及环状构造与预测区内已知构造岩体较为吻合,本次预测工作中,为了避免预测要素的重复,仅将遥感作为参考。

5. 重砂特征

(1)灵丘北山预测工作区。

选择金矿物作了单矿物异常图,共圈出7个异常,其中Ⅰ类异常4个,Ⅱ类异常2个,Ⅲ类异常1个。灵丘县料堰—刘家庄和桃沟地区有具较大远景的砂矿异常,而灵丘县西驼水地区有一定的成矿远景。

(2)垣曲预测工作区。

选择金矿物作了单矿物异常图,共圈出4个异常,其中Ⅰ类异常1个,Ⅲ类异常1个。垣曲县望仙、葫芦沟以及周家沟地区水系发育,上游主要为中条群变质岩层及熊耳群的安山岩,具有较大的砂金矿成矿远景。

山西省金盆式沉积型金矿区域预测要素一览见表3-4-11。

表3-4-11 山西省金盆式沉积型金矿区域预测要素一览表

预测要素		要素描述	要素分类
成矿时代		新生代全新世、更新世	必要
大地构造位置		燕辽-太行岩浆弧(Ⅲ级)燕山-太行山北段陆缘火山岩浆弧(Ⅳ级)及五台-赞皇(太行山中段)陆缘岩浆弧(Ⅳ级)	次要
矿床成因		第四系沉积型矿床	重要
沉积建造/沉积作用	岩石地层单位	方村组、峙峪组	重要
	地层时代	新生代	重要
	岩石类型	砂石、砾石、砂砾石、冲洪积砂、冲洪积亚砂土	重要
	蚀变特征	硅化、黄铁矿化	重要
成矿环境		阶地、现代河床	必要
矿体特征	连生矿物	自然金常见连生矿物为石英,次为角闪石、石榴子石、磁铁矿等,偶见与云母连生	次要
	伴生重矿物	主要伴生矿物为磁铁矿、钛铁矿、石榴子石及角闪石	次要
	砂金粒度	从上游到下游逐渐变细,支沟较主沟细,有块金、粒金	次要
	砂金形态	不规则状、条状、板状、粒状、片状、枝状	次要

续表 3-4-11

预测要素		要素描述	要素分类
矿体特征	矿床成因	冲积成因的河床砂金	重要
	控矿因素	与沟谷沉积物及砂金矿底板的岩石硬度有关,控制其富集深度	重要
物探特征	磁测	1∶5万航磁与矿床无明显关系	不显示
	重力	重力异常无反映	不显示
化探特征	1∶20万重砂异常	Ⅰ、Ⅱ、Ⅲ级金矿物异常范围与矿床(点)套合较好	重要
	1∶20万金异常	异常范围与矿床(点)范围基本一致	必要
遥感	线性构造	区内工作程度较高,遥感解译的线性构造与地质实测和推断基本一致	次要

4.4.3 最小预测区圈定

4.4.3.1 岩浆热液型金矿

1. 预测单元划分及预测地质变量选择

本次预测工作采用综合信息地质单元法来圈定预测单元,并进行人工校正、修改。综合信息地质单元法,是指应用对预测矿种具有明显控制作用的地质条件和找矿意义明确的标志圈定地质统计单元的方法。在综合信息解译模型中,有两种找矿标志,一种是成矿的必要条件,另一种是成矿有利(或不利)标志。地质统计单元的划分以成矿的必要条件为基础,并以成矿有利(或不利)标志为补充来确定综合信息地质单元。在 MRAS 中使用要素叠加法在建模器中可以实现综合信息地质单元法的圈定。

塔儿山、紫金山、中条山预测工作区圈定以成矿断层缓冲区(缓冲半径500m)和岩体缓冲区(缓冲半径1km)为基础,结合重砂、金异常、矿产地等存在标志综合圈定,圈定预测区边界时,全面考虑预测要素,充分发挥地质专家的作用。

灵丘东北、浑源东、灵丘南山、五台山-恒山预测工作区圈定以成矿断层缓冲区(缓冲半径500m)和岩体缓冲区(缓冲半径1km)为基础,结合重砂、金异常、矿产地等存在标志综合圈定,圈定预测区边界时,全面考虑预测要素,充分发挥地质专家的作用。

高凡预测工作区圈定以成矿断层缓冲区(缓冲半径500m)和岩体缓冲区(缓冲半径1km)为基础,结合重砂、金异常、银异常、矿产地等存在标志综合圈定,圈定预测区边界时,全面考虑预测要素,充分发挥地质专家的作用。

2. 预测要素变量的构置与选择

预测要素变量是随时间、空间的变化而发生变化的地质现象或地质特征的量化标志,是构成资源特征与地质找矿标志之间统计关系的基本元素。很显然,单个变量的优劣将对资源预测结果产生直接的影响。变量的变化与矿体特征密切相关,因此,可以通过预测变量的研究,并通过预测要素图层的数字化变量、变量取值,与预测区关联在一起,达到优化预测区的目的。

预测要素变量的提取应首先考虑那些与所研究的地质问题有密切关系的地质因素,在矿产资源预测中,所选择的地质变量应该在一定程度上反映矿产资源体的资源特征。

变量赋值的实质是将已作为地质变量提取出来的地质特征或地质标志在每个矿产资源体中的信息值取出或计算出来。具体可分为以下三个方面。

①定性变量:当变量存在对成矿有利时,赋值为1;不存在时赋值为0。
②定量变量:赋实际值,例如查明储量等。
③对每一变量求出成矿有利度,根据有利度对其进行赋值。

预测要素变量是关联预测区优劣及空间分布的一种数值表示。预测区的优劣可以用点、线和面等专题属性值的关联度来表示。在MRAS2.0平台支持下,自动提取预测变量的过程就是把预测单元与点、线和区等因素专题图作空间叠置分析,并将叠置分析结果保存在统计单元专题图的属性数据表中的过程。

岩浆热液型金矿预测工作区预测变量有:①重砂存在标志;②1∶1万金异常存在标志;③1∶1万金异常面积_max;④1∶1万金异常面积_mean;⑤成矿断层REG存在标志;⑥正长岩REG存在标志;⑦矿点PKCABF_max;⑧矿点存在标志。

本次预测中运用相似系数法对预测工作区进行预测变量优选,经过优选后各预测工作区与选定预测变量基本相同。

3. 最小预测区圈定及优选

本次预测工作中,选取特征分析法进行预测区优选,塔儿山预测工作区优选阈值为成矿概率在0.7以上的为A级预测区,0.7~0.4之间的为B级预测区,0.4以下的为C级预测区;紫金山预测工作区优选阈值为成矿概率在0.7以上的为A级预测区,0.4~0.7之间的为B级预测区,0.4以下的为C级预测区;中条山预测工作区优选阈值为成矿概率在0.7以上的为A级预测区,0.5~0.7之间的为B级预测区,0.5以下的为C级预测区;灵丘东北预测工作区优选阈值为成矿概率在0.8以上的为A级预测区,0.5~0.8之间的为B级预测区,0.5以下的为C级预测区;浑源东预测工作区优选阈值为成矿概率在0.8以上的为A级预测区,0.6~0.8之间的为B级预测区,0.6以下的为C级预测区;灵丘南山预测工作区优选阈值为成矿概率在0.8以上的为A级预测区,0.6~0.8之间的为B级预测区,0.6以下的为C级预测区;五台山-恒山预测工作区优选阈值为成矿概率在0.8以上的为A级预测区,0.6~0.8之间的为B级预测区,0.6以下的为C级预测区;高凡预测工作区优选阈值为成矿概率在0.8以上的为A级预测区,0.8~0.5之间的为B级预测区,0.5以下的为C级预测区。

经过优选后,塔儿山预测工作区最小预测区为9个,其中A级4个,B级2个,C级3个;紫金山预测工作区最小预测区为2个,其中A级1个,B级1个;中条山预测工作区最小预测区为10个,其中A级4个,B级4个,C级2个;灵丘东北预测工作区最小预测区为3个,其中A级1个,B级1个,C级1个;浑源东预测工作区最小预测区为2个,其中A级1个,C级1个;灵丘南山预测工作区最小预测区为2个,其中A级1个,C级1个;五台山-恒山预测工作区最小预测区为18个,其中A级4个,B级7个,C级7个;高凡预测工作区最小预测区为2个,其中A级1个,C级1个。

3.4.3.2 火山岩型金矿

1. 预测单元划分及预测地质变量选择

本次预测选择综合信息地质单元法来圈定预测单元,以成矿断层缓冲区(缓冲半径500m)和岩体缓冲区(缓冲半径1km)为基础,结合重砂、金异常、矿产地等存在标志综合圈定,圈定预测区边界时,全面考虑预测要素,充分发挥地质专家的作用。

圈定预测单元时,应按综合地质信息找矿模型的地质特征来划分预测单元,并遵循下列原则:①在最小的预测单元内,发现矿床可能性最大的空间即按最小面积最大含矿率的原则,确定预测远景区的边界;②多种信息联合使用时,应遵循以地质信息为基础,以地磁、重力异常为先导,地质、物探、矿产等成矿信息综合标志来确定预测远景区的界线;③远景区的圈定原则要详细、统一,使数据具有可比性,本次工作比例尺精度为1∶5万,原则上最小预测区面积为1~50km²。

2. 预测要素变量的构置与选择

预测要素变量的提取应首先考虑那些与所研究的地质问题有密切关系的地质因素,在矿产资源预测中,所选择的地质变量应该在一定程度上反映矿产资源体的资源特征。

变量赋值的实质是将已作为地质变量提取出来的地质特征或地质标志在每个矿产资源体中的信息值取出或计算出来。具体可分为以下三个方面。

①定性变量:当变量存在对成矿有利时,赋值为1;不存在时赋值为0。

②定量变量:赋实际值,例如查明储量等。

③对每一变量求出成矿有利度,根据有利度对其进行赋值。

阳高堡子湾预测工作区预测变量有:①断层REG存在标志;②侵入岩REG存在标志;③重砂金存在标志;④化探金HXGAK_mean;⑤化探金HXGAK_max;⑥化探铜HXGAK_mean;⑦化探铜HXGAK_max;⑧矿点存在标志。

本次预测中运用相似系数法对预测工作区进行预测变量优选,经过优选后的最小预测区预测变量分别如下:①断层REG存在标志;②侵入岩REG存在标志;③重砂金存在标志;④化探金HXGAK_mean;⑤化探铜HXGAK_mean;⑥化探铜HXGAK_max;⑦矿点存在标志。

3. 最小预测区圈定及优选

选用特征分析法进行预测区优选,堡子湾预测工作区优选阈值为成矿概率在0.8以上的为A级预测区,0.8~0.5之间的为B级预测区,0.5以下的为C级预测区。

经过优选后,堡子湾预测工作区最小预测区为4个,其中A级2个,B级1个,C级1个。

3.4.3.3 花岗-绿岩带型金矿

1. 预测单元划分及预测地质变量选择

选用综合信息地质单元法来圈定预测单元,并人工校正、修改。东腰庄预测工作区圈定以韧性剪切带缓冲区(缓冲半径1000m)和鸿门岩岩组含矿地层为基础,结合重砂、金异常、矿产地等存在标志综合圈定;康家沟预测工作区圈定以磁铁石英岩标志层缓冲区(缓冲半径100m)和柏枝岩岩组/文溪岩组含铁岩层为基础,结合重砂、金异常、矿产地等存在标志综合圈定,圈定预测区边界时,全面考虑预测要素,充分发挥地质专家的作用。

按综合地质信息找矿模型的地质特征来划分预测单元,并遵循下列原则:①在最小的预测单元内发现矿床可能性最大的空间,即按最小面积最大含矿率的原则确定预测远景区的边界。②多种信息联合使用时,应遵循以地质信息为基础,以地磁、重力异常为先导,地质、物探、矿产等成矿信息综合标志确定预测远景区的界线。③远景区的圈定原则要详细、统一,使数据具有可比性,本次工作比例尺精度为1:5万,原则上最小预测区面积为$1 \sim 50 km^2$。

2. 预测要素变量的构置与选择

预测要素变量的提取应首先考虑那些与所研究的地质问题有密切关系的地质因素,在矿产资源预测中,所选择的地质变量应该在一定程度上反映矿产资源体的资源特征。

变量赋值的实质是将已作为地质变量提取出来的地质特征或地质标志在每个矿产资源体中的信息值取出或计算出来。具体可分为以下三个方面。

①定性变量:当变量存在对成矿有利时,赋值为1;不存在时赋值为0。

②定量变量:赋实际值,例如查明储量等。

③对每一变量求出成矿有利度,根据有利度对其进行赋值。

东腰庄预测工作区预测变量有:①断层REG存在标志;②重砂金存在标志;③变质岩存在标志;

④化探金 HXGAK_mean；⑤化探金 HXGAK_max；⑥矿点存在标志。

康家沟预测工作区预测变量有：①重砂金存在标志；②含铁建造存在标志；③铁矿 REG 存在标志；④磁异常高度_mean；⑤磁异常高度_max；⑥化探金 HXGAK_mean；⑦化探金 HXGAK_max；⑧矿点存在标志。

本次预测中运用相似系数法对预测工作区进行预测变量优选，经过优选后的东腰庄预测工作区最小预测区预测变量分别如下：①断层 REG 存在标志；②重砂金存在标志；③变质岩存在标志；④化探金 HXGAK_mean；⑤化探金 HXGAK_max；⑥矿点存在标志。

康家沟预测工作区预测变量有：①重砂金存在标志；②含铁建造存在标志；③铁矿 REG 存在标志；④磁异常高度_mean；⑤磁异常高度_max；⑥化探金 HXGAK_mean；⑦化探金 HXGAK_max；⑧矿点存在标志。

3. 最小预测区圈定及优选

选用特征分析法进行预测区优选，花岗-绿岩带型金矿东腰庄预测工作区 1 个模型区，康家沟预测工作区 3 个模型区，采用线性插值计算关联度。对比模型单元与预测单元的单元联系度相对大小，进而确定预测单元的成矿有利程度，并计算成矿概率。

本次预测中，东腰庄预测工作区优选阈值为成矿概率在 0.8 以上的为 A 级预测区，0.6～0.8 之间的为 B 级预测区，0.6 以下的为 C 级预测区；康家沟预测工作区优选阈值为成矿概率在 0.9 以上的为 A 级预测区，0.8～0.9 之间的为 B 级预测区，0.8 以下的为 C 级预测区。康家沟预测工作区最小预测区为 6 个，其中 A 级 2 个，B 级 1 个，C 级 3 个；东腰庄预测工作区最小预测区为 3 个，其中 A 级 1 个，B 级 1 个，C 级 1 个。

3.4.4 资源定量预测

3.4.4.1 岩浆热液型金矿

1. 模型区深部及外围资源潜力预测分析

1）典型矿床已查明资源储量及其估算参数

(1)襄汾县东峰顶金矿。

塔儿山、紫金山、中条山预测工作区共用一个典型矿床，为襄汾县东峰顶典型矿床。估算方法均为地质体积法，以预测工作区为单位，详细研究了已知矿床已查明资源储量及估算参数和确定依据，主要内容见表 3-4-12。

表 3-4-12　山西省东峰顶金矿典型矿床查明资源储量表

编号	名称	查明资源储量		面积 (m^2)	延深 (m)	品位 (g/t)	体重 (t/m^3)	体积含矿率
		矿石量(t)	金属量(kg)					
1	东峰顶	462 968	3338	679 031	300	7.21	2.59	0.002 214
2	双对沟	282 120	1783	624 050	300	6.32	2.66	0.001 507

矿石量采用查明的全部上表的资源量；面积采用典型矿床中含矿地质体的面积；延深依据钻孔 ZK12-2 控制深度(285.92m)，破碎带内可见金矿化，所以最大矿体的延深确定为 300m；东峰顶品位和体重采用东峰顶金矿区报告中的结果，双对沟品位采用区内矿点品位的平均值，体重采用双对沟金矿报告中的结果。

(2)繁峙县义兴寨金矿。

灵丘东北、浑源东、灵丘南山、五台山-恒山预测工作区共用一个典型矿床,为繁峙县义兴寨典型矿床。估算方法均为地质体积法,以预测工作区为单位,详细研究了已知矿床已查明资源储量及估算参数和确定依据,主要内容见表3-4-13。

表 3-4-13 山西省义兴寨金矿典型矿床查明资源储量表

编号	名称	查明资源储量		面积(m²)	延深(m)	品位(g/t)	体重(t/m³)	体积含矿率
		矿石量(t)	金属量(kg)					
1	义兴寨	1 877 020	22 299.02	2 006 122	800	11.88	3.01	0.001 17

义兴寨典型矿床查明资源量主要以山西省地勘局二一一地质队1983年提交的《山西繁峙县义兴寨金矿初步勘探地质报告》为主,并结合近年来本区的勘探资料。品位和体重采用典型矿床平均体重和品位,一般按勘查工作实际数据确定;查明资源量指目前工程控制实际查明的资源量(不论类别)。义兴寨典型矿床的面积为矿床的投影面积,由在典型矿床成矿要素图上圈定矿床面积量取。延深选取典型矿床的最大垂深,根据典型矿床勘探线剖面图确定。体积含矿率的计算公式:查明资源量/(面积×延深),单位为 t/m³。

(3)代县高凡银金矿。

高凡预测工作区采用代县高凡银金矿区为典型矿床,估算方法为地质体积法,以预测工作区为单位,详细研究了已知矿床已查明资源储量及估算参数和确定依据,主要内容见表3-4-14。

表 3-4-14 山西省高凡银金矿典型矿床查明资源储量表

编号	名称	查明资源储量		面积(m²)	延深(m)	品位(g/t)	体重(t/m³)	体积含矿率
		矿石量(t)	金属量(kg)					
1	高凡	194 209	Au:1303 Ag:34 989	90 264	360	Au:6.71 Ag:180.16	2.75	0.005 98

高凡典型矿床查明资源量表格数据来源于山西省地勘局二一一地质队1991年提交的《山西省代县高凡金矿区详查地质报告》,确定方法参照义兴寨典型矿床。

2)典型矿床深部及外围预测资源量及其估算参数

(1)东峰顶典型矿床。

塔儿山、紫金山、中条山预测工作区共用一个典型矿床,为襄汾县东峰顶典型矿床。以预测工作区为单位,详细研究了典型矿床的深部和外围估算资源量、参数确定及依据,主要内容如表3-4-15。

表 3-4-15 塔儿山预测工作区典型矿床深部和外围预测资源量表

编号	名称	预测资源量矿石量(t)	面积(m²)	延深(m)	体积含矿率
1	东峰顶	154 323	679 031	100	0.002 214
		76 190	114 710	300	0.002 214
2	双对沟	350 791	775 950	300	0.001 507

延深根据钻孔 ZK14-5 垂直控制深度(500m),破碎带内未见金矿化,按 1/2 间距推断,预测部分延深 100m(图 3-4-12)。矿体倾角 85°,接近直立,面积采用查明矿体的面积。

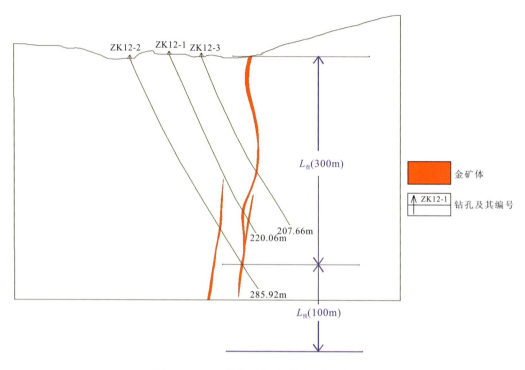

图 3-4-12　东峰顶金矿预测深度示意图

典型矿床资源总量为典型矿床查明资源量与预测资源量之和。总面积采用查明资源储量部分矿床面积,总延深为查明部分矿床延深与预测部分矿床延深之和。山西省东峰顶典型矿床总资源量如表 3-4-16 所示。

表 3-4-16　塔儿山预测工作区典型矿床总资源量表

编号	名称	查明资源量矿石量(t)	预测资源量矿石量(t)	总资源量矿石量(t)	总面积(m^2)	总延深(m)	含矿系数
1	东峰顶	462 968	230 513	693 481	811 973	400	0.002 14
2	双对沟	282 120	350 791	632 911	1 400 000	300	0.001 51

(2)义兴寨典型矿床。

灵丘东北、浑源东、灵丘南山、五台山-恒山预测工作区共用一个典型矿床,为繁峙县义兴寨典型矿床。以预测工作区为单位,详细研究了典型矿床的深部和外围估算资源量、参数确定及依据,主要内容如表 3-4-17 所示。

表 3-4-17　五台山-恒山预测工作区典型矿床深部和外围预测资源量表

编号	名称	预测资源量矿石量(t)	面积(m^2)	延深(m)	体积含矿率
1	义兴寨	1 407 765	2 006 122	600	0.001 17

根据典型矿床的研究分析,典型矿床外围含矿潜力低,本次不做预测,仅对矿体深部进行了预测,预测部分矿体延深为600m(图3-4-13)。

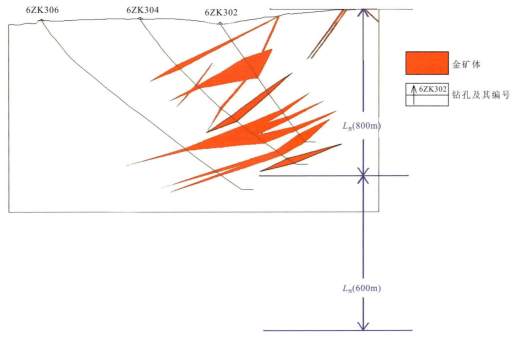

图3-4-13 义兴寨金矿预测深度示意图

典型矿床资源总量为典型矿床查明资源量与预测资源量之和。总面积采用查明资源储量部分矿床面积,总延深为查明部分矿床延深与预测部分矿床延深之和。山西省义兴寨金矿典型矿床总资源量如表3-4-18所示。

表3-4-18 五台山-恒山预测工作区典型矿床总资源量表

编号	名称	查明资源储量矿石量(t)	预测资源量矿石量(t)	总资源量矿石量(t)	总面积(m^2)	总延深(m)	含矿系数
1	义兴寨	1 877 020	1 407 765	3 284 785	2 006 122	1400	0.001 17

(3)高凡典型矿床。

高凡预测工作区采用代县高凡银金矿区为典型矿床。以预测工作区为单位,详细研究了典型矿床的深部和外围估算资源量、参数确定及依据,主要内容如表3-4-19所示。

表3-4-19 高凡预测工作区典型矿床深部和外围预测资源量表

编号	名称	预测资源量矿石量(t)	面积(m^2)	延深(m)	体积含矿率	备注
1	高凡	107 955.744	90 264	200	0.005 98	深部
2	高凡	98 166.723 2	29 314	560	0.005 98	外围

根据典型矿床的研究分析,典型矿床外围及深部均有找矿潜力,对矿体深部及外围进行了预测,预测部分矿体延深为200m(图3-4-14),预测外围矿床面积为29 314m^2。

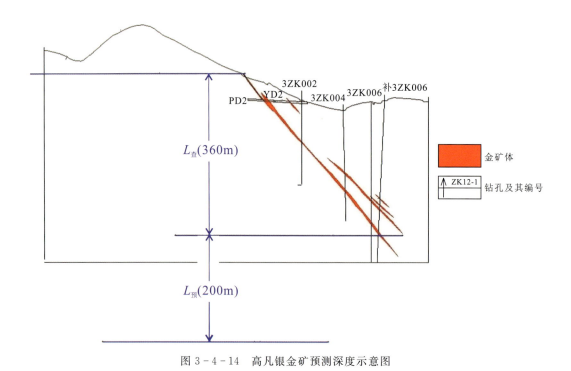

图 3-4-14　高凡银金矿预测深度示意图

典型矿床资源总量为典型矿床查明资源量与预测资源量之和。总面积采用查明资源储量部分矿床面积,总延深为查明部分矿床延深与预测部分矿床延深之和。山西省高凡银金矿典型矿床总资源量如表 3-4-20。

表 3-4-20　高凡预测工作区典型矿床总资源量表

编号	名称	查明资源储量矿石量(t)	预测资源量矿石量(t)	总资源量矿石量(t)	总面积(m²)	总延深(m)	含矿系数
1	高凡	194 209	206 122.46	400 331.46	119 578	560	0.005 98

3)模型区预测资源量及估算参数确定

(1)东峰顶典型矿床。

成矿地质体难以确切圈定边界,应直接估算模型区含矿系数。经估算东峰顶模型区含矿地质体含矿系数为 0.002 14(表 3-4-21)。紫金山预测区由于缺少资料,暂利用东峰顶模型区含矿系数,中条山预测区利用双对沟矿区内估算的含矿地质体含矿系数 0.001 51。

表 3-4-21　东峰顶模型区含矿地质体含矿系数表

模型区编号	模型区名称	含矿地质体含矿系数	资源总量矿石量(t)	含矿地质体总体积(m³)
1	东峰顶	0.002 14	832 178	291 207 000
2	双对沟	0.001 51	632 911	420 000 000

(2)义兴寨典型矿床。

成矿地质体难以确切圈定边界,经估算义兴寨模型区含矿地质体含矿系数为 0.001 36(表 3-4-22)。

灵丘东北预测区、浑源东预测区、灵丘南山预测区由于缺少大比例尺资料,暂利用义兴寨模型区含矿系数。

表 3-4-22 义兴寨模型区含矿地质体含矿系数表

模型区编号	模型区名称	含矿地质体含矿系数	资源总量矿石量(t)	含矿地质体总体积(m³)
1	义兴寨	0.001 36	3 284 785	25 250 544 776

(3)高凡式次火山热液型银金矿。

成矿地质体难以确切圈定边界,经估算高凡模型区含矿地质体含矿系数为0.005 98(表3-4-23)。

表 3-4-23 高凡模型区含矿地质体含矿系数表

模型区编号	模型区名称	含矿地质体含矿系数	资源总量矿石量(t)	含矿地质体总体积(m³)
1	高凡	0.005 98	400 331	8 971 734 229

2. 最小预测区参数确定

1)模型区含矿系数确定

当成矿地质体难以确切圈定边界时,模型区含矿系数=模型区预测资源总量/(模型区总体积×含矿地质体面积参数),单位为 t/m³。经估算东峰顶模型区含矿地质体含矿系数为0.002 14(表3-4-24)。紫金山预测区由于缺少资料,暂利用东峰顶模型区含矿系数,中条山预测区利用双对沟矿区内估算的含矿地质体含矿系数0.001 51。

表 3-4-24 东峰顶模型区含矿地质体含矿系数表

模型区编号	模型区名称	含矿地质体含矿系数	资源总量矿石量(t)	含矿地质体总体积(m³)
1	东峰顶	0.002 14	832 178	291 207 000
2	双对沟	0.001 51	632 911	420 000 000

灵丘东北预测区、浑源东预测区、灵丘南山预测区由于缺少大比例尺资料,暂利用义兴寨模型区含矿系数(表3-4-25)。

表 3-4-25 义兴寨模型区含矿地质体含矿系数表

模型区编号	模型区名称	含矿地质体含矿系数	资源总量矿石量(t)	含矿地质体总体积(m³)
1	义兴寨	0.001 36	3 284 785	25 250 544 776

经估算高凡模型区含矿地质体含矿系数为0.005 98(表3-4-26)。

表 3-4-26 高凡模型区含矿地质体含矿系数表

模型区编号	模型区名称	含矿地质体含矿系数	资源总量矿石量(t)	含矿地质体总体积(m³)
1	高凡	0.005 98	400 331	8 971 734 229

2) 最小预测区面积确定

塔儿山预测工作区最小预测区面积圈定大小及方法依据见表3-4-27。

表3-4-27 塔儿山预测工作区最小预测区面积圈定大小及方法依据表

最小预测区编号	最小预测区名称	面积(km²)	参数确定依据
13-1-(1)	浮山县刘家庄	6.18	矿点、金异常、重砂异常
13-1-(2)	襄汾县东峰顶	3.78	矿点、金异常、重砂异常
13-1-(3)	浮山县高村	3.38	矿点
13-1-(4)	襄汾县李家庄	2.50	矿点、金异常、重砂异常
13-1-(5)	襄汾县金贝沟	6.17	矿点、金异常、重砂异常
13-1-(6)	襄汾县吉家山	4.56	矿点、重砂异常
13-1-(7)	襄汾县四家湾	9.21	矿点、金异常、重砂异常
13-1-(8)	翼城县打鼓山	9.53	矿点、金异常
13-1-(9)	曲沃县赤石峪	8.14	矿点、重砂异常

紫金山预测工作区最小预测区面积圈定大小及方法依据见表3-4-28。

表3-4-28 紫金山预测工作区最小预测区面积圈定大小及方法依据表

最小预测区编号	最小预测区名称	面积(km²)	参数确定依据
13-2-(1)	侯马市紫金山	7.56	矿点、金异常、重砂异常
13-2-(2)	侯马市乔山底西南	7.82	金异常、重砂异常

中条山预测工作区最小预测区面积圈定大小及方法依据见表3-4-29。

灵丘东北预测工作区最小预测区面积圈定大小及方法依据见表3-4-30。

表3-4-29 中条山预测工作区最小预测区面积圈定大小及方法依据表

最小预测区编号	最小预测区名称	面积(km²)	参数确定依据
13-3-(1)	盐湖区胡家沟	6.42	矿点、重砂异常、金异常
13-3-(2)	平陆县武家沟	2.35	矿点、重砂异常、金异常
13-3-(3)	盐湖区蚕坊	2.20	矿点、重砂异常、金异常
13-3-(4)	平陆县柳木桌	5.56	矿点、重砂异常、金异常
13-3-(5)	盐湖区双对沟	6.38	矿点、重砂异常、金异常
13-3-(6)	平陆县牛家沟	6.52	矿点、重砂异常、金异常
13-3-(7)	盐湖区范家窑	2.23	矿点、重砂异常、金异常
13-3-(8)	平陆县西庄	3.73	重砂异常、金异常
13-3-(9)	平陆县水泉凹	3.99	重砂异常、金异常
13-3-(10)	芮城县水峪	3.12	矿点、重砂异常、金异常

表 3-4-30 灵丘东北预测工作区最小预测区面积圈定大小及方法依据表

最小预测区编号	最小预测区名称	面积(km²)	参数确定依据
14-1-(1)	灵丘县井林	5.88	岩体、金异常
14-1-(2)	灵丘县探堡	2.52	金异常
14-1-(3)	灵丘县太那水	6.65	矿点、岩体、金异常

浑源东预测工作区最小预测区面积圈定大小及方法依据见表 3-4-31。

表 3-4-31 浑源东预测工作区最小预测区面积圈定大小及方法依据表

最小预测区编号	最小预测区名称	面积(km²)	参数确定依据
14-2-(1)	浑源县岔口	4.39	矿点、岩体、金异常
14-2-(2)	浑源县石匣	7.61	岩体、金异常

灵丘南山预测工作区最小预测区面积圈定大小及方法依据见表 3-4-32。

表 3-4-32 灵丘南山预测工作区最小预测区面积圈定大小及方法依据表

最小预测区编号	最小预测区名称	面积(km²)	参数确定依据
14-3-(1)	灵丘县焦洞沟	4.08	金异常
14-3-(2)	灵丘县刘庄村	4.85	矿点、岩体、金异常

五台山-恒山预测工作区最小预测区面积圈定大小及方法依据见表 3-4-33。

表 3-4-33 五台山-恒山预测工作区最小预测区面积圈定大小及方法依据表

最小预测区编号	最小预测区名称	面积(km²)	参数确定依据
14-4-(1)	浑源县什义号乡	3.66	矿点、金异常、岩体
14-4-(2)	应县三条岭	8.59	矿点、岩体
14-4-(3)	繁峙县义兴寨	18.04	矿点、金异常、岩体
14-4-(4)	繁峙县辛庄	5.69	矿点、岩体
14-4-(5)	繁峙县后所	11.54	矿点、金异常、岩体
14-4-(6)	灵丘县陈家南	4.51	金异常
14-4-(7)	灵丘县箅峪	7.41	金异常、岩体
14-4-(8)	繁峙县小白峪	6.96	金异常
14-4-(9)	灵丘县香炉石	1.19	矿点
14-4-(10)	灵丘县王村铺	15.39	矿点、金异常、岩体
14-4-(11)	繁峙县茶房	3.90	矿点、金异常、岩体
14-4-(12)	繁峙县黄草	9.17	矿点、金异常、岩体
14-4-(13)	繁峙县耿庄	17.24	矿点、金异常、岩体
14-4-(14)	繁峙县庄旺	10.44	矿点、金异常、岩体

3)最小预测区延深确定

全面研究各预测工作区内最小预测区含矿地质体地质特征、矿化蚀变、矿化类型、以往勘探成果和近期开发利用情况等,综合确定含矿地质体的延深大小。详见表 3-4-34~表 3-4-41。

表 3-4-34 塔儿山预测工作区最小预测区延深圈定大小及方法依据表

最小预测区编号	最小预测区名称	延深(m)	参数确定依据
13-1-(1)	浮山县刘家庄	360	钻孔资料
13-1-(2)	襄汾县东峰顶	400	钻孔资料
13-1-(3)	浮山县高村	260	勘探深度统计
13-1-(4)	襄汾县李家庄	400	专家
13-1-(5)	襄汾县金贝沟	300	专家
13-1-(6)	襄汾县吉家山	200	专家
13-1-(7)	襄汾县四家湾	200	钻孔资料
13-1-(8)	翼城县打鼓山	380	勘探深度统计
13-1-(9)	曲沃县赤石峪	300	勘探深度统计

表 3-4-35 紫金山预测工作区最小预测区延深圈定大小及方法依据表

最小预测区编号	最小预测区名称	延深(m)	参数确定依据
13-2-(1)	侯马市紫金山	300	专家
13-2-(2)	侯马市乔山底西南	300	专家

表 3-4-36 中条山预测工作区最小预测区延深圈定大小及方法依据表

最小预测区编号	最小预测区名称	延深(m)	参数确定依据
13-3-(1)	盐湖区胡家沟	300	勘探深度统计
13-3-(2)	平陆县武家沟	300	勘探深度统计
13-3-(3)	盐湖区蚕坊	300	勘探深度统计
13-3-(4)	平陆县柳木桌	300	勘探深度统计
13-3-(5)	盐湖区双对沟	300	铜探资料
13-3-(6)	平陆县牛家沟	300	勘探深度统计
13-3-(7)	盐湖区范家窑	300	勘探深度统计
13-3-(8)	平陆县西庄	300	专家
13-3-(9)	平陆县水泉凹	300	专家
13-3-(10)	芮城县水峪	300	勘探深度统计

表 3-4-37 灵丘东北预测工作区最小预测区延深圈定大小及方法依据表

最小预测区编号	最小预测区名称	延深(m)	参数确定依据
14-1-(1)	灵丘县井林	400	专家
14-1-(2)	灵丘县探堡	400	专家
14-1-(3)	灵丘县太那水	700	勘探深度统计

表 3-4-38 浑源东预测工作区最小预测区延深圈定大小及方法依据表

最小预测区编号	最小预测区名称	延深(m)	参数确定依据
14-2-(1)	浑源县岔口	400	专家
14-2-(2)	浑源县石匣	400	专家

表 3-4-39 灵丘南山预测工作区最小预测区延深圈定大小及方法依据表

最小预测区编号	最小预测区名称	延深(m)	参数确定依据
14-3-(1)	灵丘县焦洞沟	400	专家
14-3-(2)	灵丘县刘庄村	400	勘探深度统计

表 3-4-40 五台山-恒山预测工作区最小预测区延深圈定大小及方法依据表

最小预测区编号	最小预测区名称	延深(m)	参数确定依据
14-4-(1)	浑源县什义号乡	400	勘探深度统计
14-4-(2)	应县三条岭	400	专家
14-4-(3)	繁峙县义兴寨	1400	钻探工程控制
14-4-(4)	繁峙县辛庄	1200	钻探工程控制
14-4-(5)	繁峙县后所	400	勘探深度统计
14-4-(6)	灵丘县陈家南	400	专家
14-4-(7)	灵丘县算峪	400	专家
14-4-(8)	繁峙县小白峪	400	专家
14-4-(9)	灵丘县香炉石	400	专家
14-4-(10)	灵丘县王村铺	400	专家
14-4-(11)	繁峙县茶房	450	勘探深度统计
14-4-(12)	繁峙县南岔沟	500	勘探深度统计
14-4-(13)	繁峙县拖房沟	400	硐探工程控制
14-4-(14)	繁峙县黄草	500	硐探工程控制
14-4-(15)	繁峙县柴树岭	500	钻探工程控制
14-4-(16)	繁峙县耿庄	800	钻探工程控制
14-4-(17)	繁峙县狮子坪	500	勘探深度统计
14-4-(18)	繁峙县庄旺	500	勘探深度统计

表 3-4-41 代县高凡预测工作区最小预测区延深圈定大小及方法依据表

最小预测区编号	最小预测区名称	延深(m)	参数确定依据
20-1-(1)	代县甘霖头	400	专家
20-1-(2)	代县高凡	560	钻孔资料

4）最小预测区品位和体重的确定

研究分析了塔儿山、紫金山、中条山3个预测区内含矿地质体地质特征、矿化蚀变、矿化类型等与典型矿床特征对比,决定塔儿山和紫金山预测区采用东峰顶典型矿床的品位及体重,品位为7.21g/t,体重为2.59t/m³,中条山预测区采用双对沟的品位及体重,品位为6.32g/t,体重为2.66t/m³。

研究分析了灵丘东北、浑源东、灵丘南山、五台山-恒山4个预测区内含矿地质体地质特征、矿化蚀变、矿化类型等与典型矿床特征对比,决定灵丘东北预测区采用灵丘太那水的品位(7.45g/t),浑源东预测区采用浑源岔口的品位(11.62g/t),灵丘南山预测区采用灵丘刘家庄品位(38.46g/t),五台山-恒山预测区一般采用最小预测区内的矿床(点)品位,当最小预测区内无矿床(点)时,采用附近最小预测区的品位。

研究分析了代县高凡预测区内含矿地质体地质特征、矿化蚀变、矿化类型等与典型矿床特征对比,决定采用高凡典型矿床的品位及体重,金品位为6.71g/t,银品位为180.16g/t,体重为2.75t/m³。

5）最小预测区相似系数的确定

根据典型矿床预测要素,研究对比各预测工作区内全部预测要素的总体相似度系数,通过MRAS软件计算出每个预测区的成矿概率即为相似系数,结果见表3-4-42～表3-4-49。

表 3-4-42 塔儿山预测工作区最小预测区相似系数表

最小预测区编号	最小预测区名称	相似系数	最小预测区编号	最小预测区名称	相似系数
13-1-(1)	浮山县刘家庄	1.000	13-1-(6)	襄汾县吉家山	0.213
13-1-(2)	襄汾县东峰顶	1.000	13-1-(7)	襄汾县四家湾	0.853
13-1-(3)	浮山县高村	0.200	13-1-(8)	翼城县打鼓山	0.426
13-1-(4)	襄汾县李家庄	0.426	13-1-(9)	曲沃县赤石峪	0.213
13-1-(5)	襄汾县金贝沟	0.787			

表 3-4-43 紫金山预测工作区最小预测区相似系数表

最小预测区编号	最小预测区名称	相似系数	最小预测区编号	最小预测区名称	相似系数
13-2-(1)	侯马市紫金山	0.787	13-2-(2)	侯马市乔山底西南	0.426

表 3-4-44 中条山预测工作区最小预测区相似系数表

最小预测区编号	最小预测区名称	相似系数	最小预测区编号	最小预测区名称	相似系数
13-3-(1)	盐湖区胡家沟	0.796	13-3-(6)	平陆县牛家沟	0.650
13-3-(2)	平陆县武家沟	0.584	13-3-(7)	盐湖区范家窑	0.650
13-3-(3)	盐湖区蚕坊	0.650	13-3-(8)	平陆县西庄	0.471
13-3-(4)	平陆县柳木桌	0.796	13-3-(9)	平陆县水泉凹	0.200
13-3-(5)	盐湖区双对沟	1.000	13-3-(10)	芮城县水峪	0.854

表 3-4-45 灵丘东北预测工作区最小预测区相似系数表

最小预测区编号	最小预测区名称	相似系数	最小预测区编号	最小预测区名称	相似系数
14-1-(1)	灵丘县井林	0.714	14-1-(3)	灵丘县太那水	1.000
14-1-(2)	灵丘县探堡	0.235			

表 3-4-46　浑源东预测工作区最小预测区相似系数表

最小预测区编号	最小预测区名称	相似系数	最小预测区编号	最小预测区名称	相似系数
14-2-(1)	浑源县岔口	1.000	14-2-(2)	浑源县石匣	0.452

表 3-4-47　灵丘南山预测工作区最小预测区相似系数表

最小预测区编号	最小预测区名称	相似系数	最小预测区编号	最小预测区名称	相似系数
14-3-(1)	灵丘县焦洞沟	0.556	14-3-(2)	灵丘县刘庄村	1.000

表 3-4-48　五台山-恒山预测工作区最小预测区相似系数表

最小预测区编号	最小预测区名称	相似系数	最小预测区编号	最小预测区名称	相似系数
14-4-(1)	浑源县什义号乡	0.788	14-4-(10)	灵丘县王村铺	1.000
14-4-(2)	应县三条岭	0.525	14-4-(11)	繁峙县茶房	0.788
14-4-(3)	繁峙县义兴寨	1.000	14-4-(12)	繁峙县南岔沟	0.900
14-4-(4)	繁峙县辛庄	0.788	14-4-(13)	繁峙县拖房沟	1.000
14-4-(5)	繁峙县后所	0.737	14-4-(14)	繁峙县黄草	0.788
14-4-(6)	灵丘县陈家南	0.152	14-4-(15)	繁峙县柴树岭	0.562
14-4-(7)	灵丘县算峪	0.525	14-4-(16)	繁峙县耿庄	1.000
14-4-(8)	繁峙县小白峪	0.450	14-4-(17)	繁峙县狮子坪	0.788
14-4-(9)	灵丘县香炉石	0.500	14-4-(18)	繁峙县庄旺	0.525

表 3-4-49　高凡预测工作区最小预测区相似系数表

最小预测区编号	最小预测区名称	相似系数	最小预测区编号	最小预测区名称	相似系数
20-1-(1)	代县甘霖头	1.000	20-1-(2)	代县高凡	1.000

3. 最小预测区预测资源量估算结果

本次采用全国矿产资源潜力评价项目办提供的第二种预测资源量公式,即当含矿地质体难以确切圈定边界时,应用预测区预测资源量公式:

$$Z_{预}=S_{预} \times H_{预} \times K_s \times K \times \alpha$$

式中,$Z_{预}$是预测区预测资源量(t);$S_{预}$是预测区面积(m^2);$H_{预}$是预测区延深(指预测区含矿地质体延深)(m);K_s是含矿地质体面积参数;K是模型区矿床的含矿系数;α是相似系数。

$$金属总量 = Z_{预} \times 品位$$

$$预测资源量 = 金属总量 - 查明资源量$$

根据以上公式及预测区参数估算各岩浆热液型金矿预测工作区内最小预测区资源量,详见表 3-4-50～表 3-4-65。

表 3-4-50 塔儿山预测工作区最小预测区估算成果表

最小预测区编号	最小预测区名称	$S_{预}(m^2)$	$H_{预}(m)$	K_s	K	α	$Z_{预}(t)$
13-1-(1)	浮山县刘家庄	6 182 645	360	0.257	0.002 14	1.000	1 224 119
13-1-(2)	襄汾县东峰顶	3 776 867	400	0.257	0.002 14	1.000	830 881
13-1-(3)	浮山县高村	3 375 889	260	0.257	0.002 14	0.200	96 547
13-1-(4)	襄汾县李家庄	2 499 296	400	0.257	0.002 14	0.426	234 225
13-1-(5)	襄汾县金贝沟	4 152 761	300	0.257	0.002 14	0.787	539 237
13-1-(6)	襄汾县吉家山	4 560 297	200	0.257	0.002 14	0.213	106 844
13-1-(7)	襄汾县四家湾	9 213 757	200	0.257	0.002 14	0.853	864 495
13-1-(8)	翼城县打鼓山	9 526 960	380	0.257	0.002 14	0.426	848 192
13-1-(9)	曲沃县赤石峪	8 142 425	300	0.257	0.002 14	0.213	286 155

表 3-4-51 塔儿山预测工作区最小预测区金属量估算成果表

最小预测区编号	最小预测区名称	$Z_{预}(t)$	品位(g/t)	金属量(kg)	查明资源量(kg)	预测资源量(kg)
13-1-(1)	浮山县刘家庄	1 224 119	5.06	6194	2208	3986
13-1-(2)	襄汾县东峰顶	830 881	7.21	5000	3338	1662
13-1-(3)	浮山县高村	96 547	10.76	1039	884	155
13-1-(4)	襄汾县李家庄	234 225	5.21	1220	49	1171
13-1-(5)	襄汾县金贝沟	539 237	8.82	4756	1057	3699
13-1-(6)	襄汾县吉家山	106 844	2.03	217	0	217
13-1-(7)	襄汾县四家湾	864 495	4.96	4288	4557	1875
13-1-(8)	翼城县打鼓山	848 192	5.00	4241	82	4159
13-1-(9)	曲沃县赤石峪	286 155	3.92	1122	561	561

表 3-4-52 紫金山预测工作区最小预测区估算成果表

最小预测区编号	最小预测区名称	$S_{预}(m^2)$	$H_{预}(m)$	K_s	K	α	$Z_{预}(t)$
13-2-(1)	侯马市紫金山	7 562 315	300	0.257	0.002 14	0.787	981 969
13-2-(2)	侯马市乔山底西南	7 907 258	300	0.257	0.002 14	0.426	555 781

表 3-4-53 紫金山预测工作区最小预测区金属量估算成果表

最小预测区编号	最小预测区名称	$Z_{预}(t)$	品位(g/t)	金属量(kg)	查明资源量(kg)	预测资源量(kg)
13-2-(1)	侯马市紫金山	981 969	3.50	3437	479	2958
13-2-(2)	侯马市乔山底西南	555 781	3.50	1945	0	1945

表 3-4-54　中条山预测工作区最小预测区估算成果表

最小预测区编号	最小预测区名称	$S_{体}(m^2)$	$H_{预}(m)$	K_s	K	α	$Z_{体}(t)$
13-3-(1)	盐湖区胡家沟	6 417 154	300	0.219	0.001 51	0.796	506 755
13-3-(2)	平陆县武家沟	2 347 146	300	0.219	0.001 51	0.584	135 986
13-3-(3)	盐湖区蚕坊	2 203 947	300	0.219	0.001 51	0.650	142 121
13-3-(4)	平陆县柳木桌	5 562 991	300	0.219	0.001 51	0.796	439 303
13-3-(5)	盐湖区双对沟	6 381 179	300	0.219	0.001 51	1.000	632 911
13-3-(6)	平陆县牛家沟	6 517 888	300	0.219	0.001 51	0.650	420 303
13-3-(7)	盐湖区范家窑	2 225 919	300	0.219	0.001 51	0.650	143 537
13-3-(8)	平陆县西庄	3 728 741	300	0.219	0.001 51	0.471	174 231
13-3-(9)	平陆县水泉凹	3 994 220	300	0.219	0.001 51	0.200	79 251
13-3-(10)	芮城县水峪	3 119 229	300	0.219	0.001 51	0.854	264 270

表 3-4-55　中条山预测工作区最小预测区金属量估算成果表

最小预测区编号	最小预测区名称	$Z_{预}(t)$	品位(g/t)	金属量(kg)	查明资源量(kg)	预测资源量(kg)
13-3-(1)	盐湖区胡家沟	506 755	6.41	3248	666	2582
13-3-(2)	平陆县武家沟	135 986	13.14	1787	1363	424
13-3-(3)	盐湖区蚕坊	142 121	27.91	3967	468	3499
13-3-(4)	平陆县柳木桌	439 303	4.21	1849	0	1849
13-3-(5)	盐湖区双对沟	632 911	6.32	4000	1287	2714
13-3-(6)	平陆县牛家沟	420 303	7.17	3014	102	2912
13-3-(7)	盐湖区范家窑	143 537	3.06	439	4	435
13-3-(8)	平陆县西庄	174 231	3.06	533	0	533
13-3-(9)	平陆县水泉凹	79 251	3.06	243	0	243
13-3-(10)	芮城县水峪	264 270	4.08	1078	0	1078

表 3-4-56　灵丘东北预测工作区最小预测区估算成果表

最小预测区编号	最小预测区名称	$S_{预}(m^2)$	$H_{预}(m)$	K_s	K	α	$Z_{预}(t)$
14-1-(1)	灵丘县井林	5 875 388	400	0.111 2	0.001 36	0.714	253 870
14-1-(2)	灵丘县探堡	2 517 875	400	0.111 2	0.001 36	0.235	35 794
14-1-(3)	灵丘县太那水	6 654 777	700	0.111 2	0.001 36	1.000	704 491

表 3-4-57 灵丘东北预测工作区最小预测区金属量估算成果表

最小预测区编号	最小预测区名称	$Z_{预}$(t)	品位(g/t)	金属量(kg)	查明资源量(kg)	预测资源量(kg)
14-1-(1)	灵丘县井林	253 870	7.45	1891	0	1891
14-1-(2)	灵丘县探堡	35 794	7.45	267	0	267
14-1-(3)	灵丘县太那水	704 491	7.45	5248	3259	1989

表 3-4-58 浑源东预测工作区最小预测区估算成果表

最小预测区编号	最小预测区名称	$S_{预}$(m²)	$H_{预}$(m)	K_s	K	α	$Z_{预}$(t)
14-2-(1)	浑源县岔口	4 390 559	400	0.111 2	0.001 36	1.000	265 597
14-2-(2)	浑源县石匣	7 608 905	400	0.111 2	0.001 36	0.452	208 048

表 3-4-59 浑源东预测工作区最小预测区金属量估算成果表

最小预测区编号	最小预测区名称	$Z_{预}$(t)	品位(g/t)	金属量(kg)	查明资源量(kg)	预测资源量(kg)
14-2-(1)	浑源县岔口	265 597	11.62	3086	186.77	2 899.23
14-2-(2)	浑源县石匣	208 048	11.62	2418	0	2418

表 3-4-60 灵丘南山预测工作区最小预测区估算成果表

最小预测区编号	最小预测区名称	$S_{体}$(m²)	$H_{预}$(m)	K_s	K	α	$Z_{体}$(t)
14-3-(1)	灵丘县焦洞沟	4 083 188	400	0.111 2	0.001 36	0.556	137 334
14-3-(2)	灵丘县刘庄村	4 850 097	400	0.111 2	0.001 36	1.000	293 396

表 3-4-61 灵丘南山预测工作区最小预测区金属量估算成果表

最小预测区编号	最小预测区名称	$Z_{预}$(t)	品位(g/t)	金属量(kg)	查明资源量(kg)	预测资源量(kg)
14-3-(1)	灵丘县焦洞沟	137 334	38.46	5282	0	5282
14-3-(2)	灵丘县刘庄村	293 396	38.46	11 284	239.01	11 044.99

表 3-4-62 五台山-恒山预测工作区最小预测区估算成果表

最小预测区编号	最小预测区名称	$S_{体}$(m²)	$H_{预}$(m)	K_s	K	α	$Z_{体}$(t)
14-4-(1)	浑源县什义号乡	3 655 779	400	0.111 2	0.001 36	0.788	174 265
14-4-(2)	应县三条岭	8 593 041	400	0.111 2	0.001 36	0.525	272 904
14-4-(3)	繁峙县义兴寨	18 036 103	1400	0.111 2	0.001 36	1.000	3 284 785
14-4-(4)	繁峙县辛庄	5 689 093	1200	0.111 2	0.001 36	0.788	813 569
14-4-(5)	繁峙县后所	11 536 850	400	0.111 2	0.001 36	0.737	514 350
14-4-(6)	灵丘县陈家南	4 513 138	400	0.111 2	0.001 36	0.152	41 498
14-4-(7)	灵丘县算峪	7 409 327	400	0.111 2	0.001 36	0.525	235 311
14-4-(8)	繁峙县小白峪	6 960 022	400	0.111 2	0.001 36	0.450	189 464
14-4-(9)	灵丘县香炉石	1 187 715	400	0.111 2	0.001 36	0.500	35 924
14-4-(10)	灵丘县王村铺	15 390 134	400	0.111 2	0.001 36	1.000	930 992

续表 3-4-62

最小预测区编号	最小预测区名称	$S_{体}(m^2)$	$H_{预}(m)$	K_s	K	α	$Z_{体}(t)$
14-4-(11)	繁峙县茶房	2 022 282	450	0.111 2	0.001 36	0.788	108 449
14-4-(12)	繁峙县南岔沟	1 035 779	500	0.111 2	0.001 36	0.900	70 489
14-4-(13)	繁峙县拖房沟	3 358 182	400	0.111 2	0.001 36	1.000	203 146
14-4-(14)	繁峙县黄草	1 995 189	500	0.111 2	0.001 36	0.788	118 884
14-4-(15)	繁峙县柴树岭	3 365 126	500	0.111 2	0.001 36	0.562	143 005
14-4-(16)	繁峙县耿庄	2 188 596	800	0.111 2	0.001 36	1.000	264 789
14-4-(17)	繁峙县狮子坪	5 603 462	500	0.111 2	0.001 36	0.788	333 885
14-4-(18)	繁峙县庄旺	10 442 143	500	0.111 2	0.001 36	0.525	414 731

表 3-4-63 五台山-恒山预测工作区最小预测区金属量估算成果表

最小预测区编号	最小预测区名称	$Z_{预}(t)$	品位(g/t)	金属量(kg)	查明资源量(kg)	预测资源量(kg)
14-4-(1)	浑源县什义号乡	174 265	8.86	1544	77	1467
14-4-(2)	应县三条岭	272 904	7.55	2060	0	2060
14-4-(3)	繁峙县义兴寨	3 284 785	11.88	39 023	23 996.33	15 026.67
14-4-(4)	繁峙县辛庄	813 569	11.88	9665	5 209.9	4 455.1
14-4-(5)	繁峙县后所	514 350	6.64	3415	1020	2395
14-4-(6)	灵丘县陈家南	41 498	6.64	276	0	276
14-4-(7)	灵丘县算峪	235 311	6.64	1562	0	1562
14-4-(8)	繁峙县小白峪	189 464	6.64	1258	0	1258
14-4-(9)	灵丘县香炉石	35 924	29.68	1066	416	650
14-4-(10)	灵丘县王村铺	930 992	8.9	8286	25.6	8 260.4
14-4-(11)	繁峙县茶房	108 449	5.41	587	0	587
14-4-(12)	繁峙县南岔沟	70 489	16.17	1140	1041	99
14-4-(13)	繁峙县拖房沟	203 146	33.06	6716	2541	4175
14-4-(14)	繁峙县黄草	118 884	21.96	2611	1 430.18	1 180.82
14-4-(15)	繁峙县柴树岭	143 005	16.6	2374	2002	372
14-4-(16)	繁峙县耿庄	264 789	33.06	8754	7553	1201
14-4-(17)	繁峙县狮子坪	333 885	11.03	3683	1257	2426
14-4-(18)	繁峙县庄旺	414 731	8.89	3687	104.1	3 582.9

表 3-4-64 高凡预测工作区最小预测区估算成果表

最小预测区编号	最小预测区名称	$S_{预}(m^2)$	$H_{预}(m)$	K_s	K	α	$Z_{预}(t)$
20-1-(1)	代县甘霖头	7 084 871	400	0.007 5	0.005 98	1.000	126 490
20-1-(2)	代县高凡	16 020 954	560	0.007 5	0.005 98	1.000	400 443

表 3-4-65　高凡预测工作区最小预测区金属量估算成果表

最小预测区编号	最小预测区名称	$Z_{预}$(t)	品位(g/t)	金属量(kg)	查明资源量(kg)	预测资源量(kg)
20-1-(1)Au	代县甘霖头	126 490	6.44	815	0	815
20-1-(1)Ag			180.16	22 788	0	22 788
20-1-(2)Au	代县高凡	400 443	7.44	2979	1 649.32	1 328.68
20-1-(2)Ag			180.16	72 144	34 989	37 155

3.4.4.2　火山岩型金矿

1. 模型区深部及外围资源潜力预测分析

1) 典型矿床已查明资源储量及其估算参数

堡子湾预测工作区内典型矿床为阳高县堡子湾典型矿床。估算方法为综合信息地质体积法，以预测工作区为单位，详细分析了已知矿床已查明资源储量及估算参数和确定依据，主要内容见表 3-4-66。

表 3-4-66　山西省堡子湾金矿典型矿床查明资源储量表

编号	名称	查明资源储量		面积(m^2)	延深(m)	品位(g/t)	体重(t/m^3)	体积含矿率
		矿石量(t)	金属量(kg)					
1	堡子湾	1 638 800	9607	108 518	400	5.86	2.84	0.037 75

堡子湾典型矿床查明资源量主要以冶金部第二地质勘查局三一二地质队提交的《阳高县长城乡堡子湾金矿勘探地质报告》为主。品位和体重采用典型矿床平均体重和品位，一般按勘查工作实际数据确定。查明资源量指目前工程控制实际查明的资源量(不论类别)。堡子湾典型矿床的面积为矿床的投影面积，由在典型矿床成矿要素图上圈定矿床面积量取。本次典型矿床的延深选用矿床的最大垂深，根据典型矿床勘探资料确定。体积含矿率的计算公式:查明资源量/(面积×延深)，单位为 t/m^3。

2) 典型矿床深部及外围预测资源量及其估算参数

堡子湾预测工作区内典型矿床为阳高县堡子湾典型矿床。以预测工作区为单位，详细分析了典型矿床的深部和外围估算资源量、参数确定及依据，主要内容如表 3-4-67 所示。

表 3-4-67　堡子湾金矿预测工作区典型矿床深部和外围预测资源量表

编号	名称	预测资源量矿石量(t)	面积(m^2)	延深(m)	体积含矿率
1	堡子湾	409 655	108 518	100	0.037 75

根据典型矿床的研究分析，典型矿床外围含矿潜力低，本次不做预测，仅对矿体深部进行了预测，预测部分矿体延深为100m。

典型矿床资源总量为典型矿床查明资源量与预测资源量之和。总面积采用查明资源储量部分矿床面积，总延深为查明部分矿床延深与预测部分矿床延深之和。山西省堡子湾金矿典型矿床总资源量如表 3-4-68 所示。

表 3-4-68　堡子湾金矿典型矿床总资源量表

编号	名称	查明资源储量 矿石量(t)	预测资源量 矿石量(t)	总资源量 矿石量(t)	总面积 (m²)	总延深 (m)	含矿 系数
1	堡子湾	1 638 800	409 655	2 048 455	108 518	500	0.037 75

3) 模型区预测资源量及估算参数确定

模型区是指典型矿床所在位置的最小预测区,模型区预测资源量及其估算参数如表 3-4-69 所示。

表 3-4-69　堡子湾模型区预测资源量及其估算参数

编号	名称	模型区预测资源量 矿石量(t)	模型区面积 (m²)	延深 (m)	含矿地质体 面积(m²)	含矿地质体 面积参数
1	堡子湾	2 048 455.45	5 445 090.99	500	125 251	0.023 0

典型矿床总资源量计算多个矿床资源量之和。含矿地质体面积加以人工修正。模型区延深采用典型矿床总延深。含矿地质体面积采用查明资源储量矿床面积和预测矿床面积。

2. 最小预测区参数确定

1) 模型区含矿系数确定

当成矿地质体难以确切圈定边界时,模型区含矿系数=模型区预测资源总量/(模型区总体积×含矿地质体面积参数),单位采用 t/m³。经估算堡子湾模型区含矿地质体含矿系数为 0.031 46(表 3-4-70)。

表 3-4-70　堡子湾模型区含矿地质体含矿系数表

模型区 编号	模型区 名称	含矿地质体 含矿系数	资源总量 矿石量(t)	含矿地质体 总体积(m³)	含矿地质体 面积参数
1	堡子湾	0.031 46	2 048 455	2 722 545 493	0.023 0

其中,模型区预测资源总量指典型矿床总资源量,包括查明及预测的总量;含矿地质体面积参数=含矿地质体面积/模型区面积(本次采用矿床面积/模型区面积)。

2) 最小预测区面积确定

堡子湾预测工作区最小预测区面积圈定大小及方法依据见表 3-4-71。

表 3-4-71　堡子湾预测工作区最小预测区面积圈定大小及方法依据表

最小预测区编号	最小预测区名称	面积(km²)	参数确定依据
15-1-(1)	阳高县堡子湾	5.45	矿点、金异常、岩体
15-1-(2)	阳高县九对沟	11.18	矿点、金异常、岩体
15-1-(3)	阳高县郭家坡	4.72	金异常、岩体
15-1-(4)	阳高县牛马河	5.78	金异常、岩体

3) 最小预测区延深参数确定

全面研究堡子湾预测区内最小预测区含矿地质体地质特征、矿化蚀变、矿化类型、以往勘探成果和近期开发利用情况等,综合确定含矿地质体的延深大小。其中,模型区内典型矿床资料较全,根据勘探深度,预测其延深深度为500m,其他最小预测内资料较少,预测延深深度为400m(表3-4-72)。

表3-4-72 堡子湾预测工作区最小预测区延深圈定大小及方法依据表

最小预测区编号	最小预测区名称	延深(m)	参数确定依据
15-1-(1)	阳高县堡子湾	500	钻孔资料
15-1-(2)	阳高县九对沟	400	专家
15-1-(3)	阳高县郭家坡	400	专家
15-1-(4)	阳高县牛马河	400	专家

4)最小预测区品位和体重的确定

研究了预测区内含矿地质体地质特征、矿化蚀变、矿化类型等与典型矿床特征对比,决定采用典型矿床的品位(5.86g/t)和体重(2.84t/m³)。

5)最小预测区相似系数的确定

根据典型矿床预测要素,研究对比堡子湾预测区内全部最小预测区与模型区的总体相似度系数,确定最小预测区相似系数,结果见表3-4-73。

表3-4-73 堡子湾预测工作区最小预测区相似系数表

最小预测区编号	最小预测区名称	相似系数	最小预测区编号	最小预测区名称	相似系数
15-1-(1)	阳高县堡子湾	1.000	15-1-(3)	阳高县郭家坡	0.200
15-1-(2)	阳高县九对沟	0.200	15-1-(4)	阳高县牛马河	0.200

3. 最小预测区预测资源量估算结果

本次采用全国矿产资源潜力评价项目办提供的第二种预测资源量公式,具体参照岩浆热液型金矿资源量计算,见表3-4-74、表3-4-75。

表3-4-74 堡子湾预测工作区最小预测区估算成果表

最小预测区编号	最小预测区名称	$S_{预}(m^2)$	$H_{预}(m)$	K_s	K	α	$Z_{预}(t)$
15-1-(1)	阳高县堡子湾	5 445 091	500	0.019 9	0.031 46	1.000	2 048 455
15-1-(2)	阳高县九对沟	11 182 262	400	0.019 9	0.031 46	0.200	560 056
15-1-(3)	阳高县郭家坡	4 715 020	400	0.019 9	0.031 46	0.200	236 149
15-1-(4)	阳高县牛马河	5 776 236	400	0.019 9	0.031 46	0.200	289 299

表3-4-75 堡子湾预测工作区最小预测区金属量估算成果表

最小预测区编号	最小预测区名称	$Z_{预}(t)$	品位(g/t)	金属量(kg)	查明资源量(kg)	预测资源量(kg)
15-1-(1)	阳高县堡子湾	2 048 455	5.86	12 004	9607	2397
15-1-(2)	阳高县九对沟	560 056	5.86	3282	0	3282
15-1-(3)	阳高县郭家坡	236 149	5.86	1384	0	1384
15-1-(4)	阳高县牛马河	289 299	5.86	1695	0	1695

3.4.4.3 花岗-绿岩带型金矿

1. 模型区深部及外围资源潜力预测分析

1)典型矿床已查明资源储量及其估算参数

东腰庄预测工作区采用五台县东腰庄金矿为典型矿床,估算方法为地质体积法,以预测工作区为单位,详细研究了已知矿床已查明资源储量及估算参数和确定依据,典型矿床参数来源于山西省第三地质工程勘查院提交的《山西省五台县东腰庄金矿及外围普查地质报告》。主要内容见表3-4-76。

表3-4-76 山西省东腰庄金矿典型矿床查明资源储量表

编号	名称	查明资源储量		面积 (m^2)	延深 (m)	品位 (g/t)	体重 (t/m^3)	体积含矿率
		矿石量(t)	金属量(kg)					
1	东腰庄	1 751 800	5820	505 071	500	3.32	2.75	0.006 94

康家沟预测工作区采用五台县殿头金矿为典型矿床,估算方法为地质体积法,以预测工作区为单位,详细研究了已知矿床已查明资源储量及估算参数和确定依据,典型矿参数来源于山西省第三地质工程勘查院提交的《山西省五台县殿头金矿普查地质报告》。主要内容见表3-4-77。

表3-4-77 山西省殿头金矿典型矿床查明资源储量表

编号	名称	查明资源储量		面积 (m^2)	延深 (m)	品位 (g/t)	体重 (t/m^3)	体积含矿率
		矿石量(t)	金属量(kg)					
1	殿头	187 232	1 007.31	307 510	100	5.38	3.22	0.006 09

2)典型矿床深部及外围预测资源量及其估算参数

(1)东腰庄典型矿床。

根据典型矿床的研究分析,典型矿床外围含矿潜力低,本次不做预测,仅对矿体深部进行了预测,预测部分矿体延深为250m(如图3-4-15)。主要内容如表3-4-78。

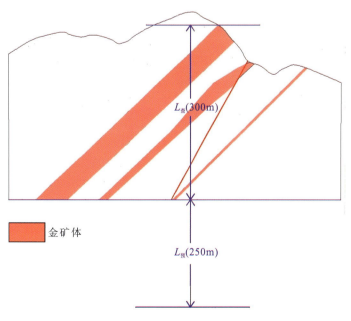

图3-4-15 东腰庄金矿预测深度示意图

表 3-4-78　东腰庄预测工作区典型矿床深部和外围预测资源量表

编号	名称	预测资源量矿石量(t)	面积(m²)	延深(m)	体积含矿率
1	东腰庄	876 298	505 071	250	0.006 94

(2)殿头典型矿床。

根据典型矿床的研究分析,典型矿床外围含矿潜力低,本次不做预测,仅对矿体深部进行了预测,预测部分矿体延深为 400m。主要内容如表 3-4-79。

表 3-4-79　康家沟预测工作区典型矿床深部和外围预测资源量表

编号	名称	预测资源量矿石量(t)	面积(m²)	延深(m)	体积含矿率
1	殿头	749 094.36	307 510	400	0.006 09

3)典型矿床总资源量

典型矿床资源总量为典型矿床查明资源量与预测资源量之和。总面积采用查明资源储量部分矿床面积,总延深为查明部分矿床延深与预测部分矿床延深之和。山西省东腰庄式金矿典型矿床总资源量如表 3-4-80。

表 3-4-80　东腰庄式金矿典型矿床总资源量表

编号	名称	查明资源量矿石量(t)	预测资源量矿石量(t)	总资源量矿石量(t)	总面积(m²)	总延深(m)	含矿系数
1	东腰庄	1 751 800	876 298.185	2 628 098.185	505 071	750	0.006 94

山西省康家沟式金矿典型矿床总资源量如表 3-4-81 所示。

表 3-4-81　康家沟式金矿典型矿床总资源量表

编号	名称	查明资源储量矿石量(t)	预测资源量矿石量(t)	总资源量矿石量(t)	总面积(m²)	总延深(m)	含矿系数
1	殿头	187 232	749 094.36	936 326.36	307 510	500	0.006 09

4)模型区预测资源量及估算参数确定

(1)东腰庄典型矿床。

模型区是指典型矿床所在位置的最小预测区,当成矿地质体可以确切圈定边界时,模型区预测资源量及其估算参数如表 3-4-82 所示。

表 3-4-82　东腰庄典型矿床模型区预测资源量及其估算参数表

编号	名称	模型区预测资源量矿石量(t)	模型区面积(m²)	延深(m)	含矿地质体面积(m²)	含矿地质体面积参数
1	东腰庄	2 628 098.185	18 695 252.65	750	505 071	0.027 0

(2)殿头典型矿床。

模型区是指典型矿床所在位置的最小预测区,当成矿地质体可以确切圈定边界时,模型区预测资源量及其估算参数如表3-4-83所示。

表3-4-83 殿头典型矿床模型区预测资源量及其估算参数表

编号	名称	模型区预测资源量矿石量(t)	模型区面积(m^2)	延深(m)	含矿地质体面积(m^2)	含矿地质体面积参数
1	殿头	936 326.36	2 749 889.74	500	307 510	0.111 8

2. 最小预测区参数确定

1)模型区含矿系数确定

当成矿地质体难以确切圈定边界时,模型区含矿系数=模型区预测资源总量/(模型区总体积×含矿地质体面积参数),单位为t/m^3。经估算东腰庄模型区含矿地质体含矿系数为0.006 94(表3-4-84)。

表3-4-84 东腰庄模型区含矿地质体含矿系数表

模型区编号	模型区名称	含矿地质体含矿系数	资源总量矿石量(t)	含矿地质体总体积(m^3)
1	东腰庄	0.006 94	2 628 098	14 021 439 488

其中,模型区预测资源总量指典型矿床总资源量,包括查明及预测的总量;含矿地质体面积参数=含矿地质体面积/模型区面积(本次采用矿床面积/模型区面积)。

当成矿地质体难以确切圈定边界时,模型区含矿系数=模型区预测资源总量/(模型区总体积×含矿地质体面积参数),单位为t/m^3。经估算殿头模型区含矿地质体含矿系数为0.006 09(表3-4-85)。

表3-4-85 殿头模型区含矿地质体含矿系数表

模型区编号	模型区名称	含矿地质体含矿系数	资源总量矿石量(t)	含矿地质体总体积(m^3)
1	殿头	0.006 09	936 326	1 374 944 870

2)最小预测区面积确定

东腰庄预测工作区最小预测区面积圈定大小及方法依据见表3-4-86。

表3-4-86 东腰庄预测工作区最小预测区面积圈定大小及方法依据表

最小预测区编号	最小预测区名称	面积(km^2)	参数确定依据
16-1-(1)	代县沟掌村	15.18	金异常、地层
16-1-(2)	五台县代银掌	8.93	金异常、地层
16-1-(3)	五台县东腰庄	18.70	矿点、金异常、地层

康家沟预测工作区最小预测区面积圈定大小及方法依据见表3-4-87。

表3-4-87 康家沟预测工作区最小预测区面积圈定大小及方法依据表

最小预测区编号	最小预测区名称	面积(km²)	参数确定依据
17-1-(1)	代县峨口	7.05	金异常、地层
17-1-(2)	代县小板峪	5.72	矿点、金异常、地层
17-1-(3)	代县康家沟	13.33	矿点、金异常、地层
17-1-(4)	繁峙县大西沟	10.32	金异常、地层
17-1-(5)	五台县清凉桥	4.89	金异常、地层
17-1-(6)	五台县殿头	2.75	矿点、地层

3)最小预测区延深确定

全面研究东腰庄预测区内最小预测区含矿地质体地质特征、矿化蚀变、矿化类型、以往勘探成果和近期开发利用情况等,综合确定含矿地质体的延深大小。其中,模型区内典型矿床资料较全,根据勘探深度,预测其延深深度为750m,其他最小预测内资料较少,预测延深深度为500m(表3-4-88)。

表3-4-88 东腰庄预测工作区最小预测区延深圈定大小及方法依据表

最小预测区编号	最小预测区名称	延深(m)	参数确定依据
16-1-(1)	代县沟掌村	500	专家
16-1-(2)	五台县代银掌	500	专家
16-1-(3)	五台县东腰庄	750	钻孔资料

全面研究康家沟预测区内最小预测区含矿地质体地质特征、矿化蚀变、矿化类型、以往勘探成果和近期开发利用情况等,综合确定含矿地质体的延深大小。其中,模型区内典型矿床资料较全,根据勘探深度,预测其延深深度为500m,其他最小预测区内资料较少,预测延深深度为400m(表3-4-89)。

表3-4-89 康家沟预测工作区最小预测区延深圈定大小及方法依据表

最小预测区编号	最小预测区名称	延深(m)	参数确定依据
17-1-(1)	代县峨口	400	专家
17-1-(2)	代县小板峪	400	专家
17-1-(3)	代县康家沟	400	专家
17-1-(4)	繁峙县大西沟	400	专家
17-1-(5)	五台县清凉桥	400	专家
17-1-(6)	五台县殿头	500	硐探工程资料

4)最小预测区品位和体重的确定

对东腰庄预测区内含矿地质体地质特征、矿化蚀变、矿化类型等与典型矿床特征对比,决定采用典型矿床的品位及体重,品位为 3.32g/t,体重为 2.75t/m³。

对康家沟预测区内含矿地质体地质特征、矿化蚀变、矿化类型等与典型矿床特征对比,决定采用典型矿床的品位及体重,品位为 5.38g/t,体重为 3.22t/m³。

5)最小预测区相似系数的确定

根据典型矿床预测要素,分析对比东腰庄预测区及康家沟预测区内全部预测要素的总体相似度系数,通过 MRAS 软件计算出每个预测区的成矿概率即为相似系数,结果见表 3-4-90、表 3-4-91。

表 3-4-90　东腰庄预测工作区最小预测区相似系数表

最小预测区编号	最小预测区名称	相似系数	最小预测区编号	最小预测区名称	相似系数
16-1-(1)	代县沟掌村	0.750	16-1-(3)	五台县东腰庄	1.000
16-1-(2)	五台县代银掌	0.500			

表 3-4-91　康家沟预测工作区最小预测区相似系数表

最小预测区编号	最小预测区名称	相似系数	最小预测区编号	最小预测区名称	相似系数
17-1-(1)	代县峨口	0.906	17-1-(4)	繁峙县大西沟	0.789
17-1-(2)	代县小板峪	0.789	17-1-(5)	五台县清凉桥	1.000
17-1-(3)	代县康家沟	0.883	17-1-(6)	五台县殿头	0.789

3. 最小预测区预测资源量估算结果

本次采用全国矿产资源潜力评价项目办提供的第二种预测资源量公式,即当含矿地质体难以确切圈定边界时,应用预测区预测资源量公式。

$$Z_{预}=S_{预}\times H_{预}\times K_s\times K\times \alpha$$

式中,$Z_{预}$ 是预测区预测资源量(t);$S_{预}$ 是预测区面积(m²);$H_{预}$ 是预测区延深(指预测区含矿地质体延深)(m);K_s 是含矿地质体面积参数;K 是模型区矿床的含矿系数;α 是相似系数。

金属量 $= Z_{预}\times$ 品位

预测资源量 = 金属量 - 查明资源量

根据以上公式及预测区参数估算东腰庄预测工作区及康家沟预测工作区内最小预测区资源量,见表 3-4-92～表 3-4-95。

表 3-4-92　东腰庄预测工作区最小预测区估算成果表

最小预测区编号	最小预测区名称	$S_{预}$(m²)	$H_{预}$(m)	K_s	K	α	$Z_{预}$(t)
16-1-(1)	代县沟掌村	15 176 781	500	0.013 5	0.006 94	0.750	533 217
16-1-(2)	五台县代银掌	8 934 202	500	0.013 5	0.006 94	0.500	209 261
16-1-(3)	五台县东腰庄	18 695 253	750	0.027 0	0.006 94	1.000	2 628 098

表 3-4-93 东腰庄预测工作区最小预测区金属量估算成果表

最小预测区编号	最小预测区名称	$Z_{预}$(t)	品位(g/t)	金属量(kg)	查明资源量(kg)	预测资源量(kg)
16-1-(1)	代县沟掌村	533 217	3.32	1770	0	1770
16-1-(2)	五台县代银掌	209 261	3.32	695	0	695
16-1-(3)	五台县东腰庄	2 628 098	3.32	8725	5820	2905

表 3-4-94 康家沟预测工作区最小预测区估算成果表

最小预测区编号	最小预测区名称	$S_{预}$(m²)	$H_{预}$(m)	K_s	K	α	$Z_{预}$(t)
17-1-(1)	代县峨口	7 051 773	400	0.055 9	0.006 09	0.906	869 561
17-1-(2)	代县小板峪	5 719 384	400	0.055 9	0.006 09	0.789	614 339
17-1-(3)	代县康家沟	13 328 311	400	0.055 9	0.006 09	0.883	1 603 061
17-1-(4)	繁峙县大西沟	10 322 595	400	0.055 9	0.006 09	0.789	1 108 786
17-1-(5)	五台县清凉桥	4 889 367	400	0.055 9	0.006 09	1.000	665 797
17-1-(6)	五台县殿头	2 749 890	500	0.111 8	0.006 09	0.789	936 326

表 3-4-95 康家沟预测工作区最小预测区金属量估算成果表

最小预测区编号	最小预测区名称	$Z_{预}$(t)	品位(g/t)	金属量(kg)	查明资源量(kg)	预测资源量(kg)
17-1-(1)	代县峨口	869 561	14.35	12 478	0	12 478
17-1-(2)	代县小板峪	614 339	14.35	8816	1580	7236
17-1-(3)	代县康家沟	1 603 061	7.94	12 728	296.23	12 431.77
17-1-(4)	繁峙县大西沟	1 108 786	7.94	8804	0	8804
17-1-(5)	五台县清凉桥	665 797	5.38	3582	0	3582
17-1-(6)	五台县殿头	936 326	5.38	5037	1 007.31	4 029.69

3.4.4.4 金盆式沉积型金矿

1. 模型区深部及外围资源潜力预测分析

1) 典型矿床已查明资源储量及其估算参数

灵丘北山预测区、垣曲预测工作区采用灵丘县料堰砂金矿作为典型矿床,估算方法为地质体积法,以预测工作区为单位,详细研究了已知矿床已查明资源储量及估算参数和确定依据,主要内容见表 3-4-96。

表 3-4-96 山西省金盆式砂金矿典型矿床查明资源储量表

| 编号 | 名称 | 查明资源储量 | | 面积(m²) | 延深(m) | 品位(g/m³) | 体重(t/m³) | 体积含矿率 |
		矿石量(m³)	金属量(kg)					
1	料堰	790 491	921.95	863 755	30	1.166 3	2.22	0.030 51

料堰典型矿床数据来源于山西省地质局二一七地质队1965年提交的《山西省灵丘县料堰砂金矿区勘探报告》。

2)典型矿床深部及外围预测资源量及其估算参数

以预测工作区为单位,详细研究了典型矿床的深部和外围估算资源量、参数确定及依据,主要内容见表3-4-97。

表3-4-97 灵丘北山预测工作区典型矿床深部和外围预测资源量表

编号	名称	预测资源量矿石量(m^3)	面积(m^2)	延深(m)	体积含矿率
1	料堰	719 315.964	785 880	30	0.030 51

根据典型矿床的研究分析,典型矿床为砂金矿床,严格受第四系含矿地层控制,其深部含矿潜力低,本次不做预测,仅对典型矿床外围进行预测,预测部分矿体面积为785 880m^2。

典型矿床资源总量为典型矿床查明资源量与预测资源量之和。总面积采用查明资源储量部分矿床面积与预测部分矿床面积之和,总延深为查明部分矿床延深。山西省金盆式沉积型金矿典型矿床总资源量见表3-4-98。

表3-4-98 金盆式砂金矿典型矿床总资源量表

编号	名称	查明资源储量矿石量(t)	预测资源量矿石量(t)	总资源量矿石量(t)	总面积(m^2)	总延深(m)	含矿系数
1	料堰	790 491	719 315.964	1 509 807	1 583 071	30	0.030 51

3)模型区预测资源量及估算参数确定

模型区是指典型矿床所在位置的最小预测区,金盆式砂金矿模型区预测资源量及其估算参数见表3-4-99。

表3-4-99 金盆式砂金矿模型区预测资源量及其估算参数

编号	名称	模型区预测资源量矿石量(t)	模型区面积(m^2)	延深(m)	含矿地质体面积(m^2)	含矿地质体面积参数
1	料堰	1 509 806.964	13 930 469.98	30	1 583 070.964	0.113 6

2. 最小预测区参数确定

1)模型区含矿系数确定

当成矿地质体难以确切圈定边界时,模型区含矿系数=模型区预测资源总量/(模型区总体积×含矿地质体面积参数),单位为t/m^3。经估算,料堰模型区含矿地质体含矿系数为0.030 51(表3-4-100)。垣曲预测区由于缺少资料,暂利用料堰模型区含矿系数。

表3-4-100 金盆式砂金矿模型区含矿地质体含矿系数表

模型区编号	模型区名称	含矿地质体含矿系数	资源总量矿石量(t)	含矿地质体总体积(m^3)
1	料堰	0.030 51	1 509 807	417 914 099

其中,模型区预测资源总量指典型矿床总资源量,包括查明及预测的总量;含矿地质体面积参数=含矿地质体面积/模型区面积(本次采用矿床面积/模型区面积)。

2)最小预测区面积确定

灵丘北山预测工作区最小预测区面积圈定大小及方法依据见表3-4-101。

表3-4-101 灵丘北山预测工作区最小预测区面积圈定大小及方法依据表

最小预测区编号	最小预测区名称	面积(km²)	参数确定依据
18-1-(1)	灵丘县巧峪	11.82	金异常
18-1-(2)	灵丘县东口头	4.70	金异常
18-1-(3)	灵丘县料堰	13.93	矿点、金异常、重砂异常
18-1-(4)	灵丘县泽水	5.22	金异常、重砂异常
18-1-(5)	灵丘县黑妹沟	29.72	金异常、重砂异常
18-1-(6)	灵丘县正沟	23.67	金异常、重砂异常
18-1-(7)	灵丘县管仲沟	17.23	重砂异常
18-1-(8)	灵丘县成才沟	9.26	金异常
18-1-(9)	灵丘县北张庄	21.59	重砂异常

垣曲预测工作区最小预测区面积圈定大小及方法依据见表3-4-102。

表3-4-102 垣曲预测工作区最小预测区面积圈定大小及方法依据表

最小预测区编号	最小预测区名称	面积(km²)	参数确定依据
18-2-(1)	垣曲县长沟	3.38	金异常、重砂异常
18-2-(2)	垣曲县上古堆	11.89	金异常
18-2-(3)	垣曲县金牛寺村	11.90	矿点、金异常、重砂异常
18-2-(4)	垣曲县望仙	10.96	矿点、重砂异常
18-2-(5)	垣曲县槐南白	13.48	矿点、金异常、重砂异常

3)延深参数的确定及结果

全面研究灵丘北山、垣曲两个预测区内最小预测区含矿地质体地质特征、1:20万水系沉积物金异常、重砂异常、以往勘探成果和近期开发利用情况等,综合确定含矿地质体的延深大小。两个最小预测区预测深度均采用模型区预测深度(30m),具体见表3-4-103、表3-4-104。

表3-4-103 灵丘北山预测工作区最小预测区延深圈定大小及方法依据表

最小预测区编号	最小预测区名称	延深(m)	参数确定依据
18-1-(1)	灵丘县巧峪	30	专家
18-1-(2)	灵丘县东口头	30	专家
18-1-(3)	灵丘县料堰	30	竖井控制
18-1-(4)	灵丘县泽水	30	竖井控制

续表 3-4-103

最小预测区编号	最小预测区名称	延深(m)	参数确定依据
18-1-(5)	灵丘县黑妹沟	30	专家
18-1-(6)	灵丘县正沟	30	专家
18-1-(7)	灵丘县管仲沟	30	专家
18-1-(8)	灵丘县成才沟	30	专家
18-1-(9)	灵丘县北张庄	30	专家

表 3-4-104 垣曲预测工作区最小预测区延深圈定大小及方法依据表

最小预测区编号	最小预测区名称	延深(m)	参数确定依据
18-2-(1)	垣曲县长沟	30	专家
18-2-(2)	垣曲县上古堆	30	专家
18-2-(3)	垣曲县金牛寺村	30	专家
18-2-(4)	垣曲县望仙	30	专家
18-2-(5)	垣曲县槐南白	30	专家

4)最小预测区品位和体重的确定

研究了两个预测区内含矿地质体地质特征、矿化蚀变、矿化类型等与典型矿床特征对比,决定灵丘北山预测区采用灵丘料堰典型矿床的品位及体重,品位为 1.166 3g/m³,体重为 2.22t/m³;垣曲预测区一般采用最小预测区内的矿床(点)品位,当最小预测区内无矿床(点)时,采用附近最小预测区的品位,体重采用灵丘料堰典型矿床的体重(2.22t/m³)。

5)最小预测区相似系数的确定

根据典型矿床预测要素,研究对灵丘北山、垣曲两个预测区内全部预测要素的总体相似度系数,通过 MRAS 软件计算出每个预测区的成矿概率即为相似系数,结果见表 3-4-105、表 3-4-106。

表 3-4-105 灵丘北山预测工作区最小预测区相似系数表

最小预测区编号	最小预测区名称	相似系数	最小预测区编号	最小预测区名称	相似系数
18-1-(1)	灵丘县巧峪	0.843	18-1-(6)	灵丘县正沟	0.500
18-1-(2)	灵丘县东口头	0.424	18-1-(7)	灵丘县管仲沟	0.182
18-1-(3)	灵丘县料堰	1.000	18-1-(8)	灵丘县成才沟	0.424
18-1-(4)	灵丘县泽水	0.687	18-1-(9)	灵丘县北张庄	0.343
18-1-(5)	灵丘县黑妹沟	0.843			

表 3-4-106 垣曲预测工作区最小预测区相似系数表

最小预测区编号	最小预测区名称	相似系数	最小预测区编号	最小预测区名称	相似系数
18-2-(1)	垣曲县长沟	0.223	18-2-(4)	垣曲县望仙	0.723
18-2-(2)	垣曲县上古堆	0.179	18-2-(5)	垣曲县槐南白	1.000
18-2-(3)	垣曲县金牛寺村	0.723			

3. 最小预测区预测资源量估算结果

本次采用全国矿产资源潜力评价项目办提供的第二种预测资源量公式,计算方法参照花岗-绿岩带型金矿。灵丘北山、垣曲预测工作区最小预测区资源量见表3-4-107~表3-4-110。

表 3-4-107 灵丘北山预测工作区最小预测区估算成果表

最小预测区编号	最小预测区名称	$S_{预}(m^2)$	$H_{预}(m)$	K_s	K	α	$Z_{预}(m^3)$
18-1-(1)	灵丘县巧峪	11 823 559	30	0.113 6	0.030 51	0.843	1 037 123
18-1-(2)	灵丘县东口头	4 702 916	30	0.113 6	0.030 51	0.424	207 609
18-1-(3)	灵丘县料堰	13 930 473	30	0.113 6	0.030 51	1.000	1 509 807
18-1-(4)	灵丘县泽水	5 220 307	30	0.113 6	0.030 51	0.687	372 823
18-1-(5)	灵丘县黑妹沟	29 716 360	30	0.113 6	0.030 51	0.843	2 606 620
18-1-(6)	灵丘县正沟	23 668 032	30	0.113 6	0.030 51	0.500	1 230 921
18-1-(7)	灵丘县管仲沟	17 233 006	30	0.113 6	0.030 51	0.182	326 235
18-1-(8)	灵丘县成才沟	9 261 070	30	0.113 6	0.030 51	0.424	408 827
18-1-(9)	灵丘县北张庄	21 586 686	30	0.113 6	0.030 51	0.343	770 837

表 3-4-108 灵丘北山预测工作区最小预测区金属量估算成果表

最小预测区编号	最小预测区名称	$Z_{预}(m^3)$	品位(g/m³)	金属量(kg)	探明资源量(kg)	预测资源量(kg)
18-1-(1)	灵丘县巧峪	1 037 123	1.166 3	1210	0	1210
18-1-(2)	灵丘县东口头	207 609	1.166 3	242	0	242
18-1-(3)	灵丘县料堰	1 509 807	1.166 3	1761	921.953	839.047
18-1-(4)	灵丘县泽水	372 823	1.166 3	435	0	435
18-1-(5)	灵丘县黑妹沟	2 606 620	1.166 3	3040	0	3040
18-1-(6)	灵丘县正沟	1 230 921	1.166 3	1436	0	1436
18-1-(7)	灵丘县管仲沟	326 235	1.166 3	380	0	380
18-1-(8)	灵丘县成才沟	408 827	1.166 3	477	0	477
18-1-(9)	灵丘县北张庄	770 837	1.166 3	899	0	899

表 3-4-109 垣曲预测工作区最小预测区估算成果表

最小预测区编号	最小预测区名称	$S_{预}(m^2)$	$H_{预}(m)$	K_s	K	α	$Z_{预}(m^3)$
18-2-(1)	垣曲县长沟	3 384 734	30	0.113 6	0.030 51	0.223	78 510
18-2-(2)	垣曲县上古堆	11 888 329	30	0.113 6	0.030 51	0.179	221 346
18-2-(3)	垣曲县金牛寺村	11 901 481	30	0.113 6	0.030 51	0.723	895 030
18-2-(4)	垣曲县望仙	10 958 474	30	0.227 2	0.030 51	0.723	1 647 632
18-2-(5)	垣曲县槐南白	13 476 268	30	0.113 6	0.030 51	1.000	1 401 741

表 3-4-110 垣曲预测工作区最小预测区金属量估算成果表

最小预测区编号	最小预测区名称	$Z_{预}(m^3)$	品位(g/m³)	金属量(kg)	探明资源量(kg)	预测资源量(kg)
18-2-(1)	垣曲县长沟	78 510	0.746	59	0	59
18-2-(2)	垣曲县上古堆	221 346	0.746	165	0	165
18-2-(3)	垣曲县金牛寺村	895 030	0.746	668	0	668
18-2-(4)	垣曲县望仙	1 647 632	0.746	1229	788	441
18-2-(5)	垣曲县槐南白	1 401 741	0.487	683	0	683

3.5 银矿资源潜力评价

3.5.1 银矿预测模型

3.5.1.1 银矿典型矿床预测要素、预测模型

1. 灵丘县支家地式陆相火山岩型银矿

(1)预测要素。

支家地银铅锌矿成矿构造背景为华北陆块区燕山-太行山北段陆缘火山岩浆弧太白维山火山机构盆地。区内出露与成矿有关的岩石地层是下白垩统张家口组一段石英斑岩,新元古界长城系高于庄组四段含燧石团块-条带粉晶-细晶白云岩。矿体赋存于火山通道中。预测要素详见表 3-5-1。

表 3-5-1 山西省灵丘县支家地式银铅锌矿典型矿床预测要素一览表

预测要素			描述内容	分类
特征描述			陆相火山岩型银铅锌矿	
地质环境	沉积建造	岩石地层单位	新元古界长城系高于庄组第四段	次要
		沉积建造	硅质团块-条带碳酸盐岩建造	次要
	火山建造/火山作用	岩石地层单位	下白垩统张家口组一段	重要
		火山作用岩石组合	喷溢作用:安山质角砾熔岩、英安质角砾熔岩、集块岩、英安岩;爆发作用:英安质角砾凝灰岩、凝灰岩	重要
	岩浆岩	岩石结构、构造	石英斑岩:斑状结构,基质呈隐晶质结构、块状构造	必要
		产状/岩相	岩株状、脉状/浅层次火山岩相	重要
		侵入时代	中生代早白垩世	必要
	成矿时代		中生代早白垩世晚期	必要
	构造背景		燕山-太行山北段陆源火山岩浆弧太白维山火山盆地	必要
成矿构造体系			成矿前构造:中生代早白垩世火山喷发→火山盆地构造(破火山口基本构造轮廓);成矿期构造:中生代早白垩世火山喷发活动→火山颈相充填石英斑岩体→边部形成压扭性 NW 向断层及角砾岩体构造	必要

续表 3-5-1

预测要素		描述内容	分类
特征描述		陆相火山岩型银铅锌矿	
矿床特征	熔岩岩石	隐爆角砾岩:石英斑岩角砾岩、英安质流纹质火山角砾岩	必要
	矿体形态	矿体在空间上常为脉状斜列产出,沿倾向呈透镜状、似层状	重要
	矿石矿物成分	金属矿物有辉银矿、自然银、辉铜银矿、马硫铜银矿、方铅矿、闪锌矿。脉石矿物发育有石英、斜长石、正长石、方解石、黏土矿物、碳酸盐类矿物	重要
	矿物组合	银矿物与方铅矿、闪锌矿关系最为密切,其次是黄铜矿、黄铁矿	重要
	围岩蚀变	围岩蚀变表现有一定的分带性,在平面上自矿体向外依次为碳酸盐化→硅化→绿泥石化。黄铁矿化→泥化→绢云母化	重要
	控矿构造	NWW 向压扭性断裂构造带(F_2)	必要
地球化学特征	背景值及富集特征	区内次火山岩背景值:Ag 0.15×10^{-6}、Pb 25.8×10^{-6}、Zn 57.0×10^{-6}、Cu 26.6×10^{-6},成矿元素在石英斑岩与围岩接触带及角砾状石英斑岩中富集	重要
	原生晕异常特征	银异常值一般为$(1\sim19)\times10^{-6}$,最大值 153×10^{-6};铅异常值一般为$(200\sim3000)\times10^{-6}$,最大值 $12\,800\times10^{-6}$;锌异常值一般为$(200\sim2500)\times10^{-6}$,最大值 6400×10^{-6}	重要

(2)预测模型。

成矿构造背景:华北陆块区燕山-太行山北段陆源火山岩岩浆弧太白维山盆地。

成矿时代:中生代早白垩世。

矿体围岩:隐爆角砾岩、石英斑岩角砾岩、英安质流纹质火山角砾岩。

构造:NWW 压扭性断裂构造(F_2)。

矿化蚀变:主要有绢云母化、黄铁矿化、叶腊石化、绿泥石化、碳酸盐化、硅化、泥化等,有分带现象。

化探异常:Ag、Pb、Zn 等元素在石英斑岩与围岩接触带及石英斑岩中富集且 Ag 与 Cu、Pb、Zn、Au、Cd、Cr 元素密切相关。异常曲线反映较好,Ag 异常一般值为$(1\sim19)\times10^{-6}$,最大值 153×10^{-6};Pb 异常一般值为$(200\sim300)\times10^{-6}$,最大值 $12\,800\times10^{-6}$;Zn 一般值为$(200\sim2800)\times10^{-6}$,最大值 6400×10^{-6}。指示作用明显。

2. 灵丘县小青沟锰银多金属矿

(1)预测要素。

成矿构造背景为华北陆块区燕山-太行山北段古生代陆缘火山岩浆弧太白维山喷发盆地边部。成矿时代为中生代早白垩世。

区内出露的地层为五台岩群石咀亚岩群、长城系高于庄组、蓟县系雾迷山组、青白口系景儿峪组和下白垩统张家口组。该地层主要由长石石英砂岩、白云质灰岩、含锰灰岩、碳质页岩、安山岩、凝灰角砾岩等组成。NNE 向压扭性断裂常常是银锰矿的主要控矿构造。这些因素可作为小青沟式热液型银锰矿预测的必要条件。预测要素详见表 3-5-2。

表 3-5-2 山西省灵丘县小青沟热液型银锰矿典型矿床预测要素一览表

预测要素			描述内容	预测要素分类
特征描述			与燕山晚期酸性次火山岩(石英斑岩、花岗斑岩)和长城系高于庄组含锰灰岩有关的中低温热液矿床	
地质环境	沉积(变质)岩	地层单位	长城系高于庄组、蓟县系雾迷山组、青白口系景儿峪组	必要
		岩石组合	长城系高于庄组：长石石英砂岩、含燧石条带白云质灰岩、含锰灰岩、碳质页岩、局部夹铁锰物质。下白垩统张家口组一段：安山质凝灰角砾岩、英安质凝灰角砾岩；张家口组二段：流纹质凝灰角砾岩。青白口系望弧组：紫红色燧石角砾岩夹透镜状含砾石英砂岩。蓟县系雾迷山组：灰白色石英岩状砂岩、含粒砂屑白云质灰岩	次要
	岩浆岩	岩石结构、构造	石英斑岩：斑状结构，基质具显微球粒结构，块状构造	必要
		侵入时代	中生代早白垩世	必要
	构造背景		燕山-太行山北段晚古生代陆缘火山岩浆弧太白维山喷发盆地边部	必要
矿床特征	矿体形态		透镜状、脉状。局部具分支复合现象	次要
	矿石矿物成分		金属矿物有自然银、硬锰矿、锌锰矿、黑锌锰矿、闪锌矿、方铅矿，非金属矿物发育有碳酸盐岩矿物(方解石、白云石)、长石、石英	重要
	围岩蚀变		以中低温热液蚀变为主，主要有硅化、碳酸盐化	重要
	成矿时代		中生代早白垩世 Pb-Pb 同位素年龄 87.0Ma	重要
	控矿构造		NNE 向，压扭性控矿断裂构造	必要
地球物理化学特征	电法		Pp、Zn、Ag、Mn 矿化呈低阻高极化特征，激电异常能直接反映 Ag、Mn 多金属矿化，异常值 η_s 值在 2%～5%	重要
	元素组合		Ag、Mn、Pb、Zn、Cd	重要
	土壤化学测量		1:1万土壤地球化学测量 Ag、Mn、Pb、Zn、Cd 组合异常(用 3×10^{-4} 圈定)与矿带分布范围基本吻合，Ag 异常值一般为：$(100\sim300)\times10^{-9}$，Mn 异常值一般为：$(200\sim3000)\times10^{-6}$	重要

(2)预测模型分析。

成矿构造背景：华北陆块区燕山-太行山北段古生代陆缘火山岩浆弧太白维山喷发盆地边部。

成矿时代：中生代白垩世。

矿体围岩：燕山晚期次火山岩(石英斑岩、花岗斑岩等)建造，长城系含锰灰岩建造，蓟县系雾迷山组石英岩状砂岩、白云质灰岩建造等。

构造：NNE、NNW 向压扭性控矿断裂构造。

矿化蚀变带：硅化、黄铁矿化、绿帘石化、重晶石化、萤石化、绿泥石化。

(3)灵丘县刁泉银铜矿区。

成矿构造背景：刁泉银铜矿矿区位于华北陆块燕山-太行山北段陆缘火山岩浆活动带(中生代早白垩纪)。区内断裂构造发育，岩浆活动频繁，表现为复式中酸性侵入岩。主要岩性为辉石闪长岩、黑云母花岗岩、花岗斑岩、石英斑岩。围岩地质体为寒武系、奥陶系碳酸盐岩。另外接触带交代蚀变强烈，形成矽卡岩带。上述成矿岩浆岩体、碳酸盐岩围岩地质体、控矿断裂构造、交代蚀变带构成了主要的成矿地质体。

成矿时代：130.5Ma。

含矿建造：寒武系、奥陶系碳酸盐岩。

控矿岩体：燕山期辉石闪长岩、黑云母花岗岩、花岗斑岩、石英斑岩。

矿物组合:黄铜矿、斑铜矿、辉铜矿、孔雀石、辉银矿、自然银、硫锑铜银矿、磁铁矿等,次为赤铜矿、硫铋铜矿、辉铜银矿等。

1:20万铜化探异常,是重要的找矿标志。为预测的必要条件。

重砂、磁测、遥感、重力资料与矿床关系不密切,不作为重要预测要素。

根据对刁泉银铜矿床地质特征的分析,可总结出山西省灵丘县刁泉银铜矿典型矿床预测要素一览表(见表3-5-3)。

表3-5-3 山西省灵丘县刁泉银铜矿典型矿床预测要素表

预测要素		描述内容			预测要素分类
储量		Ag:1 569.16t;Cu:162 893t;Au:8 119.49kg	平均品位	Ag:131.46g/t; Cu:1.36%; Au:0.68g/t	
特征描述		与燕山期中酸性次火山岩有关的接触交代中低温热液矿床			
地质环境	成矿时代	白垩纪			必要
	构造背景	华北陆块区燕山-太行山北段陆缘火山岩浆弧			重要
	岩石地层	寒武系中上统馒头组、张夏组、崮山组、炒米店组			必要
	沉积建造	泥页岩-白云岩建造,泥晶灰岩-生物碎屑灰岩建造,泥晶灰岩-砾屑灰岩建造,灰岩建造(寒武系),泥晶灰岩夹砾屑灰岩建造(奥陶系)			重要
	岩石组合	大理岩化、角岩化强烈,原岩为鲕状灰岩、条带状灰岩			必要
	岩浆建造及岩浆作用	岩石组合(复式岩体):辉石闪长岩-黑云母花岗岩-花岗斑岩-石英斑岩,其中黑云母花岗岩和辉石闪长岩为成矿母岩。岩体产状:岩株、岩脉。侵入时代:白垩纪(130.5Ma)			必要
成矿构造	接触带构造	岩体(枝)呈突出的半岛状,侵入灰岩中形成成矿有利构造部位			必要
	断裂带构造	岩体及沿接触带分布NNW、NNE、NEE、NWW向压扭性断裂构造,常为容矿断裂构造,与岩体距离小于100m			必要
矿床特征	矿体产状及形态	矿体平面上沿接触带呈环形展布。垂直方向上变化较大,上部倾向岩体,下部倾向围岩,呈喇叭口状。形态在剖面上多呈弯月形,平面上呈透镜状、脉状、似层状			次要
	矿体规模	银矿为大型,铜矿为中型			次要
	矿床组分	共生组分为Ag、Cu,伴生组分为Au、Fe			重要
	岩石矿物组合	铜矿物主要为黄铜矿、斑铜矿、辉铜矿、铜蓝、孔雀石、蓝铜矿等;银矿物主要为辉银矿、自然银及硫锑铜银矿等;铁矿物主要为磁铁矿。非金属矿物主要为石榴子石、方解石、白云石,透辉石等			重要
	结构	不等粒结构、固熔体分离结构、交代结构			次要
	构造	条带状构造、细脉浸染状构造、角砾状构造			次要
	蚀变带及蚀变矿物	内蚀变带:绢云母化、钠长石化、钾长石化、硅化,宽0~20m。矽卡岩带:由透辉石-钙铁榴石矽卡岩、绿帘石矽卡岩、钙铝榴石矽卡岩组成,带宽2~60m。矿体主要赋存在此带。外蚀变带:包括内侧的透辉石化、钙铁榴石化、钙铝榴石化带和外侧的大理岩-角岩带,宽10~400m			必要
	成矿期次	氧化物期以形成磁铁矿为标志;石英硫化物期分为铜、铁金属硫化物和含银、金金属硫化物两个阶段;表生氧化期分为次生硫化物(斑铜矿、蓝辉铜矿、铜蓝)和表生氧化物(孔雀石、赤铜矿、黑铜矿)两个阶段			重要
	成矿温度	120~400℃(包裹体均一温度),主要成矿温度185~280℃			重要

续表 3-5-3

预测要素		描述内容			预测要素分类
储量		Ag:1 569.16t;Cu:162 893t;Au:8 119.49kg	平均品位	Ag:131.46g/t;Cu:1.36%;Au:0.68g/t	
特征描述		与燕山期中酸性次火山岩有关的接触交代中低温热液矿床			
地球物理特征	岩矿石磁性特征	岩矿石具有磁性差异,磁法测量对矿体反映良好。磁异常总体围绕刁泉岩体呈环形展布,与环形接触带(或矽卡岩带)基本吻合,以中等强度磁场为特征。磁场强度一般为100~2000nT,极大值为11 927nT			重要
	岩矿石的电性特征	岩矿石具有电性差异,对矿体反映良好。激电异常与磁测异常吻合,总体围绕刁泉岩体呈环形展布,矿体以高极化率、低电阻率为特征,极化率一般为2%~6%			重要
地球化学特征	组合元素	次生晕指示元素组合为 Ag、Au、Cu、Pb、Zn、As、F、Ni、Cr 和 Ba。原生晕指示元素组合为 Ag、Au、Cu、Zn、Cd、Pb、Mo、Cr、As 和 Bi			次要
	元素相关性	Ag 与 Cu、Co、Zn、Mn、F、Ni 等元素相关性较好;Cu 与 Ag、Ni、F、As、Zn、Mn、Co 等元素相关性较好			重要
	Ag、Cu 异常分布特征	化探异常围绕刁泉岩体呈环形展布,周边长约3000m,宽200余米,具多个浓集中心,且 Cu、Ag、Au 等浓集中心与矿体吻合。土壤地球化学异常与磁法、电法异常基本一致。指示 Ag、Cu 主要富集地段为40~61线和18~29线;Au、Cu 主要富集地段为18~29线和30~53线。Ag 异常值:(20~100)×10^{-6},Cu 异常值:0.04%~0.2%			重要

3.5.1.2 预测工作区预测模型

1. 灵丘县支家地式陆相火山岩型银矿太白维山预测工作区

火山岩型银铅锌矿床太白维山预测区的含矿围岩主要为古生代长城系高于庄组含锰白云岩及下白垩统张家口组流纹质熔结凝灰岩建造,可作为矿床预测的必要条件。

支家地式火山岩型银铅锌矿在容矿断裂构造带及近矿围岩中,Ag、Pb、Zn 元素异常浓集度高,为明显的铅、锌、银地球化学异常区,是重要的找矿标志。预测模型图中显示,地球化学异常与深部铅矿体相吻合,银、铅、锌化探异常可作为预测该类型银锌铅矿、圈定银铅锌矿预测区的必要条件。

矿点是直接的找矿标志,可作为矿床预测的重要条件。

如上所述在区域预测要素图库基础上进行变量提取、组合和要素转换,参照"数据模型"建立如下区域成矿预测模型(图 3-5-1)。

(1)成矿构造背景:华北陆块燕山-太行山北段陆源火山岩浆弧太白维山火山盆地。

(2)成矿时代:中生代早白垩世。

(3)矿体围岩:下白垩统张家口组流纹质熔结凝灰岩建造;安山岩-英安岩建造;安山岩-英安岩角砾熔岩建造;石英粗面岩建造等。

(4)控矿构造:成矿前构造为中生代火山岩-火山盆地构造。成矿期为沿火山颈充填石英斑岩(花岗斑岩)体;形成火山颈相控矿隐爆角砾岩,NW 向压扭性断裂构造。

(5)围岩蚀变:绢云母化、黄铁矿化、绿泥石化、碳酸盐化、硅化等。

(6)金属矿物组合:辉银矿、自然银、黄铁矿、方铅矿、闪锌矿等。

(7)区域化探异常:Ag、Pb、Zn 等元素的1:5万组合异常,指示作用明显。

(8)遥感地质解释:各种环状构造线对破火山口及断裂构造反映较好,在大范围内有指示意义。

(9)矿点分布。

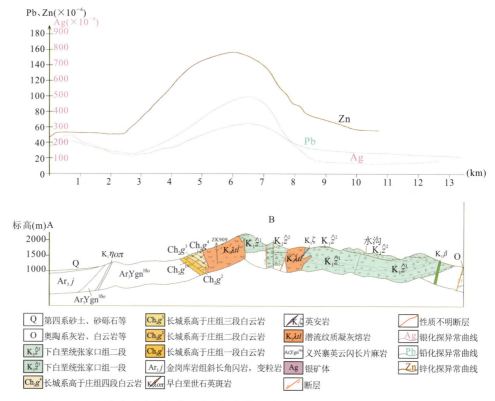

图 3-5-1　支家地式陆相火山岩型银铅锌矿太白维山预测工作区区域预测模型图

2. 灵丘县小青沟式热液型银矿太白维山预测工作区

太白维山地区含矿围岩为长城系高于庄组硅质团块-条带碳酸盐岩建造；含锰白云岩建造，中生代早白垩世石英斑岩、花岗斑岩、花岗闪长斑岩等岩浆建造。控矿构造为火山构造盆地边缘带，近 SN 向压扭性逆冲断裂带。可作为矿床预测的必要条件。

小青沟式银锰矿床的容矿断裂构造带及近矿围岩中，Ag、Mn、Pb、Zn 等元素的浓集度较高，组合性好、梯度变化规律；Pb、Ag、Zn、Mn 构成了矿体空间的分带性。从区域上看，上述指示元素除 Mn 之外，异常均产于高背景之上。因此 Ag、Mn、Pb、Zn 化探异常是预测该类型银锰矿、圈定银锰矿预测区的必要条件。

矿点是直接的找矿标志，可作为矿床预测的重要条件。

如上所述在区域预测要素图库基础上进行变量提取、组合和要素转换，参照"数据模型"建立如下区域成矿预测模型(图 3-5-2)。

(1)成矿构造背景：中生代早白垩世燕山-太行山北段陆缘火山岩浆弧太白维山火山喷发盆地。

(2)成矿时代：中生代早白垩世。

(3)矿体围岩：中生代长城系高于庄组杂色砂砾岩、长石石英砂岩、含燧石条带白云岩、含锰灰岩、碳质页岩以及石英斑岩、花岗斑岩等沉积岩、火山岩建造。

(4)长城系高于庄组、蓟县系雾迷山组地层。

(5)NNE 向、NNW 向断裂构造，建造构造图标注韧性变形带。

(6)石英斑岩、花岗斑岩花岗闪长斑岩等岩浆建造。

(7)区域化探：Ag、Mn、Pb、Zn、Cu 1∶1 万化探异常。

(8)遥感地质解译：NNE 和 NNW 向线性构造、环形影像与成矿地质体在大范围内套合较好。

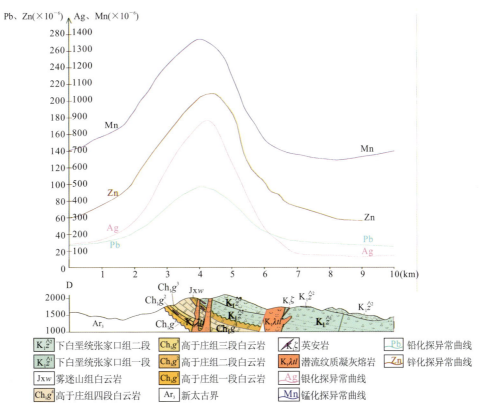

图 3-5-2　灵丘县小青沟式热液型银矿太白维山预测工作区预测模型图

3. 灵丘县刁泉式矽卡岩型银矿灵丘东北预测工作区

预测模型图是在灵丘刁泉区域预测要素图上，基于预测要素的研究结果，构建预测模型图。具体而言，矿床预测模型图就是以深部矿体分布形态的地质剖面图为底图，叠加相关物探、化探预测要素的综合图件。预测模型图以剖面形式表示预测要素内容如矿体与构造、化探特征等相关关系及空间变化特征，在灵丘刁泉地区主要反映的是中生代中酸性侵入岩与古生代奥陶系灰岩接触形成的矽卡岩建造，与区域化探异常（银、铜、铅、锌地球化学异常值的）相关性和相关程度。

如上所述在区域预测要素图库基础上进行变量提取、组合和要素转换，参照"数据模型"建立如下区域成矿预测模型（图 3-5-3）。

（1）成矿构造背景：燕山-太行山北段早白垩世陆缘火山岩浆活动和古生代碳酸盐岩沉积建造构成了区内有利的成矿地质背景。

（2）成矿时代：中生代白垩纪（130.5Ma 左右）。

（3）矿体围岩：下古生界寒武系张夏组、崮山组、奥陶系灰岩、鲕状灰岩、竹叶状灰岩、燧石角砾岩、白云岩等沉积建造与白垩纪辉石闪长岩、花岗闪长岩、黑云母花岗岩、石英斑岩等岩浆建造接触交代形成的接触带构造。

（4）寒武系、奥陶系。

（5）NNW、NE 向两组断裂交叉构造，接触带构造等。

（6）接触带特征：角岩化、大理岩化、矽卡岩化、硅化等。

（7）区域化探：银、铜、铅、锌 1∶5 万化探异常，指示作用明显。

（8）遥感地质解译：NNW 和 NE 向线性构造、环形影像在大范围内有间接指示意义。

（9）矿点分布。

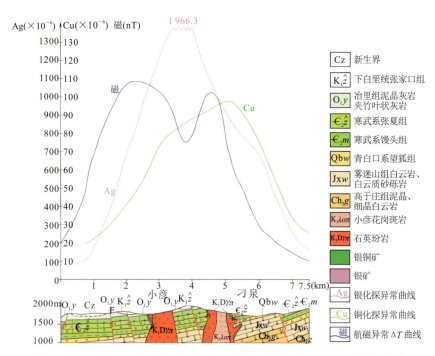

图 3-5-3 刁泉式矽卡岩型银铜矿灵丘东北预测工作区区域预测模型图

3.5.2 预测方法类型确定及区域预测要素

3.5.2.1 预测区地质构造专题底图及特征

1. 地质构造专题底图编制

山西省已知的银矿预测类型有山西省支家地式陆相火山岩型银铅锌矿、山西省小青沟式热液型银锰矿和山西省刁泉式矽卡岩型银铜矿 3 个类型。其成矿地质背景研究工作过程按照总体工作技术流程进行。工作内容步骤包括范围确定、资料收集、资料整理、综合研究、建造构造图件编制、成果报告编写等。其整个工作过程可细化为如下几步。

第一步：确定编图范围与"目的层"。

第二步：整理地质图，形成地质构造专题底图的过渡图件。

第三步：编制侵入岩浆建造构造（包括火山建造构造）初步图件。

第四步：补充物探、化探、遥感地质构造推断的成果。

第五步：图面整饰、属性录入建库，编写建造构造图说明书。

2. 地质背景特征

1）支家地式陆相火山岩型银铅锌矿太白维山预测工作区

区内从老到新分布的地层有新太古界、古元古界、中元古界、新元古界、下古生界、上古生界、中生界、新生界等。

其中与成矿作用相关的地层有中元古界长城系高于庄组、中生界下白垩统张家口组。主要岩性如下。

中元古界长城系高于庄组自下而上为：中厚层状含燧石团块、条带粉—细晶白云岩，底部石英砂岩、白云质砂岩；薄层状含锰白云岩夹灰黑色页岩；巨厚层状粉—细晶叠层石白云岩、藻屑白云岩；中厚层含燧石条带粉晶—细晶白云岩夹砂砾屑白云岩。

中生界下白垩统张家口组：该组分为两段，一段以中性火山岩为主，主要有安山岩、玄武安山岩、辉石安山岩、安山质角砾熔岩、浅灰色英安质角砾凝灰岩及凝灰岩、灰白色—暗紫色英安质角砾熔岩、集块熔岩、灰紫色英安岩、灰白色—暗紫色英安质角砾熔岩、集块熔岩、灰紫色石英粗面岩；二段以酸性火山岩为主，主要岩性有浅灰红色流纹质熔结角砾凝灰岩及熔结角砾岩、灰紫红色流纹质凝灰岩、灰土色流纹质角砾凝灰岩、潜流纹质凝灰熔岩。

(1)中元古界长城系沉积建造。

通过编制中元古界长城系沉积岩地层建造综合柱状图，对预测区沉积地层岩性、沉积构造和古流向、沉积建造类型及其含矿性、构造环境作出综合反映。

在区内高于庄组地层主要分布于太白维山中生代早白垩纪中酸性火山岩的周围，岩性岩相变化较为稳定，但后期受火山活动影响，产生明显的环形或NNE向、NW向断裂构造。

中元古界长城系高于庄组地层是预测区重要的地层单位，为中元古代潮坪相沉积。长城系高于庄组地层分为四段，一段为硅质团块-条带碳酸盐岩建造；二段为含锰白云岩建造；三段为礁碳酸盐岩建造；四段为硅质团块-条带碳酸盐岩建造。在一、二、四段中发育有交错层及波痕。

(2)中生界下白垩统张家口组火山岩(次火山岩)建造。

通过编制火山岩建造综合柱状图，对预测区火山构造、火山岩(次火山岩)岩性、含矿性、火山岩喷发旋回、火山岩岩石系列以及大地构造环境作出综合反映。

区内中生界下白垩统张家口组火山岩主要分布于太白维山破火山口中，受成矿前火山喷发盆地构造控制。在火山喷发作用后期沿火山颈充填石英斑岩(花岗斑岩)体，形成火山颈相控矿隐爆角砾构造及NW向压扭性控矿断裂构造。

中生界下白垩统张家口组火山(次火山)岩是预测区与成矿作用密切相关的重要的岩石类型，其喷发旋回从早到晚为偏基性—中酸性—酸性岩石。岩石系列为钙碱性—碱性系列。属壳幔混合源成因类型。岩石建造类型从早到晚分为两段，一段为安山岩建造、安山质角砾熔岩集块熔岩建造、英安质角砾凝灰岩建造、英安质角砾熔岩集块熔岩建造、英安岩建造、英安质角砾熔岩集块熔岩建造、石英粗面岩建造；二段为流纹质熔结凝灰岩建造、流纹质凝灰岩建造、潜流纹质凝灰熔岩建造。

2)小青沟式热液型银锰矿太白维山预测工作区

区内从老到新分布的地层有新太古界、古元古界、中元古界、新元古界、下古生界、上古生界、中生界、新生界等。

其中与成矿作用相关的地层有中元古界长城系高于庄组、蓟县系雾迷山组，中生界下白垩统张家口组，均构成了银锰矿的围岩地质体。

(1)中元古界长城系、蓟县系沉积建造。

通过编制中元古界长城系沉积岩地层建造综合柱状图，对预测区沉积地层岩性、沉积构造和古流向、沉积建造类型及其含矿性、构造环境作出综合反映。

在区内高于庄组地层主要分布于太白维山中生代早白垩世中酸性火山喷出岩的周围，岩性岩相变化较为稳定，但后期受火山活动影响，产生明显的环形或NNE向、NW向断裂构造。

中元古界长城系高于庄组地层是预测区重要的地层单位，为中元古代潮坪相沉积。长城系高于庄组地层分为四段，一段为硅质团块-条带碳酸盐岩建造；二段为含锰白云岩建造；三段为礁碳酸盐岩建造；四段为硅质团块-条带碳酸盐岩建造。在一、二、四段中发育有交错层及波痕。

中元古界蓟县系雾迷山组亦是预测区与成矿作用相关的层位，为中元古代潮坪相沉积。长城系雾迷山组沉积建造为硅质团块-条带碳酸盐岩建造。

(2)中生界下白垩统张家口组火山岩(次火山岩)建造。

通过编制火山岩建造综合柱状图，对预测区火山构造、火山岩(次火山岩)岩性、含矿性、火山岩喷发旋回、火山岩岩石系列以及大地构造环境作出综合反映。

区内中生界下白垩统张家口组火山岩主要分布于太白维山破火山口中,受成矿前火山喷发盆地构造控制。在火山喷发作用后期沿火山颈充填石英斑岩(花岗斑岩)体,形成火山颈相控矿隐爆角砾构造及 NW 向压扭性控矿断裂构造。

中生界下白垩统张家口组火山(次火山)岩是预测区与成矿作用密切相关的重要的岩石类型,其喷发旋回从早到晚为偏基性—中酸性—酸性岩石。岩石系列为钙碱性—碱性系列。属壳幔混合源成因类型。岩石建造类型从早到晚分为两段,一段为安山岩建造、安山质角砾熔岩集块熔岩建造、英安质角砾凝灰岩建造、英安质角砾熔岩集块熔岩建造、英安岩建造、英安质角砾熔岩集块熔岩建造、石英粗面岩建造;二段为流纹质熔结凝灰岩建造、流纹质凝灰岩建造、潜流纹质凝灰熔岩建造。

3) 刁泉式矽卡岩型银铜矿刁泉预测工作区

该编图范围内从老到新分布的地层有中元古界、新元古界、下古生界、中生界、新生界等。其中中元古界长城系仅出露有高于庄组(四段)、蓟县系杨庄组、雾迷山组和新元古界青白口系望狐组、云彩岭组,它们之间呈平行不整合关系。下古生界在预测区内主体为一套陆源碎屑岩-碳酸盐岩建造,主要岩石地层单位有寒武系馒头组、张夏组、崮山组和寒武系—奥陶系炒米店组及奥陶系冶里组、三山子组、马家沟组;中生界出露地层为侏罗系上统土城子组、白垩系下统张家口组,受后期风化剥蚀,保存面积较小。另外在较大河谷中及其两侧发育有新生界第四系松散堆积物。

其中与成矿作用相关的地层有下古生界寒武系馒头组、张夏组、崮山组和寒武系—奥陶系炒米店组及奥陶系冶里组、三山子组、马家沟组,其中的碳酸盐岩层位构成了矽卡岩型银铜矿的必要成矿要素。

预测区侵入岩较发育,生成时代为中生代。与银铜矿关系最密切的为花岗斑岩、花岗闪长斑岩及石英斑岩,在预测模型区成矿侵入岩体为一复式岩体,岩性为辉石闪长岩、花岗闪长斑岩、黑云母花岗岩、花岗斑岩、石英斑岩。

预测区内构造相对简单,以断裂构造为主,褶皱不发育。其中以 NE - SW 向挤压构造和 NW - SE 向张性断裂为主。

(1) 沉积岩建造构造特征。

通过编制中元古界长城系、蓟县系,新元古界青白口系,下古生界寒武系、奥陶系沉积岩地层建造综合柱状图,对预测区沉积地层岩性、沉积构造和古流向、沉积建造类型及其含矿性、构造环境作出综合反映。

区内中元古界长城系高于庄组、蓟县系雾迷山组、杨庄组,新元古界青白口系地层仅在预测区北西、南东边部少量分布。中元古界长城系仅出露有高于庄组(四段),为潮坪相沉积环境,形成硅质条带团块碳酸盐岩建造。中元古界蓟县系杨庄组、雾迷山组,为潮坪相沉积环境,形成粗砂岩-石英砂岩-白云岩建造、硅质条带团块碳酸盐岩建造。新元古界青白口系望狐组、云彩岭组,呈平行不整合发育在长城系高于庄组、蓟县系雾迷山组之上。主体为滨岸冲积扇相和前滨、临滨亚相的沉积环境。形成硅质角砾岩建造、铁质砂岩建造。

(2) 中生代侵入岩建造。

通过编制中生代侵入岩建造综合柱状图,对预测区侵入岩岩性、含矿性、岩石系列、大地构造环境特征作出综合反映。

中生代侵入岩在预测区分布较广,岩性较复杂,辉长岩、辉石闪长岩、花岗闪长岩、花岗岩、花岗斑岩、石英斑岩均有分布。岩石为钙碱性系列。侵入时代为中生代早白垩世。

3.5.2.2 重力特征

山西省 40 个局部重力高异常和 41 个局部重力低异常,都是浅部地质体的反映。有的呈带状平行出现,有的呈块状分布伴生出现,重力高或重力低大致呈低幅值、小型带状分布(除去新生代地堑系四周产生的重力高之外),它反映了浅部地质建造和地质构造的特征。

从区域布格重力异常图来看,本区剩余重力有6处负值分布区。太白维山预测工作区为L-晋-19重力异常区,其他异常如H-晋-11、L-晋-19、H-晋-20,还有L-晋-26、H-晋-10的一部分构成了晋东北地区银锰多金属矿的成矿区带。区内构造线走向近NE或NEE向,断裂构造极为发育。重要的大断裂就有6条,NW向一般断裂构造有12条之多,重力低值区是内生矿床的主要赋存部位。

L-晋-19异常为一低缓的正值异常,呈条带状,走向NEE,向南转为NNE向,强度为20mGal,异常长度约150km,异常级别为甲级,推测该异常与新生代断陷盆地有关。

H-晋-20异常总体NE向展布,带状分布,推测其与老地层隆起有关,太白维山银锰矿预测工作区是一个剩余重力场偏低的重力区域(甚至包括了整个晋东北地区),区内重力场特征是浅部地质体的反映,宏观上可指示成矿区带或找矿区域,对了解区内宏观地质体分布有积极意义,对矿产资源量预测不具实际意义。

3.5.2.3 磁测特征

根据预测工作区磁异常推断等构造特征分析,小青沟式热液型银锰矿太白维山预测工作区和刁泉式矽卡岩型银铜矿预测工作区地质构造、磁异常特征如下。

(1)小青沟式热液型银锰矿、支家地式陆相火山岩型银锰矿。

矿区出露地层为中生界上白垩统,岩性为流纹斑岩、石英斑岩、流纹岩、安山岩、安山块岩等,断裂构造以NE向为主。

在1:5万航磁图上,矿区对应宽阔正磁场区,场值为150~300nT,根据所处的地质环境分析认为矿区的正磁场是火山岩引起,不具备圈定银及多金属矿的地球物理前提。

(2)刁泉典型银铜矿床。

矿区出露地层主要为震旦系石英岩、白云岩等及寒武系页岩、灰岩,两侧出露奥陶系灰岩。地层走向NE,倾向NW,倾角20°~30°,断裂构造也很发育,NW向断裂构造为主,出露岩体为花岗岩。在1:1万和1:2000的地磁图上,环绕刁泉岩体形成了多个局部异常中心,多呈椭圆状,极大值一般1000~2000nT,最大值8000nT,经钻探验证,绝大部分异常为矿致异常,矿体为银、铜、铁等伴生矿,并有相当含量,均可综合利用。

从上述情况可知,该区成矿地质条件有利,且矿体为银、铜、铁矿伴生。因为出露地层无磁性,花岗岩体为弱磁性,在花岗岩体周边1000~2000nT的磁异常均为磁铁矿的反映,说明矿体与围岩有很明显的磁性差异,所以用磁测资料作为银铜矿的预测要素具有很好的地球物理前提。

在银矿预测工作中,把磁异常作为预测要素要区分预测方法类型。磁异常对小青沟式银矿没有指示意义,而对刁泉式银矿预测则是很好的要素之一。所以,在刁泉式矽卡岩型银铜矿预测过程中,选用了1:2000磁测资料作为异常要素之一。

3.5.2.4 化探特征

化探异常可以表现出以下特点。

(1)区域分布面积较大的Ag、Mn、Au等高背景区有4片,其中太白维山高背景区出露新太古代石英闪长岩、五台岩群、长城系高于庄组和侏罗系火山碎屑岩与其相对应。分布有冉庄、下车河、支家地、刘庄、寺沟等燕山期岩体,高背景区北部主要由侏罗系火山碎屑岩引起,南部则由岩体引起。

(2)异常均分布于高背景区内。较好的Ag、Mn异常区域上受控于燕辽沉降带及其中的中生代火山-次火山岩。

(3)Au、Cu异常在预测北部大致重合,位于吕梁群地层中,主要岩性为黑云角闪斜长片麻岩、绿泥石片岩、斜长角闪岩及变质粉砂岩、磁铁石英岩。

(4) Au、Ag、Pb、Zn、Mn 组合异常分布为面状不规则异常,预测区分布新太古代石英闪长岩、长城系—青白口系碎屑-白云岩,晚侏罗世中酸性火山岩类和燕山期石英斑岩等。

(5) Ag 元素异常面积最大,Pb、Zn、Mn 元素异常的主体与其相互叠合,而分散的规模小的异常则出现在 Ag 异常的周边。

(6) 元素组分分带,从 Ag 异常浓集中心向外为 Ag、Pb、Zn、An、As→Ag、Zn、Pb→Ag、Mo、Cu。

综上所述,太白维山水系沉积物异常具有以下特征:Ag、Pb、Zn 异常面积最大、强度高、衬度值大、浓集中心明显且相互吻合,有明显的分带现象。在石英斑岩质角砾岩上有明显的 Ag、Pb、Zn、Au、As 等元素的岩石地球化学异常,Ag 异常的中、内浓度带叠合有 Pb、Zn、An、As 元素组合,是由具有一定规模的火山热液型银锰矿引起的。

3.5.2.5 遥感特征

太白维山地区自中生代以来发生了多期构造运动,构造变形主要是以断裂为特征的脆性变形,预测工作区内显示一些规模不大的断裂和微弱的褶皱,构造线大多为 NW、NWW 和 NE 向,共 222 条线性构造。主要为断裂构造,特别是燕山期的继承性断裂构造是主要导矿构造和储矿构造。所有工业矿体均赋存于 NWW 向断层带中。矿体产状与断层一致。

山西省小青沟式银锰矿太白维山预测工作区位于燕山台褶皱带冀西断拱灵丘凹断构造单元内。区域构造上处于五台山北坡山前断裂带(NNE 向)与唐河断裂带(NW 向)交会部位的太白维山破火山构造盆地中。小青沟式银锰矿主要受到两条 NW 向和两条 NNE 向构造控制,西南侧为唐河断裂,东北侧为上车河断裂,西北侧为五台山山前断裂带,东南侧为蒿地沟断裂带,它们控制着太白维山破火山构造盆地边界。

太白维山地区构造形迹表明,NW、NNE 向断裂构造控制着该地区火山构造盆地的边界走向,同时控制了侏罗纪—白垩纪和燕山期花岗斑岩、石英斑岩的分布,一系列地堑、地垒式断裂构造总体上形成一个推覆体挤压破碎带,控制了后期石英斑岩、花岗斑岩(脉)体的分布。这些构造与火山岩浆的分布为银锰多金属矿的形成与产出提供了动力与物源。

提取 NW、NEE 向线性构造、环形构造。NE 向线性构造与成矿相关断层吻合性较好,环形影像在大范围内与矿点较多区、构造线交会处有关。

3.5.2.6 重砂特征

1) 小青沟式热液型银锰矿太白维山预测工作区

小青沟式热液型银锰矿太白维山预测工作区位于灵丘县南,重砂采样点主要沿山区水系及半坡沟谷分布,重砂采样点数 754 个,重矿物种类 96 种。根据预测类型以及预测区矿物组合特征,该预测区选择的铅矿物为白铅矿+方铅矿+钼铅矿+磷氯铅矿+金属铅+钒铜铅矿,银矿物为块辉铅铋银矿+块辉铋铅银矿,锰矿物为锰矿物+硬锰矿+软锰矿,分别作了组合矿物异常图,并作了综合异常图,共圈出 11 个异常,其中 I 类异常 1 个,II 类异常 3 个,III 类异常 7 个。其中银矿物异常为 III 类,共 2 个。

异常中心位于灵丘县城南西约 17km 处。呈椭圆状,EW 向分布,面积 0.7km^2,主要由块辉铋银矿组成,有 2 个银矿物异常点,异常值最小 8×10^{-6},最大 16×10^{-6},平均 12×10^{-6}。异常区主要出露五台岩群下亚群上部的变质火山-沉积岩,异常处于一 NW 向构造断裂带上。异常级别低,范围小,意义有限。

2) 刁泉式矽卡岩型银铜矿灵丘东北预测工作区

该区为矽卡岩型银铜矿。我们选择了铜矿物(孔雀石+铜蓝),银矿物(块辉铋铅银矿+块辉铅铋银矿)和金矿物分别作了单矿物和组合矿物异常图,并作了综合异常图,其中 I 类异常 4 个,II 类异常 1 个,III 类异常 4 个。其中银矿物异常中心位于灵丘县城北东约 25km 处,异常级别为 I 级。该异常呈近似圆状,面积31.64km²,主要由块辉铅铋银矿组成,有3个银矿物异常点,异常值最大$80.00×10^{-6}$,平均值$45.00×10^{-6}$。异常区主要出露长城系、蓟县系、青白口系以及寒武系—奥陶系,燕山期构造-岩浆活动强烈。岩浆岩是以花岗斑岩-石英斑岩作为主体的酸性杂岩体(刁泉杂岩体),其外围还有闪长岩、花岗闪长岩活动,它们侵入于长城系—奥陶系碳酸盐岩层中,矽卡岩化发育。异常区内有刁泉铜银金矿床和小彦多金属矿点。是重要的矿致异常。

区域预测要素见表3-5-4~表3-5-6。

表3-5-4 山西省支家地式陆相火山岩型银铅锌矿太白维山预测工作区预测要素一览表

预测要素			要素描述	要素分类
特征描述			陆相火山岩型银铅锌矿	必要
区域成矿地质环境	大地构造背景		华北陆块区燕山-太行山北段陆缘火山岩浆弧太白维山火山盆地	必要
	沉积建造	岩石地层单位	长城系高于庄组	次要
		沉积建造类型	硅质团块-条带碳酸盐岩建造,含锰白云岩建造	次要
	火山建造	岩石地层单位	下白垩统张家口组	重要
		火山建造类型	张家口组二段为流纹质熔结凝灰岩建造,张家口组一段为安山岩-英安岩建造、安山质-英安岩角砾熔岩建造、石英粗面岩建造	重要
	岩浆建造	侵入时代	中生代早白垩世	必要
		岩石组合	石英斑岩、花岗斑岩、花岗闪长斑岩	必要
		岩体产状	岩株、岩墙	重要
地质特征	控矿构造		成矿前构造:中生代火山喷发火山盆地构造;成矿期构造:沿火山颈充填石英斑岩(花岗斑岩)体,形成火山颈相控矿隐爆角砾构造、NW向压扭性断裂构造	必要
	围岩蚀变		绢云母化、黄铁矿化、绿泥石化、碳酸盐化、硅化	重要
	重要金属矿物组合		辉银矿、自然银、黄铁矿、方铅矿、闪锌矿	重要
化探特征	Pp异常		对成矿地质体反映好,有指示意义	重要
	Zn异常		对成矿地质体反映好,有指示意义	重要
	Ag异常		对成矿地质体反映好,有指示意义	重要
遥感	环形构造		对破火山口及断裂构造反映好,在大范围内有间接指示意义	次要

表3-5-5 山西省灵丘县小青沟式热液型银矿太白维山预测工作区预测要素一览表

预测要素		重要描述	要素分类
成矿时代		中生代早白垩世	必要
大地构造位置		华北陆块区燕山-太行山北段陆缘火山岩浆弧太白维山火山喷发盆地	必要
沉积建造/沉积作用	岩石地层单位	长城系高于庄组,蓟县系雾迷山组,青白口系望狐组	必要
	沉积建造类型	望狐组为燧石角砾状砾岩建造	次要
		雾迷山组为硅质团块-条带碳酸盐岩建造	次要
		高于庄组为硅质团块-条带碳酸盐岩建造,含锰白云岩建造	必要

续表 3-5-5

预测要素		重要描述	要素分类
火山建造/火山作用	岩石地层单位	下白垩统张家口组	次要
	火山建造类型	张家口组二段为流纹质熔结凝灰岩建造；张家口组一段为安山岩-英安岩建造、安山质-英安岩角砾熔岩建造、石英粗面岩建造	次要
岩浆岩	岩石组合	石英斑岩、花岗斑岩、花岗闪长斑岩	必要
	岩体产状	岩株、岩脉	重要
	侵入时代	中生代早白垩世	重要
区域成矿地质特征	区域成矿类型	热液型银锰矿	必要
	控矿构造	矿田构造：火山构造盆地边缘带；控矿构造：近 SN 向压扭性逆冲断裂带	必要
	成矿围岩蚀变	硅化、碳酸盐化、重晶石化、绿泥石化、黄铁矿化	重要
	成矿特征	银锰成矿作用为主，伴生铅锌矿化	重要
化探特征	Ag 异常	异常下限 110×10^{-6}，与伴生元素 Pb、Zn 相关性较好，浓集中心明显，梯度变化规律，对矿床的富集部位有明显的指示意义	必要
	Mn 异常	异常下限 785×10^{-6}，梯度变化明显，单矿种指示意义显著	必要
	Pb 异常	异常下限 23×10^{-6}，浓度分带明显，对出露矿体反映好，对矿床的富集部位有指示意义	重要
	Zn 异常	异常下限 83×10^{-6}，与伴生元素 Pb、Zn 相关性较好	重要
重砂特征	黄铜矿	异常在局部分布，无规律性，对锰矿富集无指示意义	次要
	铅矿物	异常分布较集中，但与化探异常套合不明显，与中生代花岗岩分布有关	次要
	黄铁矿	异常分布较集中，与燕山期中酸性岩形成的矽卡岩型铁矿有关，对锰矿富集无指示意义	次要
	软锰矿、硬锰矿	分布于银锰矿体出露部位，为Ⅲ级异常，具有找矿专属指示意义	次要
遥感特征	线性构造环形构造	在较大范围内与已知矿床套合较好	次要

表 3-5-6　山西省刁泉式矽卡岩型银铜矿灵丘东北预测工作区区域预测要素表

预测要素		重要描述	要素分类
成矿时代		中生代早白垩世（130.5～127.2Ma）	必要
大地构造位置		华北陆块区燕山-太行山北段陆缘火山岩浆弧	重要
沉积建造/沉积作用	岩石地层单位	寒武系张夏组、崮山组，奥陶系	必要
	岩石组合	灰岩、鲕状灰岩、竹叶状灰岩、燧石角砾岩、白云岩	重要
	蚀变特征	大理岩化、矽卡岩化	必要
	沉积建造	泥晶灰岩-碎屑灰岩建造	必要
		鲕状灰岩-泥晶灰岩-生物碎屑灰岩建造	必要

续表 3-5-6

预测要素		重要描述	要素分类
岩浆建造/岩浆作用	岩石名称	辉石闪长岩、花岗闪长斑岩、黑云母花岗岩、花岗斑岩、石英斑岩	必要
	侵入时代	白垩纪	重要
	接触带特征	角岩化、大理岩化、矽卡岩化、硅化	重要
	岩石产状	岩株、岩脉	重要
	岩浆作用范围	<700m	重要
成矿构造	控岩构造	NNW、NE向两组断裂交会处	重要
	接触带构造	岩体侵入灰岩中,灰岩呈半岛状凸向岩体部位为成矿富集区,往往伴随着断裂构造带,形成赋矿构造	重要
	矿体形态	似层状、透镜状、脉状	次要
成矿特征	矿石矿物组合	黄铜矿、斑铜矿、辉铜矿、铜蓝、孔雀石、辉银矿、自然银、硫锑铜银矿、方铅矿、闪锌矿、磁铁矿	重要
	成矿期次划分	矽卡岩阶段、氧化物阶段、硫化物阶段、表生氧化物阶段	重要
	蚀变及矿物组合	矽卡岩化(透辉石-钙铁榴石、绿帘石、钙铝榴石)、碳酸盐化(大理石、方解石)、硅化、透闪石化、绿泥石化	重要
地球物理特征	航磁异常	对成矿岩体反映较好,异常值为50~300nT	重要
地球化学特征	Cu异常	异常边界值23.59×10^{-6},最高值129×10^{-6},对成矿地质体有指示意义,反映区域大	重要
	Ag异常	异常边界值105.5×10^{-9},对成矿地质体有指示意义	重要
	Au异常	异常边界值2.3×10^{-9},有一定指示意义	次要
	Pb异常	异常边界值30.94×10^{-6},有一定指示意义	次要
	Zn异常	异常边界值30.94×10^{-6},有一定指示意义	次要
重砂特征	银铜矿物	对已知矿区在较大范围内有较好反映,对未知区无意义	次要
	金矿物	分布范围较大,有参考意义	次要
遥感特征	影像解译	线性、环形影像有参考意义	次要

3.5.3 最小预测区圈定

1. 预测单元划分及预测地质变量选择

预测单元划分采用综合信息地质单元法,以下以小青沟式热液型银锰矿太白维山预测工作区为例表述,其他两个类型方法相同,不再赘述。

首先根据上述预测要素应用和预测工作区小青沟银锰矿床预测模型,综合考虑区内综合信息与热液型银锰矿的空间对应关系,覆盖区与非覆盖区的信息对称问题,确定综合信息地质单元法定位预测变量,通过综合信息确定成矿有利区,圈定预测区边界。

操作流程如下。

①添加地质单元(预测要素)。

②变量分析提取。

③模型选择。

④变量筛选。

⑤计算成矿有利度及单元得分。

⑥阈值确定。

⑦圈定预测区。

根据预测区小青沟银锰矿成矿的必要要素：中生代早白垩世石英斑岩、花岗斑岩建造，长城系高于庄组、蓟县系雾迷山组地层，燕山期侵入岩，NNE 向、近 NS 向压扭性容矿构造，矿点分布以及 Ag、Mn、Pb、Zn 地球化学异常等。将其转换为变量（图层），建立预测区因素叠加法预测圈定模型，在 MapGIS 6.7 平台操作圈定最小预测区。

2. 预测要素变量的构置与选择

在预测模型的指导下，从预测底图及相关专业图件上逐一提取与成矿关系密切的要素图层。首先进行模型区选择，选择区内代表性的矿床（含典型矿床）为模型单元，确定各图层与矿产的关系及其变量赋值意义，对各预测要素图层形成的数字化变量进行变量取值，将模型单元与预测区关联，转入下一步预测区优选与定量预测。

进行要素检索提取，分析其与矿产的对应关系。进行典型矿床变量提取与赋值（数理模型）（表 3-5-7～表 3-5-9）。

①定性变量：当变量存在对成矿有利时，赋值为 1；不存在时赋值为 0。

②定量变量：赋实际值，例如查明储量、平均品位、矿化强度等。

③对每一变量求出成矿有利度，根据有利度对其进行赋值。

表 3-5-7　山西省支家地式火山机构型银矿太白维山预测工作区预测变量提取组合与变量赋值（数理模型）

序号	变量专题图层（库）	变量赋值	预测类型
1	燕山期-太行山北段陆源火山岩浆弧太白维山破火山口构造盆地	存在标志	定位及优选
2	中生界下白垩统张家口组流纹质熔结凝灰岩建造、安山岩-英安岩建造、安山质-英安岩熔岩建造等	存在标志	定位及优选
3	壳幔混合源石英斑岩、花岗斑岩、花岗闪长斑岩岩浆建造及沿火山颈充填石英斑岩体隐爆角砾岩	存在标志	定位及优选
4	NW 向压扭性断裂带	存在标志	定位及优选
5	矿产地图层	存在标志	定位及优选
		矿化强度	资源量预测
		矿点密度	资源量预测
6	Ag、Au、Pb、Zn 化探异常	存在标志	定位及优选
7	下白垩统张家口组火山建造	存在标志	定位及优选

表 3-5-8　山西省小青沟式热液型银矿太白维山预测工作区预测变量提取组合与变量赋值（数理模型）

序号	变量专题图层（库）	变量赋值	预测类型
1	中生界下白垩统火山岩建造	存在标志	定位及优选
2	五台岩群石咀亚岩群庄旺岩组、长城系高于庄组、蓟县系雾迷山组地层	存在标志	定位及优选
3	燕山晚期中酸性岩浆岩	存在标志	定位及优选
4	压扭性韧性变形带	存在标志	定位及优选

续表 3-5-8

序号	变量专题图层(库)	变量赋值	预测类型
5	矿产地图层	存在标志	定位及优选
		矿化强度	资源量预测
		矿点密度	资源量预测
6	Ag、Mn、Pb、Zn 化探异常	存在标志	定位及优选

表 3-5-9　山西省刁泉式矽卡岩型银铜矿灵丘东北预测工作区预测变量提取组合与变量赋值(数理模型)

序号	变量专题图层(库)	变量赋值	预测类型
1	中生界下白垩统火山岩建造	存在标志	定位及优选
2	寒武系张夏组、崮山组,奥陶系灰岩、白云岩、碳酸盐岩建造	存在标志	定位及优选
3	白垩世辉石闪长岩、花岗闪长斑岩、黑云母花岗岩等侵入岩建造	存在标志	定位及优选
4	NNW、NE 向压扭性断裂带交叉处	存在标志	定位及优选
5	矿产地图层	存在标志	定位及优选
		矿化强度	资源量预测
		矿点密度	资源量预测
6	Ag、Cu、Au、Pb、Zn 化探异常	存在标志	定位及优选

使用匹配系数法等方法,从众多变量中选择对预测区优选起作用的变量。

匹配系数法筛选变量,花岗斑岩、长城系高于庄组地层、蓟县系雾迷山组地层、重力和磁法异常、重砂异常被剔除。岩浆岩建造、长城系地层、矿点分布、Ag、Mn、Pb、Zn 化探异常、矿产地等对预测区优选起的作用大,变量的相关程度高。

太白维山预测工作区变量筛选结果是 ΔT 磁场、长城系高于庄组地层、石英斑岩、花岗斑岩、花岗闪长斑岩、控矿构造带、矿点分布以及 Ag、Cu、Au 化探异常等。

灵丘北山预测工作区变量筛选结果是寒武系地层、辉石闪长岩、花岗闪长斑岩、黑云母花岗岩等侵入岩建造、接触带构造、矿点分布、Ag、Cu 化探异常等。重砂异常被剔除。

3. 最小预测区圈定及优选

应用特征分析和证据加权法,分别建立潜力评价定量模型的参数,计算各预测要素变量的重要性,确定最优方案和结果。本次预测采用特征分析法。

特征分析预测工程对银锰矿要素及属性提取,形成原始数据矩阵;设置矿化等级。

模型单元选择,将这些单元按储量大小排序并编号,形成一个有序序列。

二值化,用匹配系数法进行变量筛选,平方和法计算标志权和成矿有利度。根据成矿有利度的拐点来确定预测区级别 A、B、C 的划分界限。

按照预测区级别划分原则,本次预测类型分级分别如下。

(1)山西省灵丘县支家地式陆相火山岩型银矿太白维山预测工作区。

A 级为 ΔT 磁场+长城系高于庄组地层+石英斑岩、花岗斑岩、花岗闪长斑岩建造+控矿构造带+矿点分布+Ag、Cu、Au 化探异常等。B 级为 ΔT 磁场+长城系高于庄组地层+石英斑岩+控矿构造带、矿点分布以及 Ag、Cu、Au 化探异常等。C 级为长城系高于庄组地层+石英斑岩、花岗斑岩、花岗闪长斑岩建造+控矿构造带+Ag、Cu、Au 化探异常。

红色为有利区 A 区,绿色为 B 区,蓝色为 C 区,太白维山预测区共圈定 5 个最小预测区,其中 A 级 1 个,B 级 3 个,C 级 1 个。

(2)山西省灵丘县小青沟式热液型银矿太白维山预测工作区。

A 级为石英斑岩、花岗斑岩建造+长城系高于庄组地层、雾迷山组地层+Pb、Zn、Ag、Mn 异常+压扭性断层带+中生代侵入岩+矿点分布。B 级为石英斑岩、花岗斑岩建造+长城系高于庄组地层+化探异常+断层带+矿点分布。C 级为花岗斑岩+雾迷山组(或高于庄组)地层+断层带+化探异常。

太白维山预测区共圈定 4 个最小预测区,其中 A 级 1 个,B 级 1 个,C 级 2 个。

(3)山西省灵丘县刁泉式矽卡岩型银矿灵丘北山预测工作区。

A 级为寒武系+辉石闪长岩、花岗闪长斑岩、黑云母花岗岩等侵入岩建造+接触带构造+矿点分布+Ag、Cu 化探异常。B 级为寒武系+侵入岩建造+接触带构造+矿点分布、Cu 化探异常等。C 级为寒武系+辉石闪长岩侵入岩建造+接触带构造+矿点分布+Ag、Cu 化探异常等。

红色为有利区 A 区,绿色为 B 区,蓝色为 C 区,灵丘北山预测工作区共圈定 4 个最小预测区,A 级 2 个,B 级 1 个,C 级 1 个。

3.5.4 资源定量预测

3.5.4.1 模型区深部及外围资源潜力预测分析

1. 山西省灵丘县支家地式陆相火山岩型银矿模型区

支家地银铅锌矿资源量估算是按照全国矿产资源潜力评价项目办颁发的《预测资源量标准技术要求》进行的,没有采用项目办颁发的《脉状矿床预测资源量估算方法意见》。说明如下。

(1)专题组研究认为支家地火山岩型银铅锌矿属于断裂构造带控制的火山机构型银铅锌多金属矿床,该成矿构造产于中生代早白垩世火山喷发-火山盆地构造、火山颈相石英斑岩体的压扭性 NW 向断层及角砾岩体构造中。矿体呈透镜状、似层状产出,形态上受火山颈和断裂构造控制。

(2)矿体形态为透镜状、条带状、脉状,不是严格意义上的脉群类矿床。

(3)经过统计典型矿床 30 余条剖面的含矿构造带宽度,求出平均值,再计算典型矿床体积含矿率,两个方法结果相近。

(4)最小预测区的控矿构造的规模、产状无法确定。

根据以上原因,专题组没有采用《脉状矿床预测资源量估算方法意见》中脉状矿床预测方法。

1)典型矿床已查明资源量及其估算参数

支家地银铅锌矿典型矿床查明资源量见表 3-5-10。

表 3-5-10 支家地银铅锌矿典型矿床查明资源量表

编号	名称	查明资源储量(t) 金属量	面积 (m^2)	延深 (m)	品位 (g/t)	体重 (t/m^3)	体含矿率 (t/m^3)
1	支家地	1 109.67	63 571	400	277	2.67	0.000 044

(1)资源量、品位、体重:支家地银铅锌矿典型矿床查明资源量、品位、体重数字均来自 1993 年中国冶金地质总局第三地质勘查院三一二队提交的《山西省灵丘县支家地银铅锌矿地质勘探报告》,该报告提交的资源量由当时山西省矿产储量委员会审核备案、确定,查明资源量银 1 109.67t,平均品位 277g/t,矿石体重 2.67t/m^3。

(2)面积的圈定:使用 MapGIS 软件面积测量功能,在计算机上直接量取矿体投影面积,经过图面比例尺换算,求得矿床面积为 63 571m²。

(3)延深:选用最大投影深度 400m 作为矿床延深。

(4)体含矿率:采用计算公式,体含矿率=查明资源储量/(面积×延深)

2)典型矿床深部及外围预测资源量及其估算参数

(1)延深:参考矿山坑道探矿钻探资料,综合分析将矿体延深增加 200m,总延深为 600m。

(2)面积:参考危机矿山深部勘查资料,预测延深部分由于矿体分叉,使得矿床深部面积要大于典型矿床面积,确定为 123 571m²。矿区西部和东部分别是控矿构造 F_2 西延和东延部分,同时存在成矿地质体和化探异常的叠加。推测在矿区东西两侧尚有找矿潜力,据此圈定外围预测区面积。

(3)体积含矿率:体积含矿率为单位体积资源量。即体积含矿率=查明资源储量/已查明矿体总体积。

(4)深部预测资源量=预测矿床面积×预测资源量部分延深×体积含矿率。支家地银铅锌矿典型矿床深部外围预测资源量见表 3-5-11。

表 3-5-11 支家地银铅锌矿典型矿床深部外围预测资源量表

编号	预测部位	预测资源量(t)	面积(m²)	延深(m)	体积含矿率(t/m³)
1	深部	Ag:1 087.42	123 571	200	0.000 044 0
	外围	Ag:1 141.80	43 250	600	0.000 042 6
合计(t)		2 229.22			

⑤典型矿床总资源量:典型矿床总资源量包括查明资源储量和预测资源储量。支家地银铅锌矿典型矿床总资源量见表 3-5-12。

表 3-5-12 支家地银铅锌矿典型矿床总资源量表

编号	名称	查明资源储量(t)	预测资源量(t)	总资源量(t)	总面积(m²)	总延深(m)	含矿系数
1	支家地	1 109.67	2 229.22	3 338.89	166 821	600	0.000 033 2

3)模型区预测资源总量及其估算参数

(1)模型区面积:模型区即典型矿床所在位置的最小预测区,其面积是在 MRAS 软件所圈定范围的基础上进行了人工修整确定的,模型区面积为 2 471 916m²。

(2)延深:模型区延深即典型矿床的总延深,确定为 600m。

(3)含矿地质体面积:支家地银(铅锌)矿的含矿地质体包括石英斑岩角砾岩、英安质火山熔岩角砾岩及控矿断裂构造带在查明矿床部分采用将含矿地质体垂直投影到平面图上圈定,外围部分经过详细研究图面资料提取蚀变带、矿化构造信息,结合化探异常分布综合分析圈定。确定含矿地质体面积为 238 180m²。

(4)含矿地质体面积参数:含矿地质体面积参数=含矿地质体面积/模型区面积。

(5)模型区预测资源量为典型矿床资源量,包括已查明的资源量和预测的(深部、外围)资源量。模型区预测资源量及其估算参数列于表 3-5-13。

表 3-5-13 支家地式陆相火山岩型银矿模型区预测资源量及估算参数表

编号	名称	模型区预测资源量(t)	模型区面积(m²)	延深(m)	含矿地质体面积(m²)	含矿地质体面积参数
1	支家地	3 338.89	2 471 916	600	238 180	0.096 354

(6)模型区含矿系数确定:模型区含矿系数采用直接估算法确定。模型区含矿系数＝模型区预测资源总量/(模型区总体积×含矿地质体面积参数)。计算结果见表3-5-14。

表3-5-14 支家地式陆相火山岩型银矿太白维山预测工作区模型区含矿系数表

模型区		含矿系数	资源总量(t)	总体积 (m^3)
编号	名称			
1412401001	支家地	0.000 021 9	3 338.89	1 483 149 600

2. 山西省灵丘县小青沟式热液型银矿模型区

同支家地银铅锌矿情况,专题组没有采用《脉状矿床预测资源量估算方法意见》。

1)典型矿床已查明资源量及其估算参数

资源量、品位、体重、延深确定、面积圈定确定方法同支家地银铅锌矿典型矿床,数据来源于1996年山西省地质矿产局二一七地质队提交的《山西省灵丘县小青沟-流沙沟银锰矿多金属矿区银锰矿普查地质报告》。具体结果详见表3-5-15。

表3-5-15 小青沟式热液型银矿太白维山预测工作区典型矿床查明资源量表

编号	名称	查明资源储量金属量(t)	面积(m^2)	延深(m)	品位(g/t)	体重(t/m^3)	体含矿率(t/m^3)
2	小青沟	1 371.88	609 818	320	165.43	2.64	0.000 007 02

2)典型矿床深部及外围预测资源量及其估算参数

经过对典型矿床的深入研究,确定对其深部资源量进行资源量预测,结合中国冶金地质总局第三地质勘查院矿区外围地段进行的槽探、钻探及化探、电法等一系列找矿工作(包括硐沟、山神庙、鸡冠岩等矿区)。这些找矿区域都是围绕NNW及NNE向断裂构造展开的。从预测要素图上可以看到,剖面上矿体的延伸没有结束,化探异常、激电异常显示矿体向深部延伸的可能。所以此次资源量预测对小青沟外围和深部都进行了预测。

(1)延深:从现有资料上可以看到矿体倾向60°~110°,倾角为65°~70°,已控制垂直深度为320m,但剖面上显示深部矿体并未结束。根据矿体倾向推算,并参考地质专家意见,选定延深520m作为矿体预测深度(延深推断为200m)。具体见图3-5-4。

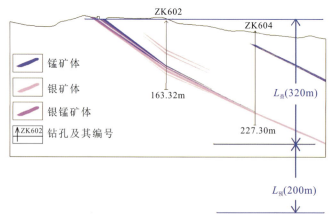

图3-5-4 小青沟银锰矿预测深度示意图

(2)含矿地质体面积:典型矿床外围预测面积是在小青沟已知区面积的基础上,结合中国冶金地质总局第三地质勘查院在小青沟外围及南侧矿区资料,矿体沿 NNE—NNW 向断裂构造尚有延续,结合专家意见进行合理外推并将其水平投影面积加在一起,将 242 443m² 作为典型区外围的预测面积。

(3)体积含矿率:体积含矿率为单位体积资源量。即体积含矿率=查明资源储量/已查明矿体总体积。

(4)预测资源量:深部预测资源量=预测矿床面积×预测资源量部分延深×体积含矿率,小青沟银锰矿典型矿床深部及外围预测资源量详见表 3-5-16。

表 3-5-16　小青沟式热液型银矿太白维山预测工作区典型矿床深部、外围预测资源量表

编号	名称	部位		预测资源量	面积(m²)	延深(m)	体积含矿率(t/m³)
2	小青沟	深部	Ag	857.40	609 818	200	0.000 007 03
		外围	Ag	886.27	242 443	520	0.000 007 03
合计(t)				1 743.67			

(5)典型矿床总资源量:小青沟式热液型银矿太白维山预测工作区典型矿床总资源量包括查明资源储量和预测资源储量,详见表 3-5-17。

表 3-5-17　小青沟式热液型银矿太白维山预测工作区典型矿床总资源量表

编号	名称	查明资源储量	预测资源量	总资源量	总面积(m²)	总延深(m)	含矿系数(t/m³)
2	小青沟	1 371.88	1 743.67	3 115.55	852 261	520	0.000 007 03

3)模型区预测资源总量及其估算参数

(1)模型区面积:模型区面积的确定是根据模型区预测要素在 MRAS 软件圈定最小预测区,再根据地质专家意见进行局部修正来确定。小青沟银锰矿模型区的面积为 5 273 056m²。

(2)延深:模型区延深即典型矿床的总预测延深,确定为 520m。

(3)含矿地质体面积:小青沟银(锰)矿床的含矿地质体包括了石英斑岩、花岗斑岩、花岗闪长斑岩与高于庄组地层、雾迷山组地层的接触带,断裂带附近热液交代的蚀变带。结合地球化学异常特征,参考专家意见,圈定含矿地质体面积为 1 022 713m²。

(4)含矿地质体面积参数:含矿地质体面积参数=含矿地质体面积/模型区面积。

(5)模型区预测资源量为典型矿床资源量,包括已查明的资源量和预测的(深部)铅资源量总和,为 46 507.53t。模型区预测资源量及其估算参数详见表 3-5-18。

表 3-5-18　小青沟式热液型银矿太白维山预测工作区模型区预测资源量及估算参数表

编号	名称	总资源量(t)	含矿地质体面积(m²)	模型区面积(m²)	延深(m)	模型区总体积(m³)
2	小青沟	3 115.55	1 022 713	5 273 056	520	2 741 989 120

(6)模型区含矿系数确定:模型区含矿系数=模型区预测资源总量/(模型区总体积×含矿地质体面积参数)。计算结果见表 3-5-19。

表 3-5-19 小青沟式热液型银矿太白维山预测工作区模型区含矿系数表

模型区编号	模型区名称		含矿系数（t/m³）	资源总量（t）	总体积（m³）
2	小青沟	Ag	0.000 005 858	3 115.55	2 741 989 120

3. 山西省灵丘县刁泉式矽卡岩型银矿模型区

预测方法选择的理由和依据与支家地银铅锌矿基本相同，不赘述。

1）典型矿床已查明资源量及其估算参数

资源量、品位、体重、延深、面积的确定方法同支家地典型矿床，数据来源于《山西省灵丘县刁泉银铜矿40～61线勘探报告》《山西省灵丘县刁泉银铜矿1～40线普查报告》等资料。

刁泉式矽卡岩型银矿灵丘东北预测工作区典型矿床已查明资源储量及其估算参数详见表3-5-20。

表 3-5-20 刁泉式矽卡岩型银矿灵丘东北预测工作区典型矿床查明资源量表

编号	名称	查明资源储量		面积（m²）	延深（m）	品位（g/t）	体重（t/m³）	体含矿率（t/m³）
		矿石量（千t）	金属量（t）					
3	刁泉	11 936.30		278 528	320	131.46	3.26	0.133 9

2）典型矿床深部及外围预测资源量及其估算参数

刁泉银铜矿区以往的工作程度比较高，各种找矿手段和科研工作分别在不同时期展开，仅1993年中国冶金地质总局第三地质勘查院三一二地质队投入的勘探找矿工作就布置综合勘探剖面30余条，槽探工程上万米。化探原（次）生晕组合异常围绕刁泉岩体呈环状、带状分布。从异常的空间展布情况来看，其深部有矿体存在。综合专家意见，本次预测工作对矿区深部进行预测。

（1）延深：通过对刁泉典型矿床成矿地质环境、控矿因素、矿床特征等综合研究，结合刁泉银（铜）矿危机矿山接替资源勘查工程控制情况，结合专家意见，最终确定矿床延深为400m。已控制延深320m，向深部预测延深80m。详见图3-5-5。

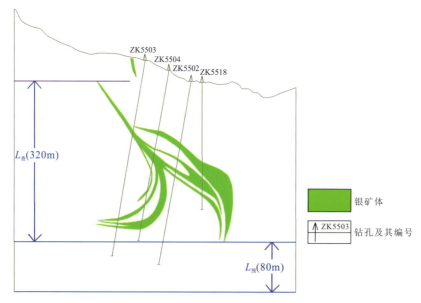

图 3-5-5 刁泉银铜矿预测深度示意图

(2)面积:典型矿床深部预测面积采用查明资源储量部分矿床面积,为 278 528m²。

(3)体积含矿率:体积含矿率为单位体积资源量。即体积含矿率=查明资源储量/已查明矿体总体积。

(4)预测资源量:深部预测资源量=预测矿床面积×预测资源量部分延深×体积含矿率,刁泉式矽卡岩型银矿灵丘东北预测工作区典型矿床深部预测资源储量及其估算参数详见表 3-5-21。

表 3-5-21 刁泉式矽卡岩型银矿灵丘东北预测工作区典型矿床深部预测资源量表

编号	名称	预测资源量(千 t)	面积(m²)	延深(m)	体积含矿率(t/m³)
3	刁泉	2 983.60	278 528	80	0.133 9

(5)典型矿床总资源量:刁泉式矽卡岩型银矿灵丘东北预测工作区典型矿床总资源量包括查明资源储量和预测资源储量,见表 3-5-22。

表 3-5-22 刁泉式矽卡岩型银矿灵丘东北预测工作区典型矿床总资源量表

编号	名称	查明资源量(千 t)	预测资源量(千 t)	总资源量(千 t)	总面积(m²)	总延深(m)	含矿系数(t/m³)
3	刁泉	11 936.30	2 983.60	14 919.90	278 528	400	0.133 9

表格中查明资源储量是 1993 年勘查报告中提交的资源量,预测资源量为深部预测资源量。总面积为典型矿床面积。总延深为查明资源量部分延深加深部预测延深。

3)模型区预测资源总量及其估算参数

(1)模型区面积:模型区面积使用 MapGIS 软件面积测量功能在计算机上直接量取,再利用图面比例尺校正求得,模型区面积为 1 887 800m²。

(2)延深:模型区延深,就是典型矿床总延深 400m。

(3)含矿地质体面积:刁泉银(铜)矿围绕刁泉岩体呈环形分布,奥陶系灰岩与刁泉岩体接触形成矽卡岩含矿带。40~61 线勘探区和 1~40 线普查区共实测了 32 条剖面。本次利用 32 条剖面图,分别将含矿地质体(矽卡岩带)边界垂直投影至平面图上对应的勘探线上,然后按照含矿地质体平面形态,依次对应连接勘探线上各投影点形成含矿地质体的水平投影图。使用 MapGIS 软件面积测量功能,首先在计算机上直接量取含矿地质体的水平投影面积,然后根据图面比例尺校正。含矿地质体面积为 508 380m²。

(4)含矿地质体面积参数:含矿地质体面积参数=含矿地质体面积/模型区面积。

(5)模型区预测资源量为典型矿床资源量,包括已查明的资源量和预测的(深部)银矿(矿石量)资源量总和,为 14 919.90 千 t。模型区预测资源量及其估算参数详见表 3-5-23。

表 3-5-23 刁泉式矽卡岩型银矿灵丘东北预测工作区预测资源量及其估算参数

编号	名称	模型区预测矿石量(千 t)	模型区面积(m²)	延深(m)	含矿地质体面积(m²)	含矿地质体面积参数
3	刁泉	14 919.90	1 887 800	400	508 380	0.269 3

(6)模型区含矿系数确定:模型区含矿系数采用直接估算法确定。模型区含矿系数=模型区预测资

源总量/(模型区总体积×含矿地质体面积参数)。计算结果见表3-5-24。

表3-5-24 刁泉式矽卡岩型银矿灵丘东北预测工作区模型区含矿地质体含矿系数表

模型区编号	模型区名称	含矿地质体含矿系数(t/m³)	资源总量(矿石量)(千t)	含矿地质体总体积(m³)
3	刁泉	0.073 4	14 919.90	203 352 000

3.5.4.2 预测工作区资源量估算及其结果

1. 山西省支家地式陆相火山岩型银矿太白维山预测工作区

1）模型区含矿系数确定

模型区含矿系数采用直接估算法确定。模型区含矿系数＝模型区预测资源总量/(模型区总体积×含矿地质体面积参数)。计算结果见表3-5-25。

表3-5-25 支家地式陆相火山岩型银矿太白维山预测工作区模型区含矿系数表

模型区		含矿系数	资源总量(t)	总体积(m³)
编号	名称			
1412401001	支家地	0.000 021 9	3 338.89	1 483 149 600

2）最小预测区预测资源量及估算参数

计算公式如下：

$$Z_{总}=S_{预}\times H_{预}\times K_s\times K\times \alpha$$

式中，$Z_{总}$是预测区总资源量(金属量)(t)；$S_{预}$是预测区面积(m²)；$H_{预}$是预测区延深(指预测区含矿地质体延深)(m)；K_s是含矿地质体面积参数；K是模型区矿床的含矿系数；α是相似系数。

预测工作区确定5个最小预测区，共估算银资源量6 503.25t，本次银矿种资源量按体积法预测，预测资源量为金属量(表3-5-26)。

表3-5-26 支家地式陆相火山岩型银矿太白维山预测工作区最小预测区估算成果表

最小预测区		$S_{预}$(m²)	$H_{预}$(m)	K_s	K	α	$Z_{总}$(t)	$Z_{查}$(t)	$Z_{预}$(t)
编号	名称								
A1412401001	支家地	2 471 916	600	0.096 354	0.000 021 9	1.0	4 448.56	1 109.67	3 338.89
B1412401002	十八盘	2 280 554	600	0.096 354	0.000 021 9	0.4	1 154.95		1 154.95
B1412401003	上庄	2 869 649	500	0.096 354	0.000 021 9	0.3	908.31		908.31
C1412401004	下车河	2 688 545	500	0.096 354	0.000 021 9	0.2	567.32		567.32
B1412401005	刘庄	3 162 003	400	0.096 354	0.000 021 9	0.2	533.78		533.78
合计(t)							7 612.92	1 109.67	6 503.25

2. 山西省灵丘县小青沟式热液型银矿太白维山预测工作区

1）模型区含矿系数确定

模型区含矿系数采用直接估算法确定。模型区含矿系数＝模型区预测资源总量/(模型区总体积×

含矿地质体面积参数)。计算结果见表3-5-27。

表3-5-27 小青沟式热液型银矿太白维山预测工作区模型区含矿系数表

模型区		含矿系数	资源总量	总体积
编号	名称		(t)	(m³)
A1412501001	小青沟	0.000 005 858	3 115.55	2 741 989 120

2)最小预测区预测资源量及估算参数

本次银矿种资源量均按体积法预测,预测资源量为金属量。其计算公式同支家地式陆相火山岩型银矿太白维山预测工作区,各最小预测区估算结果见表3-5-28。

表3-5-28 小青沟式热液型银矿太白维山预测工作区最小预测区估算成果表

最小预测区			$S_{预}(m^2)$	$H_{预}$(m)	K_s	K	α	$Z_{总}$(t)	$Z_{查}$(t)	$Z_{预}$(t)
编号	名称									
A1412501001	小青沟	Ag	5 273 056	520	0.193 950 718	0.000 005 858	1.0	3 115.55	2 224.74	890.81
B1412501002	野窝窑	Ag	3 351 381	520	0.193 950 718	0.000 005 858	0.6	1 188.01	124.87	1 063.14
C1412501003	五道沟	Ag	4 145 617	520	0.193 950 718	0.000 005 858	0.4	979.70		979.70
C1412501004	边台	Ag	4 499 668	520	0.193 950 718	0.000 005 858	0.3	797.53		797.53
合计(t)								6 080.79	2 349.61	3 731.18

3. 山西省灵丘县刁泉式矽卡岩型银矿灵丘东北预测工作区

1)模型区含矿系数确定

模型区含矿系数=模型区预测资源总量/(模型区总体积×含矿地质体面积参数)。计算结果见表3-5-29。

表3-5-29 刁泉式银矿灵丘东北预测工作区模型区含矿系数表

编号	名称	模型区预测(矿石量)(千t)	模型区面积(m²)	延深(m)	含矿地质体面积(m²)	含矿地质体面积参数
1404202001	刁泉	14 919.90	1 887 800	400	508 380	0.269 3

2)最小预测区预测资源量及估算参数

本次按地质体积法预测资源量。其计算公式同支家地式陆相火山岩型银矿太白维山预测工作区,详见表3-5-30。

表3-5-30 刁泉式银矿灵丘东北预测工作区最小预测区矿石量估算成果表

最小预测区		$S_{预}(m^2)$	$H_{预}(m)$	K_s	K(t/m³)	相似系数(α)	$Z_{总}$(矿石量)(千t)
编号	名称						
A1404202001	刁泉	1 887 800	400	0.269 3	0.073 4	1.0	14 919.86

续表 3-5-30

最小预测区		$S_{预}(m^2)$	$H_{预}(m)$	K_s	$K(t/m^3)$	相似系数 (α)	$Z_{总}$（矿石量）（千t）
编号	名称						
A1404202002	小彦	5 906 625	500	0.269 3	0.073 4	0.6	35 026.20
B1404202004	白北堡	5 019 828	400	0.269 3	0.073 4	0.2	7 938.00
C1404202003	石窑村	2 117 200	400	0.269 3	0.073 4	0.2	3 347.99
合计							61 232.05

各预测区铜、银、金金属量，均按矿石量乘以最小预测区内平均品位计算。与模型区相比，小彦、白北堡预测区增加了铅、锌矿体，增加的矿种金属量按相应预测区中主矿种预测的资源量与查明资源量比例进行了预测。白北堡预测区银总资源量为1 072.42t，查明资源储量为462.64t，增加了2.32倍。银金属量预测结果详见表3-5-31。

表 3-5-31 刁泉式银矿灵丘东北预测工作区最小预测区估算金属量成果表

最小预测区		$Z_{总}$矿石量（千t）	模型区平均品位(g/t)	$Z_{总}$（金属量）（t）	$Z_{查}$(t)	$Z_{预}$(t)
编号	名称					
A1404202001	刁泉	14 919.86	131.46	1 961.36	1 569.16	392.20
A1404202002	小彦	35 026.20	99.81	3 495.97	327.60	3 168.37
B1404202004	白北堡	7 938.00	135.10	1 072.42	462.64	609.78
C1404202003	石窑村	3 347.99	131.46	440.13		440.13
合计		61 232.05		6 969.88	2 359.40	4 610.48

3.6 锰矿资源潜力评价

3.6.1 锰矿预测模型

3.6.1.1 锰矿典型矿床预测要素、预测模型

1. 小青沟银锰矿

（1）预测要素。

小青沟锰矿矿床成矿构造背景为华北陆块区，燕山-太行山北段古生代陆缘火山岩浆弧太白维山喷发盆地边部。成矿时代为中生代早白垩世。区内出露的地层为长城系高于庄组、蓟县系雾迷山组、青白口系望狐组和下白垩统张家口组。NNE向压扭性断裂常常是银锰矿的主要控矿构造。这些因素可作为小青沟式热液型锰矿的预测必要或重要条件。典型矿床预测要素总结在表3-6-1。

表 3-6-1　山西省灵丘县小青沟热液型银锰矿典型矿床预测要素一览表

预测要素			描述内容	预测要素分类
特征描述			小青沟式热液型银锰矿	
地质环境	沉积（变质）岩	地层单位	长城系高于庄组、蓟县系雾迷山组、青白口系望狐组和下白垩统张家口组	
		岩石组合	长城系高于庄组：杂色砂砾岩、长石石英砂岩、含燧石条带白云质灰岩、含锰灰岩、碳质页岩，局部夹铁锰物质	必要
			下白垩统张家口组一段：安山质凝灰角砾岩、英安质凝灰角砾岩；张家口组二段：流纹质凝灰角砾岩	次要
			青白口系望狐组：紫红色燧石角砾岩夹含砾石英砂岩	次要
			蓟县系雾迷山组：灰白色石英岩状砂岩、含砾砂屑白云质灰岩	次要
	岩浆岩	岩石结构、构造	石英斑岩：斑状结构，基质具显微球粒结构，块状构造	必要
		侵入时代	中生代早白垩世	必要
	构造背景		华北陆块区燕山-太行山北段古生代陆缘火山岩浆弧太白维山喷发盆地边部	必要
矿床特征	矿体形态		透镜状、脉状，局部具分支复合现象	次要
	矿石矿物成分		金属矿物有自然银、硫银矿、银锑硫铜矿、软锰矿、硬锰矿、锌锰矿、黑锌锰矿、闪锌矿、方铅矿；非金属矿物有碳酸盐矿物（方解石、白云石）、长石、石英、蒙脱石、伊利石、重晶石	重要
	围岩蚀变		以中低温热液蚀变为主，主要有硅化、碳酸盐化	重要
	成矿时代		中生代早白垩世，Pb-Pb同位素年龄 87.0Ma	重要
	控矿构造		NNE 向压扭性控矿断裂构造	必要
地球物理特征	电法		铅、锌、银、锰矿化呈低阻高极化特征，激电异常能直接反映银锰多金属矿化，异常值 η_s 值在 2%～5% 之间	重要
地球化学特征	元素组合		Ag、Mn、Pb、Zn、Cd	重要
	土壤化学测量		1∶1 万土壤化学测量 Ag、Mn、Pb、Zn、Cd 组合异常（用 $3×10^{-4}$ 圈定）与矿带分布范围基本吻合，Ag 异常值一般为：$(100～300)×10^{-9}$，Mn 异常值一般为：$(1200～3000)×10^{-6}$	重要

(2) 预测模型分析。

①成矿构造背景：华北陆块区燕山-太行山北段古生代陆缘火山岩浆弧太白维山喷发盆地边部。

②成矿时代：中生代白垩纪。

③矿体围岩：燕山晚期次火山岩（石英斑岩、花岗斑岩等）建造，长城系含锰灰岩建造，蓟县系雾迷山组石英岩状砂岩、白云质灰岩建造等。

④构造：NNE、NNW 向扭性控矿断裂构造。

⑤矿化蚀变带：硅化、黄铁矿化、绿帘石化、重晶石化、萤石化、绿泥石化。

⑥物化探异常：银锰 1∶2000 化探原生晕异常，激电异常指示作用明显。

2. 上村锰铁矿

(1) 预测要素。

上村式沉积型锰矿床成矿地质构造背景为山西断隆区地台盖层形成中期次稳定发展阶段。严格受古生代陆相沉积盆地控制。出露的地层为上古生界二叠系中下统石盒子组含砾砂岩、砂岩、粉砂岩、砂质泥岩、铝土质泥岩、页岩等。预测要素总结在下表中(表3-6-2)。

表3-6-2 山西省上村锰铁矿典型矿床预测要素一览表

预测要素		描述内容			预测要素分类
储量		4 730.40 千 t	平均品位	锰铁矿石:Mn≥10%;T(Fe-Mn)≥25%; 含锰菱铁矿:Mn≤10%; T(Fe-Mn)≥20%为贫矿, T(Fe-Mn)≥30%为富矿	
特征描述		上村式沉积型含锰菱铁矿			
地质环境	地质构造背景	山西断隆区地台盖层形成中期的次稳定发展阶段			重要
	沉积地质时代	晚古生代二叠纪			必要
	沉积地质单位	古生界二叠系中下统石盒子组			必要
	岩石组合	含砾砂岩、砂岩、粉砂岩、砂质泥岩、铝土质泥岩、页岩			重要
	岩石结构	泥质结构、砂状结构、粉砂状结构			重要
	沉积建造类型	杂色复陆屑式沉积建造			必要
	韵律旋回结构	冲积-沼泽化湖泊-湖泊相沉积旋回,韵律结构发育			次要
	古构造条件	陆壳上断陷活动带			重要
成矿特征	成矿构造	主要受上古生界石盒子组第二段湖沼相沉积层控制,形成一缓倾斜的单斜控矿构造			必要
	矿体产状形态	主要为似层状、层状,次要为透镜状,走向北东,延长3000~3500m,出露宽度为1800~2000m,矿体厚度为0.32~5.17m,平均1.55m			次要
	矿石矿物组合及结构构造	氧化矿石:主要为褐铁矿,次要为硬锰矿、软锰矿、少量镜铁矿。 非金属矿物:绿泥石、黏土矿物等,粒状结构、隐晶结构,土状构造、块状构造为主,少量呈鲕状构造、豆状构造。 原生矿石:主要为菱铁矿、锰菱铁矿、少量菱镁矿、黄铁矿,细粒状结构、自形—半自形构造,块状、鲕状、球状、皮壳状构造			重要
地球物理特征	1:5万重力异常	能指示大尺度的构造层,对预测锰铁矿层位无实际指示意义			无显示
遥感特征	羟基异常	基本反映含矿层位,要考虑地形影响			次要
	铁染异常	对含矿层位有反映,要考虑地形影响			次要

(2)预测模型。

①成矿构造背景:山西断隆区地台盖层形成中期的次稳定发展阶段及陆壳上断陷活动带的上古生界二叠系。

②成矿时代:晚古生代二叠纪。

③矿体围岩:含砾砂岩、砂岩、粉砂岩、砂质泥岩、铝土质泥岩、页岩等杂色复陆屑式沉积建造。

④成矿构造:主要受上古生界石盒子组第二段湖沼相沉积层控制,形成一缓倾斜的单斜控矿构造。

⑤矿石矿物组合：氧化矿石为褐铁矿、硬锰矿、软锰矿，少量镜铁矿；非金属矿物为绿泥石、黏土矿物。原生矿石为菱铁矿、锰菱铁矿，少量菱镁矿、黄铁矿。

⑥锰铁化探异常，遥感面要素铁帽、羟基、铁染等。这些要素只能对区域成矿起概略的指示作用。

3.6.1.2 预测工作区预测模型

（1）山西省小青沟式热液型锰矿太白维山预测工作区。

预测模型图是在太白维山预测要素图上，基于预测要素的研究结果，构建预测模型图。具体而言，是以深部矿体分布形态的地质剖面图为底图，叠加相关物探、化探预测要素的综合图件。预测模型图以剖面形式表示预测要素内容如矿体与构造、化探特征等相关关系及空间变化特征，在太白维山地区主要反映的是中生代变质侵入岩中含矿构造带（小青沟沉积-热液银锰矿床）现存位置和区域银、锰、铅、锌地球化学值的相关性和相关程度。山西省小青沟式热液型锰矿太白维山预测工作区预测模型见图3-6-1。

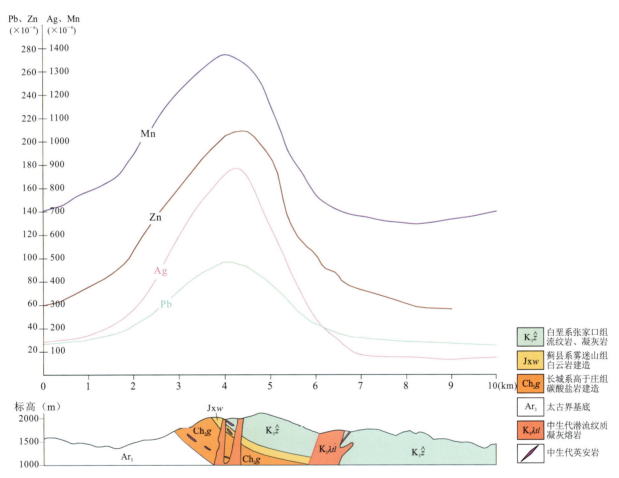

图3-6-1 山西省小青沟式热液型锰矿太白维山预测工作区预测模型图

区域预测模型总结：太白维山地区含矿围岩为长城系高于庄组硅质团块-条带碳酸盐岩建造，含锰白云石建造，中生代早白垩世石英斑岩、花岗斑岩、花岗闪长斑岩等岩浆建造。控矿构造为火山构造盆地边缘带；近SN向压扭性逆冲断裂带。可作为矿床预测的必要条件。

小青沟式银锰矿床的容矿断裂构造带及近矿围岩中，Ag、Mn、Pb、Zn等元素的浓集度较高，组合性好、梯度变化规律；Pb、Ag、Zn、Mn构成了矿体空间的分带性。从区域上看，上述指示元素除Mn之外，异常均产出于高背景之上。因此 Ag、Mn、Pb、Zn 化探异常可作为预测该类型银锰矿,圈定银锰矿预测区的必要条件。

矿点是直接的找矿标志,可作为矿床预测的重要条件。

(2)山西省上村式沉积型锰铁矿平定等(5个)预测工作区。

预测模型图是在不同区域工作区预测要素图上,基于预测要素的研究结果,构建预测模型图。具体而言是以上村式沉积型锰矿控矿沉积建造分布形态的地质剖面图为底图,叠加相关化探预测要素的综合图件。预测模型图以剖面形式表示预测要素内容。如矿体与沉积建造构造、化探异常特征等关系及空间变化特征,在上村式5个预测区主要反映的是二叠系含矿层位与化探异常的相关性和相关程度。从图面上看锰异常反应平缓,略有指示意义(图 3-6-2)。

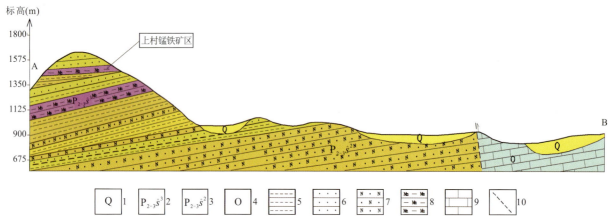

1.第四系;2.二叠系石盒子组第三段;3.二叠系石盒子组第二段;4.奥陶系;5.泥岩;6.砂岩;7.长石石英砂岩;8.含锰铁质泥岩;9.灰岩;10.推断断层

图 3-6-2 山西省上村式沉积型锰铁矿预测工作区预测模型图

区域预测模型总结:上村式沉积型锰矿预测工作区区域成矿地质背景位于山西省碳酸盐岩台地汾河沁水陆表海古生界二叠系中下统石盒子组三段。沉积建造构造自上而下为复成分砂砾岩建造、长石石英砂岩建造,铝土质岩建造,泥岩建造,砂岩建造等。沉积相位于海州平原相-河道沙坝相-曲流河相。可作为矿床预测的必要、重要条件。

3.6.2 预测方法类型确定及区域预测要素

3.6.2.1 预测区地质构造专题底图及特征

1. 地质构造专题底图编制

工作内容步骤包括:范围确定、资料收集、资料整理、综合研究、建造构造图件编制、成果报告编写等。其整个工作过程可细化为如下几步。

第一步:确定编图范围与"目的层"。

经过对典型矿床上村锰铁矿成矿要素的综合分析,结合物探、化探、遥感研究成果明确锰矿床成矿地质背景特征,确定该预测工作区编图范围。

第二步:整理地质图,形成地质构造专题底图的过渡图件。

由于所编制的图件比例尺为1:5万,如果按照全国矿产资源潜力评价项目办编制地质构造专题底图要求,"底图比例尺大于1:25万的,其编制方法是将1:25万建造构造图放大,利用1:5万资料补充细化预测工作区目的层",由于在编制1:25万建造构造图的过程中对原1:5万填图资料进行了合理的取舍,现在又将其放大,则极易造成二者的不一致和精度的降低,且工作量更大。为此我们的做法是在保持1∶25万基本框架的前提下,直接利用1∶5万资料和1∶20万资料进行编图,其具体做法是将涉及到的不同比例尺的图幅资料统一缩放到1∶5万比例尺上后,进行地质图的接图与统一系统库的处理,形成地质构造专题底图的过渡图件。

第三步:编制沉积岩建造构造图初步图件。

具体工作内容为:(1)对山西及区内的典型矿床剖面进行沉积建造、沉积相分析研究,在综合各类科研文献等资料的基础上掌握其建造划分原则、标准,选取区内有代表性的剖面资料与典型矿床剖面进行对比分析研究。

(2)编制附图(角图):预测区沉积岩建造综合柱状图、典型矿床有代表性的剖面图、区内矿床(点)一览表、区内所处的大地构造(相)位置图等附图附表。

(3)为了突出表达目的层,对基本层进行简化处理或淡化处理,突出表示成矿要素。

第四步:补充物探、化探、遥感地质构造推断的成果,形成最终图件。

第五步:属性录入建库,编写说明书。

2. 地质背景特征

1)山西省小青沟式热液型银锰矿太白维山预测工作区

区内从老到新分布的地层有新太古界、古元古界、中元古界、新元古界、下古生界、上古生界、中生界、新生界等。其中与成矿作用相关的地层有中元古界长城系高于庄组、蓟县系雾迷山组,中生界下白垩统张家口组,均构成了银锰矿的围岩地质体。

中元古界长城系、蓟县系沉积建造:通过编制中元古界长城系沉积岩地层建造综合柱状图,对预测区沉积地层岩性、沉积构造和古流向、沉积建造类型及其含矿性、构造环境是一个综合反映。高于庄组地层主要分布于太白维山中生代早白垩纪中酸性火山喷出岩的周围,岩性岩相变化较为稳定,但后期受火山活动影响,产生明显的环形或NNE向、NW向断裂构造。中元古界蓟县系雾迷山组亦是预测区与成矿作用相关层位,为中元古代潮坪相沉积。长城系雾迷山组沉积建造为硅质团块-条带碳酸盐岩建造。

中生界下白垩统张家口组火山岩(次火山岩)建造:通过编制火山岩建造综合柱状图,对预测区火山构造、火山岩(次火山岩)岩性、含矿性、火山岩喷发旋回、火山岩岩石系列及大地构造环境是一个综合反映。在区内中生界下白垩统张家口组火山岩主要分布于太白维山破火山口中,受成矿前火山喷发盆地构造控制。在火山喷发作用后期沿火山颈充填石英斑岩(花岗斑岩)体,后期产生NNE向压扭性控矿断裂构造。中生界下白垩统张家口组火山(次火山)岩是预测区与成矿作用密切相关的重要的岩石类型,其喷发旋回从早到晚为中偏基性—中酸性—酸性岩石。岩石系列为钙碱性—碱性系列。属壳幔混合源成因类型。岩石建造类型从早到晚分为两段,一段为安山岩建造、安山质角砾熔岩集块熔岩建造、英安质角砾凝灰岩建造、英安质角砾熔岩集块熔岩建造、英安岩建造、英安质角砾熔岩集块熔岩建造、石英粗面岩建造。二段为流纹质熔结凝灰岩建造、流纹质凝灰岩建造、潜流纹质凝灰熔岩建造。

2)山西省上村式沉积型锰铁矿预测区建造构造特征

从老到新分布的地层有下古生界、上古生界、新生界等。

下古生界在预测区内主要出露岩石地层单位为奥陶系马家沟组,上古生界主要岩石地层单位有石炭系—二叠系太原组(底部为湖田段),二叠系山西组、石盒子组。新生界主要岩石地层单位有新近系静乐组,更新统离石组、马兰组、峙峪组、方村组及全新统现代河流松散堆积物。

二叠系石盒子组自下而上分为5段,主要岩性组合沉积建造如下。

复成分砂砾岩建造:灰黄色、黄绿色巨厚层含砾中细粒—中粗粒岩屑石英砂岩,岩屑石英杂砂岩,具槽状、楔状交错层理;含煤碎屑岩建造:灰黄色、灰黑色、粉砂质泥岩,泥岩,碳质页岩夹黄绿色细砂岩及煤层(线)等,粉砂质泥岩、泥岩含菱铁矿结核和植物化石。

长石石英砂岩建造:黄绿色、灰绿色中厚层中粗粒长石石英砂岩,岩屑石英杂砂岩,夹灰黄色、灰绿色泥岩,砂岩具槽状、楔状交错层理,粉砂质泥岩、泥岩具水平层理。

铝土质岩建造:鲕状紫斑铝土质泥岩;泥岩建造:杏黄色、灰黄色、黄绿色、紫红色(杂色)泥岩,粉砂质泥岩夹灰黄色、黄绿色长石岩屑砂岩,长石砂岩,锰铁质岩。

泥岩建造:暗紫红色、蓝紫色泥岩,粉砂质泥岩夹黄绿色、灰黄色砂岩,含砾砂岩。

长石石英砂岩建造:灰黄绿色、灰紫色长石砂岩,长石石英砂岩,夹含砾砂岩。

预测区均位于沁水复式向斜中,在区内主要表现为产状平缓的单斜层或一系列的NNE—SW向的宽缓褶皱,断裂不发育。

3. 重力特征

在太白维山预测工作区,从区域布格重力异常图来看,本区重力有3处正值分布区。

整个预测区均被重力负异常覆盖,其中最高值为-48nT;最低值为-144nT,且东高西低,梯度规则倾缓。在预测区东西两侧分别形成低值异常区(谷区)。

布格重力异常等值线在小青沟、支家地典型矿床区形成NE向梯度均匀的"过渡带"。

根据布格重力异常特征推断其与基底物质有关,根据布格重力异常特征和梯度带划定11条推断基底断裂。这些断裂是预测区基底断裂构造格架,对导岩和控岩起到重要作用,在剩余重力异常图上更为突出显示出来,从区域地质图上可见沿该带分布着一系列超基性岩体(脉),它们应是地幔物质的使者,由此可以认为该带是找与超基性岩有关的资源(Ni、Co、Cu、Au、Pt、Cr)的一条重要的成矿带。

从25~75nT异常分析预测区内热液活动非常强烈,凡是硅质块体厚的地方均可成矿,当然要有早白垩世的石英斑岩存在。本区成矿条件非常好,希望在更深部位找到矿。

在上村式沉积型锰矿预测工作区,只能看到重力异常的区域变化规律,对预测工作的指示意义不太明显。

异常高值区在一定程度上反映了与成矿作用相关的中生代岩浆岩的赋存特征,对了解区内宏观地质体分布有所帮助,对矿产资源量预测不具实际意义。

4. 磁测特征

在太白维山锰矿预测区磁法推断区内有一条隐伏断层F_{51},走向NE,与另一组NW向推测断层在预测区西南部相交;在预测区西南部有两个推断的酸性岩体,其与五道沟最小预测区在空间上相吻合。此外,磁异常在预测区内为低缓的表现特征。

在沉积型锰矿预测区,ΔT呈现低磁场或负磁场特征,表明山西省沉积型锰铁矿陆相沉积环境的无磁或弱磁环境。航磁异常的宏观趋势可以推测古地理或古结晶基底地层走向趋势,因此用磁法预测沉积矿床的效果不甚理想。

上述异常等值线图对工作区内与成矿相关古生代、中生代地层及石英斑岩、花岗闪长斑岩等地质体、构造均无有效反映,仅显示了形成矽卡岩型铁矿的燕山期偏碱性岩体分布。所以航磁资料没有作为预测要素使用。

5. 化探特征

化探异常在太白维山预测工作区可以表现出以下特点。

(1)Ag、Mn在预测区西南部、东南部形成组合元素异常,尤其是东南侧,Ag、Mn组合异常比边台最小预测区高三倍以上,且分带性较好,在五道沟最小预测区附近,Ag、Mn等元素异常也以较大范围产出,其走向与NE向断裂构造相吻合。区内出露长城系高于庄组地层或闪长岩和闪长玢岩等。

(2)Mn、Zn、Ag、Cu异常在预测区中部基本重合,异常分布于长城系高于庄组与张家口组安山岩-英安岩建造、安山质-英安岩角粒熔岩建造、石英粗面岩建造上。

(3) Au、Cu 在支家地预测区出现,位于长城系高于庄组硅质团块-条带碳酸盐岩建造和张家口组安山岩-英安岩,安山质-英安岩角砾熔岩建造之上。岩石组合有石英斑岩、花岗斑岩、花岗闪长斑岩等。Au 异常分布较零星、分散,规模小。Pb、Zn 异常基本一致,Ag、Mn 异常规模较大,分带性好。

从以上特征可以看出整个预测区有 Ag-Mn-Pb-Zn→Zn-Ag-Cu→Cu-Au 的分带变化特征。

在上村式沉积型锰矿预测工作区,化探各元素没有富集和组合特征关系,故沉积型锰矿没有化探作为预测要素。

在太白维山预测工作区内,化探资料能较好地反映多金属矿化体特征,在预测评价过程中作为必要要素使用。在沉积型锰矿预测工作区化探的指示作用不甚明显,因此在沉积型锰矿预测区,仅将锰异常作为预测要素使用,其他元素只作参考。

6. 遥感特征

由于山西省锰矿预测包括两种预测类型,即热液型和沉积型。预测工作区分布在晋东北的灵丘太白维山和山西省东南部,所以预测区的影像图制作基本是在处理 1:25 万灵丘幅、太原市幅、临汾市幅、长治市幅、新乡市幅的遥感数据基础上进行的。遥感影像图制作包括图像预处理(精校正和配准)、假彩色合成、数据融合等方法,最终制成三波段合成的(TM741)1:5 万遥感影像图共 5 幅,按全国矿产资源潜力评价项目办要求提交 tif、Geotif、msi 三种格式。

从工作区遥感异常信息分布图和遥感影像图对比可看出锰矿预测工作区的遥感异常组合与蚀变色异常关系较为紧密,在区域上能概略地指示锰矿的找矿方向。预测工作中作为次要要素使用。

提取 NW 向、NE 向线性构造、环形构造。NW 向、NE 向线性构造与成矿相关断层吻合性较好,环形影像在太白维山预测工作区比较发育,矿点较多,构造线交汇处与环形影像有关。

遥感解译中的线性构造和环形影像对区内的构造特征有一定的指示意义,在预测工作中作为次要要素使用。遥感羟基和遥感铁染在沉积型锰矿预测工作区中的分布有一定的指示意义,它只能反映铁锰物质地表氧化富集特征,在沉积型锰矿预测工作中只能作为次要要素参考。

7. 重砂特征

小青沟式热液型锰矿太白维山预测工作区。

自然重砂沿山区水系半坡沟谷分布,重砂采样点数 754 个,重砂矿物种类 96 种。其中,涉及到锰矿预测的有锰矿物、硬锰矿、软锰矿。本区共圈出组合异常 11 个。其中,Ⅰ类异常 1 个,Ⅱ类异常 3 个,Ⅲ类异常 7 个。涉及锰矿的有 1 个Ⅰ类异常,1 个Ⅲ类异常。异常呈椭圆状,编号为 1。NW-SE 向分布,面积 1.06km²,有 3 个锰矿物异常点,最大值 9 999.00,平均值 3 401.33。异常区主要出露中元古界长城系高于庄组白云岩,附近发育燕山期石英斑岩和花岗斑岩,小青沟-流沙沟银锰矿床产于附近。

区域预测要素一览见表 3-6-3、表 3-6-4。

表 3-6-3　山西省小青沟式热液型银锰矿太白维山预测工作区区域预测要素一览表

预测要素		重要描述	要素分类
成矿时代		中生代早白垩世	必要
大地构造位置		华北陆块区燕山-太行山北段陆缘火山岩浆弧太白维山火山喷发盆地	必要
沉积建造/沉积作用	岩石地层单位	长城系高于庄组,蓟县系雾迷山组,青白口系望狐组	
	沉积建造类型	望狐组:燧石角砾状砾岩建造	次要
		雾迷山组:硅质团块-条带碳酸盐岩建造	次要
		高于庄组:硅质团块-条带碳酸盐岩建造;含锰白云岩建造	必要

续表 3-6-3

预测要素		重要描述	要素分类
火山建造/火山作用	岩石地层单位	下白垩统张家口组	次要
	火山建造类型	张家口组二段：流纹质熔结凝灰岩建造。 张家口组一段：安山岩-英安岩建造，安山质-英安岩角砾熔岩建造，石英粗面岩建造	次要
岩浆岩	岩石组合	石英斑岩、花岗斑岩、花岗闪长斑岩	必要
	岩体产状	岩株、岩脉	重要
	侵入时代	中生代早白垩世	重要
区域成矿地质特征	区域成矿类型	热液型银锰矿	必要
	控矿构造	矿田构造：火山构造盆地边缘带；控矿构造：近SN向压扭性逆冲断裂带	必要
	成矿围岩蚀变	硅化、碳酸盐化、重晶石化、绿泥石化、黄铁矿化	重要
	成矿特征	银锰成矿作用为主，伴生铅锌矿化	重要
化探特征	Ag异常	异常下限 110×10^{-6}，与伴生元素 Pb、Zn 相关性较好，浓集中心明显，梯度变化规律，对矿床的富集部位有明显的指示意义	必要
	Mn异常	异常下限 785×10^{-6}，梯度变化明显，单矿种指示意义显著	必要
	Pb异常	异常下限 23×10^{-6}，浓度分带明显，对出露矿体反映好，对矿床的富集部位有指示意义	重要
	Zn异常	异常下限 83×10^{-6}，与伴生元素 Pb、Zn 相关性较好	重要
重砂特征	黄铜矿	异常在局部分布，无规律性，对锰矿富集无指示意义	次要
	铅矿	异常分布较集中，但与化探异常套合不明显，与中生代花岗岩分布有关	次要
	黄铁矿	异常分布较集中，与燕山期矽卡岩型铁矿有关，对锰矿富集无指示意义	次要
	软锰矿、硬锰矿	分布于银锰矿体出露部位，为Ⅲ级异常，具有找矿专属指示意义	次要
遥感特征	线性构造 环形构造	在较大范围内与已知矿床套合较好	次要

表 3-6-4 山西省上村式沉积型锰铁矿预测工作区区域预测要素一览表

区域预测要素		描述内容	要素类型
区域成矿地质背景	大地构造位置	山西碳酸盐岩台地，汾河沁水陆表海	重要
	岩石地层单位	古生界二叠系中下统石盒子组	必要
	沉积建造类型	自下而上：复成分砂砾岩建造，长石石英砂岩建造，铝土质岩建造，泥岩建造，砂岩建造	重要
	沉积相	海州平原相-河道沙坝相-曲流河相	重要

续表 3-6-4

区域预测要素		描述内容	要素类型
区域成矿地质特征	成矿时代	晚古生代中—晚二叠世	必要
	区域成矿类型	沉积型锰铁矿	必要
	成矿构造	主要受上古生界石盒子组三段沉积层控制,为缓倾斜的单斜层控矿构造	次要
	含矿岩石类型	铝土质泥岩、砂质泥岩、页岩	重要
	矿石矿物组合（矿点分布）	氧化矿石:主要为褐铁矿,次要为硬锰矿、软锰矿,发育少量镜铁矿	重要
		非金属矿物:绿泥石、黏土矿物	
		原生矿石:主要为菱铁矿、锰菱铁矿、少量菱锰矿、黄铁矿	
区域物化遥感特征	Mn 地球化学异常	基本指示矿带分布	次要
	Fe 地球化学异常	基本指示矿带分布	次要
	羟基	部分反映矿带分布	次要
	铁染	部分反映矿带分布	次要
	遥感色要素铁帽	部分反映矿带分布	次要

3.6.3 最小预测区圈定

1. 预测单元划分及预测地质变量选择

首先根据上述预测要素应用和预测工作区小青沟式热液型锰矿和上村式沉积型锰矿床预测模型,综合考虑区内综合信息与热液型锰矿和沉积型锰矿的空间对应关系,覆盖区与非覆盖区的信息对称问题,确定综合信息地质单元法定位预测变量,通过综合信息预测成矿有利区,圈定预测区边界。

1)操作流程
①添加地质单元(预测要素)。
②变量分析提取。
③模型选择。
④变量筛选。
⑤计算成矿有利度及单元得分。
⑥阈值确定。
⑦圈定预测区。

将预测区小青沟式热液型锰矿和上村式沉积型锰矿成矿的必要要素(小青沟式热液型锰矿为早白垩世次火山岩建造、燕山期中酸性侵入体、化探异常、NNE 向和 NS 向压扭性断层带、矿产地等;上村式沉积型锰矿为古生界二叠系中下统石盒子组三段,晚古生代中晚期二叠世含砾砂岩、砂岩、粉砂岩、砂质泥岩、页岩等沉积建造,遥感地质(羟基、铁染)要素异常。矿点分布等转换为变量(图层),建立因素叠加法预测区圈定模型,在 MapGIS 6.7 平台操作圈定最小预测区。

2)操作细则
①在 MRAS2.0 平台建立预测工程及变量提取。
②在 MapGIS 6.7 平台建立最小预测区模型。
③要素叠加形成最小预测区。
④根据上述预测要素参照专家意见建议修正最小预测区。

⑤圈定最终的最小预测区。

在小青沟式热液型锰矿预测工作区最终划分出 4 个最小预测区,分别是小青沟、野窝窑、五道沟和边台。

在上村式沉积型锰矿 5 个预测工作区最终划分出 17 个最小预测区,分别是陈家沟、吴家掌、潘家峪、石亭、板峪、后军家沟、胡汉坪、新店、官庄、东坡、马场、杨胡庄、黄沙岭、赵家庄、南河、上村、双王庄。

2. 预测要素变量的构置与选择

在预测模型的指导下,从预测底图及相关专业图件上逐一提取与成矿关系密切的要素图层。首先进行模型区选择,选择区内代表性的热液型矿床(含典型矿床)为模型单元,确定各图层与矿产的关系及其变量赋值意义,再对各预测要素图层形成的数字化变量进行变量取值,将模型单元与预测区关联,转入下一步预测区优选与定量预测。

进行要素检索提取,缓冲区分析及其与矿产的对应关系。进行热液型锰矿和沉积型锰矿变量提取与赋值(数理模型)(表 3-6-5、表 3-6-6)。

表 3-6-5 山西省小青沟式热液型锰矿太白维山预测工作区预测变量提取组合与变量赋值表

序号	变量专题图层(库)	变量赋值	预测类型
1	长城系高于庄组等碳酸盐岩沉积建造	存在标志	定位及优选
2	中生代白垩纪石英斑岩等岩浆建造	存在标志	定位及优选
3	火山机构盆地、NS 向压扭性逆冲断裂带	存在标志	定位及优选
4	韧性变形带	存在标志	定位及优选
5	矿产地图层	存在标志	定位及优选
5	矿产地图层	矿化强度	资源量预测
5	矿产地图层	矿点密度	资源量预测
6	Ag、Mn、Pb、Zn 化探异常	存在标志	定位及优选

表 3-6-6 山西省上村式沉积型锰矿平定预测工作区预测变量提取组合与变量赋值表

序号	变量专题图层(库)	变量赋值	预测类型
1	山西碳酸盐岩台地汾河沁水陆表海	存在标志	定位及优选
2	遥感矿产地质"五要素"(线性异常)	存在标志	定位及优选
3	矿石矿物组合	存在标志	定位及优选
4	矿点	存在标志	定位及优选
5	矿产地图层	存在标志	定位及优选
5	矿产地图层	矿化强度	资源量预测
5	矿产地图层	矿点密度	资源量预测
6	Fe、Mn 化探异常	存在标志	定位及优选

①定性变量:当变量存在对成矿有利时,赋值为 1;不存在时赋值为 0。

②定量变量:赋实际值,例如查明储量、平均品位、矿化强度等。

③对每一变量求出成矿有利度,根据有利度对其进行赋值。

使用匹配系数等方法,从众多变量中选择对预测区优选起作用的变量。匹配系数法变量筛选结果如下。

小青沟式热液型锰矿太白维山预测工作区望狐组沉积建造、重力异常被剔除。长城系高于庄组、雾迷山组沉积建造，中生代白垩纪侵入岩等岩浆建造，NS 向、NW 向压扭性断层，矿（床）点分布，Mn、Ag、Pb、Zn 化探异常等对预测区优选起的作用大，变量的相关程度高。

上村式沉积型锰矿 5 个预测工作区遥感羟基异常、剩余重力异常、磁异常等被剔除。上古生界二叠系、矿（化）点分布以及遥感矿产地质"五要素"部分被选中，Fe、Mn 化探异常对部分预测区有指示作用，变量的相关度也较一般。

3. 最小预测区圈定及优选

应用特征分析和证据加权法，分别建立潜力评价定量模型的参数，计算各预测要素变量的重要性，确定最优方案和结果。本次预测采用特征分析法。

特征分析预测工程，提取锰矿要素及属性，形成原始数据矩阵，设置矿化等级。

模型单元选择，将这些单元按储量大小排序并编号，形成一个有序序列。

二值化，用匹配系数法进行变量筛选，平方和法计算标志权和成矿有利度。根据成矿有利度的拐点来确定预测区级别 A、B、C 的划分界限。

优选结果：

按照最小预测区级别划分原则，小青沟式热液型锰矿太白维山预测工作区优选结果：A 级为长城系高于庄组地层＋中生代岩浆岩建造＋Ag、Mn、Pb、Zn 化探异常＋断裂带＋矿床（点）分布。B 级为长城系高于庄组地层＋中生代岩浆岩建造＋Ag、Mn、Pb、Zn 化探异常＋矿床（点）分布。C 级为地层＋中生代岩浆岩建造＋Ag、Mn 化探异常＋断裂带。

红色为有利区 A 区，绿色为 B 区，蓝色为 C 区。小青沟式热液型锰矿太白维山预测工作区共圈定 4 个最小预测区，其中 A 级 1 个，B 级 1 个，C 级 2 个。

按照最小预测区级别划分原则，上村式沉积型锰矿 5 个预测工作区优选结果：A 级为上古生界二叠系石盒子组三段＋矿（床）点＋遥感矿产地质异常＋Fe、Mn 化探异常；B 级为上古生界二叠系石盒子组三段＋矿（床）点＋Fe、Mn 化探异常；C 级为上古生界二叠系石盒子组三段＋矿（床）点。

红色为有利区 A 区，绿色为 B 区，蓝色为 C 区。上村式沉积型锰矿预测工作区（5 个）共圈定 17 个最小预测区，其中 A 级 2 个，B 级 2 个，C 级 13 个。

3.6.4 资源定量预测

3.6.4.1 模型区深部及外围资源潜力预测分析

1. 小青沟式热液型锰矿模型区

小青沟热液型锰矿采用全国矿产资源潜力评价项目办颁发的《预测资源量标准技术要求》（2010 年补充）进行资源量估算，没有采用项目办颁发的《脉状矿床预测资源量估算方法意见》。说明如下。

（1）专题组研究认为小青沟式热液型锰矿属于层控"内生"型矿床，矿体受断裂构造带控制作用比较明显，矿体多呈层状、透镜状、复合状产出。

（2）矿体形态为透镜状、条带状、大脉状、似层状，不是严格意义上脉群类矿床。

（3）经过统计典型矿床 30 余条剖面的含矿构造带宽度面积，求出平均值，再计算典型矿床体积含矿率，两个方法结果相近。

（4）最小预测区控矿构造的规模、产状无法确定。

1）典型矿床已查明资源量及其估算参数

（1）资源量、品位、体重：查明资源量及其品位、体重均来自 1996 年山西省地质矿产局二一七地质队提交的《山西省灵丘县小青沟-流沙沟银锰矿多金属矿区银锰矿普查地质报告》。该报告由山西省地质矿产局审核备案、确定查明资源量：锰 4 297.50 千 t（矿石量），银 1 371.88t（金属量），锰平均品位 24.66%，银平均品位 165.43g/t。

（2）面积的圈定：采用矿区储量计算勘探线剖面图。选取 2 号、5 号、6 号、12 号、16 号储量勘探线剖面，分别将工程控制的矿体边界点投影至地质平面图上，然后依次连接平面图勘探线上各投影点形成矿体水平投影图。使用 MapGIS 软件面积测量功能，在计算机上直接量取矿体投影面积，经过图面比例尺换算，求得矿区外围矿床面积为 609 818m²。

（3）延深：采用勘查报告中每个矿体垂直纵投影图，选用最大投影深度 320m 作为矿床延深的计算参数。

（4）体积含矿率：采用计算公式，体积含矿率＝查明资源储量（金属量）/（面积×延深）

典型矿床小青沟银锰矿查明资源量及其估算参数见表 3-6-7。

表 3-6-7　山西省小青沟式热液型锰矿太白维山预测工作区典型矿床查明资源量表

编号	名称	查明资源储量（千 t）	面积（m²）	延深（m）	品位（%）	体重（t/m³）	体积含矿率（千 t/m³）
1	小青沟	4 297.50	609 818	320	24.66	2.97	0.000 022 02

2）典型矿床深部及外围预测资源量及其估算参数

经过对典型矿床的深入研究认为，小青沟式热液型锰矿是与银、铅、锌等矿种共生或伴生的，矿体的层状和形态受 NS 向（F_4、F_5）挤压构造带和 NW 向张扭性构造带控制。这两组构造带发育远远超出典型矿床区域，中国冶金地质总局第三地质勘查院在典型矿床的东侧、南侧区域分别进行了银锰矿的勘查找矿工作（包括碉沟、马坡、山神庙、鸡冠岩等矿区）。这些工作也是围绕上述断裂构造展开工作的。分别投入了槽探、钻探及化探、电法等一系列找矿工作，并提交了勘探储量，这些找矿区域都是围绕 NNW 及 NNE 向断裂构造展开的。从预测要素图上可以看到，剖面上矿体的延伸没有结束，化探异常、激电异常显示矿体有向深部延伸的可能。所以此次资源量预测对小青沟外围和深部都进行了预测。

（1）延深：现有资料表明矿床已控制垂直深度为 320m，但剖面上显示深部矿体并未结束，选定延深 520m 作为矿体预测深度（延深推断为 200m）。具体见图 3-6-3。

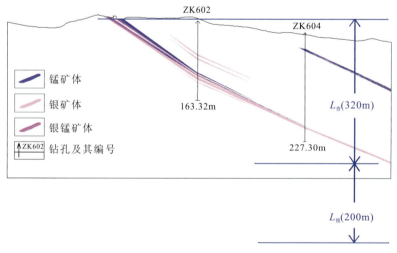

图 3-6-3　小青沟银锰矿预测深度示意图

(2)含矿地质体面积:典型矿床外围预测面积是在小青沟已知区面积的基础上,结合专家意见,进行合理外推并将其水平投影面积加在一起。

(3)体积含矿率:体积含矿率为单位体积资源量。即体积含矿率=查明资源储量/已查明矿体总体积。

(4)预测资源量:深部预测资源量=预测矿床面积×预测资源量部分延深×体积含矿率。小青沟银锰矿典型矿床深部及外围预测资源量详见表3-6-8。

表3-6-8 小青沟式热液型锰矿太白维山预测工作区典型矿床深部、外围预测资源量表

编号	名称		预测资源量	面积(m²)	延深(m)	体积含矿率(千t/m³)
A1412501001	深部	Mn	2 685.60	609 818	200	0.000 022 02
	外围	Mn	2 776.10	242 443	520	0.000 022 02
合计(千t)				5 461.70		

(5)典型矿床总资源量:典型矿床总资源量包括查明资源储量和预测资源储量。小青沟式热液型锰矿太白维山预测工作区典型矿床总资源量见表3-6-9。

表3-6-9 小青沟式热液型锰矿太白维山预测工作区典型矿床总资源量表

编号	名称	查明资源储量	预测资源量	总资源量	总面积(m²)	总延深(m)	含矿系数
1	Mn	4 297.50	5 461.70	9 759.20	852 261	520	0.000 022 02

3)模型区预测资源总量及其估算参数

(1)模型区面积:模型区即典型矿床所在的最小预测区。

(2)延深:模型区延深即典型矿床的总预测延深,确定为520m。

(3)含矿地质体面积:小青沟银(锰)矿床的含矿地质体包括了石英斑岩、花岗斑岩、花岗闪长斑岩与高于庄组、雾迷山组地层的接触带。结合地球化学异常特征,参考专家意见确定。

(4)含矿地质体面积参数:含矿地质体面积参数=含矿地质体面积/模型区面积

(5)模型区预测资源量为典型矿床资源量,包括已查明的资源量和预测的(深部)锰资源量总和为9 759.20千t。模型区预测资源量及其估算参数列于表3-6-10。

表3-6-10 小青沟式热液型锰矿太白维山预测工作区模型区预测资源量及估算参数表

预测区		总资源量	矿床体总面积(m²)	含矿地质体面积(m²)	模型区面积(m²)	延深(m)	含矿地质体面积参数	含矿系数	模型区总体积(m³)
编号	名称								
1412501001	小青沟	9 759.20	852 261	1 022 713	5 273 056	520	0.193 950 718	0.000 001 835 1	2 741 989 120

(6)模型区含矿系数确定:模型区含矿系数采用直接估算法确定。模型区含矿系数=模型区预测资源总量/(模型区总体积×含矿地质体面积参数)。计算结果见表3-6-11。

表 3-6-11　山西省小青沟式热液型锰矿太白维山预测工作区模型区含矿系数表

模型区编号	模型区名称	含矿系数	资源总量	总体积（m³）
1	小青沟	0.000 001 835 1	9 759.40	2 741 989 120

2. 上村式沉积型锰铁矿模型区

上村式沉积型锰铁矿采用全国矿产资源潜力评价项目办颁发的《预测资源量标准技术要求》(2010年补充)进行资源量估算，说明如下。

(1)专题组研究认为上村式沉积型锰矿属于沉积型矿床，矿床产出完全受二叠系沉积地层控制。矿体为层状、似层状产出，矿床的产状受沉积环境影响且与沉积地层相一致。

(2)矿体形态为层状、似层状，不是严格意义上的脉群类矿床。

(3)经过统计典型矿床多条剖面的含矿体宽度，求出平均值，再计算典型矿床体积含矿率，两个方法结果相近。

(4)最小预测区的控矿构造的规模、产状无法确定。

1)典型矿床已查明资源量及其估算参数

(1)资源量、品位、体重：查明资源量、品位、体重的参数均来自于 1967 年 3 月山西省地质矿产局二一二地质队提交的《山西省晋城县上村含锰菱铁矿详查报告》。查明资源量锰矿石量 4 730.4 千 t，平均品位 TFe≥30%，Mn 为 7.8%，体重 3.27t/m³。

(2)面积的圈定：利用矿区储量计算勘探剖面线剖面图，分别将其控制的矿体边界点投影在地质平面图上，依次连接平面图上各投影点形成矿体水平投影图。采用 MapGIS 软件面积测量功能，在计算机上直接量取矿体投影面积，经图面比例尺换算，求得矿床面积为 821 202m²。

(3)延深：因为上村式锰(铁)矿属沉积型矿床，沉积层的产状受陆相沉积环境控制，倾角 3°～5°(近似水平)，矿体厚度 0.5～1.99m。故选用《山西省晋城县上村含锰菱铁矿详查报告》中平均厚度 1.55m 作为计算依据。

(4)体含矿率：典型矿床上村锰矿查明资源量及其估算参数见表 3-6-12。

表 3-6-12　山西省上村式沉积型锰铁矿典型矿床查明资源量统计表

编号	名称	查明资源储量矿石量（千 t）	面积（m²）	延深（m）	品位（%）	体重（t/m³）	体含矿率（千 t/m³）
2	上村	4 730.40	821 202	1.55	7.8%	3.27	0.003 716 346

2)典型矿床深部及外围预测资源量及其估算参数

(1)延深：上村式锰(铁)矿属沉积型矿床，矿体产状近似水平，分布较为稳定。采用矿体平均厚度 1.55m 作为延深。

(2)面积：矿区北部、东部含矿层位依然存在，矿带并没有明显的尖灭，外围有遥感异常如零星的羟基、铁染分布，因此在矿区北部、东部进行了外围预测(表 3-6-13)。

表 3-6-13　上村式沉积型锰铁矿典型矿床外围预测资源量统计表

编号	名称	预测资源量（千 t）	面积（m²）	延深（m）	体积含矿率
2	上村	5 100.00	885 372	1.55	0.003 716 346

(3)体积含矿率:体积含矿率为单位体积资源量。即体积含矿率=查明资源储量/已查明矿体总体积。

(4)预测资源量:外围预测资源量=预测矿床总面积×预测资源延深×体积含矿率。

(5)典型矿床总资源量:典型矿床总资源量包括查明资源储量和预测资源储量,详见表3-6-14。

表3-6-14　上村式沉积式锰铁矿预测工作区典型矿床总资源量表

编号	名称	查明资源储量(千t)	预测资源量(千t)	总资源量(千t)	总面积(m^2)	总延深(m)	含矿系数
2	上村	4 730.40	5 100	9 830.40	1 716 566	1.55	0.003 716 346

3)模型区预测资源总量及其估算参数

(1)模型区面积:模型区即典型矿床所在位置的最小预测区,其面积在MRAS软件所圈定范围的基础上进行了人工修正确定,上村式沉积型锰预测工作区模型区最小预测区面积为421 553 416m^2。

(2)延深:模型区延深即典型矿床的总延深,确定为1.55m。

(3)含矿地质体面积:上村锰(铁)矿床属沉积型矿床,含矿岩石主要有含砾砂岩、粉砂岩、铝土泥岩、砂岩等,全区可比度较高。矿体赋存在下石盒子组三段。本次划分的含矿地质体包括了矿体上下部分的矿化岩段即透镜状锰铁矿、条纹状、条带状铁矿化层位。结合铁锰地球化学异常、部分羟基、铁染分布圈定含矿地质体的面积为5 290 306m^2。

(4)含矿地质体面积参数:含矿地质体面积参数=含矿地质体面积/模型区面积。

(5)模型区预测资源量为典型矿床总资源量,包括已查明资源量和预测(外围)锰资源量总和,为9 830.40千t。模型区预测资源量及其估算参数列于表3-6-15。

表3-6-15　山西省上村式沉积型锰铁矿模型区参数计算统计表

模型区编号	名称	总资源量(千t)	矿床总面积(m^2)	含矿地质体面积(m^2)	模型区面积(m^2)	延深(m)	含矿地质体面积参数	含矿系数	模型区总体积(m^3)
2	上村	9 830.40	1 716 566	2 303 864	29 714 234	1.55	0.077 534	0.000 275 28	46 057 062

(6)模型区含矿系数确定:模型区含矿系数采用直接估算法确定,详见表3-6-15。

3.6.4.2　预测工作区资源量估算及其结果

1. 小青沟式热液型锰矿太白维山预测工作区

1)模型区含矿系数确定

模型区含矿系数采用直接估算法确定。模型区含矿系数=模型区预测资源总量/(模型区总体积×含矿地质体面积参数)。山西省小青沟式热液型锰矿太白维山预测工作区模型区参数计算结果见表3-6-16。

表3-6-16　山西省小青沟式热液型锰矿太白维山预测工作区模型区参数计算统计表

模型区编号	名称	总资源量(千t)	矿床总面积(m^2)	含矿地质体面积(m^2)	模型区面积(m^2)	延深(m)	含矿地质体面积参数	含矿系数	模型区总体积(m^3)
1412501001	小青沟	9 759.20	852 261	1 022 713	5 273 056	520	0.193 950 718	0.000 001 835 1	2 741 989 120

2）最小预测区预测资源量及估算参数

本次锰矿矿种资源量均按体积法预测,预测资源量为矿石量,单位为千t。

小青沟式热液型锰矿太白维山预测工作区圈定4个最小预测区,其中小青沟为A级,野窝窑为B级,五道沟、边台为C级。共计估算锰资源量18 240.45千t。

其计算公式为：

$$Z_{总}=S_{预} \times H_{预} \times K_s \times K \times \alpha$$

$$Z_{预}=Z_{总}-Z_{查}$$

各最小预测区估算结果详见表3-6-17。

表 3-6-17　小青沟式热液型锰矿太白维山预测工作区最小预测区资源量估算成果表

最小预测区		$S_{预}(m^2)$	$H_{预}$(m)	K_s	K	α	$Z_{总}$(千t)	$Z_{查}$(千t)	$Z_{预}$(千t)
编号	名称								
A1412501001	小青沟	5 273 056	520	0.193 950 718	0.000 001 835 1	1.0	9 759.20	6 885.00	2 874.20
B1412501002	野窝窑	3 351 381	520	0.193 950 718	0.000 001 835 1	0.6	3 721.60		3 721.60
C1412501003	五道沟	8 808 382	520	0.193 950 718	0.000 001 835 1	0.4	6 520.95		6 520.95
C1412501004	边台	9 228 011	520	0.193 950 718	0.000 001 835 1	0.3	5 123.70		5 123.70
合计							25 125.45	6 885.00	18 240.45

2. 上村式沉积型锰矿平定、太岳山、汾西、长治、晋城预测工作区

1）模型区含矿系数的确定

模型区含矿系数采用直接估算法确定。模型区含矿系数=模型区预测资源总量/(模型区总体积×含矿地质体面积参数)。计算结果见表3-6-18。

表 3-6-18　山西省上村式沉积型锰铁矿模型区参数计算统计表

模型区		总资源量(千t)	矿床总面积(m²)	含矿地质体面积(m²)	模型区面积(m²)	延深(m)	含矿地质体面积参数	含矿系数	模型区总体积(m³)
编号	名称								
1402101005	上村	9 830.40	1 716 566	2 303 864	29 714 234	1.55	0.077 534	0.000 275 28	46 057 062

2）最小预测区预测资源量及估算参数

本次锰矿矿种资源量均按体积法预测,预测资源量为矿石量,单位为千t。

上村式沉积型锰矿晋城、平定、太岳山、汾西、长治5个预测工作区共圈定17个最小预测区,其中,晋城预测工作区4个,A级1个、C级3个;平定预测工作区4个,B级1个、C级3个;太岳山预测工作区4个,B级1个、C级3个;汾西预测工作区4个,C级4个;长治预测工作区1个,A级1个。

共求得预测资源量13 068.95千t。

其计算公式为：

$$Z_{总}=S_{预} \times H_{预} \times K_s \times K \times \alpha$$

$$Z_{预}=Z_{总}-Z_{查}$$

各最小预测区估算结果见表3-6-19。

表 3-6-19 山西省上村式沉积型锰矿预测工作区最小预测区估算成果表

最小预测区		$S_{预}$ (m²)	$H_{预}$ (m)	K_s	K	α	$Z_{总}$(千t)	$Z_{查}$(千t)	$Z_{预}$(千t)
编号	名称								
平定预测工作区									
C1402101005	陈家沟	1 530 749	1.55	0.077 534	0.000 275 28	0.2	104.96		104.96
C1402101006	吴家掌	2 285 491	1.55	0.077 534	0.000 275 28	0.2	151.21		151.21
B1402101007	潘家峪	16 760 437	1.55	0.077 534	0.000 275 28	0.3	1 666.45		1 666.45
C1402101008	石亭	7 581 833	1.55	0.077 534	0.000 275 28	0.2	501.65		501.65
小计(千t)							2 424.27		2 424.27
太岳山预测工作区									
C1402101009	板峪	3 490 713	1.55	0.077 534	0.000 275 28	0.2	230.96		230.96
C1402101010	后军家沟	5 834 139	1.55	0.077 534	0.000 275 28	0.2	386.01		386.01
B1402101011	胡汉坪	18 821 837	1.55	0.077 534	0.000 275 28	0.3	1 868.02		1 868.02
C1402101012	新店	8 084 728	1.55	0.077 534	0.000 275 28	0.2	534.92		534.92
小计(千t)							3 019.91		3 019.91
汾西预测工作区									
C1402101013	官庄	2 445 948	1.55	0.077 534	0.000 275 28	0.2	161.83		161.83
C1402101014	东坡	6 579 964	1.55	0.077 534	0.000 275 28	0.3	653.04		653.04
C1402101015	马场	3 427 346	1.55	0.077 534	0.000 275 28	0.2	226.77		226.77
C1402101016	杨树庄	3 939 915	1.55	0.077 534	0.000 275 28	0.2	260.68		260.68
小计(千t)							1 302.32		1 302.32
长治预测工作区									
A1402101017	黄沙岭	6 500 379	1.55	0.077 534	0.000 275 28	0.6	1 290.29	824.20	466.09
小计(千t)							1 290.29	824.20	466.09
晋城预测工作区									
C1402101018	赵家庄	2 348 505	1.55	0.077 534	0.000 275 28	0.2	155.38		155.38
C1402101019	南河	4 356 203	1.55	0.077 534	0.000 275 28	0.3	432.34		432.34
A1402101020	上村	29 714 234	1.55	0.077 534	0.000 275 28	1.0	9 830.40	4 730.40	5 100.00
C1402101021	双王庄	1 699 261	1.55	0.077 534	0.000 275 28	0.3	168.64		168.64
小计(千t)							10 586.76	4 730.40	5 856.36
合计(千t)							18 623.55	5 554.60	13 068.95

3.7 铅锌矿资源潜力评价

3.7.1 铅锌矿预测模型

1. 铅锌矿典型矿床预测要素、预测模型

(1)预测要素。

西榆皮铅矿床成矿构造背景为吕梁-中条古元古代结合带吕梁古元古代陆缘岩浆弧吕梁古元古代

造山岩浆带片麻岩隆起区。

区内出露的地层为新太古界界河口群园子坪组、阳坪上组、贺家湾组。该地层主要由大理岩、斜长角闪岩及黑云母片岩组成。在矿区界河口群地层常为构造岩特征，层序不完整，斜长角闪岩、大理岩呈透镜状、条带状存在于成矿构造带中，该构造带位于新太古代变质侵入岩与界河口群接触带中。可作为预测西榆皮热液型铅矿类型的必要条件。

西榆皮铅矿床的岩浆岩为花岗伟晶岩，矿体均产于花岗伟晶岩两侧或岩体中，为成矿作用提供了热动力和矿质来源。可作为矿床预测的必要条件。

矿体围岩为新太古代变质侵入岩，组成岩性为英云闪长质片麻岩-花岗闪长质片麻岩-花岗片麻岩建造类型。与花岗伟晶岩直接接触，接触部位形成矿化蚀变带及矿体，有研究者认为该变质侵入岩体经强烈的变形变质作用使得成矿物质产生富集成矿。可作为矿床预测的必要条件。详见表3-7-1。

3-7-1 西榆皮铅矿典型矿床预测要素一览表

预测要素		描述内容	预测要素分类
特征描述		受花岗伟晶岩及断裂构造带控制的热液交代充填型铅矿床	
地质环境	地层	新太古界界河口群园子坪组、阳坪上组	重要
	岩石组合	斜长角闪岩、黑云母变粒岩、黑云石英片岩、大理岩	重要
	原岩类型及变质相带划分	原岩类型：主要为黏土质沉积岩、少量火山岩组分。变质相：铁铝角闪岩相	次要
	岩浆岩	新太古代变质侵入岩：黑云角闪斜长片麻岩、黑云二长片麻岩、花岗片麻岩	必要
		花岗伟晶岩，吕梁期岩株状、宽脉状花岗岩	
	岩石结构构造	片麻岩：粒状、片状变晶结构，片麻状、眼球状构造；花岗伟晶岩：交代结构，块状构造、条带状构造、条痕状构造	次要
	构造背景	华北陆块中部关帝山古元古代后造山岩浆带	重要
成矿构造		花岗伟晶岩边部张扭性断裂构造带	必要
矿床特征	矿石矿物组合	金属矿物：方铅矿、磁黄铁矿、闪锌矿、磁铁矿、黄铁矿、黄铜矿；非金属矿物：主要物有透辉石、石英、微斜长石	重要
	矿石结构构造	自形—它形粒状结构，固熔体分离结构，熔蚀变化结构；脉状充填构造，星点浸染状构造，团块状构造	重要
	围岩蚀变	石榴子石化、透辉石化、硅化、黄铁矿化、磁黄铁矿化和碳酸盐化	重要
	成矿时代	古元古代（Pb-Pb同位素年龄2085Ma）	必要
成矿地球化学特征	成矿元素组合	Pb、Zn、Ag、Cu	
	成矿元素相关性	Ag：0.001%～0.01%，平均0.054%，与Pb正相关，未见独立银矿物。Cu：0.03%～0.1%，主要赋存于黄铜矿中。Zn：0.1%～0.2%，与Pb呈不明显的正相关，主要产于闪锌矿中，可能赋存于方铅矿中	重要
	化探异常指示作用	Pb、Zn、Cu元素原生晕异常对矿（化）体指示作用明显。铅异常值在$(200\sim3000)\times10^{-6}$，极大值$10\,000\times10^{-6}$；锌异常值在$(150\sim500)\times10^{-6}$，极大值$20\,000\times10^{-6}$	必要

以西榆皮典型矿床成矿要素图为底图，叠加西榆皮典型矿床仅有的部分铅异常等值线图，即成为西榆皮典型矿床预测要素图主图部分。

（2）预测模型。

成矿构造背景：吕梁-中条古元古代结合带吕梁古元古代陆缘火山岩浆弧关帝山古元古代后造山岩

浆带。

成矿时代:古元古代。

矿体围岩:新太古代变质侵入体,英云闪长片麻岩建造,花岗闪长片麻岩建造,二长片麻岩建造,花岗片麻岩建造。

NEE 向张扭性成矿断层。

古元古代花岗伟晶岩。

矿化蚀变带:硅化、黄铁矿化、石榴子石透辉石矽卡岩、绿泥石化。

铅、锌、铜 1∶5 万化探原生晕异常,指示作用明显。

2. 预测工作区预测模型

将前述的典型矿床预测模型,通过区域转换与总结,最终体现为区域预测要素(找矿模型),据此,收集预测区各专题编图、区域成矿要素和预测要素图数据,进行数据准备、数据精度和质量评估,通过信息处理提取,建立预测工作区定性和定量评价的预测模型。

预测模型图是以深部矿体分布形态的地质剖面图为底图,叠加相关物探、化探预测要素的综合图件。预测模型图以剖面形式表示预测要素内容如矿体与构造、化探特征等相关关系及空间变化特征,在关帝山地区主要反映的是太古代变质侵入岩中含矿构造带(西榆皮热液型铅矿床)现存位置和区域 Cu、Pb、Zn 地球化学值的相关性和相关程度。详见图 3-7-1。

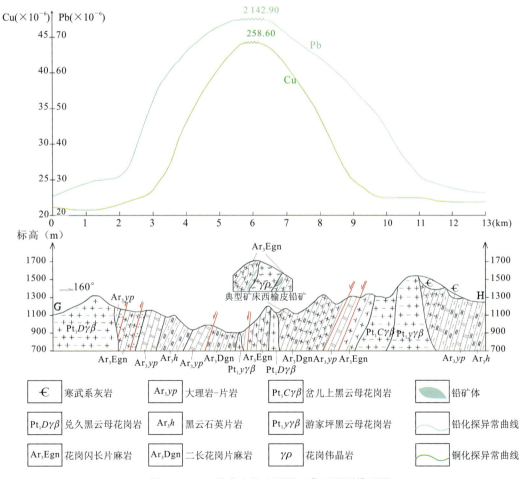

图 3-7-1 关帝山铅矿预测工作区预测模型图

区域成矿预测模型如下。

(1)成矿构造背景:吕梁-中条古元古代结合带吕梁古元古陆缘岩浆弧吕梁古元古代后造山岩浆带。

(2)成矿时代:古元古代。

(3)矿体围岩:新太古代变质侵入体,英云闪长片麻岩建造,花岗闪长片麻岩建造,二长片麻岩建造,花岗片麻岩建造。

(4)界河口群地层。

(5)NEE向、NE向断裂构造,建造构造图标注韧性变形带。

(6)古元古代花岗伟晶岩(古元古代花岗岩)。

(7)区域化探:铅、锌、铜1:5万化探异常,指示作用明显。

(8)遥感地质解译:NEE向和NE向线性构造、环形影像有成矿地质体地段在大范围内套合较好。

(9)矿点分布。

3.7.2 预测方法类型确定及区域预测要素

山西省独立铅锌矿只有交城县西榆皮铅矿一个小型矿床,按"全国重要矿产和区域成矿规律研究"的《重要矿产预测类型划分方案》属热液型(矿产预测类型),预测方法类型为复合内生型。山西省铅锌资源量主要为共生、伴生铅锌矿。共生、伴生铅锌矿床有支家地式火山岩型银铅锌矿(共生、伴生)、刁泉式矽卡岩型铜矿(伴生)。独立铅锌矿以交城县西榆皮铅矿为典型矿床,火山岩型银铅锌矿以灵丘县支家地银矿为典型矿床,矽卡岩型银铜矿以灵丘刁泉铜矿为典型矿床。相应的3个预测工作区是:山西省热液型铅锌矿关帝山预测工作区,山西省矽卡岩型铜(铅锌)矿刁泉预测工作区和山西省火山岩型银(铅锌)矿太白维山预测工作区。本节只介绍独立铅锌矿典型矿床交城县西榆皮铅矿及其相应预测工作区关帝山预测工作区,其余预测工作区参见相应银矿和铜矿章节。

1. 预测区地质构造专题底图及特征

1)地质构造专题底图编制

热液型铅锌矿选用侵入岩浆建造构造图作为预测底图,工作内容步骤包括工作范围确定、资料收集、资料整理、综合研究、建造构造图件编制、成果报告编写等。其整个工作过程可细化为如下几步。

第一步:确定编图范围与"目的层"。

编图范围是由铅矿预测组在地质背景组提供的1:25万离石市幅、岢岚县幅建造构造图的基础上根据成矿特征,以地质背景研究为基础,结合物探、化探、遥感研究成果而确定的。

"目的层"的确定是在典型矿床研究的基础上,根据成矿预测要素认为太古代片麻岩体、太古界界河口群变质岩层与古元古代侵入岩是区内重要的含矿岩石,故选择太古代片麻岩体、太古界界河口群变质岩及古元古代侵入岩作为本次编图的"目的层"。其矿产预测类型为热液型铅矿。

第二步:整理地质图,形成地质构造专题底图的过渡图件。

根据复合内生型矿床对建造构造图件的要求,收集、利用1:5万区调成果资料,在无1:5万区调资料区将1:25万的1:10万实际材料图放大成1:5万,再利用1:20万成果资料补充细化,在此基础上直接提取成矿要素的相关内容,补充有关科研专题研究资料,细化含矿岩石建造与构造内容,形成地质构造专题底图的过渡图件。并进一步细化确定预测工作区目的层,对已收集到的矿床、矿点(铅矿)层位另外建立矿体图层表。在进行地质图的拼接过程中遇到地质界线不一致的现象,这些问题主要存在于不同比例尺、不同年代、不同单位完成的地质图的拼接过程中,我们在编图中根据不同情况进行了处理。

第三步:编制复合型建造构造图初步图件。

本项工作主要是依据已收集到的各类大比例尺地质图、矿产资料、研究成果,对预测区含矿层进行建造的细化,增强特殊构造部位产状的控制。

第四步:编制附图(角图)。

第五步:补充物探、化探、遥感地质构造推断的成果,形成最终图件。

第六步:图面整饰、属性录入建库,编写说明书。

2)地质背景特征

关帝山预测工作区编图范围内地质情况复杂,预测区内以古元古界为主,太古界相对较少。寒武系—奥陶系少量出露于东南部,石炭系仅在中东部局部地段有露头,新生界广泛发育于山间沟谷及断陷盆地中。

太古宇为界河口群园子坪岩组斜长角闪岩、黑云变粒岩夹磁铁石英岩,阳坪上岩组大理岩、二云片岩,贺家湾岩组矽线石二云片岩、黑云石英片岩。

古元古界包括吕梁群的青杨沟组黑云变粒岩、浅粒岩片麻岩、斜长角闪岩,袁家村组绿泥片岩、斜长角闪岩、变粒岩及磁铁石英岩,裴家庄组石英岩、绢英片岩、二云片岩,近周营组变质基性火山岩、变质砂岩;岚河群的前马宗组变质砾岩、石英岩,两角村组大理岩夹斜长角闪岩,乱石村组、石窑洼组含砾石英岩、长石石英岩。

界河口群为测区内重要地层单位之一,经过地质工作者不断深入研究,对其空间分布、岩石组合、变质变形及建造构造特征等方面已较为清楚,界河口群各岩石组合中以大量发育顺层掩卧褶皱、深熔条带为主要特征,整套岩石组合无底、无顶,上、下均与不同地质体呈明显的韧性断层接触,说明该套表壳岩已发生了变形-变质重建,已不具地层学特征,也不符合地层学序律,而完全为一套构造地层单位。

吕梁群底部与顶部分别与不同岩体呈韧性断层接触,呈东老西新的倒转层序产出(裴家庄组碎屑岩中大量的原生沉积构造如交错层、粒序层等指示地层倒转),为一缺失顶底的推覆构造片体。

岚河群主要出露于预测区西北部乱石村—宝塔山一带,总体呈轴迹为 NE 向的向斜产出,在乱石村一带地层总体较陡,倒转产出。为一套经历了中浅变质及较强变形的陆源碎屑岩-碳酸盐岩建造。南东侧不整合于吕梁群之上。

岚河群经历了两次较大的海进—海退,沉积环境从滨岸—碳酸盐岩台地—滨岸。两角村组大理岩在乱石村一带沉积最厚,向北东及南西尖灭;在西马坊一带大理岩底部出现锰矿,反映当时以乱石村—西马坊一线为沉积中心,逐渐向两侧扩大。岚河群区域变质作用为低绿片岩相—高绿片岩相变质。

变质侵入岩包括新太古代变质超基性岩、盘道底英云闪长质片麻岩、恶虎滩花岗闪长质片麻岩、新堡花岗闪长质片麻岩、交楼申二长片麻岩、杜交曲眼球状二长片麻岩、盖家庄花岗片麻岩、北岔变质长石斑岩、磨地变质花岗斑岩、神堂沟变质石英斑岩、斜长角闪岩。

古元古代侵入岩包括市庄序列灰白色中粗粒黑云母花岗岩、灰白色中粒黑云母花岗岩、灰白色中细粒黑云母花岗岩,惠家沟序列肉红色中粗粒黑云母花岗岩、肉红色中粒黑云母花岗岩、肉红色中细粒黑云母花岗岩,王市庄序列王市庄似斑状黑云母花岗岩和变质辉绿岩脉、肉红色变质伟晶岩脉。

2. 重力特征

从区域布格重力异常图来看,本区重力有 3 处正值分布区。

(1)北西部呈 NEE 走向,带状分布,推测与地幔上隆及地幔物质上侵有关,在剩余重力异常图上更为突出显示出来,从区域地质图上可见沿该带分布着一系列超基性岩体(脉),它们应为地幔物质的使者,由此可以认为该带是找与超基性岩有关的资源(Ni、Co、Cu、Au、Pt、Cr)的重要的一条成矿带。

(2)上述成矿带的东侧即一负值带,从原重力平面图上看它与正值带紧密相邻,且在地质图上分布着一系列断层构造和韧性剪切带,可见该剪切地壳经构造后破碎、松散,形成密度低带,而且该带的运动活动历史久远,颇具继承性,至少是从元古宙至今一直有各期构造叠加,因此在剩余重力异常图上,该带也更加突出地被显示出来,它与北川河流域基本一致,故可代表该松散层的分布。

(3)H-晋-28 是剩余重力异常图上的一个重力异常,它应为裴家村—狐姑山—寺头一带的磁铁矿带的反映,它尾部指示了该矿带的延伸方向,该高值部分的南部变为近 EW 走向,并向呈近 EW 向的弧状向 EW 延伸,且越向东埋深越大,这与 1∶25 万图上的显示基本一致(1∶5 万图上更为明显)。

(4)H-晋-29 低值异常区分布着古生界沉积岩且系第四系沉积物大面积分布区及风水库所在地,该低值应为第四系松散沉积物所致,也表明了该处的松散沉积物具有相当的厚度,似乎新构造运动表现得强烈了一些。

(5)H-晋-36 为新太古代片麻岩、界河口群分布区,并分布有部分老岩体(老的底辟花岗岩、混合花岗岩),局部有少量年轻的岩体侵入。

异常高值区在一定程度上反映了与成矿作用相关的新太古代地层、变质侵入岩及吕梁群含铁岩系,对了解区内宏观地质体分布有所帮助,对矿产资源量预测不具实际意义。

3. 磁测特征

异常等值线图对工作区内与成矿相关新太古代地层、变质侵入岩等地质体和构造均无反映,仅显示了形成矽卡岩型铁矿的燕山期偏碱性岩体的分布。所以航磁资料没有作为预测要素使用。

4. 化探特征

化探异常可以表现出以下特点。

(1)Ag、Pb、Zn、Cu 在预测区南端部范围内发生 4 种元素的重合,该异常区包括了 A1405601001、B1405601002 两个最小预测区。Pb 异常值 $>42\times10^{-6}$,区内出露新太古代变质侵入岩、界河口群地层。

(2)Zn、Ag、Cu 异常在预测区中部基本重合,异常分布于新太古代片麻岩和变质石英斑岩中。

(3)Au、Cu 在预测区北部大致重合,位于吕梁群地层中,主要岩性为黑云角闪斜长片麻岩、绿泥石片岩、斜长角闪岩及变质粉砂岩、磁铁石英岩。

(4)Au、Ag 异常分布较零星、分散,规模小。Pb、Zn 异常基本一致,可以看出整个预测区由南向北有 Pb-Zn→Zn-Ag-Cu→Cu-Au 的变化特征。

从上述特征可以看出区内化探资料能较好地反映多金属矿化体特征,在预测评价过程中可作为必要要素使用。

5. 遥感特征

(1)遥感数据来源及处理。

预测工作区的影像图制作基本是在处理 1∶25 万蔚县幅和离石市幅的遥感数据基础上进行的。遥感影像图制作包括图像预处理(精校正和配准)、假彩色合成、数据融合等方法,最终制成三波段合成的(TM741)1∶5 万遥感影像图共两幅,按全国矿产资源潜力评价项目办要求提交 tif、Geotif、msi 三种格式。

(2)遥感地质特征。

吕梁山区自中太古代以来发生了多期构造运动,其中尤以阜平期、五台期、吕梁期的变形变质作用最强,与矿化关系最密切。韧性剪切带是太古代的主要构造形态,区内划分出两处韧性剪切带。其中西榆皮剪切带,在矿区沿 NEE 方向毗邻矿带分布,与成矿作用有成因上的关系。

多金属矿化多为中低温热液交代充填作用形成。其矿化作用往往受断裂构造控制,区内与古元古代酸性侵入岩相伴生的断裂构造带是铅、锌多金属矿化的主要容矿构造。如马家梁、西沟、西榆皮铅矿点具有类似的控矿构造特征。

(3)遥感异常提取。

提取 NE 向线性构造、环形构造。

(4)推断解释。

NE 向线性构造与成矿相关断层吻合性较好,环形影像在大范围内与矿点较多区、构造线交会处有关。

(5) 资料应用情况。

遥感解译中的线性构造和环形影像对区内的构造特征有较明确的指示意义，在预测工作中作为重要要素使用。

6. 重砂特征

(1) 重砂矿物黄铁矿在东部呈南北向分布。异常编号：黄铁矿 3 号、4 号、5 号、6 号。分布区域内出露大量寒武系、奥陶系地层及燕山期偏碱性岩体，是弧姑山矽卡岩型铁矿分布区。近 NS 向断裂带位于其西侧。异常主要反映了与矽卡岩相关的重砂矿物特征。

(2) 铜、铅重砂矿物分布于预测区中部，异常编号：方铅矿 1 号、2 号、4 号、5 号、6 号。呈 EW 方向分布，其中铅Ⅱ级异常 3 个，Ⅲ级异常 2 个，异常多数位于古元古代各类花岗岩中，分析认为该异常来源于铅矿地质体，根据异常分布及地形特征分析，可能反映了成矿带与重砂异常带距离不远，应是近 EW 向的成矿构造带。

(3) 异常特征常为长条状、弯状，与地形特征有一定关联性。重砂异常特征及分布区域对区内各种地质建造、含矿性分析有一定帮助，中部的近 EW 向分布可能反映了一些基底构造方向和成矿地质体的存在。对了解和分析区内成矿构造有意义，在预测工作中作为次要要素使用。

铅矿关帝山预测工作区区域预测要素见表 3-7-2。

表 3-7-2　铅矿关帝山预测工作区区域预测要素表

预测要素			要素描述	要素分类
成矿时代			古元古代	必要
大地构造位置			华北陆块中部关帝山古元古代后造山岩浆带	必要
区域成矿地质环境	变质建造/作用	岩石地层单位	界河口群园子坪组、阳坪上组	必要
		地层时代	新太古代	重要
		主要岩性	斜长角闪岩、黑云变粒岩、大理岩、二云片岩、石英岩	必要
		建造类型	斜长角闪岩-黑云变粒岩变质建造，大理岩-片岩变质建造	重要
		变质相	铁铝角闪岩相	重要
	变质侵入建造/作用	原岩类型	奥长花岗岩-英云闪长岩-花岗岩系列	次要
		主要岩性	黑云角闪斜长片麻岩、角闪黑云斜长片麻岩、花岗片麻岩	必要
		建造类型	英云闪长质片麻岩建造、花岗闪长质片麻岩建造、二长片麻岩建造	重要
		侵入时代	中太古代	次要
		变质作用时代	新太古代—古元古代	必要
	变质伟晶岩建造	岩石名称	花岗伟晶岩	必要
		岩石系列	钙碱性系列	重要
		形成时代	古元古代	必要
		接触带特征	与围岩形成正扭性断裂接触带，形成交代充填型矿化	必要
	区域控矿构造		片麻岩穹状构造，上部脆韧性剪切构造带；花岗伟晶岩侵入片麻岩中，在两侧接触带形成张扭性容矿断裂构造	必要

续表 3-7-2

预测要素		要素描述	要素分类
成矿区域地质特征	区域成矿类型	花岗岩(伟晶岩)株、墙,与上覆片麻岩、黑云角闪斜长片麻岩及片麻岩脆韧性剪切带中形成蚀变型多金属矿床。界河口群大理岩、黑云片岩接触带形成热液交代充填矿床	必要
	成矿围岩蚀变	硅化、黄铁矿化、矽卡岩化(透辉石、石榴子石化)、碳酸盐化、绿泥石化	重要
	成矿特征	常为多金属矿化特征,成矿元素有 Pb、Zn、Cu、Ag、Au	重要
化探特征	Pb 异常	异常下限 23×10^{-6},浓度分带明显,对出露矿体反映好,对矿床富集有指示意义	重要
	Zn 异常	异常下限 60×10^{-6},浓度分带较明显,与 Pb 异常吻合较好	重要
	Ag 异常	异常下限 83×10^{-9},和成矿元素 Pb、Zn 相关性较好	次要
	Cu 异常	异常下限 24×10^{-6},和成矿元素 Pb、Zn 相关性好	重要
重砂特征	黄铜矿	异常在局部分布,无规律性,对铅矿富集无指示意义	次要
	铅矿物	异常分布较集中,但与化探异常套合不明显,与中生代花岗岩分布有关	次要
	黄铁矿	异常分布较集中,与燕山期中酸性岩形成的矽卡岩型铁矿有关,对铅矿富集无指示意义	次要
遥感特征	线性构造/环形影像	在较大范围内与已知矿床套合较好	重要

3.7.3 最小预测区圈定

1. 预测单元划分及预测地质变量选择

最小预测区圈定方法采用综合信息地质单元法,本次利用成矿必要条件的地质体综合信息单元叠加,即在建模中通过必要要素叠加圈定最小预测区。其圈定原理如下。

①叠加的要素必须是面文件。

②要素叠加要考虑必要条件和部分重要条件。

③预测要素要在区域上信息对称,考虑覆盖区与非覆盖区的要素选择,应用相交、合并、相减和它们的组合关系,确定要素叠加方案。

④预测区圈定以区域成矿地质构造为基础,结合新太古代片麻岩变质建造、古元古代酸性侵入体、化探异常、NEE 向和 NE 向断层带、矿产地等存在标志综合圈定,圈定预测区边界时,应全面考虑预测要素,充分发挥专家的作用。

⑤预测区大小原则,依据预测区地质工作程度,不大于 $30km^2$,不小于 $1km^2$。

首先根据上述预测要素应用和预测区西榆皮铅矿床预测模型,综合考虑区内综合信息与热液型铅矿的空间对应关系,覆盖区与非覆盖区的信息对称问题,确定综合信息地质单元法定位预测变量,通过综合信息预测成矿有利区,圈定预测区边界。

根据预测区西榆皮铅矿成矿的必要要素:新太古代片麻岩建造、界河口群地层、古元古代酸性侵入岩、NE 向断裂构造、矿点分布、铅锌铜化探异常等。将其转换为变量(图层),建立因素叠加法预测区圈定模型,在 MapGIS 6.7 平台操作圈定最小预测区。

操作细则如下。

①在 MRAS2.0 平台建立预测工程及变量提取。

②在 MapGIS 6.7 平台建立最小预测区模型。

③要素叠加形成最小预测区。

④根据新太古代片麻岩建造、界河口群地层、古元古代酸性侵入岩、NEE 向和 NE 向断裂构造、矿点分布、铅锌铜化探异常,参照专家意见建议修正最小预测区。

⑤圈定最终的最小预测区。

在关帝山铅矿预测工作区最终划分出 5 个最小预测区,它们是:西榆皮、东梁山、西沟-小娄则沟、青杨沟、寨沟。

2. 预测要素变量的构置与选择

在预测模型的指导下,从预测底图及相关专业图件上逐一提取与成矿关系密切的要素图层。首先进行模型区选择,选择区内代表性的热液型矿床(含典型矿床)为模型单元,确定各图层与矿产的关系及其变量赋值意义,对各预测要素图层形成的数字化变量进行变量取值,将模型单元与预测区关联,转入下一步预测区优选与定量预测。

进行要素检索提取,缓冲区分析其与矿产的对应关系。进行热液型铅矿变量提取与赋值(数理模型)(表 3-7-3)。

①定性变量:当变量存在对成矿有利时,赋值为 1;不存在时赋值为 0。

②定量变量:赋实际值,例如查明储量、平均品位、矿化强度等。

③对每一变量求出成矿有利度,根据有利度对其进行赋值。

表 3-7-3 热液型铅矿关帝山预测工作区预测变量提取组合与变量赋值(数理模型)

序号	变量专题图层(库)	变量赋值	预测类型
1	新太古代片麻岩建造	存在标志	定位及优选
2	界河口群地层	存在标志	定位及优选
3	古元古代酸性侵入岩	存在标志	定位及优选
4	韧性变形带	存在标志	定位及优选
5	矿产地图层	存在标志	定位及优选
		矿化强度	资源量预测
		矿点密度	资源量预测
6	铜铅锌化探异常	存在标志	定位及优选

匹配系数法变量筛选后,花岗伟晶岩、重力磁法异常、重砂异常被剔除。片麻岩建造、界河口群地层、矿点分布、铅锌铜化探异常等矿产地对预测区优选起的作用大,变量的相关程度高。

3. 最小预测区圈定及优选

应用特征分析和证据加权法,分别建立潜力评价定量模型的参数,计算各预测要素变量的重要性,确定最优方案和结果。本次预测采用特征分析法。

特征分析方法是传统类比法的一种定量化方法,通过研究模型单元的控矿变量特征,查明变量之间的内在联系,确定各个地质变量的成矿和找矿意义,建立起某种类型矿产资源体的成矿有利度类比模型。然后将模型应用到预测区,将预测单元与模型单元的各种特征进行类比,用它们的相似程度表示预测单元的成矿有利性。并据此圈定出有利成矿的预测区。

特征分析预测工程,对铅矿要素及属性提取,形成原始数据矩阵;设置矿化等级。

模型单元选择,将这些单元按储量大小排序并编号,形成一个有序序列。

二值化,用匹配系数法进行变量筛选,平方和法计算标志权和成矿有利度。根据成矿有利度的拐点来确定预测区级别 A、B、C 的划分界限。

优选结果:按照预测区级别划分原则,A 级为片麻岩建造+界河口群地层+Pb、Zn、Ag、Cu 异常+断层带+古元古代花岗质岩+矿点。B 级为片麻岩建造+界河口群地层+化探异常+断层带+矿点。C 级为片麻岩+界河口群地层+断层带+化探异常。

红色为有利区 A 区,绿色为 B 区,蓝色为 C 区,关帝山预测区共圈定 5 个最小预测区(A 级 1 个,B 级 3 个,C 级 1 个)。

3.7.4 资源定量预测

1. 模型区深部及外围资源潜力预测分析

西榆皮热液型铅矿采用全国矿产资源潜力评价项目办颁发的《预测资源量标准技术要求》(2010 年补充)进行的,没有采用项目办颁发的《脉状矿床预测资源量估算方法意见》。说明如下。

(1)专题组研究认为西榆皮热液型铅矿属于断裂构造带控制的热液型铅矿床,但该成矿构造带产于太古宙深变质岩层中,受成矿后变形变质作用影响,已和变质地层产状一致,形态上类似于受含矿变质建造控制的矿床特征。

(2)矿体形态为透镜状、条带状、大脉状、似层状,不是严格意义上脉群类矿床。

(3)经过统计典型矿床 17 个剖面的含矿构造带宽度,求出平均值,再计算典型矿床体积含矿率,两个方法结果相近。

(4)最小预测区的控矿构造的规模、产状无法确定。

1)典型矿床已查明资源量及其估算参数

(1)资源量、品位、体重:查明资源量及其品位、体重均来自 1968 年山西省重工业厅地质勘探公司二队提交的《山西省西榆皮铅矿中段及西段补充地质报告》,该报告提交的资源量包括了 1966 年同一地质队提交的储量即全区的总储量,报告当时山西省重工业厅,北京有色金属冶金设计院审核备案、确定查明资源量:铅 27 905.05t,伴生锌 3 090.28t,铜 741.44t,铅平均品位 2.65%,伴生锌平均品位 0.29%,铜平均品位 0.07%,矿石体重 3.1t/m³。

(2)面积的圈定:采用矿区 4~32 线储量计算勘探线剖面图,分别将工程控制的矿体边界点垂直投影至地质平面图上,然后依次连接平面图勘探线上各投影点形成矿体水平投影图。使用 MapGIS 软件面积测量功能,在计算机上直接量取矿体投影面积,经过图面比例尺换算,求得矿床面积为 178 784m²。

(3)延深:采用勘查报告中每个矿体垂直纵投影图,选用最大投影深度 150m 作为矿床延深的计算参数。

(4)体含矿率:采用计算公式,体含矿率=查明资源储量(金属量)/(面积×延深)

典型矿床西榆皮铅矿查明资源量及其估算参数见表 3-7-4。

表 3-7-4　山西省热液型铅矿关帝山预测工作区典型矿床查明资源储量表

编号	名称	查明资源储量		面积 (m²)	延深 (m)	品位 (%)	体重 (t/m³)	体含矿率(t/m³)
		矿石量(千t)	金属量(t)					
1405601000	西榆皮铅矿							
	Pb	1 053.02	27 905.05	178 784	150	2.65	3.1	0.001 041
	Zn(伴)	1 053.02	3 090.28	178 784	150	0.29	3.1	0.000 115
	Cu(伴)	1 053.02	741.44	178 784	150	0.07	3.1	0.000 028

2)典型矿床深部及外围预测资源量及其估算参数

经过对典型矿床的深入研究,确定对其深部资源量进行资源量预测,考虑到1982年冶勘六队在矿区外围地段进行了槽探、钻探及化探、电法等一系列找矿工作,其中布置钻孔3个,最深钻孔达500m,未见矿,铅化探异常零星分布,标注值最高60×10^{-6},不能显示矿带的存在,所以此次暂不对外围进行资源量预测。

(1)延深:从矿区勘查资料分析,矿体有向下延深的可能,考虑到矿体沿倾向并非层状连续的矿体,而多为透镜状、断续分布的特征,虽然在深部找矿钻孔未见矿,但钻孔资料显示仍有矿化蚀变带的存在,矿带向下延深是有可能的,推断在其深部尚有找矿潜力,并参考原矿区地质人员及省内专家意见,确定矿床延深250m,已控制150m,预测延深100m。深部预测资源量估算示意图见图3-7-2。

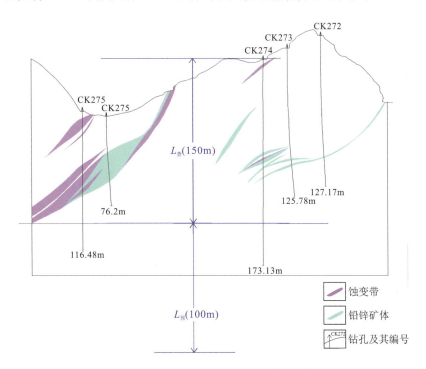

图3-7-2 山西省西榆皮铅矿区深部预测资源量估算示意图

(2)面积:典型矿床深部预测面积采用了查明资源量部分矿床面积,即178 784 m^2。

(3)体积含矿率:体积含矿率为单位体积资源量。即体积含矿率=查明资源储量/已查明矿体总体积。

(4)预测资源量:深部预测资源量=预测矿床面积×预测资源量部分延深×体积含矿率。西榆皮铅矿典型矿床深部预测资源量详见表3-7-5。

表3-7-5 山西省热液型铅矿关帝山预测工作区典型矿床深部预测资源量表

编号	名称		预测资源量(t)	面积(m^2)	延深(m)	体积含矿率(t/m^3)
1405601000	西榆皮深部	Pb	18 602.48	178 784	100	0.001 040 5
		Zn(伴)	2 059.59	178 784	100	0.000 115 2
		Cu(伴)	493.44	178 784	100	0.000 027 6

(5)典型矿床总资源量:典型矿床总资源量包括查明资源储量和预测资源储量。山西省热液型铅矿关帝山预测工作区典型矿床总资源量见表3-7-6。

表3-7-6 山西省热液型铅矿关帝山预测工作区典型矿床总资源量表

编号	名称	查明资源储量(t)	预测资源量(t)	总资源量(t)	总面积(m^2)	总延深(m)	含矿系数(t/m^3)
1405601000	西榆皮 Pb	27 905.05	18 602.48	46 507.53	178 784	250	0.001 040 5
	西榆皮 Zn(伴)	3 090.28	2 059.59	5 149.87	178 784	250	0.000 115 2
	西榆皮 Cu(伴)	741.44	493.44	1 234.88	178 784	250	0.000 027 6

表格中查明资源储量是1968年勘查报告中提交的资源量(C+D),预测资源量为深部预测资源量。总面积为典型矿床面积。总延深为查明资源量部分延深加深部预测延深。

3)模型区预测资源总量及其估算参数

(1)模型区面积:模型区即典型矿床所在位置的最小预测区,其面积在MRAS软件所圈定范围的基础上进行了人工修正确定,西榆皮铅矿模型区面积为10 831 914m^2。

(2)延深:模型区延深即典型矿床的总延深,确定为250m。

(3)含矿地质体面积:西榆皮铅矿的含矿地质体包括花岗伟晶岩和黑云母角闪斜长片麻岩的接触带,接触带附近的断裂及热液交代蚀变带。在查明矿床部分将含矿地质体垂直投影到平面图上圈定,外围部分经过提取蚀变带、矿化构造信息,结合化探异常分布综合分析圈定。

(4)含矿地质体面积参数:含矿地质体面积参数=含矿地质体面积/模型区面积。

(5)模型区预测资源量为典型矿床资源量,包括已查明的资源量和预测的(深部)铅资源量,总和为46 507.53t。模型区预测资源量及其估算参数列于表3-7-7。

表3-7-7 山西省热液型铅矿关帝山预测工作区模型区预测资源量及其估算参数表

编号	名称	模型区预测资源量(t)	模型区面积(m^2)	延深(m)	含矿地质体面积(m^2)	含矿地质体面积参数
A1405601001	西榆皮 Pb	46 507.53	10 831 914	250	291 219	0.026 885 276
	西榆皮 Zn(伴)	5 149.87	10 831 914	250	291 219	0.026 885 276
	西榆皮 Cu(伴)	1 234.88	10 831 914	250	291 219	0.026 885 276

(6)模型区含矿系数确定:模型区含矿系数=模型区预测资源总量/(模型区总体积×含矿地质体面积参数)。计算结果见表3-7-8。

表3-7-8 山西省热液型铅矿关帝山预测工作区模型区含矿系数表

模型区编号	模型区名称	含矿系数(t/m^3)	资源总量(t)	总体积(m^3)
A1405601001	西榆皮模型区(Pb)	0.000 638 798	46 507.53	72 804 750
	西榆皮模型区(Zn)	0.000 070 735	5 149.87	72 804 750
	西榆皮模型区(Cu)	0.000 016 962	1 234.88	72 804 750

2. 最小预测区参数确定

热液型铅矿关帝山预测工作区

1)面积圈定方法及圈定结果

以 MRAS 软件平台建立起预测工程,进行变量提取,建立最小预测区模型。根据要素叠加的原理,经程序运算给出最小预测区。在此基础上,经地质人员综合分析成矿作用、成矿热液的影响范围,最终确定最小预测区。

各个最小预测区面积圈定方法依据见表 3-7-9。

表 3-7-9 关帝山铅矿预测工作区最小预测区面积圈定大小及方法依据

最小预测区编号	最小预测区名称	面积(m²)	参数确定依据
24-1-1	西榆皮区	10 831 914	新太古代片麻岩建造,界河口群大理岩-片岩变质建造及二者之间 NEE 向滑脱断层,变质花岗伟晶岩,接触带张扭性断层,Pb、Zn、Cu 化探异常叠合
24-1-2	东梁山区	9 944 068	片麻岩与大理岩-片岩接触部位滑脱断层,参考 1∶5000 化探异常叠合
24-1-3	西沟-小娄则区	25 020 090	片麻岩变质建造,EW 向层间断裂构造,铜铅多金属矿点,Pb、Zn 化探异常叠合,遥感 EW 向线性构造
24-1-4	寨沟区	10 028 938	片麻岩建造与界河口群地层间滑脱断层,Zn 化探异常区
24-1-5	青阳沟区	4 606 752	片麻岩建造,滑脱断裂构造,Zn 化探异常区,铅锌矿化点

2)延深参数的确定及结果

在关帝山铅矿预测工作区,仅有模型区的西榆皮铅矿做过地质勘探工作,有深部钻孔控制,其他最小预测区除西沟-小娄则有少量槽探揭露外,均没有做过地质勘查工作。模型区的矿床延深是根据典型矿床控制的矿床延深和对矿区勘查资料分析及理论推断产生的。

查明资源量矿体延深 150m,由于深部钻孔显示矿化蚀变带和控矿构造带仍然存在,综合分析,拟增加 100m 延深,确定矿床总延深 250m。其他最小预测区参照模型区延深进行资源量估算。

3)品位和体重的确定

模型区矿石的品位、体重均采用《山西省西榆皮铅矿中段及西段补充地质报告》中确定的数据。

4)相似系数的确定

相似系数的确定原则是,比较模型和预测区全部预测要素的总体相似程度。在关帝山预测区的具体做法是,选取模型区与成矿密切相关的预测要素,包括反映成矿地质体的片麻岩建造、上覆界河口群片岩-碳酸盐岩建造、交代蚀变带、古元古代花岗伟晶岩及矿化点。反映成矿地质构造的遥感解释的环形影像及 NEE 向线性构造、滑脱断层带、片麻岩体中脆韧性剪切带。物化探要素有铅、锌、铜异常及复合异常等。经过 MRAS 软件中矿床综合预测模型方法,计算出各最小预测区的得分,在此基础上,经地质人员对各预测要素综合分析评估修正确定各区相似系数,详见表 3-7-10。

表 3-7-10 热液型铅矿关帝山预测工作区最小预测区相似系数表

最小预测区编号	最小预测区名称	相似系数	最小预测区编号	最小预测区名称	相似系数
24-1-1	西榆皮区	1.0	24-1-4	寨沟区	0.2
24-1-2	东梁山区	0.4	24-1-5	青阳沟区	0.3
24-1-3	西沟-小楼则区	0.4			

3. 最小预测区预测资源量估算结果

1)模型区含矿系数确定

模型区含矿系数=模型区预测资源总量/(模型区总体积×含矿地质体面积参数)。计算结果见表3-7-11~表3-7-13。

表3-7-11 山西省热液型铅矿关帝山预测工作区模型区含矿系数表

模型区编号	模型区名称	含矿系数(t/m³)	资源总量(t)	总体积(m³)
A1405601001	西榆皮模型区(Pb)	0.000 638 798	46 507.53	72 804 750
	西榆皮模型区(Zn)	0.000 070 735	5 149.87	72 804 750
	西榆皮模型区(Cu)	0.000 016 962	1 234.88	72 804 750

表3-7-12 支家地式火山岩型银铅锌矿太白维山预测工作区模型区预测资源量及其估算参数(伴生)

编号	名称	模型区总资源量(t)	模型区面积(m²)	延深(m)	含矿地质体面积(m²)	含矿地质体面积参数
A1412401001	支家地Pb	412 133.76	2 471 916	900	238 180	0.096 354
	支家地Zn	531 773.97	2 471 916	900	238 180	0.096 354

铅资源量含矿系数=412 133.76/(238 180×900×0.096 354)=0.001 922 6(t/m³)
锌资源量含矿系数=531 773.97/(238 180×900×0.096 354)=0.002 480 7(t/m³)

表3-7-13 刁泉式矽卡岩型铜矿灵丘刁泉工作区模型区预测资源量及其估算参数(伴生)

编号	名称	模型区总资源(矿石)量(千t)	模型区面积(m²)	延深(m)	含矿地质体面积(m²)	含矿地质体面积参数
1404202001-1	刁泉	14 919.90	1 887 800	400	508 380	0.269 3

资源量含矿系数=1 491.99/(1 887 800×400×0.269 3)=0.073 4(t/m³)

2)最小预测区预测资源量

关帝山铅矿预测工作区确定5个最小预测区,共估算资源量铅11.67万t,伴生锌1.29万t,伴生铜0.31万t。

本次铅(锌)矿种资源量均按体积法预测,预测资源量为金属量。其计算公式为:

$$Z_{总}=S_{预}\times H_{预}\times K_s\times K\times \alpha$$
$$Z_{预}=Z_{总}-Z_{查}$$

各最小预测区估算结果见表3-7-14~表3-7-16。

表 3-7-14 山西省热液型铅矿关帝山预测工作区最小预测区估算成果表

最小预测区编号	最小预测区名称	$S_{预}$(m²)	$H_{预}$(m)	K_s	K	α	$Z_{总}$(t)	$Z_{查}$(t)	$Z_{预}$(t)
A1405601001	西榆皮区(Pb)	10 831 914	250	0.026 885 276	0.000 638 798	1	46 507.53	27 905.05	18 602.48
	西榆皮区(Zn 伴)	10 831 914	250	0.026 885 276	0.000 070 735	1	5 149.84	3 090.28	2 059.56
	西榆皮区(Cu 伴)	10 831 914	250	0.026 885 276	0.000 016 962	1	1 234.91	741.44	493.47
B1405601002	东梁山区(Pb)	9 944 068	250	0.026 885 276	0.000 638 798	0.4	17 078.20		17 078.20
	东梁山区(Zn 伴)	9 944 068	250	0.026 885 276	0.000 070 735	0.4	1 891.09		1 891.09
	东梁山区(Cu 伴)	9 944 068	250	0.026 885 276	0.000 016 962	0.4	453.48		453.48
B1405601003	西沟-小楼则区(Pb)	22 480 031	250	0.026 885 276	0.000 638 798	0.4	38 607.79		38 607.79
	西沟-小楼则区(Zn 伴)	22 480 031	250	0.026 885 276	0.000 070 735	0.4	4 275.09		4 275.09
	西沟-小楼则区(Cu 伴)	22 480 031	250	0.026 885 276	0.000 016 962	0.4	1 025.15		1 025.15
C1405601004	寨沟区(Pb)	10 028 938	250	0.026 885 276	0.000 638 798	0.2	8 611.98		8 611.98
	寨沟区(Zn 伴)	10 028 938	250	0.026 885 276	0.000 070 735	0.2	953.62		953.62
	寨沟区(Cu 伴)	10 028 938	250	0.026 885 276	0.000 016 962	0.2	228.67		228.67
B1405601005	青阳沟区(Pb)	4 606 752	250	0.026 885 276	0.000 638 798	0.3	5 933.82		5 933.82
	青阳沟区(Zn 伴)	4 606 752	250	0.026 885 276	0.000 070 735	0.3	657.06		657.06
	青阳沟区(Cu 伴)	4 606 752	250	0.026 885 276	0.000 016 962	0.3	157.56		157.56
合计	Pb							116 739.32	88 834.27
	Zn							12 926.70	9 836.42
	Cu							3 099.77	2 358.33

表 3-7-15 支家地式火山岩型银铅锌矿最小预测区估算成果表(伴生)

最小预测区编号	最小预测区名称	$S_{预}$(m²)	$H_{预}$(m)	K_s	K	α	$Z_{总}$(t)	$Z_{查}$(t)	$Z_{预}$(t)
A1412401001	支家地(Pb)	2 471 916	900	0.096 354	0.001 922 6	1	412 130.64	30 126.63	382 004.01
	支家地(Zn)	2 471 916	900	0.096 354	0.002 480 7	1	531 765.57	29 688.81	502 076.76

续表 3-7-15

最小预测区编号	最小预测区名称	$S_{预}$ (m²)	$H_{预}$ (m)	K_s	K	α	$Z_{总}$ (t)	$Z_{查}$ (t)	$Z_{预}$ (t)
B1412401002	十八盘(Pb)	2 280 554	900	0.096 354	0.001 922 6	0.5	190 112.89		190 112.89
	十八盘(Zn)	2 280 554	900	0.096 354	0.002 480 7	0.5	245 299.62		245 299.62
B1412401003	上庄(Pb)	2 869 649	900	0.096 354	0.001 922 6	0.4	191 377.10		191 377.10
	上庄(Zn)	2 869 649	900	0.096 354	0.002 480 7	0.4	246 930.81		246 930.81
C1412401004	下车河(Pb)	5 058 322	900	0.096 354	0.001 922 6	0.2	168 669.93		168 669.93
	下车河(Zn)	5 058 322	900	0.096 354	0.002 480 7	0.2	217 632.11		217 632.11
B1412401005	刘庄(Pb)	3 162 003	900	0.096 354	0.001 922 6	0.3	158 155.66		158 155.66
	刘庄(Zn)	3 162 003	900	0.096 354	0.002 480 7	0.3	204 065.71		204 065.71
合计	Pb						1 120 446.22		1 090 319.59
	Zn						1 445 693.82		1 416 005.01

表 3-7-16　刁泉式矽卡岩型铜矿灵丘刁泉预测工作区最小预测区估算成果表(伴生)

最小预测区编号	最小预测区名称	$S_{预}$ (m²)	$H_{预}$ (m)	K_s	K(t/m³)	相似系数(α)	$Z_{预}$ 矿石量 (千t)
A1404202002	小彦	5 906 625	500	0.269 3	0.073 4	0.6	35 026.20
B1404202004	白北堡	5 019 828	400	0.269 3	0.073 4	0.2	7 938.00

在刁泉铜矿预测工作区,由于成矿地质条件的差异和成矿元素地球化学分带性的影响,各最小预测区形成的矿种有所差异,与模型区相比,小彦、白北堡最小预测区增加了共、伴生铅锌矿体,因此首先按模型计算预测区的矿石量,在此仅统计有共、伴生铅锌矿石的资源量。其中,小彦预测区 35 026.20 千 t,白北堡预测区 7 938.00 千 t,详见表 3-7-16。

增加的铅锌金属量按相应预测区中主矿种预测总资源量与查明资源量比例进行计算。小彦预测区铜预测总资源量为 336 251.52t,查明资源储量为 87 300.00t,比值为 3.85;白北堡预测区银预测资源总量为 1 072.42t,查明资源储量为 462.64t,比值为 2.32。经过计算,小彦、白北堡预测区预测铅锌金属量结果详见表 3-7-17。

表 3-7-17　刁泉式矽卡岩型铜矿灵丘刁泉预测工作区最小预测区估算金属量成果表(伴生)

最小预测区编号	最小预测区名称	$Z_{总}$ 金属量(t)		$Z_{查}$ 金属量(t)		$Z_{预}$ 金属量(t)	
		Pb	Zn	Pb	Zn	Pb	Zn
A1404202002	小彦	58 520.00	81 858.35	15 200.00	21 261.91	43 320.00	60 596.44
B1404202004	白北堡	561 440.00	25 984.00	242 000.00	11 200.00	319 440.00	14 784.00
合计		619 960.00	107 842.35	257 200.00	32 461.91	362 760.00	75 380.44

3.8 硫铁矿资源潜力评价

3.8.1 硫铁矿预测模型

1. 硫铁矿典型矿床预测要素、预测模型

1)五台县金岗库硫铁矿

五台金岗库硫铁矿典型矿床探明资源量 3598 千 t(平均品位 19.07%),根据典型矿床的研究,含矿地质体为新太古界石咀亚岩群金岗库岩组地层,岩性复杂,主要为角闪岩、角闪石片麻岩、黑云母片岩、磁铁石英岩等。成矿环境为太古代,有基性岩浆活动,后经区域变质,在还原的环境下生成硫铁矿。

典型矿床预测要素图是在典型矿床成矿要素图的基础上,叠加磁测、化探、遥感、自然重砂等综合信息编制而成的。由于该矿床未做大比例的物探、化探、遥感、重砂等工作,只能参考区域内小比例尺相关资料成果,通过工作证实,物探对该区硫铁矿的预测无直接反映。

分析提取预测要素,并根据预测要素的重要性分出必要的、重要的和次要的预测要素。详见表 3-8-1。

表 3-8-1 五台县金岗库硫铁矿典型矿床预测要素表

预测要素		描述内容		预测要素分类
储量		3598 千 t	平均品位 19.07%	
特征描述		云盘式沉积变质型硫铁矿		
地质环境	地层	新太古界五台岩群石咀亚岩群金岗库岩组		必要
	岩石组合	云母片麻岩、粗粒角闪岩、磁铁石英岩、滑石片岩等		必要
	岩石结构	片麻结构、中粗粒结构		次要
	成矿时代	硫铁矿形成于太古宙并经后期区域变质作用		必要
	成矿环境	太古宙有基性岩浆活动,后期的热液带来 Fe、S 等物质,在还原的环境下生成硫铁矿		必要
	构造背景	五台山新太古代岛弧(岛弧带)		必要
矿床特征	岩性组合	云母片麻岩、粗粒角闪岩、磁铁石英岩为主,次为角闪片岩、花岗片麻岩、滑石片岩		重要
	矿物组合	黄铁矿 10%~20%,还有磁黄铁矿、磁铁矿、石英等		重要
	结构	半自形—它形粒状变晶结构、花岗变晶结构		次要
	构造	块状构造、条带状构造		次要
	蚀变	绿泥石化、硅化、黑云母化、绢云母化、高岭土化		重要
	控矿条件	围岩为一系列太古宙基性岩浆活动的产物,如角闪岩、磁铁石英岩、角闪片岩等,且蚀变现象明显。成矿前的一系列断层为成矿热液提供了通道		重要
预测要素		物探、遥感小比例尺资料无显示,典型矿床附近重砂显示Ⅰ类异常		

2)平定县锁簧硫铁矿

平定县锁簧硫铁矿典型矿床探明资源量 12 200.6 千 t(平均品位 20.27%),含矿地质体为石炭系上统月门沟群太原组湖田段地层。

典型矿床预测要素图是在典型矿床成矿要素图的基础上,叠加磁测、化探、遥感、自然重砂等综合信息编制而成。物探对该区硫铁矿的预测无直接反映,化探无资料。

分析提取预测要素,并根据预测要素的重要性分出必要的、重要的和次要的预测要素。详见表3-8-2。

表3-8-2 平定县锁簧硫铁矿典型矿床预测要素表

预测要素		描述内容	预测要素分类
特征描述		阳泉式沉积型硫铁矿床	
地质环境	地层	石炭系上统月门沟群太原组湖田段	必要
	岩石组合	灰岩、铝土质页岩、硫铁矿	必要
	岩石结构	粒状结构、砂状结构、泥状结构等	次要
	成矿时代	晚石炭世初期	必要
	成矿环境	晚石炭纪初期,受奥陶纪侵蚀面凹凸不平的控制,浅海相胶体、化学沉积及滨海相盆地沉积形成	必要
	构造背景	汾河-沁水陆表海盆地	必要
矿床特征	矿石矿物组合	硫铁矿大小结晶颗粒构成的团块及土状黏土矿物,次要矿物在局部地方有次生的白色纤维状石膏细脉及黄铁矿风化的褐铁矿或赤铁矿的结核	重要
	结构	自形、半自形、它形粒状结构,少量胶体结构	次要
	构造	块状构造、结核状构造	次要
	控矿条件	矿体严格受奥陶系灰岩古侵蚀面形态控制	重要
地球物理特征	物探	未做大比例尺物探工作,区域小比例尺资料在典型矿床附近无显示	
	重砂	未做大比例尺重砂工作,区域小比例尺资料在典型矿床附近不明显	
	遥感	未做大比例尺遥感工作,区域小比例尺资料在典型矿床附近无显示	

3)晋城市周村硫铁矿

周村晋城式沉积型硫铁矿典型矿床探明资源量12 578.7千t(平均品位22.66%),矿体赋存于石炭系上统月门沟群太原组地层的中下部。典型矿床预测要素图是在典型矿床成矿要素图的基础上,叠加磁测、化探、遥感、自然重砂等综合信息编制而成的。物探对该区硫铁矿的预测无直接反映,化探无资料。

分析提取预测要素,并根据预测要素的重要性分出必要的、重要的和次要的预测要素。详见表3-8-3。

表3-8-3 晋城市周村硫铁矿典型矿床预测要素表

预测要素		描述内容	预测要素分类
特征描述		晋城式沉积型硫铁矿床	
地质环境	地层	石炭系上统月门沟群太原组中下部	必要
	岩石组合	厚层状灰岩、页岩、砂质页岩、砂岩、臭煤层、硫铁矿	必要
	岩石结构	粒状结构、砂状结构、泥状结构、碎屑结构等	次要
	成矿时代	晚石炭世	必要
	成矿环境	海陆交互相沉积环境	必要
	构造背景	汾河-沁水陆表海盆地	必要

续表 3-8-3

预测要素		描述内容	预测要素分类
特征描述		晋城式沉积型硫铁矿床	
矿床特征	矿石矿物组合	硫铁矿多呈星散状或小晶体镶嵌于灰色铝土质页岩、黑色页岩或砂岩中,有时为黄铁矿结核	重要
	结构	自形、半自形、它形粒状结构,少量胶体结构	次要
	构造	块状构造、结核状构造	次要
	控矿条件	矿体严格受石炭系煤系地层控制	重要
地球物理特征	物探	未做大比例尺物探工作,区域小比例尺资料在典型矿床附近无显示	
	重砂	未做大比例尺重砂工作,区域小比例尺资料在典型矿床附近不明显	
	遥感	未做大比例尺遥感工作,区域小比例尺资料在典型矿床附近无显示	

2. 预测工作区预测模型

1）阳泉式沉积型硫铁矿预测工作区

通过对预测工作区地质背景和成矿规律的分析研究及对典型矿床区域成矿要素图、预测要素图等图件编制,总结提取了区域成矿要素和预测要素,建立预测工作区定性预测模型(图 3-8-1)。

山西省阳泉式沉积型硫铁矿阳泉预测工作区硫铁矿赋存于石炭系中统本溪组,岩性底部为山西式铁矿和硫铁矿,厚度 0～7m,一般 1m 左右;往上为黏土岩、灰岩、黑色页岩、砂质页岩等。通过与预测底图(沉积建造构造图)对比,沉积建造构造图上石炭系上统月门沟群太原组湖田段地层相当于典型矿床石炭系中统本溪组地层,含矿地质体为石炭系上统月门沟群太原组湖田段地层,工作区总体构造格架形成于中生代燕山期,燕山期构造运动控制了工作区的基本构造轮廓。构造线方向以 NNW 向和近 SN 向为主,发育 NNE 向、近 NS 向断裂、褶皱,构造形态较为复杂。但预测工作区中的硫铁矿区地质构造简单,矿层平缓。

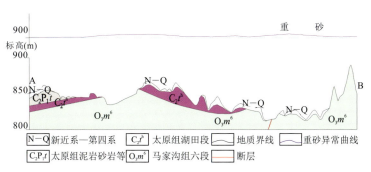

图 3-8-1 山西省阳泉式沉积型硫铁矿预测工作区预测模型图

2）晋城式沉积型硫铁矿预测工作区

通过对预测工作区地质背景和成矿规律的分析研究及对典型矿床区域成矿要素图、预测要素图等图件的编制,总结提取了区域成矿要素和预测要素,建立预测工作区定性预测模型(图 4-8-2)。

根据典型矿床的研究,含矿地质体为中石炭系统本溪组、石炭系上统太原组,本溪组由铝土质页岩、黑色页岩、砂质页岩、砂岩、黄铁矿及菱铁矿等组成,黄铁矿分布在本组中、上部,厚 1m 左右;太原组岩性为石英长石砂岩、砂质页岩、页岩、灰岩、煤层(有 5～7 层,自下而上为 A、B、C、D、E、F、G,以本组底部 L_1 灰岩之下的臭煤层最稳定,其次 D 及 F 煤层也较稳定)等,黄铁矿产于底部臭煤层中间,厚度、品位较稳定,为本区主要矿层。通过与预测底图(沉积建造构造图)对比,沉积建造构造图上石炭系上统月门沟群太原组地层相当于典型矿床石炭系中统本溪组、石炭系上统太原组地层,含矿地质体为石炭系上统月门沟群太原组地层,本次矿产预测中将石炭系上统月门沟群太原组地层作为含矿地质体,工作区总体构造格架形成于中生代燕山期,燕山期构造运动控制了工作区的基本构造轮廓。构造线方向以NNW向和近SN向为主,发育NNE向、近NS向断裂、褶皱,构造形态较为复杂。但预测工作区中的硫铁矿区地质构造简单。

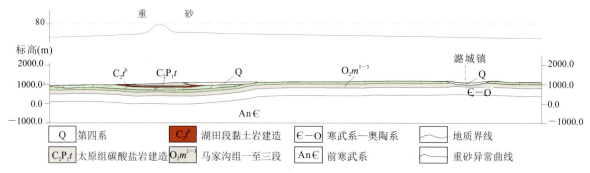

图3-8-2 山西省晋城式沉积型硫铁矿预测工作区预测模型图

3)云盘式沉积变质型硫铁矿预测工作区

通过对预测工作区地质背景和成矿规律的分析研究及对典型矿床区域成矿要素图、预测要素图等图件的编制,总结提取了区域成矿要素和预测要素,建立预测工作区定性预测模型(图3-8-3)。

根据典型矿床的研究,含矿地质体为新太古界石咀亚岩群金岗库岩组地层,岩性复杂,主要为角闪岩、角闪片麻岩、黑云母片岩、磁铁石英岩等。通过区域成矿规律研究和预测要素分析,预测底图采用变质建造构造图,含矿地质体为新太古代石咀亚岩群金岗库岩组的斜长角闪岩-黑云变粒岩夹磁铁石英岩变质建造,岩性为含榴角闪片岩、斜长角闪岩、含榴角闪变粒岩、含榴黑云变粒岩夹条带状磁铁石英岩。本次矿产预测中将新太古代石咀亚岩群金岗库岩组的斜长角闪岩-黑云变粒岩夹磁铁石英岩变质建造作为含矿地质体。预测区内构造极其复杂,断裂发育,地层产状紊乱,一般产状较陡,倾角中等或较陡,甚至倒转。岩浆活动强烈,发育时代有太古宙、元古宙、中生代,岩性有超基性、基性、中性、酸性、碱性。

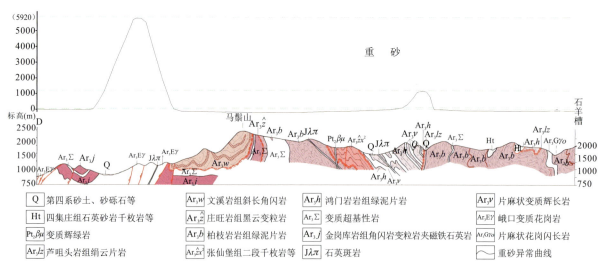

图3-8-3 山西省云盘式沉积变质型硫铁矿预测工作区预测模型图

3.8.2 预测方法类型确定及区域预测要素

山西省磁铁矿涉及的矿产预测方法类型只有2种：沉积变质型和沉积型。本次预测，山西省硫铁矿涉及的矿产预测类型共包括3类，分别是云盘式沉积变质型、阳泉式沉积型、晋城式沉积型。

1. 预测区地质构造专题底图及特征

1）地质构造专题底图编制

硫铁矿矿产预测方法类型有沉积变质型和沉积型两种，对应涉及预测底图两类：变质建造构造图和沉积建造构造图。

(1)变质建造构造图主要工作过程是按照全国矿产资源潜力评价项目办的有关要求进行，在1:25万建造构造图的基础上，补充1:5万区调资料以及有关科研专题研究资料，细化含矿岩石建造与构造内容，按预测工作区范围编制变质建造构造图。其整个工作过程可细化为如下几步。

第一步：确定编图范围与"目的层"。

编图范围是由预测组在地质背景组提供建造构造图的基础上根据成矿特征，以地质背景研究为基础，结合物探、化探、遥感研究成果而确定的；选择新太古界石咀亚岩群金岗库岩组作为本次编图的"目的层"。

第二步：整理地质图，形成地质构造专题底图的过渡图件。

第三步：编制变质建造构造图初步图件。

在第二步形成的过渡性图件基础上突出表达目的层，对基本层进行简化处理或淡化处理，突出表示成矿要素；编制附图（角图）。

第四步：补充物探、化探、遥感地质构造推断的成果，形成最终图件。

第五步：图面整饰、属性录入建库，编写说明书。

(2)沉积建造构造图的总体工作过程为在1:25万建造构造图的基础上，补充1:5万区调资料以及有关科研专题研究资料，细化含矿岩石建造与构造内容，按预测工作区范围编制各类地质构造专题底图和沉积建造图。其整个工作过程可细化为如下几步。

第一步：确定编图范围与"目的层"。

编图范围是由矿产预测组在地质背景组提供建造构造图的基础上根据成矿特征，以地质背景研究为基础，结合物探、化探、遥感研究成果而确定的。

"目的层"选择上古生界石炭系上统月门沟群太原组湖田段。

第二步：整理地质图，形成地质构造专题底图的过渡性图件。

在1:5万地质图及1:20万图幅中的1:5万实际材料图的基础上，进行地质图的接图与统一系统库的处理，形成地质构造专题底图的过渡图件。在进行地质图的拼接过程中遇到地质界线不一致的现象，这些问题主要存在于不同比例尺、不同年代、不同单位完成的地质图的拼接过程中。

第三步：编制沉积建造构造图初步图件。

在第二步形成的过渡性图件基础上突出表达目的层，对基本层进行简化处理或淡化处理，突出表示成矿要素；补充细化1:25万建造构造图与成矿有关的沉积地层沉积建造内容；编制沉积岩建造综合柱状图等附图（角图）。

第四步：补充物探、化探、遥感地质构造推断的成果，形成最终图件。

第五步：图面整饰、属性录入建库，编写说明书。

2）地质背景特征

(1)阳泉预测工作区。

阳泉式沉积型硫铁矿阳泉预测区位于山西省中东部，包括盂县、阳泉市、平定县、昔阳等地。预测区是山西省著名的煤炭、铝土矿、硫铁矿产地。地理坐标：东经113°05′37″～113°54′34″，北纬37°32′10″～38°10′59″，面积1 272.33km²。

地层从老到新分布有上古生界、新生界等。阳泉式沉积型硫铁矿主要赋存于上古生界石炭系上统月门沟群太原组湖田段。

工作区总体构造格架形成于中生代燕山期，燕山期构造运动控制了工作区的基本构造轮廓。地层总体水平或缓倾斜。地质构造简单，无岩浆活动。

硫铁矿主要赋存于上古生界石炭系上统月门沟群太原组湖田段底部，厚度0～7m，一般1m左右；往上为铝土岩、铝土质泥岩、泥岩、砂岩。上古生界二叠系山西组页岩、砂岩，煤层覆盖在上面。

(2) 汾西预测工作区。

阳泉式沉积型硫铁矿汾西预测工作区位于吕梁山中南段，归属交口县、灵石县、霍县管辖，南北长80km，东西宽50km，面积2 824.9km²。地理坐标：东经111°03′21″～111°50′42″，北纬36°21′07″～37°12′40″。

预测工作区西部边缘为古老变质岩区（新太古代），沉积盖层面积占预测区50%，目的层本溪组底部占预测区面积不足5%。

地层发育有下古生界奥陶系、上古生界石炭系。硫铁矿主要赋存于上古生界石炭系上统月门沟群太原组湖田段底部。

预测工作区构造简单，总体来说地层产状水平，但有不少小规模的褶皱构造，断裂构造较多，但大都为张性正断层，对目的层破坏不大。

预测工作区沉积矿产成矿地质条件好，矿产资源较多，有煤、水泥灰岩、熔剂灰岩、铝土矿、硫铁矿、赤铁矿、耐火黏土等。

硫铁矿主要赋存于上古生界石炭系上统月门沟群太原组湖田段底部，厚度0～7m，一般1m左右；往上为铝土岩、铝土质泥岩、泥岩、砂岩。上古生界二叠系页岩、砂岩、泥岩覆盖在上面。

(3) 乡宁预测工作区。

阳泉式沉积型硫铁矿乡宁预测工作区位于山西省西南部吕梁山西麓，行政区划属河津、稷山、新绛、乡宁、吉县。地理坐标：东经110°30′00″～111°13′20″，北纬35°35′16″～36°07′46″，面积736.90km²。

从老到新分布的地层有下古生界寒武系、寒武系—奥陶系三山子组及奥陶系马家沟组、上古生界石炭系、二叠系。以奥陶系和石炭系、二叠系出露最广泛，硫铁矿主要赋存于上古生界石炭系上统月门沟群太原组湖田段底部。区内构造较为简单，地层一般水平，褶皱、断裂、岩浆岩、变质作用不发育，仅在预测区西南角有新太古代片麻岩及古元古代伟晶岩。

预测工作区内除预测矿种外，还有煤矿、水泥灰岩、熔剂灰岩、白云岩、赤铁矿等矿产。

(4) 平陆预测工作区。

阳泉式沉积型硫铁矿平陆预测工作区位于山西省南部，包括平陆、夏县、恒曲三个县，地理坐标：东经111°22′56″～111°56′01″，北纬34°46′27″～35°13′40″，面积513.71km²。

地层从老到新分布有古元古界、中元古界、下古生界、上古生界等，含矿地质体均为石炭系上统月门沟群太原组湖田段地层，但含矿地层零星出露，厚度也较小，地层一般水平。岩浆岩有中生代花岗闪长斑岩、花岗斑岩等。构造与其他硫铁矿预测区相比较复杂，小型正断层发育，其构造格架是中生代燕山期形成的。

预测工作区内除预测矿种外，还有水泥灰岩、白云岩、纤维石膏、沉积磷矿等矿产。

硫铁矿主要赋存于上古生界石炭系上统月门沟群太原组湖田段底部，厚度一般1m左右；往上为铝土岩、铝土质泥岩、泥岩、砂岩。上古生界二叠系山西组页岩、砂岩、泥岩覆盖其上。

(5) 保德预测工作区。

阳泉式沉积型硫铁矿保德预测工作区位于山西省北西部吕梁山北段，行政区划属河曲县、岢岚县、保德县,面积约 733km², 南北长 65km, 东西宽 13km。地理坐标:东经 111°00′00″～111°27′51″, 北纬 38°39′06″～39°22′23″。

本预测区地层简单,仅有下古生界奥陶系马家沟组,上古生界石炭系月门沟群太原组,石炭系月门沟群山西组。含矿地质体均为石炭系上统月门沟群太原组湖田段地层,厚度约 1m。

整个预测区构造简单,地层仅在沟谷中出现,产状水平,不见断裂、褶皱和岩浆岩,黄土覆盖约占全区 70% 以上。

预测工作区内除预测矿种外,还有水泥灰岩、铝土矿、熔剂灰岩、煤矿等。

(6) 晋城预测工作区。

晋城式沉积型硫铁矿晋城预测工作区位于山西省东南晋城市、阳城、沁水、高平、长治、长子、壶关、陵川等地,地理坐标:东经 112°02′37″～113°33′30″, 北纬 35°12′07″～36°15′37″, 面积 4 857.05km²。

从老到新分布的地层有:下古生界、上古生界、新生界等。

预测区内构造相对较复杂,总体构造格架形成于中生代燕山期,沁水复式向斜(南段)为区内的主要构造单元,主要表现为一系列的 NNE—SN 向的宽缓褶皱,故本预测区黄铁矿均为缓倾斜的矿体。

预测区内除预测矿种外,另有山西式铁矿、铝土矿,非金属矿产资源较丰富,主要矿种有黏土、石灰岩、白云岩、方解石、石膏等。

晋城式沉积型硫铁矿晋城预测工作区含矿地质体为石炭系上统月门沟群太原组地层,岩性为铝土质页岩、黑色页岩、砂质页岩、砂岩、灰岩、煤层等。黄铁矿产于底部 15 号煤层(俗称"臭煤层")中间,厚度品位较稳定,为本区主要矿层,平均厚度 1.03m 左右。

(7) 五台山预测工作区

云盘式沉积变质型硫铁矿五台山预测工作区位于山西省忻州地区东北角,毗邻河北省,分布于繁峙、五台山、代县等县,地理坐标:东经 112°43′26″～114°00′55″, 北纬 38°39′34″～39°21′36″, 面积 3 203.45km²。

地层从老到新分布有新太古界阜平岩群榆林坪岩组、石咀亚岩群金岗库岩组等;元古界滹沱系、长城系;古生界寒武系、奥陶系;新生界第四系等。云盘式沉积变质型硫铁矿赋存在新太古代石咀亚岩群金岗库岩组的斜长角闪岩-黑云变粒岩夹磁铁石英岩变质建造,为火山沉积变质,岩性为含榴角闪片岩、斜长角闪岩、含榴角闪变粒岩、含榴黑云变粒岩夹条带状磁铁石英岩。构造复杂,各种断裂、褶皱发育。岩浆活动繁复,从基性到酸性,从岩体到岩脉,从老至新均有。

预测区内除预测矿种外,另有鞍山式铁矿、金矿,非金属矿产资源较丰富,主要矿种有灰岩、白云岩、长石、石英、云母、大理岩等。

2. 重力特征

预测工作区布格重力异常等值线图、剩余重力异常等值线图、重力推断地质构造图由于现有的资料工作比例尺小,最大只有 1:20 万,因此重力资料只能判别大的构造和岩体,对矿产预测指导意义不大。

3. 磁测特征

由于硫铁矿含矿地质体磁性较弱,航磁等值线等磁测资料与地质成矿无明显对应关系,对矿产预测无指导意义。

4. 遥感特征

在硫铁矿 7 个预测工作区内,遥感地质特征中只有线要素、带要素比较发育,环要素较少发育。线要素大多反映了预测工作区的断裂构造、脆-韧性变形构造、逆冲推覆构造、褶皱轴、线性构造蚀变带等基本类型。带要素是指与赋矿岩层、矿源层相关的地层、岩性信息。各预测区带要素发育在奥陶系灰岩侵蚀面之上、石炭系中统本溪组铁铝岩段之下,主要矿石矿物为硫铁矿。色调灰绿色,在色调、影纹上与围岩均有差异,界线清晰。环要素是由岩浆侵入、火山喷发和构造旋扭等作用引起的、在遥感图像显示出环状影像特征的地质体。环近圆形,环形影像清晰,环缘为沟谷低地,环内凸起。

7个预测工作区均无块要素、色要素、近矿找矿标志要素,只有阳泉预测工作区划分出了一个最小预测区要素。

5. 自然重砂特征

根据异常点的分布特征,结合地形地质条件,参考汇水盆地情况,用 MapGIS 6.7 软件人工圈定异常并进行异常级别划分。

Ⅰ类异常:地表有相应的矿床或矿点响应,重砂高含量点密集,异常规模较大,异常强度高,矿物组合较好,以及其他找矿信息较好者列为Ⅰ级。

Ⅱ类异常:异常提供信息较好,地表无矿床响应,但有矿点或矿化存在,地质条件较有利于成矿,或重砂高含量点密集,成矿地质条件好,但成矿证据不足,认为进一步工作有希望发现新矿床或新的有价值的矿产。

Ⅲ类异常:重砂高含量点少或不太密集,地表无矿点或矿化微弱,异常信息较弱,矿物组合较简单,可作为今后找矿线索。

各预测工作区预测要素见表 3-8-4～表 3-8-10。

表 3-8-4 阳泉式沉积型硫铁矿阳泉预测工作区预测要素表

成矿要素		描述内容	成矿要素分类
特征描述		阳泉式沉积型硫铁矿床	
地质环境	地层	石炭系上统月门沟群太原组湖田段	必要
	岩石组合	灰岩、铝土质页岩、硫铁矿	必要
	岩石结构	粒状结构、砂状结构、泥状结构等	次要
	成矿时代	晚石炭世初期	必要
	成矿环境	晚石炭世初期,受奥陶纪凹凸不平的侵蚀面控制,浅海相胶体、化学沉积及滨海相盆地沉积	必要
	构造背景	汾河-沁水陆表海盆地	必要
矿床特征	矿石矿物组合	硫铁矿大小结晶颗粒构成的团块及土状黏土矿物,次要矿物在局部地方有次生的白色纤维状石膏细脉及黄铁矿风化的褐铁矿或赤铁矿的结核	重要
	结构	自形、半自形、它形粒状结构,少量胶体结构	次要
	构造	块状构造、结核状构造	次要
	控矿条件	矿体严格受奥陶系灰岩古侵蚀面形态控制	重要
地球物理特征	物探	各种物探等值线走向、数值高低和成矿地层分布无关联	
	重砂	3个Ⅰ类异常和1个Ⅱ类异常与含矿地质体无对应关系	
	遥感	共有线要素100条,环要素7个,带要素60块,均与含矿地质体无明显对应关系	

表 3-8-5 阳泉式沉积型硫铁矿汾西预测工作区预测要素表

成矿要素		描述内容	成矿要素分类
特征描述		阳泉式沉积型硫铁矿床	
地质环境	地层	石炭系上统月门沟群太原组湖田段	必要
	岩石组合	铝土岩、铝土质泥岩、泥岩、硫铁矿	必要
	岩石结构	粒状结构、砂状结构、泥状结构等	次要
	成矿时代	晚石炭世初期	必要
	成矿环境	晚石炭世初期,受奥陶纪凹凸不平的侵蚀面控制,浅海相胶体、化学沉积及滨海相盆地沉积	必要
	构造背景	汾西陆表海盆地	必要
矿床特征	矿石矿物组合	硫铁矿大小结晶颗粒构成的团块及土状黏土矿物,次要矿物在局部地方有次生的白色纤维状石膏细脉及黄铁矿风化的褐铁矿或赤铁矿的结核	重要
	结构	自形、半自形、它形粒状结构,少量胶体结构	次要
	构造	块状构造、结核状构造	次要
	控矿条件	矿体严格受奥陶系灰岩古侵蚀面形态控制	重要
地球物理特征	物探	各种物探等值线走向、数值高低和成矿地层分布无关联	
	重砂	1 个 Ⅰ 类异常和 1 个 Ⅱ 类异常、3 个 Ⅲ 类异常与含矿地质体无关联	
	遥感	共有线要素 142 条,环要素 5 个,带要素 116 块,均与含矿地质体无明显对应关系	

表 3-8-6 阳泉式沉积型硫铁矿乡宁预测工作区预测要素表

成矿要素		描述内容	成矿要素分类
特征描述		阳泉式沉积型硫铁矿床	
地质环境	地层	石炭系上统月门沟群太原组湖田段	必要
	岩石组合	铝土岩、铝土质泥岩、黏土岩、硫铁矿	必要
	岩石结构	粒状结构、砂状结构、泥状结构等	次要
	成矿时代	晚石炭世初期	必要
	成矿环境	晚石炭世初期,受奥陶纪凹凸不平的侵蚀面控制,浅海相胶体、化学沉积及滨海相盆地沉积	必要
	构造背景	吕梁山碳酸盐岩台地	必要
矿床特征	矿石矿物组合	硫铁矿大小结晶颗粒构成的团块及土状黏土矿物,次要矿物在局部地方有次生的白色纤维状石膏细脉及黄铁矿风化的褐铁矿或赤铁矿的结核	重要
	结构	自形、半自形、它形粒状结构,少量胶体结构	次要
	构造	块状构造、结核状构造	次要
	控矿条件	矿体严格受奥陶系灰岩古侵蚀面形态控制	重要
地球物理特征	物探	各种物探等值线走向、数值高低和成矿地层分布无关联	
	重砂	1 个 Ⅱ 类异常与含矿地质体无关联	
	遥感	线要素 77 条,环要素 2 个,带要素 29 块,与含矿地质体无明显对应关系	

表 3-8-7 阳泉式沉积型硫铁矿平陆预测工作区预测要素表

成矿要素		描述内容	成矿要素分类
特征描述		阳泉式沉积型硫铁矿床	
地质环境	地层	石炭系上统月门沟群太原组湖田段	必要
	岩石组合	铝土岩、铝土质黏土岩、含铁质结核黏土岩、黏土岩	必要
	岩石结构	粒状结构、砂状结构、泥状结构等	次要
	成矿时代	晚石炭世初期	必要
	成矿环境	晚石炭世初期,受奥陶纪凹凸不平的侵蚀面控制,浅海相胶体、化学沉积及滨海相盆地沉积	必要
	构造背景	孟州晚古生代—早中生代盆地	必要
矿床特征	矿石矿物组合	硫铁矿大小结晶颗粒构成的团块及土状黏土矿物,次要矿物在局部地方有次生的白色纤维状石膏细脉及黄铁矿风化的褐铁矿或赤铁矿的结核	重要
	结构	自形、半自形、它形粒状结构,少量胶体结构	次要
	构造	块状构造、结核状构造	次要
	控矿条件	矿体严格受奥陶系灰岩古侵蚀面形态控制	重要
地球物理特征	物探	各种物探等值线走向、数值高低和成矿地层分布无关联	
	重砂	该预测区内没有检索到硫铁矿重砂矿物	
	遥感	线要素68条,环要素1个,带要素33块,与成矿无明显关联	

表 3-8-8 阳泉式沉积型硫铁矿保德预测工作区预测要素表

成矿要素		描述内容	成矿要素分类
特征描述		阳泉式沉积型硫铁矿床	
地质环境	地层	石炭系上统月门沟群太原组湖田段	必要
	岩石组合	铝土岩、铝土质黏土岩、含铁质结核黏土岩、黏土岩	必要
	岩石结构	粒状结构、砂状结构、泥状结构等	次要
	成矿时代	晚石炭世初期	必要
	成矿环境	晚石炭世初期,受奥陶纪凹凸不平的侵蚀面控制,浅海相胶体、化学沉积及滨海相盆地沉积	必要
	构造背景	河东陆表海盆地	必要
矿床特征	矿石矿物组合	硫铁矿大小结晶颗粒构成的团块及土状黏土矿物,次要矿物在局部地方有次生的白色纤维状石膏细脉及黄铁矿风化的褐铁矿或赤铁矿的结核	重要
	结构	自形、半自形、它形粒状结构,少量胶体结构	次要
	构造	块状构造、结核状构造	次要
	控矿条件	矿体严格受奥陶系灰岩古侵蚀面形态控制	重要
地球物理特征	物探	各种物探等值线走向、数值高低和成矿地层分布无关联	
	重砂	共有3个Ⅱ类异常,与含矿地质体无关联	
	遥感	线要素52条,环要素2个,带要素22块,与成矿无明显关联	

表 3-8-9 晋城式沉积型硫铁矿晋城预测工作区预测要素表

成矿要素		描述内容	成矿要素分类
特征描述		晋城式沉积型硫铁矿床	
地质环境	地层	石炭系上统月门沟群太原组	必要
	岩石组合	厚层状灰岩、页岩、砂质页岩、砂岩、臭煤层、硫铁矿	必要
	岩石结构	粒状结构、砂状结构、泥状结构、碎屑结构等	次要
	成矿时代	晚石炭世	必要
	成矿环境	海陆交互相沉积环境	必要
	构造背景	汾河-沁水陆表海盆地	必要
矿床特征	矿石矿物组合	硫铁矿多呈星散状或小晶体镶嵌于灰色铝土质页岩、黑色页岩或砂岩中,有时为黄铁矿结核	重要
	结构	自形、半自形、它形粒状结构,少量胶体结构	次要
	构造	块状构造、结核状构造	次要
	控矿条件	矿体严格受石炭系煤系地层控制	重要
地球物理特征	物探	各种物探等值线走向、数值高低和成矿地层分布无关联	
	重砂	共有 3 个Ⅰ类异常、1 个Ⅱ类异常,与含矿地质体无关联	
	遥感	线要素 228 条,环要素 2 个,带要素 102 块,与成矿无明显关联	

表 3-8-10 云盘式沉积变质型硫铁矿五台山预测工作区预测要素表

成矿要素		描述内容	成矿要素分类
特征描述		云盘式沉积变质型硫铁矿床	
地质环境	含矿地层	新太古界石咀亚岩群金岗库岩组	必要
	岩石组合	含榴角闪片岩、斜长角闪岩、含榴角闪变粒岩、含榴黑云变粒岩夹条带状磁铁石英岩、滑石片岩等	必要
	岩石结构	片麻结构、中粗粒变晶结构	次要
	成矿时代	硫铁矿形成于太古宙并经后期区域变质作用	必要
	成矿环境	太古宙有基性岩浆活动,后期的热液带来 Fe、S 等物质,在还原的环境下生成硫铁矿	必要
	构造背景	五台山新太古代岛弧(岛弧带)	必要
矿床特征	岩性组合	含榴角闪片岩、斜长角闪岩、含榴角闪变粒岩、含榴黑云变粒岩夹条带状磁铁石英岩、滑石片岩	重要
	矿物组合	黄铁矿 10%～20%,还有磁黄铁矿、磁铁矿、石英等	重要
	结构	半自形—它形粒状变晶结构、花岗变晶结构	次要
	构造	块状构造、条带状构造	次要
	蚀变	绿泥石化、硅化、黑云母化、绢云母化、高岭土化	重要
	控矿条件	围岩为一系列太古宙基性岩浆活动的产物,如角闪岩、磁铁石英岩、角闪片岩等,且蚀变现象明显。成矿前的一系列断层为成矿热液提供了通道	重要
地球物理特征	物探	各种物探等值线走向、数值高低和成矿地层分布无关联	
	重砂	1 个Ⅰ类异常与金岗库硫铁矿能对应,4 个Ⅱ类异常,4 个Ⅲ类异常,与含矿地质体无关联	
	遥感	线要素 159 条,环要素 17 个,带要素 74 块,与成矿无明显关联	

3.8.3 最小预测区圈定

1. 预测单元划分及预测地质变量选择

1) 最小预测区圈定的原则

① 在最小的矿产预测工作区内,发现矿床的可能性最大、漏掉矿可能性最小的空间,即最小面积最大含矿率和最小漏矿率的原则。

② 采用模型类比法,用不同级别模型圈定不同规模的预测单元。

③ 预测工作区的边界按预测评价模型的确定性成矿信息予以定位。

④ 多种信息联合使用时,应遵循以地质信息为基础、最有效方法提供的信息为先导,结合地质、物探、化探、遥感信息综合标志圈定预测单元的原则。

2) 最小预测区圈定的方法

阳泉式沉积型硫铁矿:根据阳泉式沉积型硫铁矿预测要素及其组合特征,主要用含矿地层、成矿时代、成矿环境、构造背景、矿化点存在等必要条件,采用综合信息法进行圈定。

晋城式沉积型硫铁矿:根据晋城式沉积型硫铁矿预测要素及其组合特征,主要用含矿地层、成矿时代、成矿环境、构造背景、矿化点存在等必要条件,采用综合信息法进行圈定。

云盘式沉积变质型硫铁矿:根据云盘式沉积变质型硫铁矿预测要素及其组合特征,主要用含矿地层、成矿时代、成矿环境、岩性组合、构造背景、矿化点存在等必要条件,采用综合信息法进行圈定。

2. 预测要素变量的构置与选择

1) 预测要素提取

经过对各预测工作区的地质、物探、化探、遥感、矿产地等信息的综合分析研究,确定了各预测工作区的预测信息,并进行了预测信息提取。

(1) 阳泉式沉积型硫铁矿预测工作区。

① 地层:石炭系上统月门沟群太原组湖田段地层作为含矿地质体,是成矿前提,故选为必要的预测要素,即为定位预测变量,以含矿岩系出露线为定位预测边界(面文件)。

② 岩相古地理:晚石炭世初期的浅海相胶体、化学沉积及滨海相盆地沉积,是必要预测要素。

③ 提取本预测工作区阳泉式沉积型硫铁矿工业矿床点和矿化点(点文件)。

(2) 晋城式沉积型硫铁矿预测工作区。

① 地层:石炭系上统月门沟群太原组中下部地层作为含矿地质体,是成矿前提,故选为必要的预测要素,即为定位预测变量,以含矿岩系出露线为定位预测边界(面文件)。

② 岩相古地理:晚石炭纪初—中期的浅海相胶体、化学沉积及滨海相盆地沉积形成的海陆交互相沉积是必要预测要素。

③ 提取本预测工作区晋城式沉积型硫铁矿工业矿床点和矿化点(点文件)。

(3) 云盘式沉积变质型硫铁矿预测工作区。

① 地层:新太古代石咀亚岩群金岗库岩组,含榴角闪片岩、斜长角闪岩、含榴角闪变粒岩、含榴黑云变粒岩夹条带状磁铁石英岩岩石组合是成矿前提,故选为必要的预测要素,即为定位预测变量,以含矿岩系出露线为定位预测边界(面文件)。

② 提取本预测工作区云盘式沉积变质型硫铁矿工业矿床点和矿化点(点文件)。

2) 预测变量的赋值

变量赋值的实质是将已作为地质变量提取出来的地质特征或地质标志在每个矿产资源体中的信息值取出或计算出来。具体可分为以下三个方面。

① 定性变量:当变量存在对成矿有利时,赋值为1;不存在时赋值为0。

②定量变量:赋实际值,例如,查明储量等。

③对每一变量求出成矿有利度,根据有利度对其进行赋值。

预测要素变量是关联预测工作区优劣及空间分布的一种数值表示。预测工作区的优劣可以用点、线和面等专题属性值的关联度来表示。在 MRAS2.0 平台支持下,自动提取预测变量的过程就是把预测单元与点、线和区等因素专题图作空间叠置分析,并将叠置分析结果保存在统计单元专题图的属性数据表中的过程。

3) 变量初步优选研究

本次预测中选取相似系数法对 7 个预测工作区进行预测变量优选,经过优选后预测变量分别如下。

阳泉式沉积型硫铁矿:①含矿地层存在标志;②晚石炭世初期的浅海相胶体、化学沉积及滨海相盆地沉积存在标志;③矿床、矿化点存在标志。

晋城式沉积型硫铁矿:①含矿地层存在标志;②晚石炭纪世—中期的浅海相胶体、化学沉积及滨海相盆地沉积形成的海陆交互相沉积存在标志;③矿床、矿化点存在标志。

云盘式沉积变质型硫铁矿:①含矿地层存在标志;②含榴角闪片岩、斜长角闪岩、含榴角闪变粒岩、含榴黑云变粒岩夹条带状磁铁石英岩岩石组合存在标志;③矿床、矿化点存在标志。

3. 最小预测区圈定及优选

应用特征分析法来进行最小预测区优选,特征分析法是一种多元统计分析方法。它是传统类比法的一种定量化方法,通过研究模型单元的控矿变量特征,查明变量之间的内在联系,确定各个地质变量的成矿和找矿意义,建立起某种类型矿产资源体的成矿有利度类比模型。然后将类型应用到预测工作区,将预测单元与模型单元的各种特征进行类比,用它们的相似程度表示预测单元的成矿有利性,并据此圈定出有利成矿的远景区。

确定变量权后,即可用特征分析模型计算统计单元的关联度,根据成矿概率将最小预测区划分为 A、B、C 三类,分别用红、绿、蓝三种颜色表示。

3.8.4 资源定量预测

3.8.4.1 模型区深部及外围资源潜力预测分析

1. 典型矿床已查明资源储量及其估算参数

(1) 五台金岗库沉积变质硫铁矿。

查明资源量:3598 千 t(平均品位 19.07%)。工作程度为初勘。

含矿地质体面积:典型矿床预测要素图上所有含矿地质体的面积累加为 3 090 519m^2。

延深:采取典型矿床估算资源储量矿体的最大埋深,根据典型矿床的资料,矿体的最大埋深为 287m。

体含矿率:含矿体体积为 886 978 953m^3,查明资源量 3598 千 t,体含矿率为 0.004 056 5。

五台金岗库沉积变质硫铁矿典型矿床查明资源储量详见表 3-8-11。

表 3-8-11　五台金岗库沉积变质硫铁矿典型矿床查明资源储量表

编号	名称	查明资源储量 矿石量(t)	面积 (m^2)	延深 (m)	品位 (%)	体重 (t/m^3)	体含矿率
0035	金岗库	3 598 000	3 090 519	287	19.07	3.52	0.004 056 5

(2)平定县锁簧阳泉式沉积型硫铁矿。

工作程度为勘探,储量为 12 200.6 千 t(平均品位 20.27%)。

含矿地质体面积:采用查明资源量范围的水平投影面积,将典型矿床资源量估算平面图上各块段的面积相加即得含矿地质体面积,为 3 952 500 m²。

延深:该矿床为缓倾斜矿体,采用含矿地质体的厚度作为延深,即石炭系中统本溪组平均厚度 42.10 m。

体含矿率:含矿体体积为 166 400 250 m³,查明资源量 12 200.6 千 t,体含矿率为 0.073 320 8,平定县锁簧阳泉式沉积型硫铁矿典型矿床查明资源储量详见表 3-8-12。

表 3-8-12　平定县锁簧阳泉式沉积型硫铁矿典型矿床查明资源储量表

编号	名称	查明资源储量 矿石量(t)	面积 (m²)	延深 (m)	品位 (%)	体重 (t/m³)	体含矿率
0033	锁簧	12 200 600	3 952 500	42.10	20.27	3.45	0.073 320 8

(3)周村晋城式沉积型硫铁矿。

查明资源量:12 578.7 千 t(平均品位 22.68%),工作程度为初勘。

含矿地质体面积:采用查明资源量范围的水平投影面积,为 3 537 500 m²。

延深:矿床为缓倾斜的矿体,面积采用矿体的水平投影面积,延深采用含矿地质体的厚度,即石炭系中统本溪组与石炭系上统太原组平均厚度 73.61 m。

体含矿率:含矿体体积为 260 395 375 m³,查明资源量 12 578.744 千 t,体含矿率为 0.048 306 3。

周村晋城式沉积型硫铁矿典型矿床查明资源储量详见表 3-8-13。

表 3-8-13　周村晋城式沉积型硫铁矿典型矿床查明资源储量表

编号	名称	查明资源储量 矿石量(t)	面积 (m²)	延深 (m)	品位 (%)	体重 (t/m³)	体含矿率
0034	周村	12 578 744	3 537 500	73.61	22.68	3.52	0.048 306 3

2. 典型矿床深部及外围预测资源量及估算参数

(1)五台金岗库沉积变质硫铁矿。

典型矿床金岗库硫铁矿探明资源量的范围与矿区范围基本一致,故本次预测工作只估算已知矿床深部预测资源量。

预测矿体面积:与典型矿床查明资源储量计算中的含矿地质体面积一致,为 3 090 519 m²。

预测延深:矿体均为似层状、透镜状、扁豆状,规模较小,延深不太大,本次预测资源量最大延深采用 500 m,典型矿床估算资源储量的延深为 287 m,预测延深为 213 m。

体含矿率:采用典型矿床体含矿率,为 0.004 056 5。

预测资源量:含矿体面积为 3 090 519 m²,预测延深为 213 m,体含矿率为 0.004 056 5,预测资源量 26 703.15 千 t。五台金岗库沉积变质型硫铁矿典型矿床深部预测资源量详见表 3-8-14。

表 4-8-14　五台金岗库沉积变质型硫铁矿典型矿床深部预测资源量表

编号	名称	预测资源量(t)	面积(m²)	延深(m)	体含矿率
0035	金岗库	2 670 315	3 090 519	213	0.004 056 5

(2)平定县锁簧阳泉式沉积型硫铁矿。

典型矿床锁簧硫铁矿为缓倾斜的矿床,故只估算已知矿床外围预测资源量。

预测矿体面积:采用典型矿床范围内含矿地质体面积扣除典型矿床查明资源量含矿地质体面积即为预测矿体面积,为 7 495 649m²。

预测延深:由于本矿床为缓倾斜的矿体,延深采用含矿地质体的厚度,为 42.10m。

预测资源量:含矿体面积为 7 495 649m²,预测延深为 42.10m,体含矿率为 0.073 320 8,预测资源量 23 137.612 千 t。平定县锁簧阳泉式沉积型硫铁矿典型矿床深部预测资源量详见表 3-8-15。

表 3-8-15　平定县锁簧阳泉式沉积型硫铁矿典型矿床深部预测资源量表

编号	名称	预测资源量(t)	面积(m²)	延深(m)	体含矿率
0033	锁簧	23 137 612	7 495 649	42.10	0.073 320 8

(3)周村晋城式沉积型硫铁矿。

典型矿床周村硫铁矿为缓倾斜的矿床,故只估算已知矿床外围预测资源量。

预测矿体面积:为含矿地质体的水平投影面积,采用典型矿床范围内含矿地质体本溪组和太原组的分布面积确定预测范围,扣除典型矿床查明资源量的含矿地质体面积即为预测矿体面积,为 3 482 500m²。

预测延深:由于本矿床为缓倾斜的矿体,延深采用含矿地质体的厚度,为 73.61m。

体含矿率:采用典型矿床体含矿率为 0.048 306 3。

预测资源量:含矿体面积为 3 482 500m²,预测延深为 73.61m,体含矿率为 0.048 306 3,预测资源量 12 383.167 千 t。晋城式沉积型周村硫铁矿典型矿床深部预测资源量详见表 3-8-16。

表 3-8-16　周村晋城式沉积型硫铁矿典型矿床深部预测资源量表

编号	名称	预测资源量(t)	面积(m²)	延深(m)	体含矿率
0034	周村	12 383 167	3 482 500	73.61	0.048 306 3

3. 典型矿床总资源量

典型矿床资源总量为典型矿床查明资源量与预测资源量之和。总面积采用查明资源储量部分矿床面积,总延深为查明部分矿床延深与预测部分矿床延深之和。山西省硫铁矿典型矿床总资源量如表 3-8-17~表 3-8-19。

表 3-8-17　五台金岗库云盘式沉积变质型硫铁矿典型矿床总资源量表

编号	名称	查明资源储量(t)	预测资源量(t)	总资源量(t)	总面积(m²)	总延深(m)	体含矿率
0035	金岗库	3 598 000	2 670 315	6 268 315	3 090 519	500	0.004 056 5

表 3-8-18　平定县锁簧阳泉式沉积型硫铁矿典型矿床总资源量表

编号	名称	查明资源储量(t)	预测资源量(t)	总资源量(t)	总面积(m²)	总延深(m)	体含矿率
0033	锁簧	12 200 600	23 137 612	35 338 212	11 448 149	42.10	0.073 320 8

表 3-8-19　周村晋城式沉积型硫铁矿典型矿床总资源量表

编号	名称	查明资源储量(t)	预测资源量(t)	总资源量(t)	总面积(m²)	总延深(m)	体含矿率
0034	周村	12 578 744	12 383 167	24 961 911	7 020 000	73.61	0.048 306 3

4. 模型区预测资源量及估算参数确定

(1)云盘式沉积变质型硫铁矿。

云盘式沉积变质型硫铁矿五台山预测工作区位于山西省忻州地区东北角，毗邻河北省，包括繁峙、五台山、代县，地理坐标：东经112°43′26″~114°00′55″，北纬38°39′34″~39°21′36″，面积3 203.45km²。根据预测要素圈定金岗库、红安2个最小预测区，典型矿床位于金岗库最小预测区，故金岗库最小预测区为模型区。

模型区总资源量：模型区内仅有金岗库硫铁矿一个典型矿床，无其他矿床或矿点，典型矿床金岗库硫铁矿总资源量即为模型区总资源量，总资源量6 268.315千t。

模型区总面积：模型区面积为最小预测区的面积，采用金岗库组斜长角闪岩-黑云变粒岩夹磁铁石英岩变质建造的边界作为最小预测区的边界，最小预测区面积为8 710 593m²。

模型区延深：采用典型矿床总延深，为500m。

含矿地质体面积：与最小预测区面积相同，含矿地质体面积为8 710 593m²。

含矿地质体面积参数：含矿地质体面积与模型区面积相同，为8 710 593m²，含矿地质体面积参数为1，详见表3-8-20。

表 3-8-20　云盘式沉积变质型硫铁矿模型区预测资源量及其估算参数

编号	名称	模型区预测资源量(t)	模型区面积(m²)	延深(m)	含矿地质体面积(m²)	含矿地质体面积参数
1419301001	金岗库	6 268 315	8 710 593	500	8 710 593	1

(2)阳泉式沉积型硫铁矿。

阳泉式沉积型硫铁矿阳泉预测工作区位于山西省中东部，包括孟县、阳泉市、平定县、昔阳等地。预测区是山西省著名的煤炭、铝土矿、硫铁矿产地，地理坐标：东经113°05′37″~113°54′34″，北纬37°32′10″~38°10′59″，面积1 272.33km²。根据预测要素圈定最小预测区8个，分别是锁簧、李家庄、平定、阳泉、河底、路家村、孟县、观音堂，典型矿床位于锁簧最小预测区，故锁簧最小预测区为模型区。

模型区总资源量：模型区内除平定锁簧硫铁矿典型矿床外，还有梨林头硫铁矿化点，但无资源量，故典型矿床平定锁簧硫铁矿总资源量即为模型区总资源量，总资源量35 338.212千t。

模型区总面积：模型区面积为最小预测区面积，为42 754 349m²。

模型区延深：矿床为缓倾斜矿体，延深采用含矿地质体的厚度，为19.80m。

含矿地质体面积:模型区含矿地质体面积与最小预测区面积相同,为 42 754 349m²。

含矿地质体面积参数:含矿地质体面积与模型区面积相同,为 42 754 349m²,含矿地质体面积参数为1,详见表 3-8-21。

表 3-8-21　阳泉式沉积型硫铁矿模型区预测资源量及其估算参数

编号	名称	模型区预测资源量(t)	模型区面积(m²)	延深(m)	含矿地质体面积(m²)	含矿地质体面积参数
1419101016	锁簧	35 338 212	42 754 349	19.80	42 754 349	1

(3)晋城式沉积型硫铁矿。

晋城式沉积型硫铁矿晋城预测工作区位于山西省晋东南晋城市、阳城、沁水、高平、长治、长子、壶关、陵川等地,地理坐标:东经 112°02′37″~113°33′30″,北纬 35°12′07″~36°15′37″,面积 4 857.05km²。根据预测要素圈定最小预测区 18 个,分别是周村、百尺、平城、礼义、后山、万章、三甲、马村、金村、冶头、东和、李寨、小东沟、东冶、山头、白桑、河北、次营,典型矿床位于周村最小预测区,故周村最小预测区为模型区。

模型区总资源量:模型区典型矿床周村硫铁矿总资源量 24 961.911 千 t,吴家庄硫铁矿资源量 2107 千 t,北留硫铁矿资源量 10 412 千 t,模型区总资源量 37 480.911 千 t。

模型区总面积:模型区面积为最小预测区的面积,最小预测区范围为含矿地质体的底界和沿倾向方向外推 2000m 的界线圈定,最小预测区面积为 132 329 731m²。

模型区延深:矿床为缓倾斜矿体,延深采用含矿地质体的厚度,为 140m。

含矿地质体面积:与典型矿床含矿地质体对应,模型区含矿地质体面积为含矿地质体的底界和沿倾向方向外推 2000m 的界线圈定,含矿地质体面积为 132 329 731m²。

含矿地质体面积参数:含矿地质体面积与模型区面积相同,为 132 329 731m²,含矿地质体面积参数为1,详见表 3-8-22。

表 3-8-22　晋城式沉积型硫铁矿模型区预测资源量及其估算参数

编号	名称	模型区预测资源量(t)	模型区面积(m²)	延深(m)	含矿地质体面积(m²)	含矿地质体面积参数
1419102001	周村	37 480 911	132 329 731	140	132 329 731	1

3.8.4.2　最小预测区参数确定

1. 模型区含矿系数确定

(1)阳泉式沉积型硫铁矿。

模型区采用锁簧最小预测区。阳泉式沉积型硫铁矿模型区含矿地质体含矿系数详见表 3-8-23。

表 3-8-23　阳泉式沉积型硫铁矿模型区含矿地质体含矿系数表

编号	名称	含矿地质体含矿系数	资源总量(t)	含矿地质体总体积(m³)
1419101016	锁簧	0.041 744 5	35 338 212	35 338 212

(2)晋城式沉积型硫铁矿。

模型区采用周村最小预测区。晋城式沉积型硫铁矿模型区含矿地质体含矿系数详见表3-8-24。

表3-8-24 晋城式沉积型硫铁矿模型区含矿地质体含矿系数表

编号	名称	含矿地质体含矿系数	资源总量(t)	含矿地质体总体积(m³)
1419102001	周村	0.002 023 1	37 480 911	18 526 162 340

(3)云盘式沉积变质型硫铁矿。

模型区采用金岗库最小预测区。云盘式沉积变质型硫铁矿模型区含矿地质体含矿系数详见表3-8-25。

表3-8-25 云盘式沉积变质型硫铁矿模型区含矿地质体含矿系数表

编号	名称	含矿地质体含矿系数	资源总量(t)	含矿地质体总体积(m³)
1419301001	金岗库	0.001 439 2	6 268 315	4 355 296 500

2. 最小预测区预测资源量及估算参数

1)最小预测区面积圈定

(1)阳泉式沉积型硫铁矿。

通过与预测底图对比(沉积建造构造图),沉积建造构造图中石炭系上统月门沟群太原组湖田段地层相当于典型矿床石炭系中统本溪组地层,本次矿产预测中将石炭系上统月门沟群太原组湖田段地层作为含矿地质体,最小预测区范围为含矿地质体的底界和沿倾向方向外推2000m的界线圈定,各预测工作区最小预测区面积详见表3-8-26~表3-8-30。

表3-8-26 阳泉预测工作区最小预测区面积圈定大小及方法依据表

最小预测区编号	最小预测区名称	面积(m²)	参数确定依据
A1419101016	锁簧	42 754 349	人工
B1419101017	李家庄	25 244 689	人工
A1419101018	平定	55 554 657	人工
A1419101019	阳泉	61 993 000	人工
A1419101020	河底	53 215 242	人工
A1419101021	路家村	36 749 451	人工
A1419101022	盂县	49 709 938	人工
B1419101023	观音堂	2 198 931	人工

表3-8-27 汾西预测工作区最小预测区面积圈定大小及方法依据表

最小预测区编号	最小预测区名称	面积(m²)	参数确定依据
A1419101001	后庄	30 464 279	人工
A1419101002	下仙	83 218 238	人工
B1419101003	关家庄	14 336 438	人工
B1419101004	东堡	25 389 471	人工

续表 3-8-27

最小预测区编号	最小预测区名称	面积(m²)	参数确定依据
B1419101005	中村	12 267 903	人工
A1419101006	成家庄	49 960 595	人工
A1419101007	上柳	74 760 068	人工
B1419101008	朱家山	12 486 054	人工
B1419101009	滩里	22 748 474	人工
B1419101010	峪里	19 004 926	人工

表 3-8-28　乡宁预测工作区最小预测区面积圈定大小及方法依据表

最小预测区编号	最小预测区名称	面积(m²)	参数确定依据
B1419101011	上岭	21 448 946	人工
B1419101012	西坡	30 116 306	人工
B1419101013	西交口	26 905 039	人工
A1419101014	尉庄	95 775 013	人工
A1419101015	上善	85 268 704	人工

表 3-8-29　平陆预测工作区最小预测区面积圈定大小及方法依据表

最小预测区编号	最小预测区名称	面积(m²)	参数确定依据
C1419101024	解峪	5 999 281	人工
B1419101025	西山头	6 228 571	人工
B1419101026	东凹	7 132 994	人工
B1419101027	赵家岭	2 867 081	人工
C1419101028	郑家沟	2 474 693	人工

表 3-8-30　保德预测工作区最小预测区面积圈定大小及方法依据表

最小预测区编号	最小预测区名称	面积(m²)	参数确定依据
B1419101029	孙家沟	18 162 846	人工
B1419101030	曹虎	16 951 843	人工
A1419101031	新窑	39 840 348	人工
B1419101032	旧县	30 618 161	人工

(2)晋城式沉积型硫铁矿。

通过与预测底图对比(沉积建造构造图),沉积建造构造图中石炭系上统月门沟群太原组地层相当于典型矿床石炭系中统本溪组、石炭系上统太原组地层,含矿地质体为石炭系上统月门沟群太原组地层,本次矿产预测中将石炭系上统月门沟群太原组地层作为含矿地质体,最小预测区范围为含矿地质体的底界和沿倾向方向外推2000m的界线圈定,共圈出最小预测区18个,面积13~198km²。

表 3-8-31 晋城预测工作区最小预测区面积圈定大小及方法依据表

最小预测区编号	最小预测区名称	面积(m²)	参数确定依据
B1419102001	周村	132 329 731	人工
A1419102002	百尺	198 060 069	人工
A1419102003	平城	123 642 212	人工
A1419102004	礼义	74 763 811	人工
A1419102005	后山	77 428 401	人工
B1419102006	万章	13 205 294	人工
A1419102007	三甲	112 087 843	人工
A1419102008	马村	176 582 906	人工
A1419102009	金村	114 138 790	人工
B1419102010	冶头	27 075 038	人工
B1419102011	东和	57 748 330	人工
B1419102012	李寨	18 599 342	人工
B1419102013	小东沟	42 512 767	人工
B1419102014	东冶	29 758 083	人工
B1419102015	山头	25 347 739	人工
B1419102016	白桑	31 817 950	人工
B1419102017	河北	42 508 414	人工
B1419102018	次营	37 807 550	人工

(3)云盘式沉积变质型硫铁矿。

本次矿产预测中将新太古界石咀亚岩群金岗库岩组的斜长角闪岩-黑云变粒岩夹磁铁石英岩变质建造作为含矿地质体,以该建造的自然出露边界圈定最小预测区,共圈出最小预测区 2 个,预测区面积 $4 \sim 8.71 km^2$。

表 3-8-32 五台山预测工作区最小预测区面积圈定大小及方法依据表

最小预测区编号	最小预测区名称	面积(m²)	参数确定依据
B1419301001	金岗库	8 710 593	人工
B1419301002	红安	4 015 137	人工

2)预测工作区延深参数的确定

(1)阳泉式沉积型硫铁矿。

该类型矿床为缓倾斜矿体,面积采用含矿地质体的水平投影面积,资源量估算中延深采用含矿地质体的厚度,即石炭系上统月门沟群太原组湖田段厚度。阳泉预测工作区 19.80m、汾西预测工作区 25.96m、乡宁预测工作区 20.63m、平陆预测工作区 4.80m、保德预测工作区 10.50m。

(2)晋城式沉积型硫铁矿。

该类型矿床为缓倾斜矿体,面积采用含矿地质体的水平投影面积,资源量估算中延深采用含矿地质体的厚度,即石炭系上统月门沟群太原组地层厚度 140m。

(3)云盘式沉积变质型硫铁矿。

该类型矿床为陡倾斜的矿体,面积采用含矿地质体的面积,通过对含矿地质体的特征分析研究,认为本矿床的矿体均为似层状、透镜状、扁豆状,一般规模较小,延深不太大,本次预测资源量延深采用500m。

3)预测工作区品位和体重的确定

阳泉式沉积型硫铁矿预测工作区:采用典型矿床平定锁簧硫铁矿的资料,体重3.45t/m³,平均品位20.27%。

晋城式沉积型硫铁矿预测工作区:采用典型矿床晋城周村硫铁矿的资料,体重3.52t/m³,平均品位22.68%。

云盘式沉积变质型硫铁矿预测工作区:采用典型矿床金岗库硫铁矿的资料,体重3.52t/m³,平均品位19.07%。

4)最小预测区相似系数的确定

各最小预测区相似系数见表3-8-33~表3-8-39。

表3-8-33 阳泉预测工作区最小预测区相似系数表

最小预测区编号	最小预测区名称	相似系数	参数确定依据
A1419101016	锁簧	1	人工
B1419101017	李家庄	0.5	人工
A1419101018	平定	1	人工
A1419101019	阳泉	1	人工
A1419101020	河底	1	人工
A1419101021	路家村	1	人工
A1419101022	盂县	0.5	人工
B1419101023	观音堂	0.5	人工

表3-8-34 汾西预测工作区最小预测区相似系数表

最小预测区编号	最小预测区名称	相似系数	参数确定依据
A1419101001	后庄	1	人工
A1419101002	下仙	1	人工
B1419101003	关家庄	0.5	人工
B1419101004	东堡	0.5	人工
B1419101005	中村	0.5	人工
A1419101006	成家庄	1	人工
A1419101007	上柳	0.5	人工
B1419101008	朱家山	0.5	人工
B1419101009	滩里	0.5	人工
B1419101010	峪里	0.5	人工

表 3-8-35 乡宁预测工作区最小预测区相似系数表

最小预测区编号	最小预测区名称	相似系数	参数确定依据
B1419101011	上岭	1	人工
B1419101012	西坡	0.5	人工
B1419101013	西交口	0.5	人工
A1419101014	尉庄	0.5	人工
A1419101015	上善	1	人工

表 3-8-36 平陆预测工作区最小预测区相似系数表

最小预测区编号	最小预测区名称	相似系数	参数确定依据
C1419101024	解峪	0.5	人工
B1419101025	西山头	0.5	人工
B1419101026	东凹	0.25	人工
B1419101027	赵家岭	1	人工
C1419101028	郑家沟	0.5	人工

表 3-8-37 保德预测工作区最小预测区相似系数表

最小预测区编号	最小预测区名称	相似系数	参数确定依据
B1419101029	孙家沟	0.25	人工
B1419101030	曹虎	0.25	人工
A1419101031	新窑	0.5	人工
B1419101032	旧县	0.5	人工

表 3-8-38 晋城预测工作区最小预测区相似系数表

最小预测区编号	最小预测区名称	相似系数	参数确定依据
B1419102001	周村	1	人工
A1419102002	百尺	1	人工
A1419102003	平城	1	人工
A1419102004	礼义	1	人工
A1419102005	后山	1	人工
B1419102006	万章	0.5	人工
A1419102007	三甲	0.5	人工
A1419102008	马村	1	人工
A1419102009	金村	1	人工
B1419102010	冶头	0.5	人工
B1419102011	东和	1	人工
B1419102012	李寨	0.5	人工
B1419102013	小东沟	0.5	人工

续表 3-8-38

最小预测区编号	最小预测区名称	相似系数	参数确定依据
B1419102014	东冶	1	人工
B1419102015	山头	0.5	人工
B1419102016	白桑	1	人工
B1419102017	河北	1	人工
B1419102018	次营	0.5	人工

表 3-8-39　五台山预测工作区最小预测区相似系数表

最小预测区编号	最小预测区名称	相似系数	参数确定依据
B1419301001	金岗库	1	人工
B1419301002	红安	0.5	人工

3. 最小预测区预测资源量估算结果

本次硫铁矿资源量按体积法预测，预测资源量为矿石量。其计算公式为：

$$Z_总 = S_预 \times H_预 \times K_s \times K \times \alpha$$

$$Z_预 = Z_总 - Z_查$$

各最小预测区预测资源量估算结果见表 3-8-40～表 3-8-46。

表 3-8-40　阳泉预测工作区最小预测区估算成果表

最小预测区编号	最小预测区名称	面积 $S_预$ (m²)	延深 $H_预$ (m)	含矿系数 K	相似系数 α	总预测资源量（千t）	查明资源量（千t）	预测资源量（千t）
A1419101016	锁簧	42 754 349	19.8	0.041 744 5	1	35 338.23	12 200.6	23 137.63
B1419101017	李家庄	25 244 689	19.8	0.041 744 5	0.5	10 432.9	0	10 432.9
A1419101018	平定	55 554 657	19.8	0.041 744 5	1	45 918.2	9215	36 703.2
A1419101019	阳泉	61 993 000	19.8	0.041 744 5	1	51 239.8	5301	45 938.8
A1419101020	河底	53 215 242	19.8	0.041 744 5	1	43 984.6	1748	42 236.6
A1419101021	路家村	36 749 451	19.8	0.041 744 5	1	30 374.9	8181	22 193.9
A1419101022	盂县	49 709 938	19.8	0.041 744 5	0.5	20 543.7	0	20 543.7
B1419101023	观音堂	2 198 931	19.8	0.041 744 5	0.5	908.8	0	908.8

表 3-8-41　汾西预测工作区最小预测区估算成果表

最小预测区编号	最小预测区名称	面积 $S_预$ (m²)	延深 $H_预$ (m)	含矿系数 K	相似系数 α	总预测资源量（千t）	查明资源量（千t）	预测资源量（千t）
A1419101001	后庄	30 464 279	25.96	0.041 744 5	1	33 013.8	0	33 013.8
A1419101002	下仙	83 218 238	25.96	0.041 744 5	1	90 182.5	5 071.2	85 111.3
B1419101003	关家庄	14 336 438	25.96	0.041 744 5	0.5	7 768.1	0	7 768.1
B1419101004	东堡	25 389 471	25.96	0.041 744 5	0.5	13 757.1	0	13 757.1
B1419101005	中村	12 267 903	25.96	0.041 744 5	0.5	6 647.3	0	6 647.3

续表 3-8-41

最小预测区编号	最小预测区名称	面积 $S_{预}$ (m²)	延深 $H_{预}$ (m)	含矿系数 K	相似系数 α	总预测资源量(千t)	查明资源量(千t)	预测资源量(千t)
A1419101006	成家庄	49 960 595	25.96	0.041 744 5	1	54 141.7	0	54 141.7
A1419101007	上柳	74 760 068	25.96	0.041 744 5	0.5	40 508.3	0	40 508.3
B1419101008	朱家山	12 486 054	25.96	0.041 744 5	0.5	6 765.5	0	6 765.5
B1419101009	滩里	22 748 474	25.96	0.041 744 5	0.5	12 326.1	0	12 326.1
B1419101010	峪里	19 004 926	25.96	0.041 744 5	0.5	10 297.7	0	10 297.7

表 3-8-42 乡宁预测工作区最小预测区估算成果表

最小预测区编号	最小预测区名称	面积 $S_{预}$ (m²)	延深 $H_{预}$ (m)	含矿系数 K	相似系数 α	总预测资源量(千t)	查明资源量(千t)	预测资源量(千t)
B1419101011	上岭	21 448 946	20.63	0.041 744 5	1	18 471.6	7315	11 156.6
B1419101012	西坡	30 116 306	20.63	0.041 744 5	0.5	12 967.9	0	12 967.9
B1419101013	西交口	26 905 039	20.63	0.041 744 5	0.5	11 585.2	0	11 585.2
A1419101014	尉庄	95 775 013	20.63	0.041 744 5	0.5	41 240.2	0	41 240.2
A1419101015	上善	85 268 704	20.63	0.041 744 5	1	73 432.5	0	73 432.5

表 3-8-43 平陆预测工作区最小预测区估算成果表

最小预测区编号	最小预测区名称	面积 $S_{预}$ (m²)	延深 $H_{预}$ (m)	含矿系数 K	相似系数 α	总预测资源量(千t)	查明资源量(千t)	预测资源量(千t)
C1419101024	解峪	5 999 281	4.8	0.041 744 5	0.5	601.05	0	601.05
B1419101025	西山头	6 228 571	4.8	0.041 744 5	0.5	624.02	0	624.02
B1419101026	东凹	7 132 994	4.8	0.041 744 5	0.25	357.32	0	357.32
B1419101027	赵家岭	2 867 081	4.8	0.041 744 5	1	574.49	99.75	474.74
C1419101028	郑家沟	2 474 693	4.8	0.041 744 5	0.5	247.93	0	247.93

表 3-8-44 保德预测工作区最小预测区估算成果表

最小预测区编号	最小预测区名称	面积 $S_{预}$ (m²)	延深 $H_{预}$ (m)	含矿系数 K	相似系数 α	总预测资源量(千t)	查明资源量(千t)	预测资源量(千t)
B1419101029	孙家沟	18 162 846	10.5	0.041 744 5	0.25	1 990.27	0	1 990.27
B1419101030	曹虎	16 951 843	10.5	0.041 744 5	0.25	1 857.57	0	1 857.57
A1419101031	新窑	39 840 348	10.5	0.041 744 5	0.5	8 731.36	0	8 731.36
B1419101032	旧县	30 618 161	10.5	0.041 744 5	0.5	6 710.23	0	6 710.23

表 3-8-45　晋城预测工作区最小预测区估算成果表

最小预测区编号	最小预测区名称	面积 $S_{预}$（m²）	延深 $H_{预}$（m）	含矿系数 K	相似系数 α	总预测资源量（千t）	查明资源量（千t）	预测资源量（千t）
B1419102001	周村	132 329 731	140	0.002 023 1	1	37 480.28	25 097.7	12 382.58
A1419102002	百尺	198 060 069	140	0.002 023 1	1	56 097.35	793.7	55 303.65
A1419102003	平城	123 642 212	140	0.002 023 1	1	35 019.68	2188	32 831.68
A1419102004	礼义	74 763 811	140	0.002 023 1	1	21 175.65	0	21 175.65
A1419102005	后山	77 428 401	140	0.002 023 1	1	21 930.36	988	20 942.36
B1419102006	万章	13 205 294	140	0.002 023 1	0.5	1 870.09	0	1 870.09
A1419102007	三甲	112 087 843	140	0.002 023 1	0.5	15 873.54	0	15 873.54
A1419102008	马村	176 582 906	140	0.002 023 1	1	50 014.28	0	50 014.28
A1419102009	金村	114 138 790	140	0.002 023 1	1	32 327.99	0	32 327.99
B1419102010	冶头	27 075 038	140	0.002 023 1	0.5	3 834.29	0	3 834.29
B1419102011	东和	88 157 951	140	0.002 023 1	1	24 969.33	24 092	877.33
B1419102012	李寨	18 599 342	140	0.002 023 1	0.5	2 633.98	0	2 633.98
B1419102013	小东沟	42 512 767	140	0.002 023 1	0.5	6 020.53	0	6 020.53
B1419102014	东冶	29 758 083	140	0.002 023 1	1	8 428.5	0	8 428.5
B1419102015	山头	25 347 739	140	0.002 023 1	0.5	3 589.67	0	3 589.67
B1419102016	白桑	31 817 950	140	0.002 023 1	1	9 011.93	4230	4 781.93
B1419102017	河北	42 508 414	140	0.002 023 1	1	12 039.83	4660	7 379.83
B1419102018	次营	37 807 550	140	0.002 023 1	0.5	5 354.19	0	5 354.19

表 3-8-46　五台山预测工作区最小预测区估算成果表

最小预测区编号	最小预测区名称	面积 $S_{预}$（m²）	延深 $H_{预}$（m）	含矿系数 K	相似系数 α	总预测资源量（千t）	查明资源量（千t）	预测资源量（千t）
B1419301001	金岗库	8 710 593	500	0.001 439 2	1	6 268.14	3598	2 670.14
B1419301002	红安	4 015 137	500	0.001 439 2	0.5	1 444.65	0	1 444.65

3.9 磷矿资源潜力评价

3.9.1 磷矿预测模型

1. 磷矿典型矿床预测要素、预测模型

(1)芮城县水峪磷矿区。

水峪磷矿典型矿床总探明资源量为 3 975.53 万 t(平均品位 P_2O_5 6.90%),含矿岩系厚度 44~131m,平均厚度 87.50m。将岩相古地理内容叠加后发现,位于滨海-浅海相潮间带下部砂泥岩亚相,有利地层为寒武系下统辛集组,对成矿极为有利。

典型矿床预测要素图是在典型矿床成矿要素图的基础上,叠加磁测、化探、遥感、自然重砂等综合信息编制而成的。研究认为,物探与该区磷矿的预测无直接关系。

分析提取预测要素,并根据预测要素的重要性分出必要的、重要的和次要的预测要素。详见表 3-9-1。

表 3-9-1 水峪磷矿典型矿床预测要素表

预测要素		描述内容			预测要素分类
储量		3 975.53 万 t	平均品位	P_2O_5:6.90%	
特征描述		沉积型磷矿床			
地质环境	地层	寒武系下统辛集组			必要
	岩石组合	下段为含磷岩石组合,中段为含钙砂岩与泥岩互层,上段为含燧石结核(条带)白云质灰岩			必要
	岩石结构	砂状、砂质结构,块状、条带状构造			次要
	成矿时代	古生代早寒武世			必要
	成矿环境	地台型半封闭干燥的近岸滨海相—浅海相沉积磷块岩矿床,弱碱性、盐度较高,古气候由寒冷干燥转化为炎热干燥			必要
	构造背景	三门峡碳酸盐台地			必要
矿床特征	矿石矿物组合	胶磷矿 4%~30%,方解石、白云石 5%~65%,石英 20%~80%			重要
	结构	砂状、砂质结构			次要
	构造	块状、条带状构造			次要
	控矿条件	矿体形态严格受古侵蚀面形态控制,黏土-硅质岩相			重要
预测要素	物探异常	物探异常无显示			次要
备注					

(2)平型关磷矿。

根据典型矿床研究结果,编制了成矿要素图、预测要素图及其他综合信息图件,成矿要素图的底图为 1:5000 矿区地形地质图,精度较高,能满足研究工作需要。

平型关磷矿典型矿床矿总探明资源量为 34 485.69 万 t(平均品位 2.86%),含矿地质体为吕梁期的变质基性、超基性岩,岩性为含磷辉石(角闪)正长黑云片岩,对成矿极为有利。

典型矿床预测要素图是在典型矿床成矿要素图的基础上，叠加磁测、化探、遥感、自然重砂等综合信息编制而成的。由于该矿床未做大比例尺的物探、化探、遥感、重砂等工作，只能参考区域小比例相关资料成果，通过工作证实，物探对该区磷矿无直接反映，化探P元素地球化学含量≥1 079.7的异常虽与含矿地质体有对应关系，但仅对矿产预测具有指导意义，为次要的预测要素之一。

分析提取预测要素，并根据预测要素的重要性分出必要的、重要的和次要的预测要素。详见表3-9-2。

表3-9-2 平型关磷矿典型矿床预测要素表

成矿要素		描述内容			成矿要素分类
储量		34 485.69万t	平均品位	P_2O_5:2.86%	
特征描述		变质型磷矿床			
地质环境	含矿岩体	变质基性—超基性岩浆岩			必要
	岩石组合	含磷辉石(角闪)正长黑云片岩、混染含磷辉石(角闪)正长黑云片岩			必要
	岩石结构	同化混染结构			次要
	成矿时代	吕梁期			必要
	侵入围岩	五台岩群铺上组文溪段黑云斜长片麻岩			次要
	成矿环境	基性岩浆开始结晶时，最早结晶的矿物是辉石和少量的长石，随着矿物结晶的不断进行，溶液的性质开始起变化，在早结晶的矿物之间开始出现含氟的挥发性溶液质点，分布比较均匀，此时具备了磷灰石矿物生成的条件			必要
	构造背景	五台新太古代岛弧(岛弧带)			重要
矿床特征	矿石矿物组合	辉石20%～40%、黑云母30%～50%、正长石5%～20%、磷灰石1.4%～10.2%			重要
	结构	花岗鳞片变晶结构或鳞片花岗变晶结构			次要
	构造	片状构造、片麻状构造			次要
	控矿条件	矿体形态严格受变质基性侵入岩体控制			重要
预测要素	物探异常	物探异常无显示			次要
	化探异常	P地球化学含量≥1 079.7			次要

2. 预测工作区预测模型

(1)辛集式沉积型磷矿芮城预测工作区。

通过对预测工作区地质背景和成矿规律的分析研究及对典型矿床区域成矿要素图、预测要素图等图件的编制，总结提取了区域成矿要素和预测要素，建立预测工作区定性预测模型(图3-9-1)。

辛集式沉积型磷矿芮城预测工作区磷矿赋存于下古生界寒武系的辛集组砂砾岩中。根据典型矿床的研究，含矿地质体为下古生界寒武系下统辛集组，分为三段，下段为砂质磷块岩、含磷砂页岩、砾状磷块岩，中段为含钙砂岩、灰岩、泥岩，上段为含燧石灰岩、白云质灰岩，通过与预测底图(沉积建造构造图)对比，沉积建造构造图上辛集组岩性相当于典型矿床辛集组的下段和中段地层，朱砂洞组的岩性相当于上段的地层，故将下古生界寒武系下统辛集组和朱砂洞组作为含矿地质体；工作区总体构造格架形成于中生代燕山期，燕山期构造运动控制了工作区的基本构造轮廓。构造线方向以NE向和近EW向为主，发育NE向、近EW向断裂、褶皱，构造形态极为复杂，以中条山山前大断裂为界，控制着不同的构造单元。

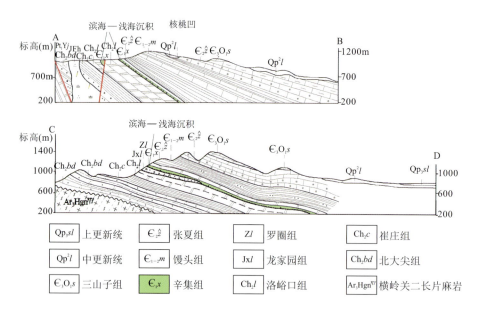

图 3-9-1 辛集式沉积型磷矿芮城预测工作区预测模型图

(2) 变质型磷矿平型关预测工作区。

通过对预测工作区地质背景和成矿规律的分析研究及对典型矿床区域成矿要素图、预测要素图等图件的编制，总结提取了区域成矿要素和预测要素，建立预测工作区定性预测模型（图 3-9-2）。

变质型磷矿赋存于吕梁期的变质基性—超基性岩中，岩性为含磷辉石（角闪）正长黑云片岩，根据典型矿床的研究，含矿地质体为古元古代吕梁期变质基性—超基性侵入岩建造，岩性为含磷辉石（角闪）正长黑云片岩；变质建造构造图上，古元古代吕梁期的变质煌斑岩岩性相当于典型矿床古元古代吕梁期变质基性—超基性侵入岩建造，故将古元古代吕梁期的变质煌斑岩作为含矿地质体；工作区内发育有不同时代的构造形迹，其中对本次磷矿预测影响最大的为五台期、吕梁期构造，其次为燕山期、喜马拉雅期构造。

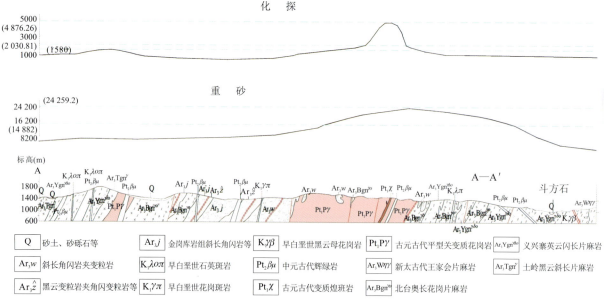

图 3-9-2 变质型磷矿平型关预测工作区预测模型图

(3)变质型磷矿桐峪预测工作区。

通过对预测工作区地质背景和成矿规律的分析研究,总结提取了区域成矿要素和预测要素,建立预测工作区定性预测模型(图3-9-3)。

变质型磷矿赋存于新太古界赞皇群石家栏组的(石榴)斜长角闪岩-角闪变粒岩-磁铁石英岩建造,原岩建造为基性火山岩硅铁建造,岩性为斜长角闪岩、含石榴斜长角闪岩,故将新太古界赞皇群石家栏组的(石榴)斜长角闪岩-角闪变粒岩-磁铁石英岩建造作为含矿地质体;区内基底构造突出表现为以五台期同斜、紧闭、倒转的一系列背、向斜褶皱为主,其轴面倾向于NW,轴迹呈NE方向,区内板内构造层主要形成于中生代燕山期,喜马拉雅期构造在区内表现不强烈。

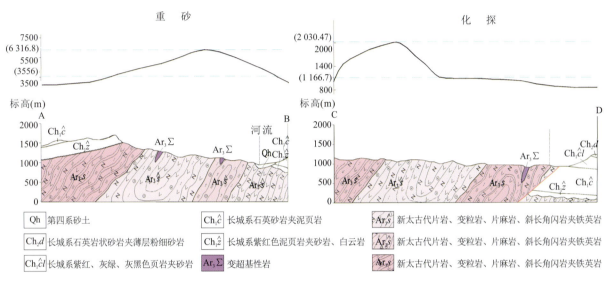

图3-9-3 变质型磷矿桐峪预测工作区预测模型图

3.9.2 预测方法类型确定及区域预测要素

山西省涉及的矿产预测方法类型有2种:变质型和沉积型,矿产预测方法类型的选择取决于矿产预测类型的必要要素和预测底图。本次预测,山西省磷矿涉及的矿产预测类型共包括2类,分别是变质型、辛集式海相沉积型。

1. 预测区地质构造专题底图及特征

1)地质构造专题底图编制

沉积建造构造图总体工作过程为在1:25万建造构造图的基础上,补充1:5万区调资料以及有关科研专题研究资料,细化含矿岩石建造与构造内容,按预测工作区范围编制各类地质构造专题底图和沉积建造图。

变质型磷矿选用变质建造构造图作为预测底图,总体工作过程为在1:25万建造构造图的基础上,充分利用了1:5万区调资料,补充1:20万区调资料以及有关科研专题研究资料,细化含矿岩石建造与构造内容,按预测工作区范围编制各类地质构造专题底图和变质岩建造构造图。

2)地质背景特征

(1)芮城预测工作区。

地层从老到新分布有新太古界、元古宇、下古生界、新生界等。辛集式沉积型磷矿主要赋存于下古生界寒武系的辛集组中。

下古生界主要岩石地层有寒武系的辛集组、朱砂硐组、馒头组、张夏组;寒武系—奥陶系三山子组及奥陶系马家沟组,其主体岩性为陆源碎屑岩-碳酸盐岩沉积建造。辛集组为一套(含磷)砂砾岩建造,下部为灰红色含磷石英砂砾岩,上部为灰红色石英杂砂岩、粉砂岩夹泥岩。

预测工作区侵入岩较发育,主要有新太古代和古元古代的变质深成侵入岩和中生代侵入岩。

工作区总体构造格架形成于中生代燕山期,燕山期构造运动控制了工作区的基本构造轮廓。构造线方向以 NE 向和近 EW 向为主,发育 NE 向、近 EW 向断裂,褶皱,构造形态极为复杂,以中条山山前大断裂为界,控制着不同的构造单元。

区内新生代喜马拉雅期构造表现也较为强烈,总体表现为拉伸构造体制下,以继承性断裂和地壳间歇性不均匀隆升为主导的运动形式。

(2)平型关预测工作区。

主体大地构造单元为遵化-五台-太行山新太古代岩浆弧(Ⅲ级)的五台新太古代岛弧带(Ⅳ级)。从老到新分布的地层有新太古界、古元古界、中元古界、新元古界、下古生界、中生界、新生界等。

新太古界以五台岩群石咀亚岩群为主体,此外预测工作区还有少量的阜平岩群。石咀亚岩群包括金岗库岩组、庄旺岩组、文溪岩组、老潭沟岩组、滑车岭岩组,原岩为一套富铝泥砂质岩-基性火山岩-中酸性火山岩夹硅铁建造,变质程度达低角闪岩相—高绿片岩相,其中金岗库岩组、文溪岩组是形成沉积变质型铁矿床的含矿层位。

古元古界滹沱系豆村群谷泉山组呈角度不整合发育在五台岩群之上,总体为一套浅变质的碎屑岩建造。

中元古界长城系—蓟县系、新元古界青白口系、下古生界寒武系—奥陶系,呈角度不整合发育在早前寒武纪变质岩之上,为一套陆源碎屑岩-碳酸盐岩建造;中生界白垩系,早期为粗碎屑岩-含煤砂泥质岩建造;新生界大面积分布在灵丘山间盆地中,新近系、第四系为一套河湖相、风积及现代河流松散堆积物。

区内侵入岩较发育,新太古代阜平-五台期、古元古代吕梁期、新元古代、中生代燕山期均有分布,变质煌斑岩是磷矿主要含矿层位。

预测工作区内发育有不同时代的构造形迹,其中对本次沉积变质型磷矿预测影响最大的为五台期、吕梁期构造,其次为燕山期、喜马拉雅期构造。中生代燕山期以 NW 向正断层和逆冲断层为主,仅对预测磷矿层有不同程度的破坏;新生代喜马拉雅期构造表现也较为强烈,主要为大同盆地的恒山山前断裂和忻定盆地的五台山北坡断裂、太和岭口断裂,这些断裂均具有继承性、迁移性和新生性的特征,不同程度控制了预测区铁矿层的地表出露。

(3)桐峪预测工作区。

从老到新分布的地层有新太古界、中元古界、下古生界、新生界等。地层分布明显呈 NE 向展布。新太古界赞皇岩群石家栏岩组分布于预测工作区的中部,是区内最老的岩石地层单位,其东以太行断裂与长城系或寒武系—奥陶系接触,西被长城系角度不整合覆盖,按最新的1:25万区调成果,该套岩石组合具有总体无序、局部有序的特点,可归纳为三个岩性组合,下部主要岩性为黑云斜长片麻岩、含石榴二云斜长片麻岩、含石榴蓝晶(矽线)二云斜长片麻岩夹含石榴二云片岩;中部主要岩性为石榴矽线二云片岩、黑云变粒岩、二云长石石英片岩夹少量的斜长角闪岩;上部为斜长角闪岩、含石榴斜长角闪岩、角闪变粒岩夹薄层状及透镜状含角闪二辉片麻岩、含铁闪石铁英岩及少量的黑云变粒岩。总体原岩为一套下部富铝泥砂质岩、上部基性火山岩夹 BIF 的沉积建造。在其上部基性火山岩中夹有数层呈透镜状、似层状产出的条带状铁英岩,为区内重要的含铁建造;中元古界区内仅分布有长城系赵家沟组、常州沟组、串岭沟组、大红峪组,其主体为碎屑岩(砂、砾岩)、泥质岩及白云岩等,围绕石家栏岩组四周分布;下古生界在预测工作区内主要岩石地层单位有寒武系馒头组、张夏组、崮山组、寒武系—奥陶系三山子组及奥陶系马家沟组,其主体岩性为碳酸盐岩、陆源碎屑岩沉积建造;新生界主要沿沟谷及沟谷两侧分布,主要岩石地层单位有更新统马兰组、峙峪组及全新统现代河流松散堆积物。

区内侵入岩不发育,均呈脉状产出,主要为新太古代变质基性-超基性岩脉和新元古代辉绿岩脉。前者分布于新太古代石家栏岩组中,后者侵入于石家栏岩组及中元古界长城系中,但又被寒武系馒头组角度不整合覆盖。

预测工作区内构造相对较复杂,按区内现有主要构造痕迹在时空上的表现特征及构造层的划分原则,将区内构造划分为基底构造层及板内构造层两部分。

2. 重力特征

由山西省地球物理化学勘察院完成预测工作区的布格重力异常等值线图、剩余重力异常等值线图、重力推断地质构造图(1∶5万)。1∶50万重力资料覆盖全省,1∶20万重力测量共完成22个图幅,还有9个图幅没有完成,有待今后完成。由于现有的资料工作比例尺小,最大只有1∶20万,因此重力资料只能解决大的构造和岩体判别问题,对矿产预测指导意义不大。

3. 磁测特征

由山西省地球物理化学勘察院完成预测工作区的航磁 ΔT 化极等值线平面图、航磁 ΔT 等值线平面图、航磁 ΔT 化极垂向一阶导线等值线平面图、磁法推断地质构造图(1∶5万)。由于磷矿含矿地质体磁性较弱,航磁等值线等磁测资料与地质成矿无明显对应关系,对矿产预测无指导意义。

4. 化探特征

由山西省地球物理化学勘察院完成预测工作区的 V、Cr、Co、P、Mn、Ni、Ti、Cu、Fe_2O_3 等元素(化合物)的地球化学图、地球化学异常图、预测工作区地球化学综合异常图(1∶5万)。地球化学异常图、地球化学图和含矿地层无对应关系,故对矿产预测无指导意义。

5. 遥感特征

在磷矿3个预测工作区内,遥感地质特征中只有线要素比较发育,大多反映了预测工作区的断裂构造,环要素较少,反映了中生代花岗岩或沟谷低地构成的环缘。平型关预测工作区的含磷辉石正长黑云片岩在色调、纹理上清晰,芮城水峪预测工作区寒武系含矿地层在色调、影纹、地貌上界线清晰,而桐峪预测工作区均无带要素。3个预测工作区的块要素、近矿找矿标志要素均无。3个预测工作区内只有芮城水峪预测工作区划分出了2个最小预测区要素。

6. 自然重砂特征

根据异常点的分布特征,结合地形地质条件,参考汇水盆地情况,用 MapGIS 6.7 软件人工圈定异常并进行异常级别划分。

Ⅰ类异常:地表有相应的矿床或矿点响应,重砂高含量点密集,异常规模较大,异常强度高,矿物组合较好,以及其他找矿信息较好者列为Ⅰ级。

Ⅱ类异常:异常提供信息较好,地表无矿床响应,但有矿点或矿化存在,地质条件较有利于成矿,或重砂高含量点密集,成矿地质条件好,但成矿证据不足,认为进一步工作有希望发现新矿床,或新的有价值的矿产。

Ⅲ类异常:重砂高含量点少或不太密集,地表无矿点或矿化微弱,异常信息较弱,矿物组合较简单,可作为今后找矿线索。

辛集式沉积型磷矿芮城预测工作区所选矿物为胶磷矿,但是在该预测区内没有检索到胶磷矿,所以无法绘制图件。

变质型磷矿平型关预测工作区共圈出1个Ⅰ类异常,2个Ⅱ类异常,2个Ⅲ类异常。Ⅰ类异常与含矿地质体有对应关系,可供参考。

变质型磷矿桐峪预测工作区共圈出1个Ⅰ类异常,2个Ⅱ类异常。3个异常区与含矿地质体对应较好,将磷灰石异常下限为1942.4圈定的异常作为重要的预测要素之一。

预测要素见表 3-9-3～表 3-9-5。

表 3-9-3　辛集式沉积型磷矿芮城预测工作区预测要素表

成矿要素		描述内容	成矿要素分类
特征描述		沉积型磷矿床	
地质环境	地层	寒武系下统辛集组、朱砂洞组	必要
	岩石组合	下段为含磷岩石组合,中段为含钙砂岩与泥岩互层,上段为含燧石结核(条带)白云质灰岩	必要
	岩石结构	砂状、砂质结构,块状、条带状构造	次要
	成矿时代	古生代早寒武世	必要
	成矿环境	地台型半封闭干燥的近岸滨海相—浅海相沉积磷块岩矿床,弱碱性,盐度较高,古气候由寒冷干燥转化为炎热干燥	必要
	构造背景	三门峡碳酸盐岩台地	必要
矿床特征	矿石矿物组合	胶磷矿4%～30%,方解石、白云石5%～65%,石英20%～80%	重要
	结构	砂状、砂质结构	次要
	构造	块状、条带状构造	次要
	控矿条件	矿体形态严格受古侵蚀面形态控制,黏土-硅质岩相	重要
地球物理特征	物探	物探特征不明显	无显示
	化探	化探特征不明显	无显示

表 3-9-4　变质型磷矿平型关预测工作区预测要素表

成矿要素		描述内容	成矿要素分类
特征描述		变质型磷矿床	
地质环境	含矿岩体	变质煌斑岩	必要
	岩石组合	含磷辉石(角闪)正长黑云片岩、混染含磷辉石(角闪)正长黑云片岩	必要
	岩石结构	同化混染结构	次要
	成矿时代	吕梁期	必要
	侵入围岩	五台岩群石咀亚岩群金岗库岩组黑云斜长片麻岩	次要
	成矿环境	基性岩浆开始结晶时,最早结晶的矿物是辉石和少量的长石,随着矿物结晶的不断进行,溶液的性质开始起变化,在早结晶的矿物之间开始出现含氟的挥发性溶液质点,分布比较均匀,此时具备了磷灰石矿物生成的条件	必要
	构造背景	五台新太古代岛弧(岛弧带)	重要
矿床特征	矿石矿物组合	辉石20%～40%、黑云母30%～50%、正长石5%～20%、磷灰石1.4%～10.2%	重要
	结构	花岗鳞片变晶结构或鳞片花岗变晶结构	次要
	构造	片状构造、片麻状构造	次要
	控矿条件	矿体形态严格受变质基性侵入岩体控制	重要
地球物理特征	物探	物探异常不明显	无显示
	化探	P 地球化学含量≥1 079.7	重要
	遥感		无显示

表 3-9-5 变质型磷矿桐峪预测工作区预测要素表

成矿要素特征描述		描述内容	成矿要素分类
		变质型磷矿床	
地质环境	含矿岩体	新太古界赞皇岩群石家栏岩组	必要
	岩石组合	黑云母斜长片麻岩、斜长角闪岩	必要
	岩石结构	变晶似斑状结构	次要
	成矿时代	五台期	必要
	成矿环境	随着海底基性火山喷发,岩浆的冷却速度较快,仅有极少量的辉石、长石呈细小的结晶形成,而含氟的挥发性溶液也开始形成磷灰石	必要
	构造背景	太行山(南段)新太古代岩浆弧	重要
矿床特征	矿石矿物组合	氟磷灰石、钛铁矿、磁铁矿、角闪石、斜长石、石英、云母	重要
	结构	似斑状结构	次要
	构造	片状构造、片麻状构造、条带状构造	次要
	控矿条件	受由基性海底火山岩变质而成的黑云母斜长片麻岩、斜长角闪岩控制	重要
地球物理特征	物探	物探异常不明显	无显示
	遥感		无显示
	化探	P 地球化学含量≥877.15	重要
	重砂	磷灰石异常下限为 1 942.4	重要
备注			

3.9.3 最小预测区圈定

1. 预测单元划分及预测地质变量选择

最小预测区圈定原则:a. 在最小的矿产预测工作区内,发现矿床的可能性最大、漏掉矿可能性最小的空间,即最小面积最大含矿率和最小漏矿率的原则;b. 采用模型类比法,用不同级别模型圈定不同规模的预测单元;c. 预测工作区的边界按预测评价模型的确定性成矿信息予以定位;d. 多种信息联合使用时,应遵循以地质信息为基础,最有效方法提供的信息为先导,结合地质、物探、化探、遥感信息综合标志圈定预测单元的原则。

具体主要根据预测要素及其组合特征,综合研究成矿时代、地层、岩石组合、成矿环境、大地构造背景、矿化点存在等必要条件,采用综合信息法进行最小预测区圈定。

2. 预测要素变量的构置与选择

1)预测要素提取

经过对各预测工作区的地质、物探、化探、遥感、矿产地等信息的综合分析研究,确定了各预测工作区的预测信息,并进行了预测信息提取。

芮城预测工作区:①寒武系下统辛集组是找辛集式磷矿的前提,故选为必要的预测要素,即为定位预测变量,以含矿岩系出露线为定位预测边界(面文件);②早寒武世滨海相—浅海相的各种亚相为成矿的有利条件,是必要预测要素;③提取辛集式沉积型磷矿工业矿床点(点文件)。

平型关预测工作区:①提取吕梁期变质煌斑岩含矿建造图层(面文件);②提取磷矿工业矿床点(点文件);③提取化探 P 元素地球化学异常图层(面文件)。

桐峪预测工作区:①提取新太古界赞皇岩群石家栏岩组(石榴)斜长角闪岩-角闪变粒岩-磁铁石英岩建造为含矿建造图层(面文件);②提取磷矿工业矿床点(点文件);③提取化探 P 元素地球化学异常图层(面文件);④提取重砂磷灰石异常图层(线文件)。

2)预测变量赋值

变量赋值实质是将已作为地质变量提取出来的地质特征或地质标志在每个矿产资源体中的信息值取出或计算出来。具体可分为以下3个方面。

①定性变量:当变量存在对成矿有利时,赋值为1;不存在时赋值为0。
②定量变量:赋实际值,例如查明储量等。
③对每一变量求出成矿有利度,根据有利度对其进行赋值。

3)预测要素数字化、定量化

预测要素变量是关联预测工作区优劣及空间分布的一种数值表示。预测工作区的优劣可以用点、线和面等专题属性值的关联度来表示。在 MRAS2.0 平台支持下,自动提取预测变量的过程就是把预测单元与点、线和区等因素专题图作空间叠置分析,并将叠置分析结果保存在统计单元专题图的属性数据表中的过程。

芮城预测工作区:①含矿地层存在标志;②早寒武世滨海相—浅海相的各种亚相存在标志;③矿床点存在标志。

平型关预测工作区:①含矿建造存在标志;②矿床点存在标志;③化探 P 元素地球化学异常存在标志。

桐峪预测工作区:①含矿建造存在标志;②矿床点存在标志;③化探 P 元素地球化学异常存在标志;④重砂磷灰石异常存在标志。

4)变量初步优选结果

选取相似系数法对3个预测工作区进行预测变量优选,经过优选3个预测工作区的最小预测区预测变量全部保留。

3. 最小预测区圈定及优选

用特征分析法对最小预测区进行类别划分,变量权确定后,用特征分析模型计算统计单元的关联度,根据成矿概率将预测工作区划分为 A、B、C 三级预测工作区,分别用红、绿、蓝三种颜色表示。

3.9.4 资源定量预测

3.9.4.1 模型区深部及外围资源潜力预测分析

1. 典型矿床已查明资源储量及其估算参数

1)辛集式沉积型芮城水峪磷矿

查明资源量:总储量($B+C_1+C_2$)为 3 975.53 万 t(平均品位 P_2O_5 6.90%),工作程度为勘探。

含矿地质体面积:本矿床为缓倾斜矿体,含矿地质体面积为查明资源量范围的水平投影面积,为 6 706 657 m^2。

延深:由于本矿床为缓倾斜的矿体,延深采用含矿地质体平均厚度 87.50m。山西省芮城县水峪磷矿典型矿床查明资源储量见表 3-9-6。

表 3-9-6　山西省芮城县水峪磷矿典型矿床查明资源储量表

编号	名称	查明资源储量 矿石量(t)	面积 (m²)	延深 (m)	品位 (%)	体重 (t/m³)	体含矿率
0030	水峪	39 755 336	6 706 657	87.50	6.90	2.70	0.067 745 629

2)变质型平型关磷矿

查明资源量:总储量(C+D)为 34 485.69 万 t(平均品位 P_2O_5 2.86%),工作程度为初勘。

含矿地质体面积:在典型矿床成矿要素图上读出所有含矿地质体的面积,相加即得典型矿床含矿地质体面积,为 833 149m²。

延深:量取典型矿床每条勘探线剖面图上估算资源储量时计算体积所采用的矿体沿倾向方向的推测深度,将所有推测深度的算术平均值作为延深,为 486m。山西省灵丘县平型关磷矿典型矿床查明资源储量见表 3-9-7。

表 3-9-7　山西省灵丘县平型关磷矿典型矿床查明资源储量表

编号	名称	查明资源储量 矿石量(t)	面积 (m²)	延深 (m)	品位 (%)	体重 (t/m³)	体含矿率
0031	平型关	344 856 900	833 149	486	2.86	2.79	0.851 686 912

2. 典型矿床深部及外围预测资源量及估算参数

1)芮城水峪磷矿

水峪磷矿为缓倾斜的矿床,故本次预测工作只估算已知矿床外围预测资源量。

预测矿体面积:为含矿地质体的水平投影面积,采用含矿地质体的出露底界和沿倾向方向外推至矿体垂深 1000m 界线的水平投影线确定预测范围,扣除典型矿床查明资源量的含矿地质体面积即为预测矿体面积,为 953 324m²。山西省芮城县水峪磷矿典型矿床深部预测资源量见表 3-9-8。

表 3-9-8　山西省芮城县水峪磷矿典型矿床深部预测资源量表

编号	名称	预测资源量(t)	面积(m²)	延深(m)	体含矿率
0030	水峪	5 651 059	953 324	87.50	0.067 745 629

2)平型关磷矿

平型关磷矿探明资源量的范围与矿区范围基本一致,故本次预测工作只估算已知矿床深部预测资源量。

预测延深:本次预测资源量最大延深采用 1000m,典型矿床估算资源储量的延深为 486m,故估算资源储量的预测延深为 514m。

体含矿率:典型矿床查明资源储量表计算出的体含矿率为 0.851 686 912。山西省灵丘县平型关磷矿典型矿床深部预测资源量见表 3-9-9。

表 3-9-9　山西省灵丘县平型关磷矿典型矿床深部预测资源量表

编号	名称	预测资源量(t)	面积(m²)	延深(m)	体含矿率
0031	平型关	364 725 199	833 149	514	0.851 686 912

3. 典型矿床总资源量

芮城县水峪磷矿典型矿床总资源量详见表3-9-10。

表3-9-10　山西省芮城县水峪磷矿典型矿床总资源量表

编号	名称	查明资源储量(t)	预测资源量(t)	总资源量(t)	总面积(m^2)	总延深(m)	体含矿率
0030	水峪	39 755 336	5 651 059	45 406 395	7 659 981	87.50	0.067 745 629

平型关磷矿典型矿床总资源量详见表3-9-11。

表3-9-11　山西省灵丘县平型关磷矿典型矿床总资源量表

编号	名称	查明资源储量(t)	预测资源量(t)	总资源量(t)	总面积(m^2)	总延深(m)	体含矿率
0031	平型关	344 856 900	364 725 199	709 582 099	833 149	1000	0.851 686 912

4. 模型区预测资源量及估算参数确定

辛集式沉积型典型矿床位于水峪最小预测区，故选择水峪最小预测区为模型区。

模型区总资源量：模型区内仅有水峪一个典型矿床，无其他矿床或矿点，典型矿床水峪磷矿总资源量即为模型区总资源量，总资源量45 406 395t。

模型区总面积：模型区面积为最小预测区的面积，为17 541 938m^2。

模型区延深：本矿床为缓倾斜的矿体，延深采用含矿地质体平均厚度87.50m。

含矿地质体面积：含矿地质体面积与模型区面积相同。

辛集式沉积型磷矿模型区预测资源量及其估算参数详见表3-9-12。

表3-9-12　辛集式沉积型磷矿模型区预测资源量及其估算参数表

编号	名称	模型区预测资源量(t)	模型区面积(m^2)	延深(m)	含矿地质体面积(m^2)	含矿地质体面积参数
C1418101007	水峪	45 406 395	17 541 938	87.50	17 541 938	1

变质型磷矿典型矿床位于平型关最小预测区，故选择平型关最小预测区为模型区。

模型区总资源量：模型区内仅有平型关磷矿一个典型矿床，无其他矿床或矿点，典型矿床平型关磷矿总资源量即为模型区总资源量，总资源量709 582 099t。

模型区总面积：模型区面积为最小预测区的面积，为478 991m^2。

模型区延深：采用典型矿床的总延深，模型区延深为1000m。

含矿地质体面积：含矿地质体面积与模型区面积相同，为478 991m^2。

变质型磷矿模型区预测资源量及其估算参数详见表3-9-13。

表3-9-13　变质型磷矿模型区预测资源量及其估算参数表

编号	名称	模型区预测资源量(t)	模型区面积(m^2)	延深(m)	含矿地质体面积(m^2)	含矿地质体面积参数
C1418301001	平型关	709 582 099	478 991	1000	478 991	1

3.9.4.2 最小预测区参数确定

1. 模型区含矿系数确定

辛集式沉积型磷矿模型区采用水峪最小预测区。辛集式沉积型磷矿模型区含矿地质体含矿系数见表 3-9-14。

表 3-9-14 辛集式沉积型磷矿模型区含矿地质体含矿系数表

编号	名称	含矿地质体含矿系数	资源总量(t)	含矿地质体总体积(m³)
C1418101007	水峪	0.029 582 265	45 406 395	1 534 919 575

变质型磷矿模型区采用平型关最小预测区。变质型磷矿平型关预测工作区模型区含矿地质体含矿系数见表 3-9-15。

表 3-9-15 变质型磷矿平型关预测工作区模型区含矿地质体含矿系数表

编号	名称	含矿地质体含矿系数	资源总量(t)	含矿地质体总体积(m³)
C1418301001	平型关	1.481 410 087	709 582 099	478 991 000

2. 最小预测区预测资源量及估算参数

1)面积圈定

(1)辛集式沉积型磷矿芮城预测工作区。

下古生界寒武系下统辛集组、朱砂洞组作为含矿地质体,最小预测区范围由含矿地质体的底界和沿倾向方向外推的界线圈定,共圈出最小预测区 7 个。外推原则为外推距离不大于含矿地质体沿走向的长度,西庄最小预测区含矿地质体沿走向的长度1200m,外推距离采用1000m;葫芦沟最小预测区含矿地质体沿走向的长度 1700m,外推距离采用1500m;其余最小预测区含矿地质体沿走向的长度均大于2000m,外推距离采用2000m。7 个最小预测区面积 1~18km²。芮城预测工作区最小预测区面积圈定大小及方法依据见表 3-9-16。

表 3-9-16 芮城预测工作区最小预测区面积圈定大小及方法依据表

最小预测区编号	最小预测区名称	面积(m²)	参数确定依据
C1418101001	靖家山	10 190 729	人工
C1418101002	西庄	1 541 224	人工
C1418101003	红长沟	15 069 811	人工
C1418101004	陶家窑	33 039 273	人工
C1418101005	葫芦沟	2 076 530	人工
C1418101006	吉家	16 438 125	人工
C1418101007	水峪	17 541 938	人工

(2)变质型磷矿平型关预测工作区。

古元古代吕梁期的变质煌斑岩作为含矿地质体,以变质煌斑岩的自然出露边界圈定最小预测区,共圈出最小预测区 2 个,预测工作区面积 0.5km² 左右。平型关预测工作区最小预测区面积圈定大小及方法依据见表3-9-17。

表3-9-17 平型关预测工作区最小预测区面积圈定大小及方法依据表

最小预测区编号	最小预测区名称	面积(m^2)	参数确定依据
C1418301001	平型关	478 991	人工
C1418301002	朴子沟	165 623	人工

(3) 变质型磷矿桐峪预测工作区。

新太古界赞皇岩群石家栏岩组的(石榴)斜长角闪岩-角闪变粒岩-磁铁石英岩建造的自然出露边界、重砂异常、化探异常圈定最小预测区,共圈出最小预测区4个,预测工作区面积4~9km²。桐峪预测工作区最小预测区面积圈定大小及方法依据见表3-9-18。

表3-9-18 桐峪预测工作区最小预测区面积圈定大小及方法依据表

最小预测区编号	最小预测区名称	面积(m^2)	参数确定依据
C1418301003	西头	5 067 382	人工
C1418301004	桐峪	4 226 955	人工
C1418301005	壑岩	6 416 834	人工
C1418301006	故驿	8 910 165	人工

2) 延深参数确定

辛集式沉积型磷矿芮城预测工作区,该类型矿床为缓倾斜矿体,最小预测区延深全部采用含矿地质体平均厚度,为87.50m。

变质型磷矿平型关预测工作区:最小预测区延深采用典型矿床的总延深1000m。

变质型磷矿桐峪预测工作区:最小预测区延深采用典型矿床的总延深1000m。

3) 品位和体重确定

辛集式沉积型磷矿采用典型矿床水峪磷矿的资料,体重2.70t/m³,平均品位P_2O_5 6.90%。

变质型磷矿采用典型矿床平型关磷矿的资料,体重2.79t/m³,平均品位P_2O_5 2.86%。

4) 相似系数确定

辛集式磷矿芮城预测工作区圈定最小预测区7个,含矿地质体均为下古生界寒武系下统辛集组、朱砂洞组,成矿地质环境和矿床特征一致,地球物理特征均无显示,靖家山、陶家窑、水峪3个最小预测区有矿床(点),各最小预测区的相似系数见表3-9-19。

表3-9-19 芮城预测工作区最小预测区相似系数表

最小预测区编号	最小预测区名称	相似系数	参数确定依据
C1418101001	靖家山	1	人工
C1418101002	西庄	0.5	人工
C1418101003	红长沟	0.5	人工
C1418101004	陶家窑	1	人工
C1418101005	葫芦沟	0.5	人工

续表 3-9-19

最小预测区编号	最小预测区名称	相似系数	参数确定依据
C1418101006	吉家	0.5	人工
C1418101007	水峪	1	人工

变质型磷矿平型关预测工作区圈定最小预测区 2 个,含矿地质体均为基性-超基性岩体,成矿地质环境和矿床特征一致,物探、遥感、重砂均无显示,化探 P 地球化学含量≥1 079.7,异常与含矿地质体对应较好,均有矿床(点),各最小预测区的相似系数见表 3-9-20。

表 3-9-20 平型关预测工作区最小预测区相似系数表

最小预测区编号	最小预测区名称	相似系数	参数确定依据
C1418301001	平型关	1	人工
C1418301002	朴子沟	1	人工

变质型磷矿桐峪预测工作区圈定最小预测区 4 个,含矿地质体均为新太古界赞皇岩群石家栏岩组的(石榴)斜长角闪岩-角闪变粒岩-磁铁石英岩建造,西头、桐峪有矿床(点),但最小预测区边界难以确切圈定,仅以含矿地质体、化探、重砂异常等特征人工圈定最小预测区的边界,各最小预测区的相似系数见表 3-9-21。

表 3-9-21 桐峪预测工作区最小预测区相似系数表

最小预测区编号	最小预测区名称	相似系数	参数确定依据
C1418301003	西头	0.1	人工
C1418301004	桐峪	0.1	人工
C1418301005	墼岩	0.05	人工
C1418301006	故驿	0.05	人工

3.9.4.3 最小预测区预测资源量估算结果

本次磷矿资源量按体积法预测,预测资源量为矿石量。其计算公式为:

$$Z_总 = S_预 \times H_预 \times K_s \times K \times \alpha$$
$$Z_预 = Z_总 - Z_查$$

各最小预测区估算成果见表 3-9-22~表 3-9-24。

表 3-9-22 芮城预测工作区最小预测区估算成果表

最小预测区编号	最小预测区名称	面积 $S_预$ (m²)	延深 $H_预$ (m)	含矿系数 K	相似系数 α	总预测资源量(万t)	查明资源量(万t)	预测资源量(万t)
C1418101001	靖家山	10 190 729	87.50	0.029 582 265	1	2 637.82	2 493.10	144.72
C1418101002	西庄	1 541 224	87.50	0.029 582 265	0.5	199.47	0	199.47
C1418101003	红长沟	15 069 811	87.50	0.029 582 265	0.5	1 950.37	0	1 950.37

续表 3-9-22

最小预测区编号	最小预测区名称	面积 $S_{预}$ (m^2)	延深 $H_{预}$ (m)	含矿系数 K	相似系数 α	总预测资源量(万 t)	查明资源量(万 t)	预测资源量(万 t)
C1418101004	陶家窑	33 039 273	87.50	0.029 582 265	1	8 552.04	548.00	8 004.04
C1418101005	葫芦沟	2 076 530	87.50	0.029 582 265	0.5	268.75	0	268.75
C1418101006	吉家	16 438 125	87.50	0.029 582 265	0.5	2 127.46	0	2 127.46
C1418101007	水峪	17 541 938	87.50	0.029 582 265	1	4 540.64	3 975.53	565.11

表 3-9-23 平型关预测工作区最小预测区估算成果表

最小预测区编号	最小预测区名称	面积 $S_{预}$ (m^2)	延深 $H_{预}$ (m)	含矿系数 K	相似系数 α	总预测资源量(万 t)	查明资源量(万 t)	预测资源量(万 t)
C1418301001	平型关	478 991	1000	1.481 410 087	1	70 958.21	34 485.69	36 472.52
C1418301002	朴子沟	165 623	1000	1.481 410 087	1	24 535.56	8 874.20	15 661.36

表 3-9-24 桐峪预测工作区最小预测区估算成果表

最小预测区编号	最小预测区名称	面积 $S_{预}$ (m^2)	延深 $H_{预}$ (m)	含矿系数 K	相似系数 α	总预测资源量(万 t)	查明资源量(万 t)	预测资源量(万 t)
C1418301003	西头	5 067 382	1000	1.481 410 087	0.1	75 068.71	22.40	75 046.31
C1418301004	桐峪	4 226 955	1000	1.481 410 087	0.1	62 618.54	4 987.00	57 631.54
C1418301005	壑岩	6 416 834	1000	1.481 410 087	0.05	47 529.81	0	47 529.81
C1418301006	故驿	8 910 165	1000	1.481 410 087	0.05	65 998.04	0	65 998.04

3.10 萤石矿资源潜力评价

3.10.1 萤石矿预测模型

1. 萤石矿典型矿床预测要素、预测模型

山西省萤石矿涉及矿产预测类型只有董庄式岩浆热液型这一种。选用浑源县董庄萤石矿床作为该类型矿床的典型矿床。

浑源县董庄萤石矿典型矿床上表 CaF_2 储量 18.12 万 t,平均品位 CaF_2 53.97%,根据典型矿床的研究,含矿地质体为燕山期石英斑岩或新太古代土岭花岗闪长-奥长花岗质片麻岩(恒山杂岩)硅化破碎带。岩性复杂,主要岩性为石英斑岩、霏细岩、黑云斜长片麻岩、黑云角闪斜长片麻岩。大断裂或次一级的断裂是成矿的主导因素,大量的石英斑岩或酸性岩浆岩沿断裂带分布,为萤石矿的形成提供了物质来源和热液的通道。

典型矿床预测要素图是在典型矿床成矿要素图的基础上,叠加磁测、化探、遥感、自然重砂等综合信息编制而成的。由于该矿床未做大比例尺的物探、化探、遥感、重砂等工作,只能参考区域小比例尺相关资料成果。通过对物探、化探、遥感等地球物理化学特征的分析研究,化探氟异常与酸性岩浆岩、矿点有对应关系,对矿产预测有指导意义,物探、重砂、遥感等对矿产预测无指导意义,本预测区预测要素确定为大地构造位置、燕山期酸性岩浆岩、断裂构造、氟异常、含矿建造。详见表3-10-1。

表3-10-1　浑源县董庄萤石矿典型矿床预测要素表

预测要素		描述内容			预测要素分类
储量		181.2千t	平均品位	CaF$_2$ 53.97%	
特征描述		董庄式岩浆热液型萤石矿			
地质环境	含矿岩体	燕山期石英斑岩或新太古代土岭花岗闪长-奥长花岗质片麻岩(恒山杂岩)硅化破碎带			必要
	岩石组合	石英斑岩、霏细岩、黑云斜长片麻岩、黑云角闪斜长片麻岩			必要
	岩石结构	花岗变晶或鳞片粒状变晶结构			次要
	成矿时代	燕山期			必要
	成矿环境	萤石矿围岩主要为石英斑岩及黑云斜长片麻岩或硅化、绿泥石化黑云斜长片麻岩,矿体多富集于酸性岩浆岩及其接触带中,大量石英斑岩或酸性岩浆岩沿断裂带分布,为萤石矿的形成提供了物质来源和热液的通道。氟主要来源于燕山期石英斑岩及其伴生的高温阶段形成的萤石、磷灰石等富氟副矿物的再溶滤,产于石英斑岩体内接触带萤石矿的钙质来源于近矿围岩中斜长石的绢云母化析钙蚀变,产于岩体外接触带萤石矿的钙质来源于对钙质围岩的萃取			必要
	构造背景	恒山古元古代再造杂岩带(高压麻粒岩带)			必要
矿床特征	矿物组合	萤石、石英			重要
	结构	细晶—粗晶它形粒状结构,少量为自形、半自形粒状			次要
	构造	块状、角砾状、网脉状构造			次要
	控矿条件	矿体严格受NW向或NNW向挤压破碎带控制			重要
预测要素化探异常		化探氟异常明显			重要

2. 预测工作区预测模型

通过对物探、化探、遥感等地球物理化学特征的分析研究,物探、遥感等对矿产预测无指导意义,化探氟地球化学异常和含矿岩体有一定对应关系,对矿产预测有一定指导意义。本预测工作区含矿岩体、成矿时代、成矿环境、岩石组合、构造背景为必要要素,岩石结构、矿石矿物组合、控矿条件为重要要素,矿石结构、矿石构造为次要要素。

(1)浑源预测工作区。

通过对预测工作区地质背景和成矿规律的分析研究及对典型矿床成矿要素图、预测要素图等图件的编制,总结提取了区域成矿要素和预测要素,建立预测工作区定性预测模型。

山西省董庄式岩浆热液型萤石矿浑源预测工作区含矿地质体为燕山期石英斑岩或新太古代土岭花岗闪长-奥长花岗质片麻岩(恒山杂岩)硅化破碎带,岩性主要为石英斑岩、霏细岩、黑云斜长片麻岩、黑云角闪斜长片麻岩。预测底图为侵入岩建造构造图。

矿体严格受NW向或NNW向挤压破碎带和侵入其中的霏细岩脉控制。含矿硅化破碎带断续出露长达800~900m,宽10~50m,走向330°~340°,倾向NEE,倾角60°~80°。矿脉与硅化破碎带一致。矿区共有矿体12条,主矿体长约600m,地表可见矿体尖灭侧现。

(2)离石预测工作区。

通过对预测工作区地质背景和成矿规律的分析研究及对典型矿床成矿要素图、预测要素图等图件的编制,总结提取了区域成矿要素和预测要素,建立预测工作区定性预测模型。

在典型矿床研究的基础上,根据成矿预测要素,认为吕梁古元古代陆缘岩浆弧的关帝山后造山岩浆带的同造山—后造山阶段形成的 GMS 系列花岗岩、钙碱性花岗岩(即横岭粗粒黑云母花岗岩)中节理裂隙、断裂裂隙破碎带是萤石矿床含矿地质体,是区内重要的含矿岩石。区内中、新生代构造表现较为强烈,中生代构造主要为一系列宽缓的褶皱及断层,新生代构造表现为断陷盆地及边界断裂,以上构造对区内预测矿有重要的影响。预测工作区内萤石矿点大多集中在吴城镇以南大疙瘩峁、腰庄上、下罗卜等地,呈网脉状、细脉状,规模小。

通过对物探、化探、遥感等地球物理化学特征的分析研究,物探、化探、遥感等对矿产预测无指导意义。但自然重砂异常有一定指导意义。本预测工作区含矿岩体、成矿时代、成矿环境、岩石组合、构造背景为必要要素,岩石结构、矿石矿物组合、控矿条件为重要要素,矿石结构、矿石构造为次要要素。

3.10.2 预测方法类型确定及区域预测要素

按《重要矿产预测类型划分方案》,山西省萤石矿涉及 1 种矿产预测方法类型,即侵入岩体型,矿产预测类型为董庄式岩浆热液型。圈定预测工作区 2 个(山西省董庄式岩浆热液型萤石矿浑源预测工作区,编号 1422601001;山西省董庄式岩浆热液型萤石矿离石预测工作区,编号 1422601002),主要分布于山西省东北部的恒山浑源县一带、西部吕梁山离石一带。

1. 预测区地质构造专题底图及特征

1)地质构造专题底图编制

该预测类型预测底图选用侵入岩建造构造图。总体工作过程为在 1∶25 万建造构造图的基础上,补充 1∶5 万区调资料以及有关科研专题研究资料,细化含矿岩石建造与构造内容,按预测工作区范围编制各类地质构造专题底图和侵入岩建造图。其整个工作过程可细化为如下几步。

第一步:确定编图范围与"目的层"。

编图范围是由矿产预测组在地质背景组提供的 1∶25 万图幅建造构造图的基础上根据成矿特征,以地质背景研究为基础,结合物探、化探、遥感研究成果而确定的。

选择新太古代土岭花岗闪长、奥长花岗质片麻岩和侵入于其中的燕山期霏细岩作为本次编图的"目的层"。

第二步:整理地质图,形成地质构造专题底图的过渡图件。

第三步:编制侵入岩建造构造图初步图件。

第四步:补充物探、化探、遥感地质构造推断的成果,形成最终图件。

第五步:图面整饰、属性录入建库,编写说明书。

2)地质背景特征

(1)浑源预测工作区。

该预测工作区位于山西省东北部的恒山一带,分布于浑源县境内,地理坐标:东经 $113°19'18''$∼$114°05'50''$,北纬 $39°22'39''$∼$39°53'24''$,面积 1 118.17km^2。

预测区内从老到新分布的地层有新太古界董庄表壳岩和五台岩群、中元古界、下古生界、上古生界、中生界、新生界等,其分布总体受燕山期 NW 向断层控制。预测区内董庄热液充填型萤石矿赋存于燕山期霏细岩或新太古代土岭花岗闪长、奥长花岗质片麻岩的硅化破碎带中,呈脉状产出,严格受 NW 向断层破碎带和侵入其中的霏细岩脉控制,倾向 NE、倾角 45°∼50°。区内其他矿产资源有花岗石(辉绿岩)、铅锌矿等。

含矿硅化破碎带断续出露长达 800∼900m,宽 10∼50m,走向 330°∼340°,倾向 NEE,倾角 60°∼80°。矿脉与硅化破碎带一致。矿区共有矿体 12 条,主矿体长约 600m,地表可见矿体尖灭侧现。

(2)离石预测工作区。

该预测工作区位于山西省西部离石盆地北西缘、吕梁山山脉西麓,行政区划属吕梁市离石区、柳林县、方山县,近似于梯形。地理坐标为:东经 111°11′26″~111°26′54″,北纬 37°19′14″~37°33′21″,面积约 410.077 km^2。

区内属华北地层大区的山西地层分区吕梁山地层小区、鄂尔多斯地层分区河东地层小区,地层发育较齐全,地质情况相对简单。矿区内出露的变质地层为新太古界(区内最老的岩石地层单位)、古元古界。沉积盖层为下古生界寒武系、奥陶系,上古生界石炭系、二叠系,新生界等。

中、新生代构造表现较为强烈,中生代构造主要为一系列宽缓的褶皱及断层,新生代构造表现为断陷盆地及边界断裂,以上构造对区内预测矿体有重要的影响。

预测工作区沉积矿产及岩浆岩矿产有一定成矿地质条件,矿产资源有白云石、长石、石英、铅锌矿等。

本次预测类型为岩浆热液型。目的层为吕梁古元古代陆缘岩浆弧的关帝山后造山岩浆带的同造山—后造山阶段形成的钙碱性花岗岩(即横岭粗粒黑云母花岗岩)。预测工作区内萤石矿点大多集中在吴城镇以南大疙瘩岇、腰庄上、下罗卜等地,呈网脉状、细脉状,规模小。

2. 重力特征

由山西省地球物理化学勘察院完成预测工作区的布格重力异常等值线图、剩余重力异常等值线图、重力推断地质构造图(1:5万)。1:50万重力资料覆盖全省,1:20万重力测量共完成 22 个图幅,还有 9 个图幅没有完成,有待今后完成。由于现有的资料工作比例尺小,最大只有 1:20 万,因此重力资料只能解决大的构造和岩体判别问题,对矿产预测指导意义不大。

3. 磁测特征

由山西省地球物理化学勘察院完成预测工作区的航磁 ΔT 化极等值线平面图、航磁 ΔT 等值线平面图、航磁 ΔT 化极垂向一阶导数等值线平面图、磁法推断地质构造图(1:5万)。由于萤石矿含矿地质体磁性较弱,航磁等值线等磁测资料与地质成矿无明显对应关系,对矿产预测无指导意义。

4. 化探特征

由山西省地球物理化学勘察院完成预测工作区的 V、Cr、Co、P、Mn、Ni、Ti、Cu、Fe$_2$O$_3$ 等元素(化合物)的地球化学图、地球化学异常图、预测工作区地球化学综合异常图(1:5万)的编制。

氟地球化学异常图和含矿岩体有一定对应关系,对矿产预测有一定指导意义,故附浑源预测工作区氟地球化学异常图供参考。

5. 遥感特征

本次遥感工作采用的影像数据源由全国矿产资源潜力评价项目办提供。图件编制过程中,收集了很多公益性的资料,包括:山西省内的成矿区带现有的遥感地质构造解译成果;区域地质调查资料及前人提取的区域性遥感异常成果资料;前人在一些成矿区带上所构建的遥感找矿模型资料;与本项目相关的典型矿床资料;与本次项目有关的各类专题研究及专著;网上下载的有关科技论文;部分 1:5 万地形底图和 1:20 万地质图。遥感地质特征和萤石矿化无对应关系。

6. 自然重砂

根据异常点的分布特征,结合地形地质条件,参考汇水盆地情况,用 MapGIS 6.7 软件人工圈定异常并进行异常级别划分。

Ⅰ级异常:地表有相应的矿床或矿点响应,重砂高含量点密集,异常规模较大,异常强度高,矿物组合较好,以及其他找矿信息较好者列为Ⅰ级。

Ⅱ级异常:异常提供信息较好,地表无矿床响应,但有矿点或矿化存在,地质条件较有利于成矿,或重砂高含量点密集,成矿地质条件好,但成矿证据不足,认为进一步工作有希望发现新矿床,或新的有价值的矿产。

Ⅲ级异常:重砂高含量点少或不太密集,地表无矿点或矿化微弱,异常信息较弱,矿物组合较简单,可作为今后找矿线索。

3.10.3 最小预测区圈定

1. 预测单元划分及预测地质变量选择

根据董庄式岩浆热液型萤石矿预测工作区预测要素及其组合特征,主要用含矿岩体(石英斑岩、霏细岩)、成矿时代(燕山期)、成矿环境(NW向裂隙带等)、构造背景、矿化点存在等必要条件,采用综合信息法进行最小预测区圈定。

(1)浑源预测工作区。

根据典型矿床的研究,含矿地质体为燕山期石英斑岩、霏细岩及新太古代土岭花岗闪长-奥长花岗质片麻岩(恒山杂岩)硅化破碎带。通过与预测底图对比,侵入岩浆建造构造图上含矿地质体为燕山期石英斑岩、霏细岩及新太古代土岭花岗闪长-奥长花岗质片麻岩(恒山杂岩)硅化破碎带。本次矿产预测中结合含矿地质体、化探氟异常等因素圈定最小预测区边界,共圈出最小预测区6个,面积2~9km^2。

(2)离石预测工作区。

根据典型矿床的研究,含矿地质体为吕梁期横岭粗粒黑云母花岗岩。通过与预测底图对比,侵入岩浆建造构造图上含矿地质体为横岭粗粒黑云母花岗岩,本次矿产预测中结合含矿地质体、重砂异常等因素圈定最小预测区边界,共圈出最小预测区3个,面积2~9km^2。

2. 预测要素变量的构置与选择

1)预测要素提取

经过对各预测工作区的地质、物探、化探、遥感、矿产地等信息的综合分析研究,确定了各预测工作区的预测信息,并进行了预测信息提取。

(1)浑源预测工作区。

①地质体:为燕山期石英斑岩、霏细岩及新太古代土岭花岗闪长-奥长花岗质片麻岩(恒山杂岩)硅化破碎带,是成矿前提,故选为必要的预测要素,即为定位预测变量,以含矿地质体为定位预测边界(面文件)。

②化探氟异常:本预测工作区的化探氟异常和含矿地质体对应较好,是重要预测要素。

③提取本预测工作区董庄式岩浆热液型萤石矿工业矿床点和矿化点(点文件)。

(2)离石预测工作区。

①地质体:吕梁期横岭粗粒黑云母花岗岩作为含矿地质体,是成矿前提,故选为必要的预测要素,即为定位预测变量,以含矿岩体定位预测边界(面文件)。

②裂隙带:裂隙带也是重要的控矿条件和重要的预测要素。

③提取本预测工作区董庄式岩浆热液型萤石矿工业矿床点和矿化点(点文件)。

2)预测变量的赋值

变量赋值的实质是将已作为地质变量提取出来的地质特征或地质标志在每个矿产资源体中的信息值取出或计算出来。具体可分为以下3个方面。

①定性变量:当变量存在对成矿有利时,赋值为1;不存在时赋值为0。

②定量变量:赋实际值,例如查明储量等。

③对每一变量求出成矿有利度,根据有利度对其进行赋值。

3)预测要素的数字化、定量化

预测要素变量是关联预测工作区优劣及空间分布的一种数值表示。预测工作区的优劣可以用点、线和面等专题属性值的关联度来表示。在 MRAS2.0 平台支持下,自动提取预测变量的过程就是把预测单元与点、线和面等因素专题图作空间叠置分析,并将叠置分析结果保存在统计单元专题图的属性数据表中的过程。

4)变量初步优选研究

本次预测选取相似系数法对 2 个预测工作区进行预测变量优选,经过优选后的 2 个预测工作区的最小预测区预测变量分别如下:

浑源预测工作区:①含矿地质体存在标志;②化探氟异常存在标志;③矿床矿化点存在标志。

离石预测工作区:①含矿地质体存在标志;②裂隙带存在标志;③矿床矿化点存在标志。

3. 最小预测区圈定及优选

经过比较,选定应用特征分析法来进行最小预测区优选。确定变量权重后,即可用特征分析模型计算统计单元的关联度,根据成矿概率将预测工作区划分为 A、B、C 三级预测工作区,分别用红、绿、蓝三种颜色表示。

3.10.4 资源定量预测

3.10.4.1 模型区深部及外围资源潜力预测分析

1. 典型矿床已查明资源储量及其估算参数

浑源县董庄萤石矿典型矿床

查明资源量:181.2 千 t(平均品位 53.97%)。工作程度为普查。

含矿地质体面积:模型区含矿地质体面积为燕山期石英斑岩或新太古代土岭花岗闪长-奥长花岗质片麻岩(恒山杂岩)硅化破碎带的面积,与最小预测区面积相同,含矿地质体面积为 8 298 422m²。

延深:采用典型矿床的总延深,模型区延深为 100m。

含矿地质体面积参数:含矿地质体面积与模型区面积相同,为 8 298 422m²,含矿地质体面积参数为 1。董庄式岩浆热液型萤石矿浑源预测工作区模型区预测资源量及其估算参数详见表 3-10-2。

表 3-10-2 董庄式岩浆热液型萤石矿浑源预测工作区模型区预测资源量及其估算参数表

编号	名称	模型区预测资源量(t)	模型区面积(m²)	延深(m)	含矿地质体面积(m²)	含矿地质体面积参数
C1422601001	董庄	77 657	8 298 422	100	8 298 422	1

2. 典型矿床深部及外围预测资源量及估算参数

典型矿床董庄萤石矿探明资源量范围与矿区范围基本一致,故本次预测工作只估算已知矿床深部预测资源量。

预测矿体面积:与典型矿床查明资源储量计算中的含矿地质体面积一致,为 800 000m²。

预测延深:本矿床的矿体规模小,延深小,均呈似层状、透镜状、扁豆状,本次预测资源量最大延深采用 100m,典型矿床估算资源储量的延深为 70m,故估算资源储量的预测延深为 30m。

体含矿率:采用典型矿床查明资源储量表计算出的体含矿率,为 0.003 235 714。

预测资源量:含矿体面积为 800 000m²,预测延深为 30m,体含矿率为 0.003 235 714,预测资源量为 77 657t。董庄式岩浆热液型萤石矿典型矿床深部预测资源量详见表 3-10-3。

表 3-10-3　董庄式岩浆热液型萤石矿典型矿床深部预测资源量表

编号	名称	预测资源量(t)	面积(m²)	延深(m)	体含矿率
0043	董庄	77 657	800 000	30	0.003 235 714

3. 典型矿床总资源量

董庄式岩浆热液型萤石矿典型矿床总资源量详见表 3-10-4。

表 3-10-4　董庄式岩浆热液型萤石矿典型矿床总资源量表

编号	名称	查明资源储量(t)	预测资源量(t)	总资源量(t)	总面积(m²)	总延深(m)	体含矿率
0043	董庄	181 200	77 657	258 857	800 000	100	0.003 235 714

4. 模型区预测资源量及估算参数确定

典型矿床位于董庄最小预测区,选择该最小预测区为模型区。

模型区总资源量:模型区内仅有董庄萤石矿一个典型矿床,无其他矿床或矿点,故典型矿床浑源董庄萤石矿总资源量即为模型区总资源量,总资源量 258.857 千 t。

模型区总面积:模型区面积为最小预测区的面积,结合含矿地质体、化探氟异常等因素来圈定最小预测区边界,面积为 8 298 422m²。

模型区延深:采用典型矿床的总延深,模型区延深为 100m。

含矿地质体面积:与最小预测区面积相同,含矿地质体面积为 8 298 422m²。

含矿地质体面积参数:含矿地质体面积与模型区面积相同,面积参数为 1。董庄式岩浆热液型萤石矿模型区预测资源量及其估算参数详见表 3-10-5。

表 3-10-5　董庄式岩浆热液型萤石矿模型区预测资源量及其估算参数表

编号	名称	模型区预测资源量(t)	模型区面积(m²)	延深(m)	含矿地质体面积(m²)	含矿地质体面积参数
C1422601001	董庄	77 657	8 298 422	100	8 298 422	1

3.10.4.2　最小预测区参数确定

山西省萤石矿预测资源量估算方法采用地质体积法。

1. 模型区含矿系数确定

模型区采用董庄最小预测区。浑源预测工作区模型区含矿地质体含矿系数详见表 3-10-6。

表 3-10-6　浑源预测工作区模型区含矿地质体含矿系数表

编号	名称	含矿地质体含矿系数	资源总量(t)	含矿地质体总体积(m³)
C1422601001	董庄	0.000 311 935	258 857	829 842 200

2. 最小预测区预测资源量及估算参数

1)最小预测区的面积圈定

根据典型矿床的研究,结合含矿地质体、化探氟异常等因素圈定最小预测区边界,共圈出最小预测区 6 个,面积 2～9km²。各最小预测区面积圈定大小及方法依据见表 3-10-7、表 3-10-8。

表 3-10-7 浑源预测工作区最小预测区面积圈定大小及方法依据表

最小预测区编号	最小预测区名称	面积(m^2)	参数确定依据
C1422601001	董庄	8 298 422	人工
C1422601002	水沟东	2 837 234	人工
C1422601003	正沟	7 808 192	人工
C1422601004	宽坪	5 307 848	人工
C1422601005	小银厂	9 115 411	人工
C1422601006	界板沟	4 845 466	人工

表 3-10-8 离石预测工作区最小预测区面积圈定大小及方法依据表

最小预测区编号	最小预测区名称	面积(m^2)	参数确定依据
C1422601007	庙沟	2 886 898	人工
C1422601008	南山沟	5 116 370	人工
C1422601009	榆坪里	3 250 164	人工

2)延深参数的确定

该矿床为陡倾斜矿体,面积采用含矿地质体的面积,通过对含矿地质体的特征分析研究,认为本矿床的矿体均为似层状、透镜状、扁豆状,一般规模小,延深不大,采用 100m。

3)品位和体重的确定

采用典型矿床浑源董庄萤石矿的资料,体重 2.88t/m³,本矿床的平均品位 CaF_2 53.97%。

4)相似系数确定

各最小预测区相似系数见表 3-10-9、表 3-10-10。

表 3-10-9 浑源预测工作区最小预测区相似系数表

最小预测区编号	最小预测区名称	相似系数	参数确定依据
C1422601001	董庄	1	人工
C1422601002	水沟东	0.5	人工
C1422601003	正沟	0.5	人工
C1422601004	宽坪	0.5	人工
C1422601005	小银厂	0.5	人工
C1422601006	界板沟	0.5	人工

表 3-10-10 离石预测工作区最小预测区相似系数表

最小预测区编号	最小预测区名称	相似系数	参数确定依据
C1422601007	庙沟	0.25	人工
C1422601008	南山沟	0.5	人工

续表 3-10-10

最小预测区编号	最小预测区名称	相似系数	参数确定依据
C1422601009	榆坪里	0.25	人工

3.10.4.3 最小预测区预测资源量估算结果

本次萤石矿资源量按体积法预测,预测资源量为矿石量。其计算公式为:

$$Z_{总} = S_{预} \times H_{预} \times K_s \times K \times \alpha$$

$$Z_{预} = Z_{总} - Z_{查}$$

各最小预测区估算成果见表 3-10-11、表 3-10-12。

表 3-10-11 浑源预测工作区最小预测区估算成果表

最小预测区编号	最小预测区名称	面积 $S_{预}(m^2)$	延深 $H_{预}(m)$	含矿系数 K	相似系数 α	总预测资源量(千t)	查明资源量(千t)	预测资源量(千t)
C1422601001	董庄	8 298 422	100	0.000 311 935	1	258.9	181.2	77.7
C1422601002	水沟东	2 837 234	100	0.000 311 935	0.5	44.3	0	44.3
C1422601003	正沟	7 808 192	100	0.000 311 935	0.5	121.8	0	121.8
C1422601004	宽坪	5 307 848	100	0.000 311 935	0.5	82.8	0	82.8
C1422601005	小银厂	9 115 411	100	0.000 311 935	0.5	142.2	0	142.2
C1422601006	界板沟	4 845 466	100	0.000 311 935	0.5	75.6	0	75.6

表 3-10-12 离石预测工作区最小预测区估算成果表

最小预测区编号	最小预测区名称	面积 $S_{预}(m^2)$	延深 $H_{预}(m)$	含矿系数 K	相似系数 α	总预测资源量(千t)	查明资源量(千t)	预测资源量(千t)
C1422601007	庙沟	2 886 898	100	0.000 311 935	0.25	22.5	0	22.5
C1422601008	南山沟	5 116 370	100	0.000 311 935	0.5	79.8	0	79.8
C1422601009	榆坪里	3 250 164	100	0.000 311 935	0.25	25.3	0	25.3

3.11 重晶石矿资源潜力评价

3.11.1 重晶石矿预测模型

1. 重晶石矿典型矿床预测要素、预测模型

翼城县三郎山重晶石矿床是大池山式重晶石矿典型矿床。三郎山重晶石矿主要受白云岩化碳酸盐岩围岩、构造断裂控制,呈脉状、细脉状、网脉状产于控矿主干断层的次一级断层中,且容矿层碳酸盐岩围岩中的 Ba 丰度值较高。因此各预测工作区预测要素有:控矿围岩岩性、控矿构造断层、重砂异常、矿石品位、矿床点存在标志等,详见表 3-11-1。

表 3-11-1 山西省翼城县三郎山重晶石矿典型矿床预测要素一览表

预测要素		描述内容			预测要素分类
储量		46 737.5t	平均品位	20%～60%	
特征描述		层控内生型重晶石矿床			
地质环境	地层	古生界三山子组			必要
	岩石组合	鲕状灰岩、白云岩、白云质灰岩			必要
	岩石结构	碎屑结构			次要
	成矿时代	中生代			必要
	大地构造位置	临汾-运城地垒盆地			重要
矿床特征	矿体形态	脉状、细脉状、网格状			重要
	矿石结构	粒状结构、束状结构			次要
	矿石构造	脉状、角砾状构造			次要
	矿物组合	重晶石，次为方解石，偶见方铅矿小颗粒			重要
	控矿条件	受寒武系—奥陶系碳酸盐岩围岩断层裂隙控制			必要
物化遥、重砂信息重砂		手工圈定重砂异常区			重要

预测要素图是以成矿要素图为底图叠加自然重砂等预测要素构成预测要素。首先对和预测有关的成矿要素根据预测的需求进行取舍转化为预测要素，并以独立的图层表达。

典型矿床预测模型图以典型矿床成矿要素及重砂资料；总结分析研究，建立地质成矿、其他综合信息预测模型内容，以剖面图形式表示预测要素内容及其相关关系空间变化特征，重点开展预测要素分析，根据地质矿产及综合信息等内容分析预测要素的重要性，以图面形式反映其相互关系。

2. 预测工作区预测模型

通过对典型矿床和区内已知矿床（点）成矿地质构造环境、各类主要控矿因素、矿床三维空间分布特征、成矿物质来源、成矿期次、成矿时代、矿床成因等的研究，根据已知矿床的控矿因素、成矿特征的资料，建立了该类型矿床区域预测模型图（图 3-11-1）。简要表达了成矿地质作用、成矿构造、控矿岩体、控矿建造、矿体特征及物化探特征和其相互关系。

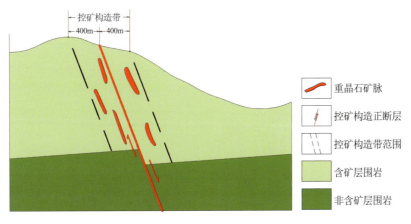

图 3-11-1 山西省大池山式重晶石矿区域预测模型图

3.11.2 预测方法类型确定及区域预测要素

山西省重晶石矿主要分布于邢台-汲县-运城(大池山式)层控内生型重晶石矿集区,包括冀西、晋南、豫北3个相连接的区域。大地构造属于华北地台山西断隆的东部和南部,共划分6个预测工作区。按《全国重要矿产和区域成矿规律研究技术要求》《山西省预测类型等表格清单》(按全国矿产资源潜力评价项目办要求编码)与其他相关规定,其预测方法类型为层控内生型。

1. 预测区地质构造专题底图及特征

1)地质构造专题底图编制

该图编制的主要工作过程是按照全国矿产资源潜力评价项目办的有关要求进行,总体工作过程为在离石市幅、绥德县幅1∶25万建造构造图的基础上,补充1∶5万区调资料以及有关科研专题研究资料,细化含矿岩石建造与构造内容,按预测工作区范围编制侵入岩浆建造图。其整个工作过程可细化为如下几步。

第一步:编图范围及选择目的层。

编图范围是由重晶石矿预测组根据成矿特征,以地质背景研究为基础,结合物探、化探、遥感研究成果而确定的;"目的层"选择寒武系上统中上部白云岩。

第二步:整理地质图,形成地质构造专题底图的过渡图件。

在已完成的1∶5万地质图及涉及柳林幅1∶20万中的1∶5万实际材料图的基础上,进行地质图的接图与统一系统库的处理,形成地质构造专题底图的过渡图件。在进行地质图的拼接过程中遇到地质界线不一致的现象,这些问题主要存在于不同比例尺、不同年代、不同单位完成的地质图的拼接过程中,在编图中根据不同情况进行了处理。

第三步:编制建造构造图初步图件。

在形成过渡性图件的基础上提取(分离)与预测区内侵入岩、下古生界有关的图层,为了突出表达目的层,对基本层进行简化处理或淡化处理,突出表示成矿要素;补充细化1∶25万离石市幅、绥德县幅建造构造图与成矿有关的沉积地层沉积建造内容;编制附图(角图)。

第四步:编绘资料利用情况示意图、图切剖面图。

第五步:补充物探、化探、遥感解译信息。

第六步:编制统一图例。

第七步:空间数据库建设。

2)地质背景特征

山西省重晶石矿主要位于华北地台山西断隆的东部和南部。产出的地层及岩性多为寒武系、奥陶系的碳酸盐岩。其次,古元古界中条群余家山大理岩、上二叠统等地层也见有重晶石矿。共划分6个预测工作区。

(1)离石西预测工作区、离石东预测工作区。

大地构造处于燕山期华北叠加造山-裂谷带(Ⅱ级)中,吕梁山造山隆起(Ⅲ级)中段及鄂尔多斯地块(Ⅲ级)之鄂尔多斯盆地(Ⅳ级)东部;东部发育了一条规模较大的逆冲推覆型韧性断裂——离石大断裂南北向构造带。喜马拉雅期有小型山间盆地叠加于其上。

预测工作区内属华北地层大区的山西地层分区吕梁山地层小区、鄂尔多斯地层分区河东地层小区,区内地层发育较齐全,地质情况相对简单,出露的变质地层为新太古界(区内最老的岩石地层单位),沉积盖层为下古生界寒武系、奥陶系,上古生界石炭系、二叠系,新生界等。其中前燕山期吕梁山造山隆起带出露华北较为典型的早前寒武纪地体。

燕山期吕梁山造山隆起带上部为山西碳酸盐岩台地(Ⅲ级)吕梁山碳酸盐岩台地(Ⅳ级)沉积,由寒武系—奥陶系陆表海灰岩、海陆交互相石炭系—二叠系含煤地层及三叠系陆地河湖相砂泥质岩组成。

鄂尔多斯地块之鄂尔多斯盆地位于吕梁山西部,山西境内仅为鄂尔多斯凹陷盆地东缘,其东侧、南东侧以离石断裂与山西板内造山带分界。山西境内(图幅西部)呈狭窄的长条状展布,出露地层主体为二叠系,其上覆盖有新生界,下伏石炭系、二叠系及零星分布的奥陶系,呈 SN 向断续出露在离石断裂的上盘。岩层总体走向呈 SN 向,向西或北西缓倾,发育一系列 SN 向至 NE 向的开阔褶皱。

(2)昔阳预测工作区。

地层从老到新分布有太古界、下古生界、上古生界、新生界等。重晶石矿脉赋存于寒武系—奥陶系三山子组白云岩中,矿点附近岩浆活动不明显。

三山子组岩性为灰色—深灰色厚层白云岩,普遍含燧石条带、结核。马家沟组一段为黄灰色泥质灰岩、灰质白云岩、白云质页岩;马家沟组二段由灰色—深灰色中厚层白云质灰岩、灰岩,薄层灰质白云岩、白云岩等组成;马家沟组三段为淡黄色薄层含泥白云质灰岩、泥质白云岩、角砾状泥灰岩;马家沟组四段为深灰色中厚层状豹皮灰岩、白云质灰岩、含白云灰岩夹薄层泥灰岩,白云岩;马家沟组五段为浅灰色薄层灰质白云岩、泥晶灰岩,黄褐色含燧石条带灰质白云岩,淡黄色豆粒、球粒白云质灰岩、白云岩;马家沟组六段为灰黑色厚层状泥晶灰岩。马家沟组上覆地层为太原组湖田段,岩性为褐黄色—褐红色含铁质结核黏土岩、黏土岩。二叠系中上统和三叠系主要为碎屑岩建造。

预测工作区侵入岩不发育。

工作区总体构造格架形成于中生代燕山期,燕山期构造运动控制了工作区的基本构造轮廓。构造线方向以 NNW 向和近 NS 向为主,发育 NNE 向、近 NS 向断裂、褶皱,构造形态较为复杂。

(3)浮山预测工作区。

区内地质情况相对简单,地层出露下古生界奥陶系马家沟组和上古生界太原组、山西组、石盒子组和三叠系。

马家沟组一段为黄灰色泥质灰岩、灰质白云岩、白云质页岩;马家沟组二段由灰色—深灰色中厚层白云质灰岩、灰岩,薄层灰质白云岩、白云岩等组成;马家沟组三段为淡黄色薄层含泥白云质灰岩、泥质白云岩、角砾状泥灰岩;马家沟组四段为深灰色中厚层状豹皮灰岩、白云质灰岩、含白云灰岩夹薄层泥灰岩,白云岩;马家沟组五段为浅灰色薄层灰质白云岩、泥晶灰岩,黄褐色含燧石条带灰质白云岩,淡黄色豆粒、球粒白云质灰岩、白云岩;马家沟组六段为灰黑色厚层状泥晶灰岩。马家沟组上覆地层为太原组湖田段,岩性为褐黄色—褐红色含铁质结核黏土岩、黏土岩。二叠系中上统和三叠系主要为碎屑岩建造。

预测工作区侵入岩不发育,主要有中生代二长闪长岩类。

区内以断裂构造为主,褶皱不发育。其中断裂构造在预测工作区的北东部最为发育,总体上以发育 NE—SN 向断裂为主,被后期 NW 向断层截切。另外在预测工作区南部断裂构造也较发育。

(4)翼城预测工作区。

区内地质情况相对复杂,地层出露元古界、下古生界寒武系、奥陶系和上古生界太原组、山西组、石盒子组和三叠系。重晶石矿脉赋存于寒武系—奥陶系三山子组白云岩中,矿点附近岩浆活动不明显。

三山子组,岩性为灰色—深灰色厚层白云岩,普遍含燧石条带、结核。马家沟组一段为黄灰色泥质灰岩、灰质白云岩、白云质页岩;马家沟组二段由灰色—深灰色中厚层白云质灰岩、灰岩,薄层灰质白云岩、白云岩等组成;马家沟组三段为淡黄色薄层含泥白云质灰岩、泥质白云岩、角砾状泥灰岩;马家沟组四段为深灰色中厚层状豹皮灰岩、白云质灰岩、含白云灰岩夹薄层泥灰岩,白云岩;马家沟组五段为浅灰色薄层灰质白云岩、泥晶灰岩,黄褐色含燧石条带灰质白云岩,淡黄色豆粒、球粒白云质灰岩、白云岩;马家沟组六段为灰黑色厚层状泥晶灰岩。马家沟组上覆地层为太原组湖田段,岩性为褐黄色—褐红色含铁质结核黏土岩、黏土岩。二叠系中上统和三叠系主要为碎屑岩建造。

预测工作区侵入岩时代以元古宙为主。

区内以断裂构造为主,褶皱不发育。其中断裂构造在预测工作区的北东部最为发育,总体上以发育NE—SN向断裂为主,被后期NW向断层截切。另外在预测工作区南部断裂构造也较发育。

(5)平陆预测工作区。

地层从老到新分布有古元古界、中元古界、下古生界、上古生界、新生界等。古元古界中条群主要出露篦子沟组、余家山组,主要为一套变质碳酸盐岩-碎屑岩建造。中元古界主要有长城系汝阳群马家河组、云梦山组,为一套碎屑岩-碳酸盐岩沉积建造。重晶石矿主要赋存于余家山组破碎大理岩的构造裂隙中。

下古生界寒武系—奥陶系主要出露于预测工作区的南部和东部。主要岩石地层单位有寒武系的朱砂洞组、馒头组、张夏组;寒武系—奥陶系三山子组及奥陶系马家沟组,其主体岩性为陆源碎屑岩-碳酸盐岩沉积建造。

上古生界主要分布于曹家川一带,主要岩石地层单位有石炭系—二叠系太原组(底部为太原组湖田段),二叠系山西组、石盒子组。太原组、山西组为海陆交互相的含煤碎屑岩、泥质岩及碳酸盐岩建造,石盒子组为陆相碎屑岩及泥质岩建造。

侵入岩不太发育,主要以中生代花岗闪长斑岩、花岗斑岩为主。

工作区总体构造格架形成于中生代燕山期,燕山期构造运动控制了工作区的基本构造轮廓。构造线方向以NE向和近EW向为主,发育NE向、近EW向断裂、褶皱,构造形态极为复杂。

2. 物化遥、自然重砂特征

本次山西省大池山式层控内生型重晶石矿潜力评价预测工作仅应用重砂信息。

(1)离石西预测工作区。

预测工作区重晶石自然重砂异常图编图矿物为重晶石,利用预测工作区边界线拐点经纬度坐标对山西省1∶20万自然重砂数据库进行数据检索,见矿样点50个,报出率65.79%,用《重砂数据库管理系统》进行数据标准化,最小值0.97,最大值1713,平均299.95。剔除一定的背景值后,将其异常下限确定为138.4,按标准化值138.4~290.1~528~838.8分4级做含量分级图,根据异常点的分布特征,结合地形地质条件,参考汇水盆地情况,用MapGIS 6.7软件人工圈定异常并进行异常级别划分,共圈出1个Ⅰ类异常,1个Ⅲ类异常。

Ⅰ类异常:地表有相应的矿床或矿点响应,重砂高含量点密集,异常规模较大,异常强度高,矿物组合较好,以及其他找矿信息较好者列为Ⅰ级。

Ⅱ类异常:异常提供信息较好,地表无矿床响应,但有矿点或矿化存在,地质条件较有利于成矿,或重砂高含量点密集,成矿地质条件好,但成矿证据不足,认为进一步工作有希望发现新矿床,或新的有价值的矿产。

Ⅲ类异常:重砂高含量点少或不太密集,地表无矿点或矿化微弱,异常信息较弱,矿物组合较简单,可作为今后找矿线索。

(2)离石东预测工作区。

预测工作区重晶石自然重砂异常图编图矿物为重晶石,利用预测工作区边界线拐点经纬度坐标对山西省1∶20万自然重砂数据库进行数据检索,见矿样点46个,报出率33.09%,用《重砂数据库管理系统》进行数据标准化,最小值0.91,最大值7 515.2,平均291.29。剔除一定的背景值后,将其异常下限确定为58.96,按标准化值58.96~72.72~189.72~450分4级做含量分级图,根据异常点的分布特征,结合地形地质条件,参考汇水盆地情况,用MapGIS 6.7软件人工圈定异常并进行异常级别划分,共圈出1个Ⅱ类异常,1个Ⅲ类异常。

Ⅰ类异常:地表有相应的矿床或矿点响应,重砂高含量点密集,异常规模较大,异常强度高,矿物组合较好,以及其他找矿信息较好者列为Ⅰ级。

Ⅱ类异常：异常提供信息较好，地表无矿床响应，但有矿点或矿化存在，地质条件较有利于成矿，或重砂高含量点密集，成矿地质条件好，但成矿证据不足，认为进一步工作有希望发现新矿床，或新的有价值的矿产。

Ⅲ类异常：重砂高含量点少或不太密集，地表无矿点或矿化微弱，异常信息较弱，矿物组合较简单，可作为今后找矿线索。

(3)昔阳预测工作区。

预测工作区重晶石自然重砂异常图编图矿物为重晶石，利用预测工作区边界线拐点经纬度坐标对山西省1∶20万自然重砂数据库进行数据检索，见矿样点56个，报出率26.05%，用《重砂数据库管理系统》进行数据标准化，最小值2.52，最大值17 640，平均809.843。剔除一定的背景值后，将其异常下限确定为368.4，按标准化值368.4～600～850～950分4级做含量分级图，根据异常点的分布特征，结合地形地质条件，参考汇水盆地情况，用MapGIS 6.7软件人工圈定异常并进行异常级别划分，共圈出1个Ⅱ类异常。

Ⅰ类异常：地表有相应的矿床或矿点响应，重砂高含量点密集，异常规模较大，异常强度高，矿物组合较好，以及其他找矿信息较好者列为Ⅰ级。

Ⅱ类异常：异常提供信息较好，地表无矿床响应，但有矿点或矿化存在，地质条件较有利于成矿，或重砂高含量点密集，成矿地质条件好，但成矿证据不足，认为进一步工作有希望发现新矿床，或新的有价值的矿产。

Ⅲ类异常：重砂高含量点少或不太密集，地表无矿点或矿化微弱，异常信息较弱，矿物组合较简单，可作为今后找矿线索。

(4)浮山预测工作区。

预测工作区重晶石自然重砂异常图编图矿物为重晶石，利用预测工作区边界线拐点经纬度坐标对山西省1∶20万自然重砂数据库进行数据检索，见矿样点6个，报出率100%，用《重砂数据库管理系统》进行数据标准化，最小值102，最大值3 060.2，平均1 098.64。由于报出比较少，故"报出即为异常"，按照有无图，根据异常点的分布特征，结合地形地质条件，参考汇水盆地情况，用MapGIS 6.7软件人工圈定异常并进行异常级别划分，共圈出1个Ⅱ类异常，1个Ⅲ类异常。

Ⅰ类异常：地表有相应的矿床或矿点响应，重砂高含量点密集，异常规模较大，异常强度高，矿物组合较好，以及其他找矿信息较好者列为Ⅰ级。

Ⅱ类异常：异常提供信息较好，地表无矿床响应，但有矿点或矿化存在，地质条件较有利于成矿，或重砂高含量点密集，成矿地质条件好，但成矿证据不足，认为进一步工作有希望发现新矿床，或新的有价值的矿产。

Ⅲ类异常：重砂高含量点少或不太密集，地表无矿点或矿化微弱，异常信息较弱，矿物组合较简单，可作为今后找矿线索。

(5)翼城预测工作区。

预测工作区重晶石自然重砂异常图编图矿物为重晶石，利用预测工作区边界线拐点经纬度坐标对山西省1∶20万自然重砂数据库进行数据检索，见矿样点49个，报出率83.05%，用《重砂数据库管理系统》进行数据标准化，最小值0.54，最大值128 268，平均3 188.43。剔除一定的背景值后，将其异常下限确定为672，按标准化值672～960～1471～2398分4级做含量分级图，根据异常点的分布特征，结合地形地质条件，参考汇水盆地情况，用MapGIS 6.7软件人工圈定异常并进行异常级别划分，共圈出1个Ⅰ类异常，1个Ⅲ类异常。

Ⅰ类异常：地表有相应的矿床或矿点响应，重砂高含量点密集，异常规模较大，异常强度高，矿物组合较好，以及其他找矿信息较好者列为Ⅰ级。

Ⅱ类异常：异常提供信息较好，地表无矿床响应，但有矿点或矿化存在，地质条件较有利于成矿，或重砂高含量点密集,成矿地质条件好,但成矿证据不足,认为进一步工作有希望发现新矿床,或新的有价值的矿产。

Ⅲ类异常:重砂高含量点少或不太密集,地表无矿点或矿化微弱,异常信息较弱,矿物组合较简单,可作为今后找矿线索。

(6)平陆预测工作区。

预测工作区重晶石自然重砂异常图编图矿物为重晶石,利用预测工作区边界线拐点经纬度坐标对山西省1:20万自然重砂数据库进行数据检索,见矿样点9个,报出率64.29%,用《重砂数据库管理系统》进行数据标准化,最小值0.76,最大值3 347.2,平均504.11。由于报出数目比较少,故以"报出即为异常",按照有无图,根据异常点的分布特征,结合地形地质条件,参考汇水盆地情况,用MapGIS 6.7软件人工圈定异常并进行异常级别划分,共圈出1个Ⅱ类异常。

Ⅰ类异常:地表有相应的矿床或矿点响应,重砂高含量点密集,异常规模较大,异常强度高,矿物组合较好,以及其他找矿信息较好者列为Ⅰ级。

Ⅱ类异常:异常提供信息较好,地表无矿床响应,但有矿点或矿化存在,地质条件较有利于成矿,或重砂高含量点密集,成矿地质条件好,但成矿证据不足,认为进一步工作有希望发现新矿床,或新的有价值的矿产。

Ⅲ类异常:重砂高含量点少或不太密集,地表无矿点或矿化微弱,异常信息较弱,矿物组合较简单,可作为今后找矿线索。

山西省大池山式重晶石矿离石西预测工作区区域预测要素见表3-11-2。

表3-11-2 山西省大池山式重晶石矿离石西预测工作区区域预测要素表

区域成矿要素		描述内容	预测要素类型
区域成矿地质背景	大地构造位置	鄂尔多斯坳陷盆地、鄂尔多斯陆相坳陷盆地	必要
	主要控矿构造	受中生代末太行挤压隆起带控制	重要
	赋矿地层	寒武系—奥陶系碳酸盐岩	必要
	控矿条件	受赋矿地层围岩断层裂隙控制	必要
区域成矿地质特征	区域成矿类型	层控内生型	必要
	成矿时代	中生代燕山期	必要
	矿体形态	脉状、细脉状、网格状	重要
	矿石结构	粒状结构、束状结构	重要
	矿石构造	块状构造	重要
	矿石矿物组合	主要为重晶石,次为方解石,偶见方铅矿小颗粒	重要
物化遥、重砂信息	重砂	手工圈定重砂异常区	重要

3.11.3 最小预测区圈定

1. 预测单元划分及预测地质变量选择

大池山式重晶石矿为层控内生型矿床,主要受产出层位、构造裂隙和成矿时代的制约。根据决定矿体存在的多因素特点,最小预测单元的划分采用综合信息地质单元法。

在圈定预测单元时遵循以下原则:圈定最小预测区应全面考虑预测要素,由于是多种信息联合使用,故应遵循以地质信息为基础、结合重砂信息综合标志圈定预测地质单元的原则,并充分发挥专家的作用。

圈定最小预测区操作细则如下。

(1)预测区的基本边界是矿体产出层位及其构造裂隙的分布边界。离石西、离石东、昔阳、翼城预测区产出层位主要为寒武系、奥陶系碳酸盐岩含矿岩系;平陆预测区产出层位主要为中条群余家山组大理岩含矿岩系;浮山预测区产出层位主要为石盒子组砂岩、砾岩含矿岩系。预测区边界的确定在大范围内采用定位预测要素叠加法圈定。即将所有必要的定位预测要素进行叠加,其重叠的部分即为定位预测范围,重叠部分的边界即为预测区边界。

这里所考虑的必要预测要素,一是含矿岩系分布区,以含矿岩系出露线为该要素的边界;二是构造裂隙,必须是含矿岩系中;三是次生富集成矿边界。此要素为地形切割、浅表断裂构造、褶皱构造、构造缓冲区边界、水文地质条件等构成的综合要素,由这些要素共同决定了次生富集边界。

(2)山西省大池山式重晶石矿主要充填于构造断层的裂隙中,因此我们在各预测区1:5万建造构造图的基础上,利用成矿断裂、容矿层重砂异常作为圈定最小预测区的定位标志,并结合成矿断裂缓冲区,圈定最小预测区的范围。并充分发挥专家作用进行地质、构造推断,圈定最小预测区的范围。

(3)通过上述步骤所圈定出来的最小区域即为最小预测单元,共圈定最小预测单元离石西预测工作区1个、离石东预测工作区1个、昔阳预测工作区3个、浮山预测工作区1个、翼城预测工作区2个、平陆预测工作区1个。

2. 预测要素变量的构置与选择

(1)预测要素及要素组合的数字化、定量化。

由于山西省大池山式重晶石矿预测要素较少,本次对山西省大池山式重晶石矿潜力评价预测资源量工作没有使用MRAS等应用软件,未对预测要素及要素组合进行数字化、定量化工作。

(2)变量初步优选研究。

大池山式重晶石矿为内生成矿作用形成的矿床,主要受地层、构造和岩性因素的制约,它们综合反映了内生矿床的形成条件、时空分布及地质背景。因此,本次对大池山式重晶石矿预测工作中选定的预测要素全部为重要、必要预测要素。

3. 最小预测区圈定及优选

应用特征分析和证据加权法,分别建立潜力评价定量模型的参数,计算各预测要素变量的重要性,确定最优方案和结果。本次预测采用特征分析法。

特征分析方法是传统类比法的一种定量化方法,通过研究模型单元的控矿变量特征,查明变量之间的内在联系,确定各个地质变量的成矿和找矿意义,建立起某种类型矿产资源体的成矿有利度类比模型。然后将模型应用到预测工作区,将预测单元与模型单元的各种特征进行类比,用它们的相似程度表示预测单元的成矿有利性,并据此圈定出有利成矿的预测工作区。

3.11.4 资源定量预测

3.11.4.1 模型区深部及外围资源潜力预测分析

1. 典型矿床已查明资源储量及其估算参数

典型矿床山西省翼城县三郎山重晶石矿区资源储量、品位、体重等相关数据来源于《山西省翼城县三郎山重晶石矿区详细普查地质报告》(1981),详见表3-11-3。

表 3-11-3　山西省大池山式重晶石矿典型矿床查明资源储量表

编号	名称	矿石量（千t）	面积（m²）	延深（m）	品位（%）	体重（t/m³）	体积含矿率（t/m³）
1	三郎山	46.7	20 708	18.8	20～60	3.6	0.120

面积：三郎山典型矿床内圈定的脉群带的范围面积。

延深：典型矿床矿体垂深，为典型矿床矿体斜长（23m）×倾角正弦（$\sin 55°$）＝18.8m。

2. 典型矿床深部及外围预测资源量及其估算参数

三郎山矿区重晶石矿体控矿断裂深部仍有延展，需对典型矿床深部进行资源量预测。预测总延深根据有关专家意见为200m。典型矿床外围无查明控矿断层存在，不需对典型矿床外围进行资源量预测。山西省大池山式重晶石矿典型矿床深部预测资源量见表 3-11-4。

表 3-11-4　山西省大池山式重晶石矿典型矿床深部预测资源量表

名称	预测资源量（千t）	面积（m²）	延深（m）	体积含矿率（t/m³）
三郎山	451.3	20 708	181.2	0.120

预测资源量＝预测脉群带面积×延深×体积含矿率，类别为 334-1。

面积：典型矿床预测脉群带面积。

延深：根据三郎山矿区地质特征及有关专家意见，预测延深参数定为181.2m。

在对典型矿床进行深部资源量预测的基础上，对大池山式重晶石矿典型矿床资源总量进行汇总，典型矿床总资源量即为典型矿床查明资源量和预测资源量之和，详见表 3-11-5。

表 3-11-5　山西省大池山式重晶石矿典型矿床总资源量表

编号	名称	查明资源储量（千t）	预测资源量（千t）	总资源量（千t）	总面积（m²）	总延深（m）	体积含矿率（t/m³）
1	三郎山	46.7	451.3	498.0	20 708	200	0.120

3. 模型区预测资源量及估算参数确定

大池山式重晶石矿模型区为典型矿床三郎山重晶石矿区所在的最小预测区翼城县三郎山，该区研究程度较高，预测要素齐全，相关预测参数来源可靠，详见表 3-11-6。

表 3-11-6　山西省大池山式重晶石矿模型区预测资源量及其估算参数

编号	名称	模型区资源量（千t）	模型区预测面积（m²）	含矿地质体面积（m²）	含矿地质体面积参数	延深（m）
1	三郎山	451.3	205 375	20 708	0.101	200

大池山式重晶石矿充填于构造裂隙中，呈脉状产出，矿脉形态、产状、规模、分布受控矿构造控制，属密集脉群类矿床。根据《脉状矿床预测资源量估算方法的意见》的相关规定和要求，计算模型区控矿构造带的含矿系数，详见表 3-11-7。

表 3-11-7　山西省大池山式重晶石矿预测工作区模型区控矿构造带含矿系数表

编号	名称	模型区预测资源量(千 t)	模型区控矿构造带体积(m³)	控矿构造带含矿系数(t/m³)
1	三郎山	451.3	41 075 000	0.012

模型区控矿构造带体积＝模型区面积×模型区延深。

控矿构造带含矿系数＝模型区预测资源总量/模型区控矿构造带体积。

3.11.4.2　最小预测区参数确定

1. 最小预测区预测资源量及估算参数

1）估算方法的选择

山西省重晶石矿共分为 6 个预测工作区。圈定重晶石矿预测区范围时参考了物探、化探、遥感、重砂信息。根据《脉状矿床预测资源量估算方法的意见》和《山西省单矿种资源潜力评价报告编写中需注意的若干问题》的相关要求，预测资源量估算方法采用综合信息地质体积法。

山西省大池山式重晶石矿矿体呈脉状、细脉状、网脉状充填于构造裂隙中，为密集脉群类矿床。根据《脉状矿床预测资源量估算方法的意见》，应用控矿构造带含矿系数进行预测资源量工作。

$$Z_{预}=S_{预} \times H_{预} \times K \times \alpha$$

式中，$Z_{预}$ 是预测区预测资源量(千 t)；$S_{预}$ 是最小预测面积(m²)，指预测区内根据地质、物探、化探、遥感相关资料圈定的控矿构造带的面积；$H_{预}$ 是预测区控矿构造带垂直预测深度(m)；K 是模型区控矿构造带含矿系数；α 是相似系数(指最小预测区与模型区的相似程度)。

2）估算参数的确定

(1) 面积圈定方法及圈定结果。

山西省大池山式重晶石矿主要充填于控矿主干断层次一级断层的裂隙中。在各预测工作区 1∶5 万建造构造图的基础上，利用容矿层围岩、重晶石矿化点、重砂异常作为选定控矿主干断层的定位标志。以控矿主干断层在容矿层围岩中的延伸长度作为最小预测区控矿构造带的长度。三郎山典型矿床矿体距控矿主干断层距离约为 400m，以控矿主干断层为基础划定 400m 半径的构造缓冲区，并结合容矿层围岩的地质界线及有关专家意见，作为最小预测区控矿构造带宽度，以此圈定最小预测区控矿构造带的范围。大池山式重晶石矿预测工作区最小预测区面积圈定大小及方法依据见表 3-11-8。

表 3-11-8　大池山式重晶石矿预测工作区最小预测区面积圈定大小及方法依据表

预测工作区	最小预测区		面积(m²)	参数确定依据
	编号	名称		
离石西	31-1-1	柳林王家山	420 325	
离石东	31-2-1	离石孔家庄	643 725	
昔阳	31-3-1	平定前洪水	315 100	
	31-3-2	昔阳小边地	354 400	控矿断裂、三山子组碳酸盐岩容矿层、重晶石矿化点，重砂异常
	31-3-3	昔阳七亘村	144 650	
浮山	31-4-1	浮山华池窑	458 050	
翼城	31-5-1	翼城三郎山	205 375	
	31-5-2	翼城南高山	76 700	
平陆	31-6-1	平陆县峪口	440 625	

（2）延深参数的确定及结果。

山西省重晶石矿各预测工作区控矿地层厚度均大于200m，且山西省重晶石矿矿区矿点较少，工作程度较低、相关数据较少。因此本次预测工作对最小预测区延深参数的选取采用典型矿床预测延深，为200m。部分最小预测区无矿点等直接找矿标志，工作程度较低，预测延深为150m。大池山式重晶石矿预测工作区最小预测区延深圈定大小及方法依据见表3-11-9。

表3-11-9 大池山式重晶石矿预测工作区最小预测区延深圈定大小及方法依据表

预测工作区	最小预测区		延深(m)	参数确定依据
	编号	名称		
离石西	31-1-1	柳林王家山	200	典型矿床延深推断
离石东	31-2-1	离石孔家庄	150	
昔阳	31-3-1	平定前洪水	200	
	31-3-2	昔阳小边地	150	
	31-3-3	昔阳七亘村	150	
浮山	31-4-1	浮山华池窑	200	
翼城	31-5-1	翼城三郎山	200	
	31-5-2	翼城南高山	150	
平陆	31-6-1	平陆县峪口	150	

（3）品位和体重的确定。

山西省重晶石矿的矿石品位主要依据重晶石矿矿产地矿石$BaSO_4$品位值，为20%～60%。矿石体重主要采用重晶石典型矿床矿石体重数据，为3.6t/m³。

（4）相似系数的确定。

根据典型矿床预测要素，研究对比离石西、离石东、昔阳、浮山、翼城、平陆各预测区中最小预测区预测要素与典型矿床预测要素的总体相似度系数，大池山式重晶石矿预测工作区最小预测区相似系数见表3-11-10。

表3-11-10 大池山式重晶石矿预测工作区最小预测区相似系数表

预测工作区	最小预测区		相似系数
	编号	名称	
离石西	31-1-1	柳林王家山	0.75
离石东	31-2-1	离石孔家庄	0.5
昔阳	31-3-1	平定前洪水	0.75
	31-3-2	昔阳小边地	0.5
	31-3-3	昔阳七亘村	0.5
浮山	31-4-1	浮山华池窑	1
翼城	31-5-1	翼城三郎山	1
	31-5-2	翼城南高山	0.5
平陆	31-6-1	平陆县峪口	0.5

3.11.4.3 最小预测区预测资源量估算结果

本次重晶石矿资源量按体积法预测,预测资源量为矿石量。其计算公式为:

$$Z_{总} = S_{预} \times H_{预} \times K_s \times K \times \alpha$$

$$Z_{预} = Z_{总} - Z_{查}$$

大池山式重晶石矿预测工作区最小预测区资源量估算成果见表3-11-11。

表3-11-11 大池山式重晶石矿预测工作区最小预测区估算成果表

预测工作区	最小预测区 编号	最小预测区 名称	$S_{预}$ (m²)	$H_{预}$ (m)	K (t/m³)	相似系数 α	$Z_{预}$ (千t)
离石西	31-1-1	柳林王家山	0.75	200	0.012	0.75	756.6
离石东	31-2-1	离石孔家庄	0.5	150	0.012	0.5	579.4
昔阳	31-3-1	平定前洪水	0.75	200	0.012	0.75	567.2
昔阳	31-3-2	昔阳小边地	0.5	150	0.012	0.5	319.0
昔阳	31-3-3	昔阳七亘村	0.5	150	0.012	0.5	130.2
浮山	31-4-1	浮山华池窑	1	200	0.012	1	1 089.3
翼城	31-5-1	翼城三郎山	1	200	0.012	1	451.3
翼城	31-5-2	翼城南高山	0.5	150	0.012	0.5	69.0
平陆	31-6-1	平陆县峪口	0.5	150	0.012	0.5	396.6

3.12 煤炭资源量潜力评价

根据聚煤作用和煤系赋存特点,本次按规划矿区在宁武、河东、霍西、西山、沁水及浑源、五台、垣曲、平陆煤产地圈定了22个预测区。依据煤质特征(硫分)的差异,分上、下煤组估算预测资源量。

预测区范围为有煤炭资源潜力的18个矿区和4个煤产地,截至2007年底未进行过勘查工作或进行了勘查工作但未提交成果报告的区域,下面分别予以阐述。

3.12.1 宁武轩岗矿区

1. 位置

宁武轩岗矿区位于宁武煤田中部,宁武-静乐向斜的北端,矿区西面是芦芽山,东面是云中山,南与静乐岚县矿区相邻,北与平朔朔南国家规划矿区相邻。

行政区划隶属于忻州市的原平市、宁武县,矿区北部边缘地带有零星地段属朔州市的朔城区,矿区西北部边缘地带有零星地段属忻州市的神池县,矿区南部边缘地带有零星地段属忻州市的静乐县。

矿区南北长约69.88km,东西宽6.70~52.35km,面积1 737.00km²。

宁武轩岗矿区的预测区位于宁武轩岗矿区的煤层深埋区,其北是阳方口普查区,东北方向是轩岗矿区,东西两侧的边界是煤层露头线或断煤交线,南面边界是基本以行政区划为走向的人为边界。

2. 预测依据

(1)预测区石炭纪—二叠纪含煤地层形成于三角洲沉积环境基础上,聚煤作用发生在海退和海侵转折时期,既受到下伏沉积体系的控制,又受到上覆海相沉积的控制,因此聚煤环境与海退部分的沉积体系直接有关,而三角洲沉积体系优于河流沉积体系及障壁岛-潮坪-潟湖沉积体系,预测区具备了沼泽所要求的地形、碎屑岩化、潮湿性气候和清澈淡水径流补给条件,在三角洲平原的基础上开始泥炭沼泽化,聚煤条件好,发育了厚煤层。

(2)预测区位于华北赋煤构造区晋翼板内赋煤构造亚区,五台-吕梁块隆赋煤构造带宁武坳陷中部。本单元主要以元古界、太古界基底地层及岩浆岩大规模出露为特征,在整体的隆升环境下,发育隆起带间的坳陷盆地赋煤带,其中包括宁武-静乐向斜煤盆地的大部分,宁武向斜煤盆地的主体是本赋煤构造带中最大亦是最主要的聚煤坳陷,主要发育晚古生代及中生代含煤地层,宁武-轩岗矿区即为南部向斜的主体,从上古生界石炭系—二叠系地层到中生界侏罗系地层至新生界古近系含煤地层均有发育。其中晚古生代地层是在经历了中奥陶世至早石炭世长期隆起剥蚀之后,华北古大陆板块主体再度下降,于加里东期—早海西期的侵蚀、夷平基底面上,发育统一的巨型克拉通内坳陷盆地,接受了稳定的晚古生代海陆交互相含煤岩系沉积。在海西期—印支期华北整体隆起的背景下发育了宁武-静乐坳陷盆地,地层发育完全,未有剥蚀情况,此外形成于中生代,燕山期的春景洼-西马坊断裂与卢家庄-娄烦两条逆冲断裂分别控制了宁武煤田的西北和东南边界,使得中间的宁武-静乐坳陷以复式向斜构造形态保存了石炭系—二叠系与侏罗纪的两套含煤岩系,这些因素都很好地保护了含煤地层免遭剥蚀。

据区域调查及周边勘查区资料,该预测区石炭系—二叠系含煤地层大部分被上覆二叠系中、上统和三叠系及新生界地层所掩盖,南部被上覆二叠系中、上统和三叠系、侏罗系及新生界地层所掩盖,石炭系—二叠系未遭剥蚀。

(3)预测区北部为阳方口普查区,东西两侧的边界是煤层露头线或断煤交线,南接静乐岚县矿区。据周边钻孔资料,预测区内应存4号、5号、7号、9号全区稳定可采煤层。

(4)预测区煤层发育稳定,上煤组主采4号煤层属高灰、特低硫、特低磷、高发热量的气肥煤,为良好的动力用煤和炼焦配煤。下煤组主采5号、7号煤层属中—高灰、中硫、低磷、高发热量的肥煤,为良好的动力用煤和炼焦配煤。下煤组9号煤层属中灰、低硫、低磷、高发热量的1/3焦煤,为良好的炼焦煤和动力用煤。

3. 预测方法

(1)资源量估算方法。

本次资源量估算采用地质块段法进行估算。

估算公式:

$$Q = S \times m \times d / 10$$

式中,Q 是资源量(万 t);S 是块段面积($\times 10^3 m^2$);m 是块段煤层平均厚度(m);d 是视密度(t/m^3)。

煤层厚度及视密度由阳方口普查数据算术平均获得,上煤组煤层平均厚度为4.22m,视密度为1.43t/m^3;下煤组煤层平均厚度为12.16m,视密度为1.38t/m^3。

块段边界确定以煤类线、硫分线、灰分线、煤层埋深线、勘查区边界等为界。上煤组共划分为8个块段,下煤组划分为9个块段,面积由 MapGIS 6.7 软件直接在图上读取。

(2)预测分级和分类。

依据煤炭资源潜力评价技术要求,将本预测区上、下煤组按照煤炭资源级别、类别、等别进行了划分和统计。

4. 预测成果

1)潜在资源量

(1)资源总量。

本矿区共获得潜在资源量 981 887 万 t(埋深≤2000m),另有埋深>2000m 的潜在资源量 1 279 150 万 t。

潜在资源量按埋深划分:埋深在600~1000m的潜在资源量为435 210万t,埋深在1000~1500m的潜在资源量为329 996万t,埋深在1500~2000m的潜在资源量为216 681万t。另有埋深>2000m的潜在资源量为1 279 150万t。

潜在资源量按上、下煤组划分:下煤组潜在资源量为722 183万t,上煤组潜在资源量为259 704万t。

(2)煤类及煤炭质量。

潜在资源量按煤类划分:本次预测获得的981 887万t潜在资源量中,气煤151 587万t,1/3焦煤191 109万t,肥煤639 191万t。

潜在资源量按灰分级别划分:本次预测获得的981 887万t潜在资源量中,低中灰煤165 788万t,中灰分煤816 099万t。

潜在资源量按硫分级别划分:本次预测获得的981 887万t潜在资源量中,特低硫煤74 179万t,低硫分煤211 055万t,低中硫煤591 436万t,中硫分煤105 217万t。

2)潜在煤炭资源量级别

本次共获得预测可靠的(334-1)潜在资源量为34 711万t,预测可能的(334-2)潜在资源量为206 927万t,预测推断的(334-3)潜在资源量为740 249万t。

煤炭资源预测成果详见表3-12-1~表3-12-4。

表3-12-1 宁武轩岗矿区煤炭资源按级别预测成果表

潜在资源量级别	334-1	334-2	334-3
资源量(万t)	34 711	206 927	740 249

表3-12-2 宁武轩岗矿区煤炭资源按煤类预测成果表

煤类	资源量(万t)	煤类	资源量(万t)
1/3焦煤	191 109	气煤	151 587
肥煤	639 191		

表3-12-3 宁武轩岗矿区煤炭资源按灰分预测成果表

灰分级别	资源量(万t)	灰分级别	资源量(万t)
低中灰	165 788	中灰分	816 099

表3-12-4 宁武轩岗矿区煤炭资源按硫分预测成果表

硫分级别	资源量(万t)	硫分级别	资源量(万t)
特低硫	74 179	低中硫	591 436
低硫分	211 055	中硫分	105 217

5. 煤炭资源开发利用潜力评价

(1)煤炭资源开发利用潜力类别。

根据前述"预测区资源开发利用潜力类别划分"的原则,本矿区的预测获得潜在资源量共划分为:有利的(Ⅰ类)潜在资源量为435 210万t;次有利的(Ⅱ类)潜在资源量为329 996万t;不利的(Ⅲ类)潜在资源量为216 681万t。

(2)煤炭资源开发利用潜力等级。

根据前述"预测区资源开发利用优度的划分"的原则,本矿区的预测获得潜在资源量共划分为:优(A)等潜在资源量为241 638万t;良(B)等潜在资源量193 572万t;差(C)等潜在资源量为546 677万t。

3.12.2 静乐岚县矿区

1. 位置

静乐岚县矿区位于宁武煤田南部,宁武-静乐向斜的南半部分。矿区三面环山,西面是芦芽山,东面是云中山,南面是关帝山。行政隶属于太原市的娄烦县,忻州市的静乐县,吕梁市的岚县。矿区北部边缘地带有零星地段属忻州市的宁武县。

矿区南北长约62.13km,东西宽13.27~30.91km,面积1 328.00km^2。

静乐岚县矿区的预测区位于宁武煤田南部,宁武-静乐向斜的南半部分,静乐岚县矿区的煤层深埋区。南面与岚县详查、龙泉精查(勘探)、曲立勘探等勘查区相邻,北面与宁武-轩岗矿区相接,东西两侧是煤层露头线。

2. 预测依据

(1)预测区石炭系—二叠系含煤地层形成于三角洲沉积体系中的三角洲平原沉积环境基础上。上煤组发育于各种亚环境组成的三角洲平原环境基础上,泥炭沼泽发育于支流间泛滥盆地、间湾和废弃的分流河道和叶体上,由于堆积环境差异较大,导致煤层厚度变化较大。下煤组发育于上、下三角洲平原沉积环境基础上,上三角洲平原泥炭堆积范围不甚广泛,但环境较为稳定,以淡水环境为主,有利于森林泥炭沼泽的形成和发育,形成较厚的煤层,沿沉积倾向煤层连续性好,分流河道的废弃也为泥炭沼泽的扩展提供了有利的条件;下三角洲平原是河道显著分支、分流间湾发育的地带,泥炭堆积多沿近堤岸地带分布,平行河道方向煤层连续性较好;上下三角洲平原的过渡带发育着最厚最稳定的煤层。总体而言,三角洲平原是有利的聚煤场所,成煤条件较好,有利于厚煤层的形成。

(2)预测区位于华北赋煤构造区晋冀板内赋煤构造亚区,五台-吕梁块隆赋煤构造带宁武坳陷南部。自海西运动以来,预测区所属宁武-静乐区块一直处于稳定沉降接受沉积的环境之中,到三叠纪末期有一次短暂的上升,而后又下沉接受沉积发育了中、上侏罗统地层。到燕山运动期,区块西部的芦芽山、南部的关帝山、东部的云中山、恒山开始隆起,夹于其间的宁武-静乐区块相对沉降,并继续接受沉积。燕山运动期间,宁武-静乐区块形成了NW-SE向的挤压应力场,形成宁武-静乐向斜及两侧的芦芽山和云中山隆起带,随着挤压力增强到一定程度,两翼地层产状不断增高,最终形成了控制区块东南边界的芦家庄-娄烦逆冲断裂和西北边界春景洼-西马坊逆冲断裂。预测区位于区块南部,两条断层断裂面倾向相反,两侧地层分别自北西和南东向区块逆冲,含煤地层相对下沉。总体看来,预测区石炭系—二叠系含煤地层未受构造运动的破坏,保存较好。

(3)预测区可采煤层发育较稳定—稳定。上煤组主要可采煤层是4号煤层,为高灰、特低硫、高发热量煤;下煤组主要可采煤层是7号和9号煤层,为低—中灰、低—中硫、高发热量煤。上、下煤组煤埋深由四周向中心逐渐增大,预测煤级逐渐增高,由边缘的QM、QF、1/3JM逐渐过渡至中心的JM、SM,为良好的炼焦用煤。

(4)预测区南部与岚县详查、龙泉精查(勘探)、曲立勘探等勘查区相接,北部与宁武-轩岗矿区相接,东西两侧以煤层露头线或断煤交线为界。此外预测区内正在进行步六社普查、择善一号普查等勘查工作。据周边钻孔资料,预测区内应赋存4-1号、4号、9号全区稳定可采煤层。

3. 预测方法

(1)资源量估算方法。

本次资源量采用地质块段法进行估算。

估算公式:

$$Q = S \times m \times d / 10$$

式中,Q 是资源量(万 t);S 是块段面积($\times 10^3 m^2$);m 是块段煤层平均厚度(m);d 是视密度(t/m³)。

煤层厚度及视密度由岚县详查、龙泉精查(勘探)、曲立勘探及预测区内的步六社普查、择善一号普查的数据算术平均获得,上煤组煤层平均厚度为 5.13m,视密度为 1.43t/m³;下煤组煤层平均厚度为 10.82m,视密度为 1.45t/m³。

块段边界确定以煤类线、硫分线、灰分线、煤层埋深线、勘查区边界等为界。上煤组共划分为 19 个块段,下煤组划分为 21 个块段,面积由 MapGIS 6.7 软件直接在图上读取。

(2)预测分级和分类

依据煤炭资源潜力评价技术要求,将本预测区上、下煤组按照煤炭资源级别、类别、等别进行了划分和统计。

4. 预测成果

1)潜在资源量

(1)资源总量。

本矿区共获得潜在资源量 1 756 957 万 t(埋深≤2000m),另有埋深>2000m 的潜在资源量 699 096 万 t。

潜在资源量按埋深划分:埋深在 600~1000m 的潜在资源量为 582 336 万 t,埋深在 1000~1500m 的潜在资源量为 696 373 万 t,埋深在 1500~2000m 的潜在资源量为 478 248 万 t。另有埋深>2000m 的潜在资源量为 699 096 万 t。

潜在资源量按上、下煤组划分:下煤组潜在资源量为 1 197 204 万 t,上煤组潜在资源量为 559 753 万 t。

(2)煤类及煤炭质量。

潜在资源量按煤类划分:本次预测获得的 1 756 957 万 t 潜在资源量中,气煤 102 660 万 t,1/3 焦煤 1 246 236 万 t,肥煤 408 061 万 t。

潜在资源量按灰分级别划分:本次预测获得的 1 756 957 万 t 潜在资源量中,低中灰煤 502 308 万 t,中灰分煤 1 146 372 万 t,中高灰煤 108 277 万 t。

潜在资源量按硫分级别划分:本次预测获得的 1 756 957 万 t 潜在资源量中,特低硫煤 163 728 万 t,低硫分煤 396 025 万 t,低中硫煤 338 718 万 t,中硫分煤 426 849 万 t,中高硫煤 340 243 万 t,高硫分煤 91 394 万 t。

2)潜在煤炭资源量级别

本次共获得预测可靠的(334-1)潜在资源量为 415 745 万 t,预测可能的(334-2)潜在资源量为 499 227 万 t,预测推断的(334-3)潜在资源量为 841 985 万 t。

煤炭资源预测成果详见表 3-12-5~表 3-12-8。

表 3-12-5 静乐岚县矿区煤炭资源按级别预测成果表

潜在资源量级别	334-1	334-2	334-3
资源量(万 t)	415 745	499 227	841 985

表 3-12-6 静乐岚县矿区煤炭资源按煤类预测成果表

煤类	资源量(万 t)	煤类	资源量(万 t)
1/3 焦煤	1 246 236	气煤	102 660
肥煤	408 061		

表 3-12-7 静乐岚县矿区煤炭资源按灰分预测成果表

灰分级别	资源量(万 t)	灰分级别	资源量(万 t)
低中灰	502 308	中灰分	1 146 372
中高灰	108 277		

表 3-12-8 静乐岚县矿区煤炭资源按硫分预测成果表

硫分级别	资源量(万 t)	硫分级别	资源量(万 t)
特低硫	163 728	中硫分	426 849
低硫分	396 025	中高硫	340 243
低中硫	338 718	高硫	91 394

5. 煤炭资源开发利用潜力评价

(1)煤炭资源开发利用潜力类别。

根据前述"预测区资源开发利用潜力类别划分"的原则,本矿区的预测获得的潜在资源量共划分为:有利的(Ⅰ类)潜在资源量为 582 336 万 t;次有利的(Ⅱ类)潜在资源量为 696 373 万 t;不利的(Ⅲ类)潜在资源量为 478 248 万 t。

(2)煤炭资源开发利用潜力等级。

根据前述"预测区资源开发利用优度的划分"的原则,本矿区的预测获得的潜在资源量共划分为:优(A)等潜在资源量为 465 280 万 t;良(B)等潜在资源量为 566 747 万 t;差(C)等潜在资源量为 724 930 万 t。

3.12.3 宁武侏罗纪矿区

1. 位置

宁武侏罗纪矿区位于宁武煤田的中心部位,矿区东、西、北界与宁武轩岗矿区相邻,南接静乐岚县矿区,含煤面积 607.83km²。行政区划隶属于忻州市宁武县、原平市及静乐县。

本区除化北屯勘查区和石家庄勘查区进行过勘查工作外,其余均为预测区。

2. 预测依据

(1)预测区煤层主要形成于中侏罗世大同期。三叠纪中晚期的印支运动致使山西省整体处于抬升状态,北部抬升较大,本区三叠系遭到不同程度的剥蚀。经剥蚀夷平后早侏罗世期间开始接受沉积,到中侏罗世大同期,气候湿润,植物茂盛,地形高差逐渐填平补齐,地壳再次下降,发育大规模的曲流河泥炭沼泽及淡水湖泊相更替的环境。大同组沉积早期古构造活动相对强烈,以河流环境为主,由于基底不平和地壳的不均一沉降,在河漫湖泊及泛滥盆地发育了范围及深度相差悬殊,并伴之以迁移的泥炭沼泽环境。至中、晚期,活动相对稳定,以滨湖三角洲环境为主,尤其在中期,发育有短期稳定的、大范围的湖泊环境,随后又逐渐恢复活动,河流又趋于发育。因此泥炭沼泽主要发育在废弃的三角洲平原及河漫湖泊之上,又地处亚热带气候区,盆地内部地势低平,湿热多雨,有利于植物生长和繁殖,为成煤提供了充足的物源,从而形成了重要煤系地层。

(2)预测区位于华北赋煤构造区晋冀板内赋煤构造亚区,五台-吕梁块隆赋煤构造带宁武坳陷北中段,区内构造简单,两侧煤系地层倾角较大,中间埋深相对较大,产状平缓。海西-印支运动期在山西整体隆起的背景下发育了宁武-静乐坳陷盆地,本区才得以沉积了三叠系及下侏罗统含煤地层;中生代,燕山期形成的春景洼-西马坊断裂与卢家庄-娄烦两条逆冲断裂分别控制了宁武煤田的西北和东南边界,使得中间的宁武-静乐坳陷以复式向斜构造形态保存了侏罗纪含煤岩系,使其免遭剥蚀。

据区域调查及周边勘查区资料,该预测区侏罗纪含煤地层被上覆的侏罗系中统云岗组、天池河组和新近系及第四系松散层所掩盖,大同组含煤地层未被剥蚀。

(3)预测区东、西、北界与宁武轩岗矿区相邻,南接静乐岚县矿区。预测区西南部进行了石家庄勘探的地质工作。据周边钻孔资料,预测区内应赋存2号、3号全区稳定可采煤层。

(4)预测区煤层发育较稳定,构造较简单,主采层2号煤层为低灰、中硫、特低磷的气煤,3号煤层为特低灰、低硫、特低磷的气煤,均可作动力用煤。

3. 预测方法

(1)资源量估算方法。

本次资源量采用地质块段法进行估算。

估算公式:
$$Q = S \times m \times d / 10$$

式中,Q 是资源量(万 t);S 是块段面积($\times 10^3 \text{m}^2$);m 是块段煤层平均厚度(m);d 是视密度(t/m^3)。

煤层厚度及视密度由石家庄勘探的数据算术平均获得,煤层平均厚度为 1.21m,视密度为 1.31t/m^3。

块段边界确定以煤层露头线、断层、勘查区边界等为界。划分为1个块段,面积由 MapGIS 6.7 软件直接在图上读取。

(2)预测分级和分类

依据煤炭资源潜力评价技术要求,将本预测区按照煤炭资源级别、类别、等别进行了划分和统计。

4. 预测成果

1)潜在资源量

(1)资源总量。

本矿区共获得潜在资源量 84 671 万 t,埋深均在 0~600m 之间。

(2)煤类及煤炭质量。

潜在资源量按煤类划分:本次预测获得的潜在资源量 84 671 万 t,均为气煤。

潜在资源量按灰分级别划分:本次预测获得的潜在资源量 84 671 万 t,均为低中灰煤。

潜在资源量按硫分级别划分:本次预测获得的潜在资源量 84 671 万 t,均为低硫分煤。

2)潜在煤炭资源量级别

本次预测获得的潜在资源量 84 671 万 t,均为预测推断的(334-3)资源量。

5. 煤炭资源开发利用潜力评价

(1)煤炭资源开发利用潜力类别。

根据前述"预测区资源开发利用潜力类别划分"的原则,本矿区预测获得的潜在资源量 84 671 万 t,均为有利的(Ⅰ类)潜在资源量。

(2) 煤炭资源开发利用潜力等级。

根据前述"预测区资源开发利用优度的划分"的原则,本矿区预测获得的潜在资源量为 84 671 万 t,均为良(B)等潜在资源量。

3.12.4 河曲矿区

1. 位置

河曲矿区位于河东煤田最北部,北邻内蒙古自治区,西邻陕西省。矿区东面是吕梁山山脉,西面是黄河。行政区划隶属于忻州市的河曲县和偏关县。矿区南部边缘地带有零星地段属保德县。矿区南北长约 49km,东西宽 9~14km,面积 609.00km^2。

河曲矿区的预测区位于矿区的西北部,西、南、北以黄河为界,东以河东煤田北部普查区的西部勘查边界为界。

2. 预测依据

(1) 预测区石炭系—二叠系煤层形成于三角洲沉积环境基础上。经前人一系列的研究证明三角洲环境为良好的聚煤环境,煤层比较发育,横向分布上比较连续。在石炭纪—二叠纪温暖潮湿气候下分流间湾、三角洲间湾及废弃的河道处有利于成煤植物的生长繁殖,更容易泥炭沼泽化,沉积了厚煤层。

太原期物源方向主要来自山西西北部的内蒙古古陆(阴山古陆),海侵方向则由山西阳泉以东的地区转移到山西高平地区南东方向,最厚的煤层出现于大同以南的地区,最大煤层厚度达 24m,为聚煤沉积中心,预测区位于聚煤中心西南部,煤层相对较厚。山西期物源方向主要来自山西西北方向的内蒙古古陆,海侵方向来自山西高平地区南东方向,在偏关朔州一带出现一个小的聚煤中心,预测区位于聚煤中心西部,煤层相对也较厚。

(2) 预测区位于华北赋煤构造区鄂尔多斯盆地赋煤构造亚区,鄂尔多斯盆地东缘单斜赋煤构造带河保偏坳陷的北部。河东断褶带构造形态受离石断裂及其东侧吕梁隆起带控制,呈一走向 SN、向西倾斜的大型单斜构造。在单斜构造背景上发育次级的 SN 向短轴褶皱和小型逆断层,以及与褶皱轴大角度相交的正断层。因此矿区基本为一走向 SN、倾向西的单斜构造,构造简单,地层倾角一般为 5°~10°,对煤系地层的影响较小。

经历了中奥陶世至早石炭世长期隆起剥蚀之后,华北古大陆板块主体再度下降,于加里东期—早海西期的侵蚀、夷平基底面上,发育统一的巨型克拉通内坳陷盆地,接受了稳定的晚古生代海陆交互相含煤岩系沉积。预测区在石炭系—二叠系含煤地层沉积之后,三叠纪期间印支运动导致华北地区所处的南北向挤压应力状态向东西向应力状态转变,本区没有像山西其他地区一样强烈上升,而是继续保持其稳定沉降状态,连续沉积了三叠系。燕山运动期间,河东区块作为鄂尔多斯块体的东部边缘,明显受到吕梁山隆起的影响。在东西向挤压力的作用下,在内部地层发生弯曲变形的同时,东部地层沿离石大断裂向上逆冲,形成与鄂尔多斯块体相反的运动方向。离石大断裂东盘吕梁山虽然沿断裂面有一个相对西盘的下降,但总体处于上升的运动之中(包括河东区块东部边缘)。上述地壳运动,使区块在三叠纪以后,不再有连续的地层沉积。

据区域调查及周边勘查区资料,该预测区石炭系—二叠系含煤地层被上覆的二叠系中上统和新近系及第四系松散层所掩盖,石炭系—二叠系含煤地层没有被剥蚀。

(3) 预测区西北部,西、南、北以黄河为界,东以河东煤田北部普查区的西部勘查边界为界。预测区内 2007 年底前未进行过煤炭勘查工作。据周边钻孔资料,预测区内应赋存 8 号、9 号、10 号、11 号、13 号全区稳定可采煤层。

(4) 预测区煤层发育稳定。上煤组 8 号煤层为低中灰—中高灰,特低硫—中硫,中磷—中高磷的长焰煤;下煤组 9 号、10 号、11 号煤层为低中灰—中高灰,特低硫—中硫,中磷—中高磷的长焰煤,均为良好的动力用煤。

3. 预测方法

(1)资源量估算方法。

本次资源量采用地质块段法进行估算。

估算公式：
$$Q = S \times m \times d / 10$$

式中，Q 是资源量(万t)；S 是块段面积($\times 10^3 \mathrm{m}^2$)；m 是块段煤层平均厚度(m)；d 是视密度($\mathrm{t/m}^3$)。

煤层厚度及视密度由河东煤田北部普查的数据算术平均获得，上煤组煤层平均厚度为1.36m，视密度为1.43t/m³；下煤组煤层平均厚度为24.55m，视密度为1.43t/m³。

块段边界确定以河流、勘查区边界等为界。上煤组划分为1个块段，下煤组也划分为1个块段，面积由MapGIS 6.7软件直接在图上读取。

(2)预测分级和分类。

依据煤炭资源潜力评价技术要求，将本预测区上、下煤组按照煤炭资源级别、类别、等别进行了划分和统计。

4. 预测成果

1)潜在资源量

(1)资源总量。

本矿区共获得煤炭资源预测量239 299万t。

潜在资源量按埋深划分：预测的煤炭潜在资源量为239 299万t，埋深均在0～600m之间。

潜在资源量按上、下煤组分：下煤组潜在资源量为226 753万t，上煤组潜在资源量为12 546万t。

(2)煤类及煤炭质量。

潜在资源量按煤类划分：本次预测获得的239 299万t潜在资源量，均为长焰煤。

潜在资源量按灰分级别划分：本次预测获得的239 299万t潜在资源量，均为低中灰煤。

潜在资源量按硫分级别划分：本次预测获得的239 299万t潜在资源量，均为特低硫煤。

2)潜在煤炭资源量级别

本次获得预测可靠的(334-1)潜在资源量为239 299万t，无其他级别的预测煤炭资源。

5. 煤炭资源开发利用潜力评价

(1)煤炭资源开发利用潜力类别。

根据前述"预测区资源开发利用潜力类别划分"的原则，本矿区的潜在资源量239 299万t均为有利的(Ⅰ类)潜在资源量。

(2)煤炭资源开发利用潜力等级。

根据前述"预测区资源开发利用优度的划分"的原则，本矿区的潜在资源量239 299万t均为优(A)等潜在资源量。

3.12.5 河保偏矿区

1. 位置

河保偏矿区位于河东煤田中北部，西以黄河为界，东以煤层露头线或为界，南与柳林矿区相接，北与河曲矿区相接。南北长约120km，东西宽10～60km，面积3 954.00km²。行政区划隶属于吕梁市的临县、兴县，忻州市的保德县。

河保偏矿区的预测区位于矿区的煤层深埋区，其西是黄河，东是不同勘查区的西部边界，南与柳林矿区相接。

2. 预测依据

(1)预测区石炭系—二叠系含煤地层形成于三角洲沉积环境下。上三角洲平原地带,泥炭堆积范围不甚广泛,但环境较为稳定,以淡水环境为主,因而往往有利于森林泥炭沼泽的形成和发育,能形成较厚的煤层,沿沉积倾向煤层连续性好,分流河道的废弃也为泥炭沼泽的扩展提供了有利的条件。下三角洲平原是河道显著分支、分流间湾发育的地带,泥炭堆积多沿近堤岸地带分布,平行河道方向煤层连续性较好。总体而言,三角洲平原是有利的聚煤场所,煤层较发育,横向上分布比较连续。预测区太原组、山西组均形成于三角洲平原沉积环境基础上,成煤条件较好,在石炭纪—二叠纪温暖潮湿气候下分流间湾、三角洲间湾及废弃的河道处有利于成煤植物的生长繁殖,更容易泥炭沼泽化,沉积了厚煤层。

(2)预测区位于华北赋煤构造区鄂尔多斯盆地赋煤构造亚区,鄂尔多斯盆地东缘单斜赋煤构造带河保偏坳陷内。河东区块为鄂尔多斯稳定块体的一部分,与山西过渡性块体的构造形态有明显的区别。区块以整体升降为主,伴之以次级褶皱变形,除东部的边界断裂-离石大断裂外,极少有断裂活动发生。从总的形态看,河东区块为一次级褶曲发育、向西倾的单斜构造,在单斜构造背景上发育次级的SN向短轴褶皱和小型逆断层,以及与褶皱轴大角度相交的正断层。因此预测区基本为一走向SN、倾向西的单斜构造,构造简单,地层倾角一般为5°~10°,对煤系地层的影响较小。

经历了中奥陶世至早石炭世长期隆起剥蚀之后,华北古大陆板块主体再度下降,于加里东期—早海西期的侵蚀、夷平基底面上,发育统一的巨型克拉通内坳陷盆地,接受了稳定的晚古生代海陆交互相含煤岩系沉积。预测区在石炭系—二叠系含煤地层沉积之后,三叠纪期间印支运动导致华北地区所处的南北向挤压应力状态向东西向应力状态转变,本区没有像山西其他地区一样强烈上升,而是继续保持其稳定沉降状态,连续沉积了三叠系。燕山运动期间,河东区块作为鄂尔多斯块体的东部边缘,明显受到吕梁山隆起的影响。在东西向挤压力的作用下,在内部地层发生弯曲变形的同时,东部地层沿离石大断裂向上逆冲,形成与鄂尔多斯块体相反的运动方向。离石大断裂东盘吕梁山虽然沿断裂面有一个相对西盘的下降,但总体处于上升的运动之中(包括河东区块东部边缘)。上述地壳运动的结果,使区块在三叠纪以后,不再有连续的地层沉积。

据区域调查及周边勘查区资料,该预测区石炭系—二叠系含煤地层被上覆二叠系中上统和三叠系及新生界地层所掩盖,石炭系—二叠系含煤地层未被剥蚀。

(3)预测区东部与河东煤田北部普查区相接,且预测区内正在进行保德杨家湾详查、保德详查、白家沟详查、兴县蔡家崖详查等工作,但尚未提交报告。据周边钻孔资料,预测区内应赋存4号、6号、9号、10号、11号局部可采煤层。8号、13号为全区稳定可采煤层。

(4)预测区煤层发育较稳定,6号、8号、9号、11号煤为低—中硫、中灰煤,可供炼焦配煤用;10号煤层为高硫、中灰煤,可作动力用煤。预测煤类为1/2ZN、QM、1/3JM、FM、JM,为良好的动力用煤及炼焦用煤。

3. 预测方法

(1)资源量估算方法。

本次资源量采用地质块段法进行估算。

估算公式:

$$Q = S \times m \times d / 10$$

式中,Q是资源量(万t);S是块段面积($\times 10^3 m^2$);m是块段煤层平均厚度(m);d是视密度(t/m^3)。

煤层厚度及视密度由河东煤田北部普查、保德杨家湾详查、保德详查、白家沟详查、兴县蔡家崖等数据算术平均获得。上煤组煤层厚度4.54~6.63m,平均5.24m,视密度1.36~1.45t/m^3,平均1.40t/m^3;下煤组煤层厚度9.62~12.54m,平均11.15m,视密度1.36~1.42t/m^3,平均1.39t/m^3。

块段边界确定以煤类线、硫分线、灰分线、煤层埋深线、勘查区边界、矿区边界等为界。上煤组共划分为24个块段,下煤组共划分为22个块段,面积由MapGIS 6.7软件直接在图上读取。

(2)预测分级和分类。

依据煤炭资源潜力评价技术要求,将本预测区上、下煤组按照煤炭资源级别、类别、等别进行了划分和统计。

4. 预测成果

1)潜在资源量

(1)资源总量。

本矿区共获得潜在资源量4 065 204万(埋深≤2000m),另有埋深>2000m的潜在资源量1 679 399万t。

潜在资源量按埋深划分:埋深在0～600m的潜在资源量为60 990万t,埋深在600～1000m的潜在资源量为492 953万t,埋深在1000～1500m的潜在资源量为878 165万t,埋深在1500～2000m的潜在资源量为2 633 096万t。另有埋深>2000m的潜在资源量为1 679 399万t。

潜在资源量按上、下煤组划分:下煤组潜在资源量为2 764 511万t,上煤组潜在资源量为1 300 693万t。

(2)煤类及煤炭质量。

潜在资源量按煤类划分:本次预测获得的4 065 204万t潜在资源量中,1/2中黏煤67 021万t,气煤595 999万t,1/3焦煤1 140 978万t,肥煤2 261 206万t。

潜在资源量按灰分级别划分:本次预测获得的4 065 204万t潜在资源量中,低中灰煤3 887 443万t,中灰分煤165 176万t,中高灰煤12 585万t。

潜在资源量按硫分级别划分:本次预测获得的4 065 204万t潜在资源量中,特低硫煤836 472万t,低硫分煤2 002 775万t,低中硫煤1 161 626万t,中硫分煤64 331万t。

2)潜在煤炭资源量级别

本次共获得预测可靠的(334-1)潜在资源量为1 183 658万t,预测可能的(334-2)潜在资源量为2 315 751万t,预测推断的(334-3)潜在资源量为565 795万t。

煤炭资源预测成果详见表3-12-9～表3-12-12。

表3-12-9　河保偏矿区煤炭资源按级别预测成果表

潜在资源量级别	334-1	334-2	334-3
资源量(万t)	1 183 658	2 315 751	565 795

表3-12-10　河保偏矿区煤炭资源按煤类预测成果表

煤类	资源量(万t)	煤类	资源量(万t)
1/3焦煤	1 140 978	气煤	595 999
肥煤	2 261 206	1/2中黏煤	67 021

表3-12-11　河保偏矿区煤炭资源按灰分预测成果表

灰分级别	资源量(万t)	灰分级别	资源量(万t)
低中灰	3 887 443	中高灰	12 585
中灰分	165 176		

表 3-12-12 河保偏矿区煤炭资源按硫分预测成果表

硫分级别	资源量(万 t)	硫分级别	资源量(万 t)
特低硫	836 472	低中硫	1 161 626
低硫分	2 002 775	中硫分	64 331

5. 煤炭资源开发利用潜力评价

(1)煤炭资源开发利用潜力类别。

根据前述"预测区资源开发利用潜力类别划分"的原则,本矿区的预测获得的潜在资源量共划分为:有利的(Ⅰ类)潜在资源量为 553 943 万 t;次有利的(Ⅱ类)潜在资源量为 878 165 万 t;不利的(Ⅲ类)潜在资源量为 2 633 096 万 t。

(2)煤炭资源开发利用潜力等级。

根据前述"预测区资源开发利用优度的划分"的原则,本矿区的预测获得的潜在资源量共划分为:优(A)等潜在资源量为 553 943 万 t;良(B)等潜在资源量为 878 165 万 t;差(C)等潜在资源量为 2 633 096 万 t。

3.12.6 柳林矿区

1. 位置

柳林矿区位于吕梁山以西,河东煤田中部,南与石楼隰县矿区相接,北与河保偏矿区相接,西界为黄河,东界为煤层露头线或断煤交线。行政区划隶属于吕梁市的柳林县、临县、方山县、中阳县、石楼县。南北长约 92.00km,东西宽约 30.00km,面积 3 092.00km²。

柳林矿区的预测区分为两部分,一个在柳林矿区的北部,其西为黄河,其东为河东煤田中部预查区的西边界,南界为三交详查的北部边界,其北为河保偏矿区的南部边界;另一个在柳林矿区的南部,其西为黄河,其东为河东煤田中部预查区的西边界,南与石楼隰县矿区相接,北与郭家沟精查区、沙曲精查区、青龙城详查区相邻。

2. 预测依据

(1)预测区石炭系—二叠系层序Ⅰ含煤地层形成于三角洲沉积体系中的三角洲平原沉积相沉积环境的基础上,海侵方向为北东方向,物源方向为北西方向。石炭系—二叠系层序Ⅱ含煤地层形成于三角洲沉积体系中的下三角洲平原沉积相沉积环境的基础上,海侵方向为南东方向,物源方向为北西方向。石炭系—二叠系层序Ⅲ含煤地层形成于三角洲沉积体系中的三角洲平原与三角洲前缘沉积相沉积环境的基础上,海侵方向为南东方向,物源方向为北西方向。

柳林矿区石炭系—二叠系含煤地层主要以三角洲平原沉积为主,在三角洲平原沉积环境下,由于沉积物的充分供给,利于植物生长,形成泥炭堆积,所以聚煤强度中心位于三角洲平原中发育的泥炭沼泽,向海侵方向聚煤作用减弱。当泥炭堆积速度与地壳下降速度一致时,泥炭向上连续堆积,形成厚煤层或特厚煤层。堆积速度大于下降速度,泥炭堆积向外展,并发展成彼此相连、底部具有起伏地形的大型沼泽,当长期稳定下来时,则形成区域内稳定的厚煤层。下降速度大于堆积速度时,则泥炭沼泽被潟湖或潮坪沉积物所覆盖,导致短距离内煤层尖灭和分叉。这种沼泽在泥炭形成过程中受淡水影响较大,柳林矿区硫分含量较低,但厚度变化幅度大,是由各地受海水影响的差异所致。

古气候环境最终控制着成煤植物的生长、繁殖,是聚煤作用发生的前提条件,温暖潮湿气候有利于成煤植物的生长繁殖。石炭纪—二叠纪全球温暖潮湿的古气候环境是研究山西晚古生代发生聚煤作用的前提条件。柳林矿区含煤地层中,生物化石种类繁多,数量丰富,说明该时期气候适合动植物生长繁殖。

(2)预测区的的石炭纪—二叠纪聚煤基底主要受柳林-盂县断裂带(北纬 $37°50'\sim38°10'$)控制。这条断裂带活动时间较长,一直到晚石炭世表现仍很活跃。它对海水的进退、物源的供给方向、沉积环境等都有很大的影响,是山西省的石炭纪—二叠纪聚煤期南北分化的主要因素。

柳林矿区在赋煤构造划分中属于华北赋煤构造区,鄂尔多斯盆地赋煤构造亚区,鄂尔多斯盆地东缘单斜赋煤构造带,柳林坳陷。预测区所属的华北古大陆板块在中晚奥陶世时,全面隆升,经受长达 100Ma 的剥蚀夷平,为晚古生代广泛而连续的聚煤作用提供了稳定的盆地基底。经历了中奥陶世至早石炭世长期隆起剥蚀之后,华北古大陆板块再度下降,于加里东期—早海西期的侵蚀、夷平基底面上,发育统一的巨型克拉通内坳陷盆地,接受了稳定的晚古生代海陆交互相含煤岩系沉积。

晚石炭世,海水由东北部流域入侵,古地形南高北低,形成晚古生代第一个含煤层位——本溪组。华北古板块与西伯利亚古板块于晚石炭世至二叠纪前后的碰撞作用使华北板块北部抬升,古地形反转为北高南低,海水向南退缩。本区煤系地层位于石炭系—二叠系整套沉积地层的中下部,其中晚石炭世至早二叠世早期是全省最重要的含煤岩组发育时代,早二叠世晚期亦发育煤系地层,只是局部可采,分布面积较小的煤层和煤线,晚二叠世地层仅局部发育少量煤线。晚石炭世—早二叠世期间煤层发育极好,依据全区煤层分布规律将其划分为 3 组重要的可采煤层:晚石炭世至早二叠世太原组的下煤组、中煤组及早二叠世山西组的上煤组。

总体看来,预测区石炭系—二叠系含煤地层未受构造运动的破坏,保存较好。

(3)柳林北西部为黄河,东部为河东煤田中部预查的西边界,南界为三交详查的北部边界,北部为河保偏矿区的南部边界。预测区内 2007 年底前未进行过煤炭勘查工作。柳林南西部为黄河,东部为河东煤田中部预查区的西边界,南与石楼隰县矿区相接,北与郭家沟精查、沙曲精查区、青龙城详查区相邻。预测区内正在进行高家沟普查、石盘村普查工作,尚未提交报告。据周边钻孔资料,预测区内应赋存 2 号、3 号、4(3+4)号、5 号、8+9 号、10 号稳定的主要可采煤层。

(4)预测区煤层发育较稳定—稳定,煤类主要为 FM、1/3JM、JM、SM、PS、PM,为良好的炼焦用煤和动力用煤。

3. 预测方法

(1)资源量估算方法。

本次资源量采用地质块段法进行估算。

估算公式:

$$Q = S \times m \times d / 10$$

式中,Q 是资源量(万 t);S 是块段面积($\times 10^3 m^2$);m 是块段煤层平均厚度(m);d 是视密度(t/m^3)。

柳林北煤层厚度及视密度由河东煤田中部预查、三交详查的数据算术平均获得,上煤组煤层厚度 $6.00\sim6.29$m,平均 6.17m,视密度 $1.37\sim1.42$t/m^3,平均 1.40t/m^3;下煤组煤层厚度 $7.46\sim9.33$m,平均 8.36m,视密度 $1.38\sim1.40$t/m^3,平均 1.39t/m^3。柳林南煤层厚度及视密度由河东煤田中部预查、郭家沟精查、沙曲精查、青龙城详查、高家沟普查、石盘村普查的数据算术平均获得,上煤组煤层厚度 $6.00\sim6.29$m,平均 6.17m,视密度 $1.37\sim1.42$t/m^3,平均 1.40t/m^3;下煤组煤层厚度 $7.46\sim9.33$m,平均 8.36m,视密度 $1.38\sim1.40$t/m^3,平均 1.39t/m^3。

块段边界确定以河流、煤类线、硫分线、灰分线、煤层埋深线、勘查区边界等为界。柳林北上煤组共划分为 10 个块段,下煤组共划分为 9 个块段;柳林南上煤组共划分为 13 个块段,下煤组共划分为 15 个块段。面积均由 MapGIS 6.7 软件直接在图上读取。

(2)预测分级和分类。

依据煤炭资源潜力评价技术要求,将本预测区上、下煤组按照煤炭资源级别、类别、等别进行了划分和统计。

4. 预测成果

1)潜在资源量

(1)资源总量。

本矿区共获得潜在资源量 2 470 794 万 t(埋深≤2000m),另有埋深>2000m 的潜在资源量 367 499 万 t。

潜在资源量按埋深划分:埋深在 600~1000m 的潜在资源量为 72 871 万 t,埋深在 1000~1500m 的潜在资源量为 925 966 万 t,埋深在 1500~2000m 的潜在资源量为 1 471 957 万 t。另有埋深>2000m 的潜在资源量为 367 499 万 t。

潜在资源量按上、下煤组划分:下煤组潜在资源量为 1 396 087 万 t,上煤组潜在资源量为 1 074 707 万 t。其中柳林南预测区下煤组潜在资源量为 446 835 万 t,上煤组潜在资源量为 341 568 万 t;柳林北预测区下煤组潜在资源量为 949 252 万 t,上煤组潜在资源量为 733 139 万 t。

(2)煤类及煤炭质量。

潜在资源量按煤类划分本次预测获得的 2 470 794 万 t 潜在资源量中,肥煤 1 646 241 万 t,1/3 焦煤 36 150 万 t,焦煤 56 479 万 t,瘦煤 238 396 万 t,贫瘦煤 330 377 万 t,贫煤 163 151 万 t。

潜在资源量按灰分划分:本次预测获得的 2 470 794 万 t 潜在资源量中,低中灰煤 1 932 063 万 t,中灰分煤 538 731 万 t。

潜在资源量按硫分划分:本次预测获得的 2 470 794 万 t 潜在资源量中,特低硫煤 771 460 万 t,低硫分煤 1 037 753 万 t,低中硫煤 113 893 万 t,中硫分煤 94 499 万 t,中高硫煤 258 487 万 t,高硫分煤 194 702 万 t。

2)潜在煤炭资源量级别

本次共获得预测可靠的(334-1)潜在资源量为 1 024 899 万 t,预测可能的(334-2)潜在资源量为 1 095 343 万 t,预测推断的(334-3)潜在资源量为 350 552 万 t。

煤炭资源预测成果详见表 3-12-13~表 3-12-16。

表 3-12-13 柳林矿区煤炭资源按级别预测成果表

潜在资源量级别	334-1	334-2	334-3
资源量(万 t)	1 024 899	1 095 343	350 552

表 3-12-14 柳林矿区煤炭资源按煤类预测成果表

煤类	资源量(万 t)	煤类	资源量(万 t)
贫煤	163 151	焦煤	56 479
贫瘦煤	330 377	1/3 焦煤	36 150
瘦煤	238 396	肥煤	1 646 241

表 3-12-15 柳林矿区煤炭资源按灰分预测成果表

灰分级别	资源量(万 t)	灰分级别	资源量(万 t)
低中灰	1 932 063	中灰分	538 731

表 3-12-16 柳林矿区煤炭资源按硫分预测成果表

硫分级别	资源量(万 t)	硫分级别	资源量(万 t)
特低硫	771 460	中硫分	94 499
低硫分	1 037 753	中高硫	258 487
低中硫	113 893	高硫分	194 702

5. 煤炭资源开发利用潜力评价

(1)煤炭资源开发利用潜力类别。

根据前述"预测区资源开发利用潜力类别划分"的原则,本矿区预测获得的潜在资源量共划分为:有利的(Ⅰ类)潜在资源量为 72 871 万 t;次有利的(Ⅱ类)潜在资源量为 925 966 万 t;不利的(Ⅲ类)潜在资源量为 1 471 957 万 t。

(2)煤炭资源开发利用潜力等级。

根据前述"预测区资源开发利用优度的划分"的原则,本矿区的预测获得潜在资源量共划分为:优(A)等潜在资源量为 72 871 万 t;良(B)等潜在资源量为 925 966 万 t;差(C)等潜在资源量为 1 471 957 万 t。

3.12.7 石楼隰县矿区

1. 位置

石楼隰县矿区位于河东煤田中南部,北邻柳林矿区,南邻乡宁矿区。矿区东面是吕梁山山脉,西面是黄河。行政区划隶属于吕梁市的石楼县,临汾市的隰县、永和县、大宁县。矿区东北部边缘地带有部分地段属吕梁市的中阳县、柳林县。东部边缘地带有部分地段属吕梁市的交口县。南部边缘地带有部分地段属临汾市的蒲县、大宁县。南北长约 67km,东西宽约 60km,面积 3 820.00km²。

矿区范围内绝大部分是预测区,有煤田地质工作投入的面积很小,且仅局限于矿区的东北角。

2. 预测依据

(1)预测区石炭系—二叠系含煤地层形成于潮坪-潟湖向三角洲前缘过渡的沉积环境基础上。太原组主要包括障壁沙坝、潮坪、潟湖水体相等,其中潮坪-潟湖相是本区重要的沉积相之一,是主要的聚煤环境,在预测区东部砂岩含量较高,为一障壁岛。障壁岛阻止了海水的进一步入侵,导致水动力条件减弱,障壁岛之后盆地势降低,水体深度增加,有利于泥炭沼泽和潮坪环境的沉积,利于煤的形成和保存,13 号煤即形成于此环境。山西组主要发育三角洲前缘相,物源方向和太原期一样还是来自西北方向的阴山古陆,海水主要还是从东南方向经晋城一带进入山西境内,由于华北地台的抬升,海水逐渐退出,海侵范围和强度减小了许多,潟湖和潮坪退却,演变成三角洲的前缘相,聚煤作用也增强,潮湿气候下成煤植物生长繁殖继而泥炭沼泽化,沉积了厚煤层。

(2)预测区位于华北赋煤构造区鄂尔多斯盆地赋煤构造亚区,鄂尔多斯盆地东缘单斜赋煤构造带石楼-乡宁坳陷北部。河东区块为鄂尔多斯稳定块体的一部分,与山西过渡性块体的构造形态有明显的区别,区块以整体升降为主,伴之以次级褶皱变形,除东部的边界断裂-离石大断裂外,极少有断裂活动发生。从总的形态看,河东区块为一次级褶曲发育、向西倾的单斜构造,在单斜构造背景上发育次级的 SN 向短轴褶皱和小型逆断层,以及与褶皱轴大角度相交的正断层,地层倾角较小,构造复杂程度为简单类型。预测区位于河东区块的中南部,总体为走向 SN、向西倾斜的单斜构造,倾角宽缓一般为 2°~5°,表现形式为坳中有隆的构造,石楼背斜及东北侧的向斜,一般西翼相对东翼更缓;区内褶皱为主,断层稀少,矿区总体构造为简单类型,对煤系地层影响较小。

经历了中奥陶世至早石炭世长期隆起剥蚀之后,华北古大陆板块主体再度下降,于加里东期—早海西期的侵蚀、夷平基底面上,发育统一的巨型克拉通内坳陷盆地,接受了稳定的晚古生代海陆交互相含煤岩系沉积。预测区在石炭系—二叠系含煤地层沉积之后,三叠纪期间印支运动导致华北地区所处的南北向挤压应力状态向东西向应力状态转变,本区没有像山西其他地区一样强烈上升,而是继续保持其稳定沉降状态,连续沉积了三叠系。燕山运动期间,河东区块作为鄂尔多斯块体的东部边缘,明显受到吕梁山隆起的影响。在东西向挤压力的作用下,内部地层发生弯曲变形的同时,东部地层沿离石大断裂向上逆冲,形成与鄂尔多斯块体相反的运动方向。离石大断裂东盘吕梁山虽然沿断裂面有一个相对西盘的下降,但总体处于上升的运动之中(包括河东区块东部边缘)。上述地壳运动,使区块在三叠纪以后,不再有连续的地层沉积。

据区域调查及周边勘查区资料,该预测区石炭系—二叠系含煤地层被上覆二叠系中上统和三叠系及新生界所掩盖,含煤地层未被剥蚀。

(3)预测区北东部以河东煤田中部预查区及原则河以北详查区为界,预测区内正在进行罗村镇预查、寨子预查等工作,尚未提交报告。据周边钻孔资料,预测区内应赋存 2 号、3 号、4 号、5 号、8 号、9 号、10 号全区稳定可采煤层。

(4)预测区煤层发育稳定,上煤组 2 号、3 号、4 号、5 号、8 号主要为中灰、低磷、特低硫、中高热值焦煤。下煤组 9 号、10 号为中灰、高磷、低硫、中高热值焦煤、贫煤、贫瘦煤。预测区预测煤类主要为 FM、1/3JM、JM、SM、PS、PM,为良好的炼焦用煤及动力用煤。

3. 预测方法

(1)资源量估算方法。

本次资源量采用地质块段法进行估算。

估算公式:

$$Q = S \times m \times d/10$$

式中,Q 是资源量(万 t);S 是块段面积($\times 10^3 m^2$);m 是块段煤层平均厚度(m);d 是视密度(t/m^3)。

煤层厚度及视密度由河东煤田中部预查、原则河以北详查、罗村镇预查、寨子预查等数据算术平均获得,上煤组煤层厚度 1.40~3.34m,平均 2.25m,视密度 1.37~1.39t/m³,平均 1.38t/m³;下煤组煤层厚度 4.38~7.84m,平均 5.84m,视密度 1.39~1.41t/m³,平均 1.40t/m³。

块段边界确定以煤类线、硫分线、灰分线、煤层埋深线、矿区边界、勘查区边界等为界。上煤组共划分为 19 个块段,下煤组划分为 23 个块段,面积由 MapGIS 6.7 软件直接在图上读取。

(2)预测分级和分类。

依据煤炭资源潜力评价技术要求,将本预测区上、下煤组按照煤炭资源级别、类别、等别进行了划分和统计。

4. 预测成果

1)潜在资源量

(1)资源总量。

本矿区共获得潜在资源量 2 111 367 万 t(埋深≤2000m),另有埋深>2000m 的潜在资源量 2 276 180 万 t。

潜在资源量按埋深划分:埋深在 600~1000m 的潜在资源量为 25 727 万 t,埋深在 1000~1500m 的潜在资源量为 1200 855 万 t,埋深在 1500~2000m 的潜在资源量为 884 785 万 t。另有埋深>2000m 的潜在资源量为 2 276 180 万 t。

潜在资源量按上、下煤组划分：下煤组潜在资源量为 1 514 596 万 t,上煤组潜在资源量为 596 771 万 t。

(2)煤类及煤炭质量。

潜在资源量按煤类划分：本次预测获得的 2 111 367 万 t 潜在资源量中,肥煤 157 296 万 t,1/3 焦煤 104 294 万 t,焦煤 758 234 万 t,瘦煤 917 709 万 t,贫瘦煤 173 834 万 t。

潜在资源量按灰分划分：本次预测获得的 2 111 367 万 t 潜在资源量中,低中灰煤 1 711 805 万 t,中灰分煤 399 562 万 t。

潜在资源量按硫分划分：本次预测获得的 2 111 367 万 t 潜在资源量中,特低硫煤 312 299 万 t,低硫分煤 284 472 万 t,低中硫煤 803 521 万 t,中硫分煤 551 372 万 t,中高硫煤 159 703 万 t。

2)潜在煤炭资源量级别

本次共获得预测可靠的(334-1)潜在资源量为 1 196 338 万 t,预测可能的(334-2)潜在资源量为 581 625 万 t,预测推断的(334-3)潜在资源量为 333 404 万 t。

煤炭资源预测成果详见表 3-12-17~表 3-12-20。

表 3-12-17 石楼隰县矿区煤炭资源按级别预测成果表

资源量级别	334-1	334-2	334-3
资源量(万 t)	1 196 338	581 625	333 404

表 3-12-18 石楼隰县矿区煤炭资源按煤类预测成果表

煤类	资源量(万 t)	煤类	资源量(万 t)
贫瘦煤	173 834	1/3 焦煤	104 294
瘦煤	917 709	肥煤	157 296
焦煤	758 234		

表 3-12-19 石楼隰县矿区煤炭资源按灰分预测成果表

灰分级别	资源量(万 t)	灰分级别	资源量(万 t)
低中灰	1 711 805	中灰分	399 562

表 3-12-20 石楼隰县矿区煤炭资源按硫分预测成果表

硫分级别	资源量(万 t)	硫分级别	资源量(万 t)
特低硫	312 299	中硫分	551 372
低硫分	284 472	中高硫	159 703
低中硫	803 521	高硫分	

5. 煤炭资源开发利用潜力评价

(1)煤炭资源开发利用潜力类别。

根据前述"预测区资源开发利用潜力类别划分"的原则,本矿区预测获得的潜在资源量共划分为：有利的(Ⅰ类)潜在资源量为 25 727 万 t;次有利的(Ⅱ类)潜在资源量为 1 200 855 万 t;不利的(Ⅲ类)潜在资源量为 884 785 万 t。

(2)煤炭资源开发利用潜力等级。

根据前述"预测区资源开发利用优度的划分"的原则,本矿区预测获得的潜在资源量共划分为:优(A)等潜在资源量为 25 727 万 t;良(B)等潜在资源量为 1 200 855 万 t;差(C)等潜在资源量为 884 785 万 t。

3.12.8 乡宁矿区

1. 位置

乡宁矿区位于山西省西部偏南,吕梁山以西,河东煤田南部。西界为黄河,东界为离石断裂带,南界为煤层露头线,北与石楼隰县矿区相接。南北长 80～100km,东西宽约 68km,面积 5 391.00km^2。行政区划隶属于临汾市的蒲县、大宁县、隰县、吉县、乡宁县,南部边缘地段有局部属运城市的河津市。

乡宁矿区的预测区位于乡宁矿区的北部,东以离石断裂带和以往勘查边界为界,西以黄河为界,北与石楼隰县矿区相接。

2. 预测依据

(1)预测区石炭系—二叠系含煤地层形成于潮坪-潟湖沉积环境向三角洲前缘过渡的沉积环境基础上。太原组主要包括障壁沙坝、潮坪、潟湖水体相等,其中潮坪-潟湖相是本区重要的沉积相之一,是主要的聚煤环境,在矿区以南及乡宁和霍州之间砂岩含量较高,为障壁岛相分布。障壁岛阻止了海水的进一步入侵,导致水动力条件减弱,障壁岛之后盆地地势降低,水体深度增加,有利于泥炭沼泽和潮坪环境的沉积,利于煤的形成和保存,下煤组煤即形成于此环境。山西组主要发育三角洲前缘相及潮坪潟湖相,物源方向和太原期一样还是来自西北方向的阴山古陆,海水主要还是从东南方向经晋城一带进入山西境内,由于华北地台的抬升,海水逐渐退出,海侵范围和强度减小了许多,潟湖和潮坪逐渐退却,演变成三角洲的前缘和潮坪-潟湖相,聚煤作用也增强,潮湿气候下成煤植物生长繁殖继而泥炭沼泽化,沉积了厚煤层,乡宁地区出现的大型聚煤中心,厚度达 16m 的煤层即形成于此环境下。因此,本区在三角洲前缘及潟湖-潮坪都沉积了较厚的煤层。

(2)预测区位于华北赋煤构造区鄂尔多斯盆地赋煤构造亚区,鄂尔多斯盆地东缘单斜赋煤构造带石楼-乡宁坳陷南部。河东区块为鄂尔多斯稳定块体的一部分,与山西过渡性块体的构造形态有明显的区别,区块以整体升降为主,伴之以次级褶皱变形,除东部的边界断裂-离石大断裂外,极少有断裂活动发生。从总的形态看,河东区块为一次级褶曲发育、向西倾的单斜构造,在单斜构造背景上发育次级的 SN 向短轴褶皱和小型逆断层,以及与褶皱轴大角度相交的正断层,地层倾角较小,构造复杂程度为简单类型。预测区位于河东区块的南部,总体为走向 NE、倾向 NW 的单斜构造,地层倾角一般在 5°～10°之间,区内无落差大于 100m 的断层,仅在区内东南缘煤层露头附近,有走向 NE 的小褶曲和倾向 NW、落差较小的正断层,且延伸方向较短。矿区总体构造复杂程度为简单类型。

经历了中奥陶世至早石炭世长期隆起剥蚀之后,华北古大陆板块主体再度下降,于加里东期—早海西期的侵蚀、夷平基底面上,发育统一的巨型克拉通内坳陷盆地,接受了稳定的晚古生代海陆交互相含煤岩系沉积。预测区在石炭系—二叠系含煤地层沉积之后,三叠纪期间印支运动导致华北地区所处的南北向挤压应力状态向东西向应力状态转变,本区没有像山西其他地区一样强烈上升,而是继续保持其稳定沉降状态,连续沉积了三叠系。燕山运动期间,河东区块作为鄂尔多斯块体的东部边缘,明显受到吕梁山隆起的影响。在东西向挤压力的作用下,在内部地层发生弯曲变形的同时,东部地层沿离石大断裂向上逆冲,产生与鄂尔多斯块体相反的运动方向。离石大断裂东盘吕梁山虽然沿断裂面有一个相对西盘的下降,但总体处于上升的运动之中(包括河东区块东部边缘)。上述地壳运动,使区块在三叠纪以后不再有连续的地层沉积。

据区域调查资料,该预测区石炭系—二叠系含煤地层大部分被上覆二叠系中上统和三叠系及新生界所掩盖,石炭系—二叠系含煤地层未被剥蚀。

(3)该预测区位于鄂尔多斯盆地东缘,河东煤田南段,乡宁矿区西北部煤层埋藏深部,其东部以离石断裂带和赵家湾详查等勘查区边界为界,西以黄河为界,北与石楼隰县矿区相接。预测区内正在进行三多普查、车臣普查、白额详查等工作,尚未提交报告。周边的勘查工作有赵家湾详查、明珠找煤等。据周边钻孔资料,预测区内应赋存 2 号、9 号、10 号全区稳定可采煤层。

(4)预测区煤层发育较稳定—稳定,2 号煤层为中灰、低磷、特低硫、中高热值的焦煤,属良好的炼焦用煤;10 号煤层为中灰、高磷、低硫、中高热值焦煤、贫煤、贫瘦煤,属动力用煤。预测区煤层的煤类应以焦煤为主,向西随煤层埋深的加大,煤的变质程度逐渐增高,逐渐过渡为瘦煤甚至贫煤,煤类主要为FM、JM、PS、SM、PM、WY,是良好的炼焦用煤和动力用煤。

3. 预测方法

(1)资源量估算方法。

本次资源量采用地质块段法进行估算。

估算公式:

$$Q = S \times m \times d / 10$$

式中,Q 是资源量(万 t);S 是块段面积($\times 10^3 \mathrm{m}^2$);m 是块段煤层平均厚度(m);d 是视密度($\mathrm{t/m}^3$)。

煤层厚度及视密度由预测区内的三多普查、车臣普查、白额详查及预测区周边的赵家湾详查、明珠找煤等数据算术平均获得。上煤组煤层厚度 1.79~5.95m,平均 3.96m,视密度 1.40~1.48t/m³,平均 1.43t/m³;下煤组煤层厚度 2.25~4.07m,平均 3.36m,视密度 1.39~1.47t/m³,平均 1.43t/m³。

块段边界确定以煤类线、硫分线、灰分线、煤层埋深线、勘查区边界、矿区边界等为界。上煤组共划分为 22 个块段,下煤组划分为 27 个块段,面积由 MapGIS 6.7 软件直接在图上读取。

(2)预测分级和分类。

依据煤炭资源潜力评价技术要求,将本预测区上、下煤组按照煤炭资源级别、类别、等别进行了划分和统计。

4. 预测成果

1)潜在资源量

(1)资源总量。

本矿区共获得潜在资源量 2 528 140 万 t(埋深≤2000m),另有埋深>2000m 的潜在资源量 865 748 万 t。

潜在资源量按埋深划分:埋深在 600~1000m 的潜在资源量为 438 606 万 t,埋深在 1000~1500m 的潜在资源量为 1 439 760 万 t,埋深在 1500~2000m 的潜在资源量为 649 774 万 t。另有埋深>2000m 的潜在资源量为 865 748 万 t。

潜在资源量按上、下煤组划分:下煤组潜在资源量为 1 084 260 万 t,上煤组潜在资源量为 1 443 880 万 t。

(2)煤类及煤炭质量。

潜在资源量按煤类划分:本次预测获得的 2 528 140 万 t 潜在资源量中,肥煤 126 126 万 t,焦煤 94 674 万 t,瘦煤 136 307 万 t,贫瘦煤 262 935 万 t,贫煤 1 121 470 万 t,无烟煤 786 628 万 t。

潜在资源量按灰分划分:本次预测获得的 2 528 140 万 t 潜在资源量中,低中灰煤 1 958 891 万 t,中灰分煤 569 249 万 t。

潜在资源量按硫分划分:本次预测获得的 2 528 140 万 t 潜在资源量中,特低硫煤 1 164 407 万 t,低硫分煤 91 121 万 t,低中硫煤 691 614 万 t,中硫分煤 346 296 万 t,中高硫煤 94 482 万 t,高硫分煤 140 220 万 t。

2)潜在煤炭资源量级别

本次共获得预测可靠的(334-1)潜在资源量为1 938 628万t,预测可能的(334-2)潜在资源量为403 741万t,预测推断的(334-3)潜在资源量为185 771万t。

煤炭资源预测成果详见表3-12-21~表3-12-24。

表3-12-21 乡宁矿区煤炭资源按级别预测成果表

资源量级别	334-1	334-2	334-3
资源量(万t)	1 938 628	403 741	185 771

表3-12-22 乡宁矿区煤炭资源按煤类预测成果表

煤类	资源量(万t)	煤类	资源量(万t)
无烟煤	786 628	瘦煤	136 307
贫煤	1 121 470	焦煤	94 674
贫瘦煤	262 935	肥煤	126 126

表3-12-23 乡宁矿区煤炭资源按灰分预测成果表

灰分级别	资源量(万t)	灰分级别	资源量(万t)
低中灰	1 958 891	中灰分	569 249

表3-12-24 乡宁矿区煤炭资源按硫分预测成果表

硫分级别	资源量(万t)	硫分级别	资源量(万t)
特低硫	1 164 407	中硫分	346 296
低硫分	91 121	中高硫	94 482
低中硫	691 614	高硫分	140 220

5. 煤炭资源开发利用潜力评价

(1)煤炭资源开发利用潜力类别。

根据前述"预测区资源开发利用潜力类别划分"的原则,本矿区预测获得的潜在资源量共划分为:有利的(Ⅰ类)潜在资源量为438 606万t;次有利的(Ⅱ类)潜在资源量为1 439 760万t;不利的(Ⅲ类)潜在资源量为649 774万t。

(2)煤炭资源开发利用潜力等级。

根据前述"预测区资源开发利用优度的划分"的原则,本矿区预测获得的潜在资源量共划分为:优(A)等潜在资源量为438 606万t;良(B)等潜在资源量为1 439 760万t;差(C)等潜在资源量为649 774万t。

3.12.9 霍州矿区

1. 位置

霍州矿区位于山西省西南部,行政区划属吕梁市汾阳、交口县和孝义市,晋中市灵石县和介休市,临汾市汾西、蒲县，洪洞、尧都区和霍州市等县市管辖。

矿区北以三泉断裂、白壁关-偏店断层、马庄断层、杨家庄断层及煤层露头线为界，南与襄汾矿区相接，西以紫荆山断裂带及煤层露头线为界，东以汾-介断层、霍山断裂煤层露头线为界。南北长100~140km，东西宽30~50km，面积约5 705.00km²。

霍州矿区的预测区分布于矿区的东北、东、东南部的局部区域，3个预测区面积不大。

2. 预测依据

(1)预测区石炭系—二叠系含煤地层形成于潮坪-潟湖沉积环境向三角洲平原过渡的沉积环境基础上。太原组主要包括碳酸盐陆棚、障壁沙坝、潮坪、潟湖水体相等，其中潮坪-潟湖相是本区重要的沉积相之一，是主要的聚煤环境，矿区砂泥比值明显比周围地区高，为障壁岛相分布。障壁岛阻止了海水的进一步入侵，导致水动力条件减弱，障壁岛之后盆地地势降低，水体深度增加，有利于泥炭沼泽和潮坪环境的沉积，利于煤的形成和保存，下煤组煤即形成于此环境，由于潮道等流水冲刷，本期煤沉积并不厚。山西组为下三角洲平原环境，其中下段以三角洲前缘的河口坝相及水下分流间湾沉积，上段以下三角洲平原的分流间湾、分流河道和泥炭沼泽沉积为主，物源方向和太原期一样还是来自西北方向的阴山古陆，海水主要还是从东南方向经晋城一带进入山西境内，由于华北地台的抬升，海水逐渐退出，海侵范围和强度减小了许多，潟湖和潮坪逐渐退却，演变成三角洲前缘和下三角洲相，聚煤作用也增强，潮湿气候下成煤植物生长繁殖继而泥炭沼泽化，再加上碎屑注入较少，沉积了厚煤层。

(2)预测区位于华北赋煤构造区晋冀板内赋煤构造亚区，晋中地块坳赋煤构造带汾西坳陷东部。本构造单元西部与鄂尔多斯盆地相邻，离石-紫荆山断裂带亦是构造单元的西部控制边界，东部与汾渭裂陷盆地相接，构造边界为大型NNE向的落差较大的正断层，霍西煤田中北部断裂构造为主，次为宽缓褶曲。以走向NNE和NE向的断裂构造形成骨架，次为NW和NE向断层组。除霍石背斜外，多有受断层控制的短轴背向斜。霍山断裂和离石-紫荆山断裂为主要的区域性断层。地层倾角一般为5°~15°，矿区构造复杂程度的特点为西部简单、东部较之复杂，北部简单、中南部较之复杂。矿区总体构造复杂程度为简单—中等类型。

经历了中奥陶世至早石炭世长期隆起剥蚀之后，华北古大陆板块主体再度下降，于加里东期—早海西期的侵蚀、夷平基底面上，发育统一的巨型克拉通内坳陷盆地，接受了稳定的晚古生代海陆交互相含煤岩系沉积。

预测区在石炭系—二叠系含煤地层沉积之后，三叠纪期间印支运动导致华北地区所处的南北向挤压应力状态向东西向应力状态转变，区块处于隆升状态并遭到剥蚀。

燕山运动时期在太行山和吕梁山两大隆起带之间，除沁水沉降带以外，还发育一个太原-临汾沉降带，两沉降带之间发育一个规模较小的太岳山隆起带。霍州矿区即位于太原-临汾沉降带的西南部，即位于吕梁山隆起带和太岳山隆起带之间的狭长地带。霍西区块受吕梁隆起的影响较大，在强大的东西向挤压力作用下，霍西西麓发育了霍山断裂。断裂东盘向西盘逆冲，使西盘的地层下沉。吕梁山隆起带的东侧基本无大规模的断裂活动，仍以褶皱隆升为主。所以造成矿区西高东低，次级褶曲发育，总体构造形态类似单斜。这一时期山西的地势是南高北低，虽然矿区处于相对的沉降带，仍然是遭受剥蚀的地貌环境，因长期的风化剥蚀，西部的煤层露头线形态极为复杂。预测区大部分位于矿区东部，剥蚀并不严重，据区域调查资料及周边勘查区资料，该预测区石炭系—二叠系含煤地层被上覆二叠系中上统及新生界地层所掩盖。

(3)该预测区位于霍西煤田东部，霍州矿区东北、东、东南部3个面积不大的局部区域。周边的勘查区有辛置精查区、团柏精查区、退沙精查区、白壁关详查区、南关详查区、万安详查区、乔家湾详查区、霍县外围找煤区等。预测区内2007年底前未进行过煤炭勘查工作。据周边钻孔资料，预测区内应赋存2号、11号全区稳定可采煤层。

(4)预测区煤层发育较稳定—稳定,1号、2号、6号、9号、10号、11号煤层煤类主要为FM、QM、JM、PS、SM、PM、WY,是良好的炼焦用煤和动力用煤。

3. 预测方法

(1)资源量估算方法。

本次资源量采用地质块段法进行估算。

估算公式:

$$Q = S \times m \times d / 10$$

式中,Q是资源量(万t);S是块段面积($\times 10^3 \text{m}^2$);m是块段煤层平均厚度(m);d是视密度(t/m^3)。

煤层厚度及视密度由预测区周边的辛置精查、团柏精查、退沙精查、白壁关详查、南关详查、万安详查、乔家湾详查、霍县外围找煤等数据算术平均获得。上煤组煤层厚度2.02~2.89m,平均2.16m,视密度1.35~1.36t/m^3,平均1.35t/m^3;下煤组煤层厚度6.33~8.73m,平均7.29m,视密度1.38~1.40t/m^3,平均1.39t/m^3。

块段边界确定以断层线、煤类线、硫分线、灰分线、煤层埋深线、勘查区边界、矿区边界等为界。上煤组共划分为10个块段,下煤组划分为11个块段,面积由MapGIS 6.7软件直接在图上读取。

(2)预测分级和分类。

依据煤炭资源潜力评价技术要求,将本预测区上、下煤组按照煤炭资源级别、类别、等别进行了划分和统计。

4. 预测成果

1)潜在资源量

(1)资源总量。

本矿区共获得潜在资源量780 650万t(埋深≤2000m),另有埋深>2000m的潜在资源量86 904万t。

潜在资源量按埋深划分:埋深在600~1000m的潜在资源量为462 262万t,埋深在1000~1500m的潜在资源量为163 634万t,埋深在1500~2000m的潜在资源量为154 754万t。另有埋深>2000m的潜在资源量为86 904万t。

潜在资源量按上、下煤组划分:下煤组潜在资源量为604 905万t,上煤组潜在资源量为175 745万t。

(2)煤类及煤炭质量。

潜在资源量按煤类划分:本次预测获得的780 650万t潜在资源量中,1/3焦煤54 620万t,气肥煤12 526万t,肥煤482 803万t,焦煤54 632万t,瘦煤176 069万t。

潜在资源量按灰分划分:本次预测获得的780 650万t潜在资源量中,低中灰煤642 776万t,中灰分煤137 874万t。

潜在资源量按硫分划分:本次预测获得的780 650万t潜在资源量中,特低硫煤175 745万t,中高硫煤176 069万t,高硫分煤428 836万t。

2)潜在煤炭资源量级别

本次共获得预测可靠的(334-1)潜在资源量为331 508万t,预测可能的(334-2)潜在资源量为226 053万t,预测推断的(334-3)潜在资源量为223 089万t。

煤炭资源预测成果详见表3-12-25~表3-12-28。

表 3-12-25 霍州矿区煤炭资源按级别预测成果表

资源量级别	334-1	334-2	334-3
资源量(万 t)	331 508	226 053	223 089

表 3-12-26 霍州矿区煤炭资源按煤类预测成果表

煤类	资源量(万 t)	煤类	资源量(万 t)
瘦煤	176 069	肥煤	482 803
焦煤	54 632	气肥煤	12 526
1/3 焦煤	54 620		

表 3-12-27 霍州矿区煤炭资源按灰分预测成果表

灰分级别	资源量(万 t)	灰分级别	资源量(万 t)
低中灰	642 776	中灰分	137 874

表 3-12-28 霍州矿区煤炭资源按硫分预测成果表

硫分级别	资源量(万 t)	硫分级别	资源量(万 t)
特低硫	175 745	高硫分	428 836
中高硫	176 069		

5. 煤炭资源开发利用潜力评价

(1)煤炭资源开发利用潜力类别。

根据前述"预测区资源开发利用潜力类别划分"的原则,本矿区预测获得的潜在资源量共划分为:次有利的(Ⅱ类)潜在资源量为 625 896 万 t;不利的(Ⅲ类)潜在资源量为 154 754 万 t。

(2)煤炭资源开发利用潜力等级。

根据前述"预测区资源开发利用优度的划分"的原则,本矿区预测获得的潜在资源量共划分为:良(B)等潜在资源量为 557 561 万 t;差(C)等潜在资源量为 223 089 万 t。

3.12.10 襄汾矿区

1. 位置

襄汾矿区位于霍西煤田南部,地处临汾-运城裂陷盆地的中北部,西北部是汾河阶地,地势平坦,东南部是低山丘陵区。矿区南北长约 65km,东西宽约 40km,面积 2 581.00km²。

行政区划隶属于临汾市襄汾县、乡宁县、侯马市、曲沃县、翼城县、浮山县、尧都区、洪洞县、古县,东南角有零星地段属运城市绛县。

矿区内的已勘查范围仅限于北起新城,南到矿区边界,东起襄汾勘查区,西到汾城北勘查区一带,其余均为预测区。

2. 预测依据

(1)预测区石炭系—二叠系含煤地层形成于潮坪-潟湖沉积环境向三角洲平原过渡的沉积环境基础上。太原组主要包括碳酸盐陆棚、障壁沙坝、潮坪、潟湖水体相等,其中潮坪-潟湖相是本区重要的沉积相之一,是主要的聚煤环境,沁水—长治一带砂泥比值明显比周围地区高,为障壁岛相分布。障壁岛阻止了海水的进一步入侵,导致水动力条件减弱,障壁岛之后盆地地势降低,水体深度增加,有利于泥炭沼泽和潮坪环境的沉积,利于煤的形成和保存。预测区位于障壁岛之后,具有利的成煤环境,下煤组煤即形成于此环境,由于离海侵方向较近,潮道等流水冲刷,本期煤相对沉积并不厚。山西组为以三角洲前缘的河口坝相及水下分流间湾沉积为主,物源方向和太原期一样还是来自西北方向的阴山古陆,海水主要还是从东南方向经晋城一带进入山西境内,由于华北地台的抬升,海水逐渐退出,海侵范围和强度减小了许多,潟湖和潮坪逐渐退却,演变成三角洲前缘相,聚煤作用也增强,潮湿气候下成煤植物生长繁殖继而泥炭沼泽化,再加上碎屑注入较少,沉积了比下煤组厚的煤层。

(2)预测区位于华北赋煤构造区汾渭裂陷赋煤构造亚区汾渭裂陷盆地赋煤构造带临汾-运城裂陷中北部。襄汾矿区为洪洞-临汾凹陷和塔儿山-九原山陷隆,构造方向仍为 NNE 和 NE 向,亦有少量 EW 向构造。在塔儿山至二峰山及司空山一带广泛出露燕山期岩浆岩,总体构造复杂程度为较复杂类型。

经历了中奥陶世至早石炭世长期隆起剥蚀之后,华北古大陆板块主体再度下降,于加里东期—早海西期的侵蚀、夷平基底面上,发育统一的巨型克拉通内坳陷盆地,接受了稳定的晚古生代海陆交互相含煤岩系沉积。

预测区在石炭系—二叠系含煤地层沉积之后,三叠纪末期的印支运动导致华北地区所处的南北向挤压应力状态向东西向应力状态转变,区块位于山西南部,隆升幅度相对较小,受剥蚀程度并不严重,总体来看,西部剥蚀比东部严重。

燕山运动时期在太行山和吕梁山两大隆起带之间,除沁水沉降带以外,还发育一个太原-临汾沉降带,两沉降带之间发育一个规模较小的太岳山隆起带。霍州矿区即位于太原-临汾沉降带的西南部,即位于吕梁山隆起带和太岳山隆起带之间的狭长地带。霍西区块受吕梁隆起的影响较大,在强大的东西向挤压力作用下,霍西西麓发育了霍山断裂。断裂东盘向西盘逆冲,使西盘的地层下沉。吕梁山隆起带的东侧基本无大规模的断裂活动,仍以褶皱隆升为主。所以造成矿区西高东低,次级褶曲发育,总体类似单斜的构造形态。这一时期山西的地势是南高北低,虽然矿区处于相对的沉降带,仍然是遭受剥蚀的地貌环境。

喜马拉雅构造运动在山西形成纵贯南北的一系列拉张裂陷盆地。临汾-运城裂陷盆地是在一对 NNW-SSE 拉张力作用下形成的,位于北部的临汾、洪洞一带,受一对 NNE-SSW 的张扭力作用,东部的霍山断裂由以前的挤压逆冲活动转变为扭张性断裂活动,表现为落差较大的正断层。西部的断裂也表现为扭张性正断层的性质,但规模较东部小。由于裂陷盆地的下沉,襄汾矿区石炭系—二叠系含煤地层深埋于地下,内部接受沉积,外部仍为剥蚀状态,故矿区南部出现煤层露头。预测区位于矿区中北部地区,构造活动对煤系地层的影响相对较小。据区域调查资料及周边勘查区资料,该预测区石炭系—二叠系含煤地层被上覆二叠系中上统及巨厚新生界所掩盖。

(3)该预测区位于霍西煤田南部,襄汾矿区中部、北部大部分地区,预测区南部正在进行景毛普查等地质工作,尚未提交报告。周边勘查区有柴庄详查区、史家庄详查区、沙女详查区、襄汾普查区等。据周边钻孔资料,预测区内应赋存 2 号、9 号全区稳定可采煤层。

(4)预测区煤层发育较稳定—稳定,下煤组煤层以中灰、高硫瘦煤为主,上煤组煤层以中灰、低硫—中硫焦煤为主,局部为瘦煤和肥煤,由于岩浆岩体侵入的影响,煤的变质程度靠近岩体逐步增高,从无烟煤到肥煤均有,故预测区煤类主要为 JM、SM、PS、PM、WY,为良好的炼焦用煤和动力用煤。

3. 预测方法

(1)资源量估算方法。

本次资源量采用地质块段法进行估算。

估算公式:

$$Q = S \times m \times d / 10$$

式中,Q 是资源量(万 t);S 是块段面积($\times 10^3 \mathrm{m}^2$);m 是块段煤层平均厚度(m);d 是视密度($\mathrm{t/m}^3$)。

煤层厚度及视密度由预测区内的景毛普查和预测区周边的柴庄详查、史家庄详查、沙女详查、襄汾普查等数据算术平均获得。上煤组煤层厚度 $1.46 \sim 3.21 \mathrm{m}$,平均 $2.54 \mathrm{m}$,视密度 $1.38 \sim 1.60 \mathrm{t/m}^3$,平均 $1.47 \mathrm{t/m}^3$;下煤组煤层厚度 $2.45 \sim 4.06 \mathrm{m}$,平均 $3.43 \mathrm{m}$,视密度 $1.44 \sim 1.51 \mathrm{t/m}^3$,平均 $1.47 \mathrm{t/m}^3$。

块段边界确定以断层线、煤类线、灰分线、煤层埋深线、勘查区边界、矿区边界等为界。上煤组共划分为 19 个块段,下煤组划分为 20 个块段,面积由 MapGIS 6.7 软件直接在图上读取。

(2)预测分级和分类。

依据煤炭资源潜力评价技术要求,将本预测区上、下煤组按照煤炭资源级别、类别、等别进行了划分和统计。

4. 预测成果

1)潜在资源量

(1)资源总量。

本矿区共获得潜在资源量 1 154 782 万 t(埋深≤2000m),另有埋深>2000m 的潜在资源量 776 740 万 t。

潜在资源量按埋深划分:埋深在 0~600m 的潜在资源量为 249 963 万 t,埋深在 600~1000m 的潜在资源量为 189 846 万 t,埋深在 1000~1500m 的潜在资源量为 373 725 万 t,埋深在 1500~2000m 的潜在资源量为 341 248 万 t。另有埋深>2000m 的潜在资源量为 776 740 万 t。

潜在资源量按上、下煤组划分:下煤组潜在资源量为 704 106 万 t,上煤组潜在资源量为 450 676 万 t。

(2)煤类及煤炭质量。

潜在资源量按煤类划分:本次预测获得的 1 154 782 万 t 潜在资源量中,焦煤 302 625 万 t,瘦煤 75 304 万 t,贫瘦煤 80 764 万 t,贫煤 59 822 万 t,无烟煤 636 267 万 t。

潜在资源量按灰分划分:本次预测获得的 1 154 782 万 t 潜在资源量中,低中灰煤 1 055 268 万 t,中灰分煤 99 514 万 t。

潜在资源量按硫分划分:本次预测获得的 1 154 782 万 t 潜在资源量中,特低硫煤 81 772 万 t,低硫分煤 368 904 万 t,中硫分煤 21 488 万 t,中高硫煤 19 169 万 t,高硫分煤 663 449 万 t。

2)潜在煤炭资源量级别

本次共获得预测可靠的(334-1)潜在资源量为 610 634 万 t,预测可能的(334-2)潜在资源量为 519 421 万 t,预测推断的(334-3)潜在资源量为 24 727 万 t。

煤炭资源预测成果详见表 3-12-29~表 3-12-32。

表 3-12-29 襄汾矿区煤炭资源按级别预测成果表

潜在资源量级别	334-1	334-2	334-3
资源量(万 t)	610 634	519 421	24 727

表 3-12-30 襄汾矿区煤炭资源按煤类预测成果表

煤类	资源量(万 t)	煤类	资源量(万 t)
无烟煤	636 267	瘦煤	75 304
贫煤	59 822	焦煤	302 625
贫瘦煤	80 764		

表 3-12-31 襄汾矿区煤炭资源按灰分预测成果表

灰分级别	资源量(万 t)	灰分级别	资源量(万 t)
低中灰	1 055 268	中灰分	99 514

表 3-12-32 襄汾矿区煤炭资源按硫分预测成果表

硫分级别	资源量(万 t)	硫分级别	资源量(万 t)
特低硫	81 772	中高硫	19 169
低硫分	368 904	高硫分	663 449
中硫分	21 488		

5. 煤炭资源开发利用潜力评价

(1)煤炭资源开发利用潜力类别。

根据前述"预测区资源开发利用潜力类别划分"的原则,本矿区预测获得的潜在资源量共划分为:有利的(Ⅰ类)潜在资源量为 439 809 万 t;次有利的(Ⅱ类)潜在资源量为 373 725 万 t;不利的(Ⅲ类)潜在资源量为 341 248 万 t。

(2)煤炭资源开发利用潜力等级。

根据前述"预测区资源开发利用优度的划分"的原则,本矿区预测获得的潜在资源量共划分为:优(A)等潜在资源量为 415 082 万 t;良(B)等潜在资源量为 398 452 万 t;差(C)等潜在资源量为 341 248 万 t。

3.12.11 西山古交矿区

1. 位置

西山古交矿区即太原西山煤田,是我国重要的炼焦煤基地之一,位于山西省中部吕梁山东麓,太原市西 15km 处。南邻晋中盆地,跨太原市的晋源区、万柏林区、尖草坪区、古交市、清徐县、娄烦县,吕梁市的交城县、文水县。南北长 75km,东西宽 20~50km,面积约为 2106km^2。

西山古交矿区的预测区位于西山古交矿区的东部边缘地带。

2. 预测依据

(1)预测区石炭系—二叠系含煤地层形成于三角洲沉积环境基础上。太原组为下三角洲平原相沉积,太原期物源方向主要来自山西西北部的内蒙古古陆(阴山古陆)。海侵方向则由山西阳泉以东的地区转移到山西高平地区南东方向。煤层总体由北向南逐渐变薄,最厚的煤层出现于大同以南的地区,向南煤层逐渐变薄,在预测区煤层厚度降到 4m,因为受到海侵的影响,离海侵方向较近,故煤层变薄,由煤层等厚线看出离海侵方向越近,煤层厚度越薄,总体来讲本期下三角洲环境仍为主要的赋煤区。山西期物源方向主要来自山西西北方向的内蒙古古陆,海侵方向来自山西高平地区南东方向,海侵范围继续减小,在本期主要沉积了上三角洲体系,为三角洲沉积的陆上部分,是与河流有关的沉积体系在海滨区的延伸。其沉积环境和沉积特征与河流相有较多共同之处,在一定程度上为河流相的缩影,多为淡水沉积,故适合成煤植物的生长,生物化石少,且多为淡水动物化石和植物残体,在泛滥盆地、间湾湖泊等处沉积了厚煤层,连续性较好,在西山原一带出现一个小型的聚煤中心,煤层厚度与太原组相比变厚。

(2)预测区位于华北赋煤构造区晋冀板内赋煤构造亚区,沁水盆地赋煤构造带西山坳陷东部。西山古交向斜是西山煤田的主体控煤构造,褶曲构造东西两端强,煤层倾角明显,是一规模相对较小的构造盆地。其西以白家滩-西社断层为界,东南以清交断裂为界,呈一北宽南窄的倒梨形。盆地主体由石炭系、二叠系、三叠系组成,总体为一轴向近南北、轴部偏西,西翼较陡、东翼较缓,向南倾伏的不对称向斜。

经历了中奥陶世至早石炭世长期隆起剥蚀之后,华北古大陆板块主体再度下降,于加里东期—早海西期的侵蚀、夷平基底面上,发育统一的巨型克拉通内坳陷盆地,接受了稳定的晚古生代海陆交互相含煤岩系沉积。

预测区在石炭系—二叠系含煤地层沉积之后,三叠纪末期的印支运动导致华北地区所处的南北向挤压应力状态向东西向应力状态转变,遭到不同程度的剥蚀。

中生代早期即燕山运动中期之前,矿区为宽缓的沁水向斜西北翼,与现在的沁水向斜两翼具有相似的古构造格局。燕山运动中、晚期,在SEE-NWW向区域挤压应力场作用下,断裂发育,中生代断块构造格局形成。新生代晚期,山西地堑系形成并逐步扩展,晋中断陷叠加于古交掀斜地块之上,破坏了沁水煤盆地西北翼的完整性,使西山煤田脱离了沁水盆地。

西山煤田四周均受区域性构造带控制,其主要构造形迹有:EW向构造、SN向构造、NNE—NE向构造,以及其他组合构造。这些构造多为燕山运动以来的产物,它对燕山期以前的构造形迹,或进行改造,或将其继承下来,使矿区构造形态趋于复杂化。其中EW向的盂县-阳曲褶断带控制着矿区向北的延展,构成北边界出露含煤岩系的下伏地层。SN向发育规模较大的吕梁隆起,几乎纵贯全省西部,抑制着矿区的EW向延伸,NNE—NE向的构造发生于燕山期,且在喜马拉雅山期得到继承和发展,几乎斜列全省,形成太原西山古交坳陷,在这些构造盆地的边缘,展布着NNE—NE向断裂褶皱带,在这坳陷中较好地保存着含煤地层,而NNE汾河地堑则是继承了深部构造,形成矿区南东及东缘边界。

喜马拉雅运动期在山西形成纵贯南北的一系列拉张裂陷盆地。在拉张力的作用下,形成清交断裂(含交城大断裂西南部分和晋祠断裂),由于清交断裂的巨大落差,西山煤田的煤系地层直接被错断,上盘裂陷盆地之中的煤系地层被数千米的巨厚新生界地层覆盖,形成其天然的东南煤田边界。

据区域调查资料及周边勘查区资料,该预测区石炭系—二叠系含煤地层被上覆二叠系中上统和三叠系及新生界所掩盖。

(3)该预测区位于西山煤田东部,西山古交矿区东部边缘,预测区内2007年底前未进行过煤炭勘查工作。据周边钻孔资料,预测区内应赋存2号、8号、9号全区稳定可采煤层。周边勘查区有圪垛村勘探区、郑家庄勘探区、麦地掌勘探区、邢家社精查区、中社精查区、苗家沟详查区、清徐详查区、山怀南详查区、赤峪普查区、上庄头普查区、邢家社普查区、交城文水预查区等。

(4)预测区煤层发育较稳定—稳定,上煤组2号、3号、4号、5号煤为低—高灰、特低—中硫、特低—低磷的肥煤、焦煤与贫煤,下煤组7号煤层为低—中灰、低—中硫、特低磷的肥煤、焦煤、瘦煤与贫煤;8号煤层为特低—中灰(少数高灰)、低—高硫、特低—低磷的肥煤、焦煤、瘦煤与贫煤;9号煤层为中—高灰、特低—低硫、特低磷的肥煤、焦煤、瘦煤、贫煤与无烟煤。预测区煤类主要为SM、PM、WY,为良好的炼焦用煤和动力用煤。

3. 预测方法

(1)资源量估算法。

本次资源量采用地质块段法进行估算。

估算公式:
$$Q = S \times m \times d / 10$$

式中,Q是资源量(万t);S是块段面积($\times 10^3 m^2$);m是块段煤层平均厚度(m);d是视密度(t/m^3)。

煤层厚度及视密度由预测区周边的圪垛村勘探、郑家庄勘探、麦地掌勘探、邢家社精查、中社精查、苗家沟详查、清徐详查、山怀南详查、赤峪普查、上庄头普查、邢家社普查、交城文水预查等数据算术平均获得。上煤组煤层厚度3.07~4.21m,平均3.64m,视密度1.37~1.39t/m³,平均1.38t/m³;下煤组煤层厚度 7.69～8.08m,平均 7.89m,视密度 1.37～1.39t/m³,平均 1.38t/m³。

块段边界确定以煤类线、硫分线、勘查区边界、矿区边界等为界。上煤组共划分为 2 个块段,下煤组划分为 2 个块段,面积由 MapGIS 6.7 软件直接在图上读取。

(2)预测分级和分类。

依据煤炭资源潜力评价技术要求,将本预测区上、下煤组按照煤炭资源级别、类别、等别进行了划分和统计。

4. 预测成果

1)潜在资源量

(1)资源总量。

本矿区共获得潜在资源量 134 681 万 t,埋深均为 0～600m。

潜在资源量按上、下煤组划分:下煤组潜在资源量为 93 530 万 t,上煤组潜在资源量为 41 151 万 t。

(2)煤类及煤炭质量。

潜在资源量按煤类划分:本次预测获得的 134 681 万 t 潜在资源量中,瘦煤 23 034 万 t,贫煤 56 489 万 t,无烟煤 55 158 万 t。

潜在资源量按灰分划分:本次预测获得的 134 681 万 t 潜在资源量中,低中灰煤 61 406 万 t,中灰煤 73 275 万 t。

潜在资源量按硫分划分:本次预测获得的 134 681 万 t 潜在资源量中,特低硫煤 41 151 万 t,低中硫煤 93 530 万 t。

2)潜在煤炭资源量级别

本次共获得预测可靠的(334-1)潜在资源量为 134 681 万 t。

煤炭资源预测成果详见表 3-12-33～表 3-12-36。

表 3-12-33 西山古交矿区煤炭资源按级别预测成果表

潜在资源量级别	334-1	334-2	334-3
资源量(万 t)	134 681		

表 3-12-34 西山古交矿区煤炭资源按煤类预测成果表

煤类	资源量(万 t)	煤类	资源量(万 t)
无烟煤	55 158	瘦煤	23 034
贫煤	56 489		

表 3-12-35 西山古交矿区煤炭资源按灰分预测成果表

灰分级别	资源量(万 t)	灰分级别	资源量(万 t)
低中灰	61 406	中灰分	73 275

表 3-12-36 西山古交矿区煤炭资源按硫分预测成果表

硫分级别	资源量(万 t)	硫分级别	资源量(万 t)
特低硫	41 151	低中硫	93 530

5. 煤炭资源开发利用潜力评价

(1)煤炭资源开发利用潜力类别。

根据前述"预测区资源开发利用潜力类别划分"的原则,本矿区预测获得的 134 681 万 t 均为不利的(Ⅲ类)潜在资源量。

(2)煤炭资源开发利用潜力等级。

根据前述"预测区资源开发利用优度的划分"的原则,本矿区预测获得的 134 681 万 t 均为差(C)等潜在资源量。

3.12.12 东山矿区

1. 位置

本矿区位于太原市东部,包括阳曲县、尖草坪区、太原市小店区和榆次市西部。西以西山古交国家规划矿区为界,东及东南边界与阳泉国家规划矿区和榆次区毗邻,北为煤层露头线,南部和修文镇接壤。地理坐标:东经 112°27′27″~112°49′51″,北纬 37°43′10″~38°08′52″,南北长 60km,东西宽 30km,含煤面积 1268km²。

东山矿区的预测区位于矿区的西部,东部为煤矿及阳曲普查区和杨家峪段王间普查区。

2. 预测依据

(1)预测区在层序Ⅰ属于潮坪-潟湖和障壁岛沉积环境,海侵方向为北东方向,物源方向为北西方向,主要在潮坪-潟湖沉积环境的基础上成煤。由于沉积物的充分供给潟湖被淤浅填平,利于植物生长,形成泥炭堆积。当泥炭堆积速度与地壳下降速度一致时,泥炭向上连续堆积,形成厚煤层或特厚煤层。所以预测区层序Ⅰ是发育泥炭沼泽的良好环境。预测区在层序Ⅱ属下三角洲平原沉积环境,海侵方向为南东方向,物源方向为北西方向,主要在下三角洲沉积环境的基础上成煤。本区的聚煤强度中心位于下三角洲平原,有利于泥炭沼泽的沉积,利于煤的形成和保存。预测区在层序Ⅲ属三角洲平原沉积环境,海侵方向为南东方向,物源方向为北西方向,主要在三角洲沉积环境的基础上成煤,同样有利于泥炭沼泽的沉积,利于煤的形成和保存。

(2)预测区位于华北赋煤构造区汾渭裂陷赋煤构造亚区,汾渭裂陷盆地赋煤构造带晋中裂陷北部。中生代早期(燕山运动中期之前),太原西山、太原盆地、太原东山连为一体,共同构成宽缓的沁水向斜西北翼。燕山运动中晚期,在 SEE-NWW 向区域挤压应力场作用下,断裂发育,中生代断块构造格局形成。新生代晚期,山西地堑系形成并逐步扩展,太原断陷叠加于古交掀斜地块之上,破坏了沁水煤盆地西北翼的完整性,并使太原西山、东山相互分离。太原断陷北段受中生代盂县-阳曲 EW 向褶断(隆起)带限制,断陷幅度减小,泥屯-阳曲次级断陷是"降中有升、升中有降"的复式断块构造,使晚古生代煤系得以局部保存且埋深适中。

(3)该预测区位于沁水煤田西北部,东山矿区西部,其东部为煤矿及阳曲普查区和杨家峪段王间普查区。据周边钻孔资料,预测区内应赋存 15 号全区稳定可采煤层。预测区内 2007 年底前未进行过煤炭勘查工作。

(4)预测区煤层发育较稳定—稳定,煤类主要为 JM、SM、PS、PM、WY,为良好的炼焦用煤和动力用煤。

3. 预测方法

(1)资源量估算法。

本次资源量采用地质块段法进行估算。

估算公式:
$$Q = S \times m \times d / 10$$

式中,Q 是资源量(万 t);S 是块段面积($\times 10^3 m^2$);m 是块段煤层平均厚度(m);d 是视密度(t/m^3)。

煤层厚度及视密度由预测区周边的煤矿及阳曲普查区和杨家峪段王间普查区的数据算术平均获得,上煤组煤层厚度 2.29~3.70m,平均 2.64m,视密度 1.39~2.24t/m^3,平均 1.46t/m^3;下煤组煤层厚度 7.91~10.31m,平均 9.27m,视密度 1.39t/m^3。

块段边界确定以断层线、煤类线、硫分线、灰分线、煤层埋深线、勘查区边界、矿区边界等为界。上煤组共划分为 12 个块段,下煤组划分为 15 个块段,面积由 MapGIS 6.7 软件直接在图上读取。

(2)预测分级和分类。

依据煤炭资源潜力评价技术要求,将本预测区上、下煤组按照煤炭资源级别、类别、等别进行了划分和统计。

4. 预测成果

1)潜在资源量

(1)资源总量。

本矿区共获得潜在资源量 1 125 968 万 t。

潜在资源量按埋深划分:埋深在 0~600m 的潜在资源量为 409 312 万 t,埋深在 600~1000m 的潜在资源量为 253 137 万 t,埋深在 1000~1500m 的潜在资源量为 193 126 万 t,埋深在 1500~2000m 的潜在资源量为 270 393 万 t。

潜在资源量按上、下煤组划分:下煤组潜在资源量为 874 618 万 t,上煤组潜在资源量为 251 350 万 t。

(2)煤类及煤炭质量。

潜在资源量按煤类划分:本次预测获得的 1 125 968 万 t 潜在资源量中,无烟煤 497 148 万 t,贫煤 206 573 万 t,贫瘦煤 152 243 万 t,瘦煤 197 812 万 t,焦煤 72 192 万 t。

潜在资源量按灰分划分:本次预测获得的 1 125 968 万 t 潜在资源量中,低中灰煤 903 809 万 t,中灰分煤 222 159 万 t。

潜在资源量按硫分划分:本次预测获得的 1 125 968 万 t 潜在资源量中,特低硫煤 251 350 万 t,低中硫煤 109 773 万 t,中硫分煤 429 924 万 t,中高硫煤 334 921 万 t。

2)潜在煤炭资源量级别

本次共获得预测可靠的(334-1)潜在资源量为 272 845 万 t,预测可能的(334-2)潜在资源量为 151 235 万 t,预测推断的(334-3)潜在资源量为 701 888 万 t。

煤炭资源预测成果详见表 3-12-37~表 3-12-40。

表 3-12-37 东山矿区煤炭资源按级别预测成果表

资源量级别	334-1	334-2	334-3
资源量(万 t)	272 845	151 235	701 888

表 3-12-38 东山矿区煤炭资源按煤类预测成果表

煤类	资源量(万 t)	煤类	资源量(万 t)
无烟煤	497 148	瘦煤	197 812
贫煤	206 573	焦煤	72 192
贫瘦煤	152 243		

表 3-12-39 东山矿区煤炭资源按灰分预测成果表

灰分级别	资源量（万 t）	灰分级别	资源量（万 t）
低中灰	903 809	中灰分	222 159

表 3-12-40 东山矿区煤炭资源按硫分预测成果表

硫分级别	资源量（万 t）	硫分级别	资源量（万 t）
特低硫	251 350	中硫分	429 924
低中硫	109 773	中高硫	334 921

5. 煤炭资源开发利用潜力评价

(1)煤炭资源开发利用潜力类别。

根据前述"预测区资源开发利用潜力类别划分"的原则，本矿区的预测获得的潜在资源量共划分为：有利的（Ⅰ类）潜在资源量为 125 756 万 t；次有利的（Ⅱ类）潜在资源量为 431 495 万 t；

(2)煤炭资源开发利用潜力等级。

根据前述"预测区资源开发利用优度的划分"的原则，本矿区的预测获得的潜在资源量共划分为：优（A）等潜在资源量为万 125 756 万 t；差（C）等潜在资源量为 1 000 212 万 t。

3.12.13 阳泉矿区

1. 位置

阳泉矿区位于沁水煤田的东北端，北、东部边界为煤层露头线，西面与太原东山矿区和平遥矿区相接，南面与潞安矿区相接。行政区划隶属于阳泉市的平定县、盂县、阳泉市区、晋中市的左权县、和顺县、昔阳县、榆社县、太谷县、寿阳县、榆次区管辖。南北长 98～115km，东西宽 60～85km，面积 7712km²。

阳泉矿区的预测区为矿区的西、南部，北部和东部为不同勘查阶段的勘查区或井田所环绕。

2. 预测依据

(1)预测区在层序Ⅰ属于潮坪-潟湖和碳酸盐陆棚沉积环境，海侵方向为北东方向，物源方向为北西方向，主要是在潮坪-潟湖沉积环境的基础上成煤，在海侵方向发育碳酸盐陆棚。由于海水的影响，预测区表现出厚度、砂岩含量、砂泥比等多个高值区。由于沉积物的充分供给，潟湖被淤浅填平，利于植物生长，形成泥炭堆积。当堆积速度大于下降速度时，泥炭堆积向外展，并彼此相连，形成底部具有起伏地形的大型沼泽，长期稳定下来后，则形成区域内稳定的厚煤层。预测区在层序Ⅱ属下三角洲平原沉积环境，海侵方向为南东方向，物源方向为北西方向。主要在下三角洲沉积环境的基础上成煤。和层序Ⅰ类似，层序Ⅱ也表现出了地层厚度、砂岩含量等多个高值区，据此推断层序Ⅱ也是一个聚煤的良好环境。预测区在层序Ⅲ属三角洲平原沉积环境，海侵方向为南东方向，物源方向为北西方向，主要在三角洲沉积环境的基础上成煤，从高泥岩含量，低砂岩含量，可以看出，聚煤强度中心位于三角洲平原中发育的泥炭沼泽，向海侵方向聚煤作用减弱。

(2)预测区位于华北赋煤构造区汾渭裂陷赋煤构造亚区，汾渭裂陷盆地赋煤构造带晋中裂陷东部。阳泉矿区构造格局和煤层赋存受到晋获断裂带北段的影响。阳泉矿区位于沁水向斜仰起端近核部，东距晋获断裂带约 60km。矿区内断层稀疏，构造样式以宽缓小褶曲为主，基本上反映了沁水盆地内部的变形特征。晋获断裂带北段构造片理发育，反映较深层次的变形环境。中生代沿晋获断裂带由西向东的逆冲位移，使盆地边缘翘起，煤系盖层遭受剥蚀，断裂带西侧诸矿区山西组主采煤层埋深较小，有利开采。新生代发生的构造反转,使晋获断裂带以东的太行山与西侧沁水盆地地貌反差增强、北段赞皇核杂岩大幅度伸展隆起,晚古生代煤系剥蚀殆尽。

(3)该预测区位于沁水煤田北部,阳泉矿区中西部煤层深埋区,其北部和东部为不同勘查阶段的勘查区或井田所环绕,西部与平遥矿区相接,南部与潞安矿区相接。据周边钻孔资料,预测区内应赋存8号、12号较稳定可采煤层。预测区正在进行什贴普查、羊头崖普查、川口普查等地质工作,尚未提交报告。周边有李家沟勘探区、韩庄勘探区、寿阳东详查区、坪头详查区、西上庄详查区、和顺普查区、昔阳-左权普查区等。

(4)预测区煤层发育较稳定—稳定,煤类主要为JM、SM、PS、PM、WY,为良好的炼焦用煤和动力用煤。

3. 预测方法

(1)资源量估算方法。

本次资源量采用地质块段法进行估算。

估算公式:
$$Q = S \times m \times d / 10$$

式中,Q 是资源量(万 t);S 是块段面积($\times 10^3 \mathrm{m}^2$);m 是块段煤层平均厚度(m);d 是视密度(t/m³)。

煤层厚度及视密度由预测区内什贴普查、羊头崖普查、川口普查和预测区周边的李家沟勘探、韩庄勘探、寿阳东详查、坪头详查、西上庄详查、和顺普查、昔阳-左权普查的数据算术平均获得,上煤组煤层厚度1.03~2.42m,平均1.85m,视密度1.38~1.43t/m³,平均1.40t/m³;下煤组煤层厚度6.42~6.80m,平均6.62m,视密度1.24~1.43t/m³,平均1.41t/m³。

块段边界确定以煤类线、硫分线、灰分线、煤层埋深线、勘查区边界、矿区边界等为界。上煤组共划分为21个块段,下煤组划分为35个块段,面积由MapGIS 6.7软件直接在图上读取。

(2)预测分级和分类。

依据煤炭资源潜力评价技术要求,将本预测区上、下煤组按照煤炭资源级别、类别、等别进行了划分和统计。

4. 预测成果

1)潜在资源量

(1)资源总量。

本矿区共获得潜在资源量6 027 392万t。

潜在资源量按埋深划分:埋深在0~600m的潜在资源量为17 506万t,埋深在600~1000m的潜在资源量为456 794万t,埋深在1000~1500m的潜在资源量为1 900 401万t,埋深在1500~2000m的潜在资源量为3 652 691万t。

潜在资源量按上、下煤组划分:下煤组潜在资源量为4 751 906万t,上煤组潜在资源量为1 275 486万t。

(2)煤类及煤炭质量。

潜在资源量按煤类划分:本次预测获得的6 027 392万t潜在资源量中,贫煤88 129万t,无烟煤5 939 263万t。

潜在资源量按灰分划分:本次预测获得的6 027 392万t潜在资源量中,低中灰煤5 099 169万t,中灰分煤928 223万t。

潜在资源量按硫分划分:本次预测获得的6 027 392万t潜在资源量中,特低硫煤1 275 486万t,低硫分煤903 423万t,低中硫煤1 038 143万t,中硫分煤1 663 983万t,中高硫煤1 030 231万t,高硫分煤116 126万t。

2)潜在煤炭资源量级别

本次共获得预测可靠的(334-1)潜在资源量为 1 983 195 万 t,预测可能的(334-2)潜在资源量为 554 399 万 t,预测推断的(334-3)潜在资源量为 3 489 798 万 t。

煤炭资源预测成果详见表 3-12-41~表 3-12-44。

表 3-12-41　阳泉矿区煤炭资源按级别预测成果表

潜在资源量级别	334-1	334-2	334-3
资源量(万 t)	1 983 195	554 399	3 489 798

表 4-12-42　阳泉矿区煤炭资源按煤类预测成果表

煤类	资源量(万 t)	煤类	资源量(万 t)
无烟煤	5 939 263	贫煤	88 129

表 4-12-43　阳泉矿区煤炭资源按灰分预测成果表

灰分级别	资源量(万 t)	灰分级别	资源量(万 t)
低中灰	5 099 169	中灰分	928 223

表 4-12-44　阳泉矿区煤炭资源按硫分预测成果表

硫分级别	资源量(万 t)	硫分级别	资源量(万 t)
特低硫	1 275 486	中硫分	1 663 983
低硫分	903 423	中高硫	1 030 231
低中硫	1 038 143	高硫分	116 126

5. 煤炭资源开发利用潜力评价

(1)煤炭资源开发利用潜力类别。

根据前述"预测区资源开发利用潜力类别划分"的原则,本矿区预测获得的潜在资源量共划分为:有利的(Ⅰ类)潜在资源量为 474 300 万 t;次有利的(Ⅱ类)潜在资源量为 1 900 401 万 t;不利的(Ⅲ类)潜在资源量为 3 652 691 万 t。

(2)煤炭资源开发利用潜力等级。

根据前述"预测区资源开发利用优度的划分"的原则,本矿区预测获得的潜在资源量共划分为:优(A)等潜在资源量为万 474 300 万 t;良(B)等潜在资源量为 1 900 401 万 t;差(C)等潜在资源量为 3 652 691 万 t。

3.12.14　潞安矿区

1. 位置

潞安矿区位于沁水煤田中段东部,东部边界为煤层露头线,西与沁源矿区和安泽矿区相接,北与阳泉矿区相接,南与晋城矿区相接。行政区划隶属长治市的武乡、襄垣、潞城、长治市区、屯留、沁县、壶关、长子县,晋中市的榆社和左权等县区。南北长约120km左右,东西宽48~77km,面积7098km²。

预测区位于潞安矿区西部，东面是不同勘查阶段的勘查区。

2. 预测依据

(1)预测区在层序Ⅰ属于潟湖沉积环境，海侵方向为北东方向，物源方向为北西方向，成煤环境主要是潟湖沉积环境，在海侵方向发育盐陆棚。由于海水的影响，预测区表现出了低砂岩含量、高泥岩含量、低砂泥比的特征。由于沉积物的充分供给，潟湖被淤浅填平，利于植物生长，形成泥炭堆积。预测区在层序Ⅱ属河道、碳酸盐陆棚、潮坪潟湖沉积环境，海侵方向为南东方向，物源方向为北西方向，成煤环境主要是潮坪潟湖沉积环境。层序Ⅱ延续了层序Ⅰ的特点，也表现出了地层厚度大、砂岩含量偏小、泥岩含量偏大、砂泥比偏小的特征，说明沉积物供给充分，能够形成泥岩沼泽，为聚煤提供了良好的条件。预测区在层序Ⅲ属三角洲前缘、三角洲平原沉积环境，海侵方向为南东方向，物源方向为北西方向。预测区在层序Ⅲ的成煤环境主要是三角洲沉积环境，从高泥岩含量、低砂岩含量可以看出，聚煤强度中心位于三角洲平原中发育的泥炭沼泽，向海侵方向聚煤作用减弱。

(2)预测区位于华北赋煤构造区晋冀板内赋煤构造亚区，沁水盆地赋煤构造带沁水坳陷北部。潞安矿区预测区煤系地层也受晋获断裂带的影响。预测区附近构成断裂带的地层以下古生界为主，断裂带东侧主逆冲断层下盘牵引向斜内局部保存上石炭统煤系，与北段相比，断距明显变小，垂直断距一般不超过100~200m，断裂带宽度2~6km，表明晋获断裂带中段地表出露的层位抬高、规模减小。预测区内断陷为构造反转产物，晋获断裂带东侧逆冲牵引向斜核部保留小型含煤块段。

(3)该预测区位于沁水煤田东部，潞安矿区西部煤层深埋区，其东部为不同勘查区的边界，西部接沁源矿区与安泽矿区边界，北部接阳泉矿区。据周边钻孔资料，预测区内应赋存3号、15-1号、15-2号、15-3号全区稳定可采煤层。预测区内正在进行虒亭东普查、河神庙普查、岳山普查等地质工作，尚未提交报告。周边勘查区有慈林山接替井田勘探区、康庄勘探区、下霍勘探区、柳泉详查区、屯留详查区、夏店详查区、襄垣普查区等。

(4)预测区煤层发育较稳定—稳定，煤类主要为3M、PS、PM、WY，为良好的炼焦用煤和动力用煤。

3. 预测方法

(1)资源量估算方法。

本次资源量采用地质块段法进行估算。

估算公式：

$$Q = S \times m \times d / 10$$

式中，Q是资源量(万t)；S是块段面积($\times 10^3 m^2$)；m是块段煤层平均厚度(m)；d是视密度(t/m^3)。

煤层厚度及视密度由预测区内的虒亭东普查、河神庙普查、岳山普查及预测区周边的慈林山接替井田勘探、康庄勘探、下霍勘探、柳泉详查、屯留详查、夏店详查、襄垣普查的数据算术平均获得，上煤组煤层厚度2.05~5.99m，平均4.10m，视密度1.38~1.48t/m³，平均1.42t/m³；下煤组煤层厚度2.40~7.92m，平均5.04m，视密度1.42~1.54t/m³，平均1.47t/m³。

块段边界确定以煤类线、硫分线、灰分线、煤层埋深线、勘查区边界、矿区边界等为界。上煤组共划分为11个块段，下煤组划分为28个块段，面积由MapGIS 6.7软件直接在图上读取。

(2)预测分级和分类。

依据煤炭资源潜力评价技术要求，将本预测区上、下煤组按照煤炭资源级别、类别、等别进行了划分和统计。

4. 预测成果

1)潜在资源量

(1)资源总量。

本矿区共获得潜在资源量6 803 428万t(埋深≤2000m)，另有埋深>2000m的潜在资源量133 916万t。

潜在资源量按埋深划分：埋深在0～600m的潜在资源量为35 003万t，埋深在600～1000m的潜在资源量为725 275万t，埋深在1000～1500m的潜在资源量为2 214 631万t，埋深在1500～2000m的潜在资源量为3 828 519万t。另有埋深＞2000m的潜在资源量为133 916万t。

潜在资源量按上、下煤组划分：下煤组潜在资源量为3 458 347万t，上煤组潜在资源量为3 345 081万t。

(2)煤类及煤炭质量。

潜在资源量按煤类划分：本次预测获得的6 803 428万t潜在资源量中，瘦煤8 584万t，贫瘦煤35 065万t，贫煤378 086万t，无烟煤6 381 693万t。

潜在资源量按灰分划分：本次预测获得的6 803 428万t潜在资源量中，低中灰煤6 210 484万t，中灰分煤592 944万t。

潜在资源量按硫分划分：本次预测获得的6 803 428万t潜在资源量中，特低硫煤3 345 081万t，低中硫煤29 651万t，中硫分煤40 016万t，中高硫煤1 658 845万t，高硫分煤1 729 835万t。

2)潜在煤炭资源量级别

本次共获得预测可靠的(334-1)潜在资源量为2 350 646万t，预测可能的(334-2)潜在资源量为636 750万t，预测推断的(334-3)潜在资源量为3 816 032万t。

煤炭资源预测成果详见表3-12-45～表3-12-48。

表3-12-45　潞安矿区煤炭资源按级别预测成果表

资源量级别	334-1	334-2	334-3
资源量(万t)	2 350 646	636 750	3 816 032

表3-12-46　潞安矿区煤炭资源按煤类预测成果表

煤类	资源量(万t)	煤类	资源量(万t)
无烟煤	6 381 693	贫瘦煤	35 065
贫煤	378 086	瘦煤	8584

表3-12-47　潞安矿区煤炭资源按灰分预测成果表

灰分级别	资源量(万t)	灰分级别	资源量(万t)
低中灰	6 210 484	中灰分	592 944

表3-12-48　潞安矿区煤炭资源按硫分预测成果表

硫分级别	资源量(万t)	硫分级别	资源量(万t)
特低硫	3 345 081	中高硫	1 658 845
低中硫	29 651	高硫分	1 729 835
中硫分	40 016		

5. 煤炭资源开发利用潜力评价

(1) 煤炭资源开发利用潜力类别。

根据前述"预测区资源开发利用潜力类别划分"的原则,本矿区的预测获得的潜在资源量共划分为:有利的(Ⅰ类)潜在资源量为 760 278 万 t;次有利的(Ⅱ类)潜在资源量为 2 214 631 万 t;不利的(Ⅲ类)潜在资源量为 3 828 519 万 t。

(2) 煤炭资源开发利用潜力等级。

根据前述"预测区资源开发利用优度的划分"的原则,本矿区的预测获得的潜在资源量共划分为:优(A)等潜在资源量为 760 278 万 t;良(B)等潜在资源量为 2 214 631 万 t;差(C)等潜在资源量为 3 828 519 万 t。

3.12.15 晋城矿区

1. 位置

晋城矿区位于山西省东南部太行山西侧,沁水煤田南端。行政区划隶属晋城市城区、陵川、泽州县、高平市、阳城县、沁水县,长治市的长子县、长治县、壶关县及临汾地区翼城、安泽、浮山县。矿区东、南、西南以煤层露头线为界,北、西北与潞安矿区和安泽矿区相接,面积 7401km^2。

预测区位于晋城矿区的西部和北部,东部及南部为不同勘查程度的勘查区。

2. 预测依据

(1) 预测区石炭系—二叠系含煤地层形成于碳酸盐陆棚向潮坪-潟湖过渡的沉积环境基础上,聚煤条件逐渐变好,逐渐利于煤的形成和保存。在碳酸盐陆棚环境下,形成了本溪组和太原组的石灰岩和泥灰岩,至潮坪潟湖环境下,发育了泥炭沼泽,形成了上、下煤组的煤层。其中,下煤组煤层主要形成于层序Ⅰ时期海相的潮坪潟湖环境下,位于太原组的下段,硫含量较高。

(2) 预测区位于华北赋煤构造区晋冀板内赋煤构造亚区,沁水盆地赋煤构造带沁水坳陷南部。沁水盆地赋煤构造带相当于大地构造单元的晋中-长治陆表盆地单元,即大沁水构造盆地的范围,整体构造为宽缓的复式向斜。晋城矿区西侧霍山断裂及浮山断裂将其与汾渭裂陷盆地系分割开来;东部为太行山隆起,主要构造元素为晋获断裂带南段,表现为由西向东位移的褶皱逆冲性质,该段又称白马寺断层;南部则为横河断裂切割,周缘均被挤压性断裂褶皱带所围限,发育向外侧逆冲的逆断层。矿区整体呈现内部构造稳定、边缘活动性增强的基本规律。煤层赋存较为稳定,局部地区受断层的切割破坏,对矿区整体开采影响不大。据区域调查及周边勘查区资料,该预测区石炭系—二叠系含煤地层被上覆二叠系中上统和三叠系及新生界所掩盖。

(3) 预测区东部、南部、西南部为不同勘查程度的勘查区,西北接安泽矿区,北部接潞安矿区。预测区内正在进行柿庄普查、王寨普查等地质工作,尚未提交报告。据周边钻孔资料,预测区内应赋存 3 号、9 号、15 号全区稳定可采煤层。

(4) 预测区煤层发育稳定,煤类以高煤级煤为主,主要为 PM 和 WY,上煤组煤在部分地区为 PS 和 SM。上煤组煤质为中灰、特低硫、高发热量煤;下煤组煤质为中—高灰、高硫、高发热量煤。用途广泛,可作发电、民用、工业锅炉的燃料等,具有广泛的利用前景。

3. 预测方法

(1) 资源量估算方法。

本次资源量采用地质块段法进行估算。

估算公式:

$$Q = S \times m \times d / 10$$

式中,Q 是资源量(万 t);S 是块段面积($\times 10^3 m^2$);m 是块段煤层平均厚度(m);d 是视密度(t/m³)。

煤层厚度及视密度由沁水普查、樊庄普查、安泽南普查、潘庄一号勘探、潘庄二号勘探等数据算术平均获得,上煤组煤层厚度 1.46~5.48m,平均 3.49m,视密度 1.44~1.52t/m³,平均 1.43t/m³;下煤组煤层厚度 3.04~5.19m,平均 3.82m,视密度 1.43~1.57t/m³,平均 1.48t/m³。

块段边界确定以煤类线、硫分线、灰分线、煤层埋深线、矿区边界、勘查区边界等为界。上煤组共划分为 14 个块段,下煤组划分为 15 个块段,面积由 MapGIS 6.7 软件直接在图上读取。

(2)预测分级和分类。

依据煤炭资源潜力评价技术要求,将本预测区上、下煤组按照煤炭资源级别、类别、等别进行了划分和统计。

4. 预测成果

1)潜在资源量

(1)资源总量。

本矿区共获得潜在资源量 2 480 756 万 t。

潜在资源量按埋深划分:埋深在 0~600m 的潜在资源量为 108 091 万 t,埋深在 600~1000m 的潜在资源量为 998 035 万 t,埋深在 1000~1500m 的潜在资源量为 1 246 603 万 t,埋深在 1500~2000m 的潜在资源量为 128 027 万 t。

潜在资源量按上、下煤组划分:下煤组潜在资源量为 1 185 256 万 t,上煤组潜在资源量为 1 295 500 万 t。

(2)煤类及煤炭质量。

潜在资源量按煤类划分:本次预测获得的 2 480 756 万 t 潜在资源量中,瘦煤 11 028 万 t,贫瘦煤 24 207 万 t,贫煤 266 184 万 t,无烟煤 2 179 337 万 t。

潜在资源量按灰分划分:本次预测获得的 2 480 756 万 t 潜在资源量中,低中灰煤 1 525 887 万 t,中灰分煤 954 869 万 t。

潜在资源量按硫分划分:本次预测获得的 2 480 756 万 t 潜在资源量中,特低硫煤 1 295 500 万 t,中高硫煤 65 816 万 t,高硫分煤 1 119 440 万 t。

2)潜在煤炭资源量级别

本次共获得预测可靠的(334-1)潜在资源量为 1 430 665 万 t,预测可能的(334-2)潜在资源量为 922 064 万 t,预测推断的(334-3)潜在资源量为 128 027 万 t。

煤炭资源预测成果详见表 3-12-49~表 3-12-52。

表 3-12-49 晋城矿区煤炭资源按级别预测成果表

潜在资源量级别	334-1	334-2	334-3
资源量(万 t)	1 430 665	922 064	128 027

表 3-12-50 晋城矿区煤炭资源按煤类预测成果表

煤类	资源量(万 t)	煤类	资源量(万 t)
无烟煤	2 179 337	贫瘦煤	24 207
贫煤	266 184	瘦煤	11 028

表 3-12-51　晋城矿区煤炭资源按灰分预测成果表

灰分级别	资源量（万 t）	灰分级别	资源量（万 t）
低中灰	1 525 887	中灰分	954 869

表 3-12-52　晋城矿区煤炭资源按硫分预测成果表

硫分级别	资源量（万 t）	硫分级别	资源量（万 t）
特低硫	1 295 500	高硫分	1 119 440
中高硫	65 816		

5. 煤炭资源开发利用潜力评价

(1) 煤炭资源开发利用潜力类别。

根据前述"预测区资源开发利用潜力类别划分"的原则,本矿区预测获得的潜在资源量共划分为:有利的（Ⅰ类）潜在资源量为 1 106 126 万 t;次有利的（Ⅱ类）潜在资源量为 1 246 603 万 t;不利的（Ⅲ类）潜在资源量为 128 027 万 t。

(2) 煤炭资源开发利用潜力等级。

根据前述"预测区资源开发利用优度的划分"的原则,本矿区的预测获得的潜在资源量共划分为:优（A）等潜在资源量为 1 106 126 万 t;良（B）等潜在资源量为 1 246 603 万 t;差（C）等潜在资源量为 128 027 万 t。

3.12.16　平遥矿区

1. 位置

平遥矿区位于沁水煤田西北部,地处晋中裂陷盆地的中南部,地势平缓。行政区划隶属于晋中市太古县、祁县、平遥县、介休市、愉次区、愉社县,太原市的清徐县、小店区,吕梁市的孝义市、汾阳市、文水县、交城县,长治市的武乡县、沁源县。

平遥矿区东与阳泉矿区相接,南与潞安矿区和沁源矿区相接,西与霍州矿区相接,北与西山古交矿区和东山矿区相接。矿区南北长约 60.20km,东西宽约 80km,面积 4 667.00km²。

矿区内投入的煤炭地质勘查工作不多,且集中于矿区的西南角,勘查面积有限,预测面积占矿区面积的绝大部分。

2. 预测依据

(1) 预测区上煤组含煤地层形成于三角洲前缘和三角洲平原沉积环境基础上,三角洲是河、海、湖交汇的地带,气候潮湿,生物繁衍速度极快,利于泥炭沼泽的形成和堆积,三角洲前缘是河流与海洋作用最活跃的地带,影响了煤层的稳定性,导致煤层厚度变化较大。下煤组煤层形成于潮坪潟湖和下三角洲平原沉积环境基础上,下三角洲平原的煤层侧向较稳定,泥炭堆积多沿河道近堤岸地带分布,可形成厚煤层,顶板多为海相沉积,硫分含量较高,由潟湖填积的泥炭沼泽,利于厚煤层的形成。

(2) 预测区位于华北赋煤构造区汾渭裂陷赋煤构造亚区,汾渭裂陷盆地赋煤构造带晋中裂陷中南部。晋中裂陷控煤构造是拉张力作用的结果。在拉张力的作用下,形成北东走向的绵山断裂（东南部）、清交断裂（含交城大断裂西南部分和晋祠断裂）,在东北部和西南部发育两条张扭性断裂,即西南部的孝义断裂和东北部的东山断裂。因晋中裂陷盆地的下沉,使得矿区煤系地层埋深加大。据区域调查及周边勘查区资料,该预测区石炭系—二叠系含煤地层被上覆二叠系中上统和三叠系及新生界地层所掩盖。

(3)预测区南部与沁源矿区相接,西南部有介平普查区和介南普查区,预测区内2007年底前未进行过煤炭勘查工作。介平普查区将预测区分割为两部分,其中主体为东北部分,该普查区与预测区分布一致,所以利用介平普查资料进行的参数预测也较为准确。据周边钻孔资料,预测区内应赋存2号、3号、9号、10号、11号全区稳定可采煤层。

(4)预测区煤层发育较稳定—稳定,主要为中高煤级煤,煤类有JM、SM、PS、PM、WY。上煤组煤质为低—中灰、特低硫—高硫、特低磷—低磷,中高发热量煤,下煤组为低—高灰、特低—高硫、特低—低磷、中高发热量煤。煤类较广,用途广泛,中煤级的JM、SM可作炼焦配煤,高煤级的PM、WY可作发电、民用及工业锅炉的燃料等。

3. 预测方法

(1)资源量估算方法。

本次资源量采用地质块段法进行估算。

估算公式:

$$Q = S \times m \times d / 10$$

式中,Q是资源量(万t);S是块段面积($\times 10^3 \mathrm{m}^2$);m是块段煤层平均厚度(m);d是视密度($\mathrm{t/m}^3$)。

煤层厚度及视密度由介平普查和介南普查的数据算术平均获得,上煤组煤层平均厚度为2.02m,视密度为1.36t/m³;下煤组煤层平均厚度为5.98m,视密度为1.42t/m³。

块段边界确定以煤类线、灰分线、煤层埋深线、勘查区边界、矿区边界、断层等为界。上煤组共划分为9个块段,下煤组划分为11个块段,面积由MapGIS 6.7软件直接在图上读取。

(2)预测分级和分类。

依据煤炭资源潜力评价技术要求,将本预测区上、下煤组按照煤炭资源级别、类别、等别进行了划分和统计。

4. 预测成果

1)潜在资源量

(1)资源总量。

本矿区共获得潜在资源量897 002万t(埋深≤2000m),另有埋深>2000m的潜在资源量4 106 694万t。

潜在资源量按埋深划分:埋深在600~1000m的潜在资源量为62 404万t,埋深在1000~1500m的潜在资源量为196 778万t,埋深在1500~2000m的潜在资源量为637 820万t。另有埋深>2000m的潜在资源量为4 106 694万t。

潜在资源量按上、下煤组划分:下煤组潜在资源量为677 740万t,上煤组潜在资源量为219 262万t。

(2)煤类及煤炭质量。

潜在资源量按煤类划分:本次预测获得的897 002万t潜在资源量中,焦煤12 276万t,瘦煤53 198万t,贫瘦煤59 221万t,贫煤90 407万t,无烟煤681 900万t。

潜在资源量按灰分划分:本次预测获得的897 002万t潜在资源量中,低中灰煤270 933万t,中灰分煤626 069万t。

潜在资源量按硫分划分:本次预测获得的897 002万t潜在资源量中,特低硫煤219 262万t,中硫分煤65 880万t,中高硫煤573 916万t,高硫分煤37 944万t。

2)潜在煤炭资源量级别

本次共获得预测可靠的(334-1)潜在资源量为172 577万t,预测可能的(334-2)潜在资源量为42 525万t,预测推断的(334-3)潜在资源量为681 900万t。

煤炭资源预测成果详见表 3-12-53～表 3-12-56。

表 3-12-53　平遥矿区煤炭资源按级别预测成果表

资源量级别	334-1	334-2	334-3
资源量(万 t)	172 577	42 525	681 900

表 3-12-54　平遥矿区煤炭资源按煤类预测成果表

煤类	资源量(万 t)	煤类	资源量(万 t)
无烟煤	681 900	瘦煤	53 198
贫煤	90 407	焦煤	12 276
贫瘦煤	59 221		

表 3-12-55　平遥矿区煤炭资源按灰分预测成果表

灰分级别	资源量(万 t)	灰分级别	资源量(万 t)
低中灰	270 933	中灰分	626 069

表 3-12-56　平遥矿区煤炭资源按硫分预测成果表

硫分级别	资源量(万 t)	硫分级别	资源量(万 t)
特低硫	219 262	中高硫	573 916
中硫分	65 880	高硫分	37 944

5. 煤炭资源开发利用潜力评价

(1)煤炭资源开发利用潜力类别。

根据前述"预测区资源开发利用潜力类别划分"的原则,本矿区预测获得的潜在资源量共划分为:有利的(Ⅰ类)潜在资源量为 62 404 万 t;次有利的(Ⅱ类)潜在资源量为 196 778 万 t;不利的(Ⅲ类)潜在资源量为 637 820 万 t。

(2)煤炭资源开发利用潜力等级。

根据前述"预测区资源开发利用优度的划分"的原则,本矿区的预测获得的潜在资源量共划分为:优(A)等潜在资源量为 62 404 万 t;良(B)等潜在资源量为 140 422 万 t;差(C)等潜在资源量为 694 176 万 t。

3.12.17　沁源矿区

1. 位置

沁源矿区位于沁水煤田中西部,行政区划大部分在沁源县境内和古县东部、安泽县西北部。西以煤露头线为界,东与潞安矿区相接,北与平遥矿区相接,南与安泽矿区和襄汾矿区相接。面积 2 761.00 km^2。

预测区位于沁源矿区东部的煤层深埋区。

2. 预测依据

(1)预测区上煤组煤层形成于三角洲前缘沉积环境基础上,三角洲前缘是河流与海洋作用最活跃的地带,在三角洲沉积体系中沉积速度最快,以河口坝相及水下分流间湾沉积为主,上段以下三角洲平原的分流间湾、分流河道和泥炭沼泽沉积为主,物源方向和太原期一样还是来自西北方向的阴山古陆,海水主要还是从东南方向经晋城一带进入山西境内。由于华北地台的抬升,海水逐渐退出,海侵范围和强度减小了许多,潟湖和潮坪逐渐退却,演变成三角洲前缘相,潮湿气候下成煤植物生长繁殖继而泥炭沼泽化,在碎屑注入较少的情况下沉积了煤层。下煤组煤层形成于潮坪-潟湖沉积环境下,由潮坪-潟湖填积的泥炭沼泽,煤层较薄。总之,预测区沉积环境利于煤炭形成和保存。

(2)预测区位于华北赋煤构造区晋冀板内赋煤构造亚区,沁水盆地赋煤构造带沁水坳陷西部。自中三叠世开始的东翘西沉的地壳运动,加上燕山运动时期晋获大断裂西盘向东盘逆冲的断裂活动特点,造成了沁水区块东高西低的几何形态(指石炭系、二叠系及下三叠统)。预测区位于向斜的西翼,自三叠纪始,即开始缓慢下降,其后的构造运动也未造成较大的影响,区内断层稀少,仅见于预测区北部。稳定的构造环境为煤层的保存提供了有利的条件。

(3)预测区西部边界为沁源详查、沁源普查、沁安普查区等勘查区边界,南接安泽矿区,东接潞安矿区,北接平遥矿区。预测区内正在进行沁河镇普查、程壁详查等勘查工作,尚未提交报告。据周边钻孔资料,预测区内应赋存 6 号、9 号、10 号、10 下号、11 号较稳定可采煤层。

(4)预测区煤层发育较稳定—稳定,以中高煤级煤为主,煤类有 SM、PS、PM、WY。其中,SM 为良好的炼焦配煤,PM、PS、WY 可作为发电、民用和工业锅炉的燃料。

3. 预测方法

(1)资源量估算方法。

本次资源量采用地质块段法进行估算。

估算公式:
$$Q = S \times m \times d / 10$$

式中,Q 是资源量(万 t);S 是块段面积($\times 10^3 m^2$);m 是块段煤层平均厚度(m);d 是视密度(t/m³)。

煤层厚度及视密度由沁源详查、沁源普查、沁安普查等的数据算术平均获得。上煤组煤层厚度 1.37~2.72m,平均 2.20m,视密度为 1.38t/m³;下煤组煤层厚度 3.72~5.67m,平均 4.24m,视密度为 1.43t/m³。

块段边界确定以煤类线、硫分线、灰分线、煤层埋深线、勘查区边界、矿区边界等为界。上煤组共划分为 10 个块段,下煤组划分为 22 个块段,面积由 MapGIS 6.7 软件直接在图上读取。

(2)预测分级和分类。

依据煤炭资源潜力评价技术要求,将本预测区上、下煤组按照煤炭资源级别、类别、等别进行了划分和统计。

4. 预测成果

1)潜在资源量

(1)资源总量。

本矿区共获得潜在资源量 1 234 890 万 t(埋深≤2000m),另有埋深>2000m 的潜在资源量 13 525 万 t。

潜在资源量按埋深划分:埋深在 600~1000m 的潜在资源量为 489 382 万 t,埋深在 1000~1500m 的潜在资源量为 523 760 万 t,埋深在 1500~2000m 的潜在资源量为 221 748 万 t。另有埋深>2000m 的潜在资源量为 13 525 万 t。

潜在资源量按上、下煤组划分:下煤组潜在资源量为 814 018 万 t,上煤组潜在资源量为 420 872 万 t。

(2)煤类及煤炭质量。

潜在资源量按煤类划分:本次预测获得的 1 234 890 万 t 潜在资源量中,瘦煤 31 280 万 t,贫瘦煤 84 845 万 t,贫煤 992 925 万 t,无烟煤 125 840 万 t。

潜在资源量按灰分划分:本次预测获得的 1 234 890 万 t 潜在资源量中,低中灰煤 736 532 万 t,中灰分煤 498 358 万 t。

潜在资源量按硫分划分:本次预测获得的 1 234 890 万 t 潜在资源量中,特低硫煤 420 872 万 t,中高硫煤 579 432 万 t,高硫分煤 234 586 万 t。

2)潜在煤炭资源量级别

本次共获得预测可靠的(334-1)潜在资源量为 1 085 717 万 t,预测可能的(334-2)潜在资源量为 44 848 万 t,预测推断的(334-3)潜在资源量为 104 325 万 t。

煤炭资源预测成果详见表 3-12-57～表 3-12-60。

表 3-12-57　沁源矿区煤炭资源按级别预测成果表

资源量级别	334-1	334-2	334-3
资源量(万 t)	1 085 717	44 848	104 325

表 3-12-58　沁源矿区煤炭资源按煤类预测成果表

煤类	资源量(万 t)	煤类	资源量(万 t)
无烟煤	125 840	贫瘦煤	84 845
贫煤	992 925	瘦煤	31 280

表 3-12-59　沁源矿区煤炭资源按灰分预测成果表

灰分级别	资源量(万 t)	灰分级别	资源量(万 t)
低中灰	736 532	中灰	498 358

表 3-12-60　沁源矿区煤炭资源按硫分预测成果表

硫分级别	资源量(万 t)	硫分级别	资源量(万 t)
特低硫	420 872	高硫分	234 586
中高硫	579 432		

5. 煤炭资源开发利用潜力评价

(1)煤炭资源开发利用潜力类别。

根据前述"预测区资源开发利用潜力类别划分"的原则,本矿区的预测获得的潜在资源量共划分为:有利的(Ⅰ类)潜在资源量为 489 382 万 t;次有利的(Ⅱ类)潜在资源量为 523 760 万 t;不利的(Ⅲ类)潜在资源量为 221 748 万 t。

(2)煤炭资源开发利用潜力等级。

根据前述"预测区资源开发利用优度的划分"的原则,本矿区的预测获得的潜在资源量共划分为:优(A)等潜在资源量为 489 382 万 t;良(B)等潜在资源量为 523 760 万 t;差(C)等潜在资源量为 221 748 万 t。

3.12.18　安泽矿区

1. 位置

安泽矿区位于山西省中南部、沁水煤田中南部,行政区划隶属临汾市的安泽县、古县、浮山县、襄汾县,长治市的沁源县和屯留县。

矿区北与沁源矿区相接,东与潞安矿区相接,南与晋城矿区相接,西南与襄汾矿区相接,西以煤层露头线为界。矿区南北长54.3~65.6km,东西宽29.9~61.8km,面积2 158.00km²。

本区以往投入的勘查工作较少,预测面积占矿区面积的绝大部分。

2. 预测依据

(1)预测区石炭系—二叠系含煤地层形成于由潮坪-潟湖-障壁岛向三角洲过渡的环境基础上,其中太原期主要发育潮坪、潟湖、碳酸盐陆棚沉积,潮坪-潟湖环境是煤系沉积和聚煤的主要场所,煤层基本都发育在潮坪-潟湖的沉积环境。障壁岛阻止了海水的进一步入侵,导致水动力条件减弱,障壁岛之后盆地地势降低,水体深度增加,有利于泥炭沼泽和潮坪环境的沉积,利于煤的形成和保存。山西期主要发育三角洲平原和三角洲前缘相沉积,煤主要形成于三角洲平原环境,煤层相对较厚、煤质较好,而三角洲前缘及潮坪-潟湖环境形成的煤层相对较薄,主采煤层基本形成于三角洲平原环境的泥炭沼泽中,总体上聚煤条件好,发育的煤层较厚。

(2)预测区位于华北赋煤构造区晋翼板内赋煤构造亚区,沁水盆地赋煤构造带沁水坳陷北部。沁水复向斜为一大型向斜构造盆地,为石炭系—二叠系煤层的赋存提供了极好的条件,向斜两翼煤系地层埋藏较浅,局部出露,两翼地层倾角较大,并且发育小型短轴不对称褶皱,倾角较大,与盆地走向一致的逆断裂发育,构造相对复杂,不利于煤田开采。向斜中央过渡煤层埋深加大,内部发育短轴褶皱,倾角一般较小,不超过20°,并且伴随发育高角度正断层,构造相对稳定,对煤层影响较小。

经历了中奥陶世至早石炭世长期隆起剥蚀之后,华北古大陆板块主体再度下降,于加里东期—早海西期的侵蚀、夷平基底面上,发育统一的巨型克拉通内坳陷盆地,接受了稳定的晚古生代海陆交互相含煤岩系沉积。

中三叠世开始,山西的地壳运动,由以前的东沉西翘变为东翘西沉。在这一地壳运动的影响之下,沁水区块东部逐渐抬起,西部缓慢沉降,到燕山运动时期,东部的太行山和西部的吕梁山开始隆起上升,沁水区块即随之发生相对的下沉。随着东西向挤压力的加强,太行山和吕梁山隆起加剧,沁水区块随之沉降幅度也增大,太行山以西的晋获断裂复活,或者说在古老断裂的基础上产生了新的断裂活动。此时期的晋获断裂表现了明显的挤压特征:长治以南地段表现为地层的褶皱和倒转;长治以北地段断面西顺,西盘向东盘逆冲。沁水区块的西部,太岳山隆起带也强烈抬起,但其幅度小于太行山隆起带,霍山东麓无大规模的断裂活动,西麓则发育霍山断裂,断裂性质为挤压性逆冲断裂。

自中三叠世开始的东翘西沉的地壳运动,加上燕山运动时期晋获大断裂西盘向东盘逆冲的断裂活动特点,造就了沁水区块东高西低的几何形态(指石炭系、二叠系及下三叠统),而预测区位于向斜的西南翼,地势较低,缓慢接受三叠纪地层的沉积,保护了石炭系—二叠系地层免遭剥蚀。

(3)预测区内正在进行义唐普查、白村普查、安泽东普查等地质工作,尚未提交报告。预测区南部分布有安泽南普查区、安泽-冀氏普查区、四十岭瑞康普查区和春山煤矿普查区。据周边钻孔资料,预测区内应赋存有2号、3号、9+10号、11号全区稳定可采煤层。

(4)预测区煤层发育较稳定—稳定,其中上煤组可采煤层为2号、3号煤层,为低灰—中灰、特低硫—低硫、低挥发分、高热值~特高热值的瘦煤、贫瘦煤、贫煤,深部预测为无烟煤,为炼焦配煤和良好的动力用煤。下煤组可采煤层为9+10号、11号煤,为低灰—高灰、中—特高硫、低挥发分、高热值的瘦煤、贫瘦煤、贫煤,深部预测为无烟煤,经洗选降低煤中硫的含量后,亦可作为动力用煤。

3. 预测方法

(1)资源量估算方法。

本次资源量采用地质块段法进行估算。

估算公式:

$$Q = S \times m \times d / 10$$

式中，Q 是资源量（万 t）；S 是块段面积（$\times 10^3 \mathrm{m}^2$）；m 是块段煤层平均厚度（m）；d 是视密度（$\mathrm{t/m^3}$）。

煤层厚度及视密度由安泽南普查区、安泽-冀氏普查区、四十岭瑞康普查区、春山煤矿普查区及预测区内正在进行的义唐普查、白村普查、安泽东普查的数据算术平均获得，上煤组煤层厚度 1.46～5.47m，平均 2.61m，视密度 1.38～1.52t/m³，平均 1.46t/m³；下煤组煤层厚度 3.63～5.07m，平均 4.01m，视密度 1.44～1.56t/m³，平均 1.52t/m³。

块段边界确定以煤类线、硫分线、灰分线、煤层埋深线、勘查区边界、矿区边界等为界。上煤组共划分为 11 个块段，下煤组划分为 11 个块段，面积由 MapGIS 6.7 软件直接在图上读取。

（2）预测分级和分类。

依据煤炭资源潜力评价技术要求，将本预测区上、下煤组按照煤炭资源级别、类别、等别进行了划分和统计。

4. 预测成果

1）潜在资源量

（1）资源总量。

本矿区共获得潜在资源量 2 007 819 万 t。

潜在资源量按埋深划分：埋深在 0～600m 的潜在资源量为 204 147 万 t，埋深在 600～1000m 的潜在资源量为 867 892 万 t，埋深在 1000～1500m 的潜在资源量为 935 780 万 t。

潜在资源量按上下煤组划分：下煤组潜在资源量为 1 197 585 万 t，上煤组潜在资源量为 810 234 万 t。

（2）煤类及煤炭质量。

潜在资源量按煤类划分：本次预测获得的 2 007 819 万 t 潜在资源量中，瘦煤 180 140 万 t，贫瘦煤 88 788 万 t，贫煤 1 126 330 万 t，无烟煤 612 561 万 t。

潜在资源量按灰分划分：本次预测获得的 2 007 819 万 t 潜在资源量中，低中灰煤 1 477 449 万 t，中灰分煤 530 370 万 t。

潜在资源量按硫分划分：本次预测获得的 2 007 819 万 t 潜在资源量中，特低硫煤 810 234 万 t，中高硫分煤 283 107 万 t，高硫分煤 914 478 万 t。

2）潜在煤炭资源量级别

本次共获得预测可靠的（334－1）潜在资源量为 1 637 653 万 t，预测可能的（334－2）潜在资源量为 370 166 万 t。

煤炭资源预测成果详见表 3－12－61～表 3－12－64。

表 3－12－61　安泽矿区煤炭资源按级别预测成果表

潜在资源量级别	334－1	334－2	334－3
资源量（万 t）	1 637 653	370 166	

表 3－12－62　安泽矿区煤炭资源按煤类预测成果表

煤类	资源量（万 t）	煤类	资源量（万 t）
无烟煤	612 561	贫瘦煤	88 788
贫煤	1 126 330	瘦煤	180 140

表 3-12-63　安泽矿区煤炭资源按灰分预测成果表

灰分级别	资源量(万 t)	灰分级别	资源量(万 t)
低中灰	1 477 449	中灰分	530 370

表 3-12-64　安泽矿区煤炭资源按硫分预测成果表

硫分级别	资源量(万 t)	硫分级别	资源量(万 t)
特低硫	810 234	高硫分	914 478
中高硫分	283 107		

5. 煤炭资源开发利用潜力评价

(1)煤炭资源开发利用潜力类别。

根据前述"预测区资源开发利用潜力类别划分"的原则,本矿区预测获得的潜在资源量共划分为:有利的(Ⅰ类)潜在资源量为 1 072 039 万 t;次有利的(Ⅱ类)潜在资源量为 935 780 万 t。

(2)煤炭资源开发利用潜力等级。

根据前述"预测区资源开发利用优度的划分"的原则,本矿区预测获得的潜在资源量共划分为:优(A)等潜在资源量为 1 072 039 万 t;良(B)等潜在资源量为 935 780 万 t。

3.12.19　浑源煤产地

1. 位置

浑源煤产地位于山西省的北部大同市东南 77km 处,行政区划隶属大同市浑源县、灵丘县和大同县,主要在浑源县境内。由于断层割裂,煤产地可分为 9 块,每块多以断层为界,少量以煤层露头线为界,总的含煤面积 250.05km²。

本区以往投入的勘查工作较少,预测面积占矿区面积的绝大部分。

2. 预测依据

(1)预测区上煤组煤层主要形成于冲积平原基础上,冲积平原位于上三角洲平原的上源方向,具有高能量河流作用特征,河道侧向迁移明显,可形成较宽的砂岩条带,与其共生的沉积物较多,包括岸后沼泽、煤层、泥岩、粉砂岩等;下煤组煤层主要形成于上三角洲平原基础上,以淡水环境为主,环境较为稳定,利于森林泥炭沼泽的形成和发育,该环境下可形成较厚的煤层,但泥炭堆积范围不甚广泛。总之,预测区石炭纪—二叠纪沉积环境利于煤炭的形成和保存,三角洲较冲积平原更利于聚煤。

(2)预测区位于华北赋煤构造区汾渭裂陷赋煤构造亚区,汾渭裂陷盆地赋煤构造带大同裂陷盆地东缘。预测区构造形态表现为背斜开阔、向斜紧闭,以断裂为主,有向斜构造形态被次级构造复杂化的现象,多形成地堑、地垒及台阶状构造,利于煤层的保存。据区域调查资料,该预测区石炭系—二叠系含煤地层被上覆二叠系中上统和侏罗系、白垩系及新生界所掩盖。

(3)预测区西部分布有浑源县下韩西详查区、下韩东普查区。据周边钻孔资料,预测区内应赋存 4 号、5 号、6 号全区稳定可采煤层。

(4)预测区煤层发育较稳定—稳定,煤类主要为 CY,弱黏结性,可用于气化、发电、机车燃料等动力用煤。

3. 预测方法

(1)资源量估算方法。

本次资源量采用地质块段法进行估算。

估算公式：
$$Q = S \times m \times d / 10$$

式中，Q 是资源量(万 t)；S 是块段面积($\times 10^3 m^2$)；m 是块段煤层平均厚度(m)；d 是视密度(t/m^3)。

煤层厚度及视密度由第三次煤田预测数据获得，煤层厚度 7.50m，视密度 $1.00 t/m^3$。

块段边界确定以煤层露头线、断层等为界，面积由 MapGIS 6.7 软件直接在图上读取。

(2)预测分级和分类。

依据煤炭资源潜力评价技术要求，将本预测区上、下煤组按照煤炭资源级别、类别、等别进行了划分和统计。

4. 预测成果

1)潜在资源量

(1)资源总量。

本矿区共获得潜在资源量 117 414 万 t，埋深均在 0~600m。

(2)煤类及煤炭质量。

潜在资源量按煤类划分：本次预测获得的 117 414 万 t 潜在资源量均为长焰煤。

潜在资源量按灰分划分：本次预测获得的 117 414 万 t 潜在资源量均为低中灰煤。

潜在资源量按硫分划分：本次预测获得的 117 414 万 t 潜在资源量均为低硫分煤。

2)潜在煤炭资源量级别

本次预测获得的 117414 万 t 潜在资源量均为预测推断的(334-3)潜在资源量。

5. 煤炭资源开发利用潜力评价

(1)煤炭资源开发利用潜力类别。

根据前述"预测区资源开发利用潜力类别划分"的原则，本矿区预测获得的潜在资源量 117 414 万 t 均为有利的(Ⅰ类)潜在资源量。

(2)煤炭资源开发利用潜力等级。

根据前述"预测区资源开发利用优度的划分"的原则，本矿区预测获得的潜在资源量 117 414 万 t 均为良(B)等潜在资源量。

3.12.20 繁峙煤产地

1. 位置

繁峙煤产地位于忻州市东北繁峙县境内。地理坐标：东经 113°13′~113°30′，北纬 39°12′~39°25′。含煤面积约 106km²。

2. 预测依据

(1)依据区域调查资料，该预测区有煤炭资源赋存。含煤地层形成于古近纪玄武岩喷发间歇期的风化沉积间断面上，岩性主要为泥岩、砂质泥岩、砂岩和黏土化玄武岩，间断面沉积岩中含有大量属热带、亚热带的孢粉化石及植物茎叶，其褐煤(碳质泥岩)应是在玄武岩间歇喷发期低凹处所形成的浅水湖沼相泥炭沉积。

(2)预测区位于华北赋煤构造区晋冀板内赋煤构造亚区，五台-吕梁块隆赋煤构造带。在接受玄武岩喷溢之前本区经历了复杂的构造运动，玄武岩喷溢之后的新构造运动对煤层影响不大。煤层的保存得益于预测区的断裂活动或沉降运动，但因区域范围较小，没有较大的构造控煤，不具有广泛的代表性，此处不做详细叙述。

(3)预测区2007年底前未进行过煤炭勘查工作。据周边资料及第三次潜力评价预测成果,预测区内应赋存T煤层较稳定可采煤层。

(4)预测区煤层发育较稳定—稳定,煤类主要为HM,具有水分多、密度小、不黏结的特点,含腐植酸,氧含量高,化学反应性强,热稳定性差,可作为电厂燃料、气化原料、锅炉燃料,用途广泛。

3. 预测方法

(1)资源量估算方法。

本次资源量采用地质块段法进行估算。

估算公式:

$$Q = S \times m \times d / 10$$

式中,Q是资源量(万t);S是块段面积($\times 10^3 \text{m}^2$);m是块段煤层平均厚度(m);d是视密度(t/m^3)。

煤层厚度及视密度由第三次煤田预测数据获得,煤层厚度1.50m,视密度1.76t/m^3。

块段边界确定以煤层露头线为界,面积由MapGIS 6.7软件直接在图上读取。

(2)预测分级和分类。

依据煤炭资源潜力评价技术要求,将本预测区上、下煤组按照煤炭资源级别、类别、等别进行了划分和统计。

4. 预测成果

1)潜在资源量

(1)资源总量。

本矿区共获得潜在资源量28 260万t,埋深均在0~600m之间。

(2)煤类及煤炭质量。

潜在资源量按煤类划分:本次预测获得的28 260万t潜在资源量均为褐煤。

潜在资源量按灰分划分:本次预测获得的28 260万t潜在资源量均为低中灰煤。

潜在资源量按硫分划分:本次预测获得的28 260万t潜在资源量均为低中硫煤。

2)潜在煤炭资源量级别

本次预测获得的28 260万t潜在资源量均为预测推断的(334-3)潜在资源量。

5. 煤炭资源开发利用潜力评价

(1)煤炭资源开发利用潜力类别。

根据前述"预测区资源开发利用潜力类别划分"的原则,本矿区预测获得的潜在资源量28 260万t均为有利的(Ⅰ类)潜在资源量。

(2)煤炭资源开发利用潜力等级。

根据前述"预测区资源开发利用优度的划分"的原则,本矿区预测获得的潜在资源量28 260万t均为良(B)等潜在资源量。

3.12.21 垣曲煤产地

1. 位置

垣曲煤产地位于中条山南麓,运城市垣曲县南东境内。南邻黄河,东与河南省济源市相邻,北以麻菇山断层为界,西以东经111°45′一线的煤层露头线为界,面积530km²。地理坐标:东经111°45′~112°04′,北纬35°02′~35°13′。

2. 预测依据

(1)预测区是一个半封闭—封闭北缓南陡的箕状陆相盆地,物源区主要来自本区的北部。石炭纪—二叠纪含煤地层形成环境由碳酸盐陆棚向潮坪-潟湖过渡,聚煤条件逐渐变好,利于煤的形成和保存。古近纪白水组含煤地层是盆地相对稳定时期的湖泊相沉积,底部砂体正粒序可能为河道或分流河道沉积,其上为呈片状分布的河漫湖泊沉积,由于后盆地期集水范围逐渐缩小,适合植物生长,为泥炭及褐煤的形成提供了良好的场所。白水组孢粉中的热带、亚热带分子减少,温带分子大量出现,同时木本类含量较高,反映了湿热多雨针阔叶混合型的植被特点,这一适宜的古气候和植被决定了垣曲盆地白水组是在湖泊逐渐被淤浅的浅滩上所形成的泥炭沼泽沉积,是湖泊不断沼泽化的必然结果。

(2)预测区为一向北倾斜的向斜盆地,位于华北赋煤构造区豫皖板内赋煤构造亚区,中条-王屋块隆赋煤构造带王屋隆起。在包含预测区在内的较大范围隆起背景下,预测区由于断裂活动或沉降运动,使得煤层得以保存,但因区域范围较小,没有较大的构造控煤,不具有广泛的代表性,此处不做详细叙述。

(3)预测区 2007 年底前未进行过煤炭勘查工作。据周边资料及第三次煤炭资源潜力评价结果,预测区内应赋存 E_6、E_9、E_{10}、E_{11} 全区稳定可采煤层。

(4)预测区煤层发育较稳定—稳定,煤类主要为 SM,可作炼焦配煤,增加焦炭的块度,并作为瘦化剂,也可用于发电,作锅炉的燃料或供铁路机车燃烧用。

3. 预测方法

(1)资源量估算方法。

本次资源量采用地质块段法进行估算。

估算公式:

$$Q = S \times m \times d / 10$$

式中,Q 是资源量(万 t);S 是块段面积($\times 10^3 \mathrm{m}^2$);m 是块段煤层平均厚度(m);d 是视密度($\mathrm{t/m}^3$)。

煤层厚度及视密度由第三次煤田预测数据获得,煤层厚度 6.35m,视密度 0.88t/m³。

块段边界确定以煤层露头线、断层和省界为界,面积由 MapGIS 6.7 软件直接在图上读取。

(2)预测分级和分类。

依据煤炭资源潜力评价技术要求,将本预测区上、下煤组按照煤炭资源级别、类别、等别进行了划分和统计。

4. 预测成果

1)潜在资源量

(1)资源总量。

本矿区共获得潜在资源量 143 015 万 t,埋深均在 0~600m 之间。

(2)煤类及煤炭质量。

潜在资源量按煤类划分:本次预测获得的 143 015 万 t 潜在资源量均为瘦煤。

潜在资源量按灰分划分:本次预测获得的 143 015 万 t 潜在资源量均为低中灰煤。

潜在资源量按硫分划分:本次预测获得的 143 015 万 t 潜在资源量均为中硫分煤。

2)潜在煤炭资源量级别

本次预测获得的 143 015 万 t 潜在资源量均为预测推断的(334-3)潜在资源量。

5. 煤炭资源开发利用潜力评价

(1)煤炭资源开发利用潜力类别。

根据前述"预测区资源开发利用潜力类别划分"的原则,本矿区预测获得的潜在资源量 143 015 万 t

均为有利的（Ⅰ类）潜在资源量。

（2）煤炭资源开发利用潜力等级。

根据前述"预测区资源开发利用优度的划分"的原则，本矿区预测获得的潜在资源量 143 015 万 t 均为良（B）等潜在资源量。

3.12.22 平陆煤产地

1. 位置

平陆煤产地位于山西省最南端，运城市平陆县境内。南邻黄河三门峡水库，北依中条山。东为曹川镇煤层剥蚀露头线，西临平陆茅津渡，北为中条山南麓山前断裂带。地理坐标：东经 111°00′~111°40′，北纬 34°40′~35°00′。

2. 预测依据

（1）预测区石炭系—二叠系含煤地层形成环境为潮坪潟湖，聚煤条件好，利于煤的形成和保存。上煤组形成于潮坪-潟湖沉积环境基础上，由潮坪潟湖填积泥炭沼泽，形成的煤层较薄，且与岸线走向平行；下煤组形成于潟湖沉积环境基础上，由潟湖填积泥炭沼泽，形成较厚的煤层。

（2）预测区位于华北赋煤构造区汾渭裂陷赋煤构造亚区，汾渭裂陷盆地（又称山西地堑）赋煤构造带芮城裂陷。芮城裂陷在汾渭裂陷盆地最南端，受一对 NNW-SSE 张力作用，并受一对 NNE-SSW 张扭力的影响，发育一系列近东西向的断层，构成阶梯状正断层或地堑，利于煤层的保存。

（3）根据山西省平陆县郭原勘查区煤炭普查资料可知，预测区内应赋存 2 号、10 号全区稳定可采煤层。

（4）预测区煤层发育较稳定—稳定，煤类主要为 SM，可作炼焦配煤，增加焦炭的块度，并作为瘦化剂，也可用于发电，作为锅炉的燃料或供铁路机车燃烧用。

3. 预测方法

（1）资源量估算方法。

本次资源量采用地质块段法进行估算。

估算公式：

$$Q = S \times m \times d / 10$$

式中，Q 是资源量（万 t）；S 是块段面积（$\times 10^3 \mathrm{m}^2$）；m 是块段煤层平均厚度（m）；d 是视密度（$\mathrm{t/m^3}$）。

煤层厚度及视密度由第三次煤田预测数据获得，煤层厚度 5.53m，视密度 1.78t/m³。

块段边界确定以煤层露头线、断层和省界等为界，面积由 MapGIS 6.7 软件直接在图上读取。

（2）预测分级和分类。

依据煤炭资源潜力评价技术要求，将本预测区上、下煤组按照煤炭资源级别、类别、等别进行了划分和统计。

4. 预测成果

1）潜在资源量

（1）资源总量。

本矿区共获得潜在资源量 157 531 万 t，埋深均在 0~600m 之间。

（2）煤类及煤炭质量。

潜在资源量按煤类划分：本次预测获得的 157 531 万 t 潜在资源量均为瘦煤。

潜在资源量按灰分划分：本次预测获得的 157 531 万 t 潜在资源量均为低中灰煤。

潜在资源量按硫分划分：本次预测获得的 157 531 万 t 潜在资源量均为低中硫煤。

2)潜在煤炭资源量级别

本次预测获得的 157 531 万 t 潜在资源量均为预测推断的(334-3)潜在资源量。

5. 煤炭资源开发利用潜力评价

(1)煤炭资源开发利用潜力类别。

根据前述"预测区资源开发利用潜力类别划分"的原则,本矿区预测获得的潜在资源量 157 531 万 t 均为有利的(Ⅰ类)潜在资源量。

(2)煤炭资源开发利用潜力等级。

根据前述"预测区资源开发利用优度的划分"的原则,本矿区预测获得的潜在资源量 157 531 万 t 均为良(B)等潜在资源量。

第4章 矿产预测成果汇总

山西省矿产资源潜力评价涉及煤炭、铁、铝土矿、稀土、铜、金、铅、锌、磷、银、锰、钼、硫铁矿、萤石、重晶石15个矿种,提交了煤炭、铁、铝土矿(稀土)、铜(钼)、金、铅锌、磷、银、锰、硫铁矿、萤石、重晶石12个矿种(组)成果报告,本章对12个矿种(组)矿产预测成果进行了汇总。

4.1 铁矿

4.1.1 圈定的最小预测区及优选

山西省涉及的铁矿产预测方法类型有3种,即沉积变质型、矽卡岩型和沉积型;本次工作山西省涉及的矿产预测类型共包括5类,它们分别是沉积变质型鞍山式、沉积变质型袁家村式、矽卡岩型邯邢式、沉积型山西式、沉积型宣龙式(广灵式)。鞍山式主要分布在恒山-五台山区,晋东南黎城-左权一带,划分了2个预测区;袁家村式分布于吕梁山一带;邯邢式主要分布在交城狐堰山、临汾塔儿山-二峰山、平顺西安里,划分了3个预测区;山西式划分了5个预测工作区,即孝义预测工作区、柳林预测工作区、沁源预测工作区、晋城预测工作区、阳泉预测工作区;宣龙式仅在太行山北段广灵、浑源一带分布,划分了1个预测工作区。

本次工作,对沉积变质型3个预测工作区、矽卡岩型3个预测工作区、沉积型6个预测工作区,共计12个预测工作区运用成矿地质体地质参数体积法进行了资源量预测,共圈定最小预测区178个,其中A级58个、B级35个、C级85个。具体情况见表4-1-1和图4-1-1。

表4-1-1 山西省铁矿最小预测区类别统计表

方法类型	预测类型	预测工作区名称	类别(个)			合计
			A	B	C	
沉积变质型	鞍山式	恒山-五台山	16	14	33	63
	袁家村式	岚娄	4	3	8	15
	鞍山式	桐峪	2	3	8	13
	小计		22	20	49	91
矽卡岩型	邯邢式	狐堰山	8	3	5	16
		塔儿山	20	2	11	33
		西安里	5	1	7	13
	小计		33	6	23	62

续表 4-1-1

预测方法类型	预测类型	预测工作区名称	类别(个)			合计
			A	B	C	
沉积型	宣龙式	广灵	2	4	3	9
	山西式	孝义	1	1	4	6
		柳林	0	1	2	3
		沁源	0	0	2	2
		晋城	0	1	1	2
		阳泉	0	2	1	3
		小计	3	9	13	25
		总计	58	35	85	178

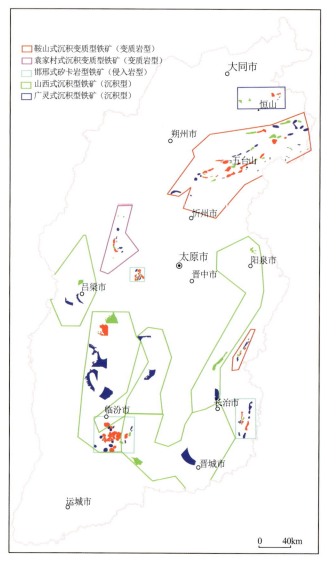

图 4-1-1 山西省铁矿最小预测区分布图

1. 沉积变质型铁矿

采用矿床模型综合地质信息定量预测法(即成矿地质体地质参数体积法),共圈出 91 个最小预测区:恒山-五台山预测工作区 63 个,岚娄预测工作区 15 个,桐峪预测工作区 13 个。其中 A 类最小预测区 22 个,B 类最小预测区 20 个,C 类最小预测区 49 个。

2. 侵入岩体型铁矿

共圈出 62 个最小预测区:狐堰山预测工作区 16 个,塔儿山预测工作区 33 个,西安里预测工作区 13 个。其中 A 类最小预测区 33 个,B 类最小预测区 6 个,C 类最小预测区 23 个。

3. 沉积型铁矿

沉积型共分 2 种预测类型,即山西式沉积型和宣龙式沉积型(广灵式)。

(1)山西式沉积型铁矿。

共圈定 16 个最小预测区:孝义预测工作区 6 个,柳林预测工作区 3 个,沁源预测工作区 2 个,晋城预测工作区 2 个,阳泉预测工作区 3 个。其中 A 类最小预测区 1 个,B 类最小预测区 5 个,C 类最小预测区 10 个。

(2)宣龙式沉积型铁矿。

该类型铁矿划分了 1 个预测工作区,预测区为山西省宣龙式铁矿广灵预测工作区,圈定最小预测区 9 个。其中 A 类最小预测区 2 个,B 类最小预测区 4 个,C 类最小预测区 3 个。

4.1.2 铁矿资源量定量估算结果

山西省铁矿共划分了 12 个预测工作区,本次运用综合信息地质体积法对其进行了预测,全省预测资源总量 915 599.9 万 t,全省累计查明铁矿资源储量 517 032.88 万 t,新增估算预测资源量 398 567.02 万 t。其中沉积变质型铁矿估算总资源量 793 443.41 万 t,已查明资源量 465 984.29 万 t,新增估算预测资源量 327 459.12 万 t;矽卡岩型铁矿估算总资源量 88 045 万 t,已查明资源量 34 886.19 万 t,新增估算预测资源量 53 158.81 万 t;山西式沉积型铁矿估算总资源量 32 273.01 万 t,已查明资源量 16 024 万 t,新增估算预测资源量 16 249.01 万 t;宣龙式沉积型铁矿估算总资源量 1 838.8 万 t,已查明资源量 138.4 万 t,新增估算预测资源量 1 700.4 万 t,具体见表 4-1-2、表 4-1-3。

表 4-1-2 山西省铁矿预测工作区预测资源量汇总表

预测工作区编号	预测工作区名称	查明资源量(万 t)	预测资源总量(万 t)	新增预测资源量(万 t)
Ⅰ	恒山-五台山	217 004.08	427 092.2	210 088.12
Ⅱ	岚娄	228 528.69	317 235.6	88 706.91
Ⅲ	桐峪	20 451.52	49 115.68	28 664.16
Ⅳ	狐堰山	3 463.24	8 647.01	5 183.77
Ⅴ	塔儿山	28 069.3	72 023.92	43 954.62
Ⅵ	西安里	3 353.65	7 373.78	4 020.13
Ⅶ	广灵	138.4	1838.8	1 700.4
Ⅷ	孝义	12 720.69	18 057.83	5 337.14
Ⅸ	柳林	157.25	2 354.49	2 197.24
Ⅹ	沁源	410.70	2 139.82	1 729.12
Ⅺ	晋城	2 283.56	5 491.61	3 208.05

续表 4-1-2

预测工作区编号	预测工作区名称	查明资源量(万 t)	预测资源总量(万 t)	新增预测资源量(万 t)
XII	阳泉	451.80	4 229.26	3 777.46
合计		517 032.88	915 599.9	398 567.02

表 4-1-3 山西省铁矿预测工作区预测资源量级别统计表

预测工作区编号	预测工作区名称	预测资源量(万 t)	级别		
			A	B	C
I	恒山-五台山	427 092.15	298 739.34	52 648.94	75 703.87
II	岚娄	317 235.61	208 100.34	94 152.89	14 982.38
III	桐峪	49 115.65	13 705.71	13 591.92	21 818.02
IV	狐堰山	8 647.01	7 399.97	759.21	487.83
V	塔儿山	72 023.92	69 157.94	743.27	2 122.71
VI	西安里	7 373.78	6 522.84	367.43	483.51
VII	广灵	1 838.8	1 232.30	531.20	75.29
VIII	孝义	18 057.83	4 090.33	3 424.50	10 543.00
IX	柳林	2 354.49		1 010.95	1 343.54
X	沁源	2 139.82			2 139.82
XI	晋城	5 491.61		1 957.67	3 533.94
XII	阳泉	4 229.26		2 817.67	1 411.59
合计		915 599.9	608 948.8	172 005.7	134 645.5

1. 按精度

山西省铁矿预测资源量按精度统计见表 4-1-4。

表 4-1-4 山西省铁矿预测资源量按精度统计表

预测方法	精度(万 t)		
	334-1	334-2	334-3
地质体积法	720 739.08	84 437.45	110 423.4
磁法体积法	692 837.3		

2. 按深度

山西省铁矿预测资源量按深度统计见表 4-1-5。

表 4-1-5 山西省铁矿预测资源量按深度统计表

预测方法	500m 以浅(万 t)			1000m 以浅(万 t)			2000m 以浅(万 t)		
	334-1	334-2	334-3	334-1	334-2	334-3	334-1	334-2	334-3
地质体积法	437 212.75	50 937.99	59 192.74	266 568.17	33 499.44	50 482.55	16 958.15		748.12

续表 4-1-5

预测方法	500m 以浅(万 t)			1000m 以浅(万 t)			2000m 以浅(万 t)		
	334-1	334-2	334-3	334-1	334-2	334-3	334-1	334-2	334-3
磁法体积法	364 112.5			128 514.8			200 210		

3. 按矿床类型

山西省铁矿预测资源量按矿床类型统计见表 4-1-6。

表 4-1-6　山西省铁矿预测资源量按矿床类型统计表

预测方法	沉积变质型(万 t)			矽卡岩型(万 t)			沉积型(万 t)		
	334-1	334-2	334-3	334-1	334-2	334-3	334-1	334-2	334-3
地质体积法	635 387.59	68 371.51	89 684.32	80 261.36	4 787.24	2 996.11	5 090.13	11 278.7	17 742.98
磁法体积法	640 073.5			52 763.7					

4. 按可利用性类别

山西省铁矿预测资源量按可利用性统计见表 4-1-7。

表 4-1-7　山西省铁矿预测资源量按可利用性统计表

预测方法	可利用(万 t)			暂不可利用(万 t)		
	334-1	334-2	334-3	334-1	334-2	334-3
地质体积法	699 690.6	63 733.41	65 710.97	21 048.48	20 704.04	44 712.44
磁法体积法	692 837.3					

5. 可信度统计分析

山西省铁矿预测资源量按可信度统计见表 4-1-8。

表 4-1-8　山西省铁矿预测资源量按可信度统计表

矿种	≥0.75			0.5~0.75			0.25~0.5		
	334-1	334-2	334-3	334-1	334-2	334-3	334-1	334-2	334-3
铁	239 567.7	0	0	481 171.4	61 338.36	68 563.33	0	23 099.08	41 860.06

全省铁矿预测资源量可信度估计概率大于 0.75 的有 239 567.7 万 t；0.5~0.75 的有 611 073.09 万 t，0.25~0.5 的有 64 959.14 万 t。

4.2 铝土矿

4.2.1 圈定的最小预测区及优选

山西省铝土矿矿产预测类型为沉积型，共划分为 12 个预测工作区，其中有 7 个预测工作区做了资源量预测工作（五台预测区已勘探完毕，不需要预测；其余 4 个预测工作区因成矿条件不好，不做预测工作）。预测资源量估算方法为地质体积法，最小预测区数量为 29 个。其中 A 类 25 个，B 类 3 个，C 类 1 个。详见图 4-2-1 和表 4-2-1。

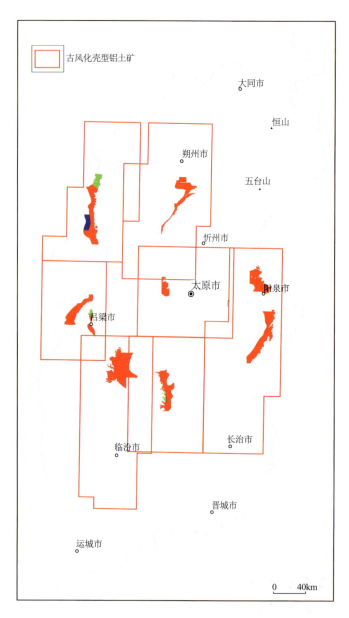

图 4-2-1 山西省铝土矿最小预测区优选分布图

表 4-2-1　山西省铝土矿最小预测区类别统计表

预测方法类型	预测类型	预测工作区名称	类别(个)			合计
			A	B	C	
古风化壳沉积型	克俄式	兴县预测区	5	1	1	7
		宁武预测区	2	0	0	2
		柳林预测区	3	0	0	3
		古交预测区	1	0	0	1
		阳泉预测区	6	0	0	6
		孝义预测区	5	0	0	5
		沁源预测区	3	2	0	5
合计			25	3	1	29

4.2.2 铝土矿资源量定量估算结果

截至 2009 年底,已知铝土矿床(点)及已安排的探矿权 199 处,其中上表矿床 84 处,未上表矿床 72 处,未进行勘查工作的矿点 26 处,已安排的已取得一定勘查成果的探矿权 17 处。共求得资源量 35.66 亿 t。

采用综合信息地质单元法进行了预测区资源量估算。地质单元法共估算铝土矿资源量 0～1000m 埋深为 20.88 亿 t(其中 0～500m 以浅为 19.45 亿 t)。通过分析论证,地质单元法对已勘查矿区(模型区)利用充分,工作程度相对较高的连片已勘查矿区(模型区)更能反映未知区真实的含矿率,地质单元法估算的 20.88 亿 t(0～1000m 深)资源量更符合省内专家的预估值。

地质单元法共估算稀有、稀土矿资源量 0～1000m 埋深为 276.29 万 t。

1. 按精度

山西省铝土矿预测工作区预测资源量按精度统计见表 4-2-2。

表 4-2-2　山西省铝土矿预测工作区预测资源量按精度统计表

预测工作区编号	预测工作区名称	精度(万 t)		
		334-1	334-2	334-3
19-2	兴县	78 838.02	14 326.58	
19-3	宁武	3 887.47		
19-5	柳林	22 948.71		
19-6	古交	1 803.34		
19-7	阳泉	26 734.57		
19-9	孝义	45 700.11		
19-10	沁源	14 550.42		
合计		194 462.64	14 326.58	

2. 按深度

山西省铝土矿预测工作区预测资源量按深度统计见表4-2-3。

表4-2-3 山西省铝土矿预测工作区预测资源量按深度统计表

预测工作区编号	预测工作区名称	500m以浅(万t)			500~1000m(万t)		
		334-1	334-2	334-3	334-1	334-2	334-3
19-2	兴县	78 838.02				14 326.58	
19-3	宁武	3 887.47					
19-5	柳林	22 948.71					
19-6	古交	1 803.34					
19-7	阳泉	26 734.57					
19-9	孝义	45 700.11					
19-10	沁源	14 550.42					
合计		194 462.64				14 326.58	

3. 按矿床类型

山西省沉积型铝土矿资源量按矿床类型汇总见表4-2-4。

表4-2-4 山西省沉积型铝土矿资源量按矿床类型汇总表

省编号	省名称	沉积型(万t)			合计
		334-1	334-2	334-3	
19	山西省	194 462.64	14 326.58		208 789.22

4. 按可利用性

经统计预测资源量结果,可利用资源量194 462.64万t,暂不可利用资源量14 326.58万t。

4.2.3 稀有、稀土元素资源量定量估算结果

由于山西的稀有稀土矿仅能达到共、伴生矿产工业指标,故本次工作仅就铝土矿中伴生的稀有、稀土矿进行资源量预算,稀有、稀土矿相对于铝土矿的含矿系数为《山西省铝(粘)土矿含矿岩系中稀有稀土金属矿产资源评价报告》中重点矿区和采样剖面中铝土矿层位中的稀有稀土平均含量,各个预测区的稀有、稀土元素含量采用预测区内重点矿床及采样剖面综合计算的值;若无铝土矿层位资料,而有含矿岩系平均值,则采用其含矿平均值;若二者皆无的预测区,则采用相邻近预测区的值。详见表4-2-5,表4-2-6。

表 4-2-5 山西省稀有、稀土矿采用系数一览表

预测工作区	REO(%)	采用资料	预测工作区	REO(%)	采用资料
兴县	0.133 7	赵家圪垛铝土矿区	古交	0.130 6	沁源大峪铝土矿区
宁武	0.092 5	原平宽草坪铝土矿区	阳泉	0.130 9	平定冠家庄采样剖面
五台	0.126 6	五台天和铝土矿区	孝义	0.133 7	交口赵家圪垛铝土矿区
柳林	0.133 7	赵家圪垛铝土矿区	沁源	0.130 6	沁源大峪铝土矿区

表 4-2-6 山西省稀有、稀土资源量预测成果表

预测工作区	预测类别	埋深(m)	面积(km²)	铝土矿预测资源量(万 t)	稀有、稀土矿含矿系数(%)	伴生稀有、稀土矿预测资源量(万 t)
兴县	A	0～500	395.82	68 957.14	0.133 7	92.20
	B	0～500	103.37	20 500.67	0.133 7	27.41
	C	0～1000	112.46	3 706.76	0.133 7	4.96
	合计	0～1000	611.65	93 164.60		124.57
宁武	A	0～500	241.87	3 887.47	0.092 5	3.60
柳林	A	0～500	441.96	22 948.71	0.133 7	30.68
古交	A	0～500	130.54	1 803.34	0.130 6	2.36
阳泉	A	0～500	888.00	26 734.57	0.130 9	34.99
孝义	A	0～500	731.17	45 700.11	0.133 7	19.00
沁源	A	0～500	427.76	13 974.97	0.130 6	18.25
	B	0～500	6.05	575.45	0.130 6	0.75
	合计	0～500	433.81	14 550.42		19.00
合计	A	0～500	3257.12	184 006.31		243.17
	B	0～500	109.42	21 076.12		28.16
	C	0～1000	112.46	3 706.76		4.96
	总计	0～1000	3 479.00	208 789.22		276.29

本次工作共预测获得 REO 总资源量 276.29 万 t。其中 A 类资源量 243.17 万 t，B 类资源量 28.16 万 t，C 类资源量 4.96 万 t。由于目前技术条件下难以利用，故预测区资源储量类型均暂定为 334-3。

4.3 铜（钼）矿

4.3.1 圈定的最小预测区及优选

本次预测将铜（钼）矿矿产预测方法类型划分为 3 种，即沉积变质型、复合内生型和侵入岩体型；涉及铜矿峪式变斑岩型、刁泉式矽卡岩型、南泥湖式斑岩型、胡篦式沉积变质型、与变基性岩有关的铜矿

5类矿产预测类型。沉积变质型包括胡篦式3个预测工作区;复合内生型包括与变质岩有关的铜矿1个预测工作区;侵入岩体型包括铜矿峪式、刁泉式和南泥湖式共4个预测工作区。

本次工作对8个预测工作区运用成矿地质体地质参数体积法进行了资源量预测,共圈定最小预测区52个,其中A类26个、B类6个、C类20个。具体情况见表4-3-1、图4-3-1。

表4-3-1 山西省铜(钼)矿最小预测区类别统计表

预测方法类型	预测类型	预测工作区名称	类别(个)			合计
			A	B	C	
沉积变质型	胡篦式	胡家峪	7	3	2	12
		横岭关	3	0	0	3
		落家河	5	0	5	10
		小计	15	3	7	25
复合内生型	与变质岩有关的铜矿	中条山西南段	4	0	1	5
		小计	4	0	1	5
侵入岩体型	铜矿峪式	铜矿峪	1	2	2	5
	刁泉式	刁泉	3	1	4	8
		塔儿山	1	0	5	6
	南泥湖式	繁峙县后峪	2	1	0	3
		小计	7	3	12	22
总计			26	6	20	52

1. 沉积变质型铜矿

采用矿床模型综合地质信息定量预测法(即成矿地质体地质参数体积法),共圈出25个最小预测区,胡家峪预测工作区12个,横岭关预测工作区3个,落家河预测工作区10个。其中A类最小预测区15个,B类最小预测区3个,C类最小预测区7个。

2. 复合内生型铜矿

该类型铜矿只划分中条山西南段1个预测工作区,共圈出5个最小预测区。其中A类最小预测区4个,C类最小预测区1个。

3. 侵入岩体型铜(钼)矿

该类型铜(钼)矿共圈定22个最小预测区,其中铜矿峪预测工作区5个,刁泉预测工作区8个,塔儿山预测工作区6个,繁峙县后峪预测工作区3个;A类最小预测区7个、B类最小预测区3个、C类最小预测区12个。

4.3.2 铜(钼)矿资源量定量估算结果

全省累计查明资源量Cu:4 423 947t,Mo:134 589.57t,Co:59 974.09t,Ag:2 061.92t,Au:71 737.43kg,Pb:15 200t,Zn:21 261.91t;预测资源量Cu:3 676 720.22t(334-1,2 520 935.94t;334-2,701 337.28t;334-3,454 447.00t),Mo:127 236.03t(334-1,117 326.01t;334-2,3 925.23t;334-3,

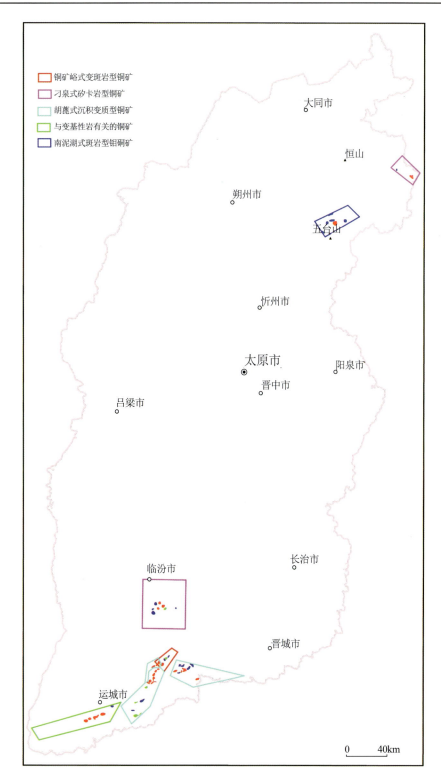

图 4-3-1 山西省铜钼矿最小预测区分布图

5 984.79t),伴生资源量 Co:36 124.13t(334-1),Ag:4 436.41t(334-1,3 996.28t;334-3,440.13t),Au:41 475.72kg(334-1,39 199.09kg;334-3,2 276.63kg),Pb:43 320t(334-1),Zn:60 596.44t(334-1)。

表 4-3-2　山西省铜(钼)矿预测、探明资源量统计表

预测类型	预测区名称及编号	预测方法	矿种	预测资源量	查明资源量	备注
铜矿峪式变斑岩型	铜矿峪预测工作区(6-1)	侵入岩体型	Cu	1 464 983.67	2 868 000	
			Ag	100.18	4.60	伴生矿产
			Au	18 692.84	46 552.94	
			Co	5 661.76	29 338.24	
			Mo	2 426.47	12 573.53	
刁泉式矽卡岩型	灵丘刁泉预测工作区(7-1)	侵入岩体型	Cu	334 547.18	250 145	
			Ag	4 000.70	1 896.76	伴生矿产
			Au	8 927.99	8 397.81	
			Pb	43 320	15 200	
			Zn	60 596.44	21 261.91	
			Mo	3 230.22	1 133.41	
	塔儿山预测工作区(7-2)	侵入岩体型	Cu	71 375.20	41 080	
			Mo	15 000	15 000	伴生矿产
胡篦式沉积变质型	横岭关预测工作区(8-1)	沉积变质型	Cu	164 987.41	216 244	
			Co	5 543.72	9 735.75	伴生矿产
	落家河预测工作区(9-1)	沉积变质型	Cu	300 707.27	186 184	
			Ag	224.56	93.03	伴生矿产
			Co	610.51	1 304.79	
	胡家峪预测工作区(10-1)	沉积变质型	Cu	1 047 658.09	792 980	
			Ag	110.97	67.53	伴生矿产
			Au	13 854.89	16 786.68	
			Co	24 308.14	19 595.31	
			Mo	135.19	1 508.63	
与变基性岩有关的铜矿	中条山西南段预测工作区(11-1)	复合内生型	Cu	104 179.32	20 946	
斑岩型	繁峙县后峪预测工作区(12-1)	侵入岩体型	Cu	188 282.08	48 368	
			Mo	106 444.15	104 374	
总计			Cu	3 676 720.22	4 423 947	
			Mo	127 236.03	134 589.57	
			Au	41 475.72	71 737.43	
			Pb	43 320	15 200	伴生矿产
			Zn	60 596.44	21 261.91	
			Co	36 124.13	59 974.09	
			Ag	4 436.41	2 061.92	

注：Au 的单位为 kg，其他为 t。

1. 按精度

山西省铜(钼)矿预测资源量按精度统计见表4-3-3。

表4-3-3 山西省铜(钼)矿预测资源量按精度统计表

预测工作区编号	预测工作区名称	矿种	精度			
			334-1	334-2	334-2	合计
6-1	铜矿峪	Cu	941 831.24	445 029.44	78 122.99	1 464 983.67
		Ag	100.18			100.18
		Au	18 692.84			18 692.84
		Co	5 661.76			5 661.76
		Mo	2 426.47			2 426.47
7-1	灵丘刁泉	Cu	289 014.52		45 532.66	334 547.18
		Ag	3 560.57		440.13	4 000.70
		Au	6 651.36		2 276.63	8 927.99
		Pb	43 320			43 320
		Zn	60 596.44			60 596.44
		Mo	3 230.21			3 230.21
7-2	塔儿山	Cu	24 156.36	22 968.37	24 250.47	71 375.20
		Mo	15 000			15 000
8-1	横岭关	Cu	164 987.41			164 987.41
		Co	5 543.72			5 543.72
9-1	落家河	Cu	234 977.30	35 655.90	30 074.07	300 707.27
		Ag	224.56			224.56
		Co	610.51			610.51
10-1	胡家峪	Cu	735 187.13	41 566.24	270 904.72	1 047 658.09
		Ag	110.97			110.97
		Au	13 854.89			13 854.89
		Co	24 308.14			24 308.14
		Mo	135.19			135.19
11-1	中条山西南段	Cu	86 325.47	12 291.76	5 562.09	104 179.32
12-1	繁峙县后峪	Cu	44 456.51	143 825.57		188 282.08
		Mo	96 534.13	3 925.23	5 984.79	106 444.15
总计		Cu	2 520 935.94	701 337.28	454 447.00	3 676 720.22
		Mo	117 326.01	3 925.23	5 984.79	127 236.03
		Au	39 199.09		2 276.63	41 475.72
		Pb	43 320			43 320
		Zn	60 596.44			60 596.44
		Co	36 124.13			36 124.13
		Ag	3 996.28		440.13	4 436.41

注：Au的单位为kg，其他为t。

2. 按深度

山西省铜(钼)矿预测资源量按深度统计见表 4-3-4。

表 4-3-4　山西省铜(钼)矿预测资源量按深度统计表

预测工作区编号	预测工作区名称	矿种	500m 以浅			1000m 以浅		
			334-1	334-2	334-3	334-1	334-2	334-3
6-1	铜矿峪式中条山预测区	Cu	648 491.88	445 029.44	78 122.99	941 831.24	445 029.44	78 122.99
		Ag	100.18			100.18		
		Au	13 947.64			18 692.84		
		Co	2 642.09			5 661.76		
		Mo	1 132.33			2 426.47		
7-1	刁泉式灵丘刁泉预测区	Cu	289 014.52		45 532.66	289 014.52		45 532.66
		Ag	3 560.57		440.13	3 560.57		440.13
		Au	6 651.36		2 276.63	6 651.36		2 276.63
		Pb	43 320			43 320		
		Zn	60 596.44			60 596.44		
		Mo	3 230.22			3 230.22		
7-2	刁泉式塔儿山预测区	Cu	24 156.36	22 968.37	24 250.47	24 156.36	22 968.37	24 250.47
		Mo	15 000			15 000		
8-1	胡篦式横岭关预测区	Cu	164 987.41			164 987.41		
		Co	5 543.72			5 543.72		
9-1	胡篦式落家河预测区	Cu	234 977.30	35 655.90	30 074.07	234 977.30	35 655.90	30 074.07
		Ag	224.56			224.56		
		Co	610.51			610.51		
10-1	胡篦式胡家峪预测区	Cu	527 137.46	41 566.24	270 904.72	735 187.13	41 566.24	270 904.72
		Ag	63.45			110.97		
		Au	8 417.22			13 854.89		
		Co	13 432.82			24 308.14		
		Mo	135.19			135.19		
11-1	中条山西南段预测区	Cu	86 325.47	12 291.76	5 562.09	86 325.47	12 291.76	5 562.09
12-1	南泥湖式繁峙县后峪预测区	Cu	18 082.30	143 825.57		44 456.51	143 825.57	
		Mo	39 264.44	3 925.23	5 984.79	96 534.13	3 925.23	5 984.79
合计		Cu	1 993 172.70	701 337.28	454 447.00	2 520 935.94	701 337.28	454 447.00
		Mo	58 762.18	3 925.23	5 984.79	117 326.01	3 925.23	5 984.79
		Au	29 016.22		2 276.63	39 199.09		2 276.63
		Pb	43 320			43 320		
		Zn	60 596.44			60 596.44		
		Co	22 229.14			36 124.13		
		Ag	3 949.76		440.13	3 996.28		440.13

注:Au 的单位为 kg,其他为 t。

3. 按矿床类型

山西省铜(钼)矿预测资源量按矿床类型统计见表4-3-5。

表 4-3-5 山西省铜(钼)矿预测资源量按矿床类型统计表

预测工作区编号	预测工作区名称	矿种	复合内生型			沉积变质型			侵入岩体型（斑岩型、矽卡岩型）		
			334-1	334-2	334-3	334-1	334-2	334-3	334-1	334-2	334-3
6-1	铜矿峪式铜矿峪预测工作区	Cu							941 831.24	445 029.44	78 122.99
		Ag							100.18		
		Au							18 692.84		
		Co							5 661.76		
		Mo							2 426.47		
7-1	灵丘刁泉预测工作区	Cu							289 014.52		45 532.66
		Ag							3 560.57		440.13
		Au							6 651.36		2 276.63
		Pb							43 320		
		Zn							60 596.44		
		Mo							3 230.22		
7-2	塔儿山预测工作区	Cu							24 156.36	22 968.37	24 250.47
		Mo							15 000		
8-1	胡篦式横岭关预测工作区	Cu				164 987.41					
		Co				5 543.72					
9-1	胡篦式落家河预测工作区	Cu				234 977.30	35 655.90	30 074.07			
		Ag				224.56					
		Co				610.51					
10-1	胡篦式胡家峪预测工作区	Cu				735 187.13	41 566.24	270 904.72			
		Ag				110.97					
		Au				13 854.89					
		Co				24 308.14					
		Mo				135.19					
11-1	中条山西南段预测工作区	Cu	86 325.47	12 291.76	5 562.09						
12-1	南泥湖式后峪预测工作区	Cu							44 456.51	143 825.57	
		Mo							96 534.13	3 925.23	5 984.79

注：Au 的单位为 kg，其他为 t。

4. 按可利用性类别

山西省铜(钼)矿预测资源量按可利用性统计见表4-3-6。

表4-3-6 山西省铜(钼)矿预测资源量按可利用性统计表

预测工作区名称	矿种	可利用			暂不可利用			合计	备注
		334-1	334-2	334-3	334-1	334-2	334-3		
山西省铜(钼)矿预测工作区	Cu	2 520 935.94	701 337.28	454 447.00				3 676 720.22	
	Mo	117 326.01	3 925.23	5 984.79				127 236.03	
	Au	39 199.09		2 276.63				41 475.72	伴生矿产
	Pb	43 320						43 320	
	Zn	60 596.44						60 596.44	
	Co	36 124.13						36 124.13	
	Ag	3 996.28		440.13				4 436.41	

注:Au的单位为kg,其他为t。

5. 按可信度统计分析

山西省铜(钼)矿预测资源量按可信度统计见表4-3-7。

表4-3-7 山西省铜(钼)矿预测资源量按可信度统计表

预测工作区名称	矿种及单位	≥0.75			0.5~0.75			0.25~0.5		
		334-1	334-2	334-3	334-1	334-2	334-3	334-1	334-2	334-3
山西省铜(钼)矿预测工作区	Cu(万t)	666.6			13.54	76.60			5.41	60.01
	Ag(t)	2 461.17			1 407.5	1 174.95				212.64
	Au(t)	35.29			1.97	2.99				1.1
	Pb(万t)				2.36	61.47				
	Zn(万t)				3.3	2.84				
	Co(万t)	8.87								
	Mo(万t)	24.34			0.17				0.39	0.6

4.4 金矿

4.4.1 圈定的最小预测区及优选

山西省涉及的金矿矿产预测类型有4种,即岩浆热液型、火山岩型、花岗-绿岩带型和沉积型,分别归属于复合内生型、火山岩型、变质型和沉积型4类预测方法类型。岩浆热液型包括东峰顶式、义兴寨式和高凡式,划分了8个预测工作区;火山岩型只有堡子湾式,划分了1个预测工作区;花岗-绿岩带型包括东腰庄式和康家沟式,划分了 2 个预测工作区;沉积型只有金盆式,划分了 2 个预测工作区。

本次工作对岩浆热液型 8 个预测工作区、火山岩型 1 个预测工作区、花岗-绿岩带型 2 个预测工作区、沉积型 2 个预测工作区共计 13 个预测工作区运用成矿地质体地质参数体积法进行了资源量预测,共圈定最小预测区 75 个,其中 A 级 26 个,B 级 23 个,C 级 26 个。具体情况见表 4-4-1、图 4-4-1。

表 4-4-1 山西省金矿最小预测区类别统计表

预测方法类型	预测类型	预测工作区名称	类别(个)			合计
			A	B	C	
岩浆热液型	东峰顶式	塔儿山	4	2	3	9
		紫金山	1	1	0	2
		中条山	4	4	2	10
	义兴寨式	灵丘东北	1	1	1	3
		浑源东	1	0	1	2
		灵丘南山	1	0	1	2
		五台山-恒山	4	7	7	18
	高凡式	高凡	1	0	1	2
		小计	17	15	16	48
火山岩型	堡子湾式	堡子湾	2	1	1	4
		小计	2	1	1	4
花岗-绿岩带型	东腰庄式	东腰庄	1	1	1	3
	康家沟式	康家沟	2	1	3	6
		小计	3	2	4	9
沉积型	金盆式	灵丘北山	3	2	4	9
		垣曲	1	2	2	5
		小计	4	4	6	14
总计			26	23	26	75

1. 岩浆热液型金矿

采用矿床模型综合地质信息定量预测法(即成矿地质体地质参数体积法),共圈出 48 个最小预测区,东峰顶式 3 个预测工作区计 21 个,义兴寨式 4 个预测工作区计 25 个,高凡式预测工作区计 2 个。其中 A 类最小预测区 17 个,B 类最小预测区 15 个,C 类最小预测区 16 个。

2. 火山岩型金矿

共圈出 4 个最小预测区,堡子湾预测工作区 A 类最小预测区 2 个,B 类最小预测区 1 个,C 类最小预测区 1 个。

3. 花岗-绿岩带型金矿:

共圈定 9 个最小预测区,其中东腰庄预测工作区 3 个,康家沟预测工作区 6 个,其中 A 类最小预测区 3 个、B 类最小预测区 2 个、C 类最小预测区 4 个。

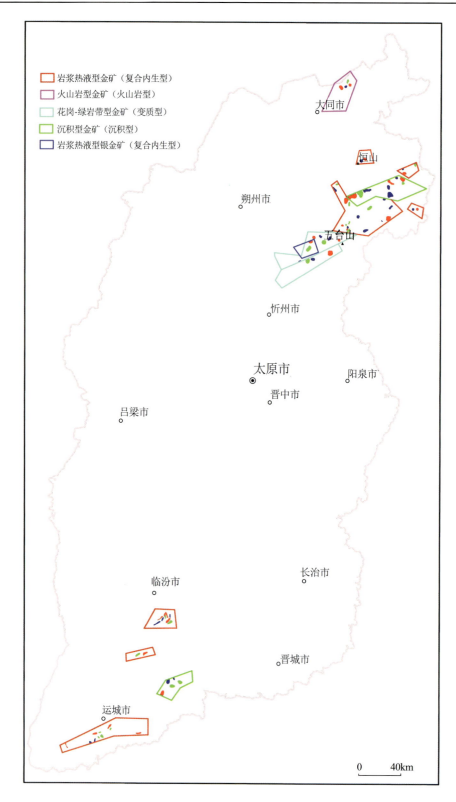

图 4-4-1 山西省金矿最小预测区分布图

4. 沉积型金矿

共圈定 14 个最小预测区,其中灵丘北山预测工作区 9 个,垣曲预测工作区 5 个,其中 A 级最小预测区 4 个、B 级最小预测区 4 个、C 级最小预测区 6 个。

4.4.2 金矿资源量定量估算结果

山西省金矿共划分了13个预测工作区,本次运用综合信息地质体积法对其进行了预测,全省累计查明金矿资源/储量89 870.703kg,预测资源量Au:192 280.297kg。

山西省铜矿伴生金共3个预测工作区,分别为铜矿峪预测工作区、灵丘刁泉预测工作区和胡家峪预测工作区,本次运用综合信息地质体积法对伴生金进行了预测,累计查明铜伴生金资储量71 737.43kg(表4-4-2),铜伴生金预测资源量41 475.72kg。

表4-4-2 山西省伴生金矿预测工作区预测资源量汇总表

预测工作区编号	预测工作区名称	查明资源量(kg)	预测资源量(kg)
6-1	铜矿峪预测区	46 552.94	18 692.84
7-1	灵丘刁泉预测区	8 397.81	8 927.99
10-1	胡家峪预测区	16 786.68	13 854.89
合计		71 737.43	41 475.72

1. 按精度

山西省金矿全省预测资源量按精度统计见表4-4-3。

表4-4-3 山西省金矿预测资源量按精度统计表

预测方法	精度(kg)		
	334-1	334-2	334-3
综合信息地质体积法	108 324.667	31 474.63	52 481

金全省预测资源量为192 280.297kg,334-1预测资源量为108 324.667kg,资源潜力巨大。

2. 按深度

山西省金矿预测资源量按深度统计见表4-4-4。

表4-4-4 山西省金矿预测资源量按深度统计表

预测方法	500m以浅(kg)			1000m以浅(kg)			2000m以浅(kg)		
	334-1	334-2	334-3	334-1	334-2	334-3	334-1	334-2	334-3
综合信息地质体积法	82 902.557	31 474.63	52 481	95 563.897	31 474.63	52 481	108 324.667	31 474.63	52 481

从上表可看出,全省预测资源量500m以浅为167 157.847kg,占全省预测资源的87%左右。

3. 按矿床类型

山西省金矿预测资源量按矿床类型统计见表4-4-5。

表 4-4-5 山西省金矿预测资源量按矿床类型精度统计表

预测方法	岩浆热液型(kg)			火山岩型(kg)			花岗-绿岩带型(kg)			沉积型(kg)		
	334-1	334-2	334-3	334-1	334-2	334-3	334-1	334-2	334-3	334-1	334-2	334-3
综合信息地质体积法	48 754.16	12 372.4	8378	2397	3282	3079	26 602.46		27 329	1 280.047	1351	8343

从上表可知,全省预测资源量以岩浆热液型金矿为最多,其中 334-1 为 48 754.16kg。

4. 按可利用性类别

山西省金矿预测资源量按可利用性统计见表 4-4-6。

表 4-4-6 山西省金矿预测资源量按可利用性统计表

预测方法	可利用(kg)			暂不可利用(kg)		
	334-1	334-2	334-3	334-1	334-2	334-3
综合信息地质体积法	95 563.897	31 474.63	52 481	12 760.77		

以 1000~2000m 深度预测金矿资源量为暂不可利用资源,全省暂不可利用资源有 12 706.77kg,均分布于义兴寨-辛庄金矿区,说明山西省预测金矿资源可利用率较高。

5. 按可信度统计分析

山西省金矿预测资源量按可信度统计见表 4-4-7。

表 4-4-7 山西省金矿预测资源量按可信度统计表

矿种	≥0.75			≥0.5			≥0.25		
	334-1	334-2	334-3	334-1	334-2	334-3	334-1	334-2	334-3
金	69 232.007	9 530.4	677	108 324.667	26 819.63	3224	108 324.667	31 474.63	52 481

全省金矿预测资源量可信度估计概率大于等于 0.75 的有 79 439.407kg,占总预测资源量的 41.33%;大于等于 0.5 的有 138 368.297kg,占总预测资源量的 71.99%;大于等于 0.25 的有 192 208.297kg。可信度较高。

4.5 银矿

4.5.1 圈定的最小预测区及优选

通过成矿地质环境的综合分析,在 3 个预测工作区中共圈定 13 个最小预测区。其中,山西省支家地式陆相火山岩型银矿太白维山预测工作区圈定 5 个;山西省小青沟式热液型银矿太白维山预测工作区圈定 4 个；山西省刁泉式矽卡岩型银矿灵丘东北预测工作区圈定 4 个，详见表 4-5-1、图 4-5-1。

表 4-5-1　山西省银矿最小预测区类别统计表

预测方法类型	预测类型	预测工作区名称	类别（个）			合计
			A	B	C	
火山岩型	支家地式	太白维山	1	3	1	5
热液型	小青沟式	太白维山	1	1	2	4
矽卡岩型	刁泉式	灵丘东北	2	1	1	4
总计			4	5	4	13

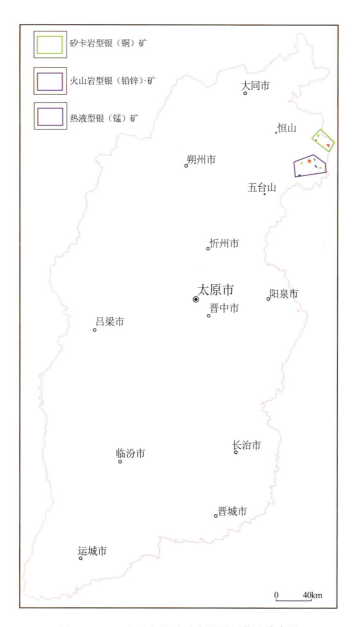

图 4-5-1　山西省银矿最小预测区优选分布图

4.5.2 银矿资源量定量估算结果

在全省累计查明银矿资源量 5 818.68t 的基础上，求得预测资源量 14 844.91t，预测山西省银矿资源总量为 20 663.59t。其中，支家地式陆相火山岩型银矿太白维山预测工作区预测资源量 6 503.25t，小青沟式热液型银矿太白维山预测工作区预测资源量 3 731.18t，刁泉式矽卡岩型银矿灵丘东北预测工作区预测资源量 4 610.48t。

另外，高凡式岩浆热液型银金矿是与金伴生的银矿，在相关矿种资源量预测过程中已经评价预测，本书只对银矿种进行资源量统计，其查明资源量为 34.989t，预测资源量为 59.943t。因此山西省银矿查明资源量为 5 853.669t，预测资源量为 14 904.853t，预测山西省银矿资源总量为 20 758.522t。提交地质报告批准的资源量现状详见表 4-5-2。

表 4-5-2 山西省银矿资源量现状表

预测工作区名称	陆相火山岩型			矽卡岩型			热液型			合计(t)
	查明(t)	保有(t)	可利用性	查明(t)	保有(t)	可利用性	查明(t)	保有(t)	可利用性	
太白维山	1 109.67						2 349.61			3 459.280
灵丘刁泉				2 359.39						2 359.390
高凡							34.989			34.989
总计										5 853.659

表中数据分别来源于《山西省灵丘县支家地银铅锌矿地质勘探报告》《山西省灵丘县小青沟-流沙沟银锰多金属矿区银锰矿普查地质报告》和《山西省灵丘县刁泉银铜矿 41~61 线勘探报告》。上述 3 个矿区也是本次预测工作选定的典型区。其规模均达到大型矿床规模，现在基本上都在开采中。

1. 按精度

山西省银（包括 3 种预测类型）矿预测工作区按精度统计见表 4-5-3。

表 4-5-3 山西省银矿预测资源量按精度统计表

预测工作区		精度(t)			合计(t)
编号	名称	334-1	334-2	334-3	
1412501001	太白维山	890.81	1 063.14	1 777.23	3 731.18
1404202001	灵丘刁泉	3 560.57	609.78	440.13	4 610.48
1412401001	太白维山	3 338.89	2 597.04	567.32	6 503.25
20-1	高凡	37.16	22.79		59.95
总计		7 827.43	4 292.75	2 784.68	14 904.86

2. 按深度

山西省银矿预测资源量按深度统计见表 4-5-4。

表 4-5-4　山西省银矿预测资源量按深度统计表

预测工作区		500m 以浅(t)			1000m 以浅(t)			2000m 以浅(t)			合计(t)
编号	名称	334-1	334-2	334-3	334-1	334-2	334-3	334-1	334-2	334-3	
1412501001	太白维山	856.55	1 022.25	1 708.88	34.26	40.89	68.35	890.81	1 063.14	1 777.23	3 731.18
1412401001	太白维山	3 338.89	2 597.04	567.32	3 338.89	2 597.04	567.32	3 338.89	2 597.04	567.32	4 610.48
1404202001	灵丘东北	3 097.94	1 072.42	440.13	3 097.94	1 072.42	440.13	3 097.94	1 072.42	440.13	6 503.25
20-1	高凡	20.65	22.79		37.16	22.79		37.16	22.79		59.95
总计		7 314.03	4 714.50	2 716.33	6 508.25	3 733.14	1 075.80	7 364.80	4 755.39	2 784.68	14 904.86

3. 按矿床类型

山西省银矿预测资源量按矿床类型统计见表 4-5-5。

表 4-5-5　山西省银矿预测资源量按矿床类型统计表

预测工作区		火山岩型(t)			矽卡岩型(t)			沉积-热液型(t)			合计(t)
编号	名称	334-1	334-2	334-3	334-1	334-2	334-3	334-1	334-2	334-3	
1412501001	小青沟							890.81	1 063.14	1 777.23	3 731.18
1412401001	刁泉				3 097.94	609.78	440.13				4 610.48
1404202001	支家地	3 373.15	2 637.93	635.67							6 503.25
20-1	高凡										59.95
总计		3 373.15	2 637.93	635.67	3 097.94	609.78	440.13	890.81	1 063.14	1 777.23	14 904.86

4. 按可利用性

山西省银矿预测资源量按可利用性统计见表 4-5-6。

表 4-5-6　山西省银矿预测资源量按可利用性统计表

预测工作区		可利用(t)			暂不可利用(t)			合计(t)
编号	名称	334-1	334-2	334-3	334-1	334-2	334-3	
1412501001	太白维山	890.81	1 063.14	1 777.23				3 731.18
1412401001	灵丘刁泉	3 097.94	1 072.42	440.13				4 610.48
1404202001	太白维山	3 373.15	2 637.93	635.67				6 503.25
20-1	高凡	37.16	22.79					59.95
总计								14 904.86

5. 按可信度

山西省银矿预测资源量按可信度统计见表 4-5-7。

表 4-5-7　山西省银矿预测资源量按可信度统计表

预测工作区		>0.75(t)	0.5~0.75(t)	<0.5(t)	合计(t)
编号	名称				
1412401001	太白维山	3 338.89	2 597.04	567.32	6 503.25
1412501001	太白维山	890.81	1 063.14	1 777.23	3 731.18
1404202001	灵丘刁泉	392.20		4 218.28	4 610.48
20-1	高凡				59.95
总计		4 867.85	7 210.14	7 916.80	14 904.86

4.6　锰矿

4.6.1　圈定的最小预测区及优选

山西省锰矿预测类型为小青沟式热液型锰矿和上村式沉积型锰矿，划分 6 个预测工作区。定位预测变量确定后，通过空间评价菜单中的特征分析进行靶区优选，而后采用线性插值的方法计算成矿概率。使用成矿概率的大小对预测区进行优选，划分 A、B、C 共 3 类最小预测区，划分锰矿最小预测区 A、B 类各 3 个，C 类 15 个，总共 21 个。其中小青沟式热液型锰矿太白维山预测工作区划分出 A 类 1 个，B 类 1 个，C 类 2 个最小预测区；上村式沉积型锰矿预测工作区 A 类 2 个，B 类 2 个，C 类 13 个最小预测区，详见表 4-6-1、图 4-6-1。

表 4-6-1　山西省锰矿最小预测区类别统计表

预测方法类型	预测类型	预测工作区名称	类别(个)			合计(个)
			A	B	C	
热液型	小青沟式	太白维山	1	1	2	4
		小计	1	1	2	4
沉积型	上村式	晋城	1	0	3	4
		平定	0	1	3	4
		太岳山	0	1	3	4
		汾西	0	0	4	4
		长治	1	0	0	1
		小计	2	2	13	17
总计			3	3	15	21

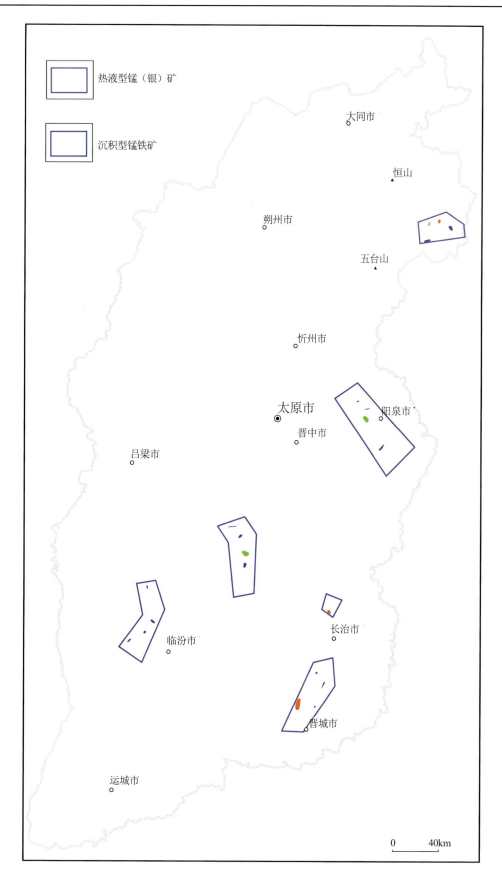

图 4-6-1 山西省锰矿最小预测区优选分布图

4.6.2 锰矿资源量定量估算结果

截至目前,山西省经地质勘查工作提交报告批准的锰矿资源量总计 12 439.6 千 t(包括小青沟式热液型锰矿和上村式沉积型锰矿)。其分布区域主要集中在晋东北太白维山地区和山西南部煤层沉积盆地。提交地质报告批准的资源量现状详见表 4-6-2。

表 4-6-2 山西省锰矿资源量现状表

矿种	太白维山地区			平定—晋城—汾西一带		
	查明(千 t)	保有(千 t)	可利用性	查明(千 t)	保有(千 t)	可利用性
Mn	6 885.00	6 000.00	可利用	5 554.60		可利用

表中太白维山预测工作区是此次锰矿资源量评价预测工作区,其查明资源量已开采百万吨以上;晋城上村式沉积型锰矿预测工作区内的上村铁锰矿和屯留潞安铁锰矿均已在 20 世纪 50 年代进行民间开采。采掘情况不明。

1. 按精度

预测方法为地质体积法,山西省小青沟式热液型锰矿预测工作区和上村式沉积型锰矿预测工作区是全省主要的锰矿成因类型预测工作区。山西省锰矿预测资源量按精度统计见表 4-6-3。

表 4-6-3 山西省锰矿预测资源量按精度统计表

预测工作区		精度(千 t)			合计(千 t)
编号	名称	334-1	334-2	334-3	
1412501001	太白维山	2 874.20	3 721.60	11 644.65	18 240.45
1402101001	平定		1 666.45	757.82	2 424.27
1402101002	太岳山		1 868.02	1 151.89	3 019.91
1402101003	汾西			1 302.32	1 302.32
1402101004	长治	466.09			466.09
1402101005	晋城	5 100.00		756.36	5 856.36
合计		8 440.29	7 256.07	20 343.44	31 309.40

2. 按深度

山西省锰矿预测资源量按深度统计详见表 4-6-4。

表 4-6-4 山西省锰矿预测资源量按深度统计表

预测工作区		500m 以浅(千 t)			1000m 以浅(千 t)		
编号	名称	334-1	334-2	334-3	334-1	334-2	334-3
1412501001	太白维山	2 763.70	3 578.50	11 196.77	2 874.20	3 721.60	11 644.65
1402101001	平定		1 666.45	757.82		1 666.45	757.82

续表 4-6-4

预测工作区		500m 以浅(千t)			1000m 以浅(千t)		
编号	名称	334-1	334-2	334-3	334-1	334-2	334-3
1402101002	太岳山		1 868.02	1 151.89		1 868.02	1 151.89
1402101003	汾西			1 302.32			1 302.32
1402101004	长治	466.09			466.09		
1402101005	晋城	5 100.00		756.36	5 100.00		756.36
合计		5 566.09	7 121.97	15 165.16	8 440.29	7 256.07	15 613.04

3. 按矿床类型

山西省锰矿预测资源量按矿床类型统计见表 4-6-5。

表 4-6-5 山西省锰矿预测资源量按矿床类型统计表

预测工作区		热液型(千t)			沉积型(千t)		
编号	名称	334-1	334-2	334-3	334-1	334-2	334-3
1412501001	小青沟	2 874.20	3 721.60	11 644.65			
1402101001	平定					1 666.45	757.82
1402101002	太岳山					1 868.02	1 151.89
1402101003	汾西						1 302.32
1402101004	长治				466.09		
1402101005	晋城				5 100.00		756.36
总计		2 874.20	3 721.60	11 644.65	5 566.09	3 534.47	3 968.39

4. 按可利用性

山西省锰矿预测资源量按可利用性统计见表 4-6-6。

表 4-6-6 山西省锰矿预测资源量按可利用性统计表

预测工作区		可利用(千t)			暂不可利用(千t)			合计(千t)
编号	名称	334-1	334-2	334-3	334-1	334-2	334-3	
1412501001	太白维山	2 874.20	3 721.60	11 644.65				18 240.45
1402101001	平定		1 666.45	757.82				2 424.27
1402101002	太岳山		1 868.02	1 151.89				3 019.91
1402101003	汾西			1 302.32				1 302.32
1402101004	长治	466.09						466.09
1402101005	晋城	5 100.00		756.36				5 856.36
总计		8 440.29	7 256.07	15 613.04				31 309.40

5. 按可信度

山西省锰矿预测资源量按可信度统计见表 4-6-7。

表 4-6-7 山西省锰矿预测资源量按可信度统计表

预测工作区	>0.75(千 t)			0.5~0.75(千 t)			<0.5(千 t)			合计(千 t)
	334-1	334-2	334-3	334-1	334-2	334-3	334-1	334-2	334-3	
太白维山	2 874.20				3 721.60				11 644.65	18 240.45
平定					1 666.45				757.82	2 424.27
太岳山					1 868.02				1 151.89	3 019.91
汾西									1 302.32	1 302.32
长治	466.09									466.09
晋城	5 100.00								756.36	5 856.36
总计	8 440.29				7 256.07				15 613.04	31 309.40

4.7 铅锌矿

4.7.1 圈定的最小预测区及优选

本节侧重对省内独立铅矿,即西榆皮热液型铅矿关帝山预测工作区进行表述,其他研究成果体现在相应主矿种章节中。

关帝山预测工作区优选结果:A 类为片麻岩建造+界河口群地层+Pb、Zn、Ag、Cu 异常+断层带+古元古代花岗质岩+矿点。B 类为片麻岩建造+界河口群地层+化探异常+断层带+矿点。C 类为片麻岩+界河口群地层+断层带+化探异常。

红色为 A 类,绿色为 B 类,蓝色为 C 类,关帝山预测区共圈定 5 个最小预测区(A 类 1 个,B 类 3 个,C 类 1 个)。

主要的伴生铅锌矿有:①山西省支家地银铅锌矿,预测方法类型为火山岩型,模型区是支家地最小预测区,预测工作区是山西省支家地火山岩型银铅锌矿关帝山预测工作区,区内共划分 5 个最小预测区,其中 A 类 1 个,B 类 3 个,C 类 1 个;②山西省灵丘县刁泉铜矿,预测方法类型为侵入岩型,模型区是刁泉最小预测区,预测工作区是山西省刁泉式矽卡岩型铜矿灵丘刁泉预测工作区,区内共有 2 个相关的最小预测区,其中 A 类 1 个,B 类 1 个。详见表 4-7-1、图 4-7-1。

表 4-7-1 山西省铅锌矿最小预测区类别统计表

预测方法类型	预测类型	预测工作区名称	类别(个)			合计(个)
			A	B	C	
火山岩型	支家地式	支家地	1	3	1	5
热液型	西榆皮式	关帝山	1	3	1	5
矽卡岩型	刁泉式	刁泉	1	1	0	2
总计			3	7	2	12

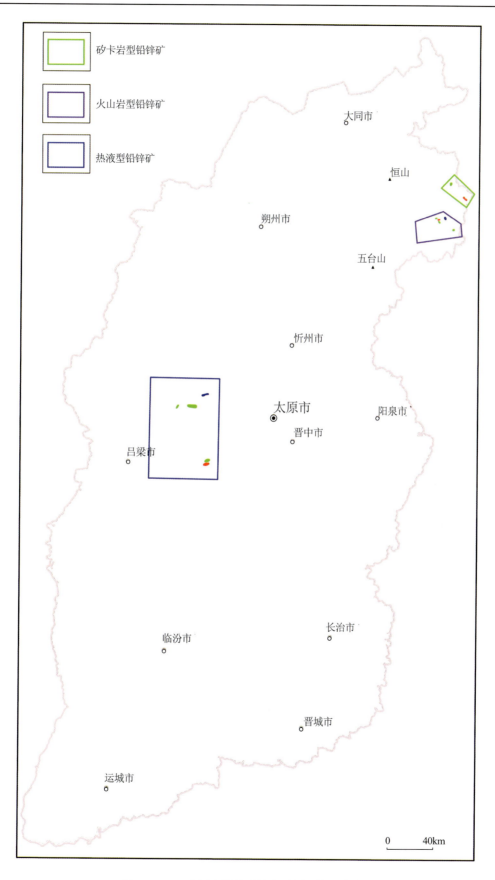

图 4-7-1 山西省铅锌矿最小预测区优选分布图

4.7.2 铅锌矿资源量定量估算结果

截至目前,山西省经地质勘查工作提交报告批准的铅锌资源量总计:Pb 315 231.70t,Zn 65 241.00t。其中其他地区提交的铅锌资源量主要为晋东北地区火山岩型银矿、矽卡岩型银铜矿伴生铅锌矿,提交地质报告批准的资源量现状详见表4-7-2。

表4-7-2 山西省铅锌矿资源量现状表

矿种	关帝山预测工作区			其他地区(共、伴生及其他类型的小型铅矿)		
	查明(t)	保有(t)	可利用性	查明(t)	保有(t)	可利用性
Pb	27 905.05	0		287 326.63	271 200.00	可利用
Zn	3 090.28	0		62 150.72	48 461.91	可利用

表中关帝山预测工作区是此次铅锌矿资源量评价预测工作区,其查明资源量已开采完毕。

其他地区列出的数据是非本次工作范围的伴生或其他类型小矿床,主要是统计的伴生铅锌资源量,表格中保有储量仅针对提交报告的查明储量。实际上,在晋东北地区,火山岩型银矿中经工作证实(尚未提交报告)求得铅锌共、伴生资源量已达中等规模。所以共生、伴生铅锌矿资源到目前为止仍是山西省的主要铅锌矿类型。

1. 按精度

预测方法为地质体积法,山西省热液型铅矿关帝山预测工作区是全省唯一的铅矿预测区。山西省铅锌矿预测资源量按精度统计见表4-7-3。

表4-7-3 山西省铅锌矿预测资源量按精度统计表

预测工作区编号	预测工作区名称	矿种	精度(t)			合计(t)
			334-1	334-2	334-3	
1405601001	关帝山	Pb	18 602.48	61 619.81	8 611.98	88 834.27
		Zn(伴生)	2 059.56	6 823.24	953.62	9 836.42
1412401001	太白维山	Pb(伴生)	382 004.01	539 645.65	168 669.93	1 090 319.59
		Zn(伴生)	502 076.76	696 296.14	217 632.11	1 416 005.01
1404202001	刁泉	Pb(共、伴生)	43 320.00	319 440.00	0	362 760.00
		Zn(共、伴生)	60 596.44	14 784.00	0	75 380.44
合计	全省	Pb	443 926.49	920 705.46	177 281.91	1 541 913.86
		Zn	564 732.76	717 903.38	218 585.73	1 501 221.87

2. 按深度

山西省铅锌矿预测资源量按深度统计见表4-7-4。

表 4-7-4 山西省铅锌矿预测资源量按深度统计表

预测工作区		矿种(t)	500m以浅(t)			1000m以浅(t)		
编号	名称		334-1	334-2	334-3	334-1	334-2	334-3
1405601001	关帝山	Pb	18 602.48	61 619.81	8 611.98	18 602.48	61 619.81	8 611.98
		Zn	2 059.56	6 823.24	953.62	2 059.56	6 823.24	953.62
1412401001	太白维山	Pb（伴生）	198 834.84	299 803.13	93 705.52	382 004.01	539 645.65	168 669.93
		Zn（伴生）	265 736.51	386 831.18	120 906.73	502 076.76	696 296.14	217 632.11
1404202001	刁泉	Pb(共、伴生)	43 320.00	319 440.00		43 320.00	319 440.00	
		Zn(共、伴生)	60 596.44	14 784.00		60 596.44	14 784.00	
合计	全省	Pb	260 757.32	680 862.94	102 317.50	443 926.49	920 705.46	177 281.91
		Zn	328 392.51	408 438.42	121 860.35	564 732.76	717 903.38	218 585.73

3. 按矿床类型

山西省铅锌矿预测资源量按矿床类型统计见表 4-7-5。

表 4-7-5 山西省铅锌矿预测资源量按矿床类型统计表

预测工作区		矿种	热液型(t)			火山岩型(t)			矽卡岩型(t)		总计
编号	名称		334-1	334-2	334-3	334-1	334-2	334-3	334-1	334-2	
1405601001	关帝山	Pb	18 602.48	61 619.81	8 611.98						
		Zn（伴生）	2 059.56	6 823.24	953.62						
1412401001	太白维山	Pb（伴生）				382 004.01	539 645.65	168 669.93			
		Zn（伴生）				502 076.76	696 296.14	217 632.11			
1404202001	刁泉	Pb（共、伴生）							43 320.00	319 440.00	
		Zn（共、伴生）							60 596.44	14 784.00	
合计	全省	Pb	18 602.48	61 619.81	8 611.98	382 004.01	539 645.65	168 669.93	43 320.00	319 440.00	1 541 913.86
		Zn	2 059.56	6 823.24	953.62	502 076.76	696 296.14	217 632.11	60 596.44	14 784.00	1 501 221.87

4. 按可利用性

山西省铅锌预测资源量按可利用性统计见表4-7-6。

表4-7-6 山西省铅锌预测资源量按可利用性统计表

预测工作区		矿种(t)	可利用(t)			暂不可利用		合计(t)
编号	名称		334-1	334-2	334-3	334-1	334-2	
1405601001	关帝山	Pb	18 602.48	61 619.81	8 611.98			88 834.27
		Zn	2 059.56	6 823.24	953.62			9 836.42
1412401001	太白维山	Pb(伴生)	382 004.01	539 645.65	168 669.93			1 090 319.59
		Zn(伴生)	502 076.76	696 296.14	217 632.11			1 416 005.01
1404202001	灵丘东北	Pb(共、伴生)	43 320.00	319 440.00				362 760
		Zn(共、伴生)	60 596.44	14 784.00				75 380.44
合计	全省	Pb	443 926.49	920 705.46	177 281.91			1 541 913.86
		Zn	564 732.76	717 903.38	218 585.73			1 501 221.87

5. 按可信度

山西省铅锌矿预测资源量按可信度统计见表4-7-7。

表4-7-7 山西省铅锌矿预测资源量按可信度统计表

预测工作区		矿种	>0.75(t)	0.5~0.75(t)	<0.5(t)	合计(t)
编号	名称					
1405601001	关帝山	Pb	18 602.48	61 619.81	8 611.98	88 834.27
		Zn	2 059.56	6 823.24	953.62	9 836.42
1412401001	太白维山	Pb	382 004.01	539 645.65	168 669.93	1 090 319.59
		Zn	502 076.76	696 296.14	217 632.11	1 416 005.01
1404202001	灵丘东北	Pb	43 320.00	319 440.00	0	362 760.00
		Zn	60 596.44	14 784.00	0	75 380.44
合计	全省	Pb	443 926.49	920 705.46	177 281.91	1 541 913.86
		Zn	564 732.76	717 903.38	218 585.73	1 501 221.87

4.8 硫铁矿

4.8.1 圈定的最小预测区及优选

山西省硫铁矿的预测类型按"全国重要矿产和区域成矿规律研究"的《重要矿产预测类型划分方案》可分为3类矿产预测类型：云盘式沉积变质型、阳泉式沉积型、晋城式沉积型，分别属于沉积变质型和沉积型2个预测方法类型。沉积变质型硫铁矿主要分布于山西省东北部的五台山一带，预测工作区数量1个（山西省云盘式沉积变质型硫铁矿五台山预测工作区）；阳泉式沉积型硫铁矿赋存于石炭系上统月门沟群太原组湖田段，在山西省分布广泛，在太行山、吕梁山均有，预测工作区数量5个（山西省阳泉式沉积型硫铁矿汾西预测工作区、山西省阳泉式沉积型硫铁矿乡宁预测工作区、山西省阳泉式沉积型硫铁矿阳泉预测工作区、山西省阳泉式沉积型硫铁矿平陆预测工作区、山西省阳泉式沉积型硫铁矿保德预测工作区）；晋城式沉积型硫铁矿赋存于石炭系上统月门沟群太原组中下部，分布于太行山南段晋城一带，预测工作区数量1个（山西省晋城式沉积型硫铁矿晋城预测工作区）。沉积变质型以五台金岗库硫铁矿为典型矿床，沉积型则以平定锁簧、晋城周村硫铁矿为典型矿床。

通过地质构造分析，结合自然重砂异常，在7个预测工作区中圈定最小预测区52个，其中A类20个，B类30个，C类2个。详见表4-8-1、图4-8-1。

表4-8-1 山西省硫铁矿最小预测区级别统计表

预测方法类型	预测类型	预测工作区名称	类别（个） A	B	C	合计（个）
沉积型	阳泉式	阳泉	6	2	0	8
		汾西	4	6	0	10
		乡宁	2	3	0	5
		平陆	0	3	2	5
		保德	1	3	0	4
		小计	13	17	2	32
沉积型	晋城式	晋城	7	11	0	18
		小计	7	11	0	18
沉积变质型	云盘式	五台山	0	2	0	2
		小计	0	2	0	2
总计			20	30	2	52

4.8.2 硫铁矿资源量定量估算结果

山西省硫铁矿经过普查勘探的矿区、矿点、矿化点共有102处，各类资源量/储量达1.9亿t，其中上储量表的达14处，累计上表查明储量99 486.7千t（截至2009年10月），其中，沉积型硫铁矿11处（阳泉市南庄、阳泉市桑掌沟、阳泉市渗水沟、阳泉市河下、阳城北留、阳城吴家庄、晋城周村、平定锁簧、盂县

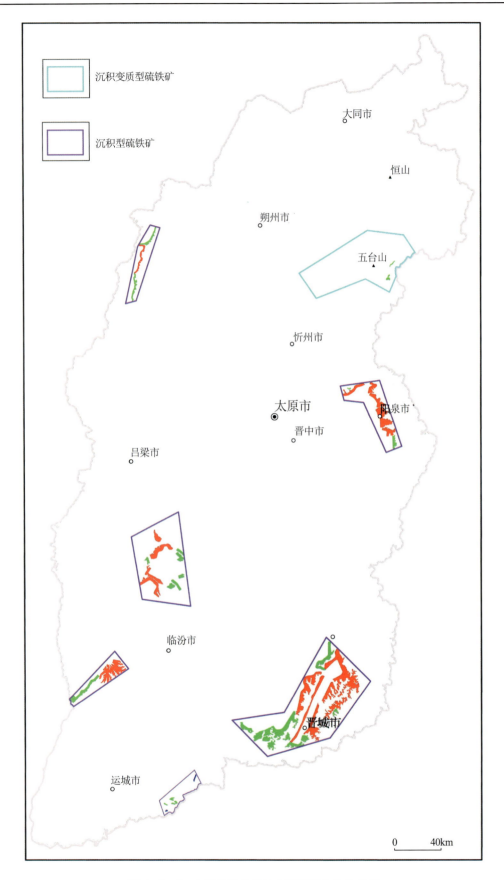

图 4-8-1 山西省硫铁矿最小预测区优选分布图

清城、长治刘家山、河津上岭),累计查明资源量 93 150.7 千 t;沉积变质型硫铁矿 2 处(左权路村沟、五台金岗库),累计查明资源量 5201 千 t;矽卡岩型硫铁矿 1 处(灵丘那太水),累计查明资源量 1135 千 t。在全省累计查明硫铁矿资源储量 114 778.95 千 t 的基础上,预测资源量 934 145.96 千 t。其中沉积型 930 031.17 千 t,占总预测量的 99.56%;沉积变质型 4 114.79 千 t,占总预测量的 0.44%。预测资源量详情如下。

1. 按精度

山西省硫铁矿预测资源量精度达到 334-1、334-2 的要求,估算结果见表 4-8-2。

表 4-8-2　山西省硫铁矿预测资源量按精度统计表

预测工作区编号	预测工作区名称	精度(千 t)		
		334-1	334-2	334-3
1419101001	阳泉式沉积型硫铁矿汾西预测工作区	172 266.75	98 070.10	
1419101002	阳泉式沉积型硫铁矿乡宁预测工作区	11 156.60	139 225.75	
1419101003	阳泉式沉积型硫铁矿阳泉预测工作区	170 210.12	31 885.29	
1419101004	阳泉式沉积型硫铁矿平陆预测工作区	474.74	1 830.32	
1419101005	阳泉式沉积型硫铁矿保德预测工作区	0	19 289.43	
1419102001	晋城式沉积型硫铁矿晋城预测工作区	142 927.86	142 694.21	
1419301001	云盘式沉积变质型硫铁矿五台山预测工作区	2 670.14	1 444.65	
合计		499 706.21	434 439.75	
		934 145.96		

2. 按深度

山西省硫铁矿预测资源量按照 500m 以浅、1000m 以浅和 2000m 以浅统计预测资源量结果见表 4-8-3。

表 4-8-3　山西省硫铁矿预测资源量按深度统计表

预测工作区编号	预测工作区名称	500m 以浅(千 t)		1000m 以浅(千 t)		2000m 以浅(千 t)	
		334-1	334-2	334-1	334-2	334-1	334-2
1419101001	汾西预测工作区	172 266.75	98 070.10	172 266.75	98 070.10	172 266.75	98 070.10
1419101002	乡宁预测工作区	11 156.60	139 225.75	11 156.60	139 225.75	11 156.60	139 225.75
1419101003	阳泉预测工作区	170 210.12	31 885.29	170 210.12	31 885.29	170 210.12	31 885.29
1419101004	平陆预测工作区	474.74	1 830.32	474.74	1 830.32	474.74	1 830.32
1419101005	保德预测工作区	0	19 289.43	0	19 289.43	0	19 289.43
1419102001	晋城预测工作区	142 927.86	142 694.21	142 927.86	142 694.21	142 927.86	142 694.21
1419301001	五台山预测工作区	2 670.14	1 444.65	2 670.14	1 444.65	2 670.14	1 444.65
合计		434 439.75	499 706.21	434 439.75	499 706.21	434 439.75	499 706.21
		934 145.96		934 145.96		934 145.96	

3. 按矿床类型

山西省硫铁矿预测类型分为2类:沉积型和沉积变质型,按矿床类型预测资源量结果见表4-8-4。

表4-8-4 山西省硫铁矿预测资源量按矿床类型统计表

预测工作区编号	预测工作区名称	沉积型(千t)			沉积变质型(千t)		
		334-1	334-2	334-3	334-1	334-2	334-3
1419101001	汾西预测工作区	172 266.75	98 070.10	0	0	0	0
1419101002	乡宁预测工作区	11 156.60	139 225.75	0	0	0	0
1419101003	阳泉预测工作区	170 210.12	31 885.29	0	0	0	0
1419101004	平陆预测工作区	474.74	1830.32	0	0	0	0
1419101005	保德预测工作区	0	19 289.43	0	0	0	0
1419102001	晋城预测工作区	142 927.86	142 694.21	0	0	0	0
1419301001	五台山预测工作区	0	0	0	2 670.14	1 444.65	0
合计		497 036.07	432 995.10	0	2 670.14	1 444.65	0
		930 031.17			4 114.79		

4. 按可利用性类别

山西省硫铁矿预测资源量按可利用性统计见表4-8-5。

表4-8-5 山西省硫铁矿预测资源量按可利用性统计表

预测工作区编号	预测工作区名称	可利用(千t)			暂不可利用(千t)		
		334-1	334-2	334-3	334-1	334-2	334-3
1419101001	汾西预测工作区	172 266.75	98 070.1	0	0	0	0
1419101002	乡宁预测工作区	11 156.6	139 225.75	0	0	0	0
1419101003	阳泉预测工作区	170 210.12	31 885.29	0	0	0	0
1419101004	平陆预测工作区	474.74	981.34	0	0	848.98	0
1419101005	保德预测工作区	0	19 289.43	0	0	0	0
1419102001	晋城预测工作区	142 927.86	142 694.21	0	0	0	0
1419301001	五台山预测工作区	2 670.14	1 444.65	0	0	0	0
合计		499 706.21	433 590.77	0	0	848.98	0
		933 296.98			848.98		

5. 按可信度统计分析

山西省硫铁矿预测资源量按可信度统计见表4-8-6。

表 4-8-6 山西省硫铁矿预测资源量按可信度统计表

预测工作区编号	预测工作区名称	≥0.75(千t)			0.5~0.75(千t)			0.25~0.5(千t)		
		334-1	334-2	334-3	334-1	334-2	334-3	334-1	334-2	334-3
1419101001	汾西预测工作区	85 111.34	0	0	172 266.75	0	0	172 266.75	98 070.10	0
1419101002	乡宁预测工作区	0	0	0	11 156.60	0	0	11 156.60	139 225.75	0
1419101003	阳泉预测工作区	23 137.63	0	0	170 210.12	0	0	170 210.12	31 885.29	0
1419101004	平陆预测工作区	0	0	0	0	0	0	474.74	1 830.32	0
1419101005	保德预测工作区	0	0	0	0	0	0	0	19 289.43	0
1419102001	晋城预测工作区	45 214.26	0	0	142 927.86	103 517.92	0	142 927.86	142 694.21	0
1419301001	五台山预测工作区	2 670.14	0	0	2 670.14	0	0	2 670.14	1 444.65	0
合计		156 133.37	0	0	499 231.47	103 517.92	0	499 706.21	434 439.75	0
		156 133.37			602 749.39			934 145.96		

4.9 磷矿

4.9.1 圈定的最小预测区及优选

山西省磷矿预测类型按"全国重要矿产和区域成矿规律研究"的《重要矿产预测类型划分方案》可分为 2 类矿产预测类型:变质型、辛集式沉积型,分别属于变质型和沉积型预测方法类型。变质型磷矿主要分布于五台山区以及太行山的黎城—左权一带,预测工作区数量 2 个(变质型磷矿平型关预测工作区、变质型磷矿桐峪预测工作区);辛集式沉积型磷矿赋存于下古生界寒武系下统辛集组,主要分布于山西省南部芮城县一带的中条山,预测工作区数量只 1 个(辛集式沉积型磷矿芮城预测工作区)。变质型以灵丘平型关磷矿为典型矿床,沉积型则以芮城水峪磷矿为典型矿床。

通过地质构造分析,结合自然重砂异常,在 3 个预测区中圈定最小预测区 13 个,其中平型关预测工作区 2 个、桐峪预测工作区 4 个、芮城预测工作区 7 个,全部为 C 级。详见表 4-9-1、图 4-9-1。

表 4-9-1 山西省磷矿最小预测区类别统计表

预测方法类型	预测类型	预测工作区名称	类别(个)			合计
			A	B	C	
沉积型	辛集式	芮城	0	0	7	7
		小计	0	0	7	7

续表 4-9-1

预测方法类型	预测类型	预测工作区名称	类别(个)			合计
			A	B	C	
变质型	矾山式	平型关	0	0	2	2
		桐峪	0	0	4	4
		小 计	0	0	6	6
总计			0	0	13	13

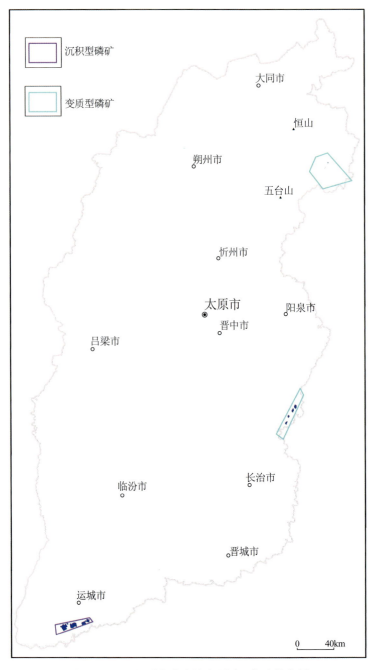

图 4-9-1 山西省磷矿最小预测区优选分布图

4.9.2 磷矿资源量定量估算结果

山西省属北方缺磷省份。截至 2008 年底,全省上表储量 6 处(永济陶家窑、芮城水峪、平陆靖家山、灵丘平型关、忻州白家山、繁峙朴子沟),累计查明储量(上储量表)50 597.72 万 t,累计保有储量 50 481.70 万 t。

其中:沉积型磷矿 3 处(永济陶家窑、芮城水峪、平陆靖家山),累计查明资源量 7 016.63 万 t;变质型磷矿 3 处(灵丘平型关、忻州白家山、繁峙朴子沟)累计查明资源量 43 581.09 万 t。

山西省磷矿均为低品位磷矿,沉积型磷矿矿石平均品位 P_2O_5 6.9% 左右,变质型磷矿矿石平均品位 P_2O_5 2%~2.86%,远低于工业品位,虽选矿容易,但成本较大,经济效益差,目前已查明的矿床无开采利用或开采后由于经济效益原因关停。

在全省累计查明磷矿资源储量 50 597.72 万 t 的基础上,预测资源量 311 599.50 万 t。其中沉积型 13 259.92 万 t,占总预测量 4.26%;变质型 298 339.58 万 t,占总预测量 95.74%。

1. 按精度

根据潜力评价项目技术要求,山西省磷矿预测资源量精度达到 334-1、334-2 的要求,估算结果见表 4-9-2。

表 4-9-2　山西省磷矿预测资源量按精度统计表

预测工作区编号	预测工作区名称	精度(万 t)		
		334-1	334-2	334-3
1418101001	芮城辛集式磷矿工作区	8 713.87	4 546.05	0
1418301001	平型关预测工作区	52 133.88	0	0
1418301002	桐峪预测工作区	132 677.85	113 527.85	0
合计		193 525.60	118 073.90	0
合计		311 599.50		

2. 按深度

山西省磷矿预测资源量按照 500m 以浅、1000m 以浅和 2000m 以浅统计预测资源量结果,详见表 4-9-3。

表 4-9-3　山西省磷矿预测资源量按深度统计表

预测工作区编号	预测工作区名称	500m 以浅(万 t)		1000m 以浅(万 t)		2000m 以浅(万 t)	
		334-1	334-2	334-1	334-2	334-1	334-2
1418101001	芮城	2 072.40	2 178.33	8 713.87	4 546.05	8 713.87	4 546.05
1418301001	平型关	4 386.99	0	52 133.88	0	52 133.88	0
1418301002	桐峪	63 834.22	56 763.93	132 677.85	113 527.85	132 677.85	113 527.85
合计		70 293.61	58 942.26	193 525.60	118 073.90	193 525.60	118 073.90
合计		129 235.87		311 599.50		311 599.50	

3. 按矿床类型

山西省磷矿预测类型分为2类:沉积型和变质型,预测资源量按矿床类型统计结果见表4-9-4。

表4-9-4 山西省磷矿预测资源量按矿床类型统计表

预测工作区编号	预测工作区名称	沉积型(万t)			变质型(万t)		
		334-1	334-2	334-3	334-1	334-2	334-3
1418101001	芮城	8 713.87	4 546.05	0	0	0	0
1418301001	平型关	0	0	0	52 133.88	0	0
1418301002	桐峪	0	0	0	132 677.85	113 527.85	0
合计		8 713.87	4 546.05	0	184 811.73	113 527.85	0
		13 259.92			298 339.58		
		311 599.50					

4. 按可利用性类别

山西省磷矿预测资源量按可利用性统计见表4-9-5。

表4-9-5 山西省磷矿预测资源量按可利用性统计表

预测工作区编号	预测工作区名称	可利用(万t)			暂不可利用(万t)		
		334-1	334-2	334-3	334-1	334-2	334-3
1418101001	芮城	0	0	0	8 713.87	4 546.05	0
1418301001	平型关	0	0	0	52 133.88	0	0
1418301002	桐峪	0	0	0	132 677.85	113 527.85	0
合计		0	0	0	193 525.60	118 073.90	0
		0			311 599.50		
		311 599.50					

5. 按可信度统计分析

山西省磷矿预测资源量按可信度统计见表4-9-6。

表4-9-6 山西省磷矿预测资源量按可信度统计表

预测工作区编号	预测工作区名称	≥0.75(万t)			0.5~0.75(万t)			0.25~0.5(万t)		
		334-1	334-2	334-3	334-1	334-2	334-3	334-1	334-2	334-3
1418101001	芮城	565.11	0	0	8 713.87	0	0	8 713.87	4 546.05	0
1418301001	平型关	0	0	0	52 133.88	0	0	52 133.88	0	0
1418301002	桐峪	0	0	0	132 677.85	0	0	132 677.85	113 527.85	0
合计		565.11	0	0	193 525.60	0	0	193 525.60	118 073.90	0
		565.11			193 525.60			311 599.50		

4.10 萤石矿

4.10.1 圈定的最小预测区及优选

山西省萤石矿涉及的矿产预测方法类型为侵入岩体型,矿产预测类型为董庄式岩浆热液型,主要分布于山西省东北部的恒山浑源县一带、西部吕梁山离石一带,圈定2个预测区,即山西省董庄式岩浆热液型萤石矿浑源预测工作区、山西省董庄式岩浆热液型萤石矿离石预测工作区。

通过地质构造分析,结合化探异常,在2个预测工作区中圈定最小预测区9个,其中浑源预测工作区6个、离石预测工作区3个,全部划归为C类。详见表4-10-1、图4-10-1。

表4-10-1 山西省萤石矿最小预测区类别统计表

预测方法类型	预测类型	预测工作区名称	类别(个)			合 计
			A	B	C	
岩浆热液型	武义式	浑源	0	0	6	6
		离石	0	0	3	3
总计			0	0	9	9

4.10.2 萤石矿资源量定量估算结果

依据典型矿床以及以各已知矿床作为模型区确立资源量估算的相关参数:面积、延深、厚度、品位、体重、含矿率和相似系数等,并统一采用综合信息地质体积法对9个最小预测区进行了萤石矿的资源量估算。

在全省累计查明萤石矿资源储量(CaF_2储量)181.2千t的基础上,预测资源量为672.0千t。

1. 按精度

根据潜力评价项目技术要求,山西省萤石矿预测资源量精度达到334-1、334-2、334-3的要求,估算结果见表4-10-2。

表4-10-2 山西省萤石矿预测资源量按精度统计表

预测工作区编号	预测工作区名称	精度(千t)		
		334-1	334-2	334-3
1422601001	浑源预测工作区	77.7	466.7	0
1422601002	离石预测工作区	0	79.8	47.8
合计		77.7	546.5	47.8
		672.0		

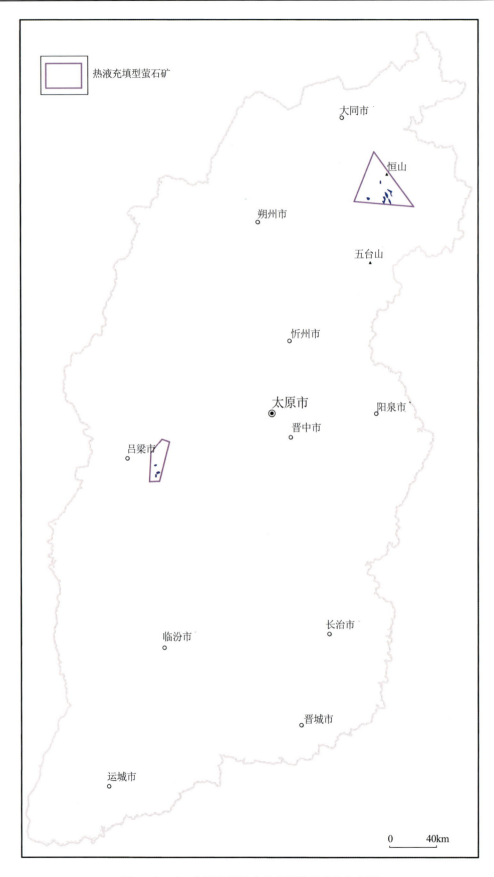

图 4-10-1 山西省萤石矿最小预测区优选分布图

2. 按深度

山西省萤石矿预测资源量按照500m以浅、1000m以浅和2000m以浅统计预测资源量,结果见表4-10-3。

表4-10-3 山西省萤石矿预测资源量按深度统计表

预测工作区编号	预测工作区名称	500m以浅(千t)			1000m以浅(千t)			2000m以浅(千t)		
		334-1	334-2	334-3	334-1	334-2	334-3	334-1	334-2	334-3
1422601001	浑源	77.7	466.7	0	77.7	466.7	0	77.7	466.7	0
1422601002	离石	0	79.8	47.8	0	79.8	47.8	0	79.8	47.8
合计		77.7	546.5	47.8	77.7	546.5	4.78	77.7	546.5	4.78
		672.0			672.0			672.0		

3. 按矿床类型

山西省萤石矿预测类型均为岩浆热液型,按矿床类型预测资源量结果见表4-10-4。

表4-10-4 山西省预测资源量按矿床类型统计表

预测工作区编号	预测工作区名称	岩浆热液型(千t)		
		334-1	334-2	334-3
1422601001	浑源预测工作区	77.7	466.7	0
1422601002	离石预测工作区	0	79.8	47.8
合计		7.77	546.5	47.8
		672.0		

4. 按可利用性类别

山西省萤石矿预测资源量按可利用性统计见表4-10-5。

表4-10-5 山西省萤石矿预测资源量按可利用性统计表

预测工作区编号	预测工作区名称	可利用(千t)			暂不可利用(千t)		
		334-1	334-2	334-3	334-1	334-2	334-3
1422601001	浑源	77.7	466.7	0	0	0	0
1422601002	离石	0	79.8	47.8	0	0	0
合计		77.7	546.5	47.8	0	0	0
		672.0					

5. 按可信度统计分析

山西省萤石矿预测资源量按可信度统计见表4-10-6。

表 4-10-6　山西省萤石矿预测资源量按可信度统计表

预测工作区编号	预测工作区名称	≥0.75(千t)			≥0.5(千t)			≥0.25(千t)		
		334-1	334-2	334-3	334-1	334-2	334-3	334-1	334-2	334-3
1422601001	浑源	77.7	0	0	77.7	0	0	77.7	466.7	0
1422601002	离石	0	0	0	0	79.8	0	0	79.8	47.8
合计		77.7	0	0	77.7	79.8	0	77.7	546.5	47.8
		77.7			157.5			672.0		

4.11　重晶石矿

4.11.1　圈定的最小预测区及优选

山西省重晶石矿预测类型为大池山式层控内生型,归属于层控内生型预测方法类型;圈定了 6 个预测工作区:山西省大池山式层控内生型重晶石矿离石西预测工作区、山西省大池山式层控内生型重晶石矿离石东预测工作区、山西省大池山式层控内生型重晶石矿昔阳预测工作区、山西省大池山式层控内生型重晶石矿浮山预测工作区、山西省大池山式层控内生型重晶石矿翼城预测工作区、山西省大池山式层控内生型重晶石矿平陆预测工作区。

通过地质构造分析,结合自然重砂异常,在 6 个预测工作区中共计圈定 9 个最小预测区,其中离石西预测工作区 B 类 1 个,离石东预测工作区 C 类 1 个;昔阳预测工作区 B 类 1 个、C 类 2 个,浮山预测工作区 A 类 1 个;翼城预测工作区 A 类 1 个、C 类 1 个;平陆预测工作区 C 类 1 个。详见表 4-11-1、图 4-11-1。

表 4-11-1　山西省重晶石矿最小预测区类别统计表

预测方法类型	预测类型	预测工作区名称	类别(个)			合计
			A	B	C	
层控内生型	大池山式	离石西		1		1
		离石东			1	1
		昔阳		1	2	3
		浮山	1			1
		翼城	1		1	2
		平陆			1	1
总计			2	2	5	9

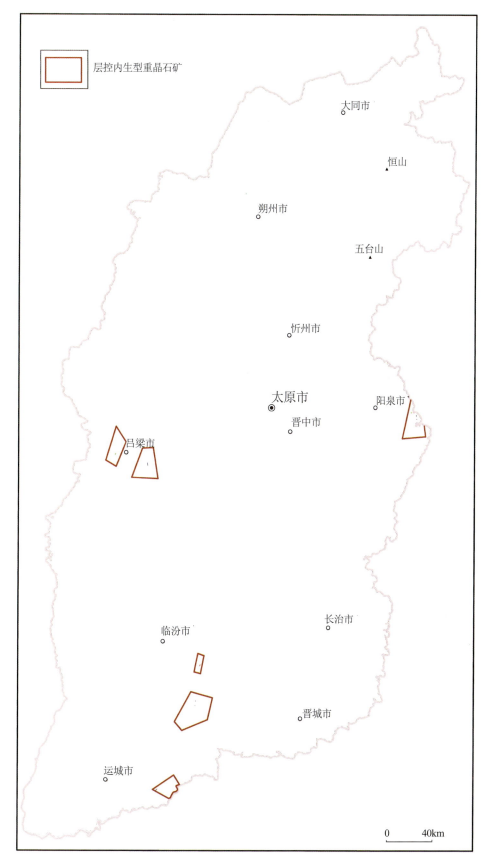

图 4-11-1 山西省重晶石矿最小预测区优选分布图

4.11.2 重晶石矿资源量定量估算结果

山西省重晶石矿预测资源量估算方法为综合信息地质体积法。

山西省重晶石矿 6 个预测区共预测资源量 4 358.6 千 t，其中离石西预测工作区 756.6 千 t、离石东预测工作区 579.4 千 t、昔阳预测工作区 1 016.4 千 t、浮山预测工作区 1 089.3 千 t、翼城预测工作区 520.3 千 t、平陆预测工作区 396.6 千 t。其中，334-1 资源量 451.3 千 t、334-2 资源量 2 413.1 千 t、334-3 资源量 1 494.2 千 t。

按照《预测资源量估算技术要求（2010 年补充）》要求对全省重晶石矿资源量进行分类，详见表 4-11-2～表 4-11-5。

1. 按精度

按预测精度可将预测资源量分为 334-1、334-2 及 334-3 三类，详见表 4-11-2。

表 4-11-2 大池山式重晶石矿预测工作区预测资源量按精度统计表

预测工作区编号	预测工作区名称	精度		
		334-1（千 t）	334-2（千 t）	334-3（千 t）
31-1	离石西		756.6	
31-2	离石东			579.4
31-3	昔阳		567.2	449.2
31-4	浮山		1 089.3	
31-5	翼城	451.3		69.0
31-6	平陆			396.6
	总计	451.3	2413.1	1 494.2

2. 按深度

按照 500m 以浅、1000m 以浅和 2000m 以浅，预测资源量分类统计如表 4-11-3 所示。

表 4-11-3 大池山式重晶石矿预测工作区预测资源量按深度统计表

预测工作区		500m 以浅（千 t）			1000m 以浅（千 t）			2000m 以浅（千 t）		
编号	名称	334-1	334-2	334-3	334-1	334-2	334-3	334-1	334-2	334-3
31-1	离石西		756.6			756.6			756.6	
31-2	离石东			579.4			579.4			579.4
31-3	昔阳		567.2	449.2		567.2	449.2		567.2	449.2
31-4	浮山		1 089.3			1 089.3			1 089.3	
31-5	翼城	451.3		69.0	451.3		69.0	451.3		69.0
31-6	平陆			396.6			396.6			396.6
	总计	451.3	2 413.1	1 494.2	451.3	2 413.1	1 494.2	451.3	2 413.1	1 494.2

3. 按矿床类型

大池山式重晶石矿预测工作区预测资源量按矿床类型统计见表 4-11-4。

表 4-11-4　大池山式重晶石矿预测工作区预测资源量按矿床类型统计表

预测工作区编号	预测工作区名称	层控内生型（千 t）		
		334-1	334-2	334-3
31-1	离石西		756.6	
31-2	离石东			579.4
31-3	昔阳		567.2	449.2
31-4	浮山		1 089.3	
31-5	翼城	451.3		69.0
31-6	平陆			396.6
总计		451.3	2 413.1	1 494.2

4. 按可利用性类别

山西省重晶石矿虽然品位符合工业开采标准，但目前重晶石矿规模小、矿体形态多样，预测区地质特征复杂，重晶石矿市场价格偏低。现阶段不适合大规模工业开采，适合小规模民采。可与矿体围岩白云岩、大理岩进行综合利用。

5. 按可信度统计分析

在对各最小预测区预测资源量可信度分析的基础上，按照预测资源量精度对预测工作区预测资源总量可信度进行统计分析，见表 4-11-5。

表 4-11-5　大池山式重晶石矿预测工作区预测资源量按可信度统计表

预测工作区		≥0.75（千 t）			0.5~0.75（千 t）			0.25~0.5（千 t）		
编号	名称	334-1	334-2	334-3	334-1	334-2	334-3	334-1	334-2	334-3
31-1	离石西					756.6			756.6	
31-2	离石东									579.4
31-3	昔阳					567.2			567.2	449.2
31-4	浮山					1 089.3			1 089.3	
31-5	翼城	451.3			451.3			451.3		69.0
31-6	平陆						396.6			396.6
总计		451.3			451.3	2 413.1	396.6	451.3	2 413.1	1 494.2

4.12 煤炭

4.12.1 煤炭资源预测的原理与方法

煤炭资源潜力预测与评价是本次潜力评价的主要任务之一,是在煤炭资源赋存规律研究的基础上,据已有地质勘查资料和研究成果,充分利用区域地质、物探、遥感、矿产勘查等多源信息划定煤炭资源预测区,进一步摸清全省煤炭资源潜力及其分布空间,估算潜在资源量,为科学布置煤炭资源的勘查开发规划提供依据。

煤炭资源是在适宜的古构造、古地理、古气候和古植物条件下形成的,山西的主要可采煤层堆积具有范围广、厚度大、横向稳定性好的特征,而此特征就为未知区域的煤炭资源量预测提供了可靠性保障。

根据山西煤炭资源赋存发育特征,本次煤炭资源预测的原理是外推法,即由已知推未知的方法,就是利用已知区的煤厚、煤质成果去推断未知区域的煤厚、煤质数据,根据对地层赋存状态与构造的认识去推断未知区域煤层的赋存状态和埋藏深度。

根据聚煤作用和煤系赋存特点,本次按规划矿区在宁武、河东、霍西、西山、沁水及浑源、五台、垣曲、平陆煤产地圈定了 23 个预测区。依据煤质特征(硫分)的差异,分上、下煤组估算预测资源量。

预测区范围为有煤炭资源潜力的 18 个矿区和 4 个煤产地内截至 2007 年底未进行过勘查工作或进行了勘查工作但未提交成果报告的区域。

煤炭资源预测的有关参数及计算公式如下。

1. 预测深度

本次煤炭资源预测的范围为埋深 2000m 以浅的煤炭资源,埋深计算深度的起算点为当地侵蚀基准面。

为便于勘查规划和今后的煤炭开采设计,将煤层埋深划分为 0~600m,600~1000m,1000~1500m,1500~2000m,>2000m 共 5 个深度级别。

另外,对埋深大于 2000m 的单另计算,但不列入预测资源量统计。

2. 煤层厚度的统计方法

煤层厚度的统计方法如下。

①选择已知区:在每一个煤炭资源预测区附近选取一个(或几个)距离最近的已知勘查区,选定的已知勘查区的区域跨度与煤炭资源预测区的展布范围大体相当。

②确定统计点的密度:在选定的已知勘查区内,按(3000×3000)m 的网度选取钻孔。当选中的钻孔资料不全或不具有代表性时,可在该钻孔的附近寻找替代钻孔。

③煤层厚度数据统计:首先统计每一个钻孔中上、下煤组(中煤组并入下煤组)可采煤层累计厚度,然后计算已知勘查区内所有钻孔的可采煤层累计厚度平均值,利用这一平均值预测煤炭资源量。需要说明的是,煤层厚度统计的是纯煤厚度;参与厚度统计的煤层厚度达到最低可采厚度(炼焦煤 0.60m,非炼焦煤 0.70m);平均值的计算采用算术平均法。

3. 视密度

视密度的数据确定与煤层厚度的确定相同。

4. 有害组分与发热量指标的处理

根据《全国煤炭资源潜力预测评价技术要求》(试用版),在预测资源量估算时,硫分和发热量不作为限制条件。

5. 比例尺

资源量估算,原则上要在煤炭资源分布图或煤层底板等高线图上进行,采用比例尺 1:10 万图件进行估算。

6. 估算方法

估算方法采用地质块段法,计算公式如下:

$$Q = S \times m \times d / 10$$

式中,Q 是资源量(万 t);S 是块段面积($\times 10^3 m^2$);m 是块段煤层平均厚度(m);d 是视密度(t/m^3)。

7. 资源量原始估算值的校正

根据预测区地质构造复杂程度和煤层稳定程度,采用校正系数 β 对估算量进行校正。校正公式为:

$$Q_j = \beta \times Q$$

式中,Q 是校正前的预测资源量;Q_j 是校正后的预测资源量;β 是校正系数。

校正系数 β 取值见表 4-12-1,当地质构造复杂程度和煤层稳定程度等级不一致时,取二者中 β 值较小者。

表 4-12-1 校正系数 β 取值表

地质条件	β 取值
简单构造、稳定煤层	0.8~1.00
中等构造、较稳定煤层	0.6~0.8
复杂和极复杂构造、不稳定和极不稳定煤层	0.4~0.6

注:预测区地质构造复杂程度和煤层稳定程度的确定以《煤、泥炭地质勘查规范》(DZ/T 0215-2002)附录 D 为依据。

8. 预测资源可信度等级划分

预测可信度反映预测依据的充分程度,根据预测可信度将潜在的煤炭资源量分为预测可靠的(334-1)、预测可能的(334-2)和预测推断的(334-3)三级,界定如下。

①预测可靠的(334-1):位于控煤构造的有利区块,浅部有一定密度的山地工程或矿点揭露,以及少量钻孔控制;或有效的地面物探工程控制;或位于生产矿区、已发现资源勘查区的周边;或进行了 1:2.5 万及以上大比例尺煤炭地质填图的地区,结合地质规律分析,确定有含煤地层和可采煤层赋存,资源量主要估算参数可直接取得,煤类、煤质可以基本确定。

②预测可能的(334-2):位于控煤构造的比较有利区块,进行过小于 1:2.5 万煤田地质填图;或少量山地工程、矿点揭露和个别钻孔控制;或有较有效的地面物探工作;或预测可靠的(334-1)预测区的有限外推地段,结合地质规律分析,确有含煤地层存在,可能有可采煤层赋存,地质构造格架基本清楚,估算参数与煤类、煤质是推定的。

③预测推断的(334-3):按照区域地质调查或物探、遥感资料,或预测可能的(334-2)预测区的有限外推地段,结合聚煤规律推断有含煤地层、可采煤层赋存,估算参数和煤类、煤质等均为推测的。

4.12.2 煤炭资源预测成果

1. 预测获得的潜在资源量

1)资源总量

本次对有资源潜力的18个矿区和4个煤产地进行了煤炭资源预测,共获得潜在资源量37 331 907万t(埋深≤2000m),另有埋深>2000m的潜在资源量12 284 851万t。

(1)按矿区划分。

按矿区划分的煤炭资源预测成果(埋深≤2000m)见表4-12-2。

表4-12-2 山西省各矿区煤炭资源预测成果汇总表

矿区(煤产地)	资源量(万t)	矿区(煤产地)	资源量(万t)
宁武轩岗矿区	981 887	东山矿区	1 125 968
静乐岚县矿区	1 756 957	阳泉矿区	6 027 392
宁武侏罗纪矿区	84 671	潞安矿区	6 803 428
河曲矿区	239 299	晋城矿区	2 480 756
河保偏矿区	4065 204	平遥矿区	897 002
柳林矿区	2 470 794	沁源矿区	1 234 890
石楼隰县矿区	2 111 367	安泽矿区	2 007 819
乡宁矿区	2 528 140	浑源煤产地	117 414
霍州矿区	780 650	繁峙煤产地	28 260
襄汾矿区	1 154 782	垣曲煤产地	143 015
西山古交矿区	134 681	平陆煤产地	157 531

(2)潜在资源量按埋深划分。

埋深在0~600m的潜在资源量为1 989 883万t,埋深在600~1000m的潜在资源量为6 552 730万t,埋深在1000~1500m的潜在资源量为13 219 553万t,埋深在1500~2000m的潜在资源量为15 569 741万t。埋深>2000m的潜在资源量为12 284 851万t。

2)煤类及煤炭质量

(1)潜在资源量按煤类划分。

本次预测获得的37 331 907万t潜在资源量中,褐煤28 260万t,长焰煤356 713万t,1/2中黏煤67 021万t,气煤934 917万t,气肥煤12 526万t,1/3焦煤2 773 387万t,肥煤5 720 924万t,焦煤1 351 112万t,瘦煤2 349 407万t,贫瘦煤1 292 279万t,贫煤4 549 566万t,无烟煤17 895 795万t。

(2)潜在资源量按灰分划分。

本次预测获得的37 331 907万t潜在资源量中,低中灰煤28 912 201万t,中灰分煤8 298 844万t,中高灰煤120 862万t。

(3)潜在资源量按硫分划分。

本次预测获得的37 331 907万t潜在资源量中,特低硫煤11 478 297万t,低硫分煤5 497 613万t,低中硫煤5 157 696万t,中硫分煤3 952 870万t,中高硫煤5 574 421万t,高硫分煤5 671 010万t。

2. 潜在煤炭资源量级别

本次共获得预测可靠的(334-1)潜在资源量为16 043 399万t,预测可能的(334-2)潜在资源量为

8 570 075 万 t，预测推断的(334-3)潜在资源量为 12 718 433 万 t。

煤炭资源预测成果详见表 4-12-3～表 4-12-6 及图 4-12-1～图 4-12-4。

表 4-12-3　山西省煤炭资源按级别预测成果表

潜在资源量级别	334-1	334-2	334-3
资源量(万 t)	16 043 399	8 570 075	12 718 433

表 4-12-4　山西省煤炭资源按煤类预测成果表

煤类	资源量(万 t)	煤类	资源量(万 t)
无烟煤	17 895 795	气肥煤	12 526
贫煤	4 549 566	气煤	934 917
贫瘦煤	1 292 279	1/2 中黏煤	67 021
瘦煤	2 349 407	弱黏煤	0
焦煤	1 351 112	不黏煤	0
肥煤	5 720 924	长焰煤	356 713
1/3 焦煤	2 773 387	褐煤	28 260

表 4-12-5　山西省煤炭资源按灰分预测成果表

灰分级别	资源量(万 t)	灰分级别	资源量(万 t)
低中灰	28 912 201	中灰分	8 298 844
中高灰	120 862		

表 4-12-6　山西省煤炭资源按硫分预测成果表

硫分级别	资源量(万 t)	硫分级别	资源量(万 t)
特低硫	11 478 297	中硫分	3 952 870
低硫分	5 497 613	中高硫	5 574 421
低中硫	5 157 696	高硫分	5 671 010

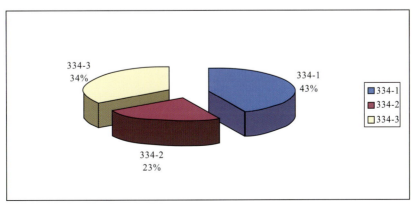

图 4-12-1　潜在资源量按级别预测成果图

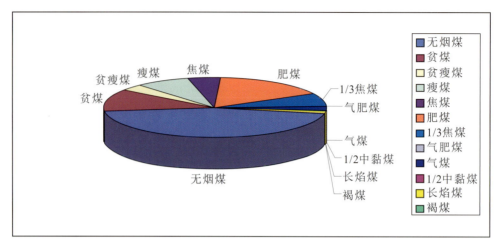

图 4-12-2 潜在资源量按煤类预测成果图

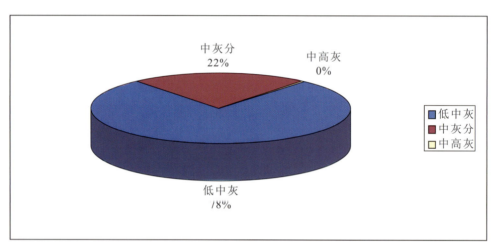

图 4-12-3 潜在资源量按灰分预测成果图

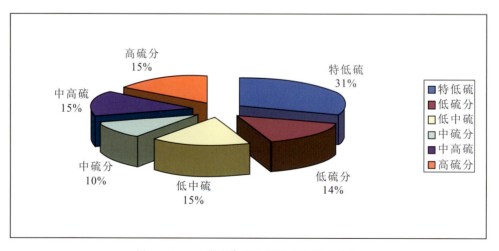

图 4-12-4 潜在资源量按硫分预测成果图

4.12.3 煤炭资源的开发利用潜力评价

1. 预测区开发利用潜力类别划分

根据资源的地质条件、开采技术条件、外部条件和生态环境容量,将预测潜力区分为3类:有利的(Ⅰ类)、次有利的(Ⅱ类)和不利的(Ⅲ类)。

①有利的(Ⅰ类):地质条件和开采技术条件好,外部条件和生态环境优越,煤层埋藏在1000m以浅、煤质优良。

②次有利的(Ⅱ类):地质条件和开采技术条件较好,外部条件和生态环境较优越,煤层埋藏在1500m以浅,煤质较优良。

③不利的(Ⅲ类):资源量小,地质条件和开采技术条件复杂,外部开发条件差,或生态环境脆弱;或煤质差;或煤层埋藏在1500m以深。

2. 预测区资源开发利用优度的划分

(1)优度的划分。

在上述分级分类的基础上,从潜在资源的数量、质量、开采条件和生态环境等方面,进行潜在资源开发利用优度的综合评价,将预测资源的勘查开发利用前景划分为三等:优(A)等、良(B)等、差(C)等(表4-12-7)。通过预测区综合优度的排序,提出煤炭资源勘查近期及中长期工作部署方案建议。

表4-12-7 煤炭资源潜力勘查开发利用前景等级划分

预测区类别	资源量级别及优度		
	预测可靠的334-1	预测可能的334-2	预测推断的334-3
有利的(Ⅰ类)	优(A)等	优(A)等	良(B)等
次有利的(Ⅱ类)	良(B)等	良(B)等	差(C)等
不利的(Ⅲ类)	差(C)等	差(C)等	差(C)等

(2)优度划分的依据。

①优(A)等:a. 资源量分级为可靠的,预测区分类为有利的;b. 资源量分级为可能的,预测区分类为有利的。此类预测区煤炭资源开发具有明显经济价值,可建议优先安排预查或普查。

②良(B)等:a. 资源量分级为可靠的,预测区分类为次有利的;b. 资源量分级为可能的,预测区分类为次有利的;c. 资源量分级为推断的,预测区分类为有利的。此类预测区煤炭资源开发具有经济价值,可考虑安排勘查工作的地区。

③差(C)等:不符合上述优等和良等条件,资源潜力较小的地区,目前不宜开展工作。

3. 预测区煤炭资源开发利用潜力评价

(1)煤炭资源开发利用潜力类别。

根据前述"预测区资源开发利用潜力类别划分"的原则,山西省预测煤炭资源共划分为:有利的(Ⅰ类)潜在资源量7 543 658万t;次有利的(Ⅱ类)潜在资源量13 920 184万t;不利的(Ⅲ类)潜在资源量15 868 065万t。各矿区煤炭资源开发利用潜力类别统计结果见表4-12-8及图4-12-5。

表 4-12-8　山西省各矿区煤炭资源开发利用潜力类别统计表

矿区(煤产地)	Ⅰ类资源量(万 t)	Ⅱ类资源量(万 t)	Ⅲ类资源量(万 t)
宁武轩岗	435 210	329 996	216 681
静乐岚县	582 336	696 373	478 248
宁武侏罗纪	84 671	0	0
河曲	239 299	0	0
河保偏	553 943	878 165	2 633 096
柳林	72 871	925 966	1 471 957
石楼隰县	25 727	1 200 855	884 785
乡宁	438 606	1 439 760	649 774
霍州	0	625 896	154 754
襄汾	439 809	373 725	341 248
西山古交	0	0	134 681
东山	125 756	431 495	568 717
阳泉	474 300	1 900 401	3 652 691
潞安	760 278	2 214 631	3 828 519
晋城	1 106 126	1 246 603	128 027
平遥	62 404	196 778	637 820
沁源	489 382	523 760	221 748
安泽	1 072 039	935 780	0
浑源煤产地	117 414	0	0
繁峙煤产地	28 260	0	0
垣曲煤产地	143 015	0	0
平陆煤产地	157 531	0	0
全省合计	7 543 658	13 920 184	15 868 065

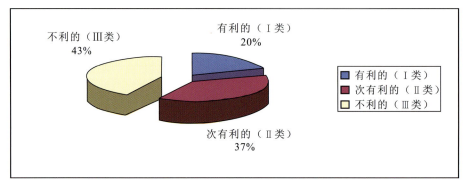

图 4-12-5　山西省煤炭潜在资源量开发利用潜力类别图

(2)煤炭资源开发利用潜力等级。

山西省预测煤炭资源共划分为：优(A)等潜在资源量为 6 542 731 万 t；良(B)等潜在资源量为

13 653 566 万 t;差(C)等潜在资源量为 17 135 610 万 t。各矿区煤炭资源开发利用优度级别统计结果见表 4-12-9 及图 4-12-6。

表 4-12-9 山西省各矿区煤炭资源开发利用优度级别统计表

矿区(煤产地)	优(A)等(万 t)	良(B)等(万 t)	差(C)等(万 t)
宁武轩岗矿区	241 638	193 572	546 677
静乐岚县矿区	465 280	566 747	724 930
宁武侏罗纪矿区	0	84 671	0
河曲矿区	239 299	0	0
河保偏矿区	553 943	878 165	2 633 096
柳林矿区	72 871	925 966	1 471 957
石楼隰县矿区	25 727	1 200 855	884 785
乡宁矿区	438 606	1 439 760	649 774
霍州矿区	0	557 561	223 089
襄汾矿区	415 082	398 452	341 248
西山古交矿区	0	0	134 681
东山矿区	125 756	0	1 000 212
阳泉矿区	474 300	1 900 401	3 652 691
潞安矿区	760 278	2 214 631	3 828 519
晋城矿区	1 106 126	1 246 603	128 027
平遥矿区	62 404	140 422	694 176
沁源矿区	489 382	523 760	221 748
安泽矿区	1 072 039	935 780	0
浑源煤产地	0	117 414	0
繁峙煤产地	0	28 260	0
垣曲煤产地	0	143 015	0
平陆煤产地	0	157 531	0
全省合计	6 542 731	13 653 566	17 135 610

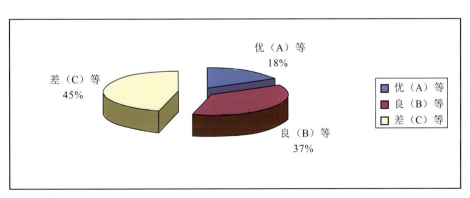

图 4-12-6 山西省煤炭潜在资源量开发利用优度图

主要参考文献

白瑾,1986.五台山早前寒武纪地质[M].天津:天津科学技术出版社.
白瑾,王汝铮,郭进京,1992.五台山早前寒武纪重大地质事件及其年代[M].北京:地质出版社.
白瑾,余致信,颜耀阳,等,1997.中条山前寒武纪地质[M].天津:天津科学技术出版社.
陈平,柴东浩,1997.山西地块石炭纪铝土矿沉积地球化学研究[M].太原:山西科学技术出版社.
陈平,柴东浩,1998.山西铝土矿地质学研究[M].太原:山西科学技术出版社.
陈平,陈俊明,1996.山西主要成矿区带成矿系列及成矿模式[M].太原:山西科学技术出版社.
陈平,卢静文,1997.山西铝土矿岩石矿物学研究[M].太原:山西科学技术出版社.
陈平,苗培森,1996.五台山早元古代变质砾岩型金矿地质特征[J].华北地质矿产杂志,11(1):105-110.
陈平,田永清,1999.山西五台山太古宙绿岩带金矿成矿系统初论[J].前寒武纪研究进展,22(3):14-21.
陈毓川,裴荣富,宋天锐,等,1998.中国矿床成矿系列初论[M].北京:地质出版社.
陈毓川,王登红,2010.重要矿产和区域成矿规律研究技术要求[M].北京:地质出版社.
陈毓川,王登红,李厚民,2010.重要矿产预测类型划分方案[M].北京:地质出版社.
陈郑辉,陈毓川,王登红,等,2009.矿产资源潜力评价示范研究[M].北京:地质出版社.
程裕淇,1994.中国区域地质概论[M].北京:地质出版社.
程裕淇,陈毓川,赵一鸣,1979.初论矿床的成矿系列问题[J].中国地质科学院报,1(1):39-65.
程裕淇,陈毓川,赵一鸣,等,1983.再论矿床的成矿系列问题[J].中国地质科学院报,5(2):5-68,138-139.
董永斌,许荣哲,王富国,1980.山西省塔儿山铁矿尖兵矿区补充地质勘探报告[R].临汾:山西省地矿局二一三地质队.
冯启英,袁建中,杨峰柏,1979.山西省临汾县大王铁矿区评价地质报告[R].临汾:山西省地矿局二一三地质队.
傅昭仁,李德威,李先福,等,1992.变质核杂岩及剥离断层的控矿构造解析[M].武汉:中国地质大学出版社.
高道德,1994.贵州中部铝土矿地质研究[M].贵阳:贵州科技出版社.
郭梅凤,刘邦涛,2004.山西省繁峙县康家沟-香台铁矿普查地质报告[R].太原:中国冶金地质总局第三地质勘查院.
胡柏林,1981.山西省繁峙县—灵邱县平型关铁矿详查地质报告[R].太原:中国冶金地质总局第三地质勘查院.
胡桂明,谢坤一,王守伦,等,1996.华北陆台北缘地体构造演化及其主要矿产[M].武汉:中国地质大学出版社.
黄汲清,任纪舜,姜春发,等,1977.中国大地构造基本轮廓[J].地质学报,51(2):19-37.
冀树楷,傅昭仁,李树屏,等,1992.中条山铜矿成矿模式及勘查模式[M].北京:地质出版社.

景淑慧,1992.繁峙义兴寨金矿的成矿条件[J].山西地质,7(1):51-64.
黎彤,1979.海相沉积型菱铁矿矿床的成矿地球化学[J].地质与勘探,15(1):3-10.
李德威,1995.大陆构造与动力学研究的若干重要方向[J].地学前缘,2(2):141-146.
李厚民,李立兴,2012.中国铁矿成矿规律[M].北京:地质出版社.
李继亮,王凯怡,王清晨,等,1990.五台山早元古代碰撞造山带初步认识[J].地质科学,25(1):1-11.
李江海,钱祥麟,1991.太行山北段龙泉关剪切带研究[J].山西地质,6(1):17-29.
李江海,钱祥麟,1994.恒山早前寒武纪地壳演化[M].太原:山西科学技术出版社.
李生元,韩金阁,李金秀,1990.山西省娄烦市狐姑山矿区44~92线铁矿详查报告[R].太原:中国冶金地质总局第三地质勘查院.
李生元,李兆龙,林建阳,等,2000.晋东北次火山岩型银锰金矿[M].武汉:中国地质大学出版社.
李树屏,1993.中条山横岭关型铜矿床地质特征及成因[J].山西地质,8(4):357-366.
李树勋,冀树楷,马志红,等,1986.五台山区变质沉积铁矿地质[M].长春:吉林科学技术出版社.
李永道,李涌堂,冯冲林,1984.山西省黎城县东崖底乡小寨矿区铁矿勘探报告[R].太原:中国冶金地质总局第三地质勘查院.
李兆龙,张连营,樊秉鸿,等,1992.山西支家地银矿地质特征及矿床成因[J].矿床地质,11(4):315-324.
梁岩,钟冠英,李士泽,1974.山西省二峰山铁矿半山矿区地勘总结报告[R].太原:中国冶金地质总局第三地质勘查院.
梁炎,韩金阁,袁长礼,1974.山西省交城县狐堰山西沟铁矿普查报告[R].太原:中国冶金地质总局第三地质勘查院.
林枫,曹国雄,1996.五台山康家沟金矿成矿地质特征[J].华北地质矿产杂志,11(3):400-406.
刘敦一,等,1984.太行山-五台山区前寒武纪变质岩系同位素地质年代学研究[J].中国地质科学院院报,6(1):57-84.
刘元常,胡受奚,1959.山西省某地细脉浸染铜矿床研究[J].地质学报,39(4):61-129.
陆民生,1990.山西省五台县柳院乡香峪铁矿普查地质报告[R].太原:中国冶金地质总局第三地质勘查院.
骆辉,陈志宏,1999.五台山太古宙铁建造型金矿的成矿年龄[J].前寒武纪研究进展,22(2):11-17.
骆辉,陈志宏,沈保丰,等,2002.五台山地区条带状铁建造金矿地质及成矿预测[M].北京:地质出版社.
马昌前,1995.大陆岩石圈与软流圈之间的耦合关系:大陆动力学研究的突破口[J].地学前缘,2(2):159-165.
马思念,1992.中国东部前寒武纪地体活化与金的成矿作用[J].地质与勘探,28(1):16-19.
马杏垣,白瑾,索书田,等,1987.中国前寒武纪构造格架及其研究方法[M].北京:地质出版社.
马杏垣,刘昌铨,刘国栋,1991.江苏响水至内蒙满都拉地学断面[J].地质学报,65(3):199-215.
毛德宝,1994.金的成矿作用和地球动力学过程[J].国外前寒武纪地质,17(1):44-55.
煤炭工业部山西省煤矿管理局汾西矿务局,1959.山西省汾孝矿区阳泉曲井精查地质报告[R].太原:煤炭工业部山西省煤矿管理局汾西矿务局.
任纪舜,姜春发,张正坤,等,1983.中国大地构造及其演化[M].北京:科学出版社.
山西省地质调查院,2007.1:50万山西省地质图说明书[R].太原:山西省地质调查院.
山西省地质调查院,2007.1:50万山西省构造岩浆岩图说明书[R].太原:山西省地质调查院.
山西省地质调查院,2007.1:50万山西省矿产图说明书[R].太原:山西省地质调查院.
山西省地质矿产局,1989.山西省区域地质志[M].北京:地质出版社.
山西省计划委员会,山西省地质矿产局,1989.山西省非金属矿产及利用[M].太原:山西人民出版社.

沈保丰,宋亮生,李华芝,1982.山西省岚县袁家村铁建造的沉积相和形成条件分析[J].长春地质学院学报,26(S1):31-51.

沈保丰,孙继源,田永清等,1998.五台山-恒山绿岩带金矿地质[M].北京:地质出版社.

斯塔罗斯京 B H,1993.含矿构造的地球动力学类型[J].地质地球化学(4):19-23.

孙大中,胡维兴,1993.中条山前寒武纪年代构造格架和年代地壳结构[M].北京:地质出版社.

孙大中,李惠民,林源贤,等,1991.中条山前寒武纪年代学、年代构造格架和年代地壳结构模式研究[J].地质学报,65(1):20-35.

孙继源,冀树楷,真允庆,1995.中条裂谷铜矿床[M].北京:地质出版社.

汤明章,冯拴龙,邓广华,1979.山西省代县黑山庄矿区铁矿普查评价报告[R].太原:山西省地矿局二一六地质队.

天津地质矿产研究所,1994.恒山义兴寨—辛庄地区金矿地质特征及靶区预测研究报告[R].天津:天津地质矿产研究所.

田永清,1991.五台山-恒山绿岩带地质及金的成矿作用[M].太原:山西科学技术出版社.

田永清,苗培森,余克忍,1999.紧闭褶皱翼部的剪切变形作用:五台山绿岩带金矿化的一种构造控矿机制[J].前寒武纪研究进展,22(4):18-27.

田永清,王安建,余克思,等,1998.山西五台山—恒山地区脉状金矿成矿的地球动力学[J].华北地质矿产杂志,13(4):301-456.

王安建,金巍,孙丰月,等,1997.流体研究与找矿预测[J].矿床地质,16(3):278-288.

王安建,李树勋,曲亚军,等,1996.脉状金矿地质与成因:以辽西地区为例[M].长春:吉林科学技术出版社.

王安建,刘志宏,李晓峰,等,1996.五台山太古宙地质与金矿床[M].长春:吉林科学技术出版社.

王安建,马志红,1993.Φ形构造-脉状金(银)矿床的一种新勘查模式[J].地质与勘探,29(10):5-12.

王安建,周永娴,1993.晋东北地区义兴寨金矿综合找矿模型[J].地质找矿论丛,8(2):1-15.

王福元,张铁从,张建斌,等,1995.中国矿床发现史·山西卷[M].北京:地质出版社.

王凯怡,郝杰,SIMON W,等,2000.山西五台山—恒山地区晚太古—早元古代若干关键地质问题的再认识:单颗粒锆石离子探针质谱年龄提出的地质制约[J].地质科学,35(2):175-184.

王凯怡,郝杰,周少平,等,1997.单颗粒锆石离子探针质谱定年结果对五台造山事件的制约[J].科学通报,42(12):1296-1298.

王世称,赵善付,杨永华,等,1994.山西省金矿和综合信息成矿预测及方法研究[R].太原:山西省地矿局.

王顺江,梁玉芳,潘孔钊,1963.平顺县西安里铁矿北洛峡茴菜峡廿亩水沟报告[R].长治:山西省地矿局二一二地质队.

王枝堂,孙占亮,1991.灵丘小彦-枪头岭岩体的新认识[J].山西地质,6(4):425-436.

伍家善,耿元生,沈其韩,等,1991.华北陆台早前寒武纪重大地质事件[M].北京:地质出版社.

伍家善,刘敦一,金龙国,1986.五台山滹沱群变基性熔岩中锆石 U-Pb 年龄[J].地质论评,32(2):178-184.

武胜,李德胜,2003.山西省铝(黏)土矿含矿岩系中稀有稀土金属矿产资源评价报告[R].太原:山西省地质调查院.

奚金星,郝仕优,张福林,1981.山西省五台县柏枝岩铁矿区详细普查地质报告[R].忻州:山西省地矿局二一一地质队.

肖庆辉,贾跃明,李晓波,等,1991.中国地质科学近期发展战略的思考[M].武汉:中国地质大学出版社.

徐朝雷,1990.中浅变质岩填图方法:五台山区构造-地层法填图研究[M].太原:山西科学教育出版社.

徐志刚,1985.从构造应力场特征探讨中国东部中生代火山岩成因[J].地质学报,59(2):27-44.

於崇文,骆庭川,鲍征宇,等,1987.南岭地区区域地球化学[M].北京:地质出版社.

张北廷,1994.支家地银矿区隐爆角砾岩特征及其与成矿的关系[J].地质与勘探,30(1):20-22.

张京俊,2003.山西省矿床成矿系列特征及成矿模式[M].北京:煤炭工业出版社.

张京俊,贾琇明,陈平,等,2003.山西省矿床成矿系列特征及成矿模式[M].北京:煤炭工业出版社.

张理刚,1983.稳定同位素在地质科学中的应用[M].西安:陕西科学技术出版社.

张铁林,杨翊耕,郑超文,1983.山西省岚县袁家村矿区铁矿详查勘探地质报告[R].太原:中国冶金地质总局第三地质勘查院.

张贻侠,寸珪,刘连登,等,1996.中国金矿床进展与思考[M].北京:地质出版社.

赵达春,2004.山西省原平市苏龙口镇郭家庄铁矿区4~11线资源储量估算地质报告[R].晋中:晋中瑞辰地矿工程勘察有限公司.

赵达春,2005.山西省原平市苏龙口镇章腔铁矿区预查地质报告[R].晋中:晋中瑞辰地矿工程勘察有限公司.

赵善付,孙司权,1991.山西区域矿产成矿规律(Ⅴ):成矿系列和成矿模式[J].山西地质,6(4):414-424.

真允庆,姚长富,1992.中条山区裂谷型层状铜矿床[J].桂林工学院学报,12(1):30-40.

甄秉钱,柴东浩,1985.山西省孝义县西河底-克俄铝土矿地质特征及成矿规律[R].太原:山西省地矿局二一六队.

郑亚东,常志忠,1985.岩石有限应变测量及韧性剪切带[M].北京:地质出版社.

中条山铜矿编写组,1978.中条山铜矿地质[M].北京:地质出版社.

CAMERON E M,1989. Archean lode gold deposits in Ontario[J]. Journal of Geochemical Exploration,31(3):329-331.

DIMROTH E,1981.Labrador geosyncline:type example of early Proterozoic cratonic reactivation[J].Developments in Precambrian Geology(4):331-352.

GROVES D I,PHILLPS G N,1987.The genesis and tectonic controls on Archaean gold deposits of the Western Australian Shield:a metamorphic replacement model[J]. Ore Geology Reviews,2(4):287-322.

HODGSON C J,高亚东,1991.脉型金矿床有关的剪切构造[J].地质调查与研究(1):14-23.

HODGSON C J,李春明,1991.矿床模式在矿产勘查中的应用(和滥用)[J].国外地质科技(6):44-45.

WILDE S,ZHAO G,SUN M,2002. Late Archean to early Palaeoproterozoic magmatic events in the North China Craton:the prelude to amalgamation[J]. Gondwana Research(5):85-94.